黄河三角洲盐碱地生态防护林体系营建理论及技术

夏江宝　赵西梅　李传荣 等　著

科 学 出 版 社

北　京

内 容 简 介

本书针对黄河三角洲滨海中重度盐碱地生态防护林营建困难、质效较低等问题，采用植被恢复生态学和土壤生物工程理论，围绕盐碱地生态防护林生产力提高和功能提升目标，系统开展了黄河三角洲滨海盐碱地生态防护林营建理论及其关键技术方面的研究；主要探讨了黄河三角洲地下水-土壤-植物系统的水盐交互效应，揭示了地下水水位及其矿化度对柽柳生理生态特征的影响，明确了黄河三角洲主要耐盐植物材料的生长及生理特征，评价了不同防护林林分配置模式的生态效应，研发了黄河三角洲盐碱地防护林的建植技术，构建了以“水体-土壤-生物”为关键配置要素的滨海盐碱地生态防护林营建模式；可为滨海盐碱地退化生态系统的植被恢复与生态修复提供理论依据和技术支持。

本书可供从事林学、生态学、土壤学、植物生理学、生态环境管理及区域可持续发展研究的科研单位、高等院校、政府决策或管理部门的相关人员参考。

图书在版编目（CIP）数据

黄河三角洲盐碱地生态防护林体系营建理论及技术/夏江宝等著. —北京：科学出版社，2022.3

ISBN 978-7-03-070467-2

Ⅰ. ①黄…　Ⅱ. ①夏…　Ⅲ. ①黄河–三角洲–盐碱地–生态环境–环境保护–防护林–研究　Ⅳ. ①S727.2

中国版本图书馆 CIP 数据核字(2021)第 226455 号

责任编辑：马　俊　郝晨扬　付　聪 / 责任校对：郑金红
责任印制：吴兆东 / 封面设计：无极书装

科学出版社 出版
北京东黄城根北街 16 号
邮政编码：100717
http://www.sciencep.com
北京建宏印刷有限公司 印刷
科学出版社发行　各地新华书店经销
*
2022 年 3 月第　一　版　开本：720×1000 1/16
2022 年 3 月第一次印刷　印张：24
字数：484 000
定价：298.00 元
（如有印装质量问题，我社负责调换）

本书著者名单

夏江宝　赵西梅　李传荣　王贵霞

吴春红　闽兴建　杨红军　王月海

乔艳辉　陈印平　刘京涛　许景伟

魏晓明　李小倩　刘　云　赵振磊

彭广伟　卢小军

前　言

黄河三角洲因成陆时间短、地下水埋深浅、矿化度高及蒸降比大等形成了大面积的滨海盐渍土，其中灌溉不当、植被破坏、海水入侵等是发生次生盐碱化的主要原因。由于滨海盐碱地自然条件的制约和人为活动的干扰，该区域盐碱地防护林树木种类少，植被覆盖率低，特别是在许多风口处、重盐碱地段和海水严重侵蚀地段尚未建成结构合理、功能完善的基干林带；树种配置和林种搭配不合理，防护林体系结构较简单，功能低且不稳定。

在黄河三角洲盐碱地改良治理过程中，采取了许多有效措施，如常见的种稻改碱、上农下渔、生物排碱、选择耐盐碱植物、暗管排水等生物和工程技术措施，但缺乏对不同盐碱程度下平原防护林治理模式的筛选及优化集成。目前国内外多偏重单一的盐碱地防护林工程治理或防护林植物材料选育研究，而在不同盐碱地地段进行农田林网防护林工程治理及土壤改良技术研究的基础上系统配套生物修复关键技术的研究较少。许多学者已研究发现了一些耐盐性较强的防护林植物材料，在道路防护林、农田林网引种方面取得了一定成绩，但在不同盐碱脆弱生态区，如何有效结合生态工程措施进行以防护林植物材料为主的生物修复技术研究仍是一项长期的艰巨任务。针对该区域盐碱地防护林树种单一、植被覆盖率和成活率低、结构和功能退化等亟待解决的防护林营建问题，亟须开展黄河三角洲不同盐碱生态区林业生态工程治理及配套生物修复技术研究。

鉴于此，我们针对黄河三角洲滨海中重度盐碱地生态防护林营建困难、质效较低等问题，主要采用植被恢复生态学和土壤生物工程理论，以提高滨海盐碱地生态防护林林分质量、增强其结构和功能稳定性、防止土壤次生盐渍化为主要目标，系统开展了黄河三角洲滨海盐碱地生态防护林营建理论及其关键技术方面的研究。该研究探讨了黄河三角洲地下水-土壤-植物系统的水盐交互效应，揭示了地下水水位及其矿化度对柽柳生理生态特征的影响，明确了黄河三角洲主要耐盐植物材料的生长及生理特征，评价了不同防护林林分配置模式的生态效应，研发了黄河三角洲盐碱地防护林的建植技术，构建了盐碱地低效防护林综合配套改造技术模式。从地力功能自我维持和生态防护林功能持续稳定的角度，研发了适合不同盐碱化程度的盐碱地精准工程治理及配套生物修复生态防护林营建技术，有效地防止了次生盐渍化的反弹，极大地提高了盐碱地林业的生产力水平。基于地下水-土壤-植物系统水盐生态耦合与动态调控主要理论，构建了以“水体-土壤-

生物”为关键配置要素的滨海盐碱地生态防护林营建模式。

黄河三角洲盐碱地生态防护林的主要营建技术的应用，显著提高了泥质海岸带滨海滩涂生态系统的植被生产力，促进了滨海盐碱地土壤的可持续利用，极大地改善了当地农业、渔业等产业的发展环境，促进了自然保护区旅游产业的发展，加快了农林业生态建设，有效地提升了防护林防灾减灾功能。同时对实施《黄河三角洲高效生态经济区发展规划》发展国家海洋蓝色经济，提高环渤海区域生产力，推进黄河流域生态保护和高质量发展，实现区域可持续发展具有重要意义。研究成果可在类似区域进行技术推广和应用示范，可为泥质海岸带滨海盐碱地的植被建设提供理论依据和技术支持。

本研究只有 8 年的研究时间，在长期的盐碱地改良及综合利用中此研究成果只是一个阶段性的成果。加大对盐碱地工程治理及配套生物修复技术的持续监测和长期管护，是黄河三角洲盐碱地农业开发和区域可持续发展的核心问题之一。受研究时间和经费的限制，本研究还存在盐碱地生态防护林治理体系建设不够系统和完善、黄河三角洲中重度盐碱地生态防护林营建技术的应用示范及推广还没有大范围展开等问题。滨海盐碱地生态防护林营建涉及多个学科、部门，是一项复杂的系统工程。在今后的研究中，应积极完善盐碱地绿色改良和林业生态建设工作中各部门参与、全社会参与，以及基层需求和顶层目标设计相结合的运行机制。

本研究主要得到国家重点研发计划课题（2017YFC0505904）、国家自然科学基金项目（31770761、31370702）、山东省农业科技资金（林业科技创新）项目（2019LY006）、山东省重点研发计划项目（2017GSF17104）和“泰山学者”建设工程等科研、人才类项目，以及滨州学院一流学科建设计划（生态学重点建设学科）的资助，特此感谢。滨州学院山东省黄河三角洲生态环境重点实验室的田家怡研究员、陆兆华教授、孙景宽教授、赵自国博士等对本研究给予了很大的帮助，滨州学院黄河三角洲生态环境研究中心的朱金方、王群、宋战超、高源、朱丽平等同学参与了部分野外调查与采样工作，在此一并表示感谢！

在成书过程中，尽管我们做了很大努力，但由于水平有限，加之黄河三角洲盐碱地生态防护林建设是一个长期的工程，研究周期长、见效慢，书中难免有不妥之处，敬请广大读者批评指正。

夏江宝
2020 年 1 月于山东滨州

目　　录

第1章　黄河三角洲盐碱地防护林体系建设概况

1.1　黄河三角洲自然环境特征

1.1.1　黄河三角洲的形成与演变

黄河下游河道横贯华北平原，在历史上决口改道频繁。自《尚书·禹贡》书中记载的河道至现行河道，数千年来迁徙无定。由于黄河在各个历史时期的入海方位和冲淤范围不同，因此黄河三角洲形成发育的位置和规模也在不断变化。近年来应用卫星遥感技术，对黄河三角洲的形成演变特点及水文地貌等进行了综合、科学的分析，学术界对不同时代三角洲的界定渐趋一致，即分为古代黄河三角洲、近代黄河三角洲和现代黄河三角洲。

古代黄河三角洲是黄河自远古至1855年（清咸丰五年）改道山东大清河入海之前，多次变迁中冲积而成的诸多三角洲的统称。其地理范围是以河南省巩县（今巩义市）为顶点，北至天津、南至徐淮的黄河冲击泛滥地区，面积达$2.5\times10^5km^2$。

近代黄河三角洲是指1855年（清咸丰五年）黄河于河南铜瓦厢决口，废弃徐淮流路，北夺山东大清河入海后冲积而成的三角洲。其地理范围是以垦利县（现称垦利区）宁海为顶点，北起套尔河口，南至支脉河的扇形淤积地区。

现代黄河三角洲是指1934年黄河尾闾分流点下移26km，开始建造以垦利县（现称垦利区）渔洼为顶点的现代黄河三角洲体系，西起挑河，南达宋春荣沟的区域。其主要由以甜水沟为中轴的亚三角洲体（1934～1938年、1947～1953年）、以神仙沟为中轴的亚三角洲体（1953～1963年）、以刁口河为中轴的亚三角洲体（1964～1976年）和以清水沟为中轴的亚三角洲体（1976～1998年）等4个亚三角洲体组成。1976年黄河尾闾在西河口经人工改道，由清水沟入海，开始建造最新的亚三角洲堆积体。

我们通常所说的黄河三角洲，主要包括以宁海为顶点的近代黄河三角洲和以渔洼为顶点的现代黄河三角洲两个堆积体系。其陆上部分似呈向东北打开的扇形，突出岸外的分流河口与内凹向陆的河间海湾相间分布，因而扇边呈锯齿状，从分流顶点向下游放射的古河床高地构成扇形的骨架。

从近代黄河三角洲和现代黄河三角洲的发育看，尾闾河段的演变规律正是黄河下游河道变迁的一个天然模式。这种河道循环摆动、漫流的状态，造成了大环境极不稳定的局面，这也是限制黄河三角洲开发的主要原因。

黄河三角洲高效生态经济区的界定　根据《黄河三角洲高效生态经济区发展规划》对目前黄河三角洲的经济地理界定，黄河三角洲高效生态经济区是以黄河历史冲积平原和鲁北沿海地区为基础，向周边延伸扩展形成的经济区域，位于山东省西北部，地处山东半岛与辽东半岛的渤海南岸中心地带，地域范围包括东营市和滨州市的全部，以及与其相毗邻、自然环境条件相似的潍坊市寒亭区、寿光市、昌邑市，德州市乐陵市、庆云县，淄博市高青县和烟台市莱州市。其涉及 6 个地级市的 19 个县（市、区），总面积为 2.65 万 km^2，约占山东省陆域面积的 1/6。国务院 2009 年 11 月 23 日正式批复《黄河三角洲高效生态经济区发展规划》，中国三大三角洲之一的黄河三角洲地区的发展上升为国家战略，成为国家区域协调发展战略的重要组成部分。

1.1.2　黄河三角洲的地貌环境

1.1.2.1　平原地貌特征

黄河冲积平原为黄河三角洲平原地貌中最为重要的类型。

第四纪中更新世晚期，黄河下游始进入河北、山东、河南、安徽、江苏，南北摆荡冲积、泛淤，形成黄泛平原，组成物质以粉砂为主。由于黄河多次改造、决口泛滥，废弃河道错综分布，加之后期地表流水改造及人为影响，平原上岗、坡、洼地分布复杂。黄河下游主要地貌类型有如下几种。

河滩高地　一般呈狭长岗状或脊状条带，大致沿黄河故道分布，由极细砂和粉砂组成。高出平地或背河洼地 2～7m，宽度为 3～15km，为平原上重要的带状正地形。

沙质河槽地　沿黄河故道带断续分布，是古黄河河床相沉积，组成物质以细砂为主。现变成沙荒地，有的经风力改造形成沙丘带。

河间浅平地　各故道高地之间地势相对低平的洼地，为该区域主要负地形。由黄河泛滥时期的漫流或静水沉积而成。组成物质主要为黏土质粉砂或粉砂质黏土，土质黏重，易涝易干。

缓平坡地　河滩高地与河间浅平地之间逐渐过渡的漫坡地。由黄河洪水溢出天然堤后漫流堆积而成。地势向河间浅平地缓倾，坡度为 1/7000～1/3000。形态多样，为黄泛平原上分布最普遍、面积最大的地貌类型。

背河槽状洼地　为现行黄河河道大堤外侧呈条带状沿堤断续分布的槽形洼地，是一种人工地形，因沿河道取土筑堤而形成。槽形洼地多接受黄河地上河道的侧渗潜水汇集，形成滞水区。

决口扇形地　是黄河决口时洪水以决口处为顶点散流堆积形成的扇形地貌。主要分布于现行黄河及黄河故道两侧。组成物质较粗，有细砂或粉砂。

黄河三角洲　大部分位于东营市，又称为近代黄河三角洲。1855 年（清咸丰五年）黄河在河南铜瓦厢决口夺大清河经山东入海以来，在垦利宁海以下南北摆动、改道向海淤积形成。黄河尾闾在摆荡淤积过程中也形成河滩高地、河间洼地、缓平坡地和决口扇形地等一系列小地貌类型，参与黄河三角洲的构成。

1.1.2.2　海岸地貌特征

粉砂淤泥质海岸是黄河三角洲的主要海岸地貌类型，主要分布于渤海湾南岸、莱州湾西岸及南岸。西起漳卫新河口，经现在的黄河口，向东延伸至莱州市虎头崖附近。本段海岸主要是鲁北黄河三角洲平原和泰鲁沂山地北麓诸河冲积、海积平原海岸，沿海海拔在 5m 以下，海岸带组成物质以黄河入海泥沙为主，形成我国北方主要的粉砂淤泥质海岸。具体分为 2 个亚类。

（1）黄河三角洲平原海岸

起自漳卫新河口，东经黄河口至支脉河口。从漳卫新河口东侧至顺江沟口为古代黄河三角洲平原海岸的一部分。海岸曲折多弯，曲折率达 3.8。主要是 1128 年（宋建炎二年）以前由黄河淤积而形成，很少受黄河尾闾摆荡影响，长期受潮汐、风浪的再改造作用，沿岸形成了宽广平坦的潮滩和树枝状密布的潮水沟。潮滩由黏土质粉砂及粗粉砂组成。在潮滩的平均高潮线上缘分布着一列由贝壳及贝壳砂组成的“岛链”。近代，该岛链处于持续侵蚀破坏中。此外，在潮滩上分布有许多残留高地，为古代黄河三角洲平原残迹，年内大潮不能淹没，当地百姓称为“坨子”。

顺江沟口—支脉河口海岸段为 1855 年（清咸丰五年）黄河由河南铜瓦厢决口夺大清河入海后形成的近代黄河三角洲海岸。在 1976 年黄河口故道（钓口河故道）以西，海岸多弯曲。钓口河大嘴以东转南，至支脉河口海岸轮廓相对比较平直。海岸潮滩以顺江沟至钓口河间以及支脉河口外发育好、宽度大，潮水沟发育。该海岸是近代黄河三角洲淤涨最快的海岸段。1855～1984 年，全线共淤进 18.47km，平均淤进速率为 0.16km/a。

（2）莱州湾粉砂质平原海岸

该海岸段位于莱州湾南岸，西起支脉河口，东至莱州市虎头崖以西附近。以海岸低平、岸线平直、潮滩宽度大致均匀为特色。该岸段大潮高潮线以下至低潮线之间的潮滩由砂质粉砂组成，宽阔平坦。潮滩上的潮水沟多为附属于潮间河道两侧的羽状潮沟系，以支脉河小清河口外潮水沟较为密集。大潮高潮线以上的滨海湿地，有呈斑状分布的盐沼地，有稀疏耐盐植被分布，现多开辟为盐田、养殖池。该海岸的支脉河至胶莱河口岸段基本稳定，胶莱河口以东自 1958 年以来岸线明显蚀退。

1.1.3 黄河三角洲的水文环境

1.1.3.1 河流水文特征

黄河三角洲高效生态经济区河流众多，并多为东西流向。黄河横贯黄河三角洲区域腹部，南有小清河、支脉河、杏花河、孝妇河、淄河，北有徒骇河、德惠新河、马颊河、漳卫新河、潮河、秦口河等。这些河流南承泰沂山北麓之洪，西泄鲁西北三市之水，北控入海门户。因此，其蓄泄吐纳不但关系着黄河三角洲一隅，且影响鲁西北各地，乃至济南、淄博、潍坊。

（1）黄河

黄河发源于青海省巴颜喀拉山北麓的约古宗列盆地，流经青海、四川、甘肃、宁夏、内蒙古、陕西、山西、河南、山东 9 个省（自治区），在东营市垦利县（现称垦利区）注入莱州湾，全长 5464km，流域面积为 75 万 km^2。山东省内河道长 617km，约为全长的 1/9，流域面积为 1.83 万 km^2。黄河是一条闻名世界的多泥沙河流，水、沙资源丰富，是形成和维持黄河三角洲地区水系的主动河流。根据黄河利津水文站 50 多年的观测资料，黄河在该区域年平均径流量为 366.4 亿 m^3。黄河径流主要来源于中、上游流域降水产生的地表径流和地下径流。受气候波动影响，径流量的年际变化较大，且具有丰枯交替变化、连续丰水年或连续枯水年的特点。1972～1999 年的 28 年中，有 22 年黄河下游出现断流，累计达 1084 天。特别是 20 世纪 90 年代，几乎年年断流，且历时增加、河段延长。1997 年黄河断流最为严重，距河口最近的利津水文站全年断流达 226 天，断流河段曾延至河南开封附近。

（2）海河水系

南起黄河，北至漳卫新河，其间河流均属于海河水系，有马颊河、德惠新河、徒骇河、秦口河、潮河 5 条河道。

1）马颊河

马颊河发源于河南省濮阳市金堤河，经河南、河北入山东。原河道下游段已被德惠新河占用，现在的河道下游是与德惠新河同时开挖的。马颊河长 521km，流域面积为 12 239.2km^2。山东省内河长 448km，流域面积为 10 638.4km^2，年径流量为 4.7 亿 m^3，多年平均悬移质年输沙量为 84.8 万 t。马颊河在该区域内流经乐陵、庆云，在无棣县入海。

2）德惠新河

德惠新河发源于德州市平原县王凤楼村，自阳信县崔家楼村进入黄河三角洲，至王坤兮村北进入德州市庆云县，又于无棣县解家村进入黄河三角洲，河道全长 172.5km，流域面积为 3248.9km^2，是为了改善徒骇河、马颊河之间的排水条件，于 20 世纪 60 年代中期开挖的一条新河道，在无棣县下泊头村与马颊河相汇。

3）徒骇河

徒骇河由西南向东北流入山东省聊城市莘县文明寨村东，自惠民县郑家村流入黄河三角洲高效生态经济区，在该区域流经惠民、滨城、沾化，于沾化区套儿河注入渤海，全长 436km，流域面积为 13 902km^2。该区域内河长 135.1km，年径流量为 8.28 亿 m^3，多年平均悬移质年输沙量为 88.1 万 t。该区域内排水面积为 30km^2 以上的支流共 15 条，总长度为 271km，其中排水面积 100km^2 以上的支流 7 条，长度为 168km。

4）秦口河

秦口河是黄河三角洲高效生态经济区排涝的骨干河道，起自沾化区赵山家村，至东风港汇入套儿河，河道长度为 57.65km。排水面积 30km^2 以上的支流共 28 条，总长度为 689.6km，其中排水面积 100km^2 以上的支流共 10 条，长度为 420.9km。

5）潮河

潮河是黄河与徒骇河之间为了解决徒骇河洪水顶托排涝，于 20 世纪 60 年代中期开挖的一条独流入海河道，起自滨城区西沙河口，于沾化区大王村以北入海，长度为 69.1km。排水面积 30km^2 以上的支流共 7 条，总长度为 262.4km，其中排水面积 100km^2 以上的支流共 5 条，长度为 220.9km。

（3）小清河水系

小清河水系有小清河、北支新河、支脉河、溢洪河等。

1）小清河

小清河发源于济南诸泉，西起睦里庄，东注入渤海莱州湾，干流全长为 233km，流域面积为 10 336km^2。小清河自邹平市五龙堂入境，穿越邹平、高青、博兴、广饶等，于寿光市羊角沟入海，黄河三角洲高效生态经济区区域内全长为 118.6km，流域面积为 2732.3km^2。该河自南宋高宗建炎四年至绍兴七年（即公元 1130～1137 年）人工挖掘而成，距今已有 880 多年历史。历史上小清河河道宽阔、河水清澈，是一条具有排水、灌溉、航运、水产养殖等多功能的河道，也是全国海河联运的 5 条战备航道之一。20 世纪 70 年代以来，随着流域内城市和工农业生产的迅速发展，工业废水和生活污水排放量逐年增加，小清河污染非常严重。

2）支脉河

支脉河发源于淄博市高青县前池村附近，东流至博兴县东部王浩村附近入东营市，由广饶县入海，全长为134.55km，流域面积为3356km^2，该河是黄河、小清河之间排泄坡水的一条独流入海河道，现已受到高青县、博兴县的工业污染。

3）北支新河

北支新河是为了改善其所在区域内的排水系统开挖的一条干支流，起自高青县五里村，于博兴县王浩村附近汇入支脉河，长度为60.5km。排水面积30km^{2}以上的支流共21条，总长度为323.5km。其中排水面积100km^{2}以上的支流共7条，长度为165.8km。

4）溢洪河

溢洪河发源于垦利区宁海乡崔家庄，流经东营市区，全长为48km，是1955年人工挖成的。该河在下游与广利河交汇后在莱州湾入海，流域面积为312km^2。

1.1.3.2 浅海水文特征

（1）水温与盐度

黄河三角洲浅海水温、盐度受大陆气候和黄河入海径流影响较大。冬季表层海水平均温度为0.02℃，低温极值为–2℃，沿岸有3个月的结冰期，盐度30‰左右；春秋季海水温度为12～20℃，盐度多为22‰～31‰，最高达47‰；夏季海水温度为24～28℃，盐度为21‰～30‰。黄河入海口附近终年存在低温、低盐水舌现象。近20年来莱州湾西部水温年际冷暖差异可达3.1℃，与20世纪50年代中期到60年代中期资料相比，80年代后水温偏低0.5～1℃，盐度偏高较多。

（2）潮汐

受M2分潮无潮点的控制，神仙沟至五号桩为日潮区，两侧为不规则的半日潮区。潮时先西后东，变化悬殊。神仙沟附近的潮差为0.22～1.00m，以西增大到1.84～2.88m；莱州湾西部潮差为1.00～1.78m。北部近岸海域潮流显现逆时针（以西）或顺时针（以东）往复流，一般涨潮历时和流速大于落潮历时和流速。黄河口附近表层为顺时针旋转流，底层为往复流。受黄河入海径流的影响，一般涨潮历时和流速小于落潮。莱州湾为逆时针旋转流，底层部分为往复流。黄河口和神仙沟口外有一个强流区，实测最大流速为130～187cm/s。余流主要是风吹流。海域的余流分为3个环流系统，余流速度为10～25cm/s。表层余流受季风的影响，冬季流向南，夏季流向北。

1.1.4　黄河三角洲的土壤环境

渤海平原的土壤多由黄河等河流的沉积物形成，组成物质多为粉砂和淤泥。土壤类型以潮土和滨海盐土为主，黄河三角洲还有部分新积土。泥质海岸地带的盐渍化土壤面积大，土壤盐害是制约农林业生产的首要因素。由内陆向近海，土壤由潮土向滨海盐土过渡。滨海盐土和重度盐化潮土土壤含盐量高，限制了多数植物的生存和生长，目前以盐生和耐盐的低矮草本植物与灌木为主。距海较远的潮土类耕地，因地下水矿化度高，土壤蒸发量大，以及近年来的海（咸）水入侵，土壤次生盐渍化问题十分严重。黄河三角洲的新淤地土壤含盐量较低，多为农业利用，但新淤地生态系统脆弱，一般耕种 15～20 年后即会返盐退化。

1.1.5　黄河三角洲的气候特征

黄河三角洲属于暖温带半湿润大陆性季风气候区，受太阳辐射、大气环流、自然环境的综合影响，形成该区气候要素的分布特征，以及冬冷夏热、四季分明的气候特点。

（1）气温

气温比较适中，年平均为 11.7～12℃。全年月平均气温以 1 月最低，平均为 –4.2～–3.4℃；7 月最高，平均为 25.8～26℃。一般春夏季沿海气温低于内陆，秋冬季沿海气温高于内陆；春秋两季气温变化较大，秋季气温普遍比春季高 2℃左右。黄河三角洲地区最高温度较低，孤岛最低，为 39.1℃，埕口最高，为 43.7℃，极端最高气温多出现在 6 月。极端最低气温多出现在 1 月中下旬或 2 月上旬，孤岛、垦利较低，都为–19.1℃；埕口最低，为–25.3℃；其余各地均在–20℃左右。黄河三角洲年最高气温比莱茵河三角洲高出 9℃左右，与长江三角洲相比，无高温酷暑。

（2）降水

该区位于我国东部沿海季风盛行区，夏季降水集中，冬春季雨雪稀少，是山东省降水量较少的地区之一。年平均降水量多在 530～630mm。降水量年际变化较大，平均相对变率为 21%～23%，降水量最多的年份为最少年份的 2.7～3.5 倍。降水量季节分配不均，夏季多在 400mm 以上，约占全年降水量的 70%；秋季降水量在 100mm 左右，占年降水量的 16%～18%；春季降水量在 70mm 左右，占 11%～13%；冬季一般只有 20mm，占 3%～4%。年降水日数多为 70～77 天。一日最大降水量平均多在 130～170mm。最长连续降水日数为 10～12 天；最长连续无降水日数多为 60～70 天。年平均降雪日数为 8～10 天，年平均积雪日数多为

10～17 天，最大积雪深度多为 20～24cm。

（3）风

该区是山东省风速较大的地区之一，累年平均风速为 4m/s 左右。全年各月以 3～6 月风速较大。该区南部沿海受季风影响较大，夏季盛行东南风，冬季盛行西北风。全年各风向平均风速多以北北东、东北、东北东最大，埕口东北东风速达 7.0m/s。西、南南西、西南风速较小。

（4）光照

该区太阳年辐射总量为 514～544kJ/cm^2，全年以 5 月最多，月辐射量在 67kJ/cm^2 左右，最少的 12 月不足 25kJ/cm^2。年平均日照时数为 2600～2800 小时，全年以 5 月最多，多为 290 小时；12 月最少，多为 180 小时。黄河三角洲年平均日照时数分别比莱茵河三角洲和长江三角洲高出 117.5 小时和 631.5 小时，太阳辐射总量比长江三角洲高出 108～111kJ/cm^2，十分适合作物生长。

（5）湿度

该区为山东省比较干燥的地区之一，年平均相对湿度为 66%左右。一年中以 7～8 月湿度最大，为 76%～82%；4～5 月最小，为 53%～60%。各地以孤岛湿度最大，为 69%；埕口最小，为 64%。

（6）蒸发量

该区年蒸发量为 1900～2400mm，为年降水量的 3 倍以上。各地年蒸发量以埕口最大，为 2430mm，是山东省年蒸发量最大的地区。各月中以 5 月蒸发量最大，多在 350mm 以上；以 1 月最小，多为 45～53mm。

（7）雾

全年平均雾日多为 10～13 天。雾日最多年份埕口为 34 天，其他各地为 24～28 天；最少年份都在 10 天以内。全年以 11～12 月的雾日最多，其他各月多为 0.3～0.7 天，各月平均为 2 天左右。

（8）主要灾害性天气

1）暴雨

全年平均暴雨（日降水量≥50mm）日数多为 1.5～2.0 天。暴雨最多年份大都在 6 天以上，垦利、利津较少，为 4 天。各月平均暴雨日数以 6～9 月较多，7 月最多，平均为 0.7～1.0 天，其他各月多在 0.5 天以内。平均暴雨强度多在 70～80mm，全年以 7～8 月最大。各地小于 100mm 的暴雨次数多，占暴雨总次数的 85%以上；

100mm 以上的大暴雨次数约占 15%，埕口占 22%；200mm 以上的特大暴雨仅利津出现一次。暴雨是造成夏涝和局部内涝的主要原因。

2）大风

该区年平均大风（瞬间风速≥17m/s）日数北部较多，为 45～48 天。大风的年际变化大，最多的年份埕口、利津都达 70 天以上；最少的年份孤岛、垦利仅为 7～8 天。各月大风日数以 3～5 月较多，4 月最多，8～9 月最少。据 1961～1980 年 20 年的气候资料统计，黄河口区出现大风过程有 544 次，最多年为 48 次，最少年为 11 次；属于全区性的大风有 306 次，占 56%。在 544 次大风过程中，雷暴大风过程有 54 次。20 年黄河口共出现大风 671 天，平均每年 33.6 天，平均每次大风过程持续 1.2 天，最长持续 4 天，多是东北风。大风对农业、渔业、交通、供电和通信线路等都造成很大破坏。

3）冰雹

该区是山东省冰雹发生较多的地区。冰雹大都一年一遇。以孤岛最多，累年平均 1.2 次。无冰雹年份孤岛占 32%，埕口占 54%。冰雹主要发生在 4～10 月，8 月极少发生。降雹时间以 13:00～16:00 较多，持续时间一般为 5～10min，最长为 30min。罕见的大冰雹为 50～60mm，平均直径为 5～10mm。冰雹是本区主要灾害性天气之一，破坏性很大。

4）风暴潮

该区地处中纬度地带，风暴潮灾害一年四季均可发生，是我国风暴潮的多发区。春秋和冬末多发生温带风暴潮，夏季有台风风暴潮发生。据统计，每年发生在三角洲沿海 100cm 以上温带风暴增水过程平均为 10 次以上；每年约有一次台风进入和影响黄河三角洲高效生态经济区。

1.2　黄河三角洲盐碱地防护林建设概况

黄河三角洲因地下水矿化度高，土壤盐渍化重，适生树木种类少，造林难度大。20 世纪 50 年代以前，除黄河三角洲新淤地上的天然旱柳、柽柳等林木外，一般仅在村庄周围有零星植树造林。60 年代以后，随着滨海盐碱地造林技术的研究与推广，国有林场和胜利油田都开展了较大规模的盐碱地造林，并带动了周围社队。

1988 年沿海防护林体系建设工程列入国家林业重点生态工程。1988～2000 年山东省实施了一期沿海防护林体系建设工程，黄河三角洲的各沿海县（区）都制定了建设沿海防护林体系的规划，各级政府对林业高度重视，把盐碱地沿海防护林体系建设作为该地区进行生态建设的重要任务。根据当地林业生产条件，选育、引进耐盐树种，应用工程措施和生物措施相结合的盐碱地造林技术，“网、带、片、点、间”相结合的综合防护林体系建设技术，优化林带结构技术等，使造林技术水平不断提高。滨海地区的基干林带建设、盐碱地上柽柳等植被的封育工程、耕地的农田林网与枣粮间作、城镇和村庄绿化等都取得了显著成绩，黄河三角洲的沿海防护林体系建设对改善生态环境和城乡面貌起到重要作用（许景伟和王彦，2012）。

2001 年以来，山东省实施了二期沿海防护林体系建设工程，加大了对工程的投入，并于 2005 年开展了沿海防护林体系建设工程规划的修编工作。黄河三角洲以防御海风和风暴潮侵袭为主要目的，加强了沿海防护林基干林带建设；内侧以农田林网、农林间作为建设重点；外侧实行封滩育林，保护和恢复灌草植被资源，营造盐碱地改良林；建设和完善黄河三角洲国家级自然保护区，滨州、潍北等沿海湿地保护区，保护湿地生态系统和珍稀动植物资源；同时加强城市、村庄、道路绿化美化，建设优美的城乡人居环境。近年来，根据当地生产实际，东营市以路域、水系、农田、村庄等为载体，重点实施了路网、水网、林网“三网合一”工程；滨州市实施了路网、水网、林网、方田“四位一体”精品工程，促进了黄河三角洲盐碱地防护林体系建设。

虽然黄河三角洲盐碱地防护林体系工程建设取得了很大成绩，带来了明显的生态效益、经济效益和社会效益，但也存在不少困难和薄弱环节。该地区盐碱地防护林体系工程建设还存在的主要问题是：由于滨海盐碱地的自然条件制约，树木种类少，覆盖率低；部分基干林带不闭合，特别是在一些风口处、重盐碱地段尚未建成结构合理、功能完善的基干林带；有些地方的林业规划还不够完备，林种结构不够合理，造林树种较单一，树种搭配不够合理，未能很好地贯彻适地适树和乔灌草相结合的原则；防护林结构较简单、防护功能较低，综合防护林体系还不健全；随着近年来不合理的开发活动，成片的天然柳林、柽柳林及盐生灌草植被受到破坏，黄河三角洲新淤地的次生盐渍化使原来较脆弱的生态系统发生退化。黄河三角洲盐碱地防护林体系建设现状还不能满足当地生态防护和经济社会发展的需要，其防灾减灾和改良环境等功能亟待提高。

1.2.1 黄河三角洲盐碱地防护林体系建设目标

黄河三角洲盐碱地防护林体系应充分发挥防灾减灾与改良生态环境的功能，改善农林业生产条件和城乡人居环境。其中盐碱地沿海防护林体系以基干林带、纵深防护林和泥质海岸灌草植被为主，包括道路绿化、水系绿化、农田防护林网、农林间作等，并结合用材林、经济林和村镇绿化；在栽植形式上采用“网、带、片、点、间”相结合；在林分结构上采用乔木、灌木、草本相结合，组成多层次的合理结构。根据当地自然条件特点和经济社会发展的需要，加快造林绿化步伐，努力提高森林覆盖率，尽早建成综合配套、结构合理、功能强大、效益显著的盐碱地沿海防护林体系，为当地生态环境的建设和经济社会的可持续发展发挥更大的作用（许景伟和王彦，2012）。

黄河三角洲盐碱地防护林体系的营建，应贯彻“适地适树、生物多样性、土壤改良、生态防护及可持续发展”等原则，充分利用土地、光照、水、热等自然资源，确定不同土壤类型的树种优化配置模式。在树种选择上，应依据树种生物学特性，先考虑其耐盐能力，并结合考虑抗旱、耐涝能力。在土壤改良及造林技术上，选择效果良好而且操作简单、成本低的科学方法；在盐渍土上，应以改土治盐为先导，先改土后造林。在林分结构配置上，强调树种合理搭配，优化群体结构，最大限度地发挥森林的生态效益，同时兼顾经济效益、社会效益。在实施造林绿化时，应按照“因地制宜、适地适树、先易后难、讲求实效”的原则，根据土壤盐分的分布规律和土地利用情况，划分造林地立地类型，合理安排林种、树种，“宜乔则乔、宜灌则灌、宜草则草”，并且科学实施各项造林技术。盐碱地沿海防护林体系建设要全面规划、统筹安排、先易后难、逐步实施，不断扩大造林绿化面积和提高造林水平。

1.2.2　黄河三角洲盐碱地防护林体系的组成和布局

黄河三角洲地势平坦、滩涂广阔，一般以县域作为盐碱地防护林体系规划建设范围。由海岸向内陆，土壤盐分含量、地下水水位等生态因子发生变化，应根据立地因子的变化规律和土地利用情况，进行盐碱地防护林体系的合理布局，主要构成为：在临海一侧，营建前沿灌草植被；结合大型河流渠道、公路干线建立基干林带；在内侧农区，营造农田林网、农林间作、小片林地及四旁植树；村镇绿化和城市绿化也是沿海防护林体系的重要组成部分。

由于黄河三角洲泥质海岸带不同岸段的地貌类型、自然条件和社会经济条件有所不同，各岸段的盐碱地防护林体系建设也各有特点（许景伟和王彦，2012）。总体来说主要包括以下类型。

（1）近现代黄河三角洲防护林类型区

该类型区分布在东营市的东营区、河口区、垦利区、利津县，支脉河以北、潮河以东岸段。这一岸段的特点是黄河尾闾新淤土地面积较大，地广人稀，沿黄河口冲积扇地带灌草资源较丰富，有大量的天然柽柳林、旱柳林、翅碱蓬草甸。对这一岸段要沿潮上带向内大力封护天然草甸植被，搞好封滩育林（草），严禁游垦、滥牧，保护和扩大柽柳、旱柳资源；在恢复天然植被的基础上，结合修建田间水利设施和防潮坝工程，营造基干防护林带和成片的用材防护林。在基干防护林带内侧，根据地形和土壤条件，分别设立防护林带保护下的农作区和牧草区，营建乔、灌、草结合的小网格农田防护林或牧场防护林，形成农、林、牧相结合的开发类型，延缓土壤衰退（图 1-1）。

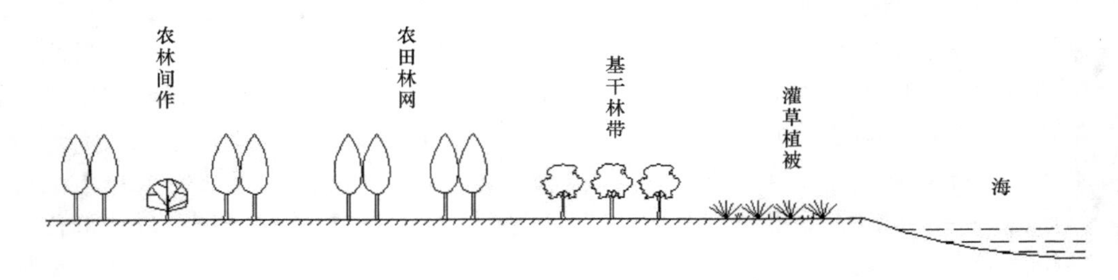

图 1-1　黄河三角洲沿海防护林体系布局示意图

（2）近现代黄河三角洲两翼防护林类型区

该类型区分为两片，西片从漳卫新河河口到潮河口，包括无棣、沾化两县（区）的海岸带；东片从支脉河东延至尧河口，包括广饶县和寿光市的海岸带，是近现代黄河三角洲的两翼，分别地处渤海湾和莱州湾的沿岸，土壤盐渍化较重，植被稀疏，农作物产量低而不稳，以枣粮间作为主。河流较多，交通方便，盛产盐、鱼、虾、蟹。对该类型区要在潮上带保护盐生草甸植被，并结合养虾池、盐池埂坡种植耐盐灌木柽柳和白刺等，以固坡防蚀；在养虾池和盐池内侧结合岸堤、公路及台田与条田工程营造基干林带，林带内侧配置大网格农田林网和枣粮间作或以枣树为主的间作区。

（3）潍北平原农田防护林类型区

该类型区西起尧河口，东到虎头崖，包括寒亭区、昌邑市和莱州市的泥质海岸部分。该类型区靠近鲁东丘陵，是潍河、胶莱河等河流的冲积平原，岸线平直，地形平坦，土壤条件和水利条件较好，农渔业较发达。该类型区的潮间带可保护、繁育盐生植物，绿化裸露滩地；在潮上带修建防潮坝和台田与条田，并营造盐碱地改良林；在农田外缘营造基干林带，在农田区营造农田防护林网和林粮间作。

1.3　黄河三角洲盐碱地防护林建设主要研究进展

1.3.1　滨海盐碱地低效林分类及其抚育改造效应

黄河三角洲存在一定面积的盐碱地低效防护林，其经营改造模式、抚育提升技术研究引起了众多学者的关注。在黄河三角洲低效林分类型分类与评价方面，夏江宝等（2012a）对黄河三角洲退化人工刺槐林进行了分类与评价，研究发现黄河三角洲人工刺槐林树龄结构较为单一，仅依据以林分生长过程和林分结构为主的低质低效林分类标准不适合该区域的退化人工刺槐林，需要将树木生长状况及土壤理化性质结合起来进行分类与评价；将该区退化人工刺槐林分类型划分为生长潜力型、轻度低效型、中度低质低效型、极度低质低效型和重度低质低效型 5 种，并依据参数值对其类型特征、产生原因及宜采取的经营措施进行了评价。夏江宝等（2013）探讨了黄河三角洲莱州湾柽柳次生灌木林低效的主要影响因子和低效林划分的主要参数，其中莱州湾柽柳低效林可划分为生长潜力型、轻度低质型、中度低效型、中度低质低效型和重度低质低效型五大类型，并依据聚类分析的类平均值探讨了其林分特征、低效原因及经营改造方法。王月海等（2018）依据黄河三角洲盐碱地低效防护林的立地条件、生长特点和形成原因等因素，探讨了低效林的成因机制，并进行了低效林类型划分；研究发现黄河三角洲地区现有盐碱地防护林由于受自然诱发因素和非自然因素及其共同作用的影响，有相当一部分林分形成了低效林，应针对每种类型的低效林进行改造，采取不同的技术方式和方法。另外，在低效林形成机制方面，乔艳辉等（2018）以黄河三角洲盐碱地的人工杨树防护林为研究对象，分析了人为毁坏林地对林分生长、林地土壤和林下植被等方面的干扰影响程度，探讨了黄河三角洲盐碱地低效防护林的形成机制，明确了林地破损对黄河三角洲盐碱地人工杨树防护林的影响。

在黄河三角洲低效林经营改造后的效益评价方面，以林分生长及改良土壤效应为主。张新宇等（2018）研究发现，黄河三角洲地区盐碱地的竹柳纯林及白蜡纯林两种低效林经过补植改造，两年后形成紫穗槐+竹柳+柽柳和白蜡+柽柳两种混交林分，研究发现低效林经补植改造后，其林分的郁闭度、保存率及林木的生长指标均得到提高，林分生长情况转好；低效林补植改造后的土壤孔隙度、有机质含量及养分含量显著提高，土壤密度、pH 及含盐量呈现降低趋势；低效林经补植改造形成混交林后，由于林分的郁闭度提高，减少了土壤水分蒸发，抑制了土壤返盐，更利于一些耐盐程度较低的植物生存，植物物种多样性得到提高。因此，在黄河三角洲盐碱地区以生态防护为主要目的的林业生态建设中，从强化生态功能及生物多样性的角度出发，不应营造单一纯林，应大力提倡营造混交林，避免因次生盐渍化导致低效林的产生（张新宇等，2018）。夏江宝等（2015）将黄河三角洲重度退化刺槐林经营改造为白蜡+棉花、香花槐+棉花、竹柳+棉花、白蜡林、竹柳林等 5 种造林模式后，探讨了经营改造后不同造林模式对土壤碳、氮影响的生态效应，分析比较了各个造林模式土壤的碳氮形态及分布特征，研究发现，农林间作模式可显著提高重度退化刺槐林皆伐后土壤中有效态碳、氮含量，其中竹柳+棉花的农林间作模式改良效果较好，而纯林模式较差（夏江宝等，2015）。夏江宝等（2012a）、王群等（2012）探讨了黄河三角洲重度退化刺槐林经营改造 5 年后的棉田、白蜡林、白蜡+刺槐（混交林）、白蜡+棉花（农林间作）等 4 种改造方式的土壤酶活性、土壤容重、孔隙度、盐碱状况、养分特征及其相互关系，发现 4 种改造方式都不同程度地增加了土壤磷酸酶、脲酶活性，降低了多酚氧化酶活性；改造林地的土壤容重、含盐量均表现降低趋势，土壤养分增加显著，土壤有机质及有效态氮、磷、钾总体表现为混交林改造方式下含量最高，农林间作高于白蜡林，棉田波动较大；总体表现为混交林和农林间作改造方式对土壤酶活性及理化性质的总体改善效果较好，建议作为重度退化刺槐林的主要改造方式进行推广（夏江宝等，2012a），其次为纯林，棉田不宜作为长期营建方式（王群等，2012）。

1.3.2 滨海盐碱地造林技术与模式研究

造林技术研究是黄河三角洲盐碱地防护林建设的主要内容，目前已开展了大量的研究。在黄河三角洲地区的滨州市无棣县，夏旭蔚等（2016）研发了依据水盐运动规律、开排挖沟、调控水盐、抬高地面、降低地下水水位淋洗盐分、降低土壤含盐量的台田造林绿化模式。任昭君等（2017）结合黄河三角洲盐碱地土壤情况和生态绿化情况，探讨了黄河三角洲盐碱地以组合运用生物技术、工程技术和化学技术为主的生态绿化关键技术，可有效实现对盐碱地的造林绿化改良。王月海等（2015）从优化传统方法造林绿化、改良盐碱地，以及重视新技术和新成果的应用等方面，提出了适宜黄河三角洲盐碱地造林绿化的关键技术。杨玉武等（2014a）对滨海盐碱地防护林园林绿化树种的造林技术研究发现，黄河三角洲滨海盐碱地区的园林绿化工程技术主要包含大穴整地、大穴客土、隔盐层改土植树、封底式客土抬高地面、客土抬高地面、底部设隔离层及滤水管等技术；同时在黄河三角洲自然条件严酷的重盐碱地区，应根据地形、地貌、土壤和经济条件，合理运用选树适地、改地选树、选树改地和选树选地技术进行园林灌木树种的栽植（郝传宝等，2013）。郭红光（2009）从绿地资源保护、土地资源的合理利用、园林规划设计、植物材料的选择性、节水型绿化灌溉及实施自然生态建设措施等方面，论述了黄河三角洲滨海盐碱地节约型绿地建设技术。

在黄河三角洲盐碱地防护林造林模式方面，吴春红等（2018）从土壤改良、灌排模式、绿化模式及辅助设施建设等方面介绍了黄河三角洲东营市林业生态建设项目的主要造林模式。朱岩芳等（2016）探讨了东营市河口区、垦利县（现为垦利区）和利津县的滨海盐碱地 5 种生态造林模型。宋永贵等（2010）探讨了黄河三角洲滨州市建立的“四位一体”生态工程造林模式、沿海防护林枣树造林模式、特色林果基地建设模式、林下种植养殖复合经营模式等 4 种林业高效生态模式。芦苇是黄河三角洲泥质海岸带盐碱地防护林消浪林带的主要物种，田晓燕等（2017）以靠近泥质海岸带的芦苇盐地碱蓬群落区、芦苇群落区和靠近黄河岸的芦苇-白茅群落区的 3 个芦苇群落演替阶段为研究对象，探讨了泥质海岸带黄河三角洲新生滨海湿地不同植被演替阶段芦苇消浪林带的生态适应性，研究发现水盐分布格局是影响黄河三角洲消浪林带芦苇植被群落的主要驱动因子，土壤养分含量变化对芦苇植被群落的生态特征有显著影响。

1.3.3　滨海盐碱地不同防护林植物材料的改良土壤效应

改良土壤效应是黄河三角洲滨海盐碱地防护林体系建设研究中的重要内容，众多学者对黄河三角洲典型区域内乔木混交林、乔木纯林和灌木林等不同林分类型的降盐抑碱、改良土壤水分物理特征及改善土壤养分、微生物及酶活性等进行了分析，评价了不同防护林类型改善土壤性质的能力，研究发现在黄河三角洲盐碱地区营造防护林是改善其土壤性质的较优措施。针对黄河三角洲地区土壤盐碱含量高及不同盐碱脆弱生态区防护林体系退化严重的生态环境问题，时林等（2017）分析了黄河三角洲柽柳、碱蓬、芦苇、棉田 4 种植被类型下土壤 pH 与全盐含量的差异，在土壤垂直剖面上，柽柳、碱蓬全盐含量为表聚型，其中，柽柳群落土壤盐分含量明显高于碱蓬；而 pH 在 0～10cm 土层表现为碱蓬＞棉田＞芦苇＞柽柳，柽柳群落土壤表现出全盐含量越高、pH 越小的趋势。任昭君等（2017）探讨了黄河三角洲滨海盐碱地林龄 8 年的柽柳、杜梨、北沙柳、白蜡人工林等不同耐盐树种对土壤改良的效果，分析了不同林地的水盐运动规律及不同树种对土壤物理性质、化学性质和生物学指标的影响，研究发现，4 种耐盐树种对黄河三角洲滨海盐碱地均具有一定的改良效果，其中北沙柳对盐碱地的改良效果最佳，其次是白蜡，再次是杜梨，柽柳的土壤改良效果相对较差。杜振宇等（2016）以黄河三角洲的刺槐、白蜡、白榆和臭椿纯林以及刺槐+白蜡、刺槐+白榆和刺槐+臭椿混交林等 7 个近 30 年的长期人工林为研究对象，探讨了土壤活性有机碳、碳库管理指数的变化规律，其中混交林模式较纯林对林地土壤有机碳库的改善效果更显著，对土壤具有较好的培肥作用，并处于良性管理状态，有利于林木的生长发育。王合云等（2015，2016）在山东滨海盐碱地生态造林项目区以山东省滨州市沾化区内 5 年的桑树、白蜡、紫穗槐、杨树、冬枣、刺槐、榆树和柽柳等 8 种造林树种为研究对象，探讨了滨海盐碱地不同造林树种的土壤改良效应，重点分析了不同林地土壤的全盐含量、阴阳离子组成、总碱度、pH、电导率、碱化度等指标，综合评价了其土壤肥力特征和盐碱化特征，研究发现盐碱地造林可以改善土壤结构，降低土壤容重，提高土壤肥力；可以降低土壤盐渍化程度，由中盐化向轻盐化转化，脱盐过程与碱化过程并存。造林可明显改变土壤中 Na^+、Cl^-、SO_4^{2-}、HCO_3^-等可溶性盐离子的含量，降低土壤全盐含量，造林地土壤阴离子由 SO_4^{2-}+Cl^-为主演变为 SO_4^{2-}+HCO_3^-为主；土壤 pH、碱化度和总碱度的变化趋势一致，不同造林地土壤碱化程度以紫穗槐林地最大，柽柳林地次之（王合云等，2015）。董海凤等（2014）探讨了黄河三角洲刺槐纯林和刺槐混交林（刺槐+白蜡混交林、刺槐+白榆混交林、刺槐+臭椿混交林）等长期人工林对盐碱地的土壤改良效果，重点分析了林地的土壤化学性质，评价了不同造林模式林地的土壤肥力状况。研究发现，在黄河三角洲滨海盐碱地营造刺槐林能有效抑制土壤返盐退化，降低碱度，改良土壤肥力，其中混交林压碱排盐以及改良土壤肥力的综合效应明显优于纯林，刺槐+白蜡混交林改良土壤肥力的综合效应最好，其次是刺槐+白榆混交林和刺槐+臭椿混交林（董海凤等，2014）。黄河三角洲盐碱地 27 年生刺槐、白蜡、白榆和臭椿等人工林的碳汇量大小顺序为白蜡＞刺槐＞白榆＞臭椿；将刺槐人工林更新为杨树林后，林地土壤含盐量有所增加，但土壤肥力得到改善，明显提高了人工林的固碳性能（马丙尧等，2014）。董海凤（2014）探讨了黄河三角洲 27 年生长期刺槐纯林及其混交林的土壤肥力、土壤碳库及土壤生物学特性等；乔木混交林是营造黄河三角洲防护林的首选模式，其中国槐+白榆混交林是较好的模式（刘云，2013）。黄河三角洲东营市河口区内刺槐乔木林、柽柳灌木林、耐盐碱植物茅草及翅碱蓬为主的一年生草本植被等不同植被类型都有良好的改善土壤物理性能、化学特性和微生物活性的效应，且对上层土壤的改良效果好于下层；细菌数量最多，占微生物总数的 97%以上，其次为放线菌，真菌数量最低；随着盐碱条件的改善及土壤速效养分的增多，盐碱滩地微生物数量有增多趋势（夏江宝等，2009a）。

道路防护林也是黄河三角洲盐碱地防护林建设的重要组成部分，夏江宝等（2011）探讨了黄河三角洲盐碱地白蜡+毛白杨混交林、旱柳林、柽柳林、白蜡林 4 种盐碱地道路防护林对土壤的改良效应，主要分析了不同防护林类型的土壤容重和孔隙度、pH 和含盐量、土壤养分含量特征，研究发现不同道路防护林具有降低土壤容重、增加土壤孔隙度的显著效应，并且表现出一定的压碱抑盐效应；随着林分类型的不同表现出一定的差异，其中混交林地土壤通气、透水性及压碱抑盐效果好于柽柳灌木纯林，而旱柳林地和白蜡林地则较差（夏江宝等，2011）。小开河引黄灌区是全国第一个靠自流远距离输沙灌区，也是黄河三角洲区域的典型国家大型引黄灌区，其防护林体系建设具有一定的特殊性和代表性。王贵霞等（2015）探讨了黄河三角洲小开河引黄灌区杨树林、冬枣经济林、杨树和大豆农林间作和玉米农田等不同植被的防风固沙、蓄水保土及改良土壤效应，研究发现农林间作在引黄灌区沉沙池段具有较好的蓄水保土和改良土壤效应。土壤可溶性有机碳的生物有效性极高，是土壤有机质的重要组分，也是森林生态系统中极为活跃的有机碳组分及物质交换的重要形式，对森林生态系统土壤养分的有效性和流动性等有直接的影响；土壤可溶性有机氮是研究森林生态系统土壤氮平衡和氮循环的重要组成部分，因此，土壤可溶性有机碳和有机氮是评价盐碱地防护林改良土壤效应的主要指标，可与土壤微生物生物量和土壤酶活性等一起作为土壤健康的生态指标，评价退化防护林地的恢复进程，从而指导防护林生态系统管理。陈印平等（2013）探讨了黄河三角洲盐碱地刺槐纯林、刺槐+白蜡混交林、刺槐+白榆混交林、刺槐+臭椿混交林的土壤可溶性有机碳和土壤可溶性氮特征，4 种人工林中，腐殖质层可溶性有机碳和可溶性氮含量显著大于 0～40cm 土层土壤；刺槐+臭椿混交林的可溶性有机碳含量最高，全氮和可溶性氮含量均显著高于其他 3 种林型；各层土壤可溶性氮和可溶性有机碳含量由高到低的顺序依次为刺槐+臭椿混交林＞刺槐+白榆混交林＞刺槐纯林＞刺槐+白蜡混交林。黄河三角洲盐碱地 10 年生刺槐林、白蜡林和杨树林 3 种人工林中，刺槐林 20～40cm 土层土壤可溶性有机氮含量最高，为 26.99mg/kg，与其他林分差异显著；而白蜡林 0～20cm 土层土壤可溶性有机氮含量显著高于其他林分，为 16.71mg/kg（陈印平等，2011）。

1.3.4　滨海盐碱地不同造林树种的土壤水分生态特征

土壤容重、孔隙度、渗透性及蓄水性能等土壤水分生态指标不仅能够决定土壤中水、气、热和微生物状况，而且影响土壤中植物营养元素的有效性和供应能力，是土壤生态环境效益研究的重要内容之一，同时也是评价土壤质量的重要指标。水盐运动是影响黄河三角洲盐碱地防护林建设的主要因素，其水分生态特性是评价盐碱地防护林改良土壤效应的重要指标。王丽琴等（2014）探讨了黄河三角洲滨州市沾化区 4 年生白蜡、杨树和冬枣的土壤水分特性，研究发现，造林改善了土壤结构，降低了盐分含量，不同造林地土壤密度、非毛管孔隙度、凋萎含水量、含盐量均低于对照荒地，而总孔隙度、毛管孔隙度均高于荒地，造林地土壤水分特征曲线除受土壤质地、土壤密度、土壤孔隙度影响外，还受到土壤含盐量的影响，土壤持水力表现为杨树林＞白蜡林＞冬枣林＞荒地，且各地块不同层次间随土层深度自上而下呈递减趋势。夏江宝等（2012c）探讨了黄河三角洲莱州湾湿地不同密度柽柳林的土壤调蓄水功能，柽柳林随密度的增大具有显著提高细砂粒含量及降低粉粒和黏粒含量的作用，中密度林分压碱抑盐效应明显；中密度柽柳林具有巨大的水分调蓄空间，其次为高密度柽柳林，而低密度林分较差（夏江宝等，2012d）。随着黄河三角洲刺槐林退化程度的加剧，林地土壤容重增加，而土壤有机质含量、孔隙度和孔隙比等表征土壤水文物理性质的指标明显降低，0～20cm 土层土壤指标状况好于 20～40cm 土层；随着退化程度的加剧，初渗率和稳渗率均表现出降低趋势，刺槐林地土壤吸持量、滞留贮水量、土壤涵蓄降水量、有效涵蓄量也表现出降低趋势，0～20cm 土层的贮水性能均强于 20～40cm 土层（夏江宝等，2010）。黄河三角洲滩地乔木林（以刺槐、白蜡、杨树为主）、柽柳灌木林、耐盐碱植物茅草及翅碱蓬为主的草地均具有一定的压碱抑盐效应，且表土层盐碱含量多低于 20～40cm 土层；同时降低土壤容重、增加土壤孔隙度的效应显著，并且对土壤表层的改良效果好于 20～40cm 土层；不同植被类型的土壤饱和蓄水量、毛管蓄水量、非毛管蓄水量均表现为乔木林＞灌木林＞草地＞农田，土壤涵蓄降水量和有效涵蓄量大小均表现为乔木林＞草地＞灌木林＞农田，且 0～20cm 土层的贮水性能均好于 20～40cm 土层（夏江宝等，2009c）。在涵养水源和水分有效性方面，黄河三角洲滩地的刺槐林优于杨树林，白蜡林较差；从储蓄水分、涵养水源角度来考虑，可在盐碱程度类似的生境中首先考虑刺槐、杨树树种（许景伟等，2009）。

1.3.5 滨海盐碱地不同造林树种的筛选研究

董玉峰等（2017）分析了黄河三角洲地区引进的耐盐植物资源现状，并对其在黄河三角洲盐碱地造林绿化中的适应性进行了评价，研究发现，在 20 世纪 60 年代之前，黄河三角洲地区盐碱地用于造林绿化的木本植物只有柽柳、旱柳、杞柳、桑树、国槐、白刺等少数树种。60 年代之后，科技工作者开始着手引种工作，使得许多外地绿化植物“安家落户”于黄河三角洲地区，并逐渐乡土化，如刺槐、八里庄杨、白榆、臭椿、绒毛白蜡等一度成为当地造林绿化的当家树种，在盐碱地生态改良中发挥了巨大作用。尤其是进入 90 年代后，从国内外引进大量耐盐植物，丰富了盐碱地区植物资源的生态多样性、遗传多样性和种质优异性，从而使盐碱地的造林绿化增加了更多的可选植物材料。但从总体来看，近些年黄河三角洲地区所引进的耐盐植物，尤其是乔、灌树种能在土壤中度盐碱（0～40cm 土层含盐量 0.4%以上）且经常出现春旱、夏涝、秋吊的地块上栽植形成片林，同时又具有生态效益和经济效益的则为数不多（董玉峰等，2017）。王合云等（2016）发现黄河三角洲不同滨海盐碱地造林树种改良土壤肥力状况为刺槐林＞冬枣林＞杨树林＞桑树林＞白蜡林＞榆树林＞紫穗槐林＞柽柳林；改良盐碱化状况为紫穗槐林＞柽柳林＞榆树林＞杨树林＞白蜡林＞刺槐林＞冬枣林＞桑树林。杨玉武等（2014b）探讨了枣树、石榴、葡萄、柿树、香椿、杏树、花椒、山楂、金银花、枸杞、银杏、无花果、苹果及梨树等 14 种适合黄河三角洲滨海盐碱地区园林绿化的经济树种，阐述了不同树种的引种栽培历史、适合生长的土壤条件、应用特点及推广应用前景等，具有较强的实践指导价值。

潍坊市昌邑市滨海盐碱地不同树种改良盐碱土壤效应由大到小表现为刺槐＞黑杨＞白蜡＞白榆＞柽柳（张平，2014）。在东营市河口区孤岛镇济南军区黄河三角洲生产基地，姜福成等（2015）探讨了黄河三角洲中度盐碱地沙柳、北海道黄杨、木槿、北美金叶复叶槭、龙柏、美国竹柳、美国红叶白蜡、杜梨、白榆、柽柳、紫穗槐、绒毛白蜡等 12 个树种的耐盐性，综合保存率、生长势和盐害指数 3 个耐盐性指标对 12 个树种的聚类分析表明，依据其耐盐能力可划归为三大类：耐盐能力强的为柽柳和龙柏 2 个树种，耐盐能力较强的为北美金叶复叶槭、绒毛白蜡、杜梨、木槿、美国红叶白蜡 5 个树种，耐盐能力一般的为白榆、紫穗槐、北海道黄杨、沙柳和美国竹柳 5 个树种（姜福成等，2015）。在东营市河口区，李秀芬等（2013）对黄河三角洲 14 个树种进行了抗盐性评价，其中紫穗槐、绒毛白蜡、侧柏、沙柳、桑树、枸杞等抗盐性强，应作为黄河三角洲地区盐碱地造林的首选树种；而毛桃、山杏等树种抗盐性弱，不能用于盐碱地造林；并在相关研究中提出树种耐盐性评价必须结合不同盐碱地类型进行（李秀芬等，2013）；适宜中等盐碱地的树种有木槿、合欢、君迁子、金银花、桑树和刺槐（李秀芬，2012）。绒毛白蜡在轻度和中度盐渍化地块生长良好，成活率分别为 94.1%、83.3%，侧柏在轻度盐渍化地块生长良好，成活率为 88.9%；2 个树种在重度盐渍化地块的生长受到显著抑制，成活率分别为 22.2%、11.1%，受害叶片增加，达 30%～50%，即绒毛白蜡可作为轻度和中度盐渍化土地造林的主要树种，侧柏只能用于轻度盐碱地造林（李秀芬等，2012）。

关于东营市河口区，周建申等（2015）探讨了麦冬草在黄河三角洲滨海盐碱地区生长过程中的生物学特性、抗盐力、耐旱力、抗病虫力、绿期等指标。张静（2010）筛选出适宜黄河三角洲重盐碱区绿化的耐盐草、耐盐花卉和耐盐树种等植被，并分别在不同含盐量的黄河大堤堤顶、堤坡、护堤地选择不同的组合种植，筛选出的耐盐草主要为碱蓬、星星草、芦苇；耐盐花卉主要为大叶补血草、马蔺、大花萱草；耐盐树种主要为柽柳、红花槐、绒毛白蜡。

1.3.6 滨海盐碱地不同树种的生长动态及其植被生态效应

夏江宝等（2016）探明了黄河三角洲莱州湾柽柳灌丛环境因子的基本特征及其对柽柳灌丛空间分布类型的影响，研究发现莱州湾柽柳种群空间分布表现为聚集型，土壤盐碱含量是影响黄河三角洲莱州湾湿地柽柳灌丛分布的主导因素，其次是距海距离，土壤速效磷和地下水水位次之。黄河三角洲莱州湾滨海湿地 10 年生不同密度（2400 株/hm^2、3600 株/hm^2 和 4400 株/hm^2）柽柳林的生长动态规律表现为：3 种密度林分的地上生物量、树高生长量和林木基径生长过程差别较大，随着林分密度的增大，林木单株生物量和基径减小，但单位面积林分生物量增加；树高、基径的速生期都出现滞后现象；若不考虑 10 年间的林木间伐利用，该区柽柳人工造林的初植合理密度建议为 3600 株/hm^2（株行距约 2.0m × 2.0m）（夏江宝等，2012d）。黄河三角洲盐碱地 27 年生刺槐、白蜡、白榆、臭椿和杨树等人工林树种的生长动态表现为：各树种的胸径随着林龄增加而增长，白蜡的树高随林龄延长也呈递增趋势，而其他树种的树高变化则没有明显规律性，在林龄 13 年内，杨树的胸径和树高生长要明显优于其他 4 个树种（马丙尧等，2014）。

孔祥龙（2016）以黄河三角洲泥质海岸带的芦苇群落、芦苇-碱蓬群落、芦苇-盐地碱蓬群落、芦苇-荻群落、芦苇-白茅群落、荻群落、盐地碱蓬群落等 7 个典型群落为研究对象，分析了黄河三角洲典型植物群落中物种间的相互作用关系，研究发现，在所研究的黄河三角洲植物群落中，正相互作用是普遍存在的，但是作用强度不尽相同；不同物种不同性状之间存在差异，即正相互作用是物种特异和性状特异的；黄河三角洲研究区域内的典型植物群落的形成及分布是植物适应环境的结果。

高冬梅等（2015）基于统计和多项调查数据，从林业生态、林业产业、林业文化等三方面分析了东营市林业发展现状，探讨了制约林业发展的问题，如自然因素主要为土壤盐渍化严重、淡水资源缺乏；社会因素主要为林业用地矛盾突出、林业产业发展滞后、林业资金投入不足等；并从突出城乡绿化一体化建设，培育具有黄河三角洲特色的林业生态体系、产业体系、生态文化体系和林业发展基础保障体系等角度，提出了东营市林业发展的建议。

主要参考文献

陈苗苗. 2017. 不同树种对黄河三角洲滨海盐碱地的土壤改良效应评价. 泰安: 山东农业大学硕士学位论文.

陈印平, 夏江宝, 曹建波, 等. 2013. 黄河三角洲盐碱地不同混交林土壤可溶性有机碳氮的研究. 水土保持通报, 33(5): 87-91, 104.

陈印平, 夏江宝, 王进闯, 等. 2011. 黄河三角洲盐碱地人工林土壤可溶性有机氮含量及特性. 水土保持学报, 25(4): 121-124, 130.

董海凤. 2014. 黄河三角洲长期人工林地土壤特征与改良. 泰安: 山东农业大学硕士学位论文.

董海凤, 杜振宇, 刘春生, 等. 2014. 黄河三角洲长期人工刺槐林对土壤化学性质的影响. 水土保持通报, 34(3): 55-60.

董玉峰, 王月海, 韩友吉, 等. 2017. 黄河三角洲地区耐盐植物引种现状分析及评价. 西北林学院学报, 32(4): 117-119, 163.

杜振宇, 董海凤, 井大炜, 等. 2016. 黄河三角洲长期人工林地对土壤有机碳库的影响. 水土保持通报, 36(5): 56-61.

高冬梅, 何洪兵, 王琰, 等. 2015. 关于东营地区林业发展的思考. 山东林业科技, 45(3): 97-101.

郭红光. 2009. 黄河三角洲滨海盐碱地节约型绿地建设初探. 天津农林科技, (5): 36-38.

郝传宝, 赵国禹, 秦宝荣. 2013. 黄河三角洲重盐碱地区园林灌木树种选择技术. 安徽农业科学, 41(2): 648-649.

姜福成, 王月海, 囤兴建, 等. 2015. 黄河三角洲盐碱地不同树种耐盐性形态指标的比较研究. 水土保持通报, 35(6): 202-206.

孔祥龙. 2016. 黄河三角洲植物群落种间相互作用研究. 济南: 山东大学硕士学位论文.

李秀芬. 2012. 黄河三角洲盐碱地造林技术研究. 北京: 北京林业大学博士学位论文.

李秀芬, 朱金兆, 刘德玺, 等. 2012. 土壤盐渍化程度对造林的影响. 中国农学通报, 28(1):

56-59.
李秀芬, 朱金兆, 刘德玺, 等. 2013. 黄河三角洲地区 14 个树种抗盐性对比分析. 上海农业学报, 29(5): 28-31.
刘云. 2013. 黄河三角洲盐碱地不同防护林类型的土壤酶活性. 泰安: 山东农业大学硕士学位论文.
马丙尧, 杜振宇, 刘方春, 等. 2014. 黄河三角洲盐碱地主要造林树种的动态生长与生态效应. 林业科技, 39(1): 50-53.
乔艳辉, 王月海, 张新宇, 等. 2018. 林地破损对盐碱地人工杨树防护林的影响. 水土保持应用技术, (5): 1-4.
任昭君, 孙志伟, 杨会芹. 2017. 黄河三角洲盐碱地生态绿化关键技术分析. 现代园艺, (16): 164-165.
时林, 冯若昂, 靖淑慧, 等. 2017. 黄河三角洲不同植被类型下土壤 pH 与盐分差异分析. 环境科学导刊, 36(3): 14-17.
宋永贵, 孙义成, 尹兆京, 等. 2010. 黄河三角洲林业高效生态模式研究. 山东林业科技, 40(1): 49-50.
田晓燕, 杨杉杉, 赵亚杰, 等. 2017. 黄河三角洲自然湿地芦苇在不同演替阶段的生态适应性. 湿地科学与管理, 13(4): 37-42.
王贵霞, 夏江宝, 孙宁宁, 等. 2015. 黄河三角洲引黄灌区不同植被类型的蓄水保土功能研究. 水土保持学报, 29(2): 111-116, 127.
王合云, 李红丽, 董智, 等. 2015. 滨海盐碱地不同造林树种林地土壤盐碱化特征. 土壤学报, 52(3): 706-712.
王合云, 李红丽, 董智, 等. 2016. 滨海盐碱地不同造林树种改良土壤效果研究. 水土保持研究, 23(2): 161-165.
王丽琴, 李红丽, 董智, 等. 2014. 黄河三角洲盐碱地造林对土壤水分特性的影响. 中国水土保持科学, 12(1): 38-45.
王群, 夏江宝, 张金池, 等. 2012. 黄河三角洲退化刺槐林地不同改造模式下土壤酶活性及养分特征. 水土保持学报, 26(4): 133-137.
王月海, 韩友吉, 夏江宝, 等. 2018. 黄河三角洲盐碱地低效防护林现状分析与类型划分. 水土保持通报, 38(2): 303-306.
王月海, 姜福成, 侣庆柱, 等. 2015. 黄河三角洲盐碱地造林绿化关键技术. 水土保持通报, 35(3): 203-206, 213.
吴春红, 赵帅鹏, 刘全全, 等. 2018. 黄河三角洲地区工程造林模式——以东营市林业生态建设项目为例. 安徽农业科学, 46(11): 84-87.
夏江宝, 陈印平, 王贵霞, 等. 2015. 黄河三角洲盐碱地不同造林模式下的土壤碳氮分布特征. 生态学报, 35(14): 4633-4641.
夏江宝, 孔雪华, 陆兆华, 等. 2012c. 滨海湿地不同密度柽柳林土壤调蓄水功能. 水科学进展, 23(5): 628-634.
夏江宝, 刘玉亭, 朱金方, 等. 2013. 黄河三角洲莱州湾柽柳低效次生林质效等级评价. 应用生态学报, 24(6): 1551-1558.
夏江宝, 陆兆华, 高鹏, 等. 2009b. 黄河三角洲滩地不同植被类型的土壤贮水功能. 水土保持学报, 23(5): 72-75, 95.

夏江宝, 陆兆华, 孔雪华, 等. 2012d. 黄河三角洲湿地柽柳林生长动态对密度结构的响应特征. 湿地科学, 10(3): 332-338.

夏江宝, 许景伟, 李传荣, 等. 2010. 黄河三角洲退化刺槐林地的土壤水分生态特征. 水土保持通报, 30(6): 75-80.

夏江宝, 许景伟, 李传荣, 等. 2011. 黄河三角洲盐碱地道路防护林对土壤的改良效应. 水土保持学报, 25(6): 72-75, 91.

夏江宝, 许景伟, 李传荣, 等. 2012a. 黄河三角洲退化刺槐林不同改造方式对土壤酶活性及理化性质的影响. 水土保持通报, 32(5): 171-175, 181.

夏江宝, 许景伟, 李传荣, 等. 2012b. 黄河三角洲低质低效人工刺槐林分类与评价. 水土保持通报, 32(1): 217-221.

夏江宝, 许景伟, 陆兆华, 等. 2009a. 黄河三角洲滩地不同植被类型改良土壤效应研究. 水土保持学报, 23(2): 148-152.

夏江宝, 赵西梅, 刘俊华, 等. 2016. 黄河三角洲莱州湾湿地柽柳种群分布特征及其影响因素. 生态学报, 36(15): 4801-4808.

夏旭蔚, 古力, 严冰晶, 等. 2016. 黄河三角洲地区盐碱地造林技术初探——以山东省无棣县为例. 华东森林经理, 30(4): 48-52, 71.

许景伟, 李传荣, 夏江宝, 等. 2009. 黄河三角洲滩地不同林分类型的土壤水文特性. 水土保持学报, 23(1): 173-176.

许景伟, 王彦. 2012. 山东沿海防护林体系营建技术. 北京: 中国林业出版社.

杨玉武, 李永富, 赵保江, 等. 2014a. 黄河三角洲滨海盐碱区园林绿化工程技术. 黑龙江农业科学, (9): 175-176.

杨玉武, 李永富, 赵祥文, 等. 2014b. 黄河三角洲滨海盐碱区园林绿化经济树种应用. 黑龙江农业科学, (10): 86-88.

张静. 2010. 黄河三角洲重盐碱区植被耐盐性与绿化技术研究. 青岛: 中国海洋大学硕士学位论文.

张平. 2014. 不同造林树种对盐碱地土壤理化性质的影响. 泰安: 山东农业大学硕士学位论文.

张新宇, 王月海, 盖文杰, 等. 2018. 黄河三角洲盐碱地低效防护林补植改造效应分析. 水土保持应用技术, (4): 1-6.

周建申, 刘富起, 王金梅, 等. 2015. 麦冬草在黄河三角洲滨海盐碱地区的生长规律及抗逆性研究. 河北林业科技, (6): 19-21.

朱岩芳, 韩克冰, 韩滨. 2016. 东营市滨海盐碱地生态造林模型幼林摸底调查. 安徽农业科学, 44(24): 166-169.

第2章 黄河三角洲地下水-土壤-植物系统水盐交互效应

2.1 地下水-土壤-植物系统水盐运移过程概述

黄河三角洲是黄河百余年来冲积而成的新陆地，多种动力系统交融，陆地和海洋、淡水和海水、陆生与水生、天然与人工等多种生态系统交错分布，是典型的多重生态界面，生态系统较为特殊。同时，黄河三角洲拥有我国暖温带地区最年轻、最广阔、生物多样性最为丰富的湿地生态系统，是东北亚内陆和环西太平洋鸟类迁徙的重要“中转站”、越冬地和繁殖地，具有重要的生态功能和科学研究价值。但随着黄河三角洲农业开发及水产养殖等人类生产和经济活动的加剧，以及目前存在的气候干旱、降水量少、蒸发量大、地下水水位浅、地下水矿化度高及土壤次生盐渍化严重等问题，黄河三角洲出现森林植被稀少、林木生长缓慢、植被退化严重及水土流失加剧等现象，生态系统较为脆弱。泥质海岸是黄河三角洲水陆交互作用的主要生态界面，也是该区域典型的海岸带类型。柽柳（*Tamarix chinensis*）是黄河三角洲盐碱地区的关键木本植物建群种，也是泥质海岸水土保持防护林建设优先选用的主要树种，其作为优良的盐碱地水土保持林灌木树种，在该区域分布面积较广，具有较强的降盐改土、防潮减灾、防风固沙和保持水土等功能，对改善区域生态环境状况和维护海岸带生态系统稳定发挥着重要作用。

黄河三角洲地区蒸降比大、盐渍化程度重，淡水资源紧缺，季节性干旱的发生频率及程度明显增加；同时，全球气候变化导致的海平面上升和海水入侵，使泥质海岸盐碱地潜水埋藏深度普遍较低（为表述统一，本书所描述的潜水埋藏深度均指从土壤表面到潜水面的垂直距离，简称潜水水位或潜水埋深），植被分布区浅层地下水以微咸水及咸水为主（杨劲松和姚荣江，2008）。水盐梯度是黄河三角洲泥质海岸带生态系统维持与稳定的主导因素，其中潜水水位和土壤含盐量是影响黄河三角洲植被分布格局及群落演替的关键因子，而土壤含盐量与地下水矿化度密切相关，因此，浅层地下水是泥质海岸盐碱地植被生长关键期的敏感要素和主要水源（赵欣胜等，2009，2011；安乐生等，2011）。位于黄河三角洲莱州湾南岸的山东昌邑国家级海洋生态特别保护区，是我国唯一的以柽柳为主要保护对象的国家级海洋生态特别保护区，该保护区植被群落的分布受土壤盐度和水分的影响较大（汤爱坤等，2011）。前期研究发现（夏江宝等，2012；朱金方等，2012；

Xia et al，2013)，水分和盐分是影响该保护区柽柳林生长、退化严重及低质低效的主要因素，但对地下水、土壤层及植物体等不同介质中的水盐迁移过程及如何协同影响柽柳群落的生长状况、结构特征及生理生态过程等问题尚不明确，严重制约着该保护区低质低效柽柳林的经营改造和恢复重建。受潜水水位及其矿化度的限制，泥质海岸盐碱生境下柽柳生长可利用的有效水资源更加缺乏；由于地下水及其矿化度与土壤、植物体中的盐分及其水分互为“源-库”关系，因此从根源上阐释植物生理生态过程与水盐协同作用的响应关系及其调节机制值得深入探讨。开展水盐在地下水-土壤-植物体内的迁移特征及其协同影响柽柳生理生态过程的研究，不仅可以为泥质海岸带盐碱地植被修复提供适宜水盐生境指导，而且对揭示柽柳林退化机制、丰富盐碱生境下植物与水分关系的研究具有重要的理论价值。

2.1.1 土壤盐渍化研究概况

土地资源是生态环境的重要组成部分，在保障城乡居民生活、支持经济社会发展和维持生态平衡等方面具有不可替代的重要作用（谷洪彪和姜纪沂，2013）。土壤盐碱化是导致土地荒漠化的主要因素之一，随着土地荒漠化的日益增长，土壤盐碱化日益成为研究的热点和重点。王遵亲等（1993）从资源和土壤发生学的观点定义：盐渍土是地球上分布较广泛的一种对发展综合性农业具有很大潜力的土地资源。盐渍土系是一系列受土体中盐碱成分作用，包括各种盐土、碱土以及其他不同程度盐化和碱化的各种类型土壤的统称，亦称盐碱土，在此认为盐渍土发育的地区即为盐碱化发生区。土壤盐渍化主要是由自然或人类活动引起的一种主要的环境风险，全球大约有 8.31 亿 hm^2 的土壤受到盐渍化的威胁，其中我国盐渍土总面积约为 3600 万 hm^2，占我国可利用土地面积的 4.88%（王佳丽等，2011）。我国从 20 世纪三四十年代开始关注盐渍土问题，并组织大规模的土壤盐渍化调查和摸底，基本弄清了我国盐渍土的分布与面积；70 年代以后，我国启动了多项与旱涝盐碱综合治理相关的国家科技攻关项目，如“黄淮海平原旱涝盐碱综合治理”（杨劲松，2008）。盐碱地综合治理实践和相关科学研究工作对我国盐渍土和中低产地区产生了广泛影响，推动了我国盐渍土改良工作的开展。

我国开展盐渍土研究已经有 80 多年的历史，对我国盐渍土的类型分布、盐渍化发生、演化的机制与趋势都有了比较系统的认识。20 世纪 70 年代，科研工作者开始从理论研究向应用实践研究转变，在此基础上形成了相对完整的土壤盐渍化研究的内容框架，主要包含盐分毒害机制，自然要素影响，田间耕作、管理及大型工程影响，盐分监测、预警、模拟及可视化，耐盐植被及生态治理等（李建国等，2012）。

降雨、温度、湿度、pH、蒸发、植被覆盖均对土壤盐分累积产生影响。研究发现，不同土层水溶性 Na^+含量随气温升高而快速递增，而与空气湿度的关系不是很密切。增加土壤温度会显著增加土壤中盐分的集聚性，以 10～15cm 剖面上最为明显（郭全恩等，2011）。不同的土壤类型、土地利用方式、地貌组合均对土壤盐分的迁移累积产生显著的影响（Fang et al.，2005）。土壤盐渍化与地下水水位密切相关。刘广明和杨劲松（2003）通过一年的粉砂壤土土柱室内模拟试验发现：地下水埋深为 85cm、105cm 时，0～40cm 土层土壤电导率与地下水矿化度呈良好的正相关关系。微咸水灌溉也会引起土壤盐分浓度大幅升高（马文军等，2010）。对于低盐土壤，微咸水灌溉引入的盐分主要增加深层土壤的盐分含量；对于高盐土壤，微咸水灌溉引入的盐分主要积累于土壤表层（0～20cm）（杨树青等，2008）。玉米、水稻、小麦等主要农作物对土壤盐分都具有极强的敏感性，当土壤电导率达到 0.8dS/m 时会对主要农作物的生长发育产生不良影响（Fang et al.，2005）。因此，耐盐性农作物和植被是今后研究的主要方向。

土壤盐渍化是制约黄河三角洲农业可持续发展和生态系统良性循环的主要环境问题之一，掌握盐渍化土壤的空间分布规律，对因地制宜地制定盐渍土改良措施具有重要指导意义。范晓梅等（2014）在野外调查和试验分析的基础上，采用普通克里金插值和协同克里金插值两种方法对研究区土壤含盐量的空间分布进行了估算，指出在含盐量计算精度的提高程度上，各协变量中 pH 提高程度最大，其次为有机质含量、氯离子含量和高程值，并且通过插值绘制了不同深度土壤含盐量分布图，可为分析黄河三角洲土壤盐渍化的空间分布与变异特征，以及区域盐渍化土壤治理和生态环境保护提供科学基础。

2.1.2　潜水埋深及其矿化度研究进展

水文情势和盐分是影响植被组成与分布的两个主控因子（宫兆宁等，2009）。自然环境中土壤水分含量直接影响植物的生长状况，而土壤水分含量与潜水埋深密切相关，可以说潜水埋深的高低决定了土壤含水量的多少，土壤含水量关系着天然植被的生长，因此，地下水埋深决定了天然植物的生长状况（张长春等，2003）。在干旱半干旱地区，潜水埋深决定着土壤水分含量，这是由于地下水是降水稀少和蒸发强烈的干旱半干旱地区土壤水分的主要来源；埋藏较浅的地下水与土壤中的水分有密切的联系，可以相互转化，地下水可以轻易转化为土壤水，而土壤水也可以轻易转化为地下水，它们对于水量的交换是相互的、不间断的，非常活跃（宫兆宁等，2006）。根据土壤中水分的动态特征，平原地区的地下水中有一种为浅埋地下水，地下水在浅埋条件下土壤中水分的变化非常有规律，即由于蒸发作用和降水，土壤中的水分运动为蒸发与入渗交替进行，在非饱和带以及饱和带的土壤之间进行着水量的互换运动，地下水随时都会减少，也随时可能增加（雷志栋等，1998）。也有学者认为要根据实际来研究地下水，在浅埋区域地下水与土壤水没有明显的界限，地下水与土壤水本来就是一体的（杨建锋等，2000）。根据土壤中水分的动态变化特征，在地下水埋藏较浅时，将土壤纵剖面粗略划分为 4 个功能区：植物根系较多的土壤根区、向地表运送水分的水分传输区、潜水埋深波动范围的水位变动区以及处于土壤饱和状态的饱和区。而在地下水埋藏较深时，植物根系所在的土壤层的下界面会随土壤水分向下移动（杨建锋等，2001）。

土壤含盐量对植被生长有较大影响，研究地下水与土壤含盐量的关系有利于防止土壤盐渍化和增加农作物产量。地下水与土壤水之间的水力联系直接影响土壤毛管水的存在形态（分为支持水、悬着水和接触水），影响土壤水分液态运动的连续性和土壤水分的汽化与蒸发强度，从而影响土壤的积盐状况（蒋宇静等，2008）。在干旱半干旱区、滨海、绿洲以及部分三角洲湿地，由于地下水动态变化引起的盐渍化程度加重、面积增多，尤其是地下水埋深、地下水矿化度控制着土壤盐分的含量和分布，因此土壤盐分与地下水埋深、地下水矿化度关系密切，随着地下水埋深的变浅，土壤盐渍化加重，平均每年每公顷增加 3.5～14t 盐。刘广明和杨劲松（2003）利用粉砂壤土柱模拟试验，对不同地下水埋深及其矿化度下 0～40cm 深度土壤的盐分运动规律进行了深入研究，结果表明，河口地区局部土壤盐化是地下水埋深、地下水矿化度共同作用的结果，而且地下水对土壤积盐的影响有 3 个阶段，即前期土壤盐分极缓慢累积阶段、中期土壤快速积盐阶段和末期缓慢积盐阶段，不同时期土壤含盐量与地下水埋深、地下水矿化度的关系不同。管孝艳等（2012）运用经典统计学和地质统计学方法，结合地理信息系统（geographic information system，GIS）技术，分析了河套灌区沙壕渠灌域地下水埋深对土壤盐分的影响，结果表明土壤盐分随浅层地下水埋深的增大而减小，两者之间满足指数关系，且地下水埋深制约着土壤含盐量。近年来受到地下水动态变化的影响，湿地盐渍化越来越严重（Jolly et al.，2008），Nielsen 等（2003）研究发现，地下水水位上升造成澳大利亚淡水湿地盐渍化，导致湿地生态系统的结构和功能发生变化。姚荣江和杨劲松（2007）从空间上分析了黄河三角洲地下水水位与土壤盐分的关系，表明地下水埋深与土壤盐分的指示半方差均表现为中等的空间自相关性，且地下水埋深与土壤盐分的概率分布存在空间上的规律性和相似性。

潜水埋深对地表植物的影响较大，陈亚宁等（2003）发现随着潜水埋深的加深，土壤水分含量降低，塔里木河下游地表植被的冠幅和郁闭度都明显减少，植被盖度和密度的降低非常明显，群落的物种丰富度也出现了轻度降低。同时群落的物种组成中乔、灌、草混合慢慢变为单一的灌木群落。物种极为贫乏，群落结构简单且不稳定，容易受到干扰，部分植物出现退化的现象。随着潜水埋深的加深，物种多样性减少，表明潜水埋深与物种多样性具有密切关系。

当潜水埋深处于适宜植物生长的水平时，地下水矿化度成为植物生长的重要限制因子，植物生长离不开水中的无机盐，水中适宜的无机盐有利于植物的生长，但无机盐浓度过高时会影响植物的生长，高浓度无机盐会导致植物根细胞失水，植物萎蔫，与缺少水分时的效果一样。此外，还有不少学者对地下水矿化度进行了研究。赵成（1999）在对疏勒河流域的研究中发现了植被与潜水埋深以及地下水矿化度的关系，并总结出植被随潜水埋深和矿化度变化的演化模式图。宋长春和邓伟（2000）研究发现吉林西部土壤盐渍化受到地下水埋深和矿化度的影响，地表径流不同，地下水的离子组成成分不同，土壤盐渍化的程度也不同。在内陆地区特别是盆地、平原地区土壤次生盐渍化、天然植被退化等问题严重，而调查研究发现，发生上述问题的地区都对地下水进行了大规模的开发利用，使得这些地区的潜水埋深下降（郭占荣和刘花台，2005）。

不同植物的耐盐碱能力不同，在地下水矿化度较低时，土壤的盐分含量较低，大部分植物都生长得比较好，如果超出了植物地下水矿化度适应范围，植物就会萎蔫甚至死亡。在塔里木河的干流区，主要物种生长较为良好的地下水矿化度不超过 5g/L，植物生长较好的地下水矿化度不大于 8g/L，当地下水的矿化度大于 10g/L 时，只有极少数的植物可以存活。在银川平原，潜水埋深合适时，当地下水矿化度为 0.9g/L 时，植被盖度较大，而地下水矿化度过大和过小都会限制植被的生长（金晓媚等，2009）。

2.1.3　潜水埋深与植物生长研究进展

目前，由地下水动态变化引起的生态环境问题，如土壤盐渍化、土地沙化都直接导致生物多样性的丧失和生态服务功能下降，影响人类环境的质量和经济社会的发展，如何防止以及改善地下水变化引起的生态负效应（湿地盐渍化、干旱半干旱地区土地沙化），保障生态系统-经济社会系统的协调可持续发展，是当前国际社会急需解决的关键问题。地下水是制约干旱半干旱区、绿洲、滨海及部分三角洲湿地植被建设的关键自然因素。地下水主要影响植被分布、生长、种群演替及物种多样性，而植被是决定地下水补给及动态变化的主要因素之一。因此，针对地下水变化引起的生态效应，开展地下水与植被的关系研究，认识和理解植被退化的过程和机制，为植被恢复提供科学依据与决策支持，保证生态系统良性循环和功能效益正常发挥，已成为当前国际学术界研究的热点问题之一（马玉蕾等，2013）。

在我国，大量学者在地下水与地表植被的相互关系方面进行了较多的研究，而我国西北部的干旱地区，特别是塔里木河与黑河流域是研究的重点区域。在黑河下游额济纳绿洲的研究发现，潜水埋深和植被的生长状况有密切的联系，每一种植物都有一个适宜其生长的地下水水位，从该研究区的代表植物白刺、胡杨、红柳来看，适宜它们生长的地下水水位分别为 3.0～4.0m、2.5～3.5m、2.0～3.0m

（钟华平等，2002）。遥感（remote sensing，RS）和 GIS 技术的出现使得研究变得更加容易，对潜水埋深与植物群落关系的研究具有重要的贡献。严登华等（2005）利用 RS 和 GIS 技术研究得出，在黑河下游地区植被群落的盖度与地下水水位间的逻辑斯谛关系非常明显。

通过遥感技术对塔里木河下游、额济纳绿洲的植被群落和环境因子进行调查，并对调查的数据进行分析发现，塔里木河下游、额济纳绿洲的物种分布和群落格局受到地下水水位的制约，可以说地下水水位决定了该地区的景观格局（Zhang et al.，2005；朱军涛等，2011）。近几年来，国内利用遥感技术对植被指数与地下水水位之间关系的研究非常多，特别是在知道了两者之间关系后对植被适宜生长的地下水水位的研究增多（Kong et al.，2009；Duan et al.，2011）。根据这些关于西北干旱区地下水与植被关系的研究，很多学者都形成了一个共识，即如果只是单纯的灌溉，不可能改变我国西部干旱区植被的水分状况，只有保持地下水水位稳定才会改变荒漠植被的生长状况（李利和张希明，2006）。

植物会适应逆境，如在受到干旱胁迫时，植物会通过各种途径来提高自身对水分的利用，增加对干旱的适应能力。其中，木本植物可以通过发达的根系吸收较深处的地下水，研究已经证实有些木本植物能够利用埋藏在 7.0m 甚至更深的地下水；草本和灌木等植物的根比较短，无法利用深处地下水，只有尽可能多地利用埋藏相对浅的地下水，另外，草本和灌木还会充分利用凝结水（郭占荣和韩双平，2002）。由此可知，在干旱半干旱地区，地下水水位对植被生长的影响非常大。通过研究植物冠层的枯死率与地下水水位的关系得出水位下降会提高植物冠层的枯死率，当地下水水位大于 3.0m 时，植物冠层的枯死率非常高。地下水水位越深，植物在单位叶面积一定时的地下根就越发达，植物的地表部分就越小，地下水水位较深可促进植物根系发育。地下水水位的升降会影响植被根在土壤中的分布，地下水水位上升会导致植物根系缺氧，而地下水水位下降会导致植物根系缺水（Brolsma et al.，2010）。

综上所述，植物的生长发育过程对地下水埋深或矿化度或者不同土壤层中水分或盐分的响应不是简单的线性关系。梁少民等（2008）和闫海龙等（2010）在研究西北干旱地区地下水水位与植物生长和土壤盐渍化的关系时，分析了西北干旱区凝结水对沙生植物的作用，确定了地下水水位是影响该区域生态环境的主控因子，植物若要存活，就要维持适宜的地下水水位使土地不再荒漠化，只有适宜的地下水水位才能控制土壤水盐运移的均衡，使生态环境保持良好的状态。当土壤发生盐渍化时，地下水水位一般比较浅，地下水矿化度比较高，会严重影响植物的生长状况。

2.1.4　土壤水盐动态变化规律研究进展

土壤水盐动态是指土壤水分和盐分随空间的分布与时间的变化过程。土壤水盐动态是受各种因素影响的复杂的自然现象（尤文瑞，1994），由土体内发生的各种物理、化学、生理和生物过程的综合作用所支配。土壤水盐动态是土壤改良的基础，也是进行土壤水盐动态预测预报的根本。多年来我国对不同自然条件及不同改良措施条件下土壤水盐动态展开了大量的研究，近十几年来利用土壤盐分传感器及四电极测试法等先进的测试手段，对土壤水盐进行动态监测研究（王遵亲等，1993），在此基础上对土壤盐渍化进行预测预报，取得了较大进展。水盐运动有其自身运动规律和特点，其中水运动起着主导和决定性的作用。区域水盐运动以降雨、蒸发和径流为循环方式，以地表径流为主要形式，土壤和含水层是调蓄场。水是盐的天然溶剂，水分在不断运转过程中，溶解和携带多种矿物质盐类，构成一个运动、统一的物质流（高祥伟，2002）。早在 20 世纪 30 年代，特帕岑莫格（Tepacnmog）就首次提出了利用水盐平衡研究法预报水盐运动的模式，经过许多学者的研究，该方法得以不断完善。

水盐平衡计算公式如下

$$\Delta S=[P_0+I_0+R_0+G_0+F_0]-[L_p+L_i+L_g+L_r+L_f]$$

式中，ΔS 为区域内盐分变化量；P_0 为大气带来的盐量；I_0 为灌溉水带来的盐量；R_0 为地表水带入的盐量；G_0 为当地风化作用增加的盐量；F_0 为施肥和化学改良剂等带来的盐量；L_p 为大气降雨淋失的盐量；L_i 为灌溉冲洗带走的盐量；L_g 为土壤水出流带走的盐量；L_r 为地表水下渗带走的盐量；L_f 为农作物吸收的盐量。

吴月茹等（2010）将时域反射仪（time domain reflectometry，TDR）测量的土壤含水量及体积电导率结合起来推算土壤溶液电导率及饱和溶液电导率，对黄河上游盐渍化农田的土壤水盐动态变化特征进行了相关分析，为土壤水盐动态研究提供了一种新的方法。

20 世纪 70 年代以来，我国研究区域水盐运动取得了显著成就。王艳等（2012）对天津滨海地区盐渍土的固定典型剖面 0～60cm 土层进行了 3 年的定期采样，并对其盐分进行测定，发现土壤盐分随季节变化有明显的积盐、淋盐规律；土壤含盐量越高，盐分淋溶变幅越大，且表层土壤变幅大于底层土壤；采用咸水淋洗、咸淡水交替淋洗和淡水淋洗 3 种灌水方式，进行了室内土柱模拟淋洗试验，研究相应处理下的土壤水盐运移规律、土壤 pH 变化和盐渍土的脱盐效果。结果发现咸淡水淋洗下土壤脱盐效果最好，脱盐速度最快，咸水淋洗下入渗速率最快，而淡水淋洗下土壤的 pH 升高最大。肖振华（1994）使用矿化度分别为 100mg/L、1.5g/L 以及 3g/L 的灌溉水对试验小区内的牧草进行灌溉，研究不同水质的灌溉水对土壤水盐动态和牧草生长的影响，结果发现，高盐水灌溉期间，土壤剖面积盐，然后在低盐水及冬季降水期间土壤盐分被淋洗，同时由于土壤剖面存在弱透水层，可溶性盐在 60～

90cm 土层累积，随之土壤钠吸附比也升高；使用 1.5g/L 的灌溉水时牧草产量不会降低，使用 3g/L 的灌溉水时牧草产量仅降低了 9%～17%。付腾飞等（2012）使用自主研发的电阻率自动监测装置，室内模拟黄河三角洲盐渍土土柱淋洗过程中和淋洗后土壤的盐分动态分布规律，为盐渍土动态监测提供了一套有效的技术手段。张蕾娜等（2000）利用室内土柱淋洗试验研究滨海盐渍土的水盐运移规律，发现土柱淋洗过程中土壤盐分有盐峰形成、盐峰下移和盐峰继续下移直至消失 3 个阶段。冯永军等（2000）在此基础上利用相关分析和通径分析研究了土壤盐分、土壤粒径组成、土壤的主要离子成分对土壤水盐运动的影响，并在此基础上提出滨海盐渍土的治理措施。尹建道等（2002）在黄河三角洲的滨海盐渍土上通过野外大型土柱淋洗试验研究了淋洗前后土壤盐分和离子组成的变化情况，探讨了滨海盐渍土的水盐运移规律，提出了灌溉定额的参考值，并对淋洗脱盐效果进行了分析。这些研究均为探索滨海盐碱地水盐运移规律提供了一定的科学方法和理论依据。

2.2 试验材料与方法

2.2.1 试验材料

本试验为模拟试验，在山东省黄河三角洲生态环境重点实验室的科研温室内进行，温室内的光强约为外界自然光强的 85%，温度为 22～30℃，空气相对湿度为 41%～65%。

黄河三角洲泥质海岸带土壤为氯化物型盐土，NaCl 含量占全盐含量的比例达 70%，是土壤中最主要的盐分来源（姚荣江等，2008），因此，试验用地下水采用黄河三角洲泥质海岸带的海盐配置，按照地下水矿化度分级标准，分别配置微咸水、咸水和盐水，并以淡水作为对照。微咸水、咸水和盐水矿化度分别为 3g/L、6g/L、20g/L；pH 分别为 8.77、8.03、7.5；盐度分别为 0.32%、0.94%、1.7%；电导率分别为 6.16mS/cm、16.2mS/cm、27.4mS/cm。柽柳为落叶灌木或小乔木，叶互生，披针形，鳞片状，小而密，是适应干旱沙漠生境的树种之一。柽柳还有很强的抗盐碱能力，是改造盐碱地的优良树种。本研究以栽植柽柳的土壤柱体为研究对象。试验用的主要组织器官为柽柳当年新生枝条和叶片。供试土壤取自黄河下游滩地，土壤类型为潮土，土壤质地为粉砂壤土，初始含盐量达 0.1%，田间持水量为 37.86%，土壤容重为 1.32g/cm^3。柽柳苗木为 3 年生实生苗，栽植前苗木统一截干处理。

2.2.2 试验设计

黄河三角洲潜水埋深普遍较浅（平均埋深为 1.14m）（范晓梅等，2010），矿化度多为 14.3～32.4g/L，柽柳生长地带潜水埋深主要集中在 0.3～2.0m（马玉蕾等，2013；夏江宝等，2015）。因此，在此基础上分别设置 0m、0.3m、0.6m、0.9m、1.2m、1.5m 和 1.8m 共 7 个潜水水位，每个水位设置 3 个重复。

具体试验设计为：在科研温室内，将不同高度的 PVC 圆管作为栽植柽柳和模拟地下水水位的试验装置。PVC 圆管内径 30cm，PVC 圆管依据设置的潜水水位加工成不同长度，具体高度为：模拟潜水埋深+实际水位埋深 0.55m+顶端高于土壤面 0.03m 空隙层，PVC 圆管高度分别为 0.88m、1.18m、1.48m、1.78m、2.08m 和 2.38m。PVC 圆管底部从下到上依次设置石英砂制成的反滤层和透水布，防止底部土壤外漏，0.55m 淹水区的 PVC 圆管每隔 10cm 打一排 4 个 1cm 直径的进水口，用透水布堵住，水分从淹水区底部和四周的进水口进入土壤柱体。

从 2014 年 3 月 5 日开始试验，首先，以 20cm 为一个土层按照土壤容重计算填土量，在 PVC 圆管中分层填装土壤，填充完毕后，无灌水和施肥等处理措施。然后，挖沟将水桶（桶高 70cm，桶底内径 45.5cm，桶上口内径 57cm）放入土壤中，以保证地下水温度的均一性，水桶底部与周围土壤隔绝。将 3 年生柽柳苗木栽植于各 PVC 圆管中，每个容器先栽植 2 或 3 株，正常栽植管理 1 个月，成活后留 1 株苗木。试验期间，每 3 天监测 1 次地下水矿化度和 PVC 圆管实际浸水深度，定时补充地下水以维持水深和地下水矿化度的稳定性。柽柳苗木生长 3 个月后，从 6 月 5 日开始进行土壤、柽柳新生枝条和叶片水盐参数的测定，6 月 12 日样品采集结束。具体模拟装置示意图和实景图如图 2-1 所示。同时设置对照，PVC 圆管中不栽植任何苗木，其余与其他 PVC 圆管保持一致。

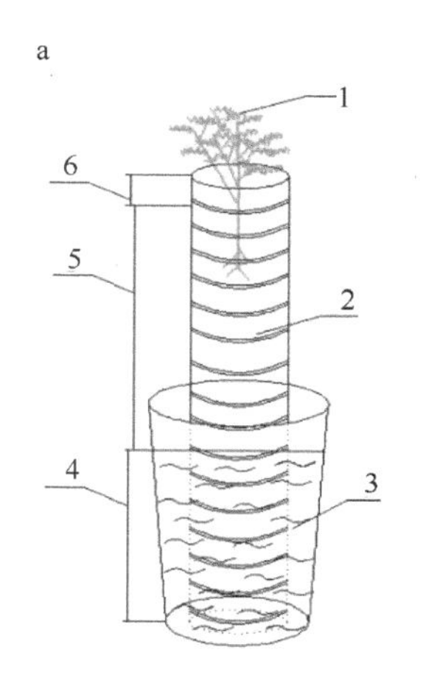

图 2-1 栽植柽柳的土柱模拟示意图（a）和实景图（b）

1. 柽柳；2. 土壤；3. 地下水；4. 淹水区；5. 潜水水位（0～1.8m）；6. 空隙层

2.2.3 柽柳的定植和管理

2014 年 3 月初进行试验布设，选取大小均匀、健康的 3 年生柽柳，苗木统一截干处理，地上留高 60cm，根茎平均为 1.3cm，根系长度为 12～16cm，将其栽植到上述 PVC 圆管内，每个 PVC 圆管内先栽植 2 或 3 株苗木。对苗木进行正常栽植管理，监测其生长状况，约 1 个月后，每个容器内留 1 株柽柳。

2.2.4 试验数据采集

（1）土壤样品的采集

从 2014 年 6 月开始进行为期一年的土壤水盐参数的测定，每两个月采集一次土壤。试验均在科研温室内进行，无降雨、灌溉，环境指标中光强略低于外界自然光强，而温度和湿度略高于外界温湿度，但差异不大，通过温室控制装置，模拟环境与外界环境基本一致。依据前期获得的不同土壤层水盐变化规律，结合文献（李彬等，2014；王相平等，2014），土壤剖面采集样品间距设计为：0～60cm 土壤深度内，自表层开始，每 10cm 为一层；60～120cm 深度内，每 20cm 为一层；超过 120cm 深度，每 30cm 为一层；以上土柱均取自表土层 10cm 处，依据上述土壤层次，采集土壤样品，每层取 3 个重复。为了方便描述，从上到下将土柱土层分别描述为表土层、浅土层、中土层、深土层和底土层。每个 PVC 圆管随机选取 5 个样点的样品作为一个混合样，分别取 3 个土柱作为 3 次重复。在测定土壤水盐参数的同时，选取部位、长势尽量一致的叶片和柽柳新生枝条，进行柽柳叶片、新生枝条含水量和 Na^+含量的测定。

（2）植物样品的采集

2015 年 6 月，在采集土壤的同时，采集柽柳的茎和叶片。茎为当年的新生枝条，尽量选取长度为 40cm 左右、直径为 0.3cm 左右完整健康的新生枝条，用剪刀剪下，小心将其茎、叶分离后，分别装入信封袋中备用。

（3）土壤、植物含水量的测定

将上述采集的土样和柽柳茎、叶及时称重，将土样放入 105℃的恒温箱中烘干至恒重。植物样先 105℃杀青 30min，然后 80℃烘至恒重。取出植物样和土样，放入干燥器中冷却至室温，称重。计算土壤及柽柳茎、叶含水量。

（4）土壤含盐量、土壤绝对溶液浓度的测定

土壤盐分的测定采用便携式电导率测试仪（TDS/3010）和残渣烘干法相结合

的方法。采用水土比 5∶1 浸提，取上清液烘干至恒重。土壤溶液绝对浓度（C_S，%）=土壤含盐量（占干土质量比例）/土壤含水量（占干土质量比例）× 100。地下水盐度、电导率和 pH 采用日本 HORIBA U-52 多参数水质测定仪进行测定。

（5）土壤和植物体内盐离子的测定

土壤离子的测定：取上述水土比为 5∶1 的上清液，用原子吸收光谱仪（AA-6800）测定 Na^+、K^+、Ca^{2+}、Mg^{2+}等阳离子含量，用离子色谱仪（IC-2000）测定 Cl^-、SO_4^{2-}含量，采用标准 H_2SO_4 滴定法测定 CO_3^{2-}和 HCO_3^-含量。

植物离子的测定：将上述杀青烘干后的柽柳新生枝条和叶片用球磨仪磨碎，称取 3g 样品放入试管中，加入 8∶1（V∶V）的 98%的 H_2SO_4 和 $HClO_4$（分析纯）进行消煮，冷却定容后，采用原子吸收光谱仪（AA-6800）测定 Na^+、K^+、Ca^{2+}、Mg^{2+}等离子含量。

2.2.5　数据处理

采用 Excel 2013 和 Origin 进行原始数据的处理及图表的制作，利用 SPSS 19.0 进行数据的差异性比较、相关性分析及主成分分析。

2.3　微咸水矿化度下潜水埋深对浅层土壤-柽柳水盐分布特征的影响

黄河三角洲是由百余年黄河冲积而成的新陆地，是典型的多重生态界面，生态系统较为特殊，是目前我国三大三角洲中唯一有保护价值的原始生态植被地区，具有重要的生态功能和科学研究价值（吕建树和刘洋，2010）。但近年来该地区地下水水位浅、地下水矿化度高及土壤次生盐渍化严重，已导致该区森林植被稀少、林木生长缓慢、植被严重退化，加剧了当地水土流失及养分缺失（安乐生，2012）。同时黄河三角洲地区蒸降比较大（约为 3.5∶1），盐渍化程度重，季节性干旱的发生频率及程度增加趋势明显，加之全球气候变化导致的海平面上升和海水入侵，使黄河三角洲地下潜水普遍埋深较浅（平均埋深为 1.14m）（范晓梅等，2010），植被分布区浅层地下水以微咸水及咸水为主。因此黄河三角洲植被分布格局及群落演替的主要影响因子为潜水埋深和土壤含盐量，其中，浅层地下水是盐碱地植被生长关键期的敏感要素和主要水源（夏江宝等，2015）。

土壤盐渍化是由自然或人为因素引起的严重环境问题，是制约农业生产和生态环境可持续发展的主要因素之一（赵文举等，2016）。在浅埋条件下，黄河三角洲地下水中的盐分极易通过毛管上升作用不断向地表累积，造成不同程度的土壤盐渍化（Fan et al.，2012），并进一步通过根系作用影响植物生长，严重抑制了该区域的植被恢复与生态重建。柽柳是黄河三角洲区域盐碱类湿地的木本植物建群种，作为盐碱地水土保持林的优良灌木树种，在黄河三角洲分布面积最广，对改善区域生态环境状况和维护海岸带生态系统稳定发挥着重要作用，并且随着国家生态建设的发展和城乡绿化水平的提高，柽柳的价值越来越受到重视（韩琳娜和周凤琴，2010）。位于黄河三角洲的昌邑国家级海洋生态特别保护区，是我国唯一以柽柳为主要保护对象的国家级海洋生态特别保护区，该保护区植被群落的分布受土壤盐度和水分的影响较大（汤爱坤等，2011）。

研究证明，盐旱交叉胁迫是影响昌邑国家级海洋生态特别保护区柽柳林生长、退化严重及低质低效的主要因素（朱金方等，2012），而不同的潜水埋深与土壤盐分积累的动态变化之间有较大的相关性（乔冬梅等，2009）。目前，对黄河三角洲地下水水位及土壤水盐特征的研究，多侧重于水盐空间变异特征（杨劲松和姚荣江，2007）、地下水对植被类型和植物群落分布的影响（赵欣胜等，2009）、地下水水位与土壤水分或土壤盐分的互作关系（魏彬等，2013；常春龙等，2014；Laversa et al.，2015），以及土壤水盐动态变化（董海凤等，2013；王卓然等，2015）等方面；而对柽柳与土壤水盐相关性的研究包括柽柳植株周围土壤盐分离子的分布（张立华等，2016）、黄河三角洲滨海盐碱地柽柳“盐岛”和“肥岛”效应（张立华和陈小兵，2015），以及模拟盐碱生境下甘蒙柽柳和柽柳抗盐胁迫的能力（李永涛，2017）、柽柳在滨海盐碱地绿化中应用模式的研究等方面（谢小丁，2006）。夏江宝等（2015）研究了盐水矿化度下土壤水盐分布对潜水埋深的响应规律，而对微咸水矿化度条件下栽植柽柳，不同潜水埋深的浅层土壤水盐分布特征、柽柳对该地区土壤水盐分布的影响，以及潜水埋深-土壤-柽柳之间水盐互作关系尚未探讨，以致在盐碱地改良和潜水埋深变化引起的水盐交互胁迫影响植物生长，以及如何改良由于柽柳种植所加重的土壤盐碱化等方面存在理论和技术难题，在一定程度上制约了盐碱地的土壤改良和有效利用。受潜水埋深的限制，泥质海岸盐碱生境下柽柳生长可利用的有效水资源更加缺乏；由于地下水与土壤、植物体中盐分及其水分互为“源-库”关系（刘广明和杨劲松，2002），因此从地下水这一水盐根源上阐释植物与地下水-土壤水盐协同作用的响应关系及其调节机制的问题值得深入探讨。

至今，针对泥质海岸盐碱地，不同潜水埋深下水盐迁移特征及柽柳对该地区水盐分布的影响等问题尚未得到很好的解决。谢小丁（2006）指出黄河三角洲多数土地土壤含盐量在1%以上，张凌云（2004）研究得出，黄河三角洲土壤表层盐分为 0.4%～3%，而夏江宝等（2013）的研究表明，黄河三角洲浅层水矿化度为1.5～2.0g/L，水质偏碱。由于土层含盐量与潜水矿化度密切相关，因此可以得知黄河三角洲地区地下水中微咸水居多。因此本研究针对柽柳林分退化受地下水影响较大这一问题，以明确地下潜水埋深-土壤水盐相互关系为目标，在科研温室内，模拟设置微咸水矿化度条件下的 6 个潜水埋深，以栽植 3 年生柽柳的土壤柱体为研究对象，测定分析该矿化度下不同潜水埋深土壤含水量、含盐量，以及植物含水量和含盐量的关系，探讨柽柳栽植条件下土壤剖面水盐分布规律，揭示柽柳对土壤主要离子积累的影响，以期为微咸水作用条件下土壤次生盐渍化的防治和柽柳栽植管理提供理论依据与技术参考。

2.3.1　浅层土壤的水盐分布特征

2.3.1.1　浅层土壤含水量随潜水埋深的变化规律

由图 2-2a 可知，微咸水矿化度下，在 0～10cm 土层，平均土壤相对含水量（RWC）为 1.37%～31.08%，变异系数达 88.30%，除潜水埋深 1.5m 和 1.8m 处土壤 RWC 无显著差异（$P>0.05$）外，其余潜水埋深下土壤 RWC 均存在显著差异（$P<0.05$）。随潜水埋深的增加，土壤 RWC 均值逐渐降低，但土壤 RWC 的降低幅度随潜水埋深的不同表现出较大差异，其中潜水埋深 1.8m、1.5m、1.2m、0.9m 和 0.6m 处的土壤 RWC 分别比 0.3m 处下降了 95.60%、92.93%、74.14%、51.36% 和 33.48%。分析表明，土壤 RWC 的减少率在 0.3～0.6m 处逐渐升高，在 1.5m 处达到最大值，为 72.63%。

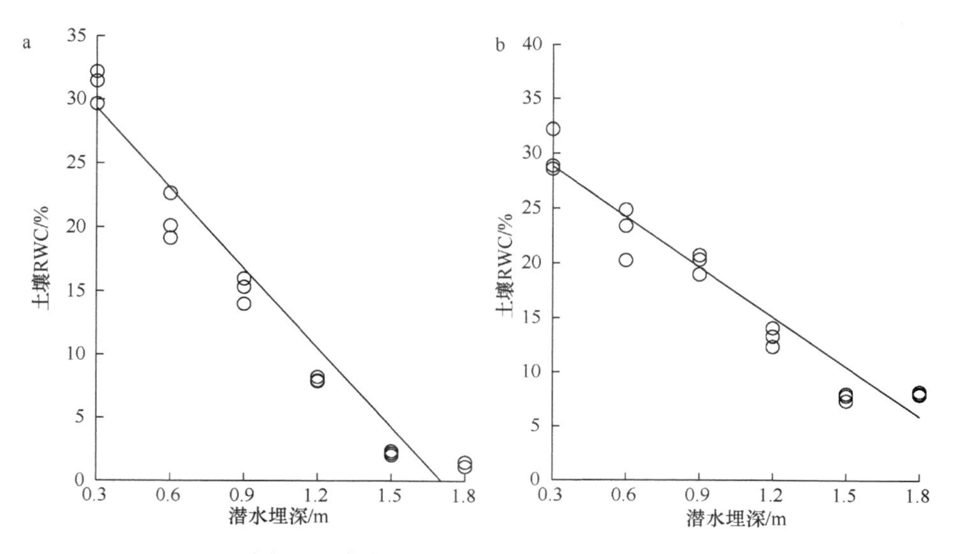

图 2-2　潜水埋深与土壤表层含水量的关系

a. 0～10cm 土层；b. 10～20cm 土层。本章下同

如图 2-2b 所示，在 10～20cm 土层，土壤 RWC 为 7.72%～29.87%，变异系

数达 52.03%。除潜水埋深 1.5m 和 1.8m 处土壤 RWC 无显著差异外，其余潜水埋深之间均差异显著（$P<0.05$），与在 0～10cm 土层规律一致。随潜水埋深的增加，土壤 RWC 均值逐渐降低。其中潜水埋深 1.8m、1.5m、1.2m、0.9m 和 0.6m 处的土壤 RWC 分别比 0.3m 处下降了 73.02%、74.17%、55.71%、32.94%和 23.48%。在潜水埋深 0～1.5m 处，土壤水分减少率随潜水埋深的增加而增大，在潜水埋深 1.2～1.5m 处减少率最大，达 41.68%，在潜水埋深 1.5～1.8m 处土壤水分反而相应增加，但增加幅度较小，仅为 4.44%。

0～10cm 和 10～20cm 土层的土壤 RWC 均随潜水埋深增加显著降低，两者呈显著负相关（$P<0.05$）；10～20cm 土层的土壤 RWC 均高于 0～10cm 土层（除潜水埋深 0.3m 处），且随着潜水埋深的增加差异性增大，1.8m 潜水埋深下，其土壤 RWC 是 0～10cm 土层的 5.87 倍。从土壤 RWC 随潜水埋深的变化规律可以看出，0～10cm 土层 RWC 随潜水埋深降低幅度远大于 10～20cm 土层，即潜水埋深对 0～10cm 土层 RWC 的影响大于对 10～20cm 土层的影响。

2.3.1.2 浅层土壤含盐量随潜水埋深的变化规律

在 0～10cm 土层（图 2-3a），土壤含盐量随潜水埋深的变化表现为先升高后降低的抛物线形，均值为 0.25%～1.38%，变异系数为 57.69%。土壤含盐量在潜水埋深 0.3～1.2m 处迅速增加，其中在潜水埋深 0.9～1.2m 处呈现指数函数增长趋势，在潜水埋深 1.2～1.5m 处迅速减少，且含盐量在潜水埋深 1.5m 和 1.8m 处均低于 0.3m 处。

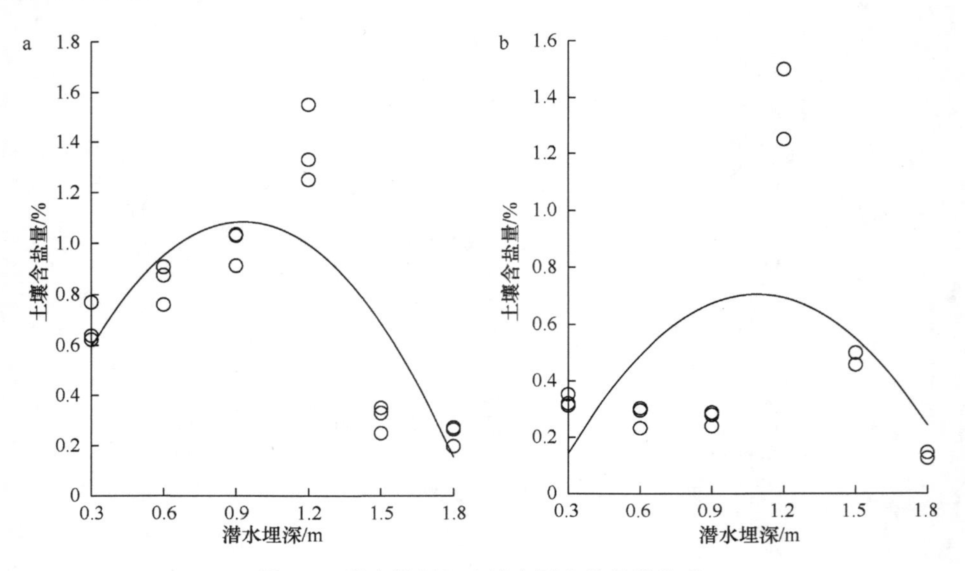

图 2-3 潜水埋深与土壤表层含盐量的关系

10～20cm 土层的土壤含盐量随不同潜水埋深的变化较为复杂（图 2-3b），在潜水埋深 0.3～0.9m 处变化较为平稳，在 1.2m 处显著增加，在 1.5～1.8m 处又显著减少，均值为 0.14%～1.33%，变异系数为 92.52%。其中，1.8m、0.9m 和 0.6m 潜水埋深下的土壤含盐量分别比 0.3m 处下降 58.08%、18.43%和 16.16%；而 1.5m 和 1.2m 潜水埋深下的土壤含盐量分别比 0.3m 处增加 47.22%和 304.04%。在潜水埋深 0.3～0.9m 处，土壤含盐量逐渐降低，且差异性不显著（$P>0.05$），在 1.2m 处达到最大值，1.2～1.8m 处土壤含盐量明显减少，潜水埋深 1.8m 处土壤含盐量最低。

2.3.1.3　浅层土壤主要盐离子随潜水埋深的变化规律

栽植柽柳后，0.3～1.8m 潜水埋深下浅层土壤阳离子含量为 $Na^+>Ca^{2+}>Mg^{2+}>K^+$；0.3～0.6m 潜水埋深下 Ca^{2+}、Mg^{2+}含量增加，K^+、Na^+含量减少，0.6～0.9m 处 4 种阳离子含量均减少，0.9～1.2m 处 Na^+、Mg^{2+}含量减少，K^+、Ca^{2+}含量增加，而 1.5m 处无明显差异（图 2-4）。土壤全盐量与阳离子的相关性分析（表 2-1）表明，土壤中全盐量与 Na^+、Mg^{2+}含量在 0.01 水平上呈极显著相关，与 Ca^{2+}含量在 0.05 水平上呈显著相关，与 K^+含量的相关性不显著。说明土壤全盐量与阳离子含量的显著相关性不同，Na^+含量影响最大，其次为 Mg^{2+}和 Ca^{2+}含量。

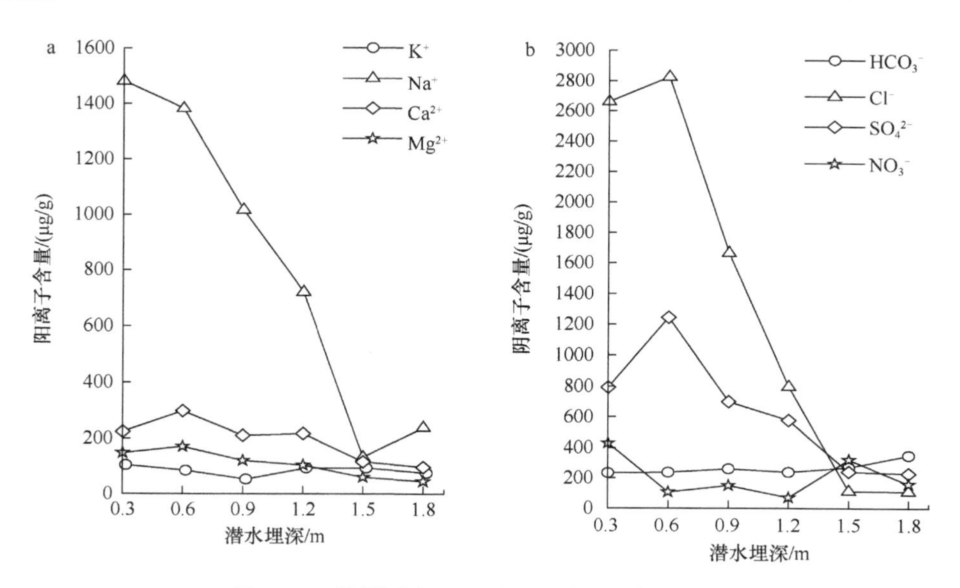

图 2-4　不同潜水埋深下浅层土壤阴阳离子组成

表 2-1 土壤全盐量与主要土壤离子含量的相关关系

	K^+含量	Na^+含量	Ca^{2+}含量	Mg^{2+}含量	HCO_3^-含量	Cl^-含量	SO_4^{2-}含量	NO_3^-含量	全盐量
K^+含量	1								
Na^+含量	0.095	1							
Ca^{2+}含量	0.061	0.889*	1						
Mg^{2+}含量	0.107	0.964**	0.966**	1					
HCO_3^-含量	−0.362	−0.703	−0.799	−0.795	1				
Cl^-含量	0.096	0.981**	0.881*	0.968**	−0.668	1			
SO_4^{2-}含量	−0.007	0.891*	0.950**	0.949**	−0.614	0.924**	1		
NO_3^-含量	0.516	0.106	−0.237	−0.007	−0.124	0.137	−0.211	1	
全盐量	0.114	0.986**	0.892*	0.974**	−0.683	0.999**	0.927**	0.124	1

*$P<0.05$，**$P<0.01$

阴离子含量在潜水埋深 0.3m 处 $Cl^->SO_4^{2-}>NO_3^->HCO_3^-$，在 0.6～1.2m 处 $Cl^->SO_4^{2-}>HCO_3^->NO_3^-$；1.5～1.8m 处无显著性差异（$P>0.05$）（图 2-4）。不同潜水埋深下土壤全盐量与 Cl^-含量在 0.01 水平上呈极显著相关，相关系数为 0.999，与 SO_4^{2-}含量在 0.01 水平上呈极显著相关，相关系数为 0.927，与 NO_3^-、HCO_3^-含量的相关性不显著。阴、阳离子相关性分析表明，Na^+含量与 Cl^-、SO_4^{2-}含量分别呈极显著和显著正相关；Ca^{2+}含量与 SO_4^{2-}含量呈极显著正相关；Mg^{2+}含量与 Cl^-、SO_4^{2-}含量呈极显著正相关。

试验区盐分离子中阴离子以 Cl^-和 SO_4^{2-}为主，因此 Cl^-/SO_4^{2-}值的变化反映了土壤中阴离子组成的变化（表 2-2）。另外，Cl^-容易随水分移动，而 SO_4^{2-}不易随水分移动，两者的比值可以作为盐分淋洗状况的指标（谭军利等，2008）。由表 2-2 可以看出，栽植柽柳土层 Cl^-/SO_4^{2-}值均大于对照组土层，且随着潜水埋深的增加 Cl^-/SO_4^{2-}值呈现降低的趋势，在潜水埋深 0.6～0.9m、1.5～1.8m 变化不大，处于稳定状态。Cl^-/SO_4^{2-}值表明，不同潜水埋深下栽植柽柳土壤与对照组土壤相比均具有脱盐的趋势，在低潜水水位下，土壤处于平衡状态，而在高潜水水位下处于持续脱盐的阶段。

表 2-2 不同潜水埋深下 Cl^-/SO_4^{2-}值

潜水埋深/m	Cl^-/SO_4^{2-}值	
	栽植柽柳	对照组
0.3	3.36	1.72
0.6	2.27	0.25
0.9	2.38	0.70
1.2	1.38	0.29
1.5	0.47	0.39
1.8	0.48	0.20

土壤盐分阴离子组成因盐化程度不同而不同，轻盐化的土壤盐分组成以 HCO_3^-、Cl^-、Na^+、Ca^{2+}为主，重盐化的则以 Cl^-、Na^+为主（阎鹏和徐世良，1994）。由表 2-2 可以看出，随着潜水埋深的增加，总体上由重盐化向轻盐化转化。土壤中阴离子的含量不同，其土壤盐碱类型也不同，用盐碱土中 N_1 与 N_2 的比值反映盐碱土类型，其中 N_1 表示土壤中 CO_3^{2-}和 HCO_3^-的含量，N_2 表示土壤中 Cl^-和 SO_4^{2-}的含量。若 N_1/N_2 值为 1～4，则属于氯化物或硫酸盐苏打盐渍土；若比值小于 1，则属于氯化物或硫酸盐盐渍土（杨国荣等，1986）。不同潜水埋深下栽植柽柳与对照组土壤 N_1 与 N_2 的比值均小于 1，属于氯化物或硫酸盐盐渍土，但在栽植柽柳潜水埋深 0.3～1.2m 处土壤中 SO_4^{2-}的含量均小于 Cl^-的含量，属于氯化物盐渍土，1.5～1.8m 土壤中 SO_4^{2-}的含量大于 Cl^-的含量，属于硫酸盐盐渍土；对照组仅在潜水埋深 0.3m 处土壤中 SO_4^{2-}的含量小于 Cl^-的含量，属于氯化物盐渍土，其余潜水埋深下土壤中 SO_4^{2-}的含量大于 Cl^-的含量，属于硫酸盐盐渍土。总体来说，当地下水为微咸水时，潜水埋深较浅的浅层土壤中，栽植柽柳后对土壤盐渍化并没有明显的影响，0.6～1.2m 的中等潜水水位下，栽植柽柳的浅层土壤中硫酸盐盐渍土转换为氯化物盐渍土，重盐化加重，柽柳表现出积盐效应。当潜水埋深大于 1.2m 时，浅层土壤的主要盐分为硫酸盐，且总体含盐量减少，柽柳表现出对盐碱地有一定的改良作用。

2.3.1.4　土壤溶液绝对浓度随潜水埋深的变化规律

由图 2-5a 可知，0～10cm 土层的土壤溶液绝对浓度随潜水埋深的增加呈指数函数增加，均值为 2.17%～17.12%，潜水埋深为 0～0.9m 时随潜水埋深的增加，土壤溶液绝对浓度大致呈指数函数增长，潜水埋深为 1.2～1.8m 时土壤溶液绝对

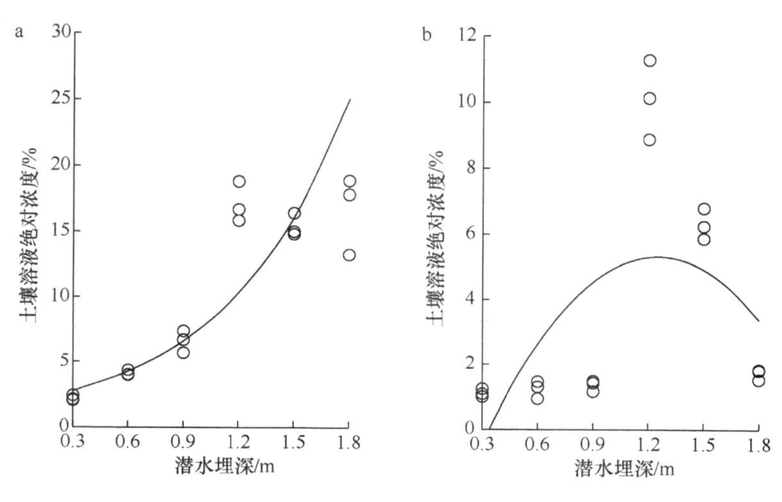

图 2-5　潜水埋深与土壤溶液绝对浓度的关系

浓度差异不显著，且以 1.2m 处均值最大（17.12%）。10～20cm 土层的土壤溶液绝对浓度随潜水埋深的增加先升高后降低，均值为 1.10%～10.10%，在潜水埋深 0.3～0.9m 处土壤溶液绝对浓度差异不显著，但与潜水埋深 1.2～1.8m 处差异极显著（$P<0.01$），在潜水埋深 1.2m 处土壤溶液绝对浓度最大，为 10.10%（图 2-5b）。

各个潜水埋深下，0～10cm 土层柽柳土壤柱体的土壤溶液绝对浓度均高于 10～20cm 土层，且土壤溶液绝对浓度随土壤深度的增加显著下降，这主要是因为 0～10cm 土层土壤含盐量较 10～20cm 土层高，而含水量比 10～20cm 土层低；但土壤溶液绝对浓度均在潜水埋深 1.2m 处最大，这可能是因为地下水水位抬升，导致盐分向表层积聚（Xia et al.，2016a）。在潜水埋深 0.3～0.9m 处，随潜水埋深的增加，0～10cm 土层土壤溶液绝对浓度显著增加，且增加量显著高于 10～20cm 土层。可见，表土层土壤溶液绝对浓度在潜水埋深 0.3～0.9m 处呈现升高的趋势主要是受 0～10cm 土层的影响。

2.3.1.5 土壤水盐参数与潜水埋深的相关性分析

本研究在温室大棚内，因气候恒定且土壤类型一致，植株均为柽柳幼苗，故只针对水盐参数与潜水水位进行相关性分析。由表 2-3 可知，0～10cm 和 10～20cm 土层土壤相对含水量与潜水水位均呈极显著负相关（$P<0.01$），与土壤含盐量呈显著正相关（$P<0.05$）；0～10cm 土层土壤溶液绝对浓度与潜水水位呈极显著正相关（$P<0.01$），与土壤相对含水量呈极显著负相关（$P<0.01$），而 10～20cm 土层土壤溶液绝对浓度仅与土壤含盐量呈极显著正相关（$P<0.01$）；10～20cm 土层土壤含盐量与潜水水位的相关性不显著。这与夏江宝等（2015）研究的整个土壤剖面水盐参数与潜水水位的相关性有一定差异，土壤溶液绝对浓度与含盐量、含水量分别呈极显著正相关（$P<0.01$）和负相关（$P<0.01$），这也表明随着土壤剖面层次的不同，土壤水盐参数与潜水水位的相关性有一定差异。0～10cm 和 10～20cm 土层内，土壤水盐参数变异系数要高于深层土壤，且土壤水分变化较深层活跃（杨玉峥等，2015），本研究更为细化了土壤水盐参数与潜水水位的变化规律，

表 2-3 土壤水盐参数及其与潜水水位的相关系数

土层深度	水盐参数	潜水水位	RWC	S_C
0～10cm	RWC	-0.972^{**}		
	S_C	-0.245	0.769^{*}	
	C_S	0.926^{**}	-0.942^{**}	-0.062
10～20cm	RWC	-0.987^{**}		
	S_C	0.091	0.608^{*}	
	C_S	0.386	-0.519	0.923^{**}

注：RWC 为土壤相对含水量；S_C 为土壤含盐量；C_S 为土壤溶液绝对浓度。$^{**}P<0.01$，$^{*}P<0.05$

即 0～10cm 土层土壤溶液绝对浓度主要受土壤相对含水量的影响，10～20cm 土层土壤溶液绝对浓度主要受土壤含盐量的影响；且 10～20cm 土层土壤相对含水量与潜水水位的相关性要高于 0～10cm 土层，即土壤含水量分布与地下水埋深关系非常密切，越深层靠近地下水水位，土壤的含水率与地下水埋深的相关关系越显著（朱红艳，2014）。

2.3.2 浅层土壤的水盐动态特征

2.3.2.1 浅层土壤的水分动态

不同潜水埋深下浅层土壤水分变化如图 2-6 所示，不同潜水埋深下土壤含水量年际变化的总体趋势较为接近，均在 6～8 月升高，在 8 月达到最大值，最高达 42.31%。10～12 月降低，最小值出现在 12 月，为 2.01%，次年 2～6 月升高。土壤含水量均随着潜水埋深的增加呈现降低的趋势，总体来讲在 0.3～1.2m 潜水埋深下，土壤的含水量高且随时间波动大，主要是在 6～8 月，在 1.5～1.8m 潜水埋深下，土壤含水量低且随时间波动小。这主要是因为柽柳生长季主要集中于 6～8 月，柽柳对低潜水水位下土壤含水量的干扰作用大。

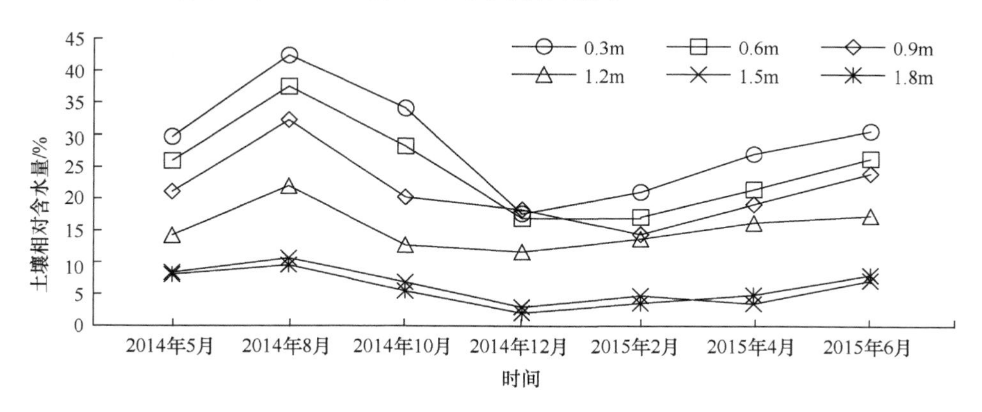

图 2-6　不同潜水埋深下浅层土壤的水分动态

2.3.2.2 浅层土壤的盐分动态

土壤的含盐量与土壤含水量变化密切相关，不同潜水埋深下浅层土壤盐分变化如图 2-7 所示，不同潜水埋深下土壤含盐量年际变化的总体趋势较为接近，含盐量在 10 月和次年 4 月出现两个高峰，具有“盐随水来，盐随水去”的特点。

夏季（6～8 月）浅层土壤盐分含量明显低于春（3～5 月）、秋（9～11 月）季节，0.3～1.5m 潜水埋深下表层土壤（0～20cm 土层）含盐量的季节波动性比较明显，主要集中于 4～10 月，表层土壤积盐严重。

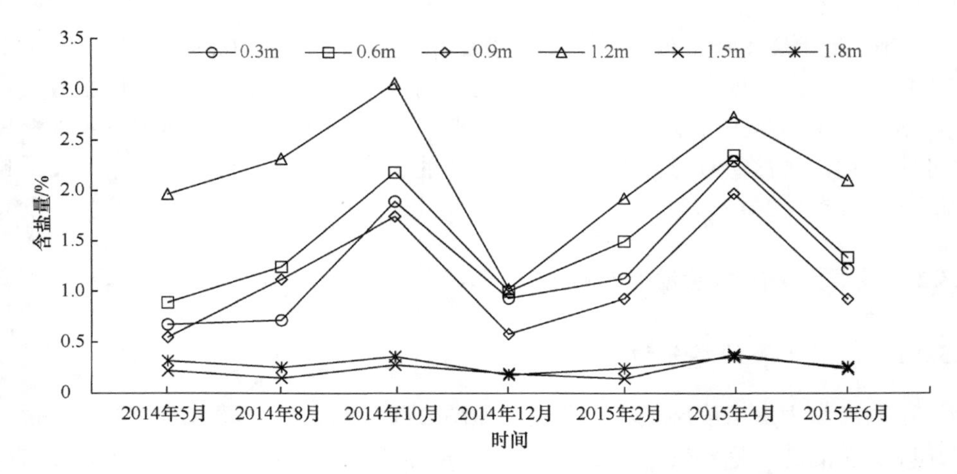

图 2-7 不同潜水埋深下浅层土壤的盐分动态

2.3.3 柽柳主要组织器官的水盐特征

2.3.3.1 柽柳叶片盐分中阳离子含量

从图 2-8 可以看出，随着潜水埋深的增加，柽柳叶片中 Na^+呈现波动变化，即在潜水埋深 0.3～0.6m、0.9～1.2m 处增加，在 0.6～0.9m、1.2～1.8m 处下降，

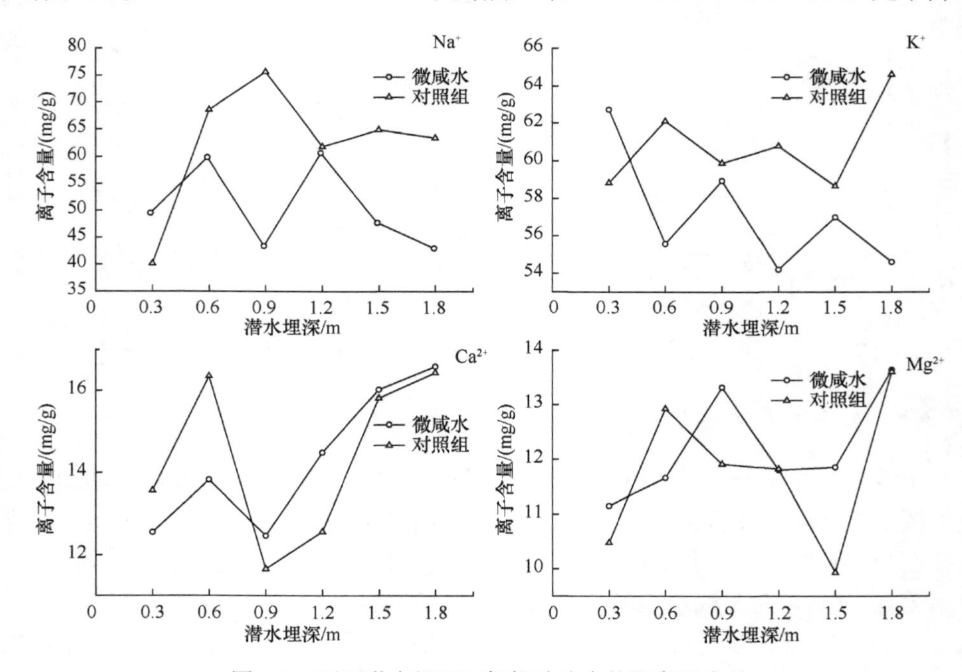

图 2-8 不同潜水埋深下柽柳叶片中的阳离子含量

在 1.2m 处达到最大值，为 60.49mg/g；K^+含量总体变化不大，随着潜水埋深增加呈现减少的趋势，在 0.3m 处达到最大值，为 62.72mg/g；Ca^{2+}随着潜水埋深的增加呈现增加的趋势，在 1.8m 处达到最大值；Mg^{2+}总体差异不大，含量为 11.15～13.64mg/g。

与对照组相比，Na^+含量除潜水埋深0.3m 处高于对照组外，其余均低于对照组，在潜水埋深1.2m 处无明显差异，其余均差异显著；除潜水埋深0.3m 处 K^+含量高于对照组外，其余均低于对照组，与对照组呈相反的变化趋势，在潜水埋深 0.9m 处无明显差异，其余均差异显著；Ca^{2+}含量在潜水埋深0.3～0.6m 处低于对照组，其余均高于对照组，且与对照组呈现一致的变化趋势，在高潜水埋深（1.5m、1.8m）处无明显差异，其余均差异显著；Mg^{2+}含量在1.2m、1.8m 处无明显差异，其余均差异显著。

2.3.3.2　柽柳新生枝条盐分中阳离子含量

新生枝条中 Na^+含量随着潜水埋深的增加呈先增加后降低的趋势（图 2-9），其中 0.3～0.6m 潜水埋深下显著增加，0.6～1.2m 时显著下降，1.5～1.8m 无明显差异，总体含量为 122.95～184.74mg/g，0.6m 潜水埋深下最大，为 184.74mg/g；

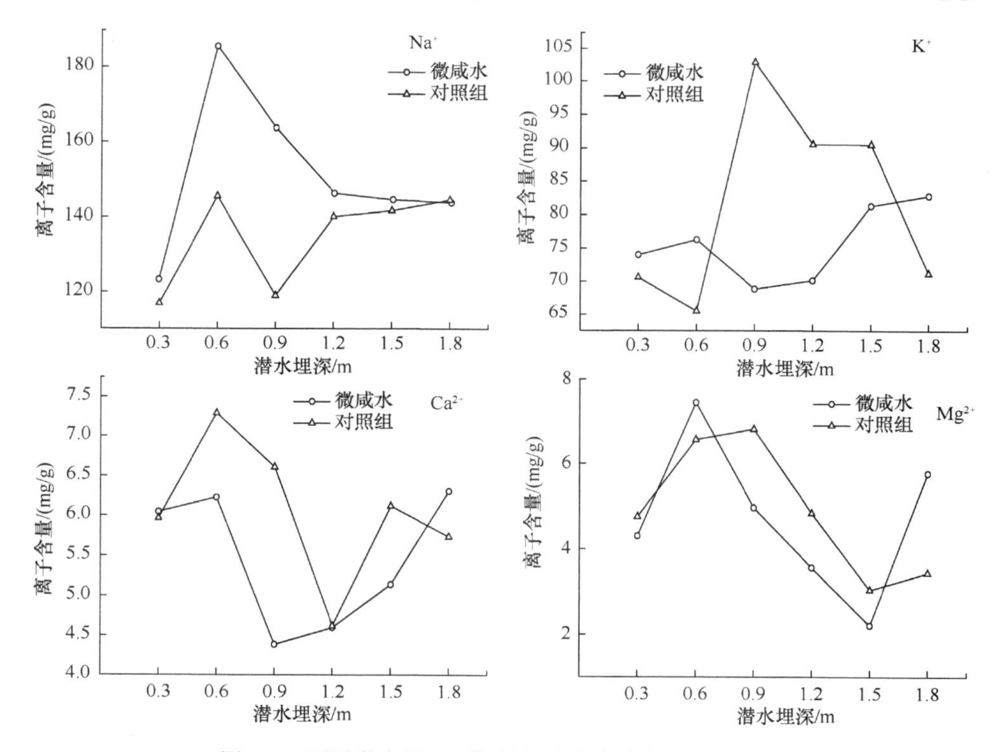

图 2-9　不同潜水埋深下柽柳新生枝条中的阳离子含量

新生枝条中 K^+含量总体呈现先降低后增加的趋势，在 0.6～0.9m 潜水埋深下显著降低，在 1.2～1.5m 处显著升高，在 1.8m 处达到最大值；新生枝条中 Ca^{2+}含量总体呈现先降低后增加的趋势，在 0.6～0.9m 处显著下降，1.2～1.8m 处显著增加，其含量为 4.38～6.30mg/g，潜水埋深 1.8m 时最大；新生枝条中 Mg^{2+}含量总体呈现先增加后降低再增加的趋势，0.3～0.6m、1.5～1.8m 处显著增加，0.6～1.5m 处显著降低，总体含量为 2.21～7.44mg/g，在 0.6m 处达到最大值，为 7.44mg/g。

与对照组相比，Na^+含量均高于对照组，潜水埋深 1.2～1.8m 下无明显差异，0.6～0.9m 下差异显著；0.3～0.6m 和 1.8m 潜水埋深下 K^+含量高于对照组，其余均低于对照组，潜水埋深 0.9～1.2m 处差异显著，与对照呈相反的变化趋势，与叶片中的规律一致；Ca^{2+}含量在潜水埋深 0.3m、1.2m 处无明显差异，其余均差异显著；Mg^{2+}含量除潜水埋深 0.9m、1.8m 处差异显著外，其余均无明显差异。

2.3.3.3 柽柳主要组织器官含水量与土壤含水量的关系

柽柳属植物都具有一定的抗旱性能，但抗旱强弱不同。翟诗虹等（1983）根据柽柳属植物的叶片解剖特点，结合其在我国分布的生态环境，将柽柳分为三大类型：一是生活于极端干旱的流动沙丘、沙丘边缘和砾石戈壁上的极度耐旱种类，包括沙生柽柳、紫杆柽柳和密花柽柳；二是生活于河湖岸边、冲积平原上的中度耐旱种类，包括多花柽柳、短毛柽柳、刚毛柽柳、短穗柽柳、长穗柽柳、细穗柽柳和多枝柽柳；三是分布于黄河滩地及黄灌区的半荒漠草原和华北地区的轻度耐旱种类，包括甘蒙柽柳和柽柳两种。蒋进和高海峰（1992）基于若干水分生理和形态指标，采用数学分析法对柽柳的抗旱性进行了排序，结果为沙生柽柳＞紫杆柽柳＞密花柽柳＞短毛柽柳＞多枝柽柳＞多花柽柳＞细穗柽柳＞柽柳＞甘蒙柽柳＞长穗柽柳＞刚毛柽柳＞短穗柽柳。为进一步了解柽柳的抗旱性能，我们采集其新生枝条和叶片进行含水量的测定，与不同潜水水位下土壤层的含水量进行对比，具体分析如下。

如图 2-10 所示，当潜水埋深分别为 0.3m、0.6m、0.9m、1.2m、1.5m、1.8m 时，土壤相对含水量分别为 32.19%、19.72%、17.18%、10.11%、6.86%、4.77%，随潜水埋深的增加而逐渐降低。而新生枝条和叶片的相对含水量保持相对稳定，其中柽柳叶片含水量的均值为 74.05%，极差为 3.39%，变异系数仅为 1.51%，变异率较小。新生枝条相对含水量的均值为 66.76%，极差为 14.85%，变异系数为 6.52%，变异率也较小。不同潜水埋深下相对含水量均为叶片＞新生枝条＞土壤。

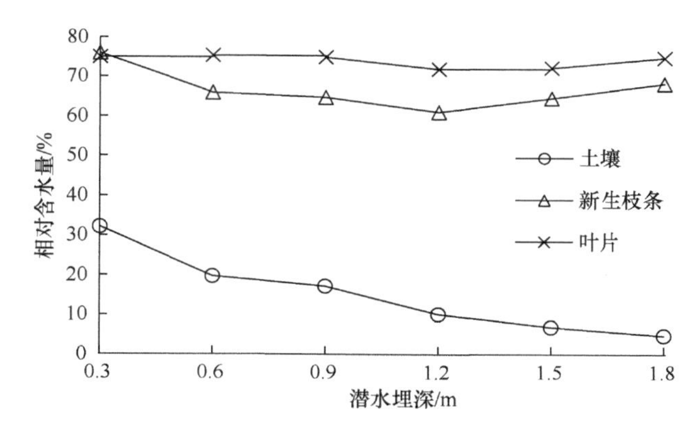

图 2-10　不同潜水埋深下柽柳新生枝条、叶片及土壤相对含水量对比

2.3.4　栽植柽柳对土壤水盐的影响

2.3.4.1　栽植柽柳对土壤含水量的影响

对本研究来说土壤含水量能够显示出柽柳对水分的利用程度。如图 2-11 所示，土壤含水量随着潜水埋深的增加呈现明显的降低趋势。当潜水埋深较浅，为 0.3～0.9m 时，栽植柽柳的土壤含水量较对照组略低，可能是因为潜水埋深浅，浅层土壤水分充足，而栽植柽柳之后部分水分被柽柳吸收，用于维持其各项生命活动。在中等潜水埋深 0.9～1.2m 时，栽植柽柳的土壤与对照组均无明显差异，依靠土壤自身毛管吸力上升到浅层土壤的水分有限，柽柳根系具有吸水作用，其所吸收地下水用于自身生命活动，同时对于水分向表层移动运输也有着促进作用。当潜水埋深为 0.9～1.2m 时，柽柳在土壤浅层的耗水与吸收中层地下水对浅层进行补充的水分达到了平衡。当潜水埋深较深，大于 1.2m 时，不栽植任何植物的对照土壤依靠自身毛管吸力而达到浅层土壤的水分持续降低，此时栽植柽柳的土壤内，由于柽柳根系的吸水作用，促进一部分水分向浅层运动，使得浅层土壤含水量增加，柽柳表现出一定的抗旱性。因此当潜水埋深较浅时，柽柳能依靠根系吸收深层地下水分来满足各项生理需求，抵抗干旱胁迫；同时还可补充浅层土壤水分，对土壤物理性状进行改良，以满足其他不耐旱植物生长所需的土壤水分。

2.3.4.2　栽植柽柳对土壤含盐量的影响

土壤含盐量是衡量一个地区土壤优劣程度的一个重要指标，土壤中盐分，特别是易溶盐的含量及类型对土壤的物理和化学性质及植物的生长发育影响较大。同时一些耐盐性植物的种植对一定区域土壤含盐量的分布也有一定的影响。

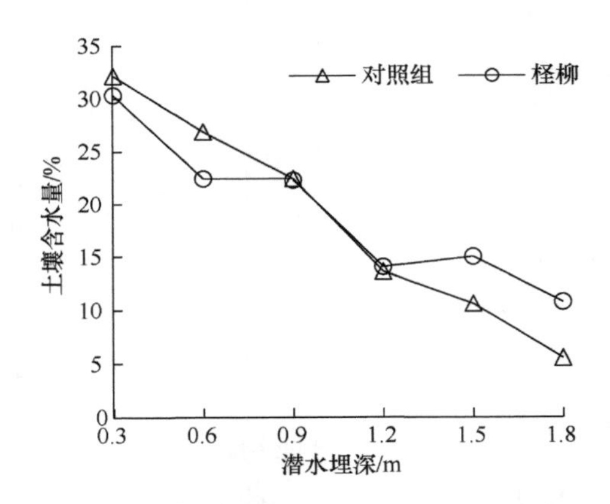

图 2-11　不同潜水埋深下浅层土壤含水量

如图 2-12 所示，土壤含盐量与土壤含水量呈现相同的变化趋势，均随着潜水埋深的增加而降低。在潜水埋深 0.3～1.2m 处栽植柽柳与对照组土壤含盐量差异显著（P<0.05），1.5～1.8m 处无显著性差异（P>0.05），其中潜水埋深 0.6m 处栽植柽柳与对照组差异最大，栽植柽柳土壤的含盐量为对照组的 4.14 倍。

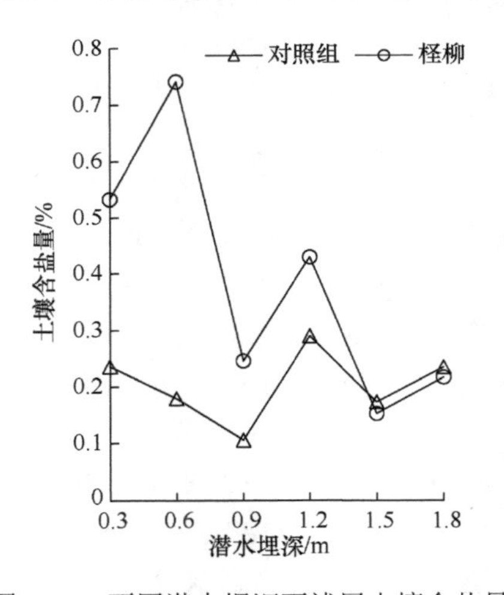

图 2-12　不同潜水埋深下浅层土壤含盐量

2.3.4.3　栽植柽柳对土壤主要盐分离子的影响

K^+、Na^+、Mg^{2+}、Ca^{2+}、Cl^-、HCO_3^-、SO_4^{2-}、NO_3^-是土壤中的主要盐分离子，一般占土壤盐分的 95%以上。分析土壤中可溶性盐分的阴、阳离子含量，可以判断土壤的盐碱化状况，还可以判断植物对盐碱情况的改良作用。由试验数据得知，土壤阳离子以 Na^+、Ca^{2+}为主，阴离子以 Cl^-、SO_4^{2-}为主。由图 2-13 可知，各离子在有柽柳栽植和无柽柳栽植的土壤中含量不同，且随潜水埋深的增加呈现不同的变化趋势。其中，不同潜水埋深下（0.3m、0.6m、0.9m、1.2m、1.5m、1.8m）栽植柽柳土壤中 K^+含量分别是对照组的 1.86 倍、0.82 倍、1.73 倍、1.20 倍、1.84 倍、0.58 倍，呈先降低后增加的趋势，且均在 0.9m 处达到最低值；潜水埋深超过 1.5m 时，对照组 K^+含量逐渐增加，而栽植柽柳 K^+含量呈降低的趋势；Na^+含量随潜水埋深的增加而降低，且潜水埋深 0.3～1.2m 处栽植柽柳的 Na^+含量均显著大于对照组，在各潜水埋深下栽植柽柳土壤中 Na^+含量分别是对照组的 2.65 倍、3.85 倍、3.92 倍、2.82 倍、1.09 倍、1.09 倍；Ca^{2+}含量随着潜水埋深的增加先升高后降低，0.3～0.6m 潜水埋深下其含量差异显著，0.9～1.8m 时无明显差异，不同潜水埋深下栽植柽柳土壤中 Ca^{2+}含量分别是对照组的 2.05 倍、2.32 倍、1.19 倍、1.12 倍、0.72 倍、0.78 倍；0.3～1.2m 潜水埋深下栽植柽柳土壤中 Mg^{2+}含量均高于对照组，潜水埋深 0.3～0.6m 处两者均增加，之后柽柳组持续降低，对照组降低后趋于稳定，在不同潜水埋深下（0.3m、0.6m、0.9m、1.2m、1.5m、1.8m）栽植柽柳的土壤中 Mg^{2+}含量分别是对照组的 1.82 倍、1.31 倍、2.50 倍、2.23 倍、0.88 倍、0.74 倍；在较浅的潜水埋深（0.3～0.6m）下栽植柽柳对 K^+、Mg^{2+}、Ca^{2+}有显著作用，在 0.3～1.2m 对 Na^+有显著作用，深层潜水埋深（1.5～1.8m）下对于 K^+有显著作用。

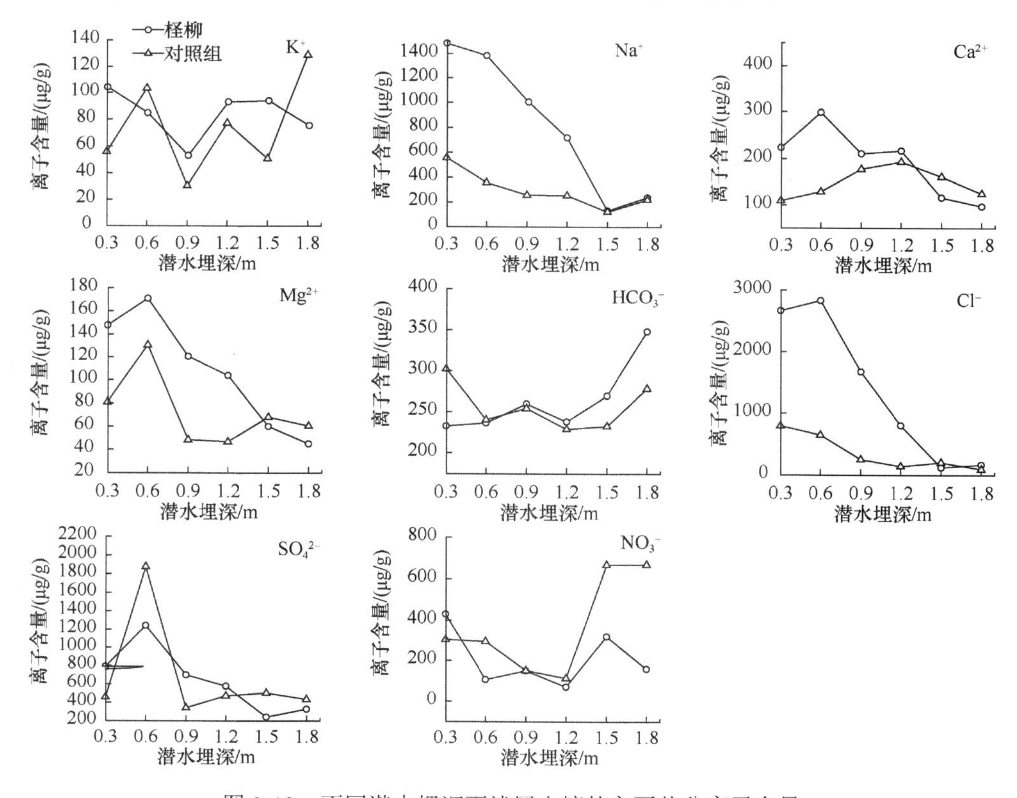

图 2-13　不同潜水埋深下浅层土壤的主要盐分离子含量

不同潜水埋深下（0.3m、0.6m、0.9m、1.2m、1.5m、1.8m）栽植柽柳的土壤中HCO_3^-含量分别是对照组的0.77倍、0.98倍、1.02倍、1.04倍、1.16倍、1.25倍，潜水埋深0.3m及1.8m差异显著（$P<0.05$），其余均无明显差异（$P>0.05$）；潜水埋深0.3～1.2m下栽植柽柳的土壤中Cl^-含量均高于对照组，不同潜水埋深下（0.3m、0.6m、0.9m、1.2m、1.5m、1.8m）其含量分别是对照组的3.36倍、4.41倍、6.94倍、5.85倍、0.58倍、1.83倍，潜水埋深0.3～0.6m时栽植柽柳后土壤中Cl^-含量升高，之后显著降低，对照组持续降低，两者在1.5～1.8m处无明显差异；不同潜水埋深下（0.3m、0.6m、0.9m、1.2m、1.5m、1.8m）栽植柽柳的土壤中SO_4^{2-}含量分别是对照组的1.72倍、0.66倍、2.05倍、1.22倍、0.48倍、0.76倍，均为0.3～0.6m潜水埋深下逐渐升高，在0.6m达到最大值，但柽柳组含量低于对照组，0.6～1.8m逐渐降低；不同潜水埋深下（0.3m、0.6m、0.9m、1.2m、1.5m、1.8m）栽植柽柳的土壤中NO_3^-含量分别是对照组的1.41倍、0.36倍、0.99倍、0.62倍、0.48倍、0.24倍，潜水埋深为0.3m时栽植柽柳后土壤中NO_3^-含量高于对照组，其余均低于对照组。潜水埋深0.3m时，柽柳主要影响Cl^-含量，在1.5～1.8m处主要影响HCO_3^-、NO_3^-含量。

2.3.5 不同潜水埋深与土壤及植物水盐指标的相关性分析

潜水埋深与土壤及植物水盐之间的相关性可以通过对潜水埋深、土壤含水量、土壤含盐量、植物含水量、植物含盐量等因子的相关性分析得出。如表2-4所示，不同潜水埋深与土壤含水量呈极显著负相关（$P<0.01$），与土壤含盐量呈显著正相关（$P<0.05$），与植物含水量呈显著负相关（$P<0.05$），相关系数分别为–0.960、0.919、–0.912。土壤含水量与土壤含盐量呈极显著负相关（$P<0.01$），与植物含水量呈极显著正相关（$P<0.01$），相关系数分别为–0.955和0.986，土壤含盐量与植物含水量呈显著负相关（$P<0.05$），相关系数为–0.825。其他因子之间无明显相关性。

表2-4　各指标之间的相关性分析

指标	潜水埋深	土壤含水量	土壤含盐量	植物含水量	植物含盐量
潜水埋深	1.000				
土壤含水量	–0.960**	1.000			
土壤含盐量	0.919*	–0.955**	1.000		
植物含水量	–0.912*	0.986**	–0.825*	1.000	
植物含盐量	–0.091	–0.120	–0.068	–0.269	1.000

* $P<0.05$，** $P<0.01$

对5种水盐参数进行主成分分析（表2-5），主成分1和主成分2累积方差达到98.3088%，为主要影响因子。其中，主成分1的贡献率为76.6832%，说明该主成分在水盐指标调控方面具有决定性作用。

通过对载荷量的分析表明（表 2-6），主成分 1 中潜水埋深、土壤含盐量、土壤含水量、植物含水量占有较大负荷，分别为 0.965、0.968、−0.998、−0.981；主成分 2 中植物含盐量占有较大负荷，为 0.997。

表 2-5　主成分特征值分析

主成分	初始数值			提取后数值		
	特征值	解释方差	累积方差	特征值	解释方差	累积方差
1	3.8342	76.6832	76.6832	3.8342	76.6832	76.6832
2	1.0813	21.6256	98.3088	1.0813	21.6256	98.3088
3	0.0814	1.6287	99.9375			
4	0.0026	0.0527	99.9902			
5	0.0005	0.0098	100.0000			

表 2-6　主成分载荷量分析

主成分	载荷量				
	潜水埋深	土壤含水量	土壤含盐量	植物含水量	植物含盐量
1	0.965	−0.998	0.968	−0.981	0.081
2	−0.171	−0.039	−0.146	−0.19	0.997

由水盐参数的相关性综合分析得出，潜水埋深与土壤含盐量、土壤含水量、植物含水量具有明显的相关性，而与植物含盐量无明显相关关系，说明潜水埋深对柽柳体内盐分含量影响较小，柽柳可以通过改变体内的含盐量水平适应水盐逆境。可见对于 3 年生柽柳而言，其栽植应主要考虑区域土壤的水盐含量，与潜水埋深无明显关系。因此从栽植柽柳的角度出发，当潜水埋深在 1.8m 以内时，柽柳自身的耐水盐胁迫性完全可以满足自身的生长发育而不使其受胁迫；从改良盐碱地土壤性状的角度出发，应将潜水埋深控制在较合理的水平。

2.3.6　讨论

2.3.6.1　潜水埋深与浅层土壤水盐分布的关系

土壤水是联系地表水与地下水的纽带，维系着与全球初级生产力形成有关的能量平衡和物质传输，是物质传输和运移的重要载体（Calow and Robins，1997），是衡量土壤肥力的主要因素之一（肖德安和王世杰，2009）。土壤水分与潜水埋深密切相关，干旱区地下水埋深与 0～20cm 土层的土壤相对含水量呈线性相关，且 0～5cm 土层其线性方程斜率大于 15～20cm 土层（魏彬等，2013）。稻田根系层土壤水分与地下水埋深大致呈负相关的变化规律（匡成荣等，2001）。夏江宝等（2015）为有效探明盐水矿化度条件（20g/L），对不同潜水埋深下土壤各剖面水分和盐分的分布、聚积及迁移特征进行了研究，得出不同土层的土壤相对含水量随潜水水位的增加显著降低，两者呈极显著负相关，且土壤含水量随潜水水位的递减明显减小，这均与本研究结论一致，即土壤相对含水量在0～20cm土层，随潜水埋深呈线性负相关，土壤相对含水量随潜水埋深的加深而显著降低，且0～10cm土层的递减率大于10～20cm土层；但0～20cm土层土壤相对含水量均在潜水埋深0.6m处开始具有显著差异（$P<0.05$），在1.5～1.8m处无明显差异（$P>0.05$），这可能是因为潜水埋深较浅时，地下水通过毛细管作用充分供给包气带，土壤含水量增加（Laversa et al.，2015），而随潜水埋深增加至0.6m，地下水向上运动到达表土层的能量消耗较高，土壤毛管吸力减弱，重力作用增强，水分上行能力减弱，致使土壤层含水量随着潜水埋深的加深而显著下降。本研究潜水埋深1.5m下0～20cm土层的土壤相对含水量减少率最大，主要是因为随潜水埋深变深，超过毛细管作用的临界深度，地下水对0～10cm土层的补给量减少。土壤盐分的积累过程其实是土壤潜水蒸发的过程，当潜水埋深超过其蒸发极限深度时，盐分将不能到达地表。潜水埋深较浅时，土壤盐分随潜水埋深的增加而减小，两者之间可满足负相关或指数关系，但土壤盐分与潜水水位又并非同步升降（范晓梅等，2010）。潜水水位低于2.0m，土壤盐分与潜水水位表现出负相关关系或指数关系，然而土壤积盐又受潜水蒸发和地下水矿化度的影响，其变化规律较为复杂。一般研究把土壤全盐量作为作物的耐盐指标，但盐分只有溶解到土壤溶液中，才会对作物产生直接的危害，因而盐害的诊断以土壤溶液中盐浓度作为指标会更准确（匡成荣等，2001）。本模拟试验是在矿化度及潜水蒸发稳定的条件下进行的，在浅埋潜水下0～10cm土层土壤能够较好地补充潜水蒸发带走的水盐，在潜水埋深低于1.2m时，土壤盐分随着潜水埋深的加深而增加，甚至呈指数函数增加；而对于10～20cm土层而言，当潜水埋深小于0.9m时，土壤盐分随着潜水埋深的加深而略微降低，这可能是因为潜水埋深浅，土壤盐分在表层迅速聚集，形成一种类似结皮性质的保护层，降低了水分蒸发，使含盐量有降低趋势。土壤盐分在不同潜水埋深处变化比例较大，但实际含盐量并不高，这主要是与栽植柽柳有关，研究表明柽柳能显著降低表层土壤（0～20cm土层）含盐量（张立宾等，2008）。宋战超等（2016）研究了淡水（0）、微咸水（3g/L）、咸水（8g/L）和盐水（20g/L）4种地下水矿化度下，1.8m潜水埋深处土壤水盐的分布特征，得出随土壤深度的增加，各种地下水矿化度下，栽植柽柳的土柱和对照组土壤剖面水分均呈现升高趋势，土壤剖面盐分先下降再升高，表土层水分最低而含盐量最高，呈现明显的盐分表聚现象，栽植柽柳降低了土壤水分在垂直深度上的增加幅度，抑制了中土层（40cm以上）的盐分增加，找到了柽柳对盐碱地改良效果最好的土层界限。马玉蕾等（2013）研究得出地下水埋深为0.5～1.5m时，30～40cm土层发生中度以上盐渍化的可能性最大，属于强盐化深度；地下水埋深小于0.5m时，地下水不但参与土壤积盐，而且对积盐程度影响较大；地下水埋深为0.5～2.5m时，地下水参与土壤积盐，但对积盐程度影响较小；地下水埋深大于 2.5m 时，地下水基本不参与土壤积盐，表层土壤盐渍化较轻。本试验细化了这一结论，认为在微咸水矿化度下，对于浅层（0～20cm）土壤，其盐分随潜水埋深的变化过程应存在转折点，1.2m 水深应该是土壤盐分聚集发生转变的潜水水位，该水位土壤柱体盐分聚集度最高。

2.3.6.2　浅层土壤水盐分布对栽植柽柳的响应

土壤盐渍化形成的主要原因是土壤的蒸发量大于大气降水量。在无植被栽植的土壤中，降低其潜水蒸发是防止土壤盐渍化的重要措施；在大多数情况下，栽植植被条件下土壤水分蒸发中作物的蒸腾作用占绝大多数，使得土壤向着脱盐化演变。在耐盐植物生物和非生物作用下土壤理化性质必然发生空间异质性，形成一定的区化特征。雷金银等（2011）研究表明，养分与盐分随着距离柽柳的远近呈现截然相反的变化特征，在距离柽柳较近范围内形成“高有机质区”和“低盐区”，距离柽柳越远，有机质含量逐渐降低，而盐分含量逐渐增加。王合云等（2015）的研究也指出，滨海盐碱地经过柽柳的改造作用，Na^+含量降低，土壤盐渍化程度降低，柽柳林地土壤全盐量均低于空地，这与本研究的结果有所不同。本研究表明，在地下水矿化度一致的情况下与空地相比，栽植柽柳的表层土含盐量均有较大幅度的增加，尤其是 Na^+、Mg^{2+}和 Cl^-含量，当潜水埋深在 1.5m 以上时显现出较明显的差异。这与尹传华等（2007）的研究较为一致。尹传华等（2007）指出，对于柽柳而言，生物作用主要表现为根系对盐分的吸收、运输并使之以凋落物的形式回落到表层土壤的生物积盐过程。生物积盐作用是造成植株周围盐分富集并在其冠层下形成“盐岛”的主要因素（郗金标等，2004），且耐盐能力越强的植物对盐分的累积效应越明显（Nosetto et al.，2008）。柽柳是典型的泌盐植物，具有很高的耐盐能力，能够选择性吸收盐分并将其排出体外，且柽柳植株低矮，株型紧凑，能够有效积累和保护冠层下的凋落物不受损失，凋落物中的盐分得以最大程度返还土壤，使得盐分在冠层下的土壤中大量富集，柽柳冠层下土壤某些盐分离子含量明显高于冠层外。同时，柽柳对盐分的富集作用可能与其本身的选择性吸收特性有关，对灌丛生长越重要的土壤元素在“沃岛”中的聚集就越显著，空间异质性就越明显。本研究土壤盐分离子含量组成结果表明，柽柳冠层下 Na^+和 Mg^{2+}的富集效应明显强于 K^+和 Ca^{2+}，而 Na^+含量显著高于 K^+含量，阴离子中以 Cl^-的富集效应最为明显，表明柽柳冠层下盐分富集以钠盐为主，也可以说是以 NaCl 为主，这与滨海海盐的主要成分为 Na^+和 Cl^-有关。这进一步说明柽柳植株周围盐分的富集主要是由于其对土壤盐分的选择性吸收，并通过凋落物回归等途径返还土壤（胡文杰等，2012）。另外，除以凋落物的形式回归外，树干径流也是造成灌丛周围盐分分布差异的因素之一。李从娟等（2012）有关梭梭“盐岛”效应的研究发现，树干径流会将盐分带走，在主根附近形成低盐的环境。但本研究总体表现为离植株越近盐分越高，与梭梭对盐分的影响不同，而与尹传华等（2007）对多枝柽柳、盐穗木和盐节木，以及何玉惠等（2015）对红砂灌丛的研究结果相似，这可能是由于柽柳、盐穗木、盐节木和红砂属于泌盐盐生植物，降水将树冠中茎、叶分泌的盐分淋洗下来后在冠层下被凋落物截留，从而形成“盐岛”，而梭梭属于稀盐性盐生植物，降雨不但没有从茎、叶表面淋洗出盐分，植株附近尤其是表层土壤中的盐分反而在树干径流的影响下向深层土壤和远离植株的方向移动，从而在植株附近形成低盐区域。此外，不同地区的生物组成、气候特点和成土母质不同，而使土壤盐渍化成因存在差异，进而导致土壤总体盐分状况、盐分离子组成及离子之间的相关性不同，这也可能是造成不同研究结果存在差异的主要原因之一（姚荣江等，2008）。

本研究在潜水埋深较浅的 0.3～0.6m 处 Na^+、Ca^{2+}、Mg^{2+}、Cl^-含量均显著高于对照组，HCO_3^-含量明显小于对照组，SO_4^{2-}和 NO_3^-含量的波动性较大，随着潜水埋深的加深，在 0.6～1.2m 处，Na^+、Ca^{2+}、Mg^{2+}、Cl^-含量也高于对照组，但两者差异逐渐缩小，栽植柽柳的 HCO_3^-、SO_4^{2-}和 NO_3^-含量与对照组无明显差异，当潜水埋深继续加深，在 1.2～1.8m 处盐分的化学类型发生变化，Na^+、Ca^{2+}、Mg^{2+}、Cl^-、SO_4^{2-}含量低于对照组，但差异不大，HCO_3^-含量明显高于对照组，NO_3^-含量明显低于对照组，这说明在不同潜水埋深下，栽植柽柳的浅层土壤会发生积盐现象，盐分的种类以氯化盐和硫酸盐为主。随着潜水埋深的加深，表层土壤的积盐效果逐渐减弱，在 1.5m 处，栽植柽柳的土壤盐分含量已无明显差异，土壤盐分的阴离子组成因盐化程度不同而不同，这正是柽柳根系所到达的最大土层深度，因此，尽管“盐岛”的发生主要集中于冠层下的表层土壤，但根际过程在其中起到了重要的作用，柽柳根系在潜水埋深较浅的土壤中比在潜水埋深较深的土壤中吸收更多的盐分，导致潜水埋深变化时表层土壤的盐分分布也不同，所以可以认为根系引起的生物积盐作用是柽柳“盐岛”形成的主要驱动力。张鸣等（2014）的研究亦指出，盐分在植株周围不同区域内的变化差异主要是根系对离子的选择吸收和吸收速率不同造成的，这与本试验的研究结果类似。

轻盐化的土壤盐分组成以 HCO_3^-、Cl^-、Na^+、Ca^{2+}为主，重盐化的则以 Cl^-、Na^+为主（阎鹏和徐世良，1994）。杨国荣等（1986）还为盐渍土数值做过以下分类，即用盐碱土中 N_1 与 N_2 的比值反映盐碱土类型，其中 N_1 表示土壤中 CO_3^{2-}和 HCO_3^-的含量，N_2 表示土壤中 Cl^-和 SO_4^{2-}的含量。若 N_1/N_2 值为 1～4，则属于氯化物或硫酸盐苏打盐渍土范畴，若比值小于 1，则属于氯化物或硫酸盐盐渍土范畴。本试验研究结果显示不同潜水埋深下栽植柽柳与对照组土壤 N_1 与 N_2 的比值均小于 1，属于氯化物或硫酸盐盐渍土，但潜水埋深 0.3～1.2m 处栽植柽柳土壤中 SO_4^{2-}的含量均小于 Cl^-的含量，属于氯化物盐渍土，潜水埋深 1.5～1.8m 处土壤中 SO_4^{2-}的含量大于 Cl^-的含量，属于硫酸盐盐渍土；对照组仅在潜水埋深 0.3m 处土

壤中 SO_4^{2-}的含量小于 Cl^-的含量，属于氯化物盐渍土，其余潜水埋深处土壤中 SO_4^{2-}的含量大于 Cl^-的含量，属于硫酸盐盐渍土。总体来说，当地下水为微咸水时，潜水埋深较浅的浅层土壤中，栽植柽柳之后对土壤盐渍化并没有明显的影响，0.6～1.2m 中等潜水埋深中，栽植柽柳的浅层土壤中硫酸盐盐渍土转换为氯化物盐渍土，重盐化加重，柽柳表现出积盐效应。当潜水埋深大于 1.2m 时，浅层土壤的主要盐分为硫酸物盐，且总体含盐量减少，柽柳对盐碱地表现出一定的改良作用。

2.3.6.3　柽柳主要组织器官盐离子分布对潜水埋深的响应关系

植物的耐盐机制主要有 3 种：一是避让（逃避盐害），通过降低盐类在体内积累从而避免盐类的危害；二是忍耐（忍受盐害），通过生理的或代谢的适应而忍受已进入细胞的盐类；三是缓解即为稀释作用，既不能阻止过量盐分的吸收，又不具备有效的排盐系统，而是借助于旺盛的生长，吸收大量水分以稀释体内盐分浓度。研究发现，在微咸水条件下柽柳叶片 Na^+含量少于对照组，但是新生枝条中 Na^+含量高于对照组，说明柽柳通过叶片分泌，降低 Na^+对植物细胞的毒害作用，这符合前人的研究结果。不同潜水埋深下对植物造成的主要危害包括渗透胁迫和营养不平衡。本研究表明，在 0.6～1.2m 潜水埋深下，柽柳 Na^+含量较高，抑制了对 K^+和 Ca^{2+}的吸收，而 K^+是细胞内重要的调节物质，其缺乏将影响植株的正常生理活动，在浅埋深下微咸水柽柳 K^+含量高于对照组，说明柽柳在浅埋深下通过吸收较多的 K^+来保证自身的代谢，维持细胞渗透的稳定性。Ca^{2+}作为一种重要的信号转导物质，在维持细胞稳定性方面有重要的作用，本研究中 Ca^{2+}含量随着潜水埋深的加深呈先增加后降低趋势，且由于 Na^+的离子半径与 Ca^{2+}的离子半径非常相似，过量吸收的 Na^+使得细胞质和质外体中 Na^+增加，把质膜、液泡膜、叶绿体膜上的 Ca^{2+}置换下来，而 Na^+和 Ca^{2+}的电荷密度不一样，所以 Na^+对细胞膜不但不起稳定和保护作用，反而使膜结构破坏，使膜选择透性丧失，细胞内大量必需元素外渗。

从植物的矿质营养角度看，土壤中的钠、钾、钙元素，除钠元素为盐生植物所必需外，钾和钙均为高等植物普遍需要的金属元素，其在化学性质上具有一定的相似性，在植物吸收运转过程中会相互产生一定程度的协同和拮抗作用，进而影响不同器官含量之间的差异。在不同潜水埋深下，Na^+会对 K^+和 Ca^{2+}产生不同程度的拮抗作用，从而降低其含量。本试验中在潜水埋深较浅时，Na^+主要抑制 Ca^{2+}，随着潜水埋深的加深，对 Ca^{2+}的影响减弱，与对照组无明显差异，而对 K^+产生明显的抑制作用，显著低于对照组；而对于新生枝条，在潜水埋深 0.3～0.6m 时，Na^+对 K^+和 Ca^{2+}有明显的抑制作用，均显著低于对照组，随着潜水埋深的加深该作用减弱。适量的 Na^+有助于增加植物的渗透势，提高植物的吸水能力，但高浓度的 Na^+不仅对植物细胞膜系统具有毒害作用，还抑制植物对 K^+、Ca^{2+}、Mg^{2+}的吸收，而 K^+、Ca^{2+}、Mg^{2+}吸收的减少或缺乏将导致叶绿素合成受阻、光合作用下降（Parida et al.，2004）、营养不良，植物生长受到抑制，破坏了植物体内的离子平衡，造成严重的单盐毒害，因此，增加对其他离子的吸收、重建离子平衡是植物耐盐的一个重要方式（任志彬等，2011）。

2.3.6.4　植物主要组织器官含水量与土壤含水量的交互效应

干旱对植物的影响是多方面的，但最根本的是干旱时土壤有效水分亏缺，叶片的蒸腾失水得不到补偿，引起细胞原生质脱水，使原生质运动、结构、弹性等受到损害，破坏了膜上脂质双分子层排列，细胞透性增加；同时植物正常生理过程被破坏，合成受到抑制，分解加速，使植物生长减弱，叶片失水衰老、枯黄，直至死亡（柴守玺和王自忠，1990）。在干旱条件下，植物能维持较高的叶片含水量，表明植株的叶片持水力越强，细胞膜受到胁迫伤害的程度越小，抗旱性越强，反之抗旱性越弱。本试验结果显示，随着潜水埋深增加和土壤含水量增加，柽柳的新生枝条和叶片含水量变化很小，能够维持一个稳定值，说明柽柳能够调节自身组织含水量水平，具有一定的抗旱性；并且试验结果显示柽柳新生枝条和叶片含水量维持一个稳定值，说明当地下水下降一定程度，土壤含水量减小时，柽柳能维持自身组织在一个较稳定的含水量水平，具有一定的抗旱性能，且叶片和新生枝条的含水量差异不显著，这可能是因为柽柳叶片一般抱茎而生，形成茎叶愈合体，以适应干旱环境（张道远等，2003）。本试验中，当潜水埋深为 1.8m，土壤含水量为 4.77%时，柽柳茎、叶含水量均可维持在一个相对稳定的状态，由于黄河三角洲柽柳生长地带潜水埋深主要集中在 0.3～2m（马玉蕾等，2013；夏江宝等，2015），说明柽柳的耐干旱性完全可以满足在该地区的生长发育，至于柽柳对干旱的耐受极限，还有待进一步研究。

2.3.7　结论

2.3.7.1　不同潜水埋深下浅层土壤-柽柳水盐运移规律

在地下微咸水（3g/L）矿化度下，通过毛管吸力及大气蒸发作用，土壤内水分及盐分能上升到地表的最大潜水埋深为 1.2m，土壤渍水、水分亏缺或含盐量过高均可影响植物生长，所以可根据不同的植物根系深度，选择合适的潜水埋深，确保植物正常生长发育。适合柽柳初始根系的主要生长层为 20～40cm；因此，比较适宜的潜水埋深为 1.4～1.6m。

不同潜水埋深下浅层土壤水分变化均在 6～8 月升高，在 8 月达到最大值，10～12 月降低，12 月最小。土壤含水量均随着潜水埋深的增加呈现降低的趋势，在 0.3～1.2m 潜水埋深下，土壤含水量高且随时间波动大，在 1.5～1.8m 潜水埋深下，土壤含水量低且随时间波动小。土壤含盐量与土壤含水量密切相关，在 10 月和次年 4 月出现两个高峰，有“盐随水来，盐随水去”的特点，4～10 月，表层土壤积盐严重。

微咸水条件下柽柳叶片 Na^+含量少于对照组，但是新生枝条中 Na^+含量高于对照组，柽柳通过叶片分泌，降低 Na^+对植物细胞的毒害作用。在较浅埋深微咸水条件下的栽植柽柳土壤中 K^+含量高于对照组，柽柳在浅埋深下通过吸收较多的 K^+来维持细胞渗透的稳定性。对于叶片，在较浅埋深下，Na^+主要抑制 Ca^{2+}，随着潜水埋深的增加对 K^+产生明显的抑制作用；对于新生枝条，在潜水埋深 0.3～0.6m 处，Na^+对 K^+和 Ca^{2+}有明显的抑制作用，均显著低于对照组，较深潜水埋深下影响作用减弱。

2.3.7.2　不同潜水埋深下栽植柽柳对土壤盐分离子分布的作用规律

试验区土壤阳离子以 Na^+、Ca^{2+}为主，阴离子以 Cl^-、SO_4^{2-}为主。本研究在较浅埋深下，潜水埋深 0.3～0.6m 处 Na^+、Ca^{2+}、Mg^{2+}、Cl^-均显著高于对照组，HCO_3^-含量明显低于对照组，SO_4^{2-}和 NO_3^-的波动性较大，随着潜水埋深的增加，在潜水埋深 0.6～1.2m 处，Na^+、Ca^{2+}、Mg^{2+}、Cl^-含量高于对照组，但两者差异逐渐缩小，但潜水埋深 1.2～1.8m 处盐分的化学类型发生变化，Na^+、Ca^{2+}、Mg^{2+}、Cl^-、SO_4^{2-}含量与对照组无明显差异，NO_3^-含量降低，HCO_3^-含量升高。栽植柽柳的浅层土壤发生积盐现象且随着潜水埋深的增加，表层土壤的积盐效果逐渐减弱，在 1.5m 处，栽植柽柳的土壤盐分含量已无明显差异。

试验区盐分离子中阴离子以 Cl^-和 SO_4^{2-}为主，栽植柽柳土层 Cl^-/SO_4^{2-}值均大于对照组，且随着潜水埋深的增加 Cl^-/SO_4^{2-}值呈现降低的趋势，不同潜水埋深下栽植柽柳具有脱盐的趋势，在较浅埋深下，土壤处于平衡状态，而在较深埋深下处于持续脱盐的阶段。

2.3.7.3　微咸水矿化度下潜水埋深、土壤及植物水盐的耦合关系

潜水埋深与土壤含盐量、土壤含水量、植物含水量具有明显的相关性，而与植物含盐量无显著相关性。这说明柽柳改变体内的含盐量水平与潜水埋深的影响不大，植物体内的水盐含量与土壤水盐含量的密切程度要大于潜水埋深。因此，在滨海盐碱地栽植 3 年生柽柳幼苗时，从柽柳的适应性方面应主要考虑栽植区域土壤水盐含量的控制，与潜水埋深无明显关系，当微咸水埋深在 1.8m 以内时，柽柳自身的耐水盐胁迫性可以满足自身的生长发育而不使其受迫害；从改良盐碱地土壤性状的角度出发，由于柽柳存在积盐效应，当潜水水位超过 1.2m 时，该效应减弱。因此，在黄河三角洲滨海盐碱地栽植柽柳幼苗时应考虑当地的潜水水位，不宜低于 1.2m，才能有效地发挥柽柳对盐碱地的改良作用。

主要参考文献

安乐生. 2012. 黄河三角洲地下水水盐特征及其生态效应. 青岛: 中国海洋大学博士学位论文:

1-2.
安乐生, 赵全升, 叶思源, 等. 2011. 黄河三角洲地下水关键水盐因子及其植被效应. 水科学进展, 22(5): 689-694.
柴守玺, 王自忠. 1990. 与小麦抗旱性筛选有关的几个水分指标. 甘肃农业科技, (6): 12-14.
常春龙, 杨树青, 刘德平, 等. 2014. 河套灌区上游地下水埋深与土壤盐分互作效应研究. 灌溉排水学报, 33(4/5): 315-319.
陈荷生, 康跃虎. 1992. 沙坡头地区凝结水及其在生态环境中的意义. 干旱区资源与环境, 6(2): 63-72.
陈敏, 陈亚宁, 李卫红. 2008. 塔里木河中游地区柽柳对地下水埋深的生理响应. 西北植物学报, 28(7): 1415-1421.
陈铭达, 綦长海, 赵耕毛, 等. 2006. 莱州湾海水入侵区地下水灌溉土壤水盐迁移特征分析. 干旱地区农业研究, 24(4): 36-41.
陈亚宁, 李卫红, 徐海量, 等. 2003. 塔里木河下游地下水位对植被的影响. 地理学报, 58(4): 542-549.
陈亚宁, 张宏锋, 李卫红. 2005. 新疆塔里木河下游物种多样性变化与地下水位的关系. 地球科学进展, 20(2): 158-165.
董海凤, 杜振宇, 马丙尧, 等. 2013. 黄河三角洲人工林地土壤的水盐动态变化. 水土保持学报, 27(5): 48-53.
樊自立, 陈亚宁, 李和平, 等. 2008. 中国西北干旱区生态地下水埋深适宜深度的确定. 干旱区资源与环境, 22(2): 1-5.
范晓梅, 刘高焕, 刘红光. 2014. 基于 Kriging 和 Cokriging 方法的黄河三角洲土壤盐渍化评价. 资源科学, 36(2): 321-327.
范晓梅, 刘高焕, 唐志鹏, 等. 2010. 黄河三角洲土壤盐渍化影响因素分析. 水土保持学报, 24(1): 139-144.
冯永军, 陈为峰, 张蕾娜, 等. 2000. 滨海盐渍土水盐运动室内实验研究及治理对策. 农业工程学报, 16(3): 38-42.
付腾飞, 贾永刚, 刘晓磊, 等. 2012. 黄河三角洲滨海盐渍土水盐运移监测研究. 土壤通报, (6): 1342-1347.
高祥伟. 2002. 山东省滨海盐渍土水盐运动动态规律研究. 泰安: 山东农业大学硕士学位论文.
宫兆宁, 宫辉力, 邓伟, 等. 2006. 浅埋条件下地下水-土壤-植物-大气连续体中水分运移研究综述. 农业环境科学学报, 25(增刊): 365-373.
宫兆宁, 赵文吉, 胡东. 2009. 水盐环境梯度下野鸭湖湿地植物群落特征及其生态演替模式. 自然科学通报, 19(11): 1272-1280.
谷奉天. 1991. 黄河口地区柽柳群落及其利用. 中国草地, (3): 33-36.
谷洪彪, 姜纪沂. 2013. 土壤盐碱化的灾害学定义及其风险评价体系. 灾害学, (1): 23-27.
管博, 栗云召, 夏江宝, 等. 2014. 黄河三角洲不同水位梯度下芦苇植被生态特征及其与环境因子相关关系. 生态学杂志, 33(10): 2633-2639.
管孝艳, 王少丽, 高占义, 等. 2012. 盐渍化灌区土壤盐分的时空变异特征及其与地下水埋深的关系. 生态学报, 32(4): 1202-1210.
郭全恩, 王益权, 马忠明, 等. 2011. 植被类型对土壤剖面盐分离子迁移与累积的影响. 中国农业科学, 44(13): 2711-2720.

郭占荣，韩双平. 2002. 西北干旱地区凝结水试验研究. 水科学进展, 13(5): 623-628.
郭占荣，刘花台. 2005. 西北内陆盆地天然植被的地下水生态埋深. 干旱区资源与环境, 19(3): 157-161.
韩琳娜，周凤琴. 2010. 中国柽柳属植物的生态学特性及其应用价值. 山东林业科技, 40(1): 41-44.
何玉惠，刘新平，谢忠奎. 2015. 红砂灌丛对土壤盐分和养分的富集作用. 干旱区资源与环境, 29(3): 115-119.
胡文杰，李跃进，刘洪波，等. 2012. 土默川平原土壤盐渍化与盐生植物分布及盐分离子特征的研究. 干旱区资源与环境, 26(4): 127-131.
蒋进，高海峰. 1992. 柽柳属植物抗旱性排序研究. 干旱区研究, 9(4): 41-45.
蒋宇静，李博，王刚，等. 2008. 岩石裂隙渗流特性试验研究的新进展. 岩石力学与工程学报, 27(12): 2377-2386.
金晓媚，胡光成，史晓杰. 2009. 银川平原土壤盐渍化与植被发育和地下水埋深关系. 现代地质, 23(1): 23-27.
匡成荣，沈波，洪宝鑫，等. 2001. 稻田土壤水分与浅层地下水埋深关系的研究. 中国农村水利水电, 5(12): 22-23.
雷金银，班乃荣，张永宏，等. 2011. 柽柳对盐碱土养分与盐分的影响及其区化特征. 水土保持通报, 31(2): 73-76.
雷志栋，尚松浩，杨诗秀. 1998. 地下水浅埋条件下越冬期土壤水热迁移的数值模拟. 冰川冻土, 20(1): 51-54.
李彬，史海滨，闫建文，等. 2014. 节水改造后盐渍化灌区区域地下水埋深与土壤水盐的关系. 水土保持学报, 28(1): 117-122.
李从娟，雷加强，徐新文，等. 2012. 树干径流对梭梭“肥岛”和“盐岛”效应的作用机制. 生态学报, 32(15): 4819-4826.
李德全，高辉远，孟庆伟. 1999. 植物生理学. 北京：中国农业科学技术出版社.
李建国，濮励杰，朱明，等. 2012. 土壤盐渍化研究现状及未来研究热点. 地理学报, (67)9: 1233-1245.
李利，张希明. 2006. 中国内陆盐生荒漠两种盐生植物的种子萌发策略. 中国科学 D 辑：地球科学, 36(增刊Ⅱ): 103-109.
李永涛，王霞，魏海霞，等. 2017. 盐碱生境模拟下两种柽柳的生理特性研究. 山东农业科学, 49(1): 53-58.
梁少民，闫海龙，张希明，等. 2008. 天然条件下塔克拉玛干沙拐枣对潜水条件变化的生理响应. 科学通报, 53(增刊Ⅱ): 100-106.
林光辉. 2010. 稳定同位素生态学：先进技术推动的生态学新分支. 植物生态学报, 34(2): 119-122.
刘广明，杨劲松. 2002. 土壤蒸发量与地下水作用条件的关系. 土壤, 34(3): 141-144.
刘广明，杨劲松. 2003. 地下水作用条件下土壤积盐规律研究. 土壤学报, 40(1): 65-69.
吕建树，刘洋. 2010. 黄河三角洲湿地生态旅游资源开发潜力评价. 湿地科学, 8(4): 339-346.
马文军，程琴娟，李良涛，等. 2010. 微咸水灌溉下土壤水盐动态及对作物产量的影响. 农业工程学报, 26(1): 73-80.
马兴华，王桑. 2005. 甘肃疏勒河流域植被退化与地下水位及矿化度的关系. 甘肃林业科技, 30(2): 53-54.

马玉蕾, 王德, 刘俊民, 等. 2013. 地下水与植被关系的研究进展. 水资源与水工程学报, 24(5): 36-40, 44.

孟繁静. 2000. 植物生理学. 武汉: 华中理工大学出版社.

彭轩明, 吴青柏, 田明中. 2003. 黄河源区地下水位下降对生态环境的影响. 冰川冻土, 25(6): 667-671.

乔冬梅, 齐学斌, 庞鸿滨, 等. 2009. 地下水作用下微咸水灌溉对土壤及作物的影响. 农业工程学报, 25(11): 55-61.

乔云峰, 王晓红, 沈冰, 等. 2004. 和田绿洲地下水特征及其对生态植被的影响分析. 长江科学院院报, 21(2): 28-31.

任志彬, 王志刚, 聂庆娟, 等. 2011. 盐胁迫对锦带花幼苗生长及不同部位 Na^+、K^+、Ca^{2+}、Mg^{2+} 离子质量分数的影响. 东北林业大学学报, 39(5): 24-26, 49.

宋长春, 邓伟. 2000. 吉林西部地下水特征及其与土壤盐渍化的关系. 地理科学, 20(3): 246-250.

宋楠, 杨思存, 刘学录, 等. 2014. 不同种植年限盐碱荒地土壤盐分离子分布特征. 土壤学报, 51(3): 660-665.

宋战超, 夏江宝, 赵西梅, 等. 2016. 不同地下水矿化度条件下柽柳土柱的水盐分布特征. 中国水土保持科学, 14(2): 41-48.

孙九胜, 耿庆龙, 常福海, 等. 2012. 克拉玛依农业开发区地下水埋深与土壤积盐空间异质性分析. 新疆农业科学, 49(8): 1471-1476.

谭军利, 康跃虎, 焦艳平, 等. 2008. 不同种植年限覆膜滴灌盐碱地土壤盐分离子分布特征. 农业工程学报, 24(6): 59-63.

谭向峰, 杜宁, 葛秀丽, 等. 2012. 黄河三角洲滨海草甸与土壤因子的关系. 生态学报, 32(19): 5998-6005.

汤爱坤, 刘汝海, 许廖奇, 等. 2011. 昌邑海洋生态特别保护区土壤养分的空间异质性与植物群落的分布. 水土保持通报, 31(3): 88-93.

汤梦玲, 徐恒力, 曹李靖. 2001. 西北地区地下水对植被生存演替的作用. 地质科技情报, 20(2): 79-82.

王根绪, 程国栋, 徐中民. 1999. 中国西北干旱区水资源利用及其生态环境问题. 自然资源学报, 14(2): 110-116.

王合云, 李红丽, 董智, 等. 2015. 滨海盐碱地不同造林树种林地土壤盐碱化特征. 土壤学报, 52(3): 702-712.

王佳丽, 黄贤金, 钟太洋, 等. 2011. 盐碱地可持续利用研究综述. 地理学报, 66(5): 673-684.

王荣荣. 2014. 贝壳堤岛 3 种灌木叶片光合作用的水分响应性研究. 泰安: 山东农业大学硕士学位论文.

王相平, 杨劲松, 姚荣江, 等. 2014. 苏北滩涂水稻微咸水灌溉模式及土壤盐分动态变化. 农业工程学报, 30(7): 54-63.

王艳, 廉晓娟, 张余良, 等. 2012. 天津滨海盐渍土水盐运动规律研究. 天津农业科学, (2): 95-97, 101.

王媛. 2002. 单裂隙面渗流与应力的耦合特性. 岩石力学与工程学报, 21(1): 83-87.

王卓然, 赵庚星, 高明秀, 等. 2015. 黄河三角洲典型地区春季土壤水盐空间分异特征研究——以垦利县为例. 农业资源与环境学报, 32(2): 154-161.

王遵亲, 祝寿泉, 俞仁培, 等. 1993. 中国盐渍土. 北京: 科学出版社: 387-390.

魏彬, 海米提•依米提, 王庆峰, 等. 2013. 克里雅绿洲地下水埋深与土壤含水量的相关性. 中国沙漠, 33(4): 1110-1116.

吴月茹, 王维真, 王海兵, 等. 2010. 黄河上游盐渍化农田土壤水盐动态变化规律研究. 水土保持学报, 24(3): 80-84.

郗金标, 张福锁, 陈阳, 等. 2004. 盐生植物根冠区土壤盐分变化的初步研究. 应用生态学报, 15(1): 53-58.

夏江宝, 孔雪华, 陆兆华, 等. 2012. 滨海湿地不同密度柽柳林土壤调蓄水功能. 水科学进展, 23(5): 628-634.

夏江宝, 刘玉亭, 朱金方, 等. 2013. 黄河三角洲莱州湾柽柳低效次生林质效等级评价. 应用生态学报, 24(6): 1551-1558.

夏江宝, 张光灿, 刘刚, 等. 2007. 不同土壤水分条件下藤本植物紫藤生理参数的光响应. 应用生态学报, 18(1): 30-34.

夏江宝, 赵西梅, 刘俊华, 等. 2016. 黄河三角洲莱州湾湿地柽柳种群分布特征及其影响因素. 生态学报, 36(15): 1-8.

夏江宝, 赵西梅, 赵自国, 等. 2015. 不同潜水埋深下土壤水盐运移特征及其交互效应. 农业工程学报, 31(15): 93-100.

肖德安, 王世杰. 2009. 土壤水研究进展与方向评述. 生态环境学报, 18(3): 1182-1188.

肖振华. 1994. 灌溉水质对土壤水盐动态的影响. 土壤学报, 34(1): 8-17.

谢小丁. 2006. 盐生植物在黄河三角洲滨海盐碱地绿化中的应用模式研究. 泰安: 山东农业大学硕士学位论文.

闫海龙, 张希明, 梁少民, 等. 2010. 地下水埋深及水质对塔克拉玛干沙拐枣气体交换特性的影响. 中国沙漠, 30(5): 1146-1152.

严登华, 王浩, 秦大庸, 等. 2005. 黑河流域下游水分驱动下的生态演化. 中国环境科学, 25(1): 37-41.

阎鹏, 徐世良. 1994. 山东土壤. 北京: 中国农业出版社: 251-266.

杨国荣, 孟庆秋, 王海岩. 1986. 松嫩平原苏打盐渍土数值分类的初步研究. 土壤学报, 23(4): 291-298.

杨建锋, 李宝庆, 马瑞, 等. 2000. 地下水浅埋区土壤水分运动参数田间测定方法探讨. 水文地质工程地质, 27(1): 1-10.

杨建锋, 刘士平, 张道宽, 等. 2001. 地下水浅埋条件下土壤水动态变化规律研究. 灌溉排水, 20(3): 25-28.

杨劲松. 2008. 中国盐渍土研究的发展历程与展望. 土壤学报, 45(5): 837-845.

杨劲松, 姚荣江. 2007. 黄河三角洲地区土壤水盐空间变异特征研究. 地理科学, 27(3): 348-353.

杨劲松, 姚荣江. 2008. BP 神经网络在浅层地下水矿化度预测中的应用研究. 中国农村水利水电, (3): 5-12.

杨树青, 杨金忠, 史海滨. 2008. 微咸水灌溉对作物生长及土壤盐分影响的试验研究. 中国农村水利水电, (7): 32-42.

杨玉峥, 林青, 王松禄, 等. 2015. 大沽河中游地区土壤水与浅层地下水转化关系研究. 土壤学报, 52(3): 547-557.

杨泽元, 王文科, 黄金廷, 等. 2006. 陕北风沙滩地区生态安全地下水位埋深研究. 西北农林科技大学学报(自然科学版), 34(8): 67-74.

姚荣江, 杨劲松. 2007. 黄河三角洲典型地区地下水位与土壤盐分空间分布的指示克立格评价. 农业环境科学学报, 26(6): 2118-2124.
姚荣江, 杨劲松, 姜龙. 2008. 黄河下游三角洲盐渍区表层土壤积盐影响因子及其强度分析. 土壤通报, 39(5): 1115-1119.
尹传华, 冯固, 田长彦, 等. 2007. 塔克拉玛干沙漠边缘柽柳对土壤水盐分布的影响. 中国环境科学, 27(5): 670-675.
尹建道, 姜志林, 曹斌, 等. 2002. 滨海盐渍土脱盐动态规律及其效果评价——野外灌水脱盐模拟实验研究. 南京林业大学学报(自然科学版), (4): 15-18.
尤文瑞. 1994. 临界潜水蒸发量初探. 土壤通报, 25(5): 201-203.
袁长极. 1964. 地下水临界深度的确定. 水利学报, 3(3): 50-53.
曾瑜, 熊黑钢, 谭新萍. 2004. 奇台绿洲地下水开采及其对地表生态环境作用分析. 干旱区资源与环境, 18(4): 124-126.
翟诗虹, 王常贵, 高信曾. 1983. 柽柳属植物抱茎叶形态结构的比较观察. 植物学报, 25(6): 519-525.
张长春, 邵景力, 李慈君, 等. 2003. 地下水位生态环境效应及生态环境指标. 水文地质工程地质, 3: 6-10.
张道远, 尹林克, 潘伯荣. 2003. 柽柳属植物抗旱性能研究及其应用潜力评价. 中国沙漠, 23(3): 46-50.
张德强, 邵景力, 李慈君. 2004. 地下水浅埋区土壤水的矿化度变化规律及其影响因素浅析. 水文地质工程地质, 31(1): 52-56.
张蕾娜, 冯永军, 张红, 等. 2000. 滨海盐渍土水盐运动规律模拟研究. 山东农业大学学报(自然科学版), (4): 381-384.
张立宾, 宋曰荣, 吴霞. 2008. 柽柳的耐盐能力及其对滨海盐渍土的改良效果研究. 安徽农业科学, 36(13): 5424-5426.
张立华, 陈沛海, 李健, 等. 2016. 黄河三角洲柽柳植株周围土壤盐分离子的分布. 生态学报, 36(18): 5741-5749.
张立华, 陈小兵. 2015. 盐碱地柽柳“盐岛”和“肥岛”效应及其碳氮磷生态化学计量学特征. 应用生态学报, 26(3): 653-658.
张凌云. 2004. 土壤盐碱改良剂对滨海盐渍土的治理效果及配套技术研究. 泰安: 山东农业大学硕士学位论文.
张鸣, 张力, 石晓妮, 等. 2014. 民勤绿洲盐生草生境土壤盐分特征及离子组成. 水土保持通报, 34(6): 231-235.
张森琦, 王永贵, 朱桦, 等. 2003. 黄河源区水环境变化及其生态环境地质效应. 水文地质工程地质, 30(3): 11-14.
张天曾. 1980. 中国干旱区水资源利用与生态环境. 自然资源, 4: 62-70.
张武文, 史生胜. 2002. 额济纳绿洲地下水动态与植被退化关系的研究. 冰川冻土, 24(4): 421-424.
赵成. 1999. 地下水资源评价中有关概念的讨论. 甘肃地质学报, 8(1): 78-85.
赵文举, 唐学芬, 李宗礼, 等. 2016. 压砂地土壤盐分时空变异规律研究. 应用基础与工程科学学报, 24(1): 12-21.
赵欣胜, 崔保山, 孙涛, 等. 2011. 不同生境条件下中国柽柳空间分布点格局分析. 生态科学,

30(2): 142-149.
赵欣胜, 吕卷章, 孙涛. 2009. 黄河三角洲植被分布环境解释及柽柳空间分布点格局分析. 北京林业大学学报, 31(3): 29-36.
赵新风, 李伯岭, 王炜, 等. 2010. 极端干旱区 8 个绿洲防护林地土壤水盐分布特征及其与地下水关系. 水土保持学报, 24(3): 75-79.
郑庆钟. 2006. 民勤绿洲边缘沙漠化治理与水环境驱动机制研究. 兰州: 甘肃农业大学硕士学位论文.
钟华平, 刘恒, 王义, 等. 2002. 黑河流域下游额济纳绿洲与水资源的关系. 水科学进展, 13(2): 223-228.
朱红艳. 2014. 干旱地域地下水浅埋区土壤水分变化规律研究. 杨凌: 西北农林科技大学博士学位论文: 52-55.
朱金方, 夏江宝, 陆兆华, 等. 2012. 盐旱交叉胁迫对柽柳幼苗生长及生理生化特性的影响. 西北植物学报, 32(1): 124-130.
朱军涛, 于静洁, 王平, 等. 2011. 额济纳荒漠绿洲植物群落的数量分类及其与地下水环境的关系分析. 植物生态学报, 35(5): 480-489.
朱林, 许兴, 毛桂莲. 2012. 宁夏平原北部地下水埋深浅地区不同灌木的水分来源. 植物生态学报, 36(7): 618-628.
庄丽, 陈亚宁, 李卫红, 等. 2007. 塔里木河下游柽柳 ABA 累积对地下水位和土壤盐分的响应. 生态学报, 27(10): 4247-4251.
Brolsma R J, Beek L P, Bierkens M F. 2010. Vegetation competition model for water and light limitation. Ⅱ: Spatial dynamics of groundwater and vegetation. Ecological Modelling, 221(10): 1364-1377.
Calow R C, Robins N S. 1997. Ground water management in drought prone areas of Africa. Water Resources Development, 3(2): 241-262.
Cooper D J, Sanderson J S, Stannard D I, et al. 2006. Effects of long-term water table drawdown on evapotranspiration and vegetation in an arid region phreatophyte community. Journal of Hydrology, 325(1-4): 21-34.
Duan L, Liu T, Wang X, et al. 2011. Water table fluctuation and its effects on vegetation in a semiarid environment. Hydrology and Earth System Sciences, 8(2): 3271-3304.
Fan X M, Pedroli B, Liu G H, et al. 2012. Soil salinity development in the Yellow River Delta in relation to groundwater dynamics. Land Degradation and Development, 23(2): 175-184.
Fang H L, Liu G H, Kearney M. 2005. Georelational analysis of soil type, soil salt content, landform, and land use in the Yellow River Delta, China. Environmental Management, 35(1): 72-83.
Farquhar G D, Sharkey T D. 1982. Stomatal conductance and photosynthesis. Annual Review of Plant Physiology, 33: 317-345.
Gou S, Miller G A. 2014. A groundwater-soil-plant-atmosphere continuum approach for modelling water stress, uptake, and hydraulic redistribution in phreatophytic vegetation. Ecohydrology, 7(3): 1029-1041.
Horton J L, Hart S C. 1998. Hydraulic lift: a potentially important ecosystem process. Trends in Ecology & Evolution, 13(6): 232-235.
Jolly L D, McEwan K L, Holland K L. 2008. A review of ground-water-surface water interactions in arid/semi-arid wet-lands and the consequences of salinity for wetland ecology. Ecohydrology, 1(1): 43-58.

Kong W, Sun O J, Xu W, et al. 2009. Changes in vegetation and landscape patterns with altered river water-flow in arid West China. Journal of Arid Environments, 73(3): 306-313.

Laversa D A, Hannahb D M, Bradleyb C. 2015. Connecting large-scale atmospheric circulation, river flow and groundwater levels in a chalk catchment in southern England. Journal of Hydrology, 523: 179-189.

Munoz-Reinoso J C, de Castro F J. 2005. Application of a statistical water-table model reveals connections between dunes and vegetation at Doñana. Journal of Arid Environments, 60: 663-679.

Nielsen D L, Brock M A, Rees G N, et al. 2003. Effects of in-creasing salinity on freshwater ecosystems in Australia. Australia Journal and Botany, 51(6): 655-665.

Nippert J B, Butler J J, Kluitenberg G J, et al. 2010. Patterns of *Tamarix* water use during a record drought. Oecologia, 162(2): 283-292.

Nosetto M D, Jobbágy E G, Tóth T, et al. 2008. Regional patterns and controls of ecosystem salinization with grassland afforestation along a rainfall gradient. Global Biogeochemical Cycles.

Parida A K, Das A B, Mittra B. 2004. Effects of salt on growth, ion accumulation, photosynthesis and leaf anatomy of the mangrove, *Bruguiera parviflora*. Trees, 18(2): 67-174.

Phillips N G, Scholz F J, Bucci S G, et al. 2009. Using branch and basal trunk sap flow measurements to estimate whole-plant water capacitance: comment on Burgess and Dawson (2008). Plant and Soil, 315: 315-324.

Ramoliya P J, Patel H M, Pandey A N. 2004. Effect of salinization of soil on growth and macro- and micronutrient accumulation in seedlings of *Salvadora persica* (Salvadoraceae). Forest Ecology and Management, 202: 181-193.

Sepaskhah A R, Karimi-Goghari S H. 2005. Shallow ground water contribution to pistachio water use. Agricultural Water Management, 72(1): 69-80.

Sofo A, Dichio B, Montanaro G, et al. 2009. Photosynthetic performance and light response of two olive cultivars under different water and light regimes. Photosynthetica, 47(4): 602-608.

Tester M, Davenport R. 2003. Na^+ tolerance and Na^+ transport in higher plants. Annals of Botany, 91(5): 503-527.

Vonlanthen B, Zhang X M, Bruelheide H. 2010. Clonal structure and genetic diversity of three desert phreatophytes. American Journal of Botany, 97(2): 234-242.

Xia J B, Zhang G C, Zhang S Y, et al. 2014. Photosynthetic and water use characteristics in three natural secondary shrubs on Shell Islands, Shandong, China. Plant Biosystems, 148(1): 109-117.

Xia J B, Zhang S Y, Zhang G C, et al. 2011. Critical responses of photosynthetic efficiency in *Campsis radicans* (L.) seem to soil water and light intensities. African Journal of Biotechnology, 10(77): 17748-17754.

Xia J B, Zhang S Y, Zhang G C, et al. 2013. Growth dynamics and soil water ecological characteristics of *Tamarix chinensis* Lour. forests with two site types in coastal wetland of Bohai golf. Journal of Food Agriculture and Environment, 11(2): 1492-1498.

Xia J B, Zhang S Y, Zhao X M, et al. 2016a. Effects of different groundwater depths on the distribution characteristics of soil-*Tamarix* water contents and salinity under saline mineralization conditions. CATENA, 142: 166-176.

Xia J B, Zhao X M, Chen Y P, et al. 2016b. Responses of water and salt parameters to groundwater levels for soil columns planted with *Tamarix chinensis*. PLoS One, 11(1): 1-15.

Xu H, Li Y. 2006. Water use strategy of three central Asian desert shrubs and their responses to rain pulse events. Plant and Soil, 285(1-2): 5-17.

Ye Z P. 2007. A new model for relationship between irradiance and the rate of photosynthesis in *Oryza sativa*. Photosynthetica, (45): 637-640.

Zhang Y M, Chen Y N, Pan B R. 2005. Distribution and floristics of desert plant communities in the lower reaches of Tarim River, southern Xinjiang, People's Republic of China. Journal of Arid Environments, 63(4): 772-784.

Zhao C Y, Wang Y C, Chen X, et al. 2005. Simulation of the effects of groundwater level on vegetation change by combining FEFLOW software. Ecological Modelling, 187(2-3): 341-351.

第 3 章　地下水水位及其矿化度对柽柳生理生态特征的影响

3.1　地下水与植物相互作用研究概述

地下水是生态环境建设中的重要因子，在开发利用地下水时会影响到当地的生态环境，而不同区域生境在开发利用地下水时会产生不完全相同的生态环境效应。对地下水的开发会引起潜水埋深的变化，潜水埋深的变化会引起土壤水盐生态因子的变化，当地下水离地面过远时会使土壤干化和沙化，并使地表天然植被死亡退化；当地下水离地面过近时会使土壤含盐量和含水量增加，引起土壤盐渍化和沼泽化。在不同生境下都存在一个适宜植物生长的潜水埋深，要使生态环境向好的方面发展就要保持适宜的潜水埋深，否则生态环境会变得恶劣（张长春等，2003）。

当前，我国地下水的生态功能研究主要集中在西北干旱地区，实际上，黄河三角洲陆生植被生态系统同样依赖地下水。百余年来，黄河所携带的泥沙在黄河入海口不断堆积，形成了一块新的陆地——黄河三角洲。黄河三角洲生态条件复杂，多种动力系统交融，陆地和海洋、淡水和海水、陆生与水生、天然与人工等多种生态系统交错分布，是典型的多重生态界面，生态系统较为特殊。黄河三角洲的生态系统主要是湿地和盐碱地生态系统，生物多样性丰富，成型时间短，地域广阔，此地对于鸟类来说非常重要，特别是对东北亚内陆和环西太平洋鸟类的迁徙来说，是它们的中转站、越冬地和繁殖地，也是目前我国三大三角洲中唯一有保护价值的原始生态植被地区，因此具有重要的生态功能和科学研究价值。

随着黄河三角洲农业开发及水产养殖等人类生产和经济活动的加剧，以及目前存在的气候干旱、降水量少、蒸发量大、潜水埋深浅、地下水矿化度高及土壤次生盐渍化严重等问题，该区出现森林植被稀少、林木生长缓慢、植被退化严重及水土流失加剧等现象，生态系统较为脆弱。黄河三角洲地区蒸降比大（约为3.3∶1），盐渍化程度高，淡水资源紧缺，季节性干旱发生频率及程度的增加趋势明显；全球气候变暖，海平面上升，海水倒灌入侵地下水，使得黄河三角洲的潜水埋深较浅，矿化度较高，植被分布区浅层地下水以微咸水及咸水为主（杨劲松和姚荣江，2008）。黄河三角洲植被分布格局及群落演替的主要影响因子为潜水埋深和土壤含盐量，而土壤含盐量与地下水矿化度密切相关，因此，对于生长在黄河三角洲泥质海岸盐碱地的植被来说，浅层地下水是其生长的主要水源和关键因子（赵欣胜等，2009，2011；安乐生等，2011）。

柽柳是黄河三角洲盐碱地防护林建设优先选用的主要树种，作为优良的盐碱地防护林灌木树种，在该区域分布面积最广，具有较强的降盐改土、防风固沙和防潮减灾等功能，对改善区域生态环境状况和维护海岸带生态系统稳定发挥着重要作用。位于黄河三角洲莱州湾南岸的山东昌邑国家级海洋生态特别保护区，是我国唯一以柽柳为主要保护对象的国家级海洋生态特别保护区，该保护区植被群落的分布受土壤盐度和水分的影响较大（汤爱坤等，2011）。水分和盐分是影响该保护区柽柳林生长、退化严重及低质低效的主要因素（夏江宝等，2012；朱金方等，2012），但对地下水、土壤层及植物体等不同介质中的水盐迁移过程，以及如何协同影响柽柳群落的生长状况、结构特征及生理生态过程等问题尚不明确。受潜水埋深及其矿化度的限制，泥质海岸盐碱生境下柽柳生长可利用的有效水资源更加缺乏；地下水及其矿化度是土壤、植物体中盐分及其水分的来源，而土壤、植物体中盐分及其水分是地下水及其矿化度的存储库，因而从根源上阐释植物生理生态过程与水盐协同作用的响应关系及其调节机制值得深入探讨。

前人研究发现植物生理生态过程与其所生存的生态环境密切相关，植物光合及水分生理生态研究是揭示不同植物对其生存环境生态适应性机制的有效途径。因此，探讨地下水-不同土壤层-植物体主要器官内的水盐迁移特征及其驱动过程，能较好地揭示泥质海岸盐碱地水分和盐分在主要介质层面的互作过程及规律，为进一步研究水盐协同影响植物生理生态过程提供基础数据和理论支撑。

3.1.1　光合作用研究概况

植物叶片光合作用受到各种环境因子的影响，大体可分为自身内部因素和外界环境因素。表示光合作用水平及变化的指标主要有光合作用效率，它是由净光合速率、表观量子效率、光化学量子效率和光能的利用效率等一系列基本参数组成的，对植物光合作用的研究起到至关重要的作用（许大全，2002）。

影响植物光合作用的内部因素最重要的有 3 个，即叶片的新老、叶片的构成以及植物对光合产物的输出（李德全等，1999）。对于叶片而言，大致上能够分成 3 类：第一类是刚长出的结构功能还没发育好的新叶，这类叶片消耗大，呼吸作用强，但光合作用效率较低，叶片光合活性较差；第二类是结构功能已经生长完善的叶片，呼吸作用正常，光合作用效率达到最大，叶片光合活性较好；第三类是老叶，叶片生命快走到尽头，呼吸作用较低，光合性能衰退，光合活性降低。叶片的厚度、叶片的叶绿体含量、叶绿体的体积、叶片中海绵组织和栅栏组织所占的百分比等都能影响到植物的光合作用。由于 C_4 植物与 C_3 植物叶片的构成不同，C_4植物的光合速率要大于C_3植物（许大全，2002）。植物运输物质的通道有限，只有叶片光合作用的产物能快速运出时，叶片才能继续进行光合作用，否则会堵塞运输通道，降低光合速率。

影响植物光合作用的外部因素较多，主要为环境因素，其中光照强度、CO_2浓度、温度、土壤含水量、土壤养分含量等最为重要（李德全等，1999）。植物光合作用需要能量，受光照强度影响的光能是植物光合作用的能量，光能同时还肩负着控制叶片气孔开闭和调节光合作用酶活性的作用，因此，光能是影响植物光合作用的重要因素。在光照强度较低时，光能较小，叶片光合作用的能量不足，因此，植物在光照强度较低时光合速率也较低，植物处于适宜生长的环境中时，在光照强度没有达到植物叶片的饱和光强时，植物叶片的光合速率随光照强度的增大而升高；在光照强度达到植物叶片的饱和光强后，植物叶片的光合速率不再升高，甚至随着光照强度的增强，植物光合速率会下降，这是由于植物进行光合作用的光合机构在强光照射下受到了损伤，使得光合活性减弱，植物叶片对光能的吸收和利用能力远远超过了植物叶片的固碳能力，从而限制了植物光合速率，此时出现光抑制（贾虎森等，2000）。植物要进行光合作用，形成有机物，首先要有原料，植物光合作用的原料主要是CO_2和水，特别是CO_2，它是形成有机物的基础，CO_2浓度过低或过高都不利于植物光合作用，CO_2浓度过低，植物光合作用所需要的CO_2不够，限制了植物光合作用，而高CO_2浓度也会限制光合作用（梁霞等，2006）。CO_2还会调节气孔运动，较高的CO_2浓度使得气孔的关闭程度较高，可以减少蒸腾耗水量，又不会影响到植物叶片的固碳能力，因此CO_2可以降低植物的蒸腾作用。植物光合作用离不开光合作用酶，而大部分酶都是蛋白质，对温度极其敏感，温度通过影响光合作用酶的活性来影响植物的光合作用，低温会破坏叶绿体结构，降低酶的活性，导致膜的相变，抑制植物的光合作用，而高温则会致使酶蛋白和膜脂变性，增强植物的呼吸作用，间接降低了植物的光合作用（莫亿伟等，2011）。水分是光合作用的原料，同时也会对植物叶片的气孔开闭、植物光合作用产物的输出速度以及植物叶片光合机构受损程度产生影响，是影响植物光合作用的主要外界因素之一，水分间接对植物的光合作用产生影响（张淑勇等，2006）。土壤中各种矿质营养元素也会通过直接或间接的方式对植物叶片光合作用产生影响。植物光合作用所需要的水分和矿质营养都是通过植物的根从土壤中吸收的，因此，土壤含水量、土壤养分含量也是影响植物光合作用的重要外部因素。

3.1.2 地下水生态环境效应研究概况

地表植被的生长状况可以反映出生态环境的优劣，在土壤水分适宜的地方，植被一般生长得较好，而土壤含水量与地下水的状况密切相关。对地下水生态环境效应的研究，主要从地下水水位埋深、地下水水盐状况、土壤水盐运移等与地表植物生长的联系等方面来考虑，以探寻适宜地表植被生长的潜水埋深、地下水矿化度和土壤水盐含量等（张长春等，2003）。

地下水通过“饱和带-包气带-植被”间的垂向联系由点及面产生极为重要的生态环境效应（Brolsma et al.，2010；安乐生等，2011；Chen et al.，2012），地下水埋藏深度在塑造植物用水策略（庄丽等，2007；许皓等，2010；Nippert et al.，2010）、决定植物群落类型（刘虎俊等，2012）及生态系统的稳定与安全（闫海龙等，2010a；苏华等，2012）等方面都起着关键作用。由于气象因子（Nippert et al.，2010）以及受到淋溶作用和盐分对土壤水较强亲和力的影响（庄丽等，2007），在干旱的内陆盐碱地或淡水资源缺乏的泥质海岸盐碱地，潜水埋深及其矿化度的不同是土壤贮水量和盐分差异的主要因素（杨劲松和姚荣江，2008；赵新风等，2010；闫海龙等，2010a）；同时土壤层水分、盐分的变动也因植被类型（刘虎俊等，2012；谭向峰等，2012）、土壤质地（赵新风等，2010）及气候环境（Nippert et al.，2010）等因素的不同表现出较大的差异。

目前许多专家学者意识到在特定生境下，潜水埋深与植被之间存在着一定关系。在荒漠地区，决定植被生长状态和植被景观格局的最主要因子是潜水埋深，因此，众多专家学者提出了一系列的概念来描述地下水水位以及确定地下水水位的重要作用，目前，专家学者在地下水的适宜水位、最佳水位、盐渍临界深度和生态警戒水位等方面都有了诸多研究成果。河西走廊水资源不合理的过度开发利用造成了地下水水位的大幅度下降，引起了河西走廊生态环境的退化，破坏了生态平衡，导致生态变异、土地沙漠化等危害，张惠昌（1992）提出“地下水生态平衡埋深”的概念，也就是在没有人工灌溉的天然状态下，不会产生像植被退化、土地荒漠化、土壤盐渍化等生态问题，使得生态环境保持平衡状态的潜水埋深深度。《新疆塔里木河流域生态水文问题研究》中提出植物生长需要适宜的水分，而适宜的水分要求合理的地下水水位，从而提出了“生态地下水水位”概念。每一个地区都有适宜植物生长的生态安全地下水水位埋深，所谓生态安全地下水水位埋深是指在干旱半干旱地区，能够使植物正常生长，河流、湖泊、沼泽和湿地的生态功能正常且稳定，不会发生土地沙漠化、地面沉降、水体水质降低等生态环境问题的潜水埋深（杨泽元等，2006）。处于生态安全地下水水位时生态环境系统非常稳定，发展良好，在向坏的方面发展时生态环境系统会自己恢复，生态环境非常安全，如陕北风沙滩地区生态安全地下水水位埋深为 1.5～5.0m（杨泽元等，2006）。在西北的内陆河流地区，随地下水水位埋深增加植被群落演替规律清晰（汤梦玲等，2001），如塔里木河下游植物的种类、数量都与地下水水位埋深密切相关（陈亚宁等，2005）；通过勘探地下水水位埋深及其矿化度数据，结合观察植被生长状况得出在银川平原地区适宜植被生长的较好的地下水水位埋深为 1.0～6.0m，在潜水埋深为 3.5m 时植被长势最好（金晓媚等，2009）。在对和田绿洲（乔云峰等，2004）、黄河源区（彭轩明等，2003）及塔里木河流域（陈亚宁等，2003a）等区域进行地质环境、地下水、植被样地等调查研究的同时，研究探讨了潜水埋深变化对植被生长状况的影响，发现潜水埋深的下降对当地植被退化、生物多样性减少的影响最大。植被生长与其土壤环境密切相关，适宜的土壤含水量、土壤含盐量有利于植被的生长发育，植物必然生长在其适宜的水、盐范围内，特定的植物对土壤水分、盐分的忍耐程度不同，而土壤类型、潜水埋深和地下水矿化度等都会对土壤盐分含量造成影响，所以土壤盐分含量也是指示生态环境潜水埋深的重要因子。在测定土壤盐分含量时，应该测定表层 0～40cm 土壤的盐分含量，主要是由于植物的根系大部分集中在表层 0～40cm 土壤中，而盐渍化土壤的盐分也多积累在 0～40cm 土壤中（张长春等，2003）。

为了进一步研究潜水埋深与植被的关系，不少学者进行了数学建模，其中 Munoz-Reinoso 和 Castro（2005）在多尼亚纳国家公园建立了一种新的潜水埋深模型，在对模型验证时发现以往需要花费大量时间和精力来调查的数据可以通过模型非常轻易地获得，其中包括降雨数据、松树死亡率、植被类型、植被组成及覆盖度等，然后建立这些指标与潜水水位的多元回归关系，成功地模拟了潜水水位的波动，并通过模型计算了没有潜水水位测量值时潜水埋深的变化，成功揭示了在多尼亚纳国家公园潜水水位的变化和植被之间存在密切的关系。美国学者 Cooper 等（2006）在美国科罗拉多州的圣路易斯谷干旱地区长时间对潜水埋深的下降情况进行了研究，并对地下湿生植被和地下水蒸发量的变化进行了研究。研究发现该地区在 1985～1987 年地下水埋深大约为 0.92m，而到了 1999～2003 年，地下水埋深就下降到了 2.5m，该地区的总蒸发量从 1999 年的 409.0mm 到 2003 年的 278.0mm，减少了 32%；而地下水的蒸发量从 1999 年的 226.6mm 直接下降到了 2003 年的 86.5mm，减少了 62%，研究探明地下水蒸发量的减少与黑肉叶刺茎藜和金花矮灌木的侵入密切相关（Cooper et al.，2006）。适宜的潜水埋深可以使生态环境处于良好的状态，健康发展，而不适宜的潜水埋深会影响到地表植被的生长状况，使生态环境变得不稳定，容易产生环境问题。

3.1.3 地下水水位及其矿化度研究概况

自然环境中土壤水分含量直接影响着植物的生长状况，而土壤水分含量与地下水埋深密切相关，潜水埋深决定了土壤含水量，土壤含水量关系着植被的生长及其分布状况，因此，在特定区域生境下，地下水埋深与天然植被生长及其分布格局密切相关（张长春等，2003）。在干旱半干旱地区，潜水水位的埋藏深度决定着土壤水分含量，这是由于地下水是降水稀少、蒸发强烈的干旱半干旱地区土壤中水分的主要来源；埋藏较浅的地下水与土壤中的水分有密切的联系，可以相互转化；对于埋藏浅的地下水，可以轻易转化为土壤水，而土壤水也可以轻易转化为地下水，它们对于水量的交换是相互的、不间断的，非常活跃（宫兆宁等，2006）。根据土壤中水分的动态特征，可以在平原区将地下水分为浅埋和深埋两种，浅埋地下水指地下水在浅埋条件下土壤中水分的变化非常有规律，即由于大气的蒸发作用和降水，土壤中的水分运动为蒸发-入渗交替进行，在非饱和带以及饱和带的土壤之间进行着水量的互换运动，地下水随时都会减少，同时地下水还可能增加（雷志栋等，1998）。有的学者认为要根据实际情况来研究地下水，在浅埋区域地下水与土壤水本来就没有明显的界限，人为地将其区分开不符合实际，而且即使想将其区分开也很难找到其中的界限，地下水与土壤水本来就是一体的（杨建锋等，2000）。根据土壤中水分的动态变化特征，在地下水埋藏较浅时，可以把土壤的纵剖面粗略地划分为 4 个功能区，植物根系较多的土壤根区、向地表运送水分的水分传输区、潜水埋深波动范围的水位变动区以及处于土壤饱和状态的饱和区；而在地下水埋藏较深时，植物根系所在的土壤层的下界面会随土壤水分向下移动（杨建锋等，2001）。

美国学者 Horton 等对植物进行生理学实验发现，通过研究植物光合作用与地下水的关系，从植物生理生态学的角度提出了相应的潜水水位埋深阈值（Horton and Hart，1998）。塔里木河流域胡杨的生长与潜水水位的埋深关系密切，随着潜水埋深的增加，胡杨叶片的脯氨酸增多，并测算出脯氨酸含量积累最高时的潜水埋深，由此可以得出胡杨在潜水埋深为 5.14～3.64m 和 10.16～9.46m 时生长得最好（陈亚宁等，2003b；庄丽等，2005）。

陈亚宁等（2003）通过研究潜水埋深变化与地表植物的关系发现，塔里木河下游的植被随着潜水埋深的增加，土壤水分含量降低，地表植被的冠幅和郁闭度都明显减少。潜水埋深对地表植物的影响非常大，随潜水埋深增加，植被的盖度和密度降低非常明显，群落的物种丰富度也有降低现象，只是降低的比较少；同时植物群落的物种组成由乔木、灌木和草本混合慢慢变为单一的灌木群落；物种极为贫乏，群落结构简单且不稳定，容易受到干扰，部分植物出现退化的现象；物种多样性的减少表明潜水埋深与物种多样性指数也具有密切关系（陈亚宁等，2003）。在潜水埋深处于适宜植物生长的水平时，地下水矿化度则成为植物生长的重要限制因子，植物生长离不开水中的无机盐，水中含有适宜的无机盐有利于植物的生长，但无机盐浓度过高时会影响植物的生长，高浓度无机盐会使植物根细胞失水，使植物萎蔫，与缺少水分时产生一样的效果。赵成（1999）在对疏勒河流域的研究中发现了植被与潜水埋深以及地下水矿化度之间的相互作用关系，探讨了植被随潜水埋深及其矿化度的变化规律，刻画了演化模式图。宋长春和邓伟（2000）在对吉林西部土壤盐渍化进行研究时发现，土壤盐渍化受到地下水埋深及其矿化度的影响较大，由于地表的径流不同，地下水的离子组成成分也不同，土壤盐渍化的程度差异较大。在内陆地区特别是盆地、平原地区土壤次生盐渍化、天然植被退化等问题严重，根据调查研究发现，发生上述问题的地区都对地下水进行了大规模的开发利用，使得这些地区潜水埋深呈现不同程度的下降（郭占荣和刘花台，2005）。

不同植物耐盐碱能力不同，对土壤盐分含量的要求存在很大差别，在地下水矿化度较低时，土壤的盐分含量较低，大部分的植物都生长得比较好。对于植物而言，地下水矿化度是有适应范围的，在适宜的范围内植物会正常生长，超出了这个范围植物就会萎蔫甚至死亡。在塔里木河的干流区，维持主要植物生长良好的地下水矿化度一般不超过5g/L，植物生长较好的地下水矿化度一般不超过8g/L，当地下水的矿化度大于10g/L时，只有极少数的植物可以存活（张长春等，2003）。在对银川平原植被盖度与矿化度的关系研究中发现，如果潜水埋深合适，当这个地区的地下水矿化度在0.9g/L时植被盖度才能达到较好状态，地下水矿化度过大或过小都会限制植被的生长（金晓媚等，2009）。

3.1.4 地下水与植物生理生态研究概况

地表植被的生长状况可以反映出生态环境的状况，同时也可以反映出对地下水环境的响应特征。植物生理生态过程与其所生存的生态环境密切相关，进行植物光合及水分生理生态研究是揭示不同植物对其生存环境生态适应性机制的有效途径。在我国，许多学者在地表植被与地下水的响应关系方面进行了大量研究，而我国西北部的干旱地区，特别是塔里木河与黑河流域是研究的重点区域。在研究黑河下游额济纳绿洲时发现，潜水埋深和植被的生长状况有密切的联系，每一种植物都有一个适宜其生长的地下水水位，从本研究区的代表植物白刺、胡杨、红柳来看，适宜它们生长的地下水水位分别为3.0～4.0m、2.5～3.5m、2.0～3.0m（钟华平等，2002）。严登华等（2005）利用遥感（RS）和地理信息系统（GIS）技术研究发现，在黑河的下游地区，植被群落的盖度与地下水水位间的逻辑斯谛关系非常明显。

通过遥感技术对塔里木河下游、额济纳绿洲的植被群落和环境因子进行调查，并对调查的数据进行分析发现，塔里木河下游、额济纳绿洲的物种分布和群落格局受到地下水水位的较大制约，可以说地下水水位决定了本地区的景观格局（Zhang et al.，2005；朱军涛等，2011）。近几年来，国内利用遥感技术对植被指数与地下水水位之间关系的研究非常多，主要探讨了不同区域生境适宜植被生长的地下水水位（Jin et al.，2007；Kong et al.，2009；Duan et al.，2011）。根据这些关于西北干旱区地下水与植被关系的研究，很多学者都形成了一个共识，如果只是依靠单纯的人工灌溉，很难改变我国西部干旱区植被的水分状况，只有持续保持地下水水位稳定才会改变荒漠植被的生长状况。

植物可以通过调节自身生理活动来适应外界逆境条件。例如，在受到干旱胁迫时，植物会通过各种途径来提高自身对水分的利用，增加对干旱的适应能力。其中，木本植物可以通过发达的根系吸收较深处的地下水，通过研究已经证实有些木本植物能够利用埋藏在 7.0m 甚至更深的地下水；草本和灌木等植物的根系比较短，无法利用深处地下水，只能尽可能多地利用埋藏相对浅的地下水，另外，草本和灌木还会充分利用凝结水（郭占荣和韩双平，2002）。通过这些研究发现，在干旱半干旱地区，地下水水位对植被的生长影响非常大。Horton 等（2001）通过研究植物冠层的枯死率与地下水水位的关系发现，地下水水位下降会提高植物冠层的枯死率，当地下水水位深于 3.0m 时，植物冠层的枯死率非常高。

目前关于地下水水位及其矿化度的研究在干旱半干旱区相对较多，但在滨海地区的相关研究明显不足。滨海盐碱地的植被生长受地下水盐分和水位的双重影响较大，地下水水位越浅、盐分越低则物种丰度及多样性越高（Antonellini and Mollema，2010）。决定天然荒漠区沙拐枣渗透势高低的主要因素是地下水埋深（梁少民等，2008），而地下水总碱度是影响沙拐枣光合特性最主要的因素（闫海龙等，2010b）；地下水水位对多枝柽柳（*Tamarix ramosissima*）脱落酸（ABA）含量的影响比土壤盐分的影响更加显著（庄丽等，2007）。模拟控制试验下，地下水埋深过低会抑制多枝柽柳的生长，矿化度增大会减弱光合能力和气孔调节能力（王鹏等，2012）。美国学者 Horton 等（2001）研究过不同地下水水位条件下植物的光合作用，并得出了适宜植物进行光合作用的地下水水位阈值。崔亚莉等（2001）在研究西北干旱地区地下水水位与植物生长和土壤盐渍化的关系时发现，西北干旱区凝结水对沙生植物有重要作用，但地下水水位控制了这一地区的生态环境，想要让植物存活，土地不再荒漠化，就要维持适宜的地下水水位，只有适宜的地下水水位才能维持土壤水盐运移的均衡，才能使生态环境保持在良好的状态。当土壤发生盐渍化时，地下水水位一般比较浅，地下水矿化度比较高，对植物生长状况的影响非常大。可见，水位-盐分对植物生理过程的影响及植物生长所直接汲取的水盐来源利用上存在较大差异，这除了与微生境条件和植物种类不同有关外，还可能与采用的土壤含水量和土壤含盐量这些表观性指标不能真正反映水盐逆境特征有关。

近年来，植物光合生理过程、SPAC（土壤-植物-大气连续体）系统内的水势变化、树干液流传输特征及水分利用等生理生态过程的研究，有助于揭示植物对逆境条件的适应机制，可明确植物高效用水的潜力及其节水调控的效应（Phillips et al.，2009；杨启良等，2011；Wang et al.，2011；朱仲龙等，2012；王振夏等，2013）。随着植物生理生态测试技术的快速发展，树木液流监测技术、叶片气体交换监测技术、叶绿素荧光测定技术能够精确诊断植物体内的水分传输、光合机构运转状况及水分生理生态过程对逆境胁迫的响应机制（王文杰等，2012；Waring and Maricle，2012；Juvany et al.，2013）。近20年来，稳定同位素技术已成为生态学和林学领域最有效的研究手段之一（Yang et al.，2011），在植物生理生态学方面，稳定同位素被用于植物光合途径、生源元素吸收、水分来源、水分平衡及水分利用策略等方面的研究（林光辉，2010；朱林等，2012）。海岸带植物对不同水源利用策略的时空差异较大（Greaver and Sternberg，2006；Ewe et al.，2007），特别是根系的生态位分化使不同植物可以吸收不同土壤层中的水分，并通过根系水分再分配等作用形成生态位互补以达到充分利用有限水资源的目的（Armas et al.，2010；Yang et al.，2011）；目前利用稳定同位素技术，对海岸带植物水分利用策略及其机制的研究较少（黄建辉等，2005；Chen et al.，2008）。而在以潜水埋深及其矿化度为主要水盐来源的泥质海岸盐碱地，针对因植物生长和微生境因子等因素导致土壤与植物体水分及盐分发生改变的这一过程，盐分生境下柽柳的光合生理过程、水分传输及利用模式等生理生态学问题尚不明确，以至于现有的植物生理生态学理论应用于泥质海岸盐碱地低质低效林经营改造及水盐管理等方面受到较大限制。

目前，关于单因素潜水埋深或单一盐度逆境对植物生理生态学的研究已经取得了重要进展。在单一潜水埋深与植物关系的研究中，国外主要集中在潜水水位变化对不同植物的生长分配与分布格局（Rood et al.，2000；Glies et al.，2003）、水势变化（Horton et al.，2003）、水分利用（Brolsma et al.，2010；Nippert et al.，2010）和群落盖度（Vonlanthen et al.，2010）等方面的影响；而关于海岸带植物光合及水分生理生态过程对潜水埋深的响应过程（Antonellini and Mollema，2010），以及单一盐度逆境下海岸带植物的适应策略（Maria and Jose，2005）研究较少。我国在单一潜水埋深对植物生理生态过程的影响等方面也取得了一定的研究成果，在研究区域上，以西北干旱半干旱区域的研究成果较多，在一定程度上标志着国内潜水水位与植物关系研究的特色、水平和方向（陈亚鹏等，2011；Chen et al.，2012；Zhao et al.，2012）；在研究内容上，重点对上述区域不同植物的抗旱生理机制和受胁迫程度进行了比较系统的探讨。但遗憾的是，由于我国西北区域干旱问题突出，上述研究以河岸带潜水埋深导致的土壤干旱胁迫为主导因素开展了相关研究，而系统深入研究地下水埋深和矿化度协同影响植物生理生态特性的研究仍较缺乏，仅对植物表观性单一生长或生理指标进行了初步探讨。

3.1.5 树干液流研究概况

树木蒸腾耗水的主要影响因素分为生物学结构因素、土壤供水因素和气象因素。生物学结构决定了树干液流的潜在能力，土壤供水决定了树干液流的总体水平，气象因素决定了树干液流的瞬间变动。

树干不同高度处树干液流速率存在差异。马履一等（2003）对油松、侧柏树干液流变化规律的研究认为，树干上部的液流速率大于下部。土壤含水量不同，树干液流速率也呈现较大差异。土壤水分对树干液流密度影响最大。在土壤含水量较高的条件下，太阳辐射和温度的升高，使得叶片大量气孔打开，相应地树干液流速率增大。当土壤含水量较低时，树干液流速率较低，但随着土壤含水量的增加，树干液流速率会不断增加。缺水条件下油松的树干液流速率是水分充足条件下的 10%～17%（孙鹏森等，2001），也有研究指出（孙鹏飞等，2010）：在土壤含水量低于某个值时，树干液流通量密度不受土壤水分的影响；只在一定水分范围内，树干液流通量密度随着土壤含水量的增加而增大；当土壤含水量增加到一定程度时，树干液流通量密度的增长速度减慢，然后保持不变。土壤含水量也影响着树干液流速率变化曲线的峰型。常学向等（2007）研究发现在土壤水分匮乏的荒漠区，梭梭树干液流的日变化曲线为多峰型；许浩等（2008）对梭梭树干液流的研究发现，环境水资源相对充足时，梭梭树干液流变化曲线呈单峰型。

气象因素对林木树干液流有很大的影响，树干液流变化与太阳辐射呈极显著相关，随着太阳辐射强度的增强，更多气孔打开，进而树干液流速度加快。大量相关研究表明（于占辉等，2009）：树干液流日变化有明显的昼夜规律，早晨树干液流速度较弱，随着太阳辐射强度的增强，树干液流速度逐渐加强。空气相对湿度是叶片内、外水汽压差的主要影响因子，因此在一定程度上影响植物的树干液流。刘文国等（2010）对杨树的研究发现：在一定范围内，风速对杨树树干液流有影响，但是总体来讲，树干液流与风速的相关性较差。林木树干液流有明显的季节变化（于占辉，2009）。张建国（2011）对辽东栎树干液流的研究表明，生长季内液流变化总体趋势为 4～6 月最低，7～9 月较高，10 月随着叶片的掉落树干液流密度迅速下降，11 月几乎没有树干液流运动。

综上所述，植物生理生态过程对潜水埋深或潜水矿化度的响应不是简单线性关系（Horton et al.，2001；梁少民等，2008；闫海龙等，2010a），对植物生理生态过程的影响比较复杂，不同植物种类所需的适宜生态水（盐）位及生理生态适应机制存在较大差异（Chen et al.，2006a，2006b）。由于区域生态环境制约因子的不同，植物生理生态过程对潜水水位及其矿化度协同作用的响应及适应机制还缺乏系统和深入研究，迄今为止大多数研究侧重于潜水埋深导致的干旱胁迫与植物关系研究，很少涉及水、盐在地下水-土壤-植物体等不同介质层面的时空动态变化，以及对植物生长、水分利用的影响程度、作用过程与机制问题。针对泥质海岸盐碱地，从潜水水位和矿化度作为主要水盐来源的角度，研究水、盐协同作用对植物生理生态过程的影响及植物适宜的水、盐生境问题的能力还比较薄弱，因此难以回答泥质海岸盐碱地水土保持防护林出现的“造林成活率低，成林退化严重，林分结构和功能稳定性差”等急需解决的生产实践问题，以及低质低效水土保持防护林恢复与重建所需的生理生态学机制。所以，针对上述问题，开展柽柳光合及水分生理生态参数对水位-盐分协同作用的响应过程及调节机制研究，可为植物生理生态过程与水盐关系的深入研究提供地下水-土壤等介质层面的理论基础，对泥质海岸低质低效柽柳林的水盐管理及盐碱地改良水土保持防护林理论的研究都具有重要的现实意义和学术价值。

3.2 试验材料与方法

3.2.1 试验材料

本研究在山东省黄河三角洲生态环境重点实验室的科研温室内进行，栽植柽柳的土壤基质为黄河三角洲区域黄河滩地的土壤，土壤质地为粉砂壤土，其初始 pH 为 7.54，平均含盐量为 1.00‰，田间持水量为 37.86%，土壤容重为 1.32g/cm^3。黄河三角洲泥质海岸带土壤为氯化物型盐土，NaCl 占全盐含量的比例达 70%以上，是土壤中最主要的盐分来源（吴志芬等，1994；曹建荣等，2014），因此，为模拟设置该区域的地下水矿化度，地下水以黄河三角洲 NaCl 为主的海盐自行配置，主要依据天然水矿化度的数值分类标准，称取各地下水矿化度模拟设置数值对应换算的海盐量，溶解于特定容积的水桶中，然后将配置好的不同矿化度水按照模拟设计水位分别浇灌于设计排列好的埋于地下的水桶中。柽柳苗木选用 3 年生实生苗，茎基部直径平均为（14.0±0.5）mm，苗高统一截干至 50mm。

3.2.2 试验设计

黄河三角洲柽柳生长地带地下水水位主要集中在 300～2000mm（马玉蕾等，2013；夏江宝等，2015），结合在科研温室内利于试验控制，因此本研究以泥质海岸带柽柳大面积生长的地下水水位 1.2m 为准，模拟设置淡水、微咸水、咸水和盐水 4 种地下水矿化度，其对应矿化度数值分别为 0g/L、3.00g/L、8.00g/L 和 20.00g/L。2014 年 3 月 5 日将柽柳栽植于直径为 300mm、高度为 1780mm 的 PVC 圆管中，其中 PVC 圆管实际淹水高度为 550mm，管底部设有纱网，防止土壤渗漏。将 PVC 圆管放置于高 700mm，桶底内径 455mm、桶上口内径 570mm 的水桶中，为使其与地下水温度一致，将水桶埋置于土壤中。不同地下水矿化度下栽植柽柳的土柱模拟示意图和实景图如图 2-1 所示。为维持地下水水位及其矿化度的稳定性，定期监测地下水盐度，补充所需盐分。柽柳苗木正常生长 1 个月后对其进行不同地下水矿化度处理，在此期间从地上部共浇水 12.00L，分 4 次灌溉，地下水矿化度处理后，不再进行水分灌溉等措施。每个地下水矿化度处理下设 3 个重复，共计 12 个栽植柽柳的土壤柱体，每个土壤柱体栽植柽柳 1 株。在地下水矿化度处理 80 天后，从 6 月 27 日开始对柽柳苗木光合作用和树干液流参数进行测定，7 月 6 日测定结束。

其他地下水水位的模拟试验设计同 2.2.2 节。

3.2.3 试验指标测定及数据处理

（1）柽柳生物量的测定

采用整株收获法进行柽柳生物量的测定，每个处理测定 3 株，共收获 21 株。具体方法为：将苗木整株挖出，清洗干净，分为叶片、枝条、主干及根系等四部分，105℃杀青，30min 后于 80℃烘干至恒重，称量各部分鲜重和干重。

（2）柽柳叶片气体交换参数的光响应测定

在晴朗天气的 8:30～11:30，从柽柳样株中上部选取 3 或 4 片生长健壮的成熟叶片，应用 Li-6400XT 便携式光合作用仪测定不同潜水水位下柽柳叶片气体交换参数的光响应曲线。为保证数据的准确性，使用缓冲瓶维持 CO_2 浓度的稳定性[（390±5）μmol/mol]，设定人工光源的光合有效辐射（PAR）分别为 1600μmol/（m^2·s）、1400μmol/（m^2·s）、1200μmol/（m^2·s）、1000μmol/（m^2·s）、800μmol/（m^2·s）、500μmol/（m^2·s）、300μmol/（m^2·s）、200μmol/（m^2·s）、100μmol/（m^2·s）、50μmol/（m^2·s）、20μmol/（m^2·s）、0μmol/（m^2·s），记录柽柳叶片的净光合速率（P_n）、蒸腾速率（T_r）、气孔导度（G_s）、胞间 CO_2 浓度（C_i）和大气 CO_2 浓度（C_a）等参数。叶片瞬时水分利用效率（WUE）为 P_n 与 T_r 的比值，即 WUE = P_n/T_r（Nijs et al.，1997），表示碳同化和水分耗散之间的关系；气孔限制值（L_s）取决于 C_i 与 C_a 的比值，即 $L_s = 1-C_i/C_a$（Farquhar and Sharkey，1982）。同时在 7:00～19:00 用 Li-6400XT 便携式光合作用仪进行柽柳光合参数日动态的测定，仪器自动记录 T_r、G_s、PAR 和水汽压亏缺等参数，每 2 小时测定 1 次。每个处理测定 3 株苗木，在具体测定时，采用不同处理、不同植株和叶片重复之间的交替测定法，因此，每株苗木依据测定的叶片数可测定 2 或 3 次，以尽量避免时间波动对光合性能参数的影响。由于柽柳叶片形状不规则，为了得到精确的测量数据，测定时尽量将标记的叶片平铺于整个测定叶室内。同时参考邓雄等（2003）对不规则植物叶片光合参数的校正方法，将观测的植物叶片剪下，用扫描仪扫描后，使用面积分析软件 Delta-T SCAN 计算实际的叶表面积，按计算后的实际光合有效面积重新测算光合参数。

（3）树干液流的测定

使用基于茎热平衡法的包裹式茎流计测定柽柳树干液流参数，该系统自动、连续地测算了 12 株柽柳苗木的树干液流瞬时速率和日液流量。为了避免太阳辐射引起的测量误差，将探针安装在树干的背面，仪器的具体安装方法如下：①用小刀将离地面 300mm 处柽柳苗木的小枝条和萌芽去除，注意不要刮伤苗木的韧皮部，用砂纸将茎干打磨光滑，然后用游标卡尺测量样株所测部位的茎干直径，茎流探头以 SGA5 和 SGA9 为主；②在打磨好的安装区涂抹 G4 混合油，仔细将加热片安装于被测区，使茎干与探头接触良好，用探头上、中、下的 Velcro 带将其扎紧，然后用“O”形环将探头的上下两头密封严实；③为了防止太阳辐射对探头的影响，在安装好探头后再在探头的外层包上 3 层铝箔，用胶带密封，防止水汽进入；④将探头进行数据传输的电缆线与数据采集器相应的接口连接，数据采集通过该茎流计的数据采集器（Delta-T Logger）完成，每 30min 记录一次。

（4）数据处理

应用直角双曲线修正模型拟合的方法，对柽柳叶片光合作用光响应曲线进行分析，根据模型公式获取部分光响应参数：光补偿点、光饱和点和表观光合量子效率等。

直角双曲线修正模型公式如下（Ye，2007）

$$P_{\mathrm{n}}(I)=\alpha\frac{1-\beta I}{1+\gamma I}(I-I_{\mathrm{c}}) \tag{3.1}$$

式中，I 为光合有效辐射［μmol/(m^2·s)］，且均大于 0；$P_{\mathrm{n}}(I)$为净光合速率［μmol/(m^2·s)］；I_{c}为光补偿点［μmol/(m^2·s)］；α、β、γ 是独立于 I 的系数，其中 α 为初始量子效率（μmol/mol），β、γ 为修正系数，分别是具有生物学意义的光抑制项、光饱和项（叶子飘和康华靖，2012）。

数据的统计分析应用 SPSS 软件进行。试验数据用单因素方差分析（one-way ANOVA）检验潜水水位或地下水矿化度的效应，不同潜水水位间的比较采用邓肯氏新复极差法（Duncan’s new multiple range test）进行检验。

3.3 地下水水位矿化度对柽柳叶片生理生态特征的影响

3.3.1 不同潜水埋深下柽柳叶片的光合生理特征

3.3.1.1 不同潜水埋深下柽柳叶片净光合速率光响应

采用直角双曲线修正模型进行柽柳光合作用光响应的拟合，得到的模拟曲线与实测值的变化趋势一致，且模拟方程的相关系数（R^2）均在 0.98 以上（图 3-1）。

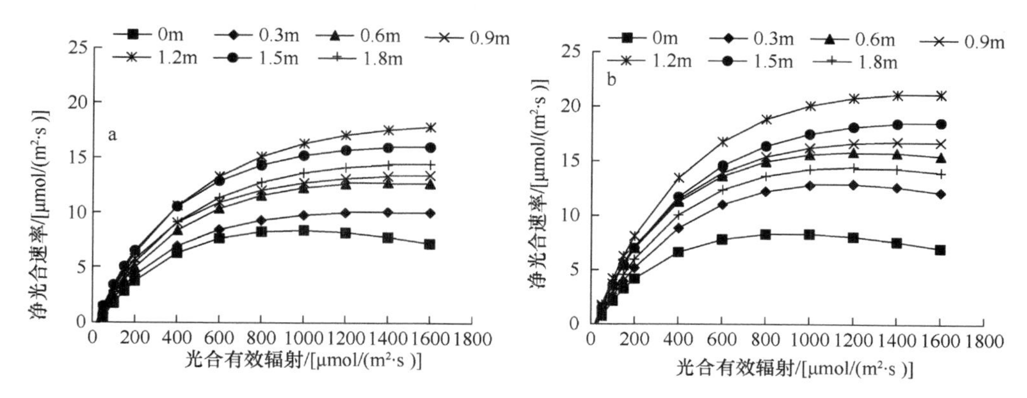

图 3-1 不同潜水埋深柽柳叶片净光合速率的光响应曲线

a. 咸水处理；b. 淡水处理

图 3-1 表明，随着潜水埋深的增加，柽柳叶片净光合速率对光强表现出不同的响应规律。淡水和咸水处理下，在弱光条件下，柽柳叶片净光合速率在不同的潜水埋深和矿化度下表现基本一致，均随光强的增强迅速升高；而在强光下，柽柳叶片净光合速率在不同的潜水埋深和矿化度下差异显著（$P<0.05$）。咸水处理下（图 3-1a），潜水埋深为 0m、0.3m、0.6m 时，柽柳叶片净光合速率随光强的增强先增加后降低，潜水埋深为 0.9m、1.2m、1.5m、1.8m 时，柽柳叶片净光合速率随光强的增强而增加，但增加趋势减缓。淡水处理下（图 3-1b），潜水埋深为 0m、0.3m、0.6m、0.9m、1.8m 时，柽柳叶片净光合速率随光强的增强先增加后降低，潜水埋深为 1.2m、1.5m 时，柽柳叶片净光合速率随光强的增强而增加，但增加趋势减缓。分析表明，光强越强，柽柳叶片光合作用越强，随着潜水埋深的增加高光强下柽柳的光合作用先升高后降低，潜水埋深过低或过高都会抑制高光强下柽柳的光合作用。柽柳叶片净光合速率对潜水埋深有明显的阈值响应，在咸水和淡水处理下，均在潜水埋深为 1.2m 时，柽柳叶片净光合速率达到最高值；潜水埋深超过 1.2m 后，随着潜水埋深的增加，柽柳叶片净光合速率显著下降。

在相同光强条件下，与最低潜水埋深 0m 相比，其他 6 个潜水埋深柽柳的净光合速率有明显的增加。在光强为 800μmol/（m^2·s）时，与潜水埋深 0m 时相比，潜水埋深 0.3m、0.6m、0.9m、1.2m、1.5m、1.8m 时，咸水处理下，柽柳的净光合速率分别增加了 12.51%、39.84%、45.59%、82.09%、72.92%、54.22%；淡水处理下，柽柳的净光合速率分别增加了 47.62%、80.45%、85.84%、127.39%、97.68%、64.64%。咸水处理下柽柳各个潜水水位的净光合速率显著高于淡水处理，而相同光强下，与潜水埋深 0m 相比，其他 6 个潜水埋深柽柳叶片净光合速率的增加幅度在淡水处理下要大于咸水处理，这是因为淡水处理下，潜水埋深 0m 时柽柳叶片净光合速率较低。

对不同潜水埋深和矿化度条件下所有光强下的柽柳叶片净光合速率计算平均值可知，与潜水埋深为0m时相比，潜水埋深为0.3m、0.6m、0.9m、1.2m、1.5m、1.8m时，咸水处理下，柽柳的净光合速率平均值分别增加了20.45%、49.11%、59.57%、98.45%、88.16%、66.25%；淡水处理下，柽柳叶片净光合速率的平均值分别增加了49.47%、88.26%、96.66%、140.00%、108.79%、67.63%。

咸水和淡水处理下，在淹水0m、低水位0.3m、净光合速率（P_n）转折水位1.2m和高水位1.8m时，最高光强下柽柳叶片净光合速率见表3-1。最高光强下柽柳叶片净光合速率咸水处理下在淹水0m、浅水位0.3m、净光合速率转折水位1.2m和高水位1.8m时分别比淡水处理下高34.7%、8.16%、10.13%、34.84%，地下水矿化度可以显著提高柽柳对高光强的利用，在淹水和高水位下，咸水处理对柽柳叶片净光合速率的提高效果较强。在渍水胁迫或干旱胁迫条件下，地下水矿化度对高光强下柽柳的净光合速率影响最大。

表3-1　最高光强下柽柳叶片的净光合速率　［单位：μmol/（m^2·s）］

潜水埋深	咸水处理下 P_n	淡水处理下 P_n
淹水0m	9.47	7.03
低水位0.3m	13.12	12.13
P_n转折水位1.2m	23.27	21.13
高水位1.8m	18.85	13.98

3.3.1.2 不同潜水埋深下柽柳叶片的光饱和点和光补偿点

由图3-2a可知，在不同潜水埋深条件下，柽柳叶片光饱和点差异显著（$P<0.05$），随潜水埋深的增加，柽柳叶片的光饱和点表现为先增大后减小。咸水处理下，在潜水埋深为0m时光饱和点值最小[971.8μmol/（m^2·s）]，在潜水埋深为1.2m时光饱和点达到最大值[1855.3μmol/（m^2·s）]。与柽柳叶片光饱和点最小值相比，潜水埋深为0.3m、0.6m、0.9m、1.2m、1.5m、1.8m时，柽柳叶片的光饱和点分别升高了43.84%、46.82%、72.28%、90.91%、62.10%、59.79%；柽柳叶片光饱和点的平均值为1493.5μmol/（m^2·s），与平均值相比，光饱和点最大值的增幅为24.22%，光饱和点最小值的减幅为34.93%；在潜水埋深为0.9m、1.2m、1.5m、1.8m时，柽柳叶片光饱和点大于平均值。淡水处理下，在潜水埋深为0m时，柽柳叶片光饱和点值最小[916.3μmol/（m^2·s）]，在潜水埋深为1.5m时，柽柳叶片光饱和点达到最大值[1577.31μmol/（m^2·s）]；与柽柳叶片光饱和点最小值相比，潜水埋深0.3m、0.6m、0.9m、1.2m、1.5m、1.8m时，柽柳叶片的光饱和点分别升高了25.41%、35.58%、56.21%、65.16%、72.14%、51.51%；柽柳叶片光饱和点的平均值为1316.87μmol/（m^2·s），与平均值相比，光饱和点最大值的增幅为

19.78%，光饱和点最小值的减幅为 30.42%；在潜水埋深为 0.9m、1.2m、1.5m、1.8m 时，柽柳叶片光饱和点大于平均值。可见，潜水埋深较深（0.9～1.2m）时，柽柳叶片光饱和点要显著高于潜水埋深较浅（0～0.6m）时，即中等水位的潜水埋深有利于柽柳对强光的利用。

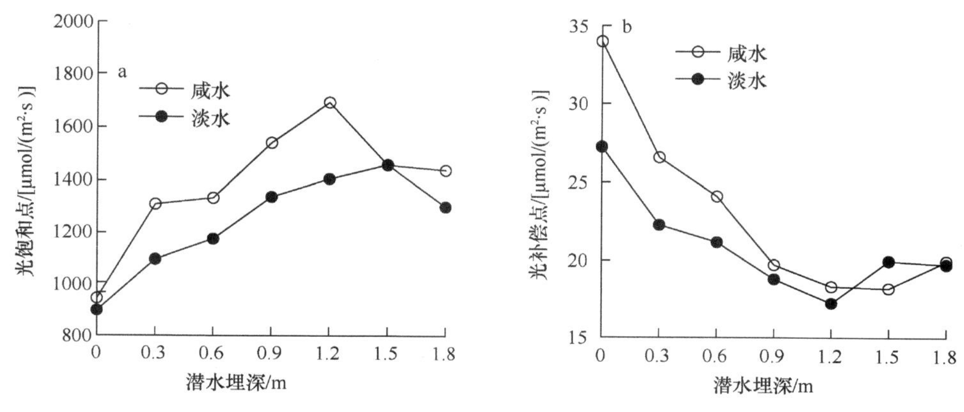

图 3-2　柽柳光饱和点（a）和光补偿点（b）潜水埋深响应曲线

由图 3-2b 可知，在不同潜水埋深处理下，柽柳叶片光补偿点差异显著，随潜水埋深的增加，柽柳叶片的光补偿点表现为先减小后增大。咸水处理下，在潜水埋深为 0m 时，柽柳叶片光补偿点值最大[34.0μmol/（m^2·s）]，在潜水埋深为 1.5m 时，光补偿点达到最小值[18.2μmol/（m^2·s）]，与最大值相比，潜水埋深 0.3m、0.6m、0.9m、1.2m、1.5m、1.8m 时柽柳叶片的光补偿点分别降低了 21.77%、29.07%、41.96%、46.07%、46.47%、41.27%；柽柳叶片光补偿点的平均值为 23.0μmol/(m^2·s)，与平均值相比，光补偿点最大值的增幅为 47.83%，光补偿点最小值的减幅为 20.87%；在潜水埋深为 0.9m、1.2m、1.5m、1.8m 时，柽柳叶片光补偿点小于平均值。淡水处理下，在潜水埋深为 0m 时，柽柳叶片光补偿点值最大[27.3μmol/（m^2·s)]，在潜水埋深为 1.2m 时，柽柳叶片光补偿点达到最小值[17.3μmol/(m^2·s)]；与最大值相比，潜水埋深 0.3m、0.6m、0.9m、1.2m、1.5m、1.8m 时柽柳叶片的光补偿点分别降低了 18.26%、22.30%、30.96%、36.63%、26.68%、27.50%；柽柳叶片光补偿点的平均值为 20.93μmol/（m^2·s)，与平均值相比，柽柳叶片光补偿点最大值的增幅为 30.43%，光补偿点最小值的减幅为 17.34%；在潜水埋深为 0.9m、1.2m、1.5m、1.8m 时，光补偿点小于平均值。可见，潜水埋深较深（0.9～1.2m）时柽柳的光补偿点要低于潜水埋深较浅（0～0.6m）时，即中等水位的潜水埋深有利于柽柳对弱光的利用。

可见，潜水埋深较浅（0～0.6m）时柽柳叶片的光饱和点低于潜水埋深较深（0.9～1.2m）时，光补偿点高于潜水埋深较深时，即中等水位（0.9～1.2m）潜水埋深时柽柳叶片的光照生态幅较宽，强光和弱光都能利用，光能利用效率较高，潜水埋深越大，土壤含水量越低，柽柳表现出一定的耐干旱性。

从图 3-2 整体来看，咸水处理下柽柳叶片光饱和点和光补偿点都大于淡水处理，潜水埋深 0m、0.3m、0.6m、0.9m、1.2m、1.5m、1.8m 时，咸水处理下柽柳叶片的光饱和点比淡水处理下分别增加了 5.71%、17.80%、12.93%、14.51%、18.43%、–0.12%、10.60%；光补偿点分别增加了 19.83%、16.23%、12.18%、4.63%、5.88%、–9.65%、1.04%。潜水埋深 0m、0.3m、0.6m、0.9m、1.2m、1.5m、1.8m 时，咸水处理下柽柳叶片的光照生态幅分别为 937.85μmol/（m^2·s）、1371.32μmol/（m^2·s）、1402.71μmol/（m^2·s）、1654.59μmol/（m^2·s）、1836.97μmol/（m^2·s）、1557.16μmol/（m^2·s）、1532.94μmol/（m^2·s），淡水处理下柽柳叶片的光照生态幅分别为 889.07μmol/（m^2·s）、1126.84μmol/（m^2·s）、1221.13μmol/（m^2·s）、1412.60μmol/（m^2·s）、1496.10μmol/（m^2·s）、1557.33μmol/（m^2·s）、1368.55μmol/（m^2·s），可见，咸水处理下柽柳叶片的光照生态幅要高于淡水处理，柽柳表现出一定的耐盐碱特性。

3.3.1.3 不同潜水埋深下柽柳叶片的表观量子效率和最大净光合速率

由图 3-3a 可知，在不同潜水埋深处理下，柽柳叶片表观量子效率差异显著，柽柳叶片表观量子效率随潜水埋深的增大表现为先增加后减小。咸水处理下，在潜水埋深为 0m 时，柽柳叶片表观量子效率值最小（0.043μmol/mol），在潜水埋深为 1.5m 时表观量子效率达到最大值（0.069μmol/mol）；与柽柳叶片表观量子效率最小值相比，潜水埋深 0.3m、0.6m、0.9m、1.2m、1.5m、1.8m 时，柽柳叶片的表观量子效率分别增加了 14.30%、20.58%、49.48%、41.13%、60.5%、25.28%；柽柳叶片表观量子效率的平均值为 0.057μmol/mol，与平均值相比，柽柳叶片表观量子效率最大值的增幅为 21.1%，表观量子效率最小值的减幅为 24.6%；在潜水埋深为 0.9m、1.2m、1.5m 时，柽柳叶片表观量子效率大于平均值。淡水处理下，在潜水埋深为 0m 时，柽柳叶片表观量子效率值最小（0.037μmol/mol），在潜水埋深为 1.2m 时表观量子效率达到最大值（0.060μmol/mol），与柽柳叶片表观量子效率最小值相比，潜水埋深 0.3m、0.6m、0.9m、1.2m、1.5m、1.8m 时，柽柳叶片的表观量子效率分别增加了 3.48%、53.35%、55.41%、62.3%、44.87%、19.47%；柽柳叶片表观量子效率的平均值为 0.050μmol/mol，与平均值相比，表观量子效率最大值的增幅为 20%，表观量子效率最小值的减幅为 26%；在潜水埋深为 0.6m、0.9m、1.2m、1.5m 时，柽柳叶片表观量子效率大于平均值。可见，潜水埋深过大或过小都可降低柽柳叶片的光能利用效率，潜水埋深较深（0.9～1.5m）时柽柳叶片的光能利用效率明显高于较浅（0～0.6m）时，柽柳表现出一定的耐干旱特点。

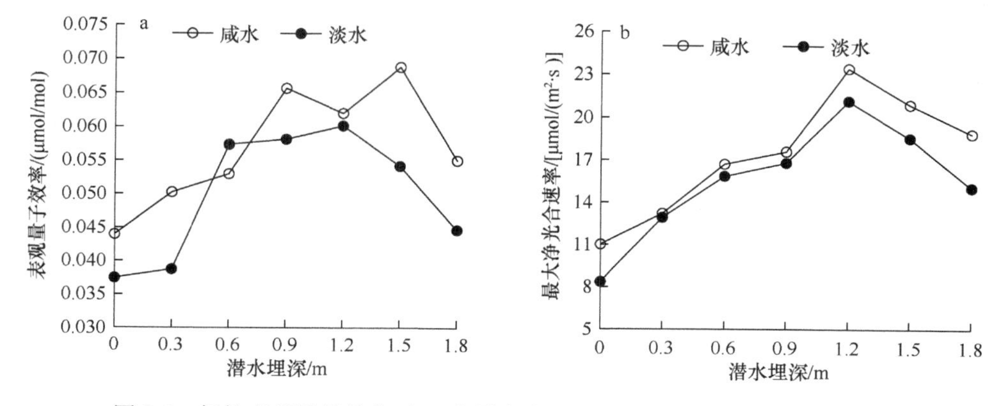

图 3-3　柽柳表观量子效率（a）和最大净光合速率（b）潜水埋深响应曲线

由图 3-3a 可知，咸水处理下柽柳叶片表观量子效率大于淡水处理，潜水埋深 0m、0.3m、0.6m、0.9m、1.2m、1.5m、1.8m 时，咸水处理下柽柳叶片的表观量子效率比淡水处理下分别增加了 14.89%、22.96%、–8.24%、11.52%、2.99%、21.28%、18.84%，咸水处理下柽柳叶片的光能利用效率显著高于淡水处理。

由图 3-3b 可知，在不同潜水埋深处理下，柽柳叶片最大净光合速率差异显著，随潜水埋深的增大先增大后减小。咸水处理下，柽柳叶片最大净光合速率在潜水埋深为 0m 时最小[11.0μmol/（m^2·s）]，在潜水埋深为 1.2m 时，柽柳叶片最大净光合速率达到最大值[23.4μmol/（m^2·s）]，与最小值相比，潜水埋深 0.3m、0.6m、0.9m、1.2m、1.5m、1.8m 时柽柳叶片的最大净光合速率分别上升了 19.87%、51.62%、59.66%、112.73%、89.91%、71.32%；柽柳叶片最大净光合速率的平均值为 17.4μmol/（m^2·s），与平均值相比，柽柳叶片最大净光合速率最大值的增幅为 34.48%，最大净光合速率最小值的减幅为 36.78%；在潜水埋深为 0.9m、1.2m、1.5m、1.8m 时，柽柳叶片最大净光合速率大于平均值。淡水处理下，在潜水埋深为 0m 时，柽柳叶片最大净光合速率值最小[8.3μmol/（m^2·s）]，在潜水埋深为 1.2m 时，柽柳叶片最大净光合速率达到最大值[21.2μmol/（m^2·s）]，与最小值相比，潜水埋深 0.3m、0.6m、0.9m、1.2m、1.5m、1.8m 时，柽柳叶片的最大净光合速率分别上升了 54.76%、89.85%、101.18%、155.42%、122.22%、80.53%；柽柳叶片最大净光合速率的平均值为 15.5μmol/（m^2·s），与平均值相比，柽柳叶片最大净光合速率最大值的增幅为 36.77%，最大净光合速率最小值的减幅为 46.45%；在潜水埋深为 0.6m、0.9m、1.2m、1.5m 时，柽柳叶片最大净光合速率大于平均值。可见，潜水埋深过大或过小都降低了柽柳叶片的光合潜能，潜水埋深较深（0.9～1.5m）时，柽柳叶片的最大光合能力明显高于潜水埋深较浅（0～0.6m）时，表现出一定的耐干旱特点。

从图 3-3b 整体来看，咸水处理下柽柳叶片最大净光合速率大于淡水处理下，潜水埋深 0m、0.3m、0.6m、0.9m、1.2m、1.5m、1.8m 时，咸水处理下柽柳叶片的最大净光合速率比淡水处理下分别增加了 24.22%、2.17%、5.12%、4.52%、9.62%、11.33%、20.15%，咸水处理下柽柳叶片的最大光合能力要高于淡水处理，即咸水处理下柽柳叶片的光合潜能高于淡水处理。

3.3.1.4 不同潜水埋深下柽柳叶片的气孔导度、胞间 CO_2 浓度和气孔限制值

由图 3-4 可知，咸水处理下，不同潜水埋深下，柽柳叶片气孔导度对光强和潜水埋深的响应过程差异显著（$P<0.05$），但响应规律与柽柳叶片净光合速率的光响应过程类似，随着光强的增大，柽柳叶片气孔导度先升高后降低，在光强为 600～1000μmol/（$m^2 \cdot s$）时，柽柳叶片气孔导度达到最大值；随着潜水埋深的增大，柽柳叶片气孔导度先升高后降低，在潜水埋深为 0.9～1.5m 时达到最大值，弱光、强光、潜水埋深过小或过大都会对咸水处理下柽柳叶片气孔导度产生抑制作用，适宜的光照强度和潜水埋深有利于柽柳叶片气孔导度的增大。淡水处理下，

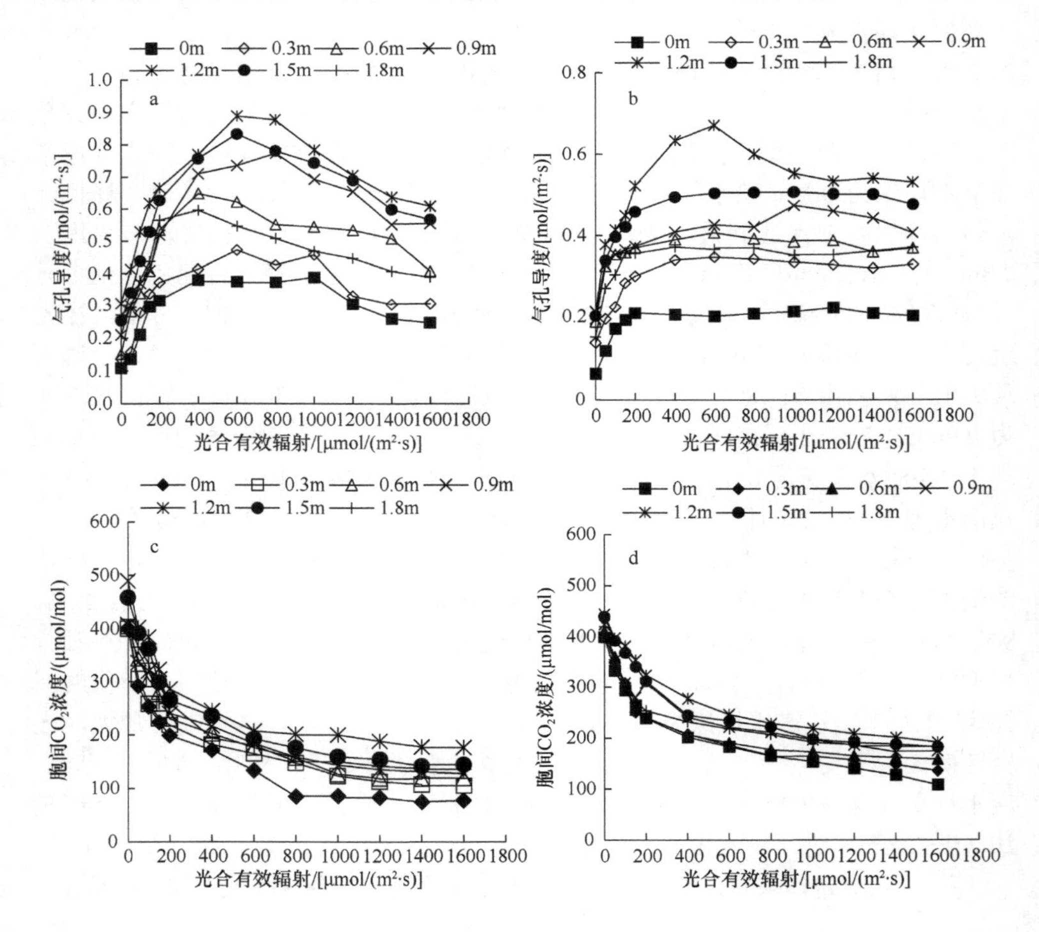

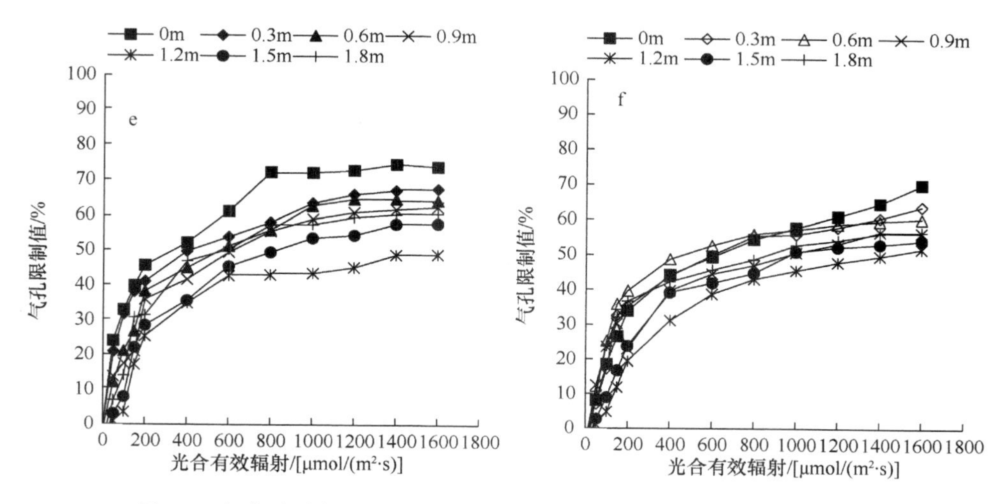

图 3-4　柽柳叶片气孔导度、胞间 CO_2 浓度和气孔限制值的光响应曲线

a、c、e. 咸水处理；b、d、f. 淡水处理

不同潜水埋深下，柽柳叶片气孔导度对光强和潜水埋深的响应过程差异显著；随着光强的增大，潜水埋深为 1.2m 时，柽柳叶片气孔导度先升高后降低，在其他水位时气孔导度先升高再趋于平缓，在光强为 600～1000μmol/（m^2·s）时，柽柳叶片气孔导度达到最大值；随着潜水埋深的增大，柽柳叶片气孔导度先升高后降低，在潜水埋深为 0.9～1.5m 时达到最大值，弱光、潜水埋深过小或过大都会对淡水处理下柽柳叶片气孔导度产生抑制作用，适宜的光照强度和潜水埋深有利于柽柳叶片气孔导度的增大。

在咸水和淡水处理下，当光照强度小于 200μmol/（m^2·s）时，柽柳叶片胞间 CO_2 浓度都随光强的增大迅速减小，对光强响应敏感，当光照强度大于 200μmol/（m^2·s）时，柽柳叶片胞间 CO_2 浓度都随光强的增大下降趋缓。相同矿化度下各水位的柽柳叶片胞间 CO_2 浓度差异不显著；在咸水和淡水处理下，柽柳叶片气孔限制值的变化趋势与胞间 CO_2 浓度基本相反，当光照强度小于 200μmol/（m^2·s）时，柽柳叶片气孔限制值都随光强的增大迅速增大，对光强响应敏感，当光照强度大于 200μmol/（m^2·s）时，柽柳叶片气孔限制值都随光强的增大上升趋缓。咸水和淡水处理下，在潜水埋深 0～1.2m 时，随着潜水水位的上升，柽柳叶片净光合速率、气孔导度和胞间 CO_2 浓度均表现为上升趋势，气孔限制值下降；在潜水埋深为 1.2～1.8m 时，随着潜水水位的上升，柽柳叶片净光合速率、气孔导度和胞间 CO_2 浓度均表现为下降趋势，气孔限制值上升；依据气孔限制理论（Farquhar and Sharkey，1982），咸水和淡水处理下柽柳叶片净光合速率的变化以气孔限制为主。

3.3.2 不同潜水埋深下柽柳叶片的水分生理特征

3.3.2.1 不同潜水埋深下柽柳叶片蒸腾速率的光响应

由图 3-5 可知，不同潜水埋深下，柽柳叶片蒸腾速率的光响应曲线差异显著。淡水和咸水处理下，柽柳叶片蒸腾速率在不同的潜水水位和矿化度下表现基本一致。在弱光条件下，随光强增强柽柳叶片蒸腾速率迅速升高，当光强达到 600μmol/（m^2·s）时，柽柳叶片蒸腾速率随光强的增强趋于平缓，蒸腾速率对光强响应不敏感，较强的光强并没有导致蒸腾速率显著增加。但不同潜水埋深下，柽柳叶片蒸腾速率差异较大，随潜水埋深增加，蒸腾速率先增大后减小；咸水处理下，潜水埋深为 1.2m 时柽柳蒸腾速率最高[10.37mmol/（m^2·s）]，潜水埋深为 0m、0.3m、0.6m、0.9m、1.5m、1.8m 时，柽柳叶片蒸腾速率最大值分别比潜水埋深为 1.2m 时降低 48.74%、39.75%、22.08%、20.78%、3.76%、14.40%。淡水处理下，潜水埋深为 1.2m 时，柽柳蒸腾速率最高[8.51mmol/（m^2·s）]，潜水埋深为 0m、0.3m、0.6m、0.9m、1.5m、1.8m 时，柽柳叶片蒸腾速率最大值分别比潜水埋深为 1.2m 时降低 44.49%、37.14%、22.56%、9.90%、8.78%、27.96%。分析表明，当光强达到 600μmol/（m^2·s）时，柽柳叶片蒸腾速率对光强响应不敏感，较强的光强并没有导致蒸腾速率显著增加，潜水埋深过小会抑制柽柳叶片的蒸腾作用，适度的干旱胁迫会增强其蒸腾能力，潜水埋深为 1.2m 时柽柳蒸腾作用最强。

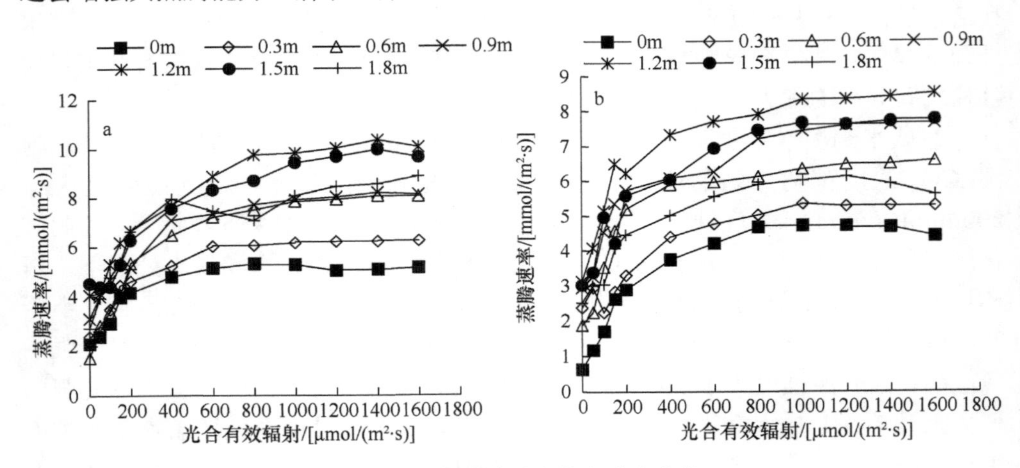

图 3-5 柽柳蒸腾速率的光响应曲线

a. 咸水处理；b. 淡水处理

在不同矿化度但相同潜水埋深下，柽柳叶片蒸腾速率的光响应曲线差异显著（$P<0.05$）。潜水埋深为 0m、0.3m、0.6m、0.9m、1.2m、1.5m、1.8m 时，咸水处理的柽柳叶片最大蒸腾速率分别比淡水处理的高 11.15%、14.40%、18.46%、6.69%、

17.95%、22.23%、30.95%。相同潜水埋深下，咸水处理的柽柳叶片蒸腾速率要高于淡水处理。分析表明，咸水矿化度下柽柳叶片蒸腾作用较强，适度的盐分胁迫会增强其蒸腾能力。

3.3.2.2　不同潜水埋深下柽柳叶片水分利用效率的光响应

由图 3-6 可知，在不同潜水埋深下，柽柳叶片水分利用效率的光响应过程类似。低光强[小于 200μmol/（m^2·s）]时，随光强增强，柽柳叶片水分利用效率上升较快，达到光饱和点[1000～1400μmol/（m^2·s）]后，随光强增强，柽柳叶片水分利用效率变化较小。不同潜水埋深下，柽柳叶片水分利用效率差别较大，随潜水埋深增加，柽柳叶片水分利用效率先增大后减小。在咸水处理下，潜水埋深为 1.2m 时，柽柳叶片水分利用效率最高[3.69μmol/mmol]；潜水埋深为 0m、0.3m、0.6m、0.9m、1.5m、1.8m 时，柽柳叶片水分利用效率最大值分别比潜水埋深为 1.2m 时降低 45.31%、41.54%、18.54%、22.46%、20.25%、35.44%。在淡水处理下，潜水埋深为 1.2m 时，柽柳叶片水分利用效率最高[3.90μmol/mmol]；潜水埋深为 0m、0.3m、0.6m、0.9m、1.5m、1.8m 时，柽柳叶片水分利用效率最大值分别比潜水埋深为 1.2m 时降低 52.44%、37.42%、14.02%、6.45%、17.27%、31.32%。分析表明，柽柳叶片水分利用效率随光强的增强先增大后变化较小，潜水埋深过小或过大会抑制柽柳叶片的水分利用效率，适度的干旱胁迫会增强其水分利用效率，在潜水埋深为 1.2m 时，柽柳叶片水分利用效率最强。

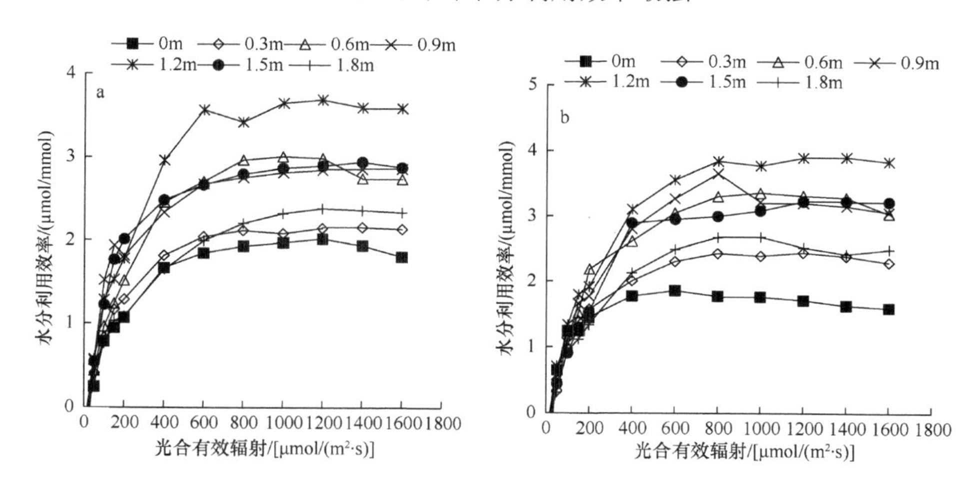

图 3-6　柽柳叶片水分利用效率的光响应曲线

a. 咸水处理；b. 淡水处理

在不同矿化度相同潜水埋深下，柽柳叶片水分利用效率的光响应曲线差异显著。潜水埋深为 0m、0.3m、0.6m、0.9m、1.2m、1.5m、1.8m 时，淡水处理的柽柳叶片最大水分利用效率与咸水处理相比变幅分别为–16.06%、28.68%、35.15%、79.21%、21.53%、28.82%、29.99%。相同潜水埋深下，淡水处理的柽柳叶片水分利用效率要高于咸水处理，即淡水条件下柽柳叶片水分利用效率较强。

3.3.2.3 柽柳树干液流速率日动态对潜水埋深的响应

由图 3-7 可知，从树干液流速率日动态来看，柽柳树干昼夜液流速率差异较大，白天柽柳树干液流速率明显高于夜间。咸水处理下（图 3-7a），各水位下的柽柳树干 19:30～6:00 之间液流速率均为 0，清晨 6:00 液流启动后迅速升高，柽柳树干液流呈现双峰型，峰值出现在 10:30～12:00，在 12:00～14:00 呈现“午休”现象，随后逐渐下降；随潜水埋深的增加，柽柳树干液流速率日变幅表现为先升高后降低，潜水埋深为 1.2m 时柽柳树干液流速率日变幅最高（97.99g/h），潜水埋深为 0m、0.3m、0.6m、0.9m、1.5m、1.8m 时，柽柳树干液流速率日变幅分别比潜水埋深 1.2m 最大值时降低 73.37%、67.10%、61.14%、37.46%、12.58%、21.83%。而淡水处理下（图 3-7b），各水位下的柽柳树干 19:00～6:30 之间液流速率均为 0，清晨 6:30 液流启动后迅速升高，呈现单峰宽峰型，峰值出现在 10:30～13:00，随后逐渐下降；随潜水埋深的增加，柽柳树干液流速率日变幅表现为先升高后降低，潜水埋深为 1.2m 日变幅最高（81.63g/h），潜水埋深为 0m、0.3m、0.6m、0.9m、1.5m、1.8m 时，柽柳树干液流速率日变幅分别比潜水埋深 1.2m 最大值时降低 89.92%、72.30%、61.07%、44.92%、21.46%、65.37%。分析表明，潜水埋深会显著影响柽柳树干液流速率的日动态，潜水埋深为 1.2m 时，柽柳树干液流速率最高且日变幅最大。潜水埋深过大或过小均会导致柽柳树干液流速率日变幅降低，而适度的潜水埋深有利于提高柽柳树干液流速率；咸水处理下柽柳树干液流的启动时间早于淡水处理，结束时间晚于淡水处理，液流速率高于淡水处理。

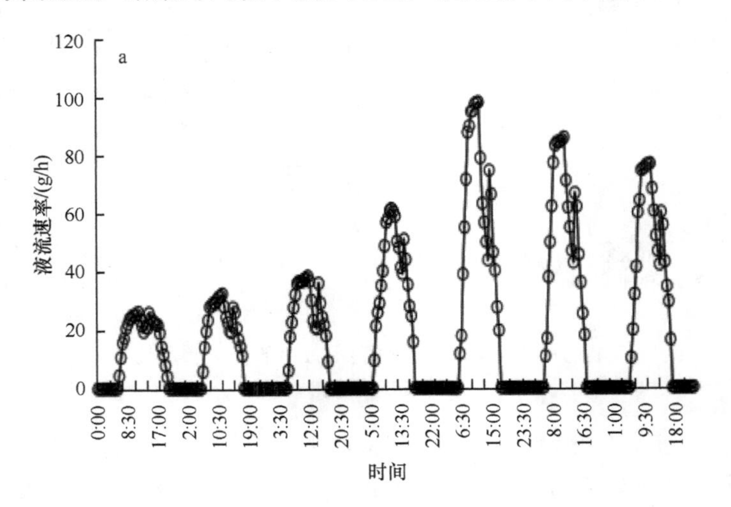

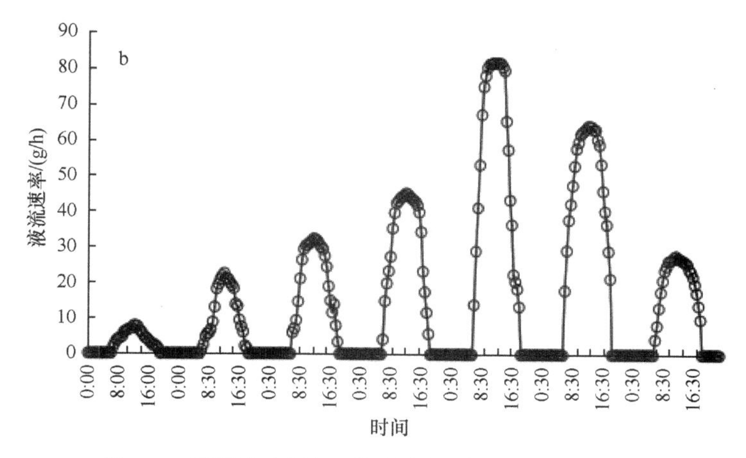

图 3-7　不同潜水埋深下柽柳树干液流速率的日动态

a. 咸水处理；b. 淡水处理

3.3.2.4　柽柳树干日累积液流量对潜水埋深的响应

由图 3-8 可知，柽柳树干的日液流量变化趋势基本呈现“S”形。咸水处理下，0:00～6:00 柽柳树干日累积液流量为 0，6:00～19:30 日累积液流量上升较快，随后日累积液流量不再增加，即树干液流量为 0，夜间（19:30～6:00）柽柳不进行液流活动；不同潜水埋深下柽柳树干日累积液流量差异较大，日累积液流量表现为潜水埋深 1.2m＞1.5m＞1.8m＞0.9m＞0.6m＞0.3m＞0m，其中潜水埋深为 0m、0.3m、0.6m、0.9m、1.5m、1.8m 时，柽柳树干最大日累积液流量分别比潜水埋深为 1.2m（877.07g/d）时降低 69.01%、63.09%、56.11%、34.74%、10.56%、18.85%。淡水处理下，0:00～6:30 柽柳树干日累积液流量为 0，6:30～19:00 日累积液流量上升较快，随后日累

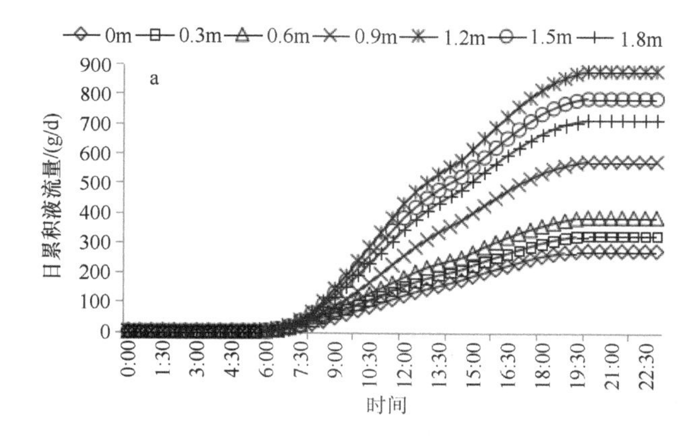

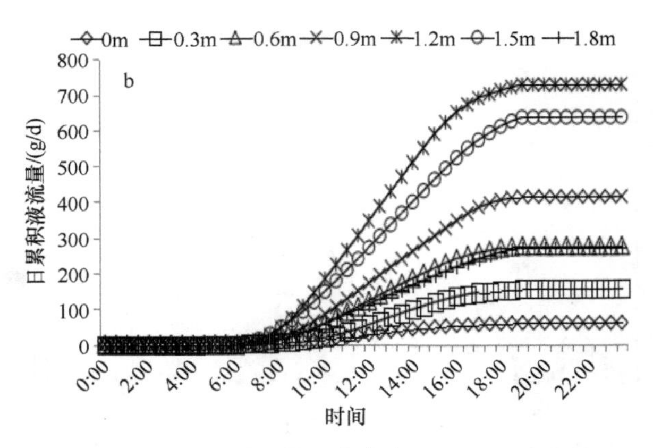

图 3-8　不同潜水埋深下柽柳树干日累积液流量

a. 咸水处理；b. 淡水处理

积液流量不再增加，即树干液流量为 0，夜间（19:00～6:30）柽柳不进行液流活动；不同潜水埋深下柽柳树干日累积液流量差异较大，日液流量表现为 1.2m＞1.5m＞0.9m＞0.6m＞1.8m＞0.3m＞0m，其中潜水埋深为 0m、0.3m、0.6m、0.9m、1.5m、1.8m 时柽柳树干最大日累积液流量分别比潜水埋深为 1.2m（727.15g/d）时降低 91.87%、78.97%、62.11%、43.27%、12.71%、62.87%。分析表明，潜水埋深对柽柳日耗水量影响较大，潜水埋深过大或过小均会降低柽柳日耗水量；咸水处理下柽柳日耗水量大于淡水处理。

3.3.3　柽柳叶片光合效率的潜水埋深有效性及其光合生产力分级

3.3.3.1　柽柳叶片净光合速率的潜水埋深响应特性

在咸水和淡水处理下，柽柳叶片的净光合速率对潜水埋深的响应规律类似（图 3-9）。随着潜水埋深的增加，柽柳叶片净光合速率增大，在适宜的潜水埋深时达到最大值，之后随着潜水埋深的增加，咸水和淡水处理下柽柳叶片的净光合速率均呈现下降的趋势，说明咸水和淡水处理下，柽柳叶片净光合速率对潜水埋深有明显的阈值效应。咸水和淡水处理下，柽柳叶片净光合速率对潜水埋深的响应过程符合二次方程模型，咸水处理下柽柳叶片 P_n=−6.3864Gl^2+0.5557Gl+8.8469（R^2=0.910），式中，Gl 代表潜水水位/埋深，下同；淡水处理下柽柳叶片 P_n=−9.475Gl^2+21.739Gl+6.5198（R^2=0.922）。根据此模型可求得咸水和淡水处理下柽柳叶片净光合速率最大时的潜水埋深分别为 1.37m 和 1.15m，此时柽柳叶片净光合速率达到最大值，分别为 20.82μmol/（m^2·s）和 18.99μmol/（m^2·s）。柽柳叶片净光合速率为 0 时，咸水处理下对应的潜水埋深为−0.44m 和 3.17m，淡水处理下对应的潜水埋深为−0.27m 和 2.56m，潜水埋深为−0.44m 和−0.27m 低于 0m，无意义，需去掉，超过潜水埋深 3.17m 和 2.56m 时，柽柳叶片净光合速率为 0。咸水处理下柽柳叶片净光合速率拟合方程的积分式为

$$\overline{P}_{\mathrm{n}} = \frac{1}{1.8-0}\int_{0}^{1.8}(-6.3864\mathrm{Gl}^2 + 0.5557\mathrm{Gl}+8.8469)\mathrm{dGl} \tag{3.2}$$

式中，0 表示 0 水位。可求出潜水埋深范围内（0～1.8m）柽柳叶片净光合速率的平均值为 17.69μmol/（m^2·s），对应的潜水埋深为 0.67m 和 2.07m。

淡水处理下柽柳叶片净光合速率拟合方程的积分式为

$$\overline{P}_{\mathrm{n}} = \frac{1}{1.8-0}\int_{0}^{1.8}(-9.475\mathrm{Gl}^2 + 21.739\mathrm{Gl}+6.5198)\mathrm{dGl} \tag{3.3}$$

可求出潜水埋深范围内（0～1.8m）柽柳叶片净光合速率的平均值为 15.85μmol/（m^2·s），对应的潜水埋深为 0.57m 和 1.72m。可以确定柽柳叶片光合作用中等以上水平的潜水埋深范围为咸水处理下 0.67～1.8m，淡水处理下 0.57～1.72m。

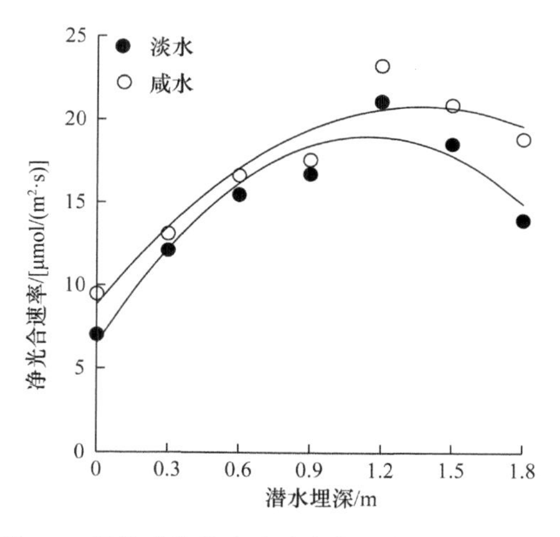

图 3-9　柽柳叶片净光合速率的潜水埋深响应曲线

3.3.3.2　柽柳叶片水分利用效率的潜水埋深响应特性

在咸水和淡水处理下，柽柳叶片的水分利用效率对潜水埋深的响应规律类似（图 3-10）。随着潜水埋深的增加，柽柳叶片水分利用效率增大，在适宜的潜水埋深时达到最大值，之后随着潜水埋深的增加，咸水和淡水处理下柽柳叶片的水分利用效率均呈现下降趋势，可见咸水和淡水处理下，柽柳叶片水分利用效率对潜水埋深有明显的阈值效应。在咸水和淡水处理下，柽柳叶片水分利用效率对潜水埋深的响应过程符合二次方程模型，咸水处理下柽柳叶片 $\mathrm{WUE}=-1.6459\mathrm{Gl}^2+$

3.5983Gl+1.4761（R^2=0.900）；淡水处理下柽柳叶片 WUE=−1.2871Gl^2+ 2.7838Gl+ 1.6195（R^2=0.815）。根据此模型求得咸水和淡水处理下柽柳叶片水分利用效率最大时的潜水埋深分别为 1.09m 和 1.08m，此时柽柳叶片水分利用效率达到最大值，咸水和淡水处理下分别为 3.44μmol/mmol 和 3.12μmol/mmol。咸水处理下柽柳叶片水分利用效率拟合方程的积分式为

$$\overline{\text{WUE}} = \frac{1}{1.8-0}\int_0^{1.8}(-1.6459\text{Gl}^2 + 3.5983\text{Gl}+1.4761)\text{dGl} \tag{3.4}$$

可求出潜水埋深范围内（0～1.8m），柽柳叶片水分利用效率的平均值为 2.94μmol/mmol，对应的潜水埋深分别为 0.54m 和 1.65m。淡水处理下柽柳叶片水分利用效率拟合方程的积分式为

$$\overline{\text{WUE}} = \frac{1}{1.8-0}\int_0^{1.8}(-1.2871\text{Gl}^2 + 2.7838\text{Gl}+1.6195)\text{dGl} \tag{3.5}$$

可求出潜水埋深范围内（0～1.8m），柽柳叶片水分利用效率的平均值为 2.73μmol/mmol，对应的潜水埋深分别为 0.53m 和 1.63m。可以确定柽柳光合作用中等以上水平的潜水埋深范围为咸水处理下 0.54～1.65m，淡水处理下 0.53～1.63m。

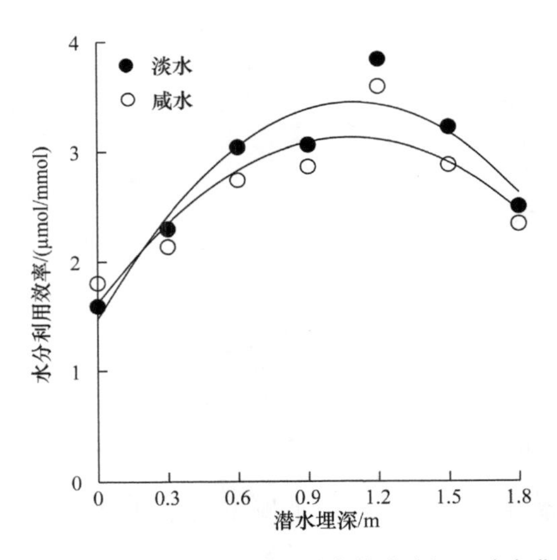

图 3-10　柽柳叶片水分利用效率的潜水埋深响应曲线

3.3.3.3　柽柳叶片光合效率的水位有效性

将前面得到的柽柳叶片净光合速率和水分利用效率的最高值、最低值及平均值对应的潜水埋深临界值作为潜水有效性的分界点，根据柽柳叶片净光合速率和水分利用效率随潜水水位的响应特征，建立以净光合速率和水分利用效率大小为

标准的柽柳叶片光合效率潜水埋深阈值分级。此分级标准是借鉴光合效率的水分阈值分级来完成的，利用柽柳叶片净光合速率和水分利用效率的潜水埋深临界效应值，对净光合速率和水分利用效率的潜水埋深临界值进行生物学赋值，给予它们明确的生物学意义，把净光合速率当作产出、水分利用效率作为效率来代替传统农业中产出生物量的多少和效率的概念。将净光合速率为 0 时的潜水埋深称为净光合速率潜水埋深补偿点；此时，咸水和淡水处理下潜水埋深都是无效的，净光合速率和水分利用效率为最大值时的潜水埋深命名为净光合速率潜水埋深饱和点和水分利用效率潜水埋深高效点，此时咸水处理下潜水埋深分别为 1.37m 和 1.09m，淡水处理下潜水埋深分别为 1.15m 和 1.08m，因此，咸水处理下潜水埋深为 1.09～1.37m，淡水处理下潜水埋深为 1.08～1.15m 时可称为柽柳叶片光合速率潜水埋深高产高效水平。高产和高效指高的净光合速率和水分利用效率，其潜水埋深大小主要依据求解的净光合速率潜水埋深饱和点和水分利用效率潜水埋深高效点来确定；中产和中效指中等以上的净光合速率和水分利用效率，其潜水埋深大小主要依据净光合速率和水分利用效率与潜水埋深之间的积分求得的平均值来确定；低产和低效以低于净光合速率和水分利用效率平均值的潜水埋深来确定。据此，可确定出如表 3-2 和表 3-3 所示的咸水和淡水处理下，柽柳叶片光合速率潜水埋深低产低效水平、低产中效水平、中产低效水平、中产中效水平、高产高效水平 5 种光合效率潜水埋深阈值分级类型。

表 3-2　柽柳叶片光合效率的潜水埋深临界点

潜水埋深临界指标	潜水水位临界点	
	咸水矿化度	淡水矿化度
净光合速率饱和点	1.37m	1.15m
水分利用效率高效点	1.09m	1.08m
净光合速率均值点	0.67m	0.57m，1.72m
水分利用效率均值点	0.54m，1.65m	0.53m，1.63m

表 3-3　柽柳叶片光合生产力分级及其潜水埋深阈值范围

光合生产力分级	潜水埋深阈值范围	
	咸水矿化度	淡水矿化度
低产低效水平	0～0.54m	0～0.53m，1.72～1.8m
低产中效水平	0.54～0.67m	0.53～0.57m
中产低效水平	1.65～1.80m	1.63～1.72m
中产中效水平	0.67～1.09m，1.37～1.65m	0.57～1.08m，1.15～1.63m
高产高效水平	1.09～1.37m	1.08～1.15m

3.3.4 潜水埋深及其矿化度对柽柳叶片光合作用参数的影响

在咸水和淡水处理下，潜水埋深从 0m 到 1.8m，土壤的含水量一直减小，在潜水埋深由 1.2m 到 1.5m 时急剧降低，地下水对地表土壤水的补充效果不明显。咸水处理下土壤含水量高于淡水处理，这是由于土壤中的盐分增强了土壤对水分的亲和能力，继而影响到土壤含水量。土壤含盐量在潜水埋深从 0m 到 1.8m 时先增加，在潜水埋深由 1.2m 到 1.5m 时开始降低，咸水处理下土壤含盐量在潜水埋深为 1.5m 以前高于淡水处理，从 1.5m 开始相差不大。这是由于土壤的积盐受到地下水矿化度、潜水埋深和土壤质地的影响。本研究的土壤是黄河滩涂地带的土壤，属于粉砂壤土，当潜水埋深不超过 1.5m 时，咸水处理下土壤会积累由于地下水蒸发所带来的地下水中的盐分，淡水处理下土壤所积累的主要是由于地下水蒸发所带来的下层土壤的盐分，当潜水埋深超过 1.5m 时，土壤毛管无法向上运移水盐，土壤含水量急剧降低，土壤含盐量同步降低。

相同潜水矿化度下，潜水埋深对土壤水分和土壤盐分的影响较大，土壤水分和土壤盐分成为影响柽柳苗木光合作用的主要因素。邹杰等（2015）研究发现，多枝柽柳幼苗光合作用随潜水埋深增加而减小，在潜水埋深为 1m 时，净光合速率最大，光照生态幅最宽，并且表观量子效率、最大净光合速率最大。本研究发现柽柳叶片净光合速率随潜水埋深增加先增大后减小，在潜水埋深为 1.2～1.5m 时，柽柳叶片净光合速率最大，光照生态幅最宽，并且表观量子效率、最大净光合速率最大。这是由于邹杰等（2015）试验设计水位为 1m、2m、3m、4m，可能未对多枝柽柳幼苗形成水分胁迫，而本研究试验设计水位为 0m、0.3m、0.6m、0.9m、1.2m、1.5m、1.8m，对低水位柽柳形成涝渍胁迫。可见，柽柳在适宜的潜水埋深条件下才能表现出最好的光合性能。

相同潜水埋深下，潜水矿化度对土壤水分无显著影响，而土壤盐分差异较大成为影响柽柳苗木光合作用的主要因素。王鹏等（2012）研究发现，多枝柽柳幼苗净光合速率随地下水矿化度增大而增大，在地下水埋深 20cm，矿化度为 3.00～10.00g/L 的咸水处理下多枝柽柳有最大净光合速率，光照生态幅最宽，矿化度为 1.00～3.00g/L 的微咸水处理下多枝柽柳有最大表观量子效率；而本研究发现，咸水处理下柽柳叶片净光合速率、最大净光合速率、表观量子效率、光照生态幅均大于淡水处理。咸水处理下土壤含盐量达 1.17%，此时柽柳具有最高的光合特性，这进一步证明适宜的地下水矿化度可能是类似柽柳植物生长所需的一种营养盐分来源。淡水处理下较低的土壤盐分（0.11%）并未促进柽柳的生长，此时表观量子效率和最大净光合速率也较低，光照生态幅较窄。地下水矿化度的增加使土壤含盐量增加，柽柳可通过增强叶片的光能转化效率和光照生态幅来提高光合作用以适应盐胁迫，并且过氧化物酶系统可以清除体内因盐分过多而产生的活性氧，保持体内活性氧的动态平衡（苏华等，2012；朱金方等，2012，2015），这可能是咸水处理下柽柳叶片光合能力显著提高的主要原因。可见，淡水处理下柽柳并未表现出最好的光合性能，而咸水矿化度会提高柽柳苗木的光合特性，应该与盐生植物柽柳的泌盐生理特性和较强的耐盐性有关，这可能是柽柳长期适应盐碱地生境的一种竞争策略。

气孔限制理论（Farquhar and Sharkey，1982）认为，限制植物光合作用的因素分为气孔因素和非气孔因素，前者指叶片气孔的关闭程度及由此引起的气体交换难易程度，对光合作用的影响是可逆的；后者指光合机构的受损程度及由此引起的光合活性下降，对光合作用的影响是不可逆的。当环境干旱时，植物会缩小甚至关闭气孔从而降低光合作用和蒸腾作用，保存生命力，而非气孔限制决定了光合作用的实际状态和潜力（李倩等，2012）。一般判定依据主要是叶片胞间 CO_2 浓度和气孔导度的变化方向，如果叶片胞间 CO_2 浓度随气孔导度降低而减小，说明净光合速率下降是由气孔因素所致，若相反，则为非气孔因素所致（Farquhar and Sharkey，1982）。在本研究范围内，咸水和淡水处理下，柽柳未出现气孔限制转折点，光合作用主要受气孔限制，其他研究发现，金矮生苹果（*Malus pumila* ‘Goldspur’）（张光灿等，2004）和沙棘（*Hippophae rhamnoides*）（裴斌等，2013）的转折点分别出现在土壤相对含水量为 48%和 39%时，可见，不同树种发生气孔限制转折的水分条件不尽相同，这与不同树种光合机构的耐旱性能有关，柽柳光合机构对干旱胁迫、渍水胁迫以及盐胁迫的适应能力较强，光合潜力较大，在潜水埋深较大或较小时，柽柳都能正常生长，适宜在滨海盐碱地栽植。

3.3.5　潜水埋深和矿化度对柽柳叶片蒸腾耗水和水分利用效率的影响

树木液流速率日动态可以表征植物生理用水对环境因子的响应过程和规律，不但能够反映植物本身瞬时蒸腾耗水特性，也是确定树体储存水对蒸腾耗水贡献程度的主要参数（金鹰等，2011；Wang et al，2012）。太阳辐射是影响树木蒸腾耗水的主要驱动因子（倪广艳等，2015；徐世琴等，2015），相关研究发现，木荷（*Schima superba*）蒸腾在干、湿季均与光合有效辐射呈显著正相关（倪广艳等，2015）；梭梭（*Haloxylon ammodendron*）液流密度日变化过程受光合有效辐射、温度的共同影响呈多峰特征（徐世琴等，2015）。本研究发现，随光照增强，气温逐渐升高，柽柳生理活动增强，柽柳叶片蒸腾作用、气孔导度和液流速率逐渐升高并且日动态变化趋势类似。随潜水埋深的不同，柽柳树干液流速率日变幅差异较大，咸水和淡水处理下，在潜水埋深为 1.2m 时，柽柳树干液流速率日变幅和日液流量最大，同时柽柳叶片蒸腾速率和气孔导度最大；但随地下水矿化度的不同，各指标表现出单峰型和双峰型，并且日变幅差异较大。在咸水矿化度下，柽柳叶片蒸腾作用、气孔导度和日液流量大于淡水条件。已有研究表明，柽柳叶片蒸腾速率随盐胁迫增加而降低（米文精等，2011）；咸水（3.00～10.00g/L）处理下，柽柳叶片蒸腾作用高于淡水处理（王鹏等，2012）。可见，潜水埋深和矿化度与土壤盐分胁迫可显著影响树木耗水特性，但适宜的潜水埋深和矿化度可增强柽柳的蒸腾生理活性。淡水处理下土壤含盐量过低，气孔调节作用弱，蒸腾速率与液流速率较低；咸水处理下柽柳叶片气孔导度明显增大，蒸腾作用明显上升，液流速率明显增大，这可能是因为作为泌盐植物的柽柳，土壤适度盐分起到类似营养盐的作用，盐分增加提高了柽柳的生理活性，在水分不受限制的条件下，导致其蒸腾耗水有升高趋势。

3.3.6 小结

潜水埋深及其矿化度可影响土壤水分和盐分，进而影响柽柳的光合特性和树干液流量，潜水埋深由 0m 到 1.2m 时，表层土壤水盐的主要来源为地下水，潜水埋深由 1.2m 到 1.8m 时，表层土壤水盐的主要来源为大气降水或凝结水和土壤盐分的淋溶。

柽柳对干旱和盐胁迫适应能力较强，适度提高潜水埋深及其矿化度可显著增强柽柳的光合能力和耗水量，并显著提高其光能利用率，但降低了其水分利用效率。本研究范围内，柽柳叶片净光合速率下降均以非气孔限制为主。地下水水位为 1.2m 时，柽柳叶片光合效率最高；咸水处理下柽柳苗木可维持最高的光合效率和较高的水分利用效率，更有利于柽柳苗木的生长。干旱和盐分胁迫下，柽柳叶片光合特性和树木耗水能力表现出较高的可塑性，在泥质海岸带对地下咸水矿化度的适应能力最好，适宜柽柳生长的地下水水位为 0.67～1.65m，这对于柽柳在黄河三角洲泥质海岸带的生存具有重要意义。

主要参考文献

安乐生, 赵全升, 叶思源, 等. 2011. 黄河三角洲地下水关键水盐因子及其植被效应. 水科学进展, 22(5): 689-695.

曹建荣, 徐永兴, 于洪军, 等. 2014. 黄河三角洲浅层地下水化学特征与演化. 海洋科学, 38(12): 78-85.

常学向, 赵文智, 张智慧. 2007. 荒漠区固沙植物梭梭(*Haloxylon ammodendron*)耗水特征. 生态学报, 27(5): 1826-1837.

陈荷生, 康跃虎. 1992. 沙坡头地区凝结水及其在生态环境中的意义. 干旱区资源与环境, 6(2): 63-72.

陈建, 张光灿, 张淑勇, 等. 2008. 辽东楤木光合和蒸腾作用对光照和土壤水分的响应过程. 应用生态学报, 32(6): 1471-1480.

陈敏, 陈亚宁, 李卫红, 等. 2009. 不同地下水埋深柽柳、芦苇的生理响应. 干旱区地理, 32(1): 72-80.

陈敏, 陈亚宁, 李卫红. 2008. 塔里木河中游地区柽柳对地下水埋深的生理响应. 西北植物学报, 28(7): 1415-1421.

陈铭达, 綦长海, 赵耕毛, 等. 2006. 莱州湾海水入侵区地下水灌溉土壤水盐迁移特征分析. 干旱地区农业研究, 24(4): 36-41.

陈亚宁, 陈亚鹏, 李卫红, 等. 2003b. 塔里木河下游胡杨脯氨酸累积对地下水位变化的响应. 科学通报, 48 (9): 958.

陈亚宁, 李卫红, 徐海量, 等. 2003a. 塔里木河下游地下水位对植被的影响. 地理学报, 58(4): 542-549.

陈亚宁, 张宏锋, 李卫红. 2005. 新疆塔里木河下游物种多样性变化与地下水位的关系. 地球科学进展, 20(2): 158-165.

陈亚鹏, 陈亚宁, 徐长春, 等. 2011. 塔里木河下游地下水埋深对胡杨气体交换和叶绿素荧光的影响. 生态学报, 31(2): 344-353.

崔亚莉, 邵景力, 韩双平. 2001. 西北地区地下水的地质生态环境调节作用研究. 地学前缘, 8(1): 191-196.

邓雄, 李小明, 张希明, 等. 2003. 多枝柽柳气体交换特性研究. 生态学报, 23(1): 180-187.

凡超, 邱燕萍, 李志强, 等. 2014. 荔枝树干液流速率与气象因子的关系. 生态学报, 34(9): 2401-2410.

樊自立, 陈亚宁, 李和平, 等. 2008. 中国西北干旱区生态地下水埋深适宜深度的确定. 干旱区资源与环境, 22(2): 1-5.

樊自立, 马英杰, 张宏. 2004. 塔里木河流域生态地下水位及其合理深度确定. 干旱区地理, 27(1): 8-13.

宫兆宁, 宫辉力, 邓伟, 等. 2006. 浅埋条件下地下水-土壤-植物-大气连续体中水分运移研究综述. 农业环境科学学报, 25(增刊): 365-373.

管博, 栗云召, 夏江宝, 等. 2014. 黄河三角洲不同水位梯度下芦苇植被生态特征及其与环境因子相关关系. 生态学杂志, 33(10): 2633-2639.

郭占荣, 韩双平. 2002. 西北干旱地区凝结水试验研究. 水科学进展, 13(5): 623-628.

郭占荣, 刘花台. 2005. 西北内陆盆地天然植被的地下水生态埋深. 干旱区资源与环境, 19(3): 157-161.

黄德卫, 张德强, 周国逸, 等. 2012. 鼎湖山针阔叶混交林优势种树干液流特征及其与环境因子的关系. 应用生态学报, 23(5): 1159-1166.

黄建辉, 林光辉, 韩兴国. 2005. 不同生境间红树科植物水分利用效率的比较研究. 植物生态学报, 29(4): 530-536.

贾虎森, 李德全, 韩亚琴. 2000. 高等植物光合作用的光抑制研究进展. 植物学通报, 17(3): 218-224.

金晓媚, 胡光成, 史晓杰. 2009. 银川平原土壤盐渍化与植被发育和地下水埋深关系. 现代地质, 23(1): 23-27.

金鹰, 王传宽, 桑英. 2011. 三种温带树种树干储存水对蒸腾的贡献. 植物生态学报, 35(12): 1310-1317.

雷志栋, 尚松浩, 杨诗秀. 1998. 地下水浅埋条件下越冬期土壤水热迁移的数值模拟. 冰川冻土, 20(1): 51-54.

李德全, 高辉远, 孟庆伟. 1999. 植物生理学. 北京: 中国农业科学技术出版社.
李合生. 2002. 现代植物生理学. 北京: 高等教育出版社.
李倩, 王明, 王雯雯, 等. 2012. 华山新麦草光合特性对干旱胁迫的响应. 生态学报, 32(13): 4278-4284.
梁少民, 闫海龙, 张希明, 等. 2008. 天然条件下塔克拉玛干沙拐枣对潜水条件变化的生理响应. 科学通报, 53(增刊Ⅱ): 100-106.
梁霞, 张利权, 赵广琦. 2006. 芦苇与外来植物互花米草在不同 CO_2 浓度下的光合特性比较. 生态学报, 26(3): 842-848.
林光辉. 2010. 稳定同位素生态学: 先进技术推动的生态学新分支. 植物生态学报, 34(2): 119-122.
刘虎俊, 刘世增, 李毅, 等. 2012. 石羊河中下游河岸带植被对地下水位变化的响应. 干旱区研究, 29(2): 335-341.
刘文国, 刘玲, 张旭东, 等. 2010. 杨树人工林树干液流特性及其与影响因子关系的研究. 水土保持学报, 24(2): 96-101.
马履一, 王华田, 林平. 2003. 北京地区几个造林树种耗水性比较研究. 北京林业大学学报, 25(2): 1-7.
马兴华, 王桑. 2005. 甘肃疏勒河流域植被退化与地下水位及矿化度的关系. 甘肃林业科技, 30(2): 53-54.
马玉蕾, 王德, 刘俊民, 等. 2013. 黄河三角洲典型植被与地下水埋深和土壤盐分的关系. 应用生态学报, 24(9): 2423-2430.
孟繁静. 2000. 植物生理学. 武汉: 华中理工大学出版社.
米文精, 刘克东, 赵永刚, 等. 2011. 大同盆地盐碱地生态修复利用植物的初步选择. 北京林业大学学报, 33(1): 49-54.
莫亿伟, 郭振飞, 谢江辉. 2011. 温度胁迫对柱花草叶绿素荧光参数和光合速率的影响. 草业学报, 20(1): 96-110.
倪广艳, 赵平, 朱丽薇, 等. 2015. 荷木整树蒸腾对干湿季土壤水分的水力响应. 生态学报, 35(3): 652-662.
裴斌, 张光灿, 张淑勇, 等. 2013. 土壤干旱胁迫对沙棘叶片光合作用和抗氧化酶活性的影响. 生态学报, 33(5): 1386-1396.
彭轩明, 吴青柏, 田明中. 2003. 黄河源区地下水位下降对生态环境的影响. 冰川冻土, 25(6): 667-671.
乔云峰, 王晓红, 沈冰, 等. 2004. 和田绿洲地下水特征及其对生态植被的影响分析. 长江科学院院报, 21(2): 28-31.
宋长春, 邓伟. 2000. 吉林西部地下水特征及其与土壤盐渍化的关系. 地理科学, (3): 246-250.
宋战超, 夏江宝, 赵西梅, 等. 2016. 不同地下水矿化度条件下柽柳土柱的水盐分布特征. 中国水土保持科学, 14(2): 41-48.
苏华, 李永庚, 苏本营, 等. 2012. 地下水位下降对浑善达克沙地榆树光合及抗逆性的影响. 植物生态学报, 36(3): 177-186.
孙金伟, 袁凤辉, 关德新, 等. 2013. 陆地植被暗呼吸的研究进展. 应用生态学报, 24(6): 1739-1746.
孙鹏飞. 2010. 准噶尔盆地南缘主要自然植物的耗水规律及适宜需水量试验研究. 新疆: 石河子

大学硕士学位论文.
孙鹏森, 马李一, 马履一. 2001. 油松、刺槐林潜在耗水量的预测及其与造林密度的关系. 北京林业大学学报, 23(2): 1-6.
谭向峰, 杜宁, 葛秀丽, 等. 2012. 黄河三角洲滨海草甸与土壤因子的关系. 生态学报, 32(19): 5998-6005.
汤爱坤, 刘汝海, 许廖奇, 等. 2011. 昌邑海洋生态特别保护区土壤养分的空间异质性与植物群落的分布. 水土保持通报, 31(3): 88-93.
汤梦玲, 徐恒力, 曹李靖. 2001. 西北地区地下水对植被生存演替的作用. 地质科技情报, 20(2): 79-82.
王根绪, 程国栋, 徐中民. 1999. 中国西北干旱区水资源利用及其生态环境问题. 自然资源学报, 14(2): 110-116.
王慧梅, 孙伟, 祖元刚, 等. 2011. 不同环境因子对兴安落叶松树干液流的时滞效应复杂性及其综合影响. 应用生态学报, 22(12): 3109-3116.
王鹏, 赵成义, 李君. 2012. 地下水埋深及矿化度对多枝柽柳幼苗光合特征及生长的影响. 水土保持通报, 32(2): 84-89.
王荣荣, 夏江宝, 杨吉华, 等. 2013. 贝壳砂生境干旱胁迫下杠柳叶片光合光响应模型比较. 植物生态学报, 37(2): 111-121.
王荣荣. 2014. 贝壳堤岛 3 种灌木叶片光合作用的水分响应性研究. 泰安: 山东农业大学硕士学位论文.
王文杰, 孙伟, 邱岭, 等. 2012. 不同时间尺度下兴安落叶松树干液流密度与环境因子的关系. 林业科学, 48(1): 77-85.
王振夏, 魏虹, 吕茜, 等. 2013. 枫杨幼苗对土壤水分“湿-干”交替变化光合及叶绿素荧光的响应. 生态学报, 33(3): 888-897.
吴志芬, 赵善伦, 张学雷. 1994. 黄河三角洲盐生植被与土壤盐分的相关性研究. 植物生态学报, 18(2): 184-193.
夏江宝, 孔雪华, 陆兆华, 等. 2012. 滨海湿地不同密度柽柳林土壤调蓄水功能. 水科学进展, 23(5): 628-634.
夏江宝, 张光灿, 刘刚, 等. 2007. 不同土壤水分条件下藤本植物紫藤生理参数的光响应. 应用生态学报, 18(1): 30-34.
夏江宝, 张光灿, 孙景宽, 等. 2011. 山杏叶片光合生理参数对土壤水分和光照强度的阈值效应. 植物生态学报, 35(3): 322-329.
夏江宝, 张淑勇, 赵自国, 等. 2013. 贝壳堤岛旱柳光合效率的土壤水分临界效应及其阈值分级. 植物生态学报, 37(9): 851-860.
徐飞, 杨风亭, 王辉民, 等. 2012. 树干液流径向分布格局研究进展. 植物生态学报, 36(9): 1004-1014.
徐世琴, 吉喜斌, 金博文. 2015. 典型固沙植物梭梭生长季蒸腾变化及其对环境因子的响应. 植物生态学报, 36(9): 618-628.
许大全. 2002. 光合作用效率. 上海: 上海科学技术出版社.
许浩, 张希明, 闫海龙, 等. 2008. 塔克拉玛干沙漠腹地梭梭(*Haloxylon ammodendron*)蒸腾耗水规律. 生态学报, 28(8): 3713-3720.
许皓, 李彦, 谢静霞, 等. 2010. 光合有效辐射与地下水位变化对柽柳属荒漠灌木群落碳平衡的影响. 植物生态学报, 34(4): 375-386.
薛忠歧, 龚斌, 万力, 等. 2006. 黑河下游额济纳绿洲变化规律及其相关因素分析. 地学前缘, 13(1): 48-51.
闫海龙, 张希明, 梁少民, 等. 2010b. 地下水埋深及水质对塔克拉玛干沙拐枣气体交换特性的影响. 中国沙漠, 30(5): 1146-1152.
闫海龙, 张希明, 许浩, 等. 2010a. 塔里木沙漠公路防护林3种植物光合特性对干旱胁迫的响应. 生态学报, 30(10): 2519-2528.
严登华, 王浩, 秦大庸, 等. 2005. 黑河流域下游水分驱动下的生态演化. 中国环境科学, 25(1): 37-41.
杨建锋, 李宝庆, 马瑞, 等. 2000. 地下水浅埋区土壤水分运动参数田间测定方法探讨. 水文地质工程地质, 27(1): 1-10.
杨建锋, 刘士平, 张道宽, 等. 2001. 地下水浅埋条件下土壤水动态变化规律研究. 灌溉排水, 20(3): 25-28.
杨劲松, 姚荣江. 2008. BP神经网络在浅层地下水矿化度预测中的应用研究. 中国农村水利水电, (3): 5-12.
杨启良, 张富仓, 刘小刚, 等. 2011. 植物水分传输过程中的调控机制研究进展. 生态学报, 31(15): 4427-4436.
杨泽元, 王文科, 黄金廷, 等. 2006. 陕北风沙滩地区生态安全地下水位埋深研究. 西北农林科技大学学报(自然科学版), 34(8): 67-74.
叶子飘. 2008. 光合作用对光响应新模型及其应用. 生物数学学报, 23(4): 710-716.
叶子飘, 康华靖. 2012. 植物光响应修正模型中系数的生物学意义研究. 扬州大学学报, 33(2): 51-57.
于占辉, 陈云明, 杜盛. 2009. 黄土高原半干旱区侧柏(*Platycladus orientalis*)树干液流动态. 生态学报, 29(7): 3970-3976.
袁长极. 1964. 地下水临界深度的确定. 水利学报, (3): 50-53.
曾瑜, 熊黑钢, 谭新萍, 等. 2004. 奇台绿洲地下水开采及其对地表生态环境作用分析. 干旱区资源与环境, 18(4): 124-126.
张长春, 邵景力, 李慈君, 等. 2003. 地下水位生态环境效应及生态环境指标. 水文地质工程地质, 30(3): 6-9.
张光灿, 刘霞, 贺康宁, 等. 2004. 金矮生苹果叶片气体交换参数对土壤水分的响应. 植物生态学报, 28(1): 66-72.
张惠昌. 1992. 干旱区地下水生态平衡埋深. 勘察科学技术, (6): 9-13.
张建国. 2011. 黄土高原半干旱区天然辽东栎林蒸腾耗水研究. 杨凌: 中国科学院教育部水土保持与生态环境研究中心硕士学位论文.
张森琦, 王永贵, 朱桦, 等. 2003. 黄河源区水环境变化及其生态环境地质效应. 水文地质工程地质, 30(3): 11-14.
张淑勇, 夏江宝, 张光灿, 等. 2014. 黄刺玫叶片光合生理参数的土壤水分阈值响应及其生产力分级. 生态学报, 34(10): 2519-2528.
张淑勇, 张光灿, 陈建, 等. 2006. 土壤水分对五叶爬山虎光合与蒸腾作用的影响. 中国水土保持科学, 4(4): 62-66.
张淑勇, 周泽福, 夏江宝, 等. 2007. 不同土壤水分条件下小叶扶芳藤叶片光合作用对光的响应.

西北植物学报, 27(12): 2514-2521.

张天曾. 1980. 中国干旱区水资源利用与生态环境. 自然资源, 4(1): 62-70.

张武文, 史生胜. 2002. 额济纳绿洲地下水动态与植被退化关系的研究. 冰川冻土, 24(4): 421-424.

赵成. 1999. 地下水资源评价中有关概念的讨论. 甘肃地质学报, 8(1): 78-85.

赵欣胜, 崔保山, 孙涛, 等. 2011. 不同生境条件下中国柽柳空间分布点格局分析. 生态科学, 30(2): 142-149.

赵欣胜, 吕卷章, 孙涛. 2009. 黄河三角洲植被分布环境解释及柽柳空间分布点格局分析. 北京林业大学学报, 31(3): 29-36.

赵新风, 李伯岭, 王炜, 等. 2010. 极端干旱区 8 个绿洲防护林地土壤水盐分布特征及其与地下水关系. 水土保持学报, 24(3): 75-79.

郑庆钟. 2006. 民勤绿洲边缘沙漠化治理与水环境驱动机制研究. 兰州: 甘肃农业大学硕士学位论文.

钟华平, 刘恒, 王义, 等. 2002. 黑河流域下游额济纳绿洲与水资源的关系. 水科学进展, 13(2): 223-228.

朱金方, 刘京涛, 陆兆华, 等. 2015. 盐胁迫对中国柽柳幼苗生理特性的影响. 生态学报, 35(15): 5141-5146.

朱金方, 夏江宝, 陆兆华, 等. 2012. 盐旱交叉胁迫对柽柳幼苗生长及生理生化特性的影响. 西北植物学报, 32(1): 124-130.

朱军涛, 于静洁, 王平, 等. 2011. 额济纳荒漠绿洲植物群落的数量分类及其与地下水环境的关系分析. 植物生态学报, 35(5): 480-489.

朱林, 许兴, 毛桂莲. 2012. 宁夏平原北部地下水埋深浅地区不同灌木的水分来源. 植物生态学报, 36(7): 618-628.

朱仲龙, 贾忠奎, 马履一, 等. 2012. 休眠前期玉兰树干液流的变化及其对环境因子的响应. 应用生态学报, 23(9): 2390-2396.

庄丽, 陈亚宁. 2006. 塔里木河下游干旱胁迫条件下柽柳生理代谢的响应. 科学通报, 51(4): 442-447.

庄丽, 陈亚宁, 李卫红. 2005. 塔里木河下游荒漠植被保护酶活性与地下水位变化的关系. 西北植物学报, 25(7): 1287-1291.

庄丽, 陈亚宁, 李卫红, 等. 2007. 塔里木河下游柽柳 ABA 累积对地下水位和土壤盐分的响应. 生态学报, 27(10): 4247-4251.

邹杰, 李春, 刘卫国, 等. 2015. 不同地下水位多枝柽柳幼苗光合作用及抗逆性变化. 广东农业科学, (9): 32-39.

Antonellini M, Mollema P N. 2010. Impact of groundwater salinity on vegetation species richness in the coastal pine forests and wetlands of Ravenna, Italy. Ecological Engineering, 36(9): 1201-1211.

Armas C, Padilla F M, Pugnaire F I, et al. 2010. Hydraulic lift and tolerance to salinity of semiarid species: consequences for species interactions. Oecologia, 162(1): 11-21.

Brolsma R J, Beek L P, Bierkens M F. 2010. Vegetation competition model for water and light limitation. Ⅱ: Spatial dynamics of groundwater and vegetation. Ecological Modelling, 221(10): 1364-1377.

Cao D, Shi F C, Takayoshi K, et al. 2014. Halophyte plant communities affecting enzyme activity and microbes in saline soils of the Yellow River Delta in China. Clean – Soil, Air, Water, 42(10): 1433-1440.

Chen L H, Tam N F Y, Huang J H, et al. 2008. Comparison of ecophysiological characteristics between introduced and indigenous mangrove species in China. Estuarine, Coastal and Shelf Science, 79(4): 644-652.

Chen Y N, Wang Q, Li W H, et al. 2006a. Rational ground water table indicated by the eco-physiological parameters of the vegetation: a case study of ecological restoration in the lower reaches of the Tarim River. Chinese Science Bulletin, 51(1): 8-15.

Chen Y N, Zilliacus H, Li W H, et al. 2006b. Ground-water level affects plant species diversity along the lower reaches of the Tarim River, Western China. Journal of Arid Environments, 66(2): 231-246.

Chen Y P, Chen Y N, Xu C C, et al. 2012. Groundwater depth affects the daily course of gas exchange parameters of *Populus euphratica* in arid areas. Environmental Earth Sciences, 66(2): 433-440.

Cooper D J, Sanderson J S, Stannard D I, et al. 2006. Effects of long-term water table drawdown on evapotranspiration and vegetation in an arid region phreatophyte community. Journal of Hydrology, 325(1-4): 21-34.

Duan L M, Liu T R, Wang X L, et al. 2011. Water table fluctuation and its effects on vegetation in a semiarid environment. Hydrology and Earth System Sciences, 8(2): 3271-3304.

Ewe S M L, Sternberg L S L, Childers D L. 2007. Seasonal plant water uptake patterns in the saline southeast everglades ecotone. Oecologia, 152(4): 607-616.

Farquhar G D, Sharkey T D. 1982. Stomatal conductance and photosynthesis. Annual Review of Plant Physiology, 33: 317-345.

Glies D, Zeng F, Foetzki A, et al. 2003. Growth and water relations of *Tamarix ramosissima* and *Populus euphratica* on Taklamakan desert dunes in relation to depth to a permanent water table. Plant, Cell and Environment, 26(5): 725-736.

Greaver T L, Sternberg L S L. 2006. Linking marine resources to ecotonal shifts of water uptake by terrestrial dune vegetation. Ecology, 87(9): 2389-2396.

Horton J L, Hart S C. 1998. Hydraulic lift: a potentially important ecosystem process. Trends in Ecology & Evolution, 13: 232-235.

Horton J L, Hart S C, Kolb T E. 2003. Physiological condition and water source use of Sonoran desert riparian trees at the Bill Williams river, Arizona, USA. Isotopes in Environmental and Health Studies, 39(1): 69-82.

Horton J L, Thomas E K, Stephen C H. 2001. Physiological response to ground water depth varies among species and with river flow regulation. Ecological Applications, 11(4): 1046-1059.

Jin X M, Wan L, Zhang Y K, et al. 2007. A study of the relationship between vegetation growth and groundwater in the Yinchuan Plain. Earth Science Frontiers, 14(3): 197-203.

Juvany M, Müller M, Munné-Bosch S. 2013. Plant age-related changes in cytokinins, leaf growth and pigment accumulation in juvenile mastic trees. Environmental and Experimental Botany, 87: 10-18.

Kong W, Sun O J, Xu W, et al. 2009. Changes in vegetation and landscape patterns with altered river water-flow in arid West China. Journal of Arid Environments, 73(3): 306-313.

Maria B G, Jose M F. 2005. Strategies underlying salt tolerance in halophytes are present in *Cynara cardunculus*. Plant Science, 168(3): 653-659.

Munoz-Reinoso J C, Castro F J D. 2005. Application of a statistical water-table model reveals connections between dunes and vegetation at Doñana. Journal of Arid Environments, 60(4):

663-679.

Nijs I, Ferris R, Blum H, et al. 1997. Stomatal regulation in a changing climate: a field study using free air temperature increase (FATI) and free air CO_2 enrichment (FACE). Plant, Cell and Environment, 20(8): 1041-1050.

Nippert J B, Butler J J, Kluitenberg G J, et al. 2010. Patterns of *Tamarix* water use during a record drought. Oecologia, 162(2): 283-292.

Phillips N G, Scholz F J, Bucci S G, et al. 2009. Using branch and basal trunk sap flow measurements to estimate whole-plant water capacitance: comment on Burgess and Dawson (2008). Plant and Soil, 315: 315-324.

Rood S B, Zanewich K, Stefura C, et al. 2000. Influence of water table decline on growth allocation and endogenous gibberellins in black cottonwood. Tree Physiology, 20(12): 831-836.

Sepaskhah A R, Karimi-Goghari S. 2005. Shallow ground water contribution to pistachio water use. Agricultural Water Management, 72(1): 69-80.

Sofo A, Dichio B, Möntanaro G, et al. 2009. Photosynthetic performance and light response of two olive cultivars under different water and light regimes. Photosynthetica, 47(4): 602-608.

Vonlanthen B, Zhang X M, Bruelheide H. 2010. Clonal structure and genetic diversity of three desert phreatophytes. American Journal of Botany, 97(2): 234-242.

Wang H, Zhao P, Hölscher D, et al. 2012. Nighttime sap flow of *Acacia mangium* and its implications for nighttime transpiration and stem water storage. Journal of Plant Ecology, 5(3): 294-304.

Wang W, Wang R Q, Yuan Y F, et al. 2011. Effects of salt and water stress on plant biomass and photosynthetic characteristics of *Tamarix* (*Tamarix chinensis* L.) seedlings. Africa Journal of Biotechnical, 10(78): 17981-17989.

Waring E F, Maricle B R. 2012. Photosynthetic variation and carbon isotope discrimination in invasive wetland grasses in response to flooding. Environmental and Experimental Botany, 77: 77-86.

Xia J B, Zhang S Y, Zhang G C, et al. 2011. Critical responses of photosynthetic efficiency in *Campsis radicans* (L.) seem to soil water and light intensities. African Journal of Biotechnology, 10(77): 17748-17754.

Xia J B, Zhang S Y, Zhao X M, et al. 2016. Effects of different groundwater depths on the distribution characteristics of soil-*Tamarix* water contents and salinity under saline mineralization conditions. CATENA, 142: 166-176.

Xia J B, Zhao X M, Chen Y P, et al. 2016. Responses of water and salt parameters to groundwater levels for soil columns planted with *Tamarix chinensis*. PLoS One, 11(1): 1-15.

Yang H, Karl A, Bai Y F, et al. 2011. Complementarity in water sources among dominant species in typical steppe ecosystems of Inner Mongolia, China. Plant and Soil, 340(1-2): 303-313.

Ye Z P. 2007. A new model for relationship between irradiance and the rate of photosynthesis in *Oryza sativa*. Photosynthetica, 45(4): 637-640.

Zhang Y M, Chen Y N, Pan B R. 2005. Distribution and floristics of desert plant communities in the lower reaches of Tarim River, southern Xinjiang, People's Republic of China. Journal of Arid Environments, 63(4): 772-784.

Zhao C Y, Wang Y C, Chen X, et al. 2005. Simulation of the effects of groundwater level on vegetation change by combining FEFLOW software. Ecological Modelling, 187(2-3): 341-351.

Zhao Y, Zhao C Y, Xu Z L, et al. 2012. Physiological responses of *Populus euphratica* Oliv. to groundwater table variations in the lower reaches of Heihe River, Northwest China. Journal of Arid Land, 4(3): 281-291.

第4章 黄河三角洲盐碱地主要耐盐植物材料的生长及生理特征

4.1 主要耐盐树种苗木生物量及其根系形态结构特征

黄河三角洲是目前世界上造陆最快的河口三角洲，其开发潜力巨大（宋玉民等，2003）。2009 年 11 月 23 日国务院批复《黄河三角洲高效生态经济区发展规划》以来，开发黄河三角洲已上升为国家战略，成为区域协调发展战略的重要组成部分，其开发力度与深度日益加大。黄河三角洲土壤盐害问题，使得造林难度加大，限制了许多树种的发展，成为生态建设的障碍。次生天然林中仅有稀疏杞柳（*Salix integra*）林和柽柳（*Tamarix chinensis*）林，人工林大都以白蜡树（*Fraxinus chinensis*）、刺槐（*Robinia pseudoacacia*）等树种为主，在盐碱度稍大一些的地方栽植的乔木树种仅有白蜡树，而在一些中、重度盐碱地段仅有灌木柽柳和盐生植物生存。因此，选用耐盐植物材料是盐碱地植被恢复与生态改良、持续利用土地、建设高效生态林业的根本措施，筛选出适合滨海盐碱地的造林树种已成为黄河三角洲高效生态经济区建设的当务之急。

植物年生物量及其分配模式是植物各器官季节生长的结果（王世绩，1995）。生物量是指示植物生存能力的重要指标之一，初期生长快、具有较大生物量的植物，适应环境的能力较强（严成等，1998），即不同植物在特定环境下的生长模式反映了它们的遗传和适应性差异（王世绩，1995）。因此，研究不同品种（树种）干物质积累量的差异，洞悉各品种（树种）各器官的分配规律，可以根据不同培育目标筛选优良的种植材料（张国彬和廉培勇，2011）。目前有关苗木生物量研究的报道较多（王世绩，1995；严成等，1998；谷凌云等，2011；郑瑞杰等，2012），但对盐渍土条件下不同树种苗木生物量的研究尚未见报道。该部分对黄河三角洲滨海盐渍土条件下栽植的 5 个耐盐树种苗木的生物量进行研究，以期了解盐渍土条件下各树种苗木的生产力和适应能力，为筛选适合黄河三角洲盐渍地的造林树种提供理论依据。

据研究报道，树木根系体积占地上部分的 1/10～1/4（嵇晓雷和杨平，2011），是连接土壤与植物地上部分之间物质交换的重要桥梁，是树木吸收、转化和储藏营养物质的重要器官，对地上部分的生长、形态建成起到至关重要的作用，其生长状况在很大程度上决定着植物地上部分的生长，直接影响地上部分的产量和林木的抗逆性（刘丽娜等，2008；嵇晓雷和杨平，2011）。根系结构特征是植物根系生长状况的反映，因此，研究植物的根系结构，能洞察植物的生长情况与抗逆性

（洪伟和吴承祯，1999；严小龙等，2007）。我国在植物根系的水平和垂直分布规律（李鹏等，2002；He et al.，2003）方面研究较多，对树木根系形态结构特征方面的研究也有报道（陈吉虎等，2006；刘丽娜等，2008），但对盐渍土下苗木的根系形态结构特征方面的研究未见报道。随着立地条件的变化，同一树种的根系形态特征存在一定的变异（刘丽娜等，2008）。因此，研究黄河三角洲滨海盐渍土耐盐树种的根系形态，可以更好地了解其在盐渍土条件下的适应能力，筛选出适合黄河三角洲盐渍地的造林树种。本书通过对初步筛选的 5 个较耐盐树种苗木的根系结构特性的研究，探讨了不同树种苗木在盐渍土下根系结构形态的功能差异，为进一步研究、解释各树种的抗逆能力尤其是耐盐能力提供理论依据。

4.1.1　试验地概况与研究方法

4.1.1.1　试验地概况

试验地设在东营市孤岛镇济南军区黄河三角洲生产基地，是黄河历次淤积退海而成，是典型的黄河三角洲地貌，属于暖温带半湿润性季风气候区。年均气温为 11.4℃，平均无霜期为 202 天，年均降水量为 548.2mm，降雨多集中在夏季，年蒸降比为 3.6∶1。

苗圃地土壤为滨海盐化潮土，上层为现代河流沙、壤质沉积物，是现代新成土母质；下层为海相沉积盐渍母质。0～40cm 土层是轻壤质地，有机质含量为 0.965%，全氮含量为 0.0534%，碱解氮含量为 48.178mg/kg，有效磷含量为 3.325mg/kg，速效钾含量为 83.6mg/kg，氮素不足，严重缺磷；0～40cm 土层平均 pH 为 8.2，平均含盐量为 0.38%，属于中度盐渍土。

4.1.1.2　试验材料与方法

（1）试验材料

试验材料为白蜡树（*Fraxinus chinensis*）（以下简称：白蜡，白蜡林）、榆树（*Ulmus pumila*）（以下简称：白榆，白榆林）、五角枫（*Acer mono*）、美国竹柳和臭椿（*Ailanthus altissima*）5 个树种的苗木。5 个树种苗木的栽植密度为 47 619 株/hm^2，其苗龄、苗高和地径等信息见表 4-1。

表 4-1　5 个树种的苗木规格

树种	苗龄/年	苗高/cm	地径/cm
白蜡	2	204±18.2	2.2±0.2
白榆	2	261±21.7	2.4±0.2
五角枫	2	107.3±8.5	1.5±0.3
美国竹柳	2	271±14.2	2.4±0.1
臭椿	2	273±27.5	2.5±0.2

（2）生物量、根系取样方法及测定

1）生物量取样及测定

在对5个树种苗木调查的基础上，依据苗木的地径、苗高、干形等因子选取每个树种的标准苗木各30株，采用挖掘法取出完整根系的苗木，将每个树种的苗木分为地上和地下两部分。地上部分取枝（干）、叶称其鲜重；地下部分的根放入蒸馏水中，用毛笔慢慢蹭掉土粒和杂质，然后用滤纸吸干根表面的水分，称其鲜重。将称完鲜重的苗木的根、枝（干）剪成2cm左右的小段，分树种和器官置于恒温烘箱中，（105±1）℃烘至恒重。称量用1/1000电子天平。

2）根系取样及测定

在对5个树种苗木调查的基础上，依据苗木的地径、苗高等因子选择每个树种的标准苗木3株，采用挖掘法取出完整的苗木根系，将所采根样放入蒸馏水中，用毛笔慢慢蹭掉土粒和杂质，然后用滤纸吸干根表面的水分。

采用中晶科技有限公司生产的Microtek ScanMaker i800双光源彩色扫描仪获取根系形态结构图像。应用杭州万深检测科技有限公司的万深LA-S植物根系分析系统对根系结构及根系序级等指标进行分析测定。

根系形态分级　到目前为止，对树木根系形态的分级一直没有统一的标准。参照以往的研究（Pregitzer et al.，2002），结合5个树种苗木的实际情况，把直径≤5mm的根划分为小径级根（细根），其中≤0.5mm的根为根毛；5～10mm的根为中径级根（中根）；＞10mm的根为大径级根（粗根），各级别按照下限排除。根系序级以扫描根系中径级最大的根系（主根）为0级根，在0级根系上着生的根系为1级根，在1级根系上着生的根系为2级根，依此类推。

测定数据的多重比较分析、相关分析和聚类分析采用SPSS 19.0统计软件进行。

4.1.2　耐盐树种苗木的生长特征

（1）5个树种苗木的生长量

5个树种苗木的平均生长量测定结果见表4-2。由表4-2可以看出，臭椿、美国竹柳、白榆和白蜡4个树种苗木地径（2.4～2.5cm）和苗高（261.0～273.0cm）的生长量基本相当，五角枫的生长量最低（地径1.5cm，苗高107.3cm）。对5个树种苗木地径和苗高生长量进行多重比较分析，结果表明，臭椿、美国竹柳、白榆和白蜡4个树种之间的差异不显著，但均与五角枫差异显著。从5个树种苗木根系生长量来看，其根数量和根长度2个指标从大到小的顺序皆为：白蜡＞白榆＞五角枫＞美国竹柳＞臭椿。对5个树种苗木的根数量和根长度进行多重比较分析，结果表明，白蜡与白榆之间差异不显著，其他两两之间皆有显著差异。

表 4-2　5 个树种苗木的生长量

生长量	地径/cm	苗高/cm	根数量/个	根长度/cm
臭椿	2.5±0.2	273.0±10.3	255±17.2	136±5.6
美国竹柳	2.4±0.1	271.0±9.6	351±15.3	181±7.1
白榆	2.4±0.2	261.0±10.5	485±20.1	274±8.5
白蜡	2.4±0.1	264.0±9.7	530±14.6	288±6.9
五角枫	1.5±0.2	107.3±8.9	380±6.4	218±4.9

注：表中的地径、苗高为每个树种各 300 株苗木的平均值；根数量和根长度为每个树种 3 株苗木的平均值

（2）5 个树种苗木的生物量

苗木的生物量是树种生产力高低的重要指标。其干物质积累是衡量苗木生产力高低的重要指标，直接反映苗木吸收、同化养分能力的大小（张国彬和廉培勇，2011）。5 个树种 2 年生苗木生物量的测定结果见表 4-3。

表 4-3　5 个树种苗木的生物量

物种	生物量/g			
	叶	枝干	根	整株
臭椿	17.6±1.2	165.2±6.7	122.6±13.7	305.4±18.2
美国竹柳	38.5±2.2	177.6±7.3	103.6±9.5	319.7±16.9
白榆	37.9±1.8	234.3±8.1	115.8±10.6	388.0±15.7
白蜡	23.7±1.4	155.4±5.4	151.7±9.9	330.8±12.1
五角枫	26.4±1.3	43.9±3.8	65.4±5.6	135.8±9.5

注：表中的生物量为每个树种各 30 株苗木的平均值

5 个树种 2 年生苗木地上部分生物量最大的树种为白榆（272.2g），美国竹柳为 216.1g，臭椿和白蜡相当（分别为 182.8g 和 179.1g），五角枫最小（70.3g）。地下部分的生物量则以白蜡最大（151.7g），臭椿、白榆和美国竹柳 3 个树种相差亦不大，分别为 122.6g、115.8g 和 103.6g，也是以五角枫为最少（65.4g）。综观 5 个树种 2 年生苗木的单株生物量（表 4-3），从大到小的顺序为：白榆＞白蜡＞美国竹柳＞臭椿＞五角枫。对 5 个树种苗木单株生物量进行多重比较分析，结果表明，臭椿、美国竹柳、白榆和白蜡 4 个树种之间的差异不显著，但均与五角枫有显著差异。5 个树种苗木干物质的积累量不同，说明其利用土地资源的能力和生产力的高低不同（严成等，1998）。

进一步对 5 个树种苗木各器官所占总生物量的比例进行分析比较（表 4-4）。由表 4-4 可知，白榆苗木地上部分生物量占总生物量的比例最大（70.2%），五角

枫最小（51.8%），其他3个树种苗木地上部分生物量占总生物量的比例依次是美国竹柳（67.6%）、臭椿（59.9%）和白蜡（54.1%）。这与前述5个树种苗木地上部分生物量的比较结果顺序相一致。

表4-4 5个树种苗木各器官生物量占总生物量的比例

树种	比例/%		
	叶	枝干	根
臭椿	5.8	54.1	40.1
美国竹柳	12.0	55.6	32.4
白榆	9.8	60.4	29.8
白蜡	7.1	47.0	45.9
五角枫	19.5	32.3	48.2

4.1.3 耐盐树种苗木的综合指标分析

利用聚类分析可以根据不同树种苗木的生长状况和生物量来对其生长特征类型进行综合的相似性判别。我们在数据标准化的基础上以7个变量（地径、苗高、根系总数量、根系总长度、叶生物量、枝干生物量、根生物量）为基础，进行相同权重的分析比较，综合7个指标来比较不同树种苗木在盐渍环境下的生产能力。以7个指标变量为基础对5个树种苗木进行距离判别分析，聚类分析可将5个树种苗木分为3类：白蜡、白榆和美国竹柳3个树种为一类，臭椿和五角枫苗木各为一类。

4.1.4 耐盐树种苗木的根系结构指标

根系功能的实现主要取决于根表面积，表面积大小反映了根系的吸收能力，可作为评价根系质量的重要标准；根长也是衡量根系质量的重要指标。根系的总长度和总表面积也是根系吸收、利用土壤水分和养分的重要决定因素（刘丽娜等，2008），表面积大、长的根系可以使植物吸收更多的水分和养分（李博等，2008）。根系连接数是根系分枝的连接点数，它体现了苗木根系的分枝能力和发达程度。由表4-5可以看出，白蜡、白榆、五角枫、美国竹柳和臭椿5个树种苗木根系在其长度、表面积、连接数等3个指标上由大到小均表现为：白蜡＞白榆＞五角枫＞美国竹柳＞臭椿。对5个树种苗木根系的长度、表面积、连接数3个指标分别作多重比较分析（略），结果表明，5个树种苗木在3个根系指标上皆表现为两两树种苗木之间有显著差异。这也反映了5个树种遗传特性和适应环境的能力大小。

表 4-5　5 个树种苗木的根系结构指标

树种	平均直径/mm	连接数/个	长度/cm	表面积/cm^2	体积/cm^3	分形维数
白蜡	2.4	1580.3	863.3	1368.2	151.0	1.9
白榆	2.9	1255.6	823.1	1061.3	153.6	1.8
五角枫	2.5	1140.2	654.5	986.3	259.2	1.6
美国竹柳	2.9	1054.3	542.3	833.4	321.2	1.5
臭椿	4.4	765.5	409.2	769.5	349.1	1.1

5 个树种苗木的根系体积大小则与上述 3 个指标相反，表现为臭椿根系体积最大，第 2 位为美国竹柳，第 3 位是五角枫，白榆和白蜡最小。苗木根系体积的大小除了与连接数、长度 2 个指标有关外，与其根系直径的大小密切相关。SPSS 19.0 软件的相关分析结果表明：5 个树种各自根系体积的大小与连接数、长度 2 个指标相关关系不显著，但与直径的线性相关系数为 0.885～0.978，达到了显著的线性正相关关系。虽然臭椿的连接数、长度 2 个指标在 5 个树种中最小，但其平均直径最大，达到 4.4mm，而且其中径级、大径级（＞5mm）的根系体积占其本身总体积的比例为 94.9%（表 4-5），远远大于其他 4 个树种；美国竹柳的情况亦是如此，虽然其平均直径与白榆相同（2.9mm），而且连接数、长度 2 个指标都小于五角枫、白榆和白蜡 3 个树种，但因其中径级、大径级（＞5mm）的根系体积占其本身总体积的比例高达 95.9%，远大于其他 3 个树种占本身总体积的比例。臭椿、美国竹柳 2 个树种苗木大径级（＞10mm）的根系占本身总体积的主体，这反映出臭椿、美国竹柳 2 个树种苗木较其他 3 个树种的根系粗壮。

据卢焕达和周丽娟（2006）的研究，根系在不同层次表现出一定的自相似性，是一个典型的分形结构，用根系分形维数能较好地表述根系结构和空间构型，它为根系的研究提供了一种新的方法与手段。根系分形维数的估计是基于图像处理方法，先用数字图像采集设备取得根系的图像，再用网格计数法对处理后的图像进行计盒维数估计，并用 Java 语言实现，测定结果见表 4-5。由表 4-5 可以看出，白蜡的分形维数（1.9）最高，与排在第 2 位的白榆的分形维数（1.8）很接近，排在第 3 位的五角枫分形维数（1.6）与排在第 4 位的美国竹柳的分形维数（1.5）亦相近，分形维数最小的是臭椿，仅为 1.1。根系形态的分形维数反映了根系在时间、土壤层次和环境影响下发育程度的差异，能精确地反映各种胁迫下根系结构的变化（陈吉虎等，2006）。分形维数越高，说明根系越发达；相对小的分形维数反映出根系的分生能力相对较弱（廖成章和余翔华，2001；卢焕达和周丽娟，2006）。由此可以判断出 5 个树种的根系发达程度和分生能力，由强到弱的排序为：白蜡＞白榆＞五角枫＞美国竹柳＞臭椿。

进一步对 5 个树种苗木的 4 个根系结构指标按径级进行分析。表 4-6 是 5 个树种苗木不同径级根系各结构指标占其总量的比例。

表 4-6　不同径级根系各结构指标占总量的比例

根系结构指标	树种	比例/%					
		根系径级 ≤0.5mm	根系径级 0.5～1.0mm	根系径级 1.0～2.0mm	根系径级 2.0～5.0mm	根系径级 5.0～10.0mm	根系径级 >10.0mm
长度	白蜡	1	16.9	34.4	35.8	10	1.9
	白榆	0.9	11.3	29.5	39.1	13.1	6.1
	五角枫	9.7	24.8	26.3	16.4	14.2	8.6
	美国竹柳	13.8	21.2	21.2	16.4	15.2	12.2
	臭椿	6.3	17.2	19.9	22.4	15.7	18.5
表面积	白蜡	0.2	5.2	19.5	42.7	24.4	8
	白榆	0.2	2.6	11.9	36.2	29.1	20
	五角枫	1.6	8.9	13.8	19.2	21.5	35
	美国竹柳	1.5	5.3	7.3	12.8	14.5	58.6
	臭椿	0.5	2.4	5.6	14.4	21.2	55.9
体积	白蜡	0	0.9	6.4	31	36.5	25.2
	白榆	0	0.3	3	20	32.9	43.8
	五角枫	0.1	0.9	2.6	8.2	19.7	68.5
	美国竹柳	0	0.3	0.8	3	7.4	88.5
	臭椿	0	0.2	0.7	4.2	12.8	82.1
根数量	白蜡	13.1	31.3	32.8	20.7	2	0.1
	白榆	11	26.2	34.2	25.6	2.6	0.4
	五角枫	8.9	25.1	33.9	28.2	2.8	1.1
	美国竹柳	7.9	24.8	31.8	30.1	3.5	1.9
	臭椿	5.2	23.9	32.5	23.6	9.8	5

注：根系径级范围上含下不含

由表 4-6 可以看出，5 个树种苗木根系的细根（≤5mm）数量占据各自总根系的主体（85.2%～97.9%），其中≤2mm 的细根数量占各自总根系数量的 61.6%～77.2%，表明细根是这 5 个树种吸收养分的主体。比较 5 个树种≤2mm 的细根数量，尤其是≤0.5mm 的根毛占各自总根系数量的比例，可以看出，白蜡＞白榆＞五角枫＞美国竹柳＞臭椿。5 个树种＞5mm 的中、粗根数量，尤其是＞10mm 的粗根数量占各自总根系数量的比例则与此相反，臭椿最高（5%），美国竹柳和五角枫分别为 1.9%和 1.1%，而白榆和白蜡仅分别为 0.4%和 0.1%。植物根系中≤2mm 的细根系能充分利用土壤中的养分和水分，它们是土壤中养分和水分的主要吸收者与利用者。因此，结合表 4-2 中 5 个树种的根系数量，可以认为白榆和白蜡两个树种的根系能较好地吸收土壤中的水分和养分。

5 个树种苗木的细根（≤5mm）长度亦是其根系总长度的主体（65.8%～88.1%），以白蜡最高（88.1%），白榆次之（80.8%），五角枫第三（77.2%），美国竹柳第四（72.6%），臭椿最低（65.8%）。5 个树种苗木的细根（≤5mm）表面积占据其根系总表面积的比例，只有白蜡达到了 67.6%，白榆和五角枫只有其本身表面积的一半（分别为 50.9%和 43.5%），而美国竹柳和臭椿的中、粗根（>5mm）占据其根系总表面积的主体（分别为 73.1%和 77.1%）。5 个树种苗木的中、粗根（>5mm）体积占据其自身总体积的主体（61.7%～95.9%），尤其是美国竹柳和臭椿 2 个树种苗木高达 90%以上（分别为 95.9%和 94.9%）。这与 5 个树种苗木根系本身的直径有关（表 4-5），大径级根系的中、粗根（>5mm）占本身的比例越大，其表面积和体积就会越大。

4.1.5　耐盐树种苗木的根系序级与结构指标

对 5 个树种苗木根系的拓扑分析结果表明，白蜡、白榆、五角枫、美国竹柳和臭椿 5 个树种苗木根系的第 1～3 序级根系长度之和均占据根系总长度的 70%以上（图 4-1a），其中臭椿、美国竹柳和五角枫 3 个树种苗木第 1～3 序级的根系长度所占比例超过 80%（84.4%～89.7%）。而根系长度总量则以臭椿和美国竹柳最低，分别为 409.2cm 和 542.3cm，五角枫居中（654.5cm），白蜡和白榆相当，分别为 863.3cm 和 823.1cm。由图 4-1a 可知，白蜡和白榆的第 4～11 序级根系长度仍占其本身总长度的 1/3 以上，与其他 3 个树种相比，表现出相对较强的根系分枝能力。

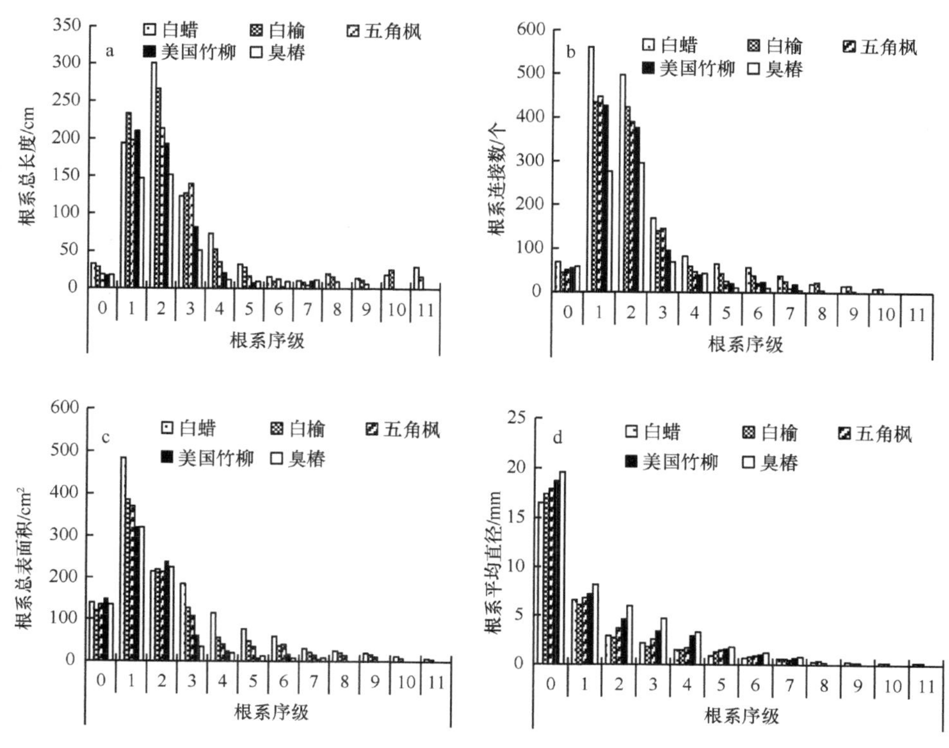

图 4-1　5 个树种苗木的根系序级与形态指标间的关系

5 个树种苗木的第 1～4 序级根系的连接数之和均占总连接数的 80%以上（图 4-1b），其中臭椿、美国竹柳和五角枫 3 个树种苗木根系的连接数均占总连接数的 90%以上，反映出这 3 个树种的侧根不及白蜡和白榆发达。从总数量上看，白蜡和白榆第 1～11 序级根系连接数分别为 1580.3 个和 1255.6 个，五角枫第 1～9 序级根系连接数为 1140.2 个，美国竹柳和臭椿第 1～8 序级根系连接数分别为 1054.3 个和 765.5 个，表明白蜡和白榆 2 个树种的苗木根系数量多，且有相对较高的根系序级，其侧根发达。

5 个树种苗木根系表面积最高的序级为第 1 序级，其次是第 2 序级，臭椿、美国竹柳和五角枫 3 个树种表面积排第 3 位的是第 0 序级，而白蜡和白榆 2 个树种排第 3 位的是第 3 序级的根系（图 4-1c）。从图 4-1c 可以看出，白蜡、白榆、五角枫、美国竹柳和臭椿 5 个树种第 0 序级根系表面积均占其总表面积的 10%以上（分别为 10.2%、11.3%、13.7%、18.0%和 17.6%）；5 个树种各自序级的根系表面积占总面积的比例之和达到 80%以上所需要的序级不同：白蜡、白榆第 0～4 序级，五角枫第 0～3 序级，美国竹柳和臭椿第 0～2 序级。由此可见，白蜡、白榆第 0～4 序级，五角枫第 0～3 序级，美国竹柳和臭椿第 0～2 序级是根系的主体。

5 个树种苗木的各序级根系平均直径变幅较大，但总体上仍随序级的增加呈显著降低的趋势，且 5 个树种苗木的高序级根系（7 级以上）以细小的根系为主（图 4-1d），这与刘丽娜等（2008）的研究相吻合。图 4-1d 显示，臭椿和美国竹柳高序级（3 级以上）根系总量相对较少，五角枫居中，而白蜡和白榆则相对较多。这也从另一个侧面反映出 5 个树种根系分枝强度大小，为白蜡＞白榆＞五角枫＞美国竹柳＞臭椿。

4.1.6 耐盐树种苗木的生长特征分析

不同树种生长量和生物量不同，除了由树种本身的生物学特性决定外，还与苗木所处的环境条件密切相关。盐碱地生长的不同树种苗木其生长量、生物量具有差异，亦即生长速度和单株生物量在其立地、管理条件相同、栽植密度基本一致的情况下，不同树种固有的生物学特性和树种因盐渍土环境条件的不同而表现差异。

对 5 个树种苗木地上部分（高、径）与地下部分（根系总数量、根系总长度）的生长量及形态生长指标的分析表明，白蜡和白榆 2 个树种苗木不仅地上部分生长良好，而且地下部分的根系发达，根系总数量多、根系总长度大；美国竹柳地上部分生长亦较好，臭椿地上部分生长一般，这 2 个树种苗木地下部分的根系皆表现为根量少，且多以中、粗根为主，根系较为粗壮；五角枫地上部分生长较差，地下部分除了一条主根较粗外，其他多以细小根系为主。5 个树种 2 年生苗木的单株生物量按从大到小的顺序是：白榆＞白蜡＞美国竹柳＞臭椿＞五角枫。

综合 5 个树种苗木生长量与生物量的 7 个指标（地径、苗高、根系总数量、根系总长度、叶生物量、枝干生物量、根生物量）作为评价树种生产力高低和土壤资源获得能力的大小，对其聚类分析表明，白蜡、白榆和美国竹柳 3 个树种苗木生产力较高，为一类；臭椿生产力中等，为一类；五角枫苗木生产力较差，为一类。

苗木生物量可反映苗木物质积累状况，可用来指示苗木造林成活率，是考察苗木质量的较好指标（王梓等，2011）。本试验在 pH 8.2、含盐量 0.38%的中度盐渍土条件下，白蜡、白榆和美国竹柳苗木生物量较大，臭椿苗木生物量中等，五角枫生物量最少。据此可以认为，白蜡、白榆和美国竹柳 3 种苗木在上述条件下造林的成活率高，而五角枫树种苗木在上述条件下造林的成活率有可能比较低。

苗木根系生长能力及发育程度是保证造林质量的关键指标（李纪元等，1993）。根据以上分析，结合根系生长能力及发育程度来考虑，白蜡和白榆苗木不仅生物量大，其主、侧根亦粗壮发达，与相同条件下生长的其他 3 个树种苗木比较，具有明显的优势，是盐渍土下造林的好树种。

4.1.7　耐盐树种苗木的根系生长特征分析

林木根系的形态与分布首先是由树木本身的遗传特性所决定的，同时受土壤生态环境条件所制约（鲁少波等，2006）。本部分所研究的 5 个树种苗木是在相同土壤条件和经营管理条件下，所以其根系结构间的差异在很大程度上反映了树种的特点及其对土壤环境的适应能力。在不同树种所处的立地条件和经营条件相同的情况下，根系结构差异可以理解为土壤资源利用能力上的差异（刘丽娜等，2008），综合前面对 5 个树种结构指标的比较分析，可以认为 5 个树种的苗木对土壤资源的获得能力为白蜡＞白榆＞五角枫＞美国竹柳＞臭椿。

苗木根系生长能力及发育程度是保证造林质量的关键指标（李纪元等，1993）。在土壤含盐量为 0.38%中度盐渍土的立地条件下，依据 5 个树种苗木的根系发达程度和分生能力，由强到弱的排序为白蜡＞白榆＞五角枫＞美国竹柳＞臭椿，从根系生长能力及发育程度来考虑，白蜡和白榆苗木主、侧根皆粗壮发达，分枝能力强，与相同条件下生长的其他 3 个树种苗木比较，在吸收土壤的水分和养分方面具有明显的优势，是中度盐渍土下造林的好树种。这一研究结果与生产实际相吻合。

白蜡、白榆、五角枫、美国竹柳和臭椿 5 个树种苗木根系的长度、表面积、连接数、分形维数等 4 个结构指标由大到小的顺序是白蜡＞白榆＞五角枫＞美国竹柳＞臭椿。4 个指标的大小亦反映了 5 个树种苗木根系在吸收水分和养分、分枝能力等方面的强弱程度。

按径级对 5 个树种苗木的根系结构指标进行分析表明，5 个树种苗木根系的细根（≤5mm）数量、长度分别占据各自总根系的主体（分别为85.2%～97.9%和65.8%～88.1%）。从数量与长度来看，细根是5个树种吸收水分和养分的主体。5个树种的细根（≤5mm）数量、长度分别占据各自总根系的比例从大到小的顺序为白蜡＞白榆＞五角枫＞美国竹柳＞臭椿。5个树种苗木的细根（≤5mm）表面积占据其根系总表面积的比例，只有白蜡达到了67.6%，白榆和五角枫只有其本身表面积的一半（分别为50.9%和43.5%），而美国竹柳和臭椿的中、粗根（＞5mm）占据其根系总表面积的主体（分别为73.1%和77.1%）。5个树种苗木的中、粗根（＞5mm）体积占据其自身总体积的主体（61.7%～95.9%），尤其是美国竹柳和臭椿2个树种苗木粗根（＞10mm）高达80%以上（分别为88.5%和82.1%），体现了臭椿、美国竹柳2个树种苗木根系粗根比例大的特点。这也是5个树种苗木的体积指标从大到小依次为臭椿＞美国竹柳＞五角枫＞白榆＞白蜡的主要原因。

按照不同序级统计根系长度、连接数和根系表面积3个指标的结果表明，白蜡、白榆、五角枫、美国竹柳和臭椿5个树种苗木根系的第1～3序级根系长度均占据根系总长度的70%以上，反映出第1～3序级根系是5个树种根系的主体，也是根系吸收养分、水分的主要载体。5个树种苗木的第1～4序级根系的连接数均占总连接数的80%以上，表明5个树种苗木的根系以第1～4序级为主。5个树种苗木的根系表面积最高的序级为第1序级，其次是第2序级；白蜡、白榆第0～4序级，五角枫第0～3序级，美国竹柳和臭椿第0～2序级是根系的主体。

白蜡和白榆的第4～11序级根系长度仍占总长度的1/3以上，与五角枫、美国竹柳和臭椿3个树种相比，表现出相对较强的根系分枝能力；比较分析5个树种根系连接的数量和序级，白蜡和白榆2个树种的苗木根系连接数量多，且有相对较高的根系序级，其侧根发达。从5个树种苗木的高序级根系吸收面积的比较分析，亦反映出5个树种根系分枝强度由大到小为白蜡＞白榆＞五角枫＞美国竹柳＞臭椿。

4.1.8 小结

黄河三角洲盐渍土栽植的臭椿、美国竹柳、白榆和白蜡4个树种苗木地上部分生长较好，五角枫苗木生长较差；白榆和白蜡2个树种主、侧根系发达，根系数量多、长度大，臭椿和美国竹柳2个树种苗木以粗根为主，中、细根较少，五角枫根系多以中、细根为主；单株生物量由大到小的顺序为白榆＞白蜡＞美国竹柳＞臭椿＞五角枫。综合5个树种苗木生产力7个指标的聚类分析，白榆、白蜡和美国竹柳为生产力高的一类，臭椿苗木生产力中等，五角枫生产力较低。

5个树种苗木根系在其连接数、长度、表面积和分形维数等4个结构指标上均表现为白蜡＞白榆＞五角枫＞美国竹柳＞臭椿。5个树种苗木在根系连接数、长度2个结构指标上表现出良好的一致性，即细根（≤5mm）数量、长度占据各自总根系的主体，细根是这 5 个树种吸收养分的主体；5 个树种苗木根系的第 1～3 序级根系长度之和与第 1～4 序级根系的连接数之和均分别占据各序级根系总长度与总连接数的 70%以上和 80%以上。白蜡和白榆第 0～4 序级、五角枫第 0～3 序级、美国竹柳和臭椿第 0～2 序级是根系的主体。臭椿、美国竹柳 2 个树种的根系粗壮，特别是大径级（＞10mm）根系的表面积和体积占其本身的主体。综合根系的结构指标及序级分析结果显示，5 个树种的根系发达程度和分生能力由强到弱的排序为：白蜡＞白榆＞五角枫＞美国竹柳＞臭椿；白蜡和白榆 2 个树种的苗木根系数量多且有相对较高的根系序级，其侧根发达，表现出相对较强的根系分枝能力，能更好地吸收和利用土壤中的水分和养分。从根系生长能力及发育程度来考虑，白榆、白蜡 2 个树种苗木比相同条件下生长的其他 3 个树种苗木具有明显的优势，是盐渍土造林的好树种。

4.2　滨海盐碱地主要树种的耐盐性比较

黄河三角洲地区滨海盐碱地的恶劣条件限制了许多树种的发展，使得适宜该地区造林的树种十分贫乏。能够自然繁衍的只有柽柳（*Tamarix chinensis*）和白刺（*Nitraria sibirica*）等少数耐盐树种，现有人工栽植的也只有绒毛白蜡（*Fraxinus velutina*）、柳属（*Salix*）植物、榆树（*Ulmus pumila*）、刺槐（*Robinia pseudoacacia*）等少数树种，而且这些树种多栽植在轻度盐碱（土壤 0～20cm 表层含盐量在 0.3%以下）区域，在盐碱含量稍高的一些区域，难以选择出适宜的造林树种，使得黄河三角洲滨海盐碱地造林绿化难度加大（王月海等，2014）。但是，缺乏适宜造林树种的另一个原因是目前对树种耐盐能力的了解和研究还不够深入（邢尚军等，2003）。因此，对常见和引进树种的耐盐能力进行测定与比较，是提高盐碱地造林成活率和林木生长量的重要途径，可为盐碱地造林因地制宜地选择树种提供科学依据（邢尚军等，2003）。

为此，本节对黄河三角洲中度盐碱地（土壤 0～20cm 表层含盐量为 0.38%、pH 8.6）上营造的 12 个树种的试验林进行了几个耐盐性形态特征的观测、研究，为筛选出在黄河三角洲中度盐碱土壤条件下适生的耐盐造林树种提供依据和参考。

4.2.1　试验地概况与研究方法

4.2.1.1　试验地概况

试验地设在东营市河口区孤岛镇济南军区黄河三角洲生产基地，是黄河历次淤积退海而成，是典型的黄河三角洲地貌，属于暖温带半湿润性季风气候区，春季干旱多风，夏季炎热多雨，冬季干燥寒冷。年均气温为 11.4℃，平均无霜期为 202

天，年均降水量为548.2mm，多集中在夏季，年蒸降比约为3.6∶1。

试验地土壤为滨海盐化潮土，上层为现代河流沙、壤质沉积物，是现代新成土母质；下层为海相沉积盐渍母质。0～40cm土层是轻黏土，有机质含量为0.48%，全氮含量为0.042%，碱解氮含量为19.6μg/g，有效磷含量为6.1μg/g，速效钾含量为161.7μg/g，氮素不足，严重缺磷； 0～20cm土层平均pH为 8.6，平均含盐量为0.38%，属于中度盐渍土。

试验地植被主要有芦苇（*Phragmites australis*）、碱蓬（*Suaeda glauca*）、盐角草（*Salicornia europaea*）、白茅（*Imperata cylindrica*）、狗尾草（*Setaria viridis*）、萝藦（*Metaplexis japonica*）、藜（*Chenopodium album*）、茵陈蒿（*Artemisia capillaris*）、泥胡菜（*Hemisteptia lyrata*）、中华小苦荬（*Ixeris chinensis*）等。

4.2.1.2 试验材料与研究方法

（1）试验材料

依据查阅的相关文献和生产实践经验，初步筛选了耐盐碱的北沙柳（*Salix psammophila*）、北海道黄杨、木槿（*Hibiscus syriacus*）、金叶复叶槭（*Acer negundo* ‘Aurea’）、龙柏（*Sabina chinensis* ‘Kaizuca’）、美国竹柳、美国红叶白蜡、杜梨（*Pyrus betulifolia*）、榆树（*Ulmus pumila*）（以下简称白榆）、柽柳（*Tamarix chinensis*）、紫穗槐（*Amorpha fruticosa*）、绒毛白蜡（*Fraxinus velutina*）等12个树种进行了盐碱地造林试验。各树种的生长型、来源、苗龄及栽植株数见表4-7。

表4-7 试验树种的生长型、苗龄、来源及栽植株数

试验树种	生长型	来源	苗龄/年	栽植株数/株
北沙柳	全期生长型	引自新疆，扦插苗	1	150
北海道黄杨	全期生长型	引自日本，扦插苗	2	150
木槿	全期生长型	乡土树种，实生苗	3	150
金叶复叶槭	前期生长型	以本地复叶槭为砧木，嫁接从美国引入的金叶复叶槭苗	3	90
龙柏	全期生长型	乡土树种，嫁接苗	3	150
美国竹柳	全期生长型	从美国引入，扦插苗	1	150
美国红叶白蜡	前期生长型	以本地绒毛白蜡为砧木，嫁接从美国引入的红叶白蜡苗	2	90
杜梨	前期生长型	乡土树种，无纺布容器实生苗	1	90
白榆	全期生长型	乡土树种，实生苗	2	150
柽柳	全期生长型	乡土树种，无纺布容器扦插苗	1	180
紫穗槐	全期生长型	乡土树种，实生苗	2	90
绒毛白蜡	前期生长型	乡土树种，实生苗	2	90

（2）试验设计与造林

选择立地条件基本一致的地块营造试验林。在 2010 年 11 月进行 20cm 深度的全面机耕整地的基础上，于 2011 年 3 月 29～30 日进行穴状整地造林，树穴规格为 30cm×40cm，共栽植 12 个树种，依据苗木的规格和树种生长速度，每个树种的栽植株数为 30～60 株（密度为 167～667 株/亩[①]）。田间试验采用随机区组设计，3 次重复。

造林后实施常规的抚育管理措施，经营管理条件保持一致。

（3）研究方法

生长势的调查观测分为 5 级：旺盛、较旺盛、一般、较差和差。

当前，对树木盐害的分级一直没有一个统一的标准。参照以往的研究（韩希忠和赵保江，2002；王玉祥等，2004；张笑颜等，2008；杨升，2010），结合黄河三角洲盐碱地的实际，将树木叶片受到的盐害程度分为 5 级。0 级，整株叶片无盐害症状；Ⅰ级（轻度），全株有 1/3 叶片的叶尖、叶缘失水萎蔫；Ⅱ级（中度），全株有 1/2 叶片的叶尖、叶缘失水萎蔫并有焦枯现象；Ⅲ级（重度），全株有 2/3 叶片的焦枯面积达到本身叶片的 1/3，一半叶片脱落；Ⅳ级（极重度），整株所有叶片焦枯面积达 1/2 以上，全株多数叶片已经脱落。

盐害指数（%）=∑（盐害级值×相应盐害级值株数）/（总株数×盐害最高级值）×100（张笑颜等，2008）。

（4）调查观测时间和土样取样时间

2014 年 5 月 20～21 日对试验林 12 个树种造林 3 年后的保存率、生长势和叶片盐害程度 3 个耐盐性形态指标进行了观测和调查，同时在试验地沿“S”形布点取土样进行土壤 pH、盐分含量、养分（N、P、K 等）含量化验。

数据的相关分析采用 SPSS 19.0 统计软件进行。

4.2.2　主要耐盐树种的保存率

盐碱地植物形态学特性是植物遗传学和环境共同对植物生长影响的生理现象的综合体现，即植物体内耐盐性生理机制的综合特征反映（Levitt，1980；Munns，2002；翁森红等，2005）。因此，植物在盐碱地的生长形态和成活率（保存率）等指标是植物耐盐碱胁迫能力的具体体现，可作为植物耐盐性的最优评价指标（Levitt，1980）。耐盐性是植物对盐渍生境的适应性（赵克夫和范海，2005）。树种的耐盐能力一般是指在造林后的前 2～3 年幼树对土壤盐碱的适应性，是盐碱地

---

①1 亩≈666.7m^2。

上树木忍受盐渍化程度并正常生长的能力。为此，我们对试验林 12 个树种在 3 年生时的保存率、生长势和叶片受盐害程度 3 个指标进行了调查观测，见表 4-8。

表 4-8　黄河三角洲盐碱地 12 个树种盐害及生长情况

树种	总株数/株	保存株数/株	保存率/%	生长势	受盐碱危害程度的株数/株					盐害指数/%
					0 级	Ⅰ级	Ⅱ级	Ⅲ级	Ⅳ级	
北沙柳	150	94	62.7	较差	0	18	27	22	27	65.4
北海道黄杨	150	29	19.3	较差	0	10	8	6	5	55.2
木槿	150	89	59.3	一般	0	61	19	9	0	46.7
金叶复叶槭	90	65	72.2	较旺盛	30	17	13	5	0	29.7
龙柏	150	105	70.0	旺盛	90	15	0	0	0	14.3
美国竹柳	150	70	46.7	较差	0	17	21	16	16	61.1
美国红叶白蜡	90	87	96.7	一般	0	64	13	10	0	46.0
杜梨	90	77	85.6	较旺盛	29	24	18	6	0	33.8
白榆	150	36	24.0	差	0	4	8	6	18	76.4
柽柳	180	168	93.3	旺盛	0	0	0	0	0	0.0
紫穗槐	90	21	23.3	差	0	0	4	13	4	75.0
绒毛白蜡	90	65	72.2	较旺盛	32	18	8	5	2	21.9

在盐碱地上造林，树种的保存率是反映树种耐盐性的重要指标之一（王玉祥等，2004），保存率高的树种表明在造林立地条件下树木适应性强（李秀芬等，2013）。由表 4-8 可以看出，12 个树种栽植 3 年时的保存率差异较大，以美国红叶白蜡和柽柳的保存率为最高（分别达到 96.7%和 93.3%），其次是杜梨、绒毛白蜡、金叶复叶槭和龙柏 4 个树种（分别达到 85.6%、72.2%、72.2%和 70%），北沙柳和木槿 2 个树种的保存率相当（分别为 62.7%和 60.0%），美国竹柳的保存率只有 46.7%，保存率最差的是白榆、紫穗槐和北海道黄杨（分别仅有 24.0%、23.3%和 19.3%）。进一步对这 12 个树种的保存率进行 S-N-K 法多重比较分析（略），结果表明美国红叶白蜡与柽柳之间，杜梨、绒毛白蜡、金叶复叶槭和龙柏四者之间，沙柳和木槿之间，白榆、紫穗槐和北海道黄杨三者之间差异都不显著；而杜梨、绒毛白蜡、金叶复叶槭和龙柏分别与其他 8 个树种之间，北沙柳和木槿分别与其他 10 个树种之间，白榆、紫穗槐和北海道黄杨分别与其他 9 个树种之间，美国竹柳与其他 11 个树种之间都有显著差异。

12 个树种的保存率由高到低的顺序：美国红叶白蜡＞柽柳＞杜梨＞绒毛白蜡=金叶复叶槭＞龙柏＞沙柳＞木槿＞美国竹柳＞白榆＞紫穗槐＞北海道黄杨。

4.2.3　主要耐盐树种的生长表现

盐碱地上植物生长表现的外部形态（生长势和叶片受到的盐害程度）是树种

耐盐能力的直接反映（张玲菊等，2008）。植物受到盐胁迫后，在形态上首先表现为叶片受害，即叶尖、叶缘失水萎蔫，进而焦枯，直至整个叶片变黄变褐，严重时植株全部枯死（张笑颜等，2008）。

从 12 个树种生长势和叶片盐害程度的外部形态特征来看（表 4-8），保存的柽柳和龙柏 2 个树种生长旺盛，柽柳未发生盐害现象，龙柏仅有个别植株受到轻微盐害，其盐害指数仅为 14.3%；杜梨和金叶复叶槭 2 个树种生长较旺盛，未受盐害的株数分别占其总株数的 37.7%和 46.2%，未出现极重度盐害现象，其盐害指数分别为 33.8%和 29.7%；美国红叶白蜡和木槿生长势一般，所有植株都受到盐分的危害，但大多数植株受到的只是轻度盐害（美国红叶白蜡和木槿 2 个树种受轻度盐害的株数分别占其总株数的 73.6%和 68.5%），亦未出现极重度盐害的植株，其盐害指数分别达到 46.0%和 46.7%；美国竹柳和沙柳生长较差，所有植株都受到盐害，其中有的植株还出现了极重度危害，盐害指数分别达到 61.1%和 65.4%；紫穗槐和白榆 2 个树种生长表现最差，盐害指数分别高达 75.0%和 76.4%。

4.2.4　主要耐盐树种保存率与生长表现的综合比较分析

根据有关研究（韩希忠和赵保江，2002；王玉祥等，2004；杨升等，2012），在盐碱地上造林的 2～3 年生幼树保存率与其生长表现基本相一致，即保存率高的树种，其生长表现亦好（生长旺盛、叶片受到的盐害程度小）。但本试验（观测数据见表 4-8）与之有一定的差异。保存率最高的美国红叶白蜡的生长表现（生长势和盐害程度）甚至不及保存率较低的柽柳、龙柏、杜梨、绒毛白蜡和金叶复叶槭，在经营管理条件一致的情况下，与树种本身的遗传特性有关。美国红叶白蜡是以绒毛白蜡作为砧木嫁接而成，是前期生长型树种，因其生长期短（5～7 月），避开了春、秋季土壤干旱返盐而造成的盐害，故其保存率较高；龙柏虽然保存率较杜梨、绒毛白蜡和金叶复叶槭低，但其生长旺盛，只受到轻微盐害，说明其耐盐能力强于这 3 个树种；北沙柳保存率较美国竹柳高，但生长表现（生长势和盐害程度）与其相当，尚不如保存率略低的木槿，这与北沙柳较美国竹柳和木槿的耐干旱能力高有关；其他树种的保存率与生长表现基本与有关研究（Levitt，1980；翁森红等，2005）相一致。

根据耐盐性指标的保存率和生长表现（生长势和盐害指数），利用聚类分析对 12 个树种耐盐性进行综合的相似性判别。在数据标准化的基础上，以 3 个变量（保存率、生长势和盐害指数）为基础，进行相同权重的分析比较，综合这 3 个指标来比较不同树种在盐渍环境下的耐盐能力。以 3 个耐盐性形态指标变量为基础对 12 个树种苗木进行聚类分析，可将这 12 个树种的耐盐能力分为 3 大类：柽柳和龙柏为耐盐能力强的一类，金叶复叶槭、绒毛白蜡、杜梨、木槿、美国红叶白蜡为耐盐能力较强的一类，白榆、紫穗槐、北海道黄杨、北沙柳和美国竹柳为耐盐能力一般的树种。

在黄河三角洲盐碱地上造林，影响栽植树种保存率的因素较多，但在同一立地和经营管理条件下，树种的耐盐性强弱是其主要因素。依据前人的研究和多年盐碱地造林的生产实践经验，要提高栽植树种的保存率，除了要求其强的耐盐能力之外，还要考虑其强的耐旱和抗涝能力。本试验受到土壤黏重、春季干旱、夏季洪涝与排水能力差等因素的制约，虽然试验条件基本一致，但由于不同树种对这些不利因素的适应性不同，因此对不同树种的耐盐能力存在着一定的影响（李国雷，2004；李秀芬等，2013）。根据我们以前的试验，栽植的香花槐、构树等耐干旱树种，虽然具有一定的耐盐性，但夏季或秋季的洪涝导致“全军覆没”。因此，在选择树种时，应根据造林地的不同立地条件，具体加以确定，才能获得预期的造林绿化效果。

现有对树木耐盐能力的评价研究一般是选择不同盐分梯度的盆栽试验，从形态和生理等方面开展的，主要以生理生化指标来评定，在一定程度上能够解释植物耐盐能力差异的原因。但是目前测定的生理生化指标还没有统一标准，生理背景不明，缺乏规律性，加之测定困难，不易确定哪些生理指标能准确又方便地表达植物耐盐能力的高低，因而其结果只能作为参考（杜中军等，2002）。虽然本试验在错综复杂的大田环境下，限于条件，无法像盆栽等试验安排同一树种的无盐分栽植对照，亦不能安排不同盐分梯度的试验，对其耐盐能力的生理指标亦无法定量测定，但在复杂的盐碱大田环境下对 12 个树种之间保存率、生长势和盐害指数等耐盐性指标差异的比较分析是在相同立地和经营管理条件下，其保存率和生长表现是不同树种遗传特征的反映（翁森红等，2005），尤其是以植物的生长抑制指标盐害指数作为树种耐盐性鉴定指标（以盐害分级和相应级值的株数为基础），能真实反映林木受盐害的广度和强度，既能反映植物对盐胁迫响应最敏感的生理过程，又能反映植物在盐胁迫下的综合表现，比较简单和直观（杜中军等，2002），而且符合实际的大田盐分状况，更能体现它们的遗传特性和适应环境的能力。因此，实践中多以叶片盐害指数作为耐盐能力的指标（郭望模等，2003）。本试验结合了树种的保存率和生长势等指标，更能真实地反映其实际耐盐能力，为黄河三角洲地区中度盐碱地造林绿化树种的选择提供重要参考。

4.2.5 小结

针对黄河三角洲地区盐碱地造林难度大、可供造林树种选择难的实际，为筛选出适宜该区中度盐碱地造林绿化的树种，在济南军区黄河三角洲生产基地的盐碱地（含盐量 0.38%、pH 8.6）上营造了经过初步筛选的 12 个耐盐渍树种的试验林。在试验林营造 3 年后，对其 12 个树种几个耐盐性形态指标进行了比较分析。研究发现，在含盐量 0.38%、pH 8.6 盐碱地上栽植的 12 个树种 3 年生时的保存率差异较大，为 19.3%～96.7%。12 个树种的保存率由大到小的顺序为美国红叶白蜡＞柽柳＞杜梨＞绒毛白蜡=金叶复叶槭＞龙柏＞沙柳＞木槿＞美国竹柳＞白榆＞紫穗槐＞北海道黄杨。在相同立地和管理条件下，其保存率的高低在一定程度上反映了 12 个树种耐盐能力的强弱。

除了美国红叶白蜡和北沙柳 2 个树种外，其余 10 个树种的生长表现（生长势和盐害程度）与保存率变化一致，即保存率高的树种，其生长表现亦好（生长旺盛、叶片受到的盐害程度小）。

综合保存率、生长势和盐害指数 3 个耐盐性指标对 12 个树种的聚类分析表明，依据其耐盐能力可划归为 3 大类：耐盐能力强的柽柳和龙柏，耐盐能力较强的金叶复叶槭、绒毛白蜡、杜梨、木槿、美国红叶白蜡，耐盐能力一般的白榆、紫穗槐、北海道黄杨、北沙柳和美国竹柳。

4.3　盐旱交叉胁迫下柽柳幼苗的生理生化特征

柽柳（*Tamarix chinensis*）属于柽柳科柽柳属，产于中国大部分省区。它具有发达的根系，防风固沙效果显著，又因其具有极强的耐盐碱和耐干旱能力，在中国西部干旱和沙荒地区、黄河流域以及滨海盐碱地常被作为主要的栽培树种（马建平，2008）。19 世纪初，柽柳作为一种观赏植物引入北美洲，在美国西南沙漠地区被用于防风固沙。由于柽柳对当地环境的适应性强，取代了当地的物种，快速入侵很多河流和沙漠边缘地带，造成生物多样性锐减与干旱地区耗水量增多等一系列相关问题，被列为美国十大外来入侵种之一（Anderson and Carruthers，2005）。然而，柽柳在中国却是盐碱地和沙漠地区主要的植被恢复物种，主要分布在新疆、内蒙古和甘肃等西北干旱地区，在渤海湾滨海湿地、黄河三角洲盐碱区域也被作为主要的植被恢复物种用于生态修复与保护。其中位于渤海海岸带莱州湾南岸的昌邑国家级海洋生态特别保护区，主要保护以柽柳为主的多种滨海湿地生态系统和各种海洋生物，是中国唯一以柽柳为主要保护对象的国家级海洋生态特别保护区。近年来，由于当地大量开采地下水，海水倒灌造成土壤含盐量升高，同时该保护区蒸降比大和淡水资源缺乏，使得干旱和盐分胁迫成为影响当地柽柳生长的两大主要因子（杨鸣，2005；张绪良，2006）。

在逆境胁迫条件下，植物受到胁迫的环境因子往往不止一种，干旱胁迫和盐胁迫不仅在发生上有联系，而且都因导致土壤溶液水势下降而使细胞失水甚至死亡，因此研究植物对两个或多个环境因子交叉胁迫的生理响应至关重要（王海珍等，2005）。盐分和干旱是滨海地区影响植物生长的两大主要环境因素。植物在盐旱逆境条件下，通过提高细胞液的浓度，降低渗透势，使植物保持水分以适应盐旱胁迫，这个过程称为渗透调节（osmotic adjustment）。一般渗透调节物质主要包括可溶性糖、脯氨酸、丙二醛以及无机离子等（韩志平等，2010；刘艳等，2011）。目前有关盐旱互作关系及其对植物生长、生理生化特性影响的研究较多（于振群等，2007；吕廷良等，2010；庄伟伟等，2010a）。其中盐旱交叉胁迫对植物生理生化特性影响的研究主要集中在银沙槐（庄伟伟等，2010a，2010b）、皂角（于振群等，2007）及紫荆幼苗（吕廷良等，2010）等植物；有关盐旱互作关系及其对植物渗透调节机制的研究主要以银沙槐（庄伟伟等，2010b）、君迁子（孔艳菊，2007；张慎鹏等，2008）、燕麦（刘建新等，2012）等植物为研究对象。Pérez-Pérez 等（2009）通过对柠檬进行盐旱胁迫试验，表明渗透调节是柠檬在盐胁迫下主要的调节机制，主要通过 Cl^-的吸收来实现。在国外，许多学者主要通过研究与渗透物质产生相关的基因表达来研究植物的抗逆机制（Hagit et al.，1995；Chakraborty et al.，2012）。而盐生植物柽柳逆境生理胁迫的研究主要集中在不同生境下单一因素的盐分（Hsiao，1973；王伟华等，2009；陈阳等，2010；董兴红和岳国忠，2010）或干旱胁迫（陈敏等，2008；赵文勤等，2010），如盐胁迫对柽柳生长（董兴红和岳国忠，2010）、展叶期生理生化特性（薛苹苹等，2009）、光合作用和渗调物质的影响（王伟华等，2009）及盐碱生境下柽柳盐分分泌特点及其影响因子（陈阳等，2010）等方面，并对柽柳的抗旱机制与受胁迫程度（陈敏等，2008）及不同生境下柽柳的生理生态特性（赵文勤等，2010）等方面进行了研究；对胁迫环境下柽柳的渗透调节物质含量变化规律的研究仍以单一因素的盐胁迫和干旱胁迫为主（陈敏等，2008；王伟华等，2009；陈阳等，2010；董兴红和岳国忠，2010；赵文勤等，2010）；但盐旱交叉胁迫对柽柳生理生态特性影响的研究尚未见报道。因此，本试验通过设置不同梯度的盐分胁迫和干旱胁迫处理，分析盐旱交叉胁迫下柽柳生物量、叶绿素含量、超氧化物歧化酶（SOD）活性、过氧化物酶（POD）活性和丙二醛（MDA）含量等生理生化指标的变化，以及柽柳幼苗叶片中可溶性糖、脯氨酸以及无机离子等渗透物质的含量，阐明柽柳主要生理生化特性对盐旱胁迫的响应规律，以便获得适宜柽柳生长的土壤干旱度和盐碱度，为其在滨海盐碱区域的栽植管理提供理论依据和技术支持。

4.3.1 材料和方法

4.3.1.1 试验材料与盐旱胁迫处理

2010 年 4 月 5 日将 3 年生柽柳扦插苗木移栽至科研温室的盆钵中，盆钵直径为 30cm，高 50cm，每盆 1 株，共 36 株，盆栽基质为砂壤土（含盐量为 0.02%）。柽柳苗正常生长 1 个月后对其进行盐旱胁迫处理。干旱胁迫处理采用水分梯度设计法（Hsiao，1973），共包括轻度干旱胁迫、中度干旱胁迫和重度干旱胁迫 3 个水平，其土壤相对含水量分别为 55%～60%、40%～45%和 30%～35%。每天用烘干法测定土壤含水量，及时补充减少的水分。含盐量（土壤盐分/土壤干重）通过配制不同梯度的 NaCl 溶液多次微灌来控制，共设置轻度、中度和重度盐分胁迫 3 个水平，其盐浓度分别为 0.4%、1.2%和 2.5%，并以含盐量为 0.02%作为对照。盆钵底部设有托盘，深度为 8cm，渗漏水分倒回盆钵并清洗托盘，清洗水也倒入盆钵，防止盐分流失，参照汪贵斌的方法略有改变（汪贵斌等，2004）。整个试验共组成 12（3×4）个盐旱处理组合。每个处理 3 次重复，按随机区组设计进行排列。盐旱胁迫处理适应 50 天后，即 6 月 25 日取样进行各项指标的测定。

4.3.1.2 柽柳生长指标的测定

柽柳生物量的测定：用水冲松盆土，轻取幼苗，洗净吸干，进行植株生长指标的测定；测定指标包括株高、主根长、基径，采用烘干法测定地上部分与地下部分干重。

4.3.1.3 柽柳生理生化指标的测定方法

分别采取每株柽柳相同部位正常生长的成熟叶片进行生理生化指标的测定，每个处理每次取 3 株幼苗，重复 3 次。各项指标测定时至少重复 3 次，取平均值。

（1）叶绿素 a、叶绿素 b 含量测定

光合色素含量测定以鲜重为单位，采用乙醇、丙酮浸泡法（李合生等，2000）。选取柽柳植株阳面中上部正常生长的嫩绿叶片 0.1g，用剪刀剪碎，用乙醇：丙酮（V∶V）按 1∶1 比例混合的溶液浸泡 24 小时，直至叶片发白，分别在波长 663nm 和 645nm 条件下测定其吸光值。

$$\text{叶绿素 a} = 12.7A_{663} - 2.69A_{645}$$
$$\text{叶绿素 b} = 22.9A_{645} - 4.68A_{663}$$
$$\text{总叶绿素} = 8.02A_{663} + 20.21A_{645}$$

（2）SOD 活性测定

采用氮蓝四唑光化还原法测定。氮蓝四唑在甲硫氨酸和核黄素存在的条件下，照光后发生光化还原反应而生成蓝色甲腙，蓝色甲腙在波长 560nm 处有最大光吸收。SOD 能抑制氯化硝基四氮唑蓝（NBT）的光化还原，其抑制强度与酶活性在一定范围内成正比（罗广华和王爱国，1999）。

（3）POD 活性测定

采用愈创木酚比色法测定。植物体内的黄素氧化酶类代谢产物常包含 H_2O_2，如光呼吸中的乙醇酸氧化酶、呼吸作用中的葡萄糖氧化酶等。H_2O_2 的积累可导致破坏性的氧化作用。POD 是清除 H_2O_2 的重要保护酶，能将 H_2O_2 分解为 O_2 和 H_2O，从而使机体免受 H_2O_2 的毒害作用。其活性与植物的抗逆性密切相关。

称取新鲜叶片 0.25g，加入 5 倍量的（*m*/*V*）PBS（50mmol/L pH 7.0 的磷酸缓冲液）冰浴研磨，15 000r/min 离心 15min 取部分上清液经适当稀释后用于酶活性测定。在 3ml 的反应体系中，包括 0.3% H_2O_2 1ml，0.2%愈创木酚 0.95ml，pH 7.0 的 PBS 1ml，最后加入 0.05ml 酶液启动反应，记录波长 470nm 处吸光度（OD）增加速度。将每分钟 OD 增加 0.01 定义为 1 个活力单位（毛爱军等，2003）。

（4）MDA 测定

采用硫代巴比妥酸（TBA）比色法测定。称 2g 新鲜叶片，加入 10%三氯乙酸（TCA）2ml 及少量石英砂，研磨；进一步加入 8ml TCA 充分研磨，接着将匀浆液以 4000r/min 离心 10min，其上清液即为 MDA 提取液。取 2ml MDA 提取液（对照组取 2ml 蒸馏水），再加入 2ml 0.6% TBA 混匀，在试管上加棉塞，置沸水中加热 15min，迅速拿出水浴锅冷却，4000r/min 离心 15min，于波长 532nm 和 450nm 条件下测定 OD 值（中国科学院上海植物生理研究所和上海植物生理学会，1999）。

$$\text{MDA 浓度（μmol/L）}=9.45OD_{532}-0.56OD_{450}$$

（5）可溶性糖含量测定

采用蒽酮比色法。将采取的叶片烘干后，磨碎并过 120 目筛，用塑封袋密封待测。称取植物干样 0.05g 放入离心管中，加入 10ml 超纯水，用封口袋封口加盖后，沸水浴 1 小时，冷却后过滤至 50ml 容量瓶，定容。吸取 1ml 提取液于 10ml 带塞试管中，在冰浴中加入 5ml 蒽酮试剂（防止过早反应），100℃保温 10min，冰浴冷却，恢复常温后，在 620nm 波长下比色（邹琦，1995）。

（6）脯氨酸含量测定

采用磺基水杨酸法。称取干样 0.05g（视情况而定）放入离心管中，加 10ml 3%磺基水杨酸，封口袋封口加盖后沸水浴提取 30min，冷却后离心（3000r/min，10min），取 1ml 上清液、1ml 3%磺基水杨酸、1ml 冰醋酸和 2ml 2.5%酸性茚三酮加入玻璃试管中（试管口加盖玻璃球），沸水浴显色反应 60min，冷却至室温后向其加入 4ml 甲苯，振荡萃取红色物质，静置后取上层甲苯层，于波长 520nm 处测定吸光度（邹琦，1995）。

（7）Na^{+}、K^{+}、Ca^{2+}、Mg^{2+}含量测定

称取干样 0.05g 放入离心管中，加入 10ml 超纯水，用封口袋封口加盖后，沸水浴 1 小时，冷却后离心（3000r/min，10min），取上清液待测。用火焰原子吸收法测定 Na^{+}、K^{+}、Ca^{2+}、Mg^{2+}含量（王宝山和赵可夫，1995）。

（8）Cl^{-}、NO_3^{-}、SO_4^{2-}含量测定

待测液提取方法与 Na^{+}、K^{+}、Ca^{2+}、Mg^{2+}相同，采用离子色谱法测定阴离子含量。

4.3.1.4　数据处理

采用 Excel、SPSS 13.0 进行数据处理和统计分析，多重比较采用邓肯比较法。

4.3.2　盐旱胁迫对柽柳生长特性的影响

由表 4-9 可知，轻度和重度干旱胁迫下，柽柳株高在含盐量 0.4%时显著升高（$P<0.05$），分别比对照（CK）增加 33.3%和 16.3%，但随着盐胁迫的加剧株高有降低趋势。其中，在轻度干旱胁迫下植物在含盐量 2.5%时死亡；中度干旱胁迫下，株高在含盐量 0.4%时显著降低（$P<0.05$），而含盐量为 1.2%时又显著升高，但与 CK 无显著差异。轻度和中度干旱胁迫下，柽柳主根长在各盐胁迫处理下与 CK 比较均无显著差异（$P>0.05$）；重度干旱胁迫下，主根长随盐胁迫的加剧先升高后降低。同时，在轻度和重度干旱胁迫下，柽柳基径随含盐量的增加先升高后降低，并均在 0.4%时达到最大，而在含盐量为 1.2%时均显著降低（$P<0.05$）；

表 4-9　不同盐旱胁迫对柽柳生物量的影响

干旱胁迫	盐胁迫	株高/cm	主根长/cm	基径/cm	地上部分干重/g	地下部分干重/g
轻度	CK	85.85±6.37a	14.50±0.05a	0.48±0.02a	12.96±0.27a	4.28±0.56a
	0.4%	114.43±9.05b	15.63±1.54a	0.59±0.06a	16.96±2.49b	8.69±2.21b
	1.2%	86.80±0.52a	11.06±1.77a	0.34±0.04b	8.13±4.15c	3.91±2.05a
	2.5%	—	—	—	—	—
中度	CK	105.05±6.84a	14.65±1.47a	0.50±0.051a	16.96±0.69a	5.84±0.20a
	0.4%	83.03±4.65b	12.86±0.32a	0.49±0.021a	13.87±1.99b	7.23±1.61a
	1.2%	103.03±4.04a	15.76±0.92a	0.44±0.03a	8.33±0.64c	3.98±1.04b
	2.5%	83.55±0.84b	12.80±0.57a	0.29±0.01b	3.99±0.50d	2.21±0.30b
重度	CK	85.40±3.46a	10.91±0.38a	0.44±0.04a	12.59±0.88a	4.10±0.02a
	0.4%	99.30±2.45b	12.30±0.26b	0.45±0.02a	14.67±1.07b	6.84±0.22b
	1.2%	72.43±4.56c	15.80±0.37c	0.33±0.05b	6.65±1.43c	3.28±0.85a
	2.5%	85.50±2.88a	10.20±0.37a	0.35±0.005b	4.97±0.50c	2.30±0.10c

注：同一列数据中标有不同小写字母表示同一干旱胁迫下处理间在 0.05 水平上差异显著。“—”代表柽柳死亡

中度干旱胁迫下，基径随着盐胁迫的加剧逐渐降低。

轻度和重度干旱胁迫下，柽柳地上和地下部分干重随盐胁迫的加剧先升高后降低，且含盐量为 0.4%时达到最大值；中度干旱胁迫下，地上部分干重呈显著下降的趋势，而地下部分干重变化与轻度和重度干旱胁迫相同。同时，各干旱胁迫处理下，随盐胁迫的加剧，地上部分干重变化幅度高于地下部分。另外，柽柳植株在轻度干旱重度盐胁迫下死亡，而中度和重度干旱胁迫下柽柳仍然存活，可能是柽柳不适应涝渍盐碱生境，而适度干旱使其耐盐能力有一定的提高，这与于振群等（2007）得出的结果相符合。以上结果说明，干旱胁迫对柽柳生长虽然有一定的抑制作用，但盐胁迫的影响大于干旱胁迫；同时地上部分对盐旱胁迫的敏感性高于地下部分。不同盐旱交叉胁迫对植株生长的影响差异较大，轻度和重度干旱胁迫下，柽柳在含盐量 0.4%时生长较好，而中度干旱胁迫下，在含盐量 1.2%时生长较好，表明适度干旱胁迫在一定程度上提高了柽柳的耐盐性。

4.3.3 盐旱胁迫对柽柳叶片光合色素含量的影响

由图 4-2 可知，不同干旱处理下柽柳叶片叶绿素 a 含量随含盐量的增加呈先升高后降低的趋势。在中度和重度干旱胁迫下，叶绿素 a 含量均在含盐量 1.2%时达到最大值（分别为 0.21mg/g FW 和 0.23mg/g FW），与 CK 相比分别增加 3.3%和 65.2%；而轻度干旱胁迫下，叶绿素 a 含量在含盐量为 0.4%时达到最大值（0.21mg/g FW），与 CK 相比增加 12.0%。方差分析表明，在同等干旱胁迫下，含盐量低于 1.2%时叶绿素 a 含量变化不显著（$P>0.05$），而在 2.5%时呈显著下降（$P<0.05$）；同等盐分胁迫下，叶绿素 a 含量随着干旱胁迫的增强变化不显著。说明盐旱交叉胁迫对叶绿素 a 含量的影响较大，但相对于干旱，盐分是盐旱交叉胁迫影响叶绿素 a 含量的主导因子。

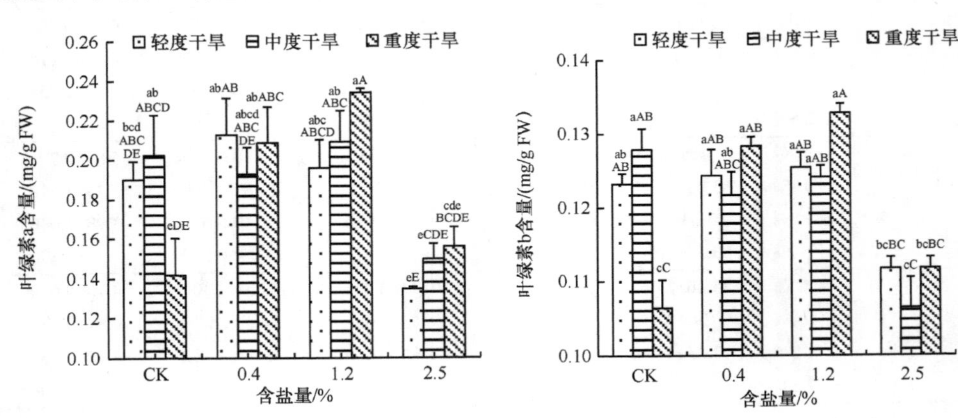

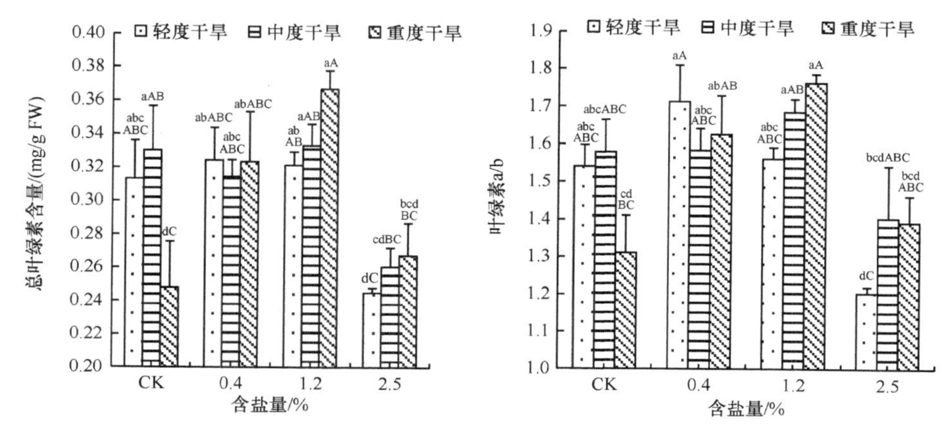

图 4-2　不同盐旱胁迫下柽柳叶片光合色素的变化

各小图柱子上方不含有相同小写字母表示同一干旱胁迫下不同盐胁迫间差异显著（$P<0.05$），不含有相同大写字母表示处理间差异极显著（$P<0.01$），本章下同

同时，在轻度干旱胁迫下，柽柳叶片叶绿素 b 含量随含盐量的增加呈先升高后降低的趋势，中度干旱与轻度干旱胁迫变化类似：叶绿素 b 含量在含盐量低于 1.2%时变化不显著，在含盐量 2.5%时显著降低（$P<0.05$）。而在重度干旱胁迫下，叶绿素 b 含量随含盐量的增加呈先升高后降低的趋势，且在含盐量 1.2%时达到最高（0.13mg/g FW）。

另外，叶绿素总量和叶绿素 a/b 在盐旱交叉胁迫下的变化与叶绿素 a 含量的变化趋势类似。其中，在含盐量 2.5%时，柽柳叶片叶绿素总量在轻度干旱胁迫下显著下降（$P<0.05$），中度干旱胁迫下显著下降（$P<0.05$），而重度干旱胁迫下下降不显著（$P>0.05$）。在轻度干旱胁迫下，叶绿素 a/b 在含盐量 0.4%时达到最大值，含盐量 2.5%时显著下降；而在中度、重度干旱胁迫下，各盐分胁迫下差异分别呈不显著（$P>0.05$）、显著（$P<0.05$）水平。以上结果表明，盐旱交叉胁迫下，叶绿素合成主要以盐胁迫为主导因子，重度盐胁迫下，叶绿素 a、叶绿素 b 的合成受到严重破坏，并且叶绿素 a 受到的破坏大于叶绿素 b，但受到干旱胁迫的影响并不显著。

4.3.4　盐旱胁迫对柽柳叶片抗氧化保护酶活性的影响

由图 4-3 可知，轻度干旱胁迫下，柽柳叶片 SOD 活性随含盐量的增加不断降低，且各盐胁迫处理间差异显著（$P<0.05$）；与 CK 相比，叶片 SOD 活性在含盐量 0.4%时显著降低（$P<0.05$），在 1.2%、2.5%时均极显著降低（$P<0.01$）。在中度干旱胁迫下，SOD 活性随含盐量的增加先降低后升高；与 CK 相比，SOD 活性在含盐量为 0.4%和 1.2%时分别下降 20.6%和 29.7%。在重度干旱胁迫下，叶片 SOD 活性随含盐量增加先升高后降低；与 CK 相比，SOD 活性在含盐量 0.4%和

1.2%时分别增加 30.1%和 77.6%，并在含盐量 1.2%时达最大值（188.66U/mg prot），而其在含盐量 2.5%时又显著降低（P<0.05）。在同等盐分胁迫下，不同干旱胁迫和盐分交叉胁迫对 SOD 活性的影响极显著（P<0.01）。由双因素方差分析表明，柽柳叶片 SOD 活性受含盐量和盐旱交叉胁迫的影响均达到极显著水平（P<0.01），在轻度干旱和重度盐胁迫下，SOD 活性达到最低；在重度干旱和中度盐胁迫下达到最高。而干旱胁迫对其活性的影响水平不显著（P>0.05）。

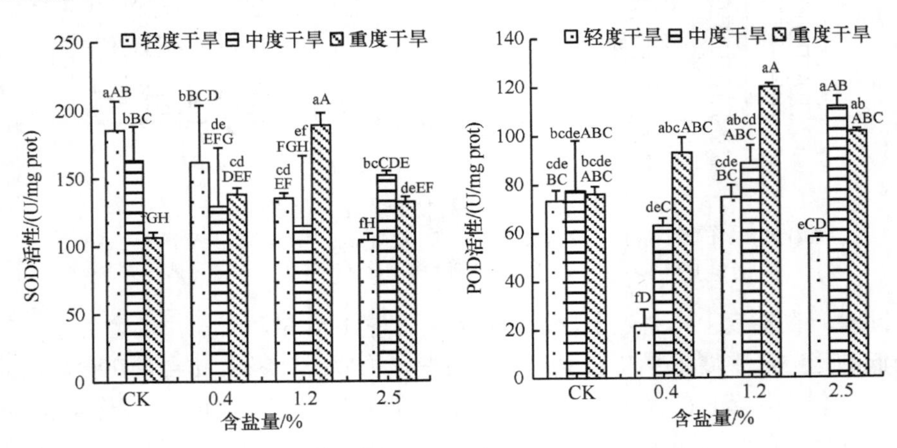

图 4-3　不同盐旱胁迫下 SOD 和 POD 活性的变化

在轻度干旱胁迫下，柽柳叶片 POD 活性随含盐量的增加先降低再升高后降低，差异极显著（P<0.01）；中度干旱胁迫下，叶片 POD 活性随含盐量的增加先降低后升高，差异极显著（P<0.01）；重度干旱胁迫下，叶片 POD 活性随含盐量的增加却先升高后降低，且其在含盐量为 0.4%和 1.2%时分别比 CK 增加 22.3%和 56.6%，在含盐量 2.5%时显著下降 14.9%（P<0.05）。而在同等盐分胁迫下，不同干旱胁迫和盐分的交叉胁迫对 POD 活性影响也达到极显著水平。双因素方差分析表明，盐胁迫、干旱胁迫以及盐旱交叉胁迫均对柽柳叶片 POD 活性有极显著的影响，在轻度干旱和轻度盐胁迫下，POD 活性最低；在重度干旱和中度盐胁迫下活性最高。以上结果表明，一定程度的盐旱交叉胁迫下，柽柳能够通过提高保护酶 SOD 和 POD 活性抵抗盐旱胁迫的伤害；但随着盐旱交叉胁迫的加剧，柽柳 SOD 和 POD 抗氧化能力逐渐减弱，从而使柽柳受到明显的胁迫伤害。

4.3.5　盐旱胁迫对柽柳叶片 MDA 含量的影响

由图 4-4 可知，轻度和中度干旱胁迫下，柽柳叶片 MDA 含量均表现为先降低后升高，并分别在含盐量 1.2%和 0.4%时达到最小值（分别为 3.33nmol/mg prot 和 2.49nmol/mg prot），但随含盐量继续升高其差异均不显著（P>0.05）。重度干旱胁迫下，叶片 MDA 含量先升高后降低，并在含盐量 0.4%时达到最大值（11.77nmol/mg prot），为 CK 的 3.7 倍（$P<0.01$）；在含盐量 1.2%时，叶片 MDA 含量有所降低，但仍极显著高于除 0.4%以外的处理和对照（$P<0.01$）；在含盐量 2.5%时，MDA 含量比其他处理极显著降低（$P<0.01$），但与对照无显著性差异。双因素方差分析表明，盐胁迫对 MDA 含量的影响显著（$P<0.05$），而干旱胁迫和盐旱交叉胁迫对 MDA 含量的影响均达极显著水平（$P<0.01$），在中度干旱和轻度盐胁迫下，MDA 含量达到最小值；在重度干旱和轻度盐胁迫下，MDA 含量达到最大值。以上结果说明，盐旱交叉胁迫下过量积累的活性氧自由基引发了膜脂过氧化作用，对柽柳叶片产生了一定的伤害作用，且重度干旱、轻中度盐分胁迫下对柽柳的伤害最大。

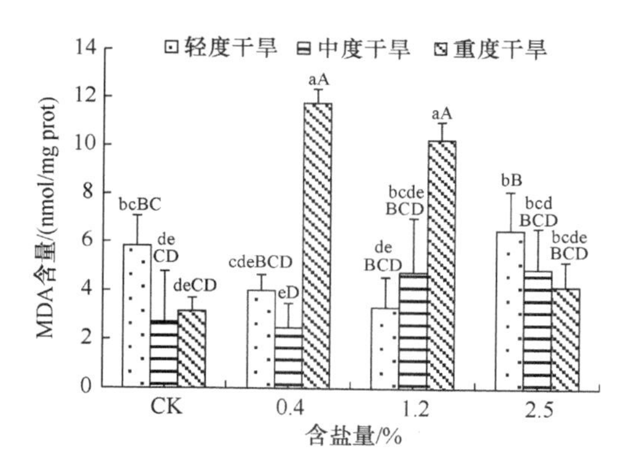

图 4-4　不同盐旱胁迫下 MDA 含量的变化

4.3.6　盐旱胁迫对柽柳叶片中渗透调节物质含量的影响

（1）盐旱胁迫对柽柳叶片中可溶性糖含量的影响

由图 4-5 可知，柽柳叶片可溶性糖含量在不同盐旱胁迫下存在一定的差异。在轻度、中度和重度干旱胁迫下，可溶性糖含量随土壤含盐量的增加均呈先升高后降低趋势，并均在含盐量为 1.2%条件下达到最大值。0.4%盐浓度处理下，可溶性糖含量虽有所增加，但与 CK（土壤盐浓度 0.02%）相比增加不显著（$P>0.05$）；在 1.2%盐浓度处理下，可溶性糖含量显著升高（$P<0.05$），轻度、中度和重度干旱胁迫下分别为 CK 的 3.5 倍、3.1 倍、2.3 倍；在 2.5%盐浓度处理下，可溶性糖含量相对于 1.2%时有所降低（$P>0.05$），但仍显著高于 CK（$P<0.05$）。同一盐分胁迫下，随干旱胁迫增强，可溶性糖含量呈升高趋势，但无显著性差异（$P>0.05$）。在重度干旱和中度盐分交叉胁迫下，可溶性糖含量达到最大值（104.99g/kg DW）。双因素方差分析表明，盐旱交叉胁迫下，可溶性糖含量的变化以盐分胁迫为主导因子。以上结果表明，可溶性糖的积累是柽柳幼苗应对干旱和盐分胁迫的主要对策之一，在整个胁迫过程中对柽柳幼苗都起到了积极的渗透调节作用，在重度盐旱胁迫下，柽柳受到的伤害最大。

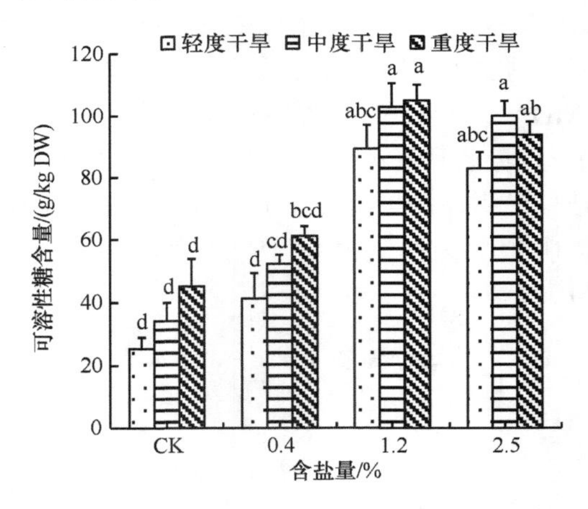

图 4-5　不同盐旱胁迫下可溶性糖含量的变化

（2）盐旱胁迫对柽柳叶片中脯氨酸含量的影响

图 4-6 盐旱胁迫条件下柽柳叶片内的脯氨酸含量随胁迫程度增强均呈不同程度的升高趋势。在轻度干旱胁迫下，随盐胁迫增强脯氨酸含量逐渐升高，但与 CK 相比增加均不显著（P＞0.05）；在中度干旱胁迫下，0.4%和 1.2%盐浓度处理下脯氨酸含量相对于 CK 增加不显著（P＞0.05），而在 2.5%时脯氨酸含量为 CK 的 2.6 倍，增加显著（P＜0.05）；在重度干旱胁迫下，随盐胁迫的增强柽柳叶片内脯氨酸浓度先降低后升高，但在 0.4%和 1.2%盐浓度处理下脯氨酸含量与 CK 相比没有

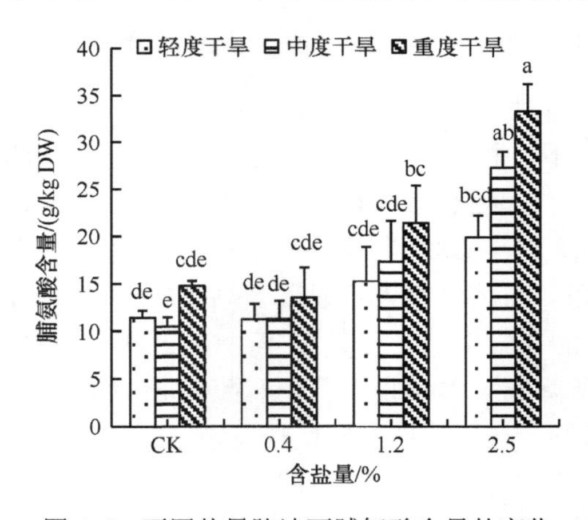

图 4-6　不同盐旱胁迫下脯氨酸含量的变化

显著差异（$P>0.05$），在 2.5%时显著高于 CK（$P<0.05$），为 CK 的 2.3 倍。同一处理盐浓度下，当处理盐浓度低于 2.5%时，各个干旱胁迫下脯氨酸含量差异均不显著（$P>0.05$），并在重度盐旱胁迫下达到最大值。由双因素方差分析可知，在盐旱交叉胁迫中，盐分和干旱均对柽柳幼苗叶片中脯氨酸含量有显著影响（$P<0.05$），而盐旱交叉胁迫对脯氨酸的积累影响不显著（$P>0.05$）。以上结果表明，轻度干旱下随着盐胁迫的增强柽柳叶片中脯氨酸的累积量小于中度和重度干旱胁迫处理，原因可能是轻度干旱能够提高柽柳的耐盐能力，而重度盐旱条件下柽柳受到的胁迫伤害较大。

4.3.7　盐旱胁迫下柽柳叶片离子平衡的变化

4.3.7.1　盐旱胁迫对柽柳叶片中无机阳离子含量的影响

（1）Na^+含量

图 4-7 显示，在各个盐胁迫下，柽柳叶片中 Na^+含量与 CK 相比显著升高（$P<0.05$）。在轻度干旱下，处理盐浓度为 0.4%、1.2%、2.5%时，Na^+含量比 CK 分别增加了 167.5%、216.1%、218.9%，而各个处理之间没有显著差异（$P>0.05$）；在中度干旱胁迫下，1.2%和 2.5%处理下的 Na^+含量相对于 CK 显著升高，分别增加了 166.1%和 177.3%，而在 0.4%下虽有所增加，但差异不显著（$P>0.05$）；重度干旱胁迫下，Na^+含量的变化趋势与轻度干旱胁迫相似，各处理下的含量均显著高于 CK，并在 2.5%时达到最大值，为 55.98g/kg。在同一盐分胁迫中，轻度、中度和重度干旱胁迫与 CK、1.2%、2.5%交叉胁迫下没有显著差异（$P>0.05$），在处理盐浓度为 0.4%时，中度干旱下的 Na^+含量低于轻度和重度，并与重度之间有显著差异（$P<0.05$）。由双因素方差分析，盐旱交叉胁迫对 Na^+含量的影响效果显著（$P<0.05$），但相对于干旱胁迫，盐分胁迫是影响 Na^+含量变化的主导因子。

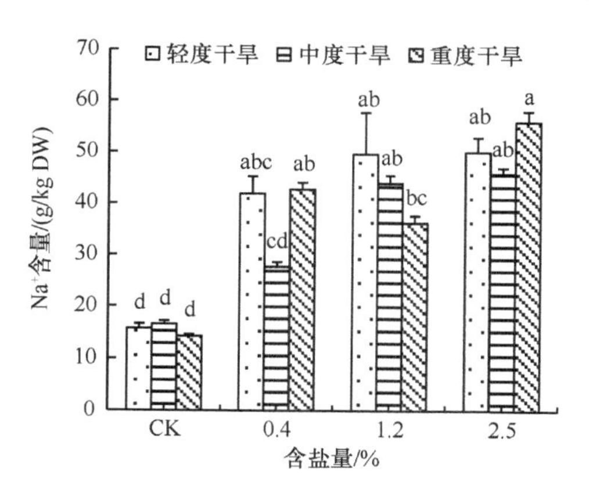

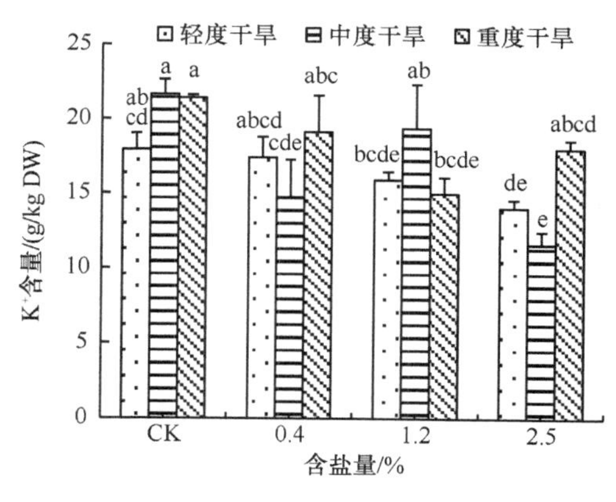

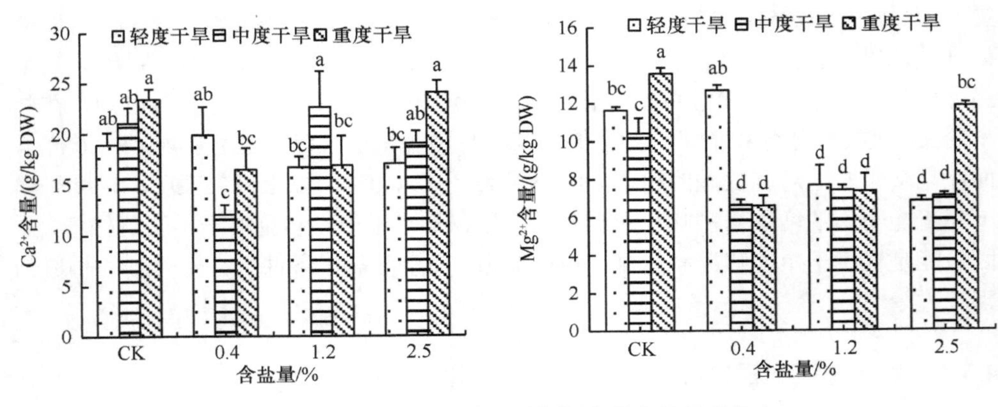

图 4-7 不同盐旱胁迫下无机阳离子含量的变化

（2）K^+含量

在轻度干旱胁迫下，随着处理盐浓度升高，叶片中 K^+含量不断降低，在 2.5%时与 CK 相比显著降低；在中度干旱胁迫下，K^+含量随盐处理浓度升高呈现先降低后升高再降低的趋势，但各个处理下均低于 CK，并在 2.5%时达到最低值，为 14.73g/kg，与 CK 的差异达到显著水平（$P<0.05$）；重度干旱胁迫下，随着盐胁迫增强 K^+含量先降低后升高，在处理盐浓度为 1.2%时，显著低于 CK。在同一水平盐胁迫下，轻度、中度和重度干旱胁迫下 K^+含量基本没有显著变化（$P>0.05$）。双因素方差分析表明，盐胁迫和盐旱交互胁迫对 K^+含量具有显著影响，来自干旱的影响不显著。

（3）Ca^{2+}含量

在轻度干旱胁迫下，Ca^{2+}含量随着盐胁迫的增强不断降低，但与 CK 相比没有显著差异（$P>0.05$）；在中度干旱胁迫下，随着盐胁迫的增强，Ca^{2+}含量先降低后升高再降低，在 0.4%时达到最小值，为 12.05g/kg，与 CK 相比差异显著；在重度干旱胁迫下，随着盐胁迫增强，Ca^{2+}含量先降低后升高，在盐浓度处理为 0.4%和 1.2%时，与 CK 相比分别降低了 29.6%和 27.9%，均达到显著水平。在同一盐胁迫下，随着干旱胁迫的增强变化趋势不同，但 Ca^{2+}含量的变化均达到显著水平。由双因素方差分析表明，干旱胁迫、盐胁迫和盐旱交叉胁迫对叶片中 Ca^{2+}含量都具有显著影响（$P<0.05$）。

（4）Mg^{2+}含量

在轻度干旱胁迫下，随着盐胁迫的增强，叶片中 Mg^{2+}含量先升高后显著降低，盐浓度处理为 1.2%和 2.5%时，比 CK 分别降低了 34.2%和 41.5%；在中度干旱胁迫下，各个盐处理下的 Mg^{2+}含量相对于 CK 均显著降低，随着盐胁迫增强，Mg^{2+}含量变化较小；在重度干旱胁迫下，随着盐胁迫增强，Mg^{2+}含量先显著降低后显著升高。通过双因素方差分析得出，盐旱交叉胁迫对 Mg^{2+}含量影响显著。

以上结果表明，在盐旱交叉胁迫条件下，随盐旱胁迫的增强，柽柳叶片主要以提高 Na^+含量来保持细胞内膨压，维持细胞渗透压的平衡，防止细胞脱水；而 K^+和 Mg^{2+}的含量在一定程度上有所降低且它们在细胞内的含量较低，对细胞液泡内离子的降低作用不显著；Ca^{2+}含量变化没有明显的规律性，只是在一定范围内波动。因此，在盐旱逆境条件下，通过提高无机阳离子含量来维持细胞正常的渗透压也是柽柳适应胁迫的主要对策。

4.3.7.2　盐旱胁迫对柽柳叶片中无机阴离子含量的影响

如图 4-8 所示，随盐旱胁迫的增强，各个盐分处理下柽柳叶片中 Cl^-的含量均显著高于 CK，但轻度和中度干旱胁迫下各盐分处理之间差异不显著（$P>0.05$）。在重度干旱胁迫下，叶片 Cl^-含量在含盐量为 1.2%时显著低于中度干旱胁迫，在 0.4%和 2.5%下各干旱胁迫处理间均无显著差异。柽柳叶片中 SO_4^{2-}含量变化规律较为复杂，在轻度干旱胁迫下，随处理盐浓度升高呈先显著升高后显著降低的趋势；在中度干旱胁迫下，变化规律为先降低后升高再降低的趋势，与 CK 相比差异均显著（$P<0.05$），并在 0.4%和 1.2%下分别达到最小值（64.18g/kg）和最大值（105.26g/kg），比 CK 分别降低 19.9%和升高 31.3%；在重度干旱胁迫下，SO_4^{2-}含量随盐胁迫增强先降低后升高。在同一处理盐浓度下，不同干旱处理对叶片 SO_4^{2-}含量影响没有明显的规律性，只是在一定幅度内振荡变化。

在各干旱胁迫下，叶片中 NO_3^-含量随盐胁迫增强均呈现先降低后升高的趋势（图 4-8）。在轻度干旱胁迫下，处理盐浓度为 1.2%和 2.5%时的 NO_3^-含量分别比 CK 显著增加 27.1%和 56.3%（$P<0.05$）；在中度干旱胁迫下，盐浓度为 2.5%时显著高于 CK，其余盐处理无显著差异；重度干旱胁迫下，NO_3^-含量只有在 2.5%时才高于 CK，但差异不显著（$P>0.05$），其他盐处理下均显著低于 CK（$P<0.05$）。在同一处理盐浓度下，NO_3^-含量随干旱胁迫增强变化趋势不同，在 0.4%盐胁迫下，3 种干旱胁迫下 NO_3^-含量几乎没有变化；在 1.2%和 2.5%盐胁迫下，随干旱胁迫的加剧，NO_3^-含量显著降低。

以上结果表明，随盐旱胁迫的增强，在柽柳叶片细胞渗透调节中，无机阴离子中以 Cl^-的显著升高为主要调节对策，而 SO_4^{2-}、NO_3^-变化规律不明显。

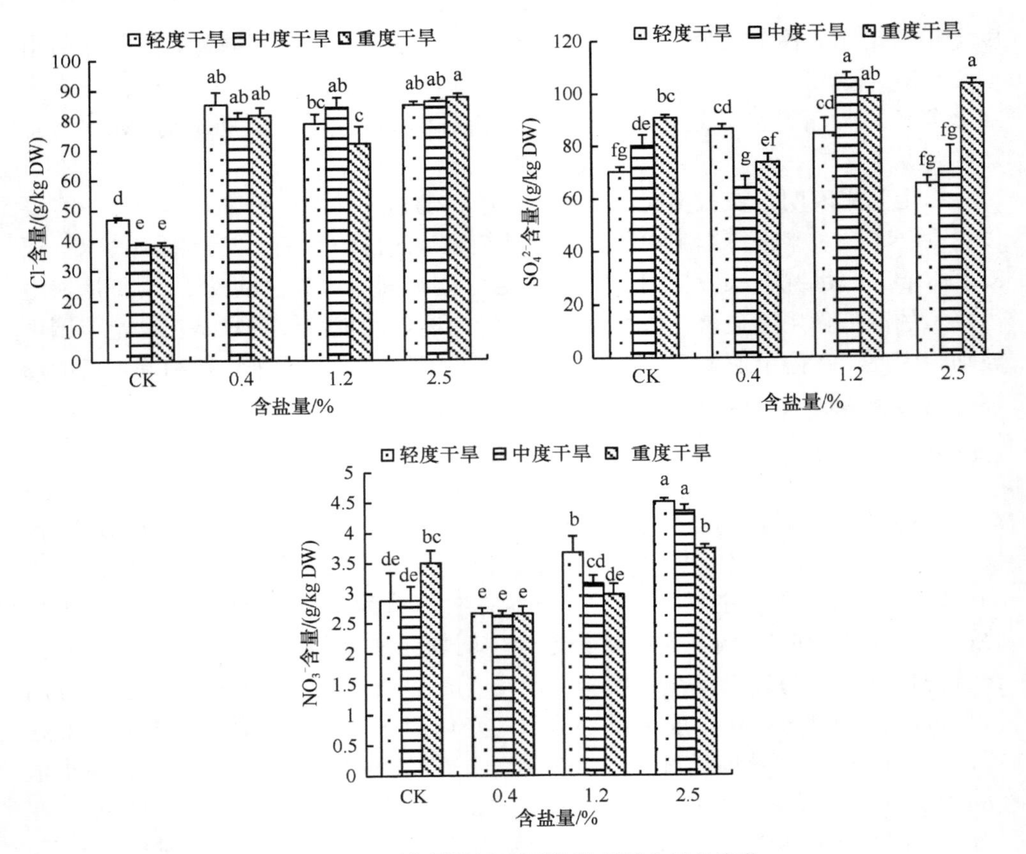

图 4-8　不同盐旱胁迫下无机阴离子含量的变化

4.3.8　盐旱交叉胁迫对柽柳生长及叶片生理生化指标的影响

盐胁迫会导致植物发育迟缓，抑制植物组织和器官的生长与分化，并随盐胁迫的加剧，叶、茎和根的鲜重会降低（杨少辉等，2006）。随着盐浓度升高，刚毛柽柳盐胁迫症状明显，成活率下降，高增长受到抑制（董兴红和岳国忠，2010）。文冠果幼苗通过调节生物量分配和改变形态以适应干旱胁迫，实现对现有生境资源的高效利用（谢志玉等，2010）。本研究表明，柽柳生长受干旱胁迫的影响不显著，表现出较强的耐旱性；而在盐胁迫下，柽柳生物量变化较为显著，且随着盐胁迫的加剧，柽柳通过降低株高、基径以及干物质的量来适应高盐环境，即柽柳通过调整生物量分配和自身形态来维持盐旱生境下的正常生长；同时茎、叶部分对盐旱胁迫的敏感性高于根系部分。这与董兴红和岳国忠（2010）报道的盐胁迫对刚毛柽柳地上部分的影响大于根系的结果相一致。

盐旱胁迫会破坏植物叶片内的叶绿体，抑制叶绿素的合成或者促进叶绿素的分解（王伟华等，2009；吕廷良等，2010）。相关研究表明，随着盐旱交叉胁迫程度的加剧，银沙槐幼苗叶绿素 a/b 显著上升（庄伟伟等，2010），而紫荆幼苗叶绿素含量大部分表现为下降趋势，叶绿素 a/b 仅在短期胁迫下上升（吕廷良等，2010）。本研究表明，盐旱交叉胁迫下，叶绿素 a、叶绿素 b、叶绿素总量和叶绿素 a/b 在 CK 中随干旱胁迫的增强先升高后降低，这可能与柽柳通过提高光合色素含量来缓解轻度干旱胁迫有关，但干旱胁迫加重时，柽柳的这种缓解能力有所下降，可能与活性氧对叶绿素氧化伤害有关，这与孙景宽等（2011）的研究结果相一致；盐胁迫下，柽柳光合色素含量受干旱胁迫加剧的影响减弱，这与适当盐胁迫利于缓解干旱胁迫有一定关系。随盐胁迫的加剧，光合色素先升高后降低，主导因子由干旱胁迫转为盐胁迫，并且重度盐胁迫易使柽柳细胞内产生大量活性氧，破坏叶绿素的合成，整体表现为随盐旱交叉胁迫的加剧，叶绿素合成受到一定程度的抑制。

SOD 和 POD 是植物体内主要的抗氧化酶，在清除超氧离子、抵御膜脂的过氧化、减轻质膜受损等方面起着重要作用（于振群等，2007；吕廷良等，2010；赵文勤等，2010；庄伟伟等，2010）。Dhinsa 等（1981）研究证明，胁迫条件下保护酶系统活性上升和下降与植物或品种的抗旱性强弱有关，在胁迫试验中，酶活性一般随胁迫增强而增加，或者呈先增加后降低的基本态势。于振群等（2007）研究发现，盐旱交叉胁迫下，皂角幼苗 SOD 和 POD 活性先上升后下降；在相同的处理下，随着处理时间的延长，SOD 和 POD 活性均下降。本研究表明，不同盐旱交叉胁迫下，柽柳叶片 SOD 和 POD 活性表现出不同的变化规律。在轻度干旱胁迫下，SOD 活性不断降低，POD 活性先降低后升高又降低，与低浓度盐胁迫对干旱胁迫起到缓解作用有关，从而使柽柳受到的胁迫伤害较小；重度盐胁迫下，酶保护系统受到破坏，酶活性受到抑制，导致活性进一步降低；中度干旱胁迫下，SOD 和 POD 活性随盐胁迫的增强先降低后升高，柽柳表现出交叉适应性，即适度盐胁迫能增强柽柳的抗旱性，这与庄伟伟等（2010）对银沙槐的研究结果一致。在重度干旱胁迫下，随着盐胁迫加强，SOD 和 POD 活性均降低，保护酶不足以清除体内的自由基，使得体内的自由基大量积累，引起膜脂过氧化作用，增加了膜系统的破坏程度（于振群等，2007；赵文勤等，2010）。

植物在逆境生理条件下，通过酶系统与非酶系统产生氧自由基，攻击生物膜中的多不饱和脂肪酸，引发脂质过氧化作用，并形成脂质过氧化物，MDA 常作为判断膜脂过氧化作用的一种主要指标，其含量多少代表膜损伤程度的大小（于振群等，2007；李妍，2009；庄伟伟等，2010）。相关研究发现，随着盐旱交叉胁迫的加剧，皂角（于振群等，2007）、银沙槐（庄伟伟等，2010）幼苗 MDA 含量、膜透性均呈上升趋势（于振群等，2007）。本研究表明，适度的盐旱交叉胁迫能减弱膜脂过氧化作用，MDA 含量相应较低，对膜系统的破坏较小；在重度干旱、轻中度盐分胁迫下，柽柳体内累积的自由基引发了膜脂的过氧化作用，对细胞膜伤害严重，这与庄伟伟等（2010）对银沙槐幼苗的研究结果相一致；但在重度盐旱胁迫下，MDA 含量下降显著，这可能与其盐旱交叉胁迫下某一主导因子的适应性调节有关，其内在机理尚需进一步分析探讨。

综上所述，柽柳生长状况及生理生化特性与盐旱交叉胁迫梯度关系密切，柽柳能通过调整自身生长、叶绿素含量和保护酶活性等来提高其逆境适应能力，从而有效防止膜脂过氧化对植株的伤害，表现出较强的抗旱耐盐性；盐旱胁迫下柽柳表现出一定的交叉适应性，适度的干旱胁迫能增强柽柳的耐盐能力。随着盐旱交叉胁迫梯度的变化，影响柽柳生理生化特性的主导因子表现出一定的差异性，其内在调节机理及适应机制，需在今后的研究中进一步结合光合生理特性、渗透调节物质及其植物体内离子含量等进行深入分析。

4.3.9 盐旱交叉胁迫对柽柳叶片渗透调节物质含量的影响

渗透调节物质在植物适应盐分和干旱逆境中发挥着重要作用，主要是植物通过生理代谢活动增加细胞溶质，降低细胞渗透势，维持膨压，使植物体内与膨压有关的生理活动正常进行（荣少英等，2011）。盐旱胁迫条件下，细胞内的可溶性糖、脯氨酸和无机离子的大量积累，可提高细胞液浓度，维持正常的细胞膨压，防止原生质过度失水，增强植物的抗逆适应性（刘建新等，2012）。

大量研究表明，可溶性糖是植物在逆境下一种重要的有机渗透调节物质，不仅对细胞膜和原生质体有稳定作用，同时还为蛋白质合成提供碳架和能量，也能间接转化为脯氨酸（史玉炜等，2007）。Sperdouli 和 Moustakas（2012）报道研究了在干旱胁迫下拟南芥脯氨酸、可溶性糖和花色素等在光合作用过程中的相互关系，表明随干旱胁迫增强脯氨酸、可溶性糖和花色素的含量显著增加，在干旱胁迫适应过程中起到了重要作用。本研究表明，在盐旱交叉胁迫下，柽柳幼苗叶片中可溶性糖的含量随着胁迫程度增强逐渐增加，在中度和重度盐胁迫下相对于 CK 显著增加，说明可溶性糖在渗透调节中起着重要的作用；在重度盐旱胁迫下，可溶性糖含量开始降低。这可能是因为可溶性糖的渗透调节作用具有一定的局限性，重度盐旱胁迫使柽柳的渗透调节能力降低或丧失，从而导致可溶性糖含量的下降，同时由于盐胁迫降低了叶绿体保护系统的作用，抑制光合速率，导致可溶性糖的合成量减少，这与李悦等（2011）在盐胁迫对翅碱蓬生长和渗透调节物质浓度影响研究中有关可溶性糖含量变化的结果相一致。

脯氨酸通常被认为是植物在盐胁迫下用于调节细胞质和液泡渗透势平衡的一种主要的渗透物质（Stewart and Lee，1974）；也有学者认为脯氨酸的累积是对盐胁迫受伤害程度的一种反应，但不是植物对渗透调节的响应（Zhang et al.，2012）。

本研究表明，脯氨酸随着盐旱胁迫的增强逐渐增加，但轻度和中度干旱胁迫下增加均不显著，累积量较低，只有在重度盐胁迫和中度、重度干旱交叉胁迫下显著升高。因此，脯氨酸对柽柳的渗透调节作用不大，可能在清除活性氧、保护细胞结构和功能方面发挥重要作用，这与王伟华等（2009）对于盐胁迫下多枝柽柳可溶性物质含量变化的研究结果相一致。

通过无机离子积累来调节细胞渗透势也是渗透调节的一种方式，主要是离子在液泡内主动积累来降低植物细胞渗透势，参与渗透调节（王霞等，1999）。Chen 等（2009）在沙棘盐碱胁迫研究中发现，Na^+在碱胁迫下积累量显著高于盐胁迫下累积量，而 K^+积累量在盐碱胁迫下均显著降低。王龙强等（2011）在对两种枸杞幼苗进行 NaCl 胁迫试验中得出，Na^+、Cl^-含量随 NaCl 浓度升高显著增加，K^+、Ca^{2+}、Mg^{2+}含量显著降低，枸杞通过离子区域化作用吸收大量的 Na^+、Cl^-并贮存在叶片液泡组织中，以提高细胞渗透压、降低细胞内水势，增强自身的耐盐能力。本研究表明，在盐旱交叉胁迫下，Na^+、Cl^-含量随盐胁迫的增强均显著高于 CK，而随干旱胁迫的增强没有明显变化规律，而同期 K^+、Ca^{2+}、Mg^{2+}、SO_4^{2-}等含量降低或在一定幅度内振荡，其中 Mg^{2+}含量降低显著，K^+、Ca^{2+}、SO_4^{2-}含量在轻度和重度干旱胁迫下随盐胁迫增强不断降低。这表明 Na^+、Cl^-大量积累有助于柽柳的渗透调节，但是随着胁迫加剧，离子平衡被打破，会产生离子毒害，不利于柽柳的正常生长。而中度干旱胁迫下，Na^+、K^+含量在轻度和重度盐胁迫下低于轻度和重度干旱胁迫下的含量，即中度干旱胁迫下柽柳幼苗受到盐胁迫的影响相对于轻度和重度干旱胁迫较小，Na^+、K^+积累较低，表现出一定的交叉适应性。

综上所述，通过对柽柳叶片中可溶性糖、脯氨酸以及无机离子含量等生理指标的综合分析可知，叶片中可溶性糖、脯氨酸、Na^+以及 Cl^-含量均随着盐旱胁迫增强而升高，其中 Na^+、K^+含量在中度干旱胁迫下积累量较小，盐旱胁迫之间关系紧密。柽柳对盐旱胁迫表现出一定的交叉适应性，这对于评价柽柳的抗逆性及其繁殖技术具有一定的理论和实践意义，但脯氨酸作为一种渗透物质对胁迫伤害的反应产物还有待进一步研究论证。

4.3.10　小结

盐胁迫对 3 年生柽柳苗木生长的影响大于干旱胁迫，茎、叶对盐旱胁迫的敏感性高于根系部分；随着盐胁迫的加剧，柽柳株高、基径以及干物质的量均降低。随盐旱胁迫的加剧，柽柳幼苗叶片光合色素含量先升高后降低，主导因子由干旱转为盐胁迫；重度盐胁迫下，叶绿素 a、叶绿素 b 下降明显。中度干旱胁迫下，SOD 和 POD 活性随盐胁迫的增强先降低后升高；随盐旱胁迫的加剧，SOD 和 POD 活性逐渐减弱。适度的盐旱胁迫能降低 MDA 含量，但重度干旱、轻中度盐分胁迫下 MDA 含量较高。

随盐旱胁迫的不断加剧，柽柳幼苗叶片中可溶性糖含量呈先升高后降低的趋势，中度和重度盐旱胁迫下均显著高于对照（CK）（P<0.05）。幼苗叶片中脯氨酸含量在不同盐旱胁迫下均呈逐渐上升趋势，但在重度盐分和中度、重度干旱交叉胁迫下显著高于 CK（P<0.05）。幼苗叶片中 Na^+、Cl^-含量在不同干旱胁迫下，随盐胁迫的加剧呈不同的变化规律，盐旱胁迫的各个处理水平下均显著高于 CK（P<0.05），而 K^+、Ca^{2+}、SO_4^{2-}含量在轻度和重度干旱胁迫下随盐胁迫增强不断降低。在中度盐旱胁迫下，K^+、Ca^{2+}含量与 CK 无明显差异。柽柳能通过调整自身生长和生理生化特性来提高其逆境适应能力，表现出较强的抗旱耐盐性；柽柳幼苗中渗透调节物质在其抗旱耐盐性上起到了积极的调节作用；柽柳幼苗在盐旱胁迫下表现出一定的交叉适应性，适度的干旱胁迫能增强柽柳幼苗对盐分胁迫的耐受能力。

主要参考文献

陈吉虎, 余新晓, 有祥亮, 等. 2006. 不同水分条件下银叶椴根系的分形特征. 中国水土保持科学, 4(2): 71-74.
陈敏, 陈亚宁, 李卫红. 2008. 塔里木河中游地区柽柳对地下水埋深的生理响应. 西北植物学报, (7): 1415-1421.
陈阳, 王贺, 张福锁, 等. 2010. 新疆荒漠盐碱生境柽柳盐分分泌特点及其影响因子. 生态学报, 30(2): 511-518.
董兴红, 岳国忠. 2010. 盐胁迫对刚毛柽柳生长的影响. 华北农学报, 25(增刊): 154-155.
杜中军, 翟衡, 罗新书, 等. 2002. 苹果砧木耐盐性鉴定及其指标判定. 果树学报, 19(1): 4-7.
谷凌云, 和亚君, 李世友, 等. 2011. 川滇桤木幼树个体间生物量与热值的比较. 山东农业大学学报(自然科学版), 42(1): 17-22.
郭望模, 傅亚萍, 孙宗修, 等. 2003. 盐胁迫下不同水稻种质形态指标与耐盐性的相关分析. 植物遗传资源学报, 4(3): 245-251.
韩希忠, 赵保江. 2002. 黄河三角洲耐盐园林树种的选择. 中国林业, 10(A): 40.
韩志平, 郭世荣, 尤秀娜, 等. 2010. 盐胁迫对西瓜幼苗活性氧代谢和渗透调节物质含量的影响. 西北植物学报, 30(11): 2210-2218.
洪伟, 吴承祯. 1999. 马尾松人工林经营模式及其应用. 北京: 中国林业出版社.
嵇晓雷, 杨平. 2011. 关于植物根系形态分布研究进展与新方法探讨. 森林工程, 27(4): 54-56.
孔艳菊. 2007. 皂角、君迁子和紫荆苗木对盐旱交叉胁迫反应的研究. 泰安: 山东农业大学硕士学位论文.
李博, 田晓莉, 王刚卫, 等. 2008. 苗期水分胁迫对玉米根系生长杂种优势的影响. 作物学报, 34(4): 662-668.
李国雷. 2004. 盐分胁迫下 13 个树种反应特性的研究. 泰安: 山东农业大学硕士学位论文.
李合生, 孙群, 赵世杰, 等. 2000. 植物生理生化实验原理和技术. 北京: 高等教育出版社.
李纪元, 高传壁, 郑芳楫, 等. 1993. 不同育苗容器对黑荆树幼苗生长的影响. 林业科学研究, 6(1): 100-104.

李鹏, 李占斌, 赵忠, 等. 2002. 渭北黄土高原不同立地上刺槐根系分布特征研究. 水土保持通报, 22(5): 15-19.
李秀芬, 朱金兆, 刘德玺, 等. 2013. 黄河三角洲地区 14 个树种抗盐性对比分析. 上海农业学报, 29(5): 28-31.
李妍. 2009. 盐和 PEG 胁迫对丝瓜幼苗抗氧化酶活性及丙二醛含量的影响. 干旱地区农业研究, 27(2): 159-162, 178.
李悦, 陈忠林, 王杰, 等. 2011. 盐胁迫对翅碱蓬生长和渗透调节物质浓度的影响. 生态学杂志, 30(1): 72-76.
廖成章, 余翔华. 2001. 分形理论在植物根系结构研究中的应用. 江西农业大学学报, 23(2): 192-196.
刘建新, 王金成, 王瑞娟, 等. 2012. 旱盐交叉胁迫对燕麦幼苗生长和渗透调节物质的影响. 水土保持学报, 26(3): 244-248.
刘丽娜, 徐程扬, 段永宏, 等. 2008. 北京市 3 种针叶绿化树种根系结构分析. 北京林业大学学报, 30(1): 34-39.
刘艳, 陈贵林, 蔡贵芳, 等. 2011. 干旱胁迫对甘草幼苗生长和渗透调节物质含量的影响. 西北植物学报, 31(11): 2259-2264.
卢焕达, 周丽娟. 2006. 基于图像处理方法的根系分形维数估计. 农机化研究, (12): 80-82.
鲁少波, 刘秀萍, 鲁绍伟, 等. 2006. 林木根系形态分布及其影响因素. 林业调查规划, 31(3): 105-108.
吕廷良, 孙明高, 宋尚文, 等. 2010. 盐、旱及其交叉胁迫对紫荆幼苗净光合速率及其叶绿素含量的影响. 山东农业大学学报(自然科学版), 41(2): 191-195, 204.
罗广华, 王爱国. 1999. 现代植物生理学实验指南. 北京: 科学出版社: 314-315.
马建平. 2008. 中国柽柳育苗及应用技术研究. 杨凌: 西北农林科技大学硕士学位论文.
毛爱军, 王永健, 冯兰香, 等. 2003. 疫病病菌侵染后辣椒幼苗体内保护酶活性的变化. 华北农学报, 18(2): 66-69.
荣少英, 郭蜀光, 张彤. 2011. 干旱胁迫对甜高粱幼苗渗透调节物质的影响. 河南农业科学, 40(4): 56-59.
史玉炜, 王燕凌, 李文兵, 等. 2007. 水分胁迫对刚毛柽柳可溶性蛋白、可溶性糖和脯氨酸含量变化的影响. 新疆农业大学学报, (2): 5-8.
宋玉民, 张建锋, 邢尚军, 等. 2003. 黄河三角洲重盐碱地植被特征与植被恢复技术. 东北林业大学学报, 31(6): 87-89.
孙景宽, 李田, 夏江宝, 等. 2011. 干旱胁迫对沙枣幼苗根茎叶生长及光合色素的影响. 水土保持通报, 31(1): 68-71.
汪贵斌, 曹福亮, 王麒. 2004. 土壤盐分含量对落羽杉营养吸收的影响. 福建林学院学报, (1): 58-62.
王宝山, 赵可夫. 1995. 小麦叶片中 Na、K 提取方法的比较. 植物生理学通讯, (1): 50-52.
王海珍, 梁宗锁, 郝文芳, 等. 2005. 白刺花(*Sophora viciifolia*)适应土壤干旱的生理学机制. 干旱地区农业研究, (1): 106-110.
王龙强, 米永伟, 蔺海明. 2011. 盐胁迫对枸杞属两种植物幼苗离子吸收和分配的影响. 草业学报, 20(4): 129-136.
王世绩.1995. 杨树研究进展. 北京: 中国林业出版社.

王伟华, 张希明, 闫海龙, 等. 2009. 盐处理对多枝柽柳光合作用和渗调物质的影响. 干旱区研究, 26(4): 561-568.
王霞, 侯平, 尹林克, 等. 1999. 水分胁迫对柽柳植物可溶性物质的影响. 干旱区研究, (2): 6-11.
王玉祥, 刘静, 乔来秋, 等. 2004. 41 个引种树种的耐盐性评定与选择. 西北林学院学报, 19(4): 55-58.
王月海, 许景伟, 韩友吉, 等. 2014. 黄河三角洲五个耐盐树种苗木根系形态结构特征. 水土保持研究, 21(1): 261-266.
王梓, 马履一, 贾忠奎, 等. 2011. 1 年生欧美 107 杨地上生物量水肥耦合效应. 东北林业大学学报, 39(3): 49-51.
翁森红, 李维炯, 刘玉新, 等. 2005. 关于植物的耐盐性和抗盐性的研究. 内蒙古科技与经济, (10): 15-17.
谢志玉, 张文辉, 刘新成. 2010. 干旱胁迫对文冠果幼苗生长和生理生化特征的影响. 西北植物学报, 30(5): 948-954.
邢尚军, 郗金标, 张建锋, 等. 2003. 黄河三角洲常见树种耐盐能力及其配套造林技术. 东北林业大学学报, 31(6): 94-95.
薛苹苹, 曹春辉, 何兴东, 等. 2009. 盐碱地绒毛白蜡与柽柳展叶期生理生化特性比较. 南开大学学报(自然科学版), 42(4): 18-23.
严成, 侯平, 尹林克, 等. 1998. 干旱沙漠区侧柏苗木生物量的研究. 干旱区研究, 15(2): 22-26.
严小龙, 廖红, 年海. 2007. 根系生物学原理与应用. 北京: 科学出版社.
杨鸣. 2005. 莱州湾南岸海岸带环境退化及治理对策研究. 青岛: 中国海洋大学博士学位论文.
杨少辉, 季静, 王罡. 2006. 盐胁迫对植物的影响及植物的抗盐机理. 世界科技研究与发展, (4): 70-76.
杨升. 2010. 滨海耐盐树种筛选及评价标准研究. 北京: 北京林业大学硕士学位论文.
杨升, 张华新, 刘涛. 2012. 16 个树种盐胁迫下的生长表现和生理特性. 浙江农林大学学报, 29(5): 744-754.
于振群, 孙明高, 魏海霞, 等. 2007. 盐旱交叉胁迫对皂角幼苗保护酶活性的影响. 中南林业科技大学学报, (3): 29-32, 48.
张国彬, 廉培勇. 2011. 4 个品种杨树苗期生物量变化研究. 内蒙古农业大学学报, 32(1): 152-156.
张玲菊, 黄胜利, 周纪明, 等. 2008. 常见绿化造林树种盐胁迫下形态变化及耐盐树种筛选. 江西农业大学学报, 30(5): 833-838.
张慎鹏, 孙明高, 张鹏, 等. 2008. 盐旱交叉胁迫对君迁子渗透调节物质含量的影响. 西北林学院学报, (5): 18-21.
张笑颜, 朱立新, 贾克功. 2008. 5 种核果类果树的耐盐性与抗盐性分析. 北京农学院学报, 23(2): 19-23.
张绪良. 2006. 莱州湾南岸滨海湿地的退化及其生态恢复、重建研究. 青岛: 中国海洋大学博士学位论文.
赵克夫, 范海. 2005. 盐生植物及其对盐渍生境的适应生理. 北京: 科学出版社.
赵文勤, 庄丽, 远方, 等. 2010. 新疆准噶尔盆地南缘不同生境下的梭梭和柽柳生理生态特性. 石河子大学学报(自然科学版), 28(3): 285-289.
郑瑞杰, 王德永, 刘元, 等. 2012. 栗树苗期生物量的研究. 防护林科技, 4(109): 39-40.
中国科学院上海植物生理研究所, 上海植物生理学会. 1999. 现代植物生理学实验指南. 北京:

科学出版社.
庄伟伟, 李进, 曹满航, 等. 2010a. NaCl与干旱胁迫对银沙槐幼苗渗透调节物质含量的影响. 西北植物学报, 30(10): 2010-2015.
庄伟伟, 李进, 曹满航, 等. 2010b. 盐旱交叉胁迫对银沙槐幼苗生理生化特性的影响. 武汉植物学研究, 28(6): 730-736.
邹琦. 1995. 植物生理生化实验指导. 北京: 中国农业出版社.
Anderson G L, Carruthers R I. 2005. Monitoring of invasive *Tamarix* distribution and effects of biological control with airborne hyperspectral remote sensing. International Journal of Remote Sensing, 26(12): 2487-2489.
Chakraborty K, Raj K S, Bhattacharya R C. 2012. Differential expression of salt overly sensitive pathway genes determines salinity stress tolerance in *Brassica* genotypes. Plant Physiology and Biochemistry, 51: 90-101.
Chen W C, Cui P J, Sun H Y, et al. 2009. Comparative effects of salt and alkali stress on organic acid accumulation and ionic balance of seabuckthorn (*Hippophae rhamnoides* L.). Industrial Crops and Products, 30: 351-358.
Christiner W, Drewm T, Jeffreya C, et al. 2007. Invasion of tamarisk (*Tamarix* spp.) in a southern California salt marsh. Biological Invasions, 9(7): 875-879.
Dhinsa R S, Dhindsa P P, Thorpe T A. 1981. Leaf senescence: correlated with increased levels of membrane permeability and lipid peroxidation and decreased levels of superoxide dismutase and catalase. Journal of Experimental Botany, 32: 93-101.
Hagit A Z, Pablo A S, Dudy B Z. 1995. Tomato *Asr1* mRNA and protein are transiently expressed following salt stress, osmotic stress and treatment with abscisic acid. Plant Science, 110(2): 205-213.
He Y, Liao H, Yan X L. 2003. Localized supply of phosphorus induces root morphological and architectural changes of rice in split and stratified soil cultures. Plant and Soil, 248: 247-256.
Hsiao T C. 1973. Physiological effects of plant in response to water stress. Plant Physiology, 24: 519-570.
Levitt J. 1980. Responses of Plants to Environmental Stress (2nd ed). New York: Academic Press: 365-434.
Munns R. 2002. Comparative physiology of salt and water stress. Plant Cell Environment, 25: 239-250.
Pérez-Pérez J G, Robles J M, Tovar J C, et al. 2009. Response to drought and salt stress of lemon ‘Fino 49’ under field conditions: water relations, osmotic adjustment and gas exchange. Scientia Horticulturae, 122: 83-90.
Pregitzer K S, DeForest J L, Burton A J, et al. 2002. Fine root architecture of nine North American trees. Ecological Monographs, 72(2): 293-309.
Sergio L, De Paola A, Cantore V, et al. 2012. Effect of salt stress on growth parameters, enzymatic antioxidant system, and lipid peroxidation in wild chicory (*Cichorium intybus* L.). Acta Physiologiae Plantarum, 34: 2349-2358.
Sperdouli I, Moustakas M. 2012. Interaction of proline, sugars, and anthocyanins during photosynthetic acclimation of *Arabidopsis thaliana* to drought stress. Journal of Plant Physiology, 169(6): 577-585.
Stewart G R, Lee J A. 1974. The role of proline accumulation in halophytes. Planta, 120: 279-289.
Zhang B, Li P F, Fan F C H. 2012. Ionic relations and praline accumulation in shoots of two Chinese Iris germplasms during NaCl stress and subsequent relief. Plant Growth Regulation, 68: 49-56.

第 5 章　黄河三角洲盐碱地防护林林分配置模式及其效应评价

5.1　滨海盐碱地不同防护林配置的土壤酶活性

5.1.1　土壤酶活性研究概况

5.1.1.1　土壤酶的作用

土壤酶是高分子有机物催化分解的一类具有蛋白质性质的生物催化剂，主要指土壤中的聚积酶，包括游离酶、胞内酶和胞外酶（Burns，1978；关松荫，1986）。土壤酶绝大多数为吸附态，极少数为游离态，主要以物理和化学的结合形式吸附在土壤有机质和矿质颗粒上，或与腐殖物质络合共存（周礼恺，1980）。

土壤酶是土壤生物化学过程的积极参与者，参与土壤中各种有机物质的分解、合成与转化以及无机物质的氧化与还原等过程，其活性与土壤物理特征（水分、温度、空气、团聚体）、有机质、pH、土壤微生物及土壤类型等关系密切，在森林生态系统中的物质循环和能量流动过程中扮演着重要的角色，是土壤生物活性较为稳定和灵敏的一个指标，在一定程度上反映了土壤养分转化的动态情况，可以作为土壤质量的生物活性指标。如今土壤酶作为土壤质量的检测指标已经在世界上达成共识，土壤酶活性似乎成了所有陆地生态系统研究中必不可少的测定指标（张刘东等，2011）。

5.1.1.2　土壤酶的来源

土壤酶是土壤的组成成分之一，研究土壤酶的来源对揭示土壤酶的功能及生态系统物质循环的机制具有极其重要的作用（孟立君和吴凤芝，2004）。关于土壤酶的来源问题，前人做了大量的研究。在早期的研究中，人们认为土壤酶来自土壤微生物。随着研究的深入开展，研究结果显示，土壤酶主要来源于土壤微生物的活动、植物根系分泌物和动植物残体腐解过程（杨万勤和王开运，2004；张焱华等，2007）。另外，土壤动物对土壤酶的来源也有一定的贡献。土壤酶的来源概括起来主要有以下 4 种方式。

（1）微生物释放

许多微生物能产生胞外酶，微生物释放酶的大体过程是：细胞死亡，细胞破裂，原生质成分进入土壤，酶类必然释放进入土壤。微生物分泌酶是通过纯培养证明的。淀粉酶主要来自土壤中的细菌，根-真菌系统有较高的磷酸酶活性。至于微生物分泌酶类的强度，有时与环境条件、营养因子有关。微生物种群不同，释放的酶种类也不一样。

（2）植物根系分泌

植物根系也可以分泌一些酶。植物根系生理活动是根际范围内的土壤酶活性明显高于根际范围外酶活性的主要原因。孟立君和吴凤芝（2004）在玉米和番茄根分泌物中发现磷酸酶，在根中发现土壤核酸酶。

（3）植物残体分泌释放

半分解和分解中的落叶、腐朽的枝条等都不断地向土壤释放各种酶类（陈立新，2004）。翻压的绿肥和还田的各类作物秸秆是土壤酶的良好基质，它们在腐解过程中也向土壤释放大量酶类。

（4）土壤动物分泌释放

土壤是为数极多的动物（由原生动物到哺乳动物）居住的环境。土壤动物可以提供较少量的土壤酶。土壤动物尤其是蚯蚓在土壤熟化有机质的转化过程中起到重要的作用。许多研究结果推断，蚯蚓可以向土壤中释放蔗糖酶、酸性磷酸酶和碱性磷酸酶等。

5.1.1.3　土壤酶的研究进展

（1）土壤酶研究的发展史

自从土壤中检测出过氧化氢酶活性以来，土壤酶研究经历了一个较长的奠定和发展时期。1950 年以前为土壤酶学的奠定时期，许多研究人员从各种土壤中共发现了近 50 种土壤酶的活性（关松荫，1986），土壤酶活性的研究方法和有关理论得到较大的发展，土壤酶研究成为一门新兴学科。20 世纪 50～80 年代中期，土壤酶学的研究进入迅速发展的时期。土壤酶的检测技术和方法随着生物化学和生物学研究的快速发展而不断改进，许多新的土壤酶被发现，到该时期的后期，被检测出来的土壤酶大约有 60 种（周礼恺，1989），同时土壤酶学的理论和体系也逐渐完善。该时期的研究主要集中在土壤酶的来源和性质、土壤酶活性与土壤理化性质的关系以及土壤酶活性检测手段的改进等方面。土壤学家已经开始将土壤酶活性作为评价土壤肥力的指标进行研究。20 世纪 80 年代中期以后是土壤酶学与许多相关学科相互渗透的时期，土壤酶学的研究已经不再局限于土壤学的研究领域，土壤酶活性已经成为几乎所有陆地生态系统研究中必不可少的测定指标（张刘东等，2011）。该时期土壤酶研究的主攻方向为土壤酶活性对环境变化的响应、根际土壤中土壤酶活性的重要作用以及土壤酶活性作为评价土壤质量指标的研究等。

我国关于土壤酶的研究始于20世纪60年代初，于80年代后，土壤酶活性的研究得到进一步发展，研究内容不仅涉及土壤酶与土壤微生物的关系，而且研究了土壤酶活性与其他肥力因子的关系等（张猛和张建，2003），但是由于我国土壤酶的研究时间较短，以及我国土壤类型的多样性，土壤酶活性的研究还有较大的空间。

（2）土壤酶活性的研究进展

1）土壤酶活性的空间变化

通常森林土壤酶活性随土层深度的增加，表现出一定的规律性，但是不同的土壤酶以及不同的研究地点规律性并不统一。王成秋等（1999）研究了紫色土柑橘园土壤酶活性分布情况，发现随着土层深度的增加，土壤转化酶和脲酶活性显著降低。李传荣等（2006）研究发现过氧化氢酶的活性随土层的增加变化不大。赵林森和王九龄（1995）发现过氧化氢酶活性表现出随土层加深而升高，多酚氧化酶活性随土层加深规律性表现不明显。

2）土壤酶活性的季节变化

土壤酶活性的季节变化主要受环境条件和林木生长等的综合影响。张银龙和林鹏（1999）研究结果表明，水解酶类活性以冬季最低，春季上升，夏季和秋季较高。曹帮华和吴丽云（2008）研究发现土壤酶活性以林木旺盛生长的夏秋季最高，春季次之，冬季最低，与关松荫（1986）等的研究结果一致。

3）不同林分下土壤酶的活性变化

土壤酶催化土壤中的一切生物化学反应，对土壤肥力有重要影响。不同林分下土壤酶的活性不同，其中常绿阔叶林＞针阔混交林，混交林＞针叶纯林，但是不同的土壤酶，其活性在不同林分间的变化不同。例如，过氧化氢酶活性表现为混交林＞纯林，而纤维素分解酶活性却表现为针叶纯林＞针阔混交林，而不同林分土壤磷酸酶活性差异较小（杜伟文和欧阳中万，2005）。

4）土壤酶活性的指示作用

20世纪50年代，Hofmam等率先提出将蔗糖酶活性作为评价土壤肥力状况的指标。随着土壤酶活性与土壤理化性质、土壤生物数量和生物多样性间的相关性等得到证实，土壤酶活性作为土壤质量的生物活性指标已被广泛接受。例如，美国国家环境保护局的“生态系统功能指标土壤酶的稳定性”（Soil Enzyme Stability as an Ecosystem Indicator）项目（1998～2000 年）研究表明土壤酶活性可以作为评价土壤质量和生态系统功能的指标，并建立了土壤酶活性与其他土壤理化性质的概念模型。土壤中氮的转化与蛋白酶、脲酶活性相关，蔗糖酶的活性可以反映土壤中碳元素的转化和呼吸强度，过氧化氢酶与土壤有机质的转化速度有密切的关系。据此认为，酶学方法也可用于评价土壤中其他微量元素的有效性。利用土壤酶对 pH 的敏感性，可以评估土壤的 pH。

土壤质量监测是可持续森林经营和管理的基础。但迄今为止，有关森林土壤质量指标的研究仍然集中于土壤理化性质和土壤生物方面，而对于土壤酶活性作为土壤质量指标的研究很少，严重滞后于农业土壤中有关土壤酶作为土壤质量的生物活性指标的研究，远不能满足当代森林土壤质量及森林经营和管理实践的需要（杨万勤和王开运，2004）。

5.1.1.4　土壤酶活性的影响因子

土壤酶参与土壤中各种生物化学反应，在森林生态系统中的物质循环和能量流动过程中扮演着重要的角色。土壤酶活性反映了土壤中各种生物化学过程的强度和方向（周礼恺等，1981），其活性是土壤肥力评价的重要指标之一，同时也是土壤自净能力（关松荫，1986）评价的一个重要指标。土壤酶的活性与土壤理化特性、肥力状况和土壤微生物数量等有着显著的相关性。土壤酶活性的影响因子主要有以下几种。

（1）植物

植物对土壤酶活性的影响，主要是通过根系分泌物和根系分泌物作用于根际微生物区系引起的。由于根系分泌物和根际微生物积极活动的关系，根际的土壤酶促过程要比根际外强得多（李宝福等，1999）。巨尾桉和油茶林地根际土壤脲酶和过氧化氢酶活性高于非根际土壤，差异达显著或极显著水平（周国英等，2001）。刘世亮等（2007）发现黑麦草根系提高了水稻土多酚氧化酶和脱氢酶活性，从而增加了植物对苯的降解率。根际土壤在根-土界面生态系统中起着重要的作用，所以根际土壤酶的研究对于探讨植物对土壤生态系统过程的影响具有重要意义。

植物群落能影响土壤中的酶含量及其生物活性。靳素英等（1996）认为不同防护林类型的蛋白酶活性以稻田土壤最高，甜菜土壤过氧化氢酶活性高于小麦土壤。何斌等（2002）发现红海榄群落土壤蔗糖酶、蛋白酶、脲酶、酸性磷酸酶活性均高于木榄群落。

土壤酶活性还与植物生长过程及产量密切相关。在作物生长最旺盛的时期，土壤酶的变化也最活跃。此外，土壤酶活性与植物生长的季节性有一定的相关性，且土壤酶活性变化也具有明显的层次性。张银龙和林鹏（1999）研究结果表明，水解酶类活性从冬季的最低点开始呈现一个逐渐升高的趋势，夏季和秋季达到最高，而在层次上的变化遵循随土壤深度的增加酶活性降低的规律。

（2）土壤水文特性

土壤中的酶经常处于活跃状态。同时土壤酶绝大多数为吸附态，极少数为游离态，主要以物理和化学的结合形式吸附在土壤有机质和矿质颗粒上，或与腐殖物质结合共存（周礼恺，1980）。

土壤水分、空气对土壤酶活性有显著的影响。一方面，因其可以影响土壤微生物的活性和类型，必然对土壤酶的活性产生巨大的间接影响。另一方面，不同的水分条件和空气组成会直接影响土壤酶的存在状态与活性强弱。降水、融雪及灌溉使土壤含水量增加，直接影响酶促作用及土壤生物化学反应强度。一般情况下，土壤湿度越大，酶活性越高。但是土壤湿度过大时，酶活性减弱；土壤含水量减少，酶活性也减弱。

土壤物理性状不良，土壤孔隙较少，土壤空气流动受阻，有机质的积累大于分解，土壤酶活性低。同时土壤中 CO_2 和 O_2 的浓度及两者之间的平衡关系，既影响土壤中微生物的生存又对土壤中根系的呼吸产生影响。

因此，土壤酶活性与土壤的物理结构如土壤容重、土壤孔隙度及土壤持水量和蓄水量等指标间具有一定的相关性。

（3）土壤养分

土壤养分含量对土壤酶活性的影响主要通过以下 3 种方式：①土壤养分含量通过影响土壤微生物和植物根系的活动而间接影响土壤酶的产生；②土壤有机质的含量、组成以及与矿物质的结合方式等决定着土壤酶的稳定性；③土壤酶活性受到某些化学物质的激活或抑制作用。

土壤中氮、磷、钾等营养元素的形态和含量都与土壤酶活性变化有关（Dick，1984）。杉木幼林土壤有机质与转化酶呈现极显著正相关；全磷与脲酶和磷酸酶等呈显著正相关。pH 和含盐量是盐碱地土壤的两个重要的研究指标。因为其通过影响植物的生长、土壤中动物和微生物的数量及其活动，进而影响土壤酶的产生，同时由于其对土壤中元素存在状态的影响，还可以影响土壤酶的活性。据俞新妥和张其水（1989）试验，杉木林地 pH 与转化酶、过氧化氢酶、中性磷酸酶等呈正相关；但海岸防护林地脲酶与 pH 呈正相关，蛋白酶与 pH 呈负相关。可见，林分不同，相关性也有差异。

（4）土壤微生物

在森林生态系统中，土壤微生物是生态系统的重要成员。它参与森林生态系统的物质和能量循环，是土壤中最活跃的部分，对林木营养有着重要意义。土壤微生物及林木根系等能够释放各种酶类进入土壤，土壤酶类和微生物一起推动着土壤的代谢过程。微生物是土壤酶的重要来源，也是控制土壤酶分解转化的主体，对土壤酶的种类、数量、空间分布和动态起着决定作用。土壤酶活性与土壤微生物数量和微生物的种类呈显著或极显著的正相关关系（张刘东，2012）。

5.1.2　盐碱地土壤改良研究进展

5.1.2.1　盐碱地分类及分布

盐碱土、盐渍土或盐碱地是人们对盐化土壤、碱化土壤、盐土和碱土的一个总称。盐土和碱土是两个不同的土类，在发生演变上有着一定的亲缘关系，在发育阶段上又有本质的区别。土壤含盐量小于 0.3%属于轻度盐渍土，0.4%左右属于中度盐渍土，0.6%以上属于重度盐渍土。现在通常用土壤溶液电导率和可交换性钠吸收比率作为划分土壤盐碱化程度的标准（李志杰，2010）。

盐碱地在全球分布广泛，全世界共有约 9.55 亿 hm^2，分布在各大洲干旱区，主要集中在欧亚大陆、非洲、美洲西部。我国盐碱土面积约为 9913 万 hm^2，其中现代盐碱土面积为 3693 万 hm^2，残余盐碱土约为 4487 万 hm^2，主要分布在东北、华北、西北内陆地区及长江以北沿海地带（俞仁培和陈德明，1999）。

5.1.2.2　盐碱地土壤改良的研究概况

盐碱土资源是一种很重要的土地资源，随着人口增加与土地减少、资源短缺与生态恶化的矛盾日益尖锐化，人们越来越重视开发利用盐碱地来缓解危机，使人类的食物供应来源更为广阔。由于盐分多，碱性大，土壤腐殖质遭到淋失，土壤结构受到破坏，表现为湿时黏，干时硬，通气、透水不良，严重的会造成植物萎蔫、中毒和烂根死亡，影响农作物的产量（路浩和王海泽，2004）。所以，必须对盐碱地进行土壤改良。盐碱土改良利用不但可以增加产量，缓解粮食危机，而且可改善生态环境，提高人们的生活质量。

对于盐渍土发生演变，主要有地下水临界水位和水化学观点、生物地球化学观点和季风气候与地学观点等，这些观点阐明了土壤盐分的来源和运动规律，也为改良利用盐碱土奠定了基础。盐碱地改良经历半个多世纪的探索，主要归结为三大类的改良措施：物理措施（田间水利工程措施，如暗管排盐、加隔离材料）、化学措施（如加入土壤改良剂）和生物措施。虽然田间水利工程措施在降低地下水水位、防治土壤盐碱化方面起到一定的作用，但灌溉冲洗与排水需要有淡水资源和大量投资，且用于维护与管理的代价也较大；化学措施同样面临成本较高且长期性作用不好的问题；生物措施是在盐碱地上种植耐盐性树种，利用植物的自然抗性来克服盐碱土胁迫，具有更加简便、快捷、经济有效的优点，从而成为现在盐碱地改良的主要措施，即在轻度或部分中度盐碱地上直接种植比较耐盐的作物，如棉花、枣树、梨树、榆树、柳树、刺槐等，在重度盐碱地上采用工程措施先改良土壤，然后种植耐盐植物的方法。

在改良盐碱地的各种技术措施中，生物措施被普遍认为是最为有效的改良途径。全世界现已发现高等盐生植物 5000～6000 种，占被子植物总数的 2%左右。我国现有盐生植物 423 种，分属 66 科 199 属（赵可夫和冯立田，1993）。耐盐碱植物改良盐碱地的功能主要表现为：植物通过增加对土壤表层的覆盖，进而减缓地表径流，同时减少表层的水分蒸发，抑制了土壤中盐分随水分的上升，从而防止土壤发生返盐现象；植物的蒸腾作用通过根系吸收水分可以降低地下水水位，防止盐分在土壤表层的积累；植物根系生长可改善土壤物理性状，根系分泌的有机酸及植物残体经微生物分解产生的有机酸还能中和土壤的碱性（董晓霞等，2008）。植物的根、茎、叶返回土壤后又能改善土壤结构，增加有机质，提高肥力（张振华等，1996）。

5.1.2.3 黄河三角洲盐碱地治理研究概况

黄河三角洲是指以山东省东营市垦利县（现称垦利区）的宁海为顶点，东邻渤海，北起套尔河口，南至支脉河口的扇形冲积平原，由 1855 年黄河改道入渤海淤积而成，是黄河泥沙淤积形成的扇形冲积平原，在环渤海地区发展中具有重要的战略地位，是中国三大三角洲和重点开发地区之一（穆从如等，2000）。黄河三角洲处于河流、海洋和陆地等多种动力系统的共同作用带上，是多种物质、能量体系交汇的界面，多类生态系统交错，具有典型、独具特色的多重生态界面，生态系统脆弱，同时农业及油田开发对该区域湿地生态系统造成严重影响，湿地萎缩加速，生态环境问题突出，严重影响到黄河三角洲区域及环渤海经济圈的生态安全（陈为峰等，2003）。针对近年来出现的黄河三角洲湿地严重退化的现象，国家和地方政府把恢复三角洲作为一个重要战略目标。联合国开发计划署（UNDP）已把“支持黄河三角洲可持续发展”作为《中国 21 世纪议程》的优先项目，山东省也把黄河三角洲开发作为全省两大跨世纪工程之一，特别是 2009 年 11 月 23 日，国务院把“发展黄河三角洲高效生态经济”列入国民经济和社会发展“十五”计划刚要及“十一五”规划纲要，正式批复《黄河三角洲高效生态经济区发展规划》，以此为起点，黄河三角洲地区的发展上升为国家战略，成为国家区域协调发展战略的重要组成部分。

黄河三角洲地区盐渍化程度严重，区域生态系统脆弱，环境条件恶劣，适生树种少，造林成活率低。具有代表性的是东营地区，在它成千上万亩的盐碱地上，只建成了部分绒毛白蜡和刺槐片林及林网，林木覆盖率较低，分布零散而不均，结构单调，树种单一，生态功能低下。近年来，黄河三角洲滩地由于土壤次生盐渍化和干旱胁迫等生态环境问题比较突出，在一定程度上影响了该区域的植被恢复和生态重建进程。因此，修复黄河三角洲潮土带盐碱化湿地，重建滨海绿色生态屏障，已成当务之急。而以植被恢复为主的生态修复技术是黄河三角洲脆弱生态系统重建的主要措施。

在黄河三角洲盐碱地，营造防护林是改良盐碱地的主要措施。防护林是森林资源的重要组成部分，是通过人为途径实现生态系统恢复与重建的最普遍、最有效的生态工程，具有降低风速、改善小气候、提高作物产量、保持水土、防风固沙、涵养水源、为野生动物生存提供栖息环境等作用。但盐碱地具有盐分多、碱性大等特点，因此选择适宜该地区生长的树种成为必须首先解决的问题，同时也是决定盐碱地改良成败的主要因素。对于盐碱地改良来说，不仅要让树木在该地区生长，而且树木在生长过程中还要起到改良盐碱地的目的。20 世纪 50 年代，山东省林业科学研究院开始在该地区采用乡土树种和引进树种开展大规模造林试验与推广工作，大大提高了森林覆盖率，明显改善了该地区的生态环境。目前在黄河三角洲地区对盐碱地防护林的土壤酶的研究主要集中在土壤酶活性与土壤微生物的关系方面（李传荣等，2006；李春艳等，2007），而对于不同防护林类型的土壤酶活性以及土壤水文特性、植物根系等因子对土壤酶活性的影响的研究尚未进行。

通过文献分析，近年来国内对土壤酶活性的研究已得到快速发展，但研究中仍存在着许多问题，主要有：土壤酶的研究主要集中在农田、果园以及丘陵等地区，防护林土壤酶活性的研究尚未引起足够的重视；土壤酶的研究主要侧重于土壤酶与土壤理化性质的关系，忽视了土壤酶活性与其他影响因子之间耦合关系的整体研究；不同防护林类型的土壤酶活性的季节变化研究较少，在黄河三角洲地区的研究较少；研究的手段较为单一，急需应用先进的仪器设备和技术手段。

本研究以黄河三角洲盐碱地不同类型的防护林为研究对象，针对盐碱地生物改良过程中林分结构优化配置模式的选择问题，在济南军区黄河三角洲生产基地，选取典型乔木混交林、乔木纯林和灌木林 3 种防护林类型作为研究对象，以草地和裸地作为对照，重点对 3 种防护林类型植物群落的生长情况、土壤水文特性、土壤养分含量、土壤微生物数量、根系生物量和土壤酶活性等方面进行系统研究，分析不同防护林类型的土壤酶活性及其与影响因子的关系，探讨不同防护林类型改善土壤质量的能力，选出最适合的防护林林分结构及配置模式，为盐碱地改良和沿海防护林体系建设的树种选择、林带结构配置提供理论依据。

黄河三角洲是中国三大三角洲和重点开发地区之一，是“十二五”规划中国家和地方政府发展的一个重要战略目标。由于土壤盐碱含量高，以及近年来不合理的开发，该地区防护林生态系统退化严重。因此，当地政府投入了巨大的人力、物力和财力构建沿海防护林体系，但仍旧存在着林种树种单一、配置结构简单、病虫危害严重等问题，特别是采用什么样的植被恢复模式，是否可以通过恢复植被改善盐碱地的土壤质量，土壤酶活性在改良土壤中有多大的作用，等等，这些问题尚不清楚或存在争议。通过黄河三角洲盐碱地防护林类型土壤酶活性的研究，有助于在植被恢复和生态重建过程中减少树种选择和经营模式的盲目性，提高防护林土壤改良效果、增强防灾减灾能力，对实现该区域经济效益和生态效益的双赢具有重要的理论和实践指导作用。

5.1.3 材料与方法

5.1.3.1 研究区概况

研究区位于山东省东营市河口区的济南军区黄河三角洲生产基地，属于暖温带半湿润地区，大陆性季风气候，年均气温为 12.1℃，极端最高气温为 41.9℃，极端最低气温为–23.3℃，≥0℃以上年积温为 4783.5℃，≥10℃年积温约为 4200℃；太阳辐射年总量为 5146～5411MJ/m^2；年日照时数为 2571～2865 小时，平均为 2682 小时，是我国日照较充足的地区之一；平均无霜期长达 201 天，年降水量为 542～842mm，年蒸发量为 1962mm，春季是强烈的蒸发期，蒸发量占全年的 51.7%。总体来说，黄河三角洲为少雨区，气候温暖，全年降水的 60%～70%集中于夏季，多暴雨，易形成旱涝灾害，四季分明，光照充足，雨热同季。

试验区沿岸水浅、滩宽、地势平坦，土壤为冲积性黄土母质在海浸母质上沉淀而成，机械组成以粉砂和淤泥质粉砂为主，沙黏相间，易于压实，渗透性差，层次变化复杂。地下水水位约为 1.5m，水质矿化度较高。试验区黄河滩地主要造林模式有刺槐（*Robinia pseudoacacia*）林、白蜡林、白榆林、杨树（*Populus* spp.）林、柽柳（*Tamarix chinensis*）林等，天然植被以盐生、湿生的芦苇（*Phragmites communis*）、白茅（*Imperata cylindrica*）以及盐地碱蓬（*Suaeda salsa*）、田旋花（*Convolvulus arvensis*）、狗尾草（*Setaria viridis*）为主。

5.1.3.2 研究方法

（1）样地设置

2011 年 4 月，在试验区选择乔木混交林、乔木纯林和灌木林 3 种防护林类型为研究对象，林龄均为 26 年，并以草地和裸地作为对照（表 5-1）。乔木混交林选择刺槐+白榆混交林、刺槐+白蜡混交林、白榆+国槐（*Sophora japonica*）混交林；乔木纯林选择刺槐纯林、白榆纯林、国槐纯林和杨树纯林；灌木林选择柽柳林；草地为茅草地（白茅占 90%以上）。

表 5-1　样地分布情况

<table>
<tr><td>白榆纯林（UP）</td><td rowspan="4">路</td><td>刺槐+白榆混交林（RPUP）</td><td rowspan="5">其他林场</td><td>柽柳林（TC）</td></tr>
<tr><td>国槐纯林（SJ）</td><td>刺槐纯林（RP）</td><td>其他林分</td></tr>
<tr><td>杨树纯林（PE）</td><td>刺槐+白蜡混交林（RPFC）</td><td>白茅（IC）</td></tr>
<tr><td>白榆+国槐混交林（SJUP）</td><td>裸地（CK）</td><td>其他林分</td></tr>
<tr><td colspan="3">十二分场</td><td>四分场</td></tr>
</table>

（2）植被调查

在各防护林类型内设置样地（表 5-2），进行植被生长指标的调查。

表 5-2　样地概况

防护林类型	林分	造林密度/(株/hm^2)	保存率/%	高度/m	胸径/cm	冠幅/m		郁闭度
						E-W	S-N	
乔木混交林	RPUP	1 112	62.5	11.2	15.5	4.1	4.4	0.65
	RPFC	1 112	63.4	12.3	18.1	5.1	4.6	0.70
	SJUP	1 112	62.5	7.7	13.7	3.4	3.5	0.76
乔木纯林	RP	1 112	53.3	9.7	13.6	4.3	4.5	0.60
	UP	1 112	52.5	10.4	13.9	3.7	3.9	0.55
	SJ	1 112	65.0	7.0	8.9	3.7	3.9	0.60
	PE	1 112	52.5	12.1	13.8	2.8	2.7	0.65
灌木林	TC	3 600	72.0	1.6	2.7	2.9	3.1	0.75
草地	IC	10 000	67.0	0.15	—	—	—	0.40

注：表中数据均为平均值；E-W 代表东西方向的冠幅；S-N 代表南北方向上的冠幅

1）植物生物多样性的调查

在乔木林中，分别设置 3 个 20m×20m 的样地，记录样地内乔木树种名称、数量、密度、林龄，高度、胸径、冠幅、枝下高、郁闭度等指标；在灌木林内设置 5 个 5m×5m 的样方，调查灌木的密度、高度、地径、冠幅、盖度等指标（本研究的样地中乔木林下无灌木）；在草地样地中设置 20 个 1m×1m 的样方，或在乔木和灌木内将样地按等间距均匀设置 25 个 1m×1m 的样方。调查的主要内容有草本的种类、名称、数量、盖度、平均高度等指标。

2）枯落物蓄积量的调查

2011 年 4 月在各防护林类型的各个林分内按“S”形取样法选出 10 个小样方（每个样方的大小为 1m×1m），将样方内所有的枯枝落叶收入塑料袋中，带回实验室。将各个样地的枯枝落叶剪碎混合均匀后，取一定比例的枯枝落叶用报纸包裹后，放入 85℃烘箱中烘干至恒重（约 8 小时）后，称量枯落物的干重。

3）根系生物量的调查

2011 年 8 月在各林分内分别选取面积为 0.2m×0.2m 的样方，采用挖掘法，在树木 20cm 范围内挖取一个大小为 20cm（长）×20cm（宽）×40cm（高）的土柱（大多数林分的土壤在 40cm 深度左右出现板结层，故取 0～40cm 的土样），分 0～10cm、10～20cm 和 20～40cm 3 层取土壤中的所有根系（包括乔木根、灌木根和草本植物的根），然后分层次分别装入密封袋中带回实验室，每个林分重复 3 次。带回实验室的根系冲洗掉表面的土壤，淋洗干净后，取一定比例的根系用报纸包裹后，放入 85℃烘箱内烘干至恒重（约 16 小时）后，称量根系的干重。

5.1.3.3 土壤理化性质调查

2011 年 4 月和 8 月进行调查，分别代表旱季和雨季（由于含盐量是盐碱地植被生长的一个重要影响指标，因此，以降水较少的 4 月作为旱季，以降水量较大的 8 月作为雨季）。在选择的林分内采用“S”形取样法（图 5-1）选取 8 个样点，每个样点处选取植株的根区（植株周边 20cm 范围内）为取样点。采用环刀法测定土壤的水文指标，采用十分法分别取 0～10cm、10～20cm 和 20～40cm 3 个土层的土壤样品，每个样点约取土样 1kg，装入无菌袋中并标号后带回实验室分析。其中一部分保存于 4℃的冰箱中，用于土壤微生物的培养，另一部分土壤样品，挑除其中的石块、根系、小动物等杂物，经风干、磨碎、过筛后，保存于冰箱中，用于测定土壤养分含量和土壤酶活性。

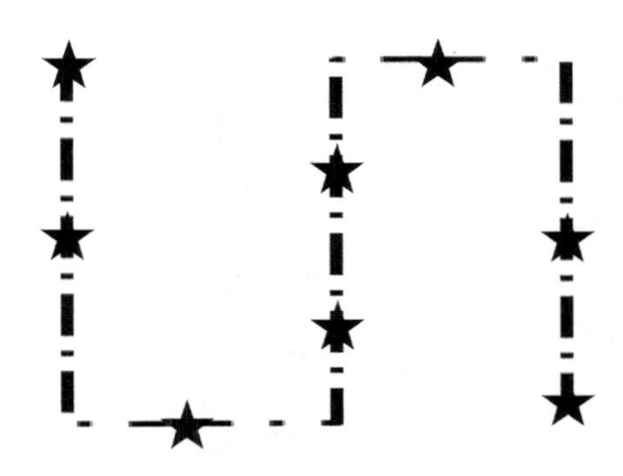

图 5-1 “S”形取样法

（1）土壤水文特性的测定

采用烘干法测定土壤重量含水量（%），用环刀法测定土壤容重、毛管孔隙度、非毛管孔隙度、土壤总孔隙度，上述测定指标每个样点每层次重复 3 次。用环刀法和浸水法测定毛管最大持水量、土壤饱和含水量、土壤贮水量，用烘干法测定土壤重量含水量（%）；并由公式计算一定土层深度内的毛管蓄水量和饱和蓄水量

（陈立新，2005）。其中土壤涵蓄降水量的计算公式为

$$M_h = M_b - M_w \tag{5.1}$$

式中，M_h为土壤涵蓄降水量（mm）；M_b为饱和蓄水量（mm）；M_w为土壤含水量（mm）。

以上测定方法参照《土壤学实验》（骆洪义和丁方军，1995）及相关文献（刘霞等，2004；夏江宝等，2005）。

（2）土壤养分含量的测定

取风干过 0.25mm 筛的土，参考鲁如坤（2000）主编的《土壤农业化学分析方法》测定土壤的化学性质。具体方法如下：用 pH 计（水土比 2.5∶1）测定土壤 pH；用重量法（水土比 2.5∶1）测定土壤含盐量；土壤有机质采用 $K_2Cr_2O_7$-H_2SO_4 消煮法、$FeSO_4$ 滴定法测定；土壤全氮采用凯氏定氮法测定；土壤碱解氮采用碱解扩散法测定；土壤速效钾采用 NH_4OAc 浸提-火焰光度计法测定；土壤全钾采用氢氧化钠熔融-火焰光度计法测定；土壤全磷采用碳酸钠熔融-钼锑抗比色法测定。

5.1.3.4　土壤微生物数量的测定

取保存于 4℃冰箱中的新鲜土壤，参考沈萍等（2007）主编的《微生物学实验》，采用平板菌落稀释计数法测定土壤微生物的数量。

采用牛肉膏蛋白胨培养基培养细菌，改良的高氏一号培养基培养放线菌（或加入浓度为 75μg/ml 培养基的重铬酸钾溶液），马丁氏培养基培养真菌（倒平板前加入链霉素稀释液，使其浓度达到 30μg/ml 培养基），阿须贝氏（Ashby）无氮培养基培养自生固氮菌。每个培养基设置 3 个浓度梯度（细菌采用的稀释度为 10^{-6}～10^{-4}，放线菌采用的稀释度为 10^{-5}～10^{-3}，真菌采用的稀释度为 10^{-4}～10^{-2}，自生固氮菌采用的稀释度为 10^{-3}～10^{-1}），每个浓度重复 3 次，然后置于恒温箱中培养，其中细菌培养基 37℃培养 48 小时，放线菌培养基在 28℃下培养 3～5 天，真菌培养基和固氮菌培养基置于 28℃下培养 5～7 天，整个操作过程在超净工作台的无菌条件下进行。

所有培养基培养达到规定时间，应立即计数（如果不能立即计数，应将平板置于 0～4℃下，但不得超过 24 小时）。计数时细菌和放线菌的培养基应选取出现菌落数为 20～200CFU/g 的培养皿，真菌和自生固氮菌的培养基应选取出现菌落数为 10～100CFU/g 的培养皿计数，并按如下公式计算最终微生物的数量：

$$\text{每毫升中菌落形成单位（CFU/g）} = \frac{\text{菌落数} \times \text{稀释倍数}}{\text{土样质量}} \tag{5.2}$$

5.1.3.5　土壤酶活性的测定

取过 0.5mm 筛的风干土样，参考关松荫（1986）编著的《土壤酶及其研究法》，

测定各种土壤酶的活性。

土壤脲酶的活性采用苯酚次氯酸比色法测定，结果以培养 15 小时后每克土样转化生成 NH_4^+-N 的微克数表示；采用邻苯三酚比色法测定土壤多酚氧化酶的活性，结果以 2 小时后 1g 土壤中紫色没食子素的微克数表示；采用 0.1mol/L 高锰酸钾溶液滴定法测定过氧化氢酶的活性，过氧化氢酶的活性以每克土所消耗的 0.1mol/L 高锰酸钾溶液的毫升数表示；蔗糖酶的活性用 3,5-二硝基水杨酸比色法测定，结果以 24 小时后 1g 土壤葡萄糖的毫克数表示。

5.1.3.6 数据的统计与分析

对各种原始数据的计算、统计分析及图表制作等采用 Excel 实现，对数据的方差分析、主成分分析、相关分析和多重比较等利用 SPSS 软件进行。

（1）生物多样性的计算

对于植物群落多样性指数的计算，国内外学者已提出很多不同的计算公式，目前使用较多的物种多样性计算模型主要有辛普森（Simpson）多样性指数、赫尔伯特（Hurlbert）种间相遇概率、香农-维纳（Shannon-Wiener）多样性指数（廖福霖等，2000）。本研究采用 Simpson 多样性指数和 Shannon-Wiener 多样性指数作为综合衡量黄河三角洲盐碱地各防护林类型林下草本层群落多样性水平的指标，其计算公式如下。

1）Simpson 多样性指数

$$D = 1 - \sum_{i=1}^{S} P_i^2 \tag{5.3}$$

式中，i 为样地中的 i 物种；P_i 为样地中 i 种所占的比例；S 为物种的总个体数；D 为 Simpson 多样性指数，即如果样地中仅由 1 个物种构成，则 $D = 0$，最大≈1。Simpson 多样性指数对稀有种反应的灵敏度较小。

2）Shannon-Wiener 多样性指数

$$H' = -\sum_{i=1}^{S} P_i \ln P_i \tag{5.4}$$

式中，i 为样地中的 i 物种；P_i 为样地中 i 种所占的比例，而 $\ln P_i$ 是该比例以 e 为底的对数；S 为物种的总个体数；H'为香农-维纳多样性指数。Shannon-Wiener 多样性指数对稀有种的灵敏度比较敏感，该指数被认为是代表一个群落的“不确定性”或“信息”，群落的组成变化越大，H'变化也越大（即更加不确定或不能预定）。

（2）主成分分析

在各领域的科学研究中，为了全面客观地分析问题，往往要考虑从多方面观察所研究的对象，收集多个观察指标的数据。如果一个一个地分析这些指标，无疑会造成对研究对象的片面认识，也不容易得出综合的、一致性很好的结论。主成分分析就是考虑各指标间的相互关系，利用降维的方法把多个指标转换成较少的几个互不相关的综合指标，从而使进一步研究变得简单的一种统计方法。

主成分分析是设法将原来众多具有一定相关性的指标（如 P 个指标），重新组合成一组新的互相无关的综合指标来代替原来的指标。通常数学上的处理就是将原来 P 个植被作线性组合，作为新的综合指标。最经典的做法就是用 F_1（选取的第一个线性组合，即第一个综合指标）的方差来表达，方差越大，表示 F_1 包含的信息越多。因此在所有的线性组合中选取的 F_1 应该是方差最大的，故取 F_1 作为第一主成分。如果第一主成分不足以代表原来 P 个指标的信息，再考虑选取 F_2，即选第二个线性组合，为了有效反映原来的信息，F_1 已有的信息不需要再出现在 F_2 中，用数学语言表达就是要求 $\mathrm{Cov}(F_1, F_2) = 0$，则称 F_2 为第二主成分，依此类推可以构造出第三，第四，……，第 P 主成分。

（3）土壤质量评价

利用主成分分析法可以在不损失或很少损失原有信息的前提下，将原来多个且彼此相关的指标转换成新的、个数较少且彼此独立的综合指标，同时根据各自贡献率大小可以知道各综合指标的相对重要性。

本研究在前面主成分分析的基础上，根据模糊数学的原理，利用隶属函数进行土壤质量的综合评估。方法是求出所有林分的每一个综合指标值及相应的隶属函数值后，依据各综合指标的相对重要性进行加权，便可得到各个林分的土壤质量的综合评价值，可以较为科学地对各林分的土壤质量进行评价（石永红等，2010）。一般步骤如下：首先利用隶属函数给定各项指标在闭区间［0,1］内相应的数值，称为单因素隶属度，对各指标进行单项评估；然后对各单因素隶属度进行加权算术平均，计算综合隶属度，得出综合评估的指标值。其结果越接近 0 越差，越接近 1 越好（马洪英等，2011）。

隶属函数值的计算公式为

$$R(X_i) = \frac{X_i - X_{\min}}{X_{\max} - X_{\min}} \tag{5.5}$$

若某一指标呈负相关，可通过反隶属函数计算其隶属函数值。

$$R(X_i) = 1 - \frac{X_i - X_{\min}}{X_{\max} - X_{\min}} \tag{5.6}$$

式中，X_i 为某模式的某一指标测定值（如刺槐+白蜡混交林的土壤容重为 1.37）；

X_{max}为所有模式的某一指标的最大值；X_{min}为所有模式的某一指标的最小值。

5.1.4 不同防护林类型的土壤酶活性

土壤酶活性强弱是表征土壤熟化和肥力水平高低的一项重要指标（王波等，2009；郭晓明和赵同谦，2010）。我们分别在旱季和雨季研究了土壤脲酶、蔗糖酶、过氧化氢酶和多酚氧化酶活性及其相关性。

5.1.4.1 土壤脲酶的活性

土壤脲酶是一种酰胺酶（董丽洁等，2010），主要来源于土壤微生物的活动及植物根系的分泌物和动植物残体腐解过程（万忠梅和吴景贵，2005），是专性较强的酶，在土壤有机物中 C-N 的水解作用具有重要作用，主要分解有机氮转化过程中形成的尿素，使其转化成矿物态的 NH_3，从而被树木吸收利用。其活性的提高能促进土壤有机氮向有效氮的转化（薛冬等，2005），可以反映土壤的氮素供应状况。

旱季不同防护林类型不同土层深度的土壤脲酶的活性如图 5-2 所示。

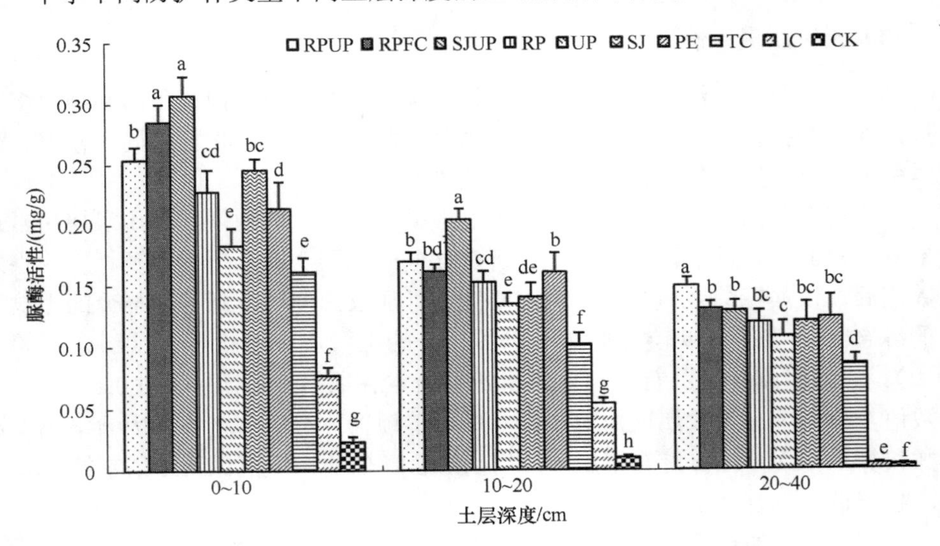

图 5-2 不同防护林类型的土壤脲酶活性（2011 年旱季）

每组柱子含有不同小写字母表示同一土层各防护林类型脲酶活性差异显著（$P<0.05$）。本节下同

由图 5-2 可以看出，在 2011 年旱季，各土层深度的土壤脲酶活性差异显著（$P<0.05$），均呈现出乔木混交林＞乔木纯林＞灌木林＞草地＞裸地的规律。与裸地相比，不同防护林类型的 0～10cm 土层脲酶活性均有较大的增加，其中乔木混交林、乔木纯林、灌木林和草地的土壤脲酶活性分别是裸地的 10.8（刺槐+白榆混

交林）～13.1（白榆+国槐混交林）倍、7.8（白榆纯林）～10.5（国槐纯林）倍、6.9 倍和 3.3 倍。在其他土层，各林分间的土壤脲酶活性也表现为同样的趋势。从不同防护林类型的土壤脲酶活性看，乔木混交林的平均土壤脲酶活性比乔木纯林增加了 23.7%，比灌木林增加了 71.1%，比草地增加了 339.5%；乔木纯林的平均土壤脲酶活性是灌木林的 1.38 倍，是草地的 3.55 倍；灌木林的土壤脲酶活性是草地的 2.57 倍。

在垂直空间上，各防护林类型的土壤脲酶活性均表现为随土层深度的增加而减小的规律。其中 0～10cm 土层，各防护林类型的土壤脲酶活性占 3 层土壤脲酶活性总值的 42.89%～62.57%，其中草地为 56.69%，裸地占比最大，达 62.57%；其他土层占比均急剧下降，10～20cm 土层占比为 27.75%～39.98%，草地在 20～40cm 土层土壤脲酶活性的占比仅为 3.33%。

混交林较纯林提供了较多的枯枝落叶（图 5-3）和营养元素等物质，改善了土壤理化性质，并且为微生物提供了充足的碳源，加之刺槐的固氮作用（Pastor and Binkley，1998），提高了微生物生理代谢活动（张超等，2010），增加了微生物的数量，从而使混交林的土壤脲酶总量较纯林多。表层土壤脲酶活性较高，主要是因为造林后枯枝落叶及腐殖质主要积累于土壤表层，土壤上层有机物含量较高，以利于微生物的生长，微生物数量较多，加之表层水热条件和通气状况较好，因此微生物的生长更加旺盛，代谢更活跃，呼吸强度加大从而在表层产生的土壤脲酶较多，活性较高。随土层的加深，土壤容重增加，孔隙度减小，有机质含量也随着土层的加深而急剧下降，土壤微生物的活动减弱，限制了土壤生物代谢，产酶的能力也随之下降（安韶山等，2005）。

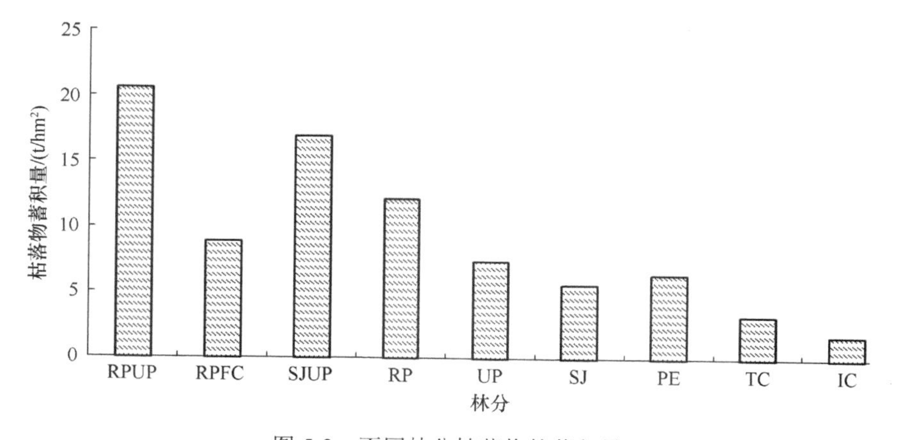

图 5-3 不同林分枯落物的蓄积量

在 2011 年雨季（图 5-4），各土层深度各防护林类型的土壤脲酶活性也呈现出乔木混交林＞乔木纯林＞灌木林＞草地＞裸地的规律，但各防护林类型与裸地相比，土壤脲酶活性增加幅度较小，其中乔木混交林增加幅度依然最大，但最大仅为 3.94 倍（白榆+国槐混交林），草地的土壤脲酶活性增加幅度最小，仅比裸地提高了 25.8%。土壤脲酶活性在垂直空间上同样表现为随土层深度的增加而减小的规律。与旱季相比，雨季各防护林类型的土壤脲酶活性均有所增加，其中乔木混交林增加了 38.6%（刺槐+白榆混交林）～47.6%（刺槐+白蜡混交林），乔木纯林增加了 16.6%（白榆纯林）～43.8%（国槐纯林），灌木林增加了 27.1%，草地增加了 81.7%，裸地增加最多，达 347.8%。

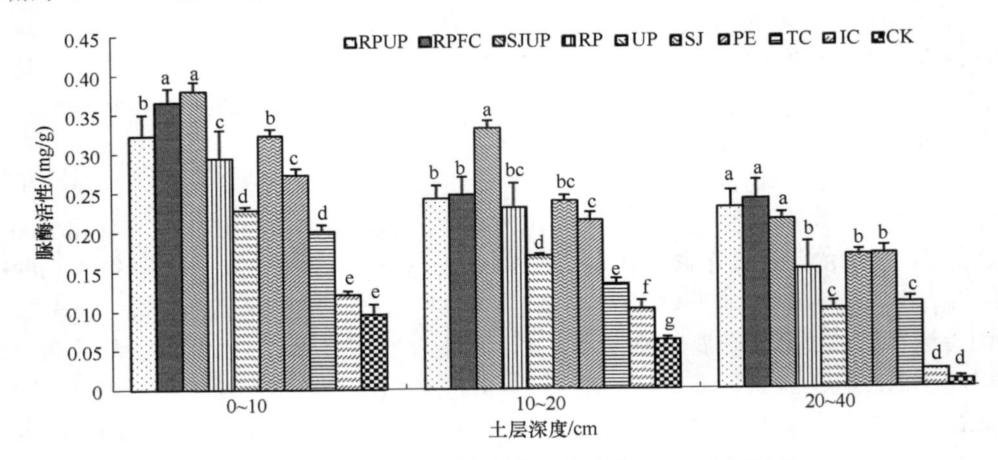

图 5-4 不同防护林类型的土壤脲酶活性（2011 年雨季）

综上可知，在水平空间上，各土层土壤脲酶的活性均表现为乔木混交林＞乔木纯林＞灌木林＞草地＞裸地的规律，且各防护林类型间的土壤脲酶呈现显著差异（$P<0.05$）；在垂直空间上，各防护林类型的土壤脲酶活性均呈现出随土层深度的增加而减少的趋势；在季节上，各防护林类型的土壤脲酶活性表现为雨季大于旱季的特点。

5.1.4.2 土壤蔗糖酶的活性

蔗糖酶，又名转化酶，来自植物根系和微生物，是参与土壤有机碳循环的酶。它主要将土壤中高分子量蔗糖分子分解成能够被植物和土壤微生物吸收利用的葡萄糖和果糖，从而为微生物的生长、繁殖提供养分，对增加土壤中易溶性营养物质起到重要的作用，其与土壤的肥力关系密切。土壤蔗糖酶含量增加有利于土壤中有机质的转化，有利于土壤肥力的改善和提高，其活性高低可以反映土壤有机碳积累与分解转化的规律，能够表征土壤生物学活性强度，也可以作为评价土壤熟化程度的一个指标（耿玉清和王冬梅，2012）。

由图 5-5 可知，在水平空间上，土壤蔗糖酶的活性呈现出乔木混交林＞乔木纯林＞灌木林＞草地＞裸地的规律，且在各土层之间差异显著（$P<0.05$）。各防护林类型中土壤蔗糖酶的活性总值均大于裸地（3.96mg/g），其中乔木混交林的总值为 24.87（刺槐+白蜡混交林）～32.40mg/g（刺槐+白榆混交林），是裸地的 6.28～8.18 倍；4 种乔木纯林的平均值为 16.74mg/g，是裸地的 4.23 倍；灌木林（10.06mg/g）和草地（7.95mg/g）的蔗糖酶活性分别比裸地增加了 154.04%和 100.76%。虽然在 10～20cm 土层上，刺槐纯林的土壤蔗糖酶活性大于刺槐+白蜡混交林，但是从总量上看，刺槐+白蜡混交林的土壤蔗糖酶活性（24.87mg/g）大于刺槐纯林（20.20mg/g）。这可能与不同防护林类型的枯落物分解后形成的有机质的量有关。

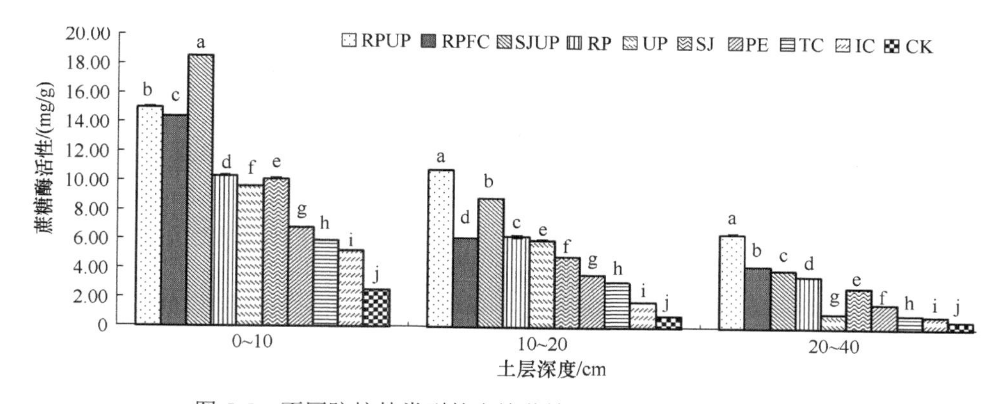

图 5-5　不同防护林类型的土壤蔗糖酶活性（2011 年旱季）

垂直空间上，土壤蔗糖酶活性表现为随土层的加深而减小的趋势，但是不同防护林类型的变化幅度不同。其中草地 3 个土层间土壤蔗糖酶活性变化幅度最大，0～10cm、10～20cm 和 20～40cm 土层的土壤蔗糖酶活性占土壤蔗糖酶活性总值的比例分别为 65.77%、22.59%和 11.63%。

可见旱季不同样地碳水化合物的转化能力不同，且差异较大，乔木混交林最强，其次是乔木纯林，裸地最弱。

图 5-6 说明了雨季不同防护林类型的土壤蔗糖酶活性，比较图 5-5 和图 5-6 可知，在不同季节，各防护林类型间的土壤蔗糖酶活性大体规律相同，均表现为乔木混交林＞乔木纯林＞灌木林＞草地＞裸地的规律，且在各土层深度上差异显著（$P<0.05$）。雨季各防护林增加的幅度不同，其中乔木混交林是裸地（9.78mg/g）的 4.62（刺槐+白蜡混交林）～5.73（白榆+国槐混交林）倍，乔木纯林的平均蔗糖酶活性（31.68mg/g）比裸地增加了 224%，灌木林（16.95mg/g）和草地（12.27mg/g）分别是裸地的 1.73 倍和 1.25 倍。

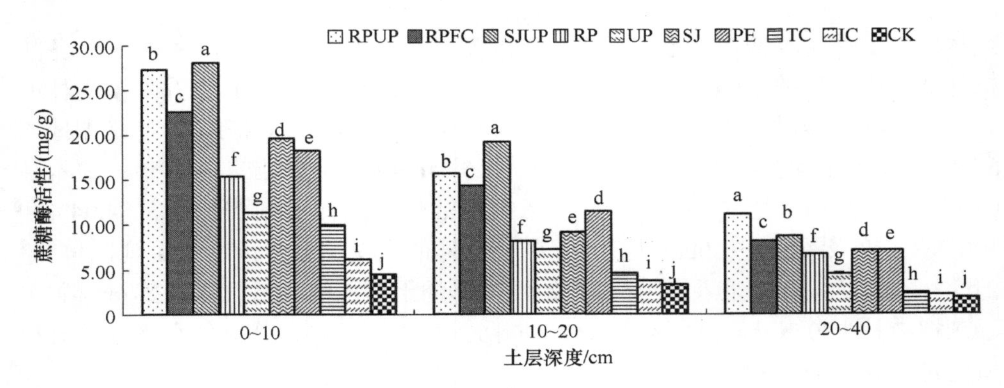

图 5-6　不同防护林类型的土壤蔗糖酶活性（2011 年雨季）

但是随着季节的变化，同一林分的土壤蔗糖酶活性有所变化，具体表现为雨季大于旱季，其中变化幅度最大的为杨树纯林，增加了 202.92%，增加幅度最小的为白榆纯林，也增加了 39.46%。这是因为与旱季相比较，雨季的土壤水热条件更加适宜，植物的生长更旺盛，土壤动物与土壤微生物的活动更加频繁，相对适宜的温度、较多的根系分泌物和较频繁的土壤生物活动对于酶活性的提高起到一定的促进作用，从而促进了土壤中碳水化合物的转化。

上述研究表明，土壤蔗糖酶活性随着防护林类型的不同而有所差异，但均优于裸地。可见，防护林的营造增加了土壤蔗糖酶活性，加快了土壤中碳水化合物转化的速率，加快了土壤中碳元素的循环，为植物和微生物的生长提供了更多的营养物质，其中乔木混交林的土壤蔗糖酶活性增加幅度最大。

5.1.4.3　土壤过氧化氢酶的活性

过氧化氢酶属于氧化还原酶类，其广泛存在于土壤和生物体中，在土壤营养物质的转化过程中起着重要的作用。土壤过氧化氢酶可催化过氧化氢分解成水和分子氢，防止过氧化氢对生物体的毒害。其可表征土壤腐殖化强度和有机质积累程度（王墨浪等，2010）。

水平空间上，各防护林类型的土壤过氧化氢酶活性在 0～10cm 和 20～40cm 土层上差异显著（$P<0.05$），均大于裸地，但没有呈现出一定的规律性（图 5-7）。①0～10cm 土层上，乔木混交林的土壤过氧化氢酶的活性均较大，平均值为 3.00ml/g（刺槐+白榆混交林为 3.51ml/g，白榆+国槐混交林为 2.80ml/g，刺槐+白蜡混交林为 2.70ml/g），是裸地（0.85ml/g）土壤过氧化氢酶活性的 3.53 倍；乔木纯林的平均值为 1.88ml/g（其中刺槐纯林的过氧化氢酶活性最大，为 2.40ml/g），是裸地的 2.21 倍；灌木林（1.15ml/g）和草地（1.20ml/g）分别比裸地增加了 35.29% 和 41.18%。②10～20cm 土层上，过氧化氢酶活性最大的是刺槐纯林，达 2.10ml/g，

但是不同防护林类型相比，乔木混交林的平均值（1.86ml/g）仍然是最大值，是乔木纯林平均值（1.38ml/g）的 1.35 倍，分别是灌木林（0.55ml/g）、草地（0.86ml/g）和裸地（0.35ml/g）的 3.38 倍、2.16 倍和 5.31 倍。③20～40cm 土层上，刺槐+白榆混交林的过氧化氢酶活性最大（2.25ml/g），白榆+国槐混交林的较小，仅为 0.60ml/g，小于乔木纯林（4 种乔木纯林中杨树纯林最小，为 0.65ml/g），与草地（0.55ml/g）相近。④总量上，土壤过氧化氢酶的活性表现为乔木混交林＞乔木纯林＞草地＞灌木林＞裸地。不同林分由于其枯落物的量不同，腐殖化能力不同，腐殖质的量不同，因此过氧化氢酶的活性不同。

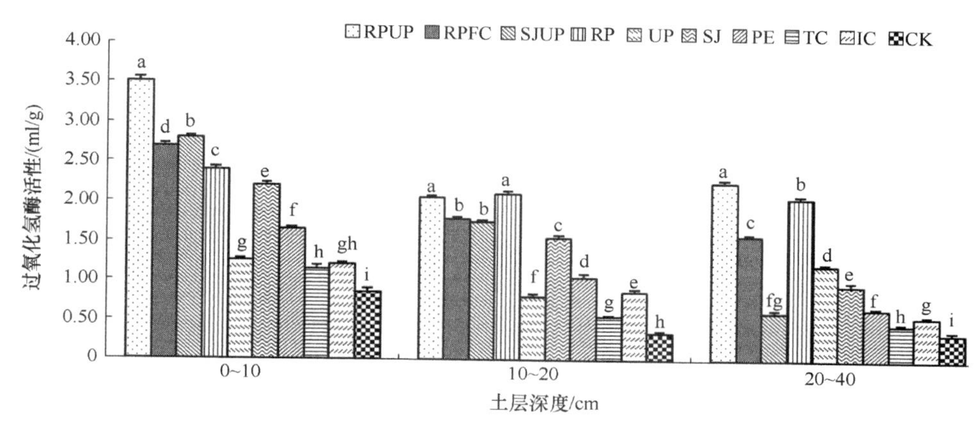

图 5-7　不同防护林类型的土壤过氧化氢酶活性（2011 年旱季）

垂直空间上，各防护林类型的土壤过氧化氢酶活性大多表现为随土层深度的增加而减小的趋势（但是刺槐+白榆混交林和白榆纯林的过氧化氢酶活性表现为先降低再升高的趋势）。这可能是因为表层枯枝落叶较多，分解形成的腐殖质较多，过氧化氢酶的活性较高，随着土层深度的增加，有机质减少，过氧化氢酶活性降低。

图 5-8 是 2011 年雨季各防护林类型的土壤过氧化氢酶活性。土壤过氧化氢酶活性呈现同旱季相似的规律，不同土层的变化趋势不明显，一般 0～10cm 土层上乔木混交林最大，10～20cm 和 20～40cm 土层上乔木纯林较大，但是总量上还是呈现出乔木混交林＞乔木纯林＞草地=灌木林＞裸地的规律。在垂直空间上，各防护林类型均表现为随土层深度的增加，土壤过氧化氢酶活性减小的趋势。比较图 5-7 和图 5-8 可知，各防护林类型的土壤过氧化氢酶在季节间有所不同，表现为旱季大于雨季。

综上可知，营造防护林增加了土壤过氧化氢酶的活性，但是各种防护林类型间的土壤过氧化氢酶的活性无明显的规律性。

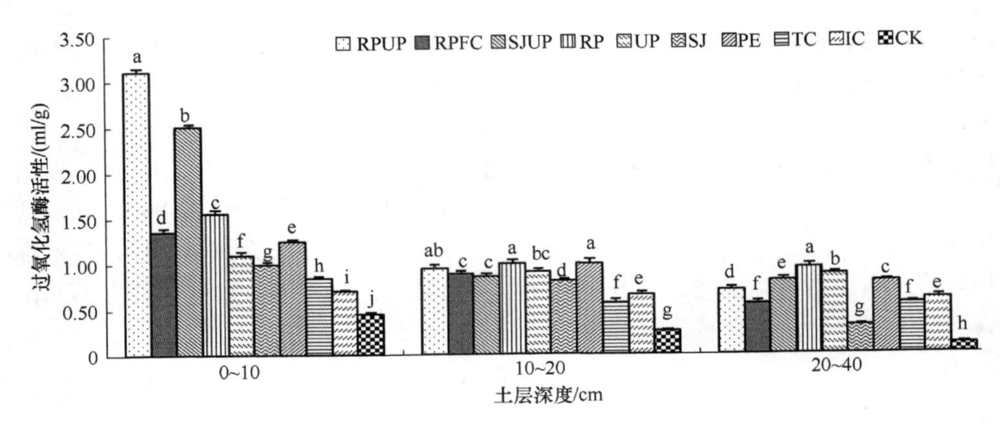

图 5-8 不同防护林类型的土壤过氧化氢酶活性（2011 年雨季）

5.1.4.4 土壤多酚氧化酶的活性

酚类物质是植物生命活动中重要的次级代谢物之一（Vazquez et al.，2008），通过根系分泌、植物残体分解、微生物等途径进入土壤中，从而改变土壤中营养物质的有效形态及微生物种群的分布，影响林木植物的生长与发育，在整个土壤生态系统中具有重要的环境反馈意义和调节功能（Blum et al.，1999）。多酚氧化酶是由植物根系分泌、土壤微生物活动及动植物残体分解等释放的复合性酶，参与土壤有机组分中芳香族化合物的转化作用，可以将土壤中的酚类物质氧化生成醌。醌与土壤中蛋白质、氨基酸、糖类、矿物质等物质反应生成分子量大小不等的有机质和色素，其中有一类就是最初的胡敏酸分子，完成土壤芳香族化合物循环（王兵等，2010），降低了植物间的化感作用，为优势植物扩大其生境创造条件（Claus et al.，2010）。所以，多酚氧化酶是表示土壤腐殖化过程的一种专性酶，与土壤腐殖质的腐殖化程度呈负相关，它的活性低，表征土壤腐殖化程度高。通过跟踪测定多酚氧化酶的活性，能在一定程度上了解土壤的腐殖化进程（周礼恺等，1983；曹帮华和吴丽云，2008）。

旱季，不同防护林类型的土壤多酚氧化酶活性如图 5-9 所示。可知，在同一土层深度上，与裸地相比较，各防护林类型的土壤多酚氧化酶的活性均有所减小，其中在 0～10cm 土层，乔木混交林的降低幅度最大，为 60.66%（刺槐+白蜡混交林）～68.88%（白榆+国槐混交林），乔木纯林次之，为 43.13%（白榆纯林）～53.14%（国槐纯林），灌木林降低幅度最小，但也达到 15.05%。而降低幅度最大的为 10～20cm 土层上的刺槐+白蜡混交林（0.49mg/g），较裸地（1.9067mg/g）降低了 74.30%。这可能与土壤生态系统的自我调节功能、土壤中酚类物质的积累减少，以及不同林分的腐殖化程度有关，而乔木混交林的腐殖化程度最高，因此，乔木混交林的土壤多酚氧化酶活性最小。

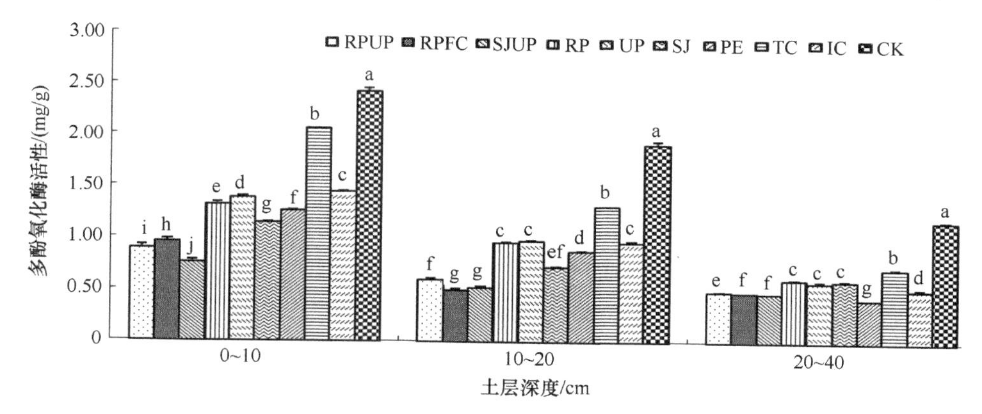

图 5-9　不同防护林类型的土壤多酚氧化酶活性（2011 年旱季）

垂直空间上，各防护林类型均表现为随土层深度的加深土壤多酚氧化酶活性降低的趋势。这可能是因为在林间土壤上层各种酚含量高于下层土壤的酚含量（酚类物质的主要来源可能为丰富的土壤表层枯落物、林下植物的分泌物或微生物活动产物）。

在雨季（图 5-10），不同防护林类型的土壤多酚氧化酶活性均呈现一定的规律：裸地＞灌木林＞草地＞乔木纯林＞乔木混交林，在垂直空间上，土壤多酚氧化酶的活性均表现为随土层深度的增加而减小的趋势。与旱季相比较，雨季的土壤多酚氧化酶活性均有所增加，这是因为在旱季（4～5 月），林分的枯枝落叶腐殖化程度最大，随着季节的变化，腐殖化程度逐渐减弱，土壤多酚氧化酶活性增大。

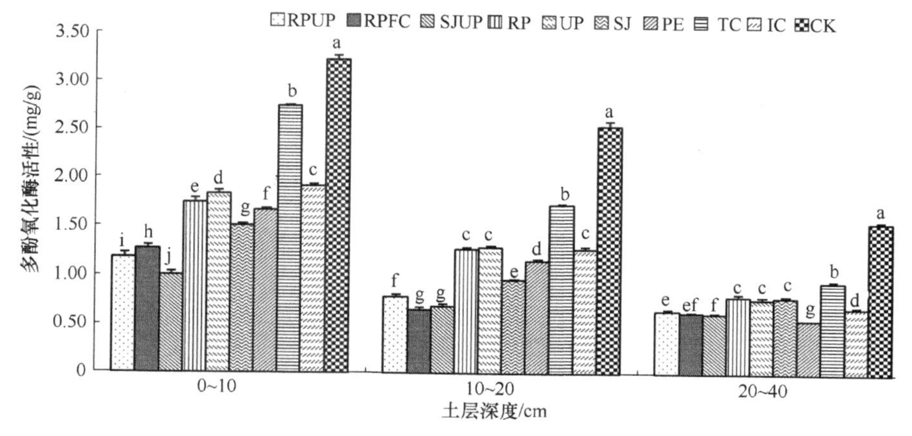

图 5-10　不同防护林类型的土壤多酚氧化酶活性（2011 年雨季）

营造防护林增加了土壤的腐殖化程度，降低了土壤中多酚氧化酶的活性，减少了酚类物质对植物的毒害作用，且土壤多酚氧化酶活性的降低幅度呈现出乔木混交林＞乔木纯林＞灌木林＞草地的规律。

5.1.4.5 土壤酶活性之间的相关性

在土壤中的各种生物化学反应中，土壤脲酶参与土壤中氮元素的循环，土壤蔗糖酶可以增加土壤中的易溶性营养物质，土壤多酚氧化酶与土壤的腐殖化有较大的关系，过氧化氢酶能防止过氧化氢对生物体的毒害作用，但是各种土壤酶对土壤养分的转化作用并不是孤立的，它们之间普遍存在着一定的相关性（张刘东等，2011），共同作用于土壤中的各种生物化学过程。

由表 5-3 可知，土壤脲酶活性与蔗糖酶活性和过氧化氢酶活性的相关系数分别为 0.892 和 0.818，均达到极显著正相关（$P<0.01$）；土壤过氧化氢酶活性与蔗糖酶活性的相关系数也较高，达 0.855，同样呈极显著正相关（$P<0.01$）；土壤多酚氧化酶活性与土壤脲酶活性、过氧化氢酶活性和蔗糖酶活性的相关系数分别为 –0.199、–0.190 和–0.046，均为负相关关系，但是均未达到显著水平。可见，土壤脲酶活性、过氧化氢酶活性和蔗糖酶活性三者间有密切的关系，多酚氧化酶活性与其他 3 种酶活性相关性不大。这说明土壤中氮素的转化与土壤中的氧化还原过程相互促进。土壤中各酶活性的增强有利于土壤养分的转化并共同提高土壤养分的可利用性。由此可见，土壤含氮化合物的转化、土壤腐殖质的转化、土壤有机质的转化、蔗糖的转化、土壤呼吸强度等是相互影响和相互制约的。另外，土壤酶活性之间各自的专一性和共性关系也表明各种土壤酶共同作用于土壤的微环境，使其向着有利于改良土壤质地的方向良性发展。

表 5-3　土壤酶活性之间的相关性（2011 年旱季）

	脲酶活性	多酚氧化酶活性	过氧化氢酶活性	蔗糖酶活性
脲酶活性	1.000			
多酚氧化酶活性	–0.199	1.000		
过氧化氢酶活性	0.818**	–0.190	1.000	
蔗糖酶活性	0.892**	–0.046	0.855**	1.000

*表示相关性在 0.05 水平上显著；**表示相关性在 0.01 水平上显著。下表同

雨季，土壤酶活性间的相关关系与旱季相同。脲酶活性、过氧化氢酶活性和蔗糖酶活性三者之间也呈现极显著正相关（$P<0.01$）；多酚氧化酶活性与其他 3 种酶活性之间相关性不显著（表 5-4）。

表 5-4　土壤酶活性之间的相关性（2011 年雨季）

	脲酶活性	多酚氧化酶活性	过氧化氢酶活性	蔗糖酶活性
脲酶活性	1.000			
多酚氧化酶活性	–0.212	1.000		
过氧化氢酶活性	0.695**	–0.107	1.000	
蔗糖酶活性	0.918**	–0.133	0.830**	1.000

5.1.4.6　小结

黄河三角洲盐碱地的防护林与裸地（旱季）相比，不同防护林类型均增加了土壤脲酶、蔗糖酶和过氧化氢酶的活性，其中乔木混交林的 3 种土壤酶活性分别是裸地的 15.32（刺槐+白榆混交林）～17.10（白榆+国槐混交林）倍、6.28（刺槐+白蜡混交林）～8.18（刺槐+白榆混交林）倍、3.32（白榆+国槐混交林）～5.04（刺槐+白榆混交林）倍；乔木纯林的 3 种土壤酶活性分别是裸地的 11.38（白榆纯林）～13.54（国槐纯林）倍、3.08（杨树纯林）～5.10（刺槐纯林）倍、2.09（白榆纯林）～4.22（刺槐纯林）倍；灌木林的 3 种土壤酶活性分别是裸地的 9.32 倍、2.54 倍和 1.39 倍；草地的 3 种土壤酶活性分别是裸地的 3.63 倍、2.01 倍和 1.68 倍。同时不同防护林类型的土壤多酚氧化酶活性均较裸地有所降低，其中乔木混交林、乔木纯林、灌木林和草地分别下降了 64.35%（刺槐+白榆混交林）～68.48%（白榆+国槐混交林）、43.13%（白榆纯林）～53.14%（国槐纯林）、26.07%和 47.33%。可见，在改善土壤酶活性方面，不同防护林类型均增加了土壤脲酶、土壤蔗糖酶和土壤过氧化氢酶的活性，降低了土壤多酚氧化酶的活性，其中以乔木混交林的变化幅度最大，对土壤酶活性的改变作用最强。

5.1.5　不同防护林类型土壤酶的影响因子

5.1.5.1　土壤水文特性对土壤酶活性的影响

土壤水分是流域水量平衡乃至地区水文循环中的重要因子，是生态系统中最活跃、最有影响的因素之一（张雷燕等，2007）。由于水分有降低土壤中盐分含量的作用，因此，研究黄河三角洲盐碱地土壤中的水文特性具有重要的意义。

林地土壤水文特性在较大程度上能够反映森林植被对土壤理化性状的改良效果，森林类型及其土壤水文物理性状的不同，导致不同区域土壤层蓄水保土功能差异较大（齐清等，2005；魏强等，2008）。森林的水源涵养能力与树木的生物学特性及林分结构、土壤种类、孔隙度等土壤物理性质以及土壤的持水、保水及渗水能力直接相关。

（1）土壤容重和孔隙度

土壤容重和孔隙度是反映土壤水分物理性质的重要参数，能直接影响土壤的透气性和透水性，能较好地反映植被土壤的疏松性、结构性、持水性、透水性及水分移动状况等（刘娜娜等，2006），是决定森林土壤水源涵养功能的重要指标（刘霞等，2004；许景伟等，2009）。

对森林生态系统而言，土壤容重的大小反映了森林植被对土壤物理性质的改善程度。一般来说，土壤容重越小，说明土壤越疏松、通气性越强，越有利于土壤保持水分。由表 5-5 可知，与裸地相比，各防护林类型的土壤容重均有所降低，但是降幅较小，其中在 0～10cm 土层乔木混交林的降低幅度最大，为 3.5%（刺槐+白蜡混交林）～4.2%（白榆+国槐混交林）；乔木纯林次之，降低幅度为 2.1%（杨树纯林）～3.5%（刺槐纯林），灌木林降低了 1.4%，草地最差，仅降低了 0.7%。可见，建设防护林后降低了土壤容重，增加了土壤的疏松度。这是由于植物根系在土壤中的穿插，以及植物枯枝落叶的分解腐化形成的有机质等物质，增加了土

表 5-5　不同防护林类型的土壤容重和孔隙度状况（2011 年旱季）

林分	土层深度/cm	土壤容重/（g/cm³）	毛管孔隙度/%	总孔隙度/%	孔隙比
RPUP	0～10	1.36	44.76	49.03	0.96
	10～20	1.36	43.75	45.27	0.83
	20～40	1.40	38.15	38.66	0.63
RPFC	0～10	1.37	48.02	50.79	1.03
	10～20	1.37	42.51	44.61	0.81
	20～40	1.39	42.23	43.41	0.77
SJUP	0～10	1.36	45.48	46.74	0.88
	10～20	1.36	42.88	44.58	0.80
	20～40	1.38	38.76	40.44	0.68
RP	0～10	1.37	46.42	47.51	0.90
	10～20	1.38	41.76	42.33	0.73
	20～40	1.40	40.88	41.38	0.71
UP	0～10	1.39	44.78	46.46	0.87
	10～20	1.39	40.87	42.86	0.75
	20～40	1.41	37.87	38.34	0.62
SJ	0～10	1.38	44.25	44.80	0.81
	10～20	1.39	42.03	43.17	0.76
	20～40	1.42	37.69	40.07	0.67
PE	0～10	1.39	44.61	45.76	0.84
	10～20	1.40	41.58	42.04	0.73
	20～40	1.42	37.35	39.57	0.65
TC	0～10	1.40	42.30	43.28	0.76
	10～20	1.42	39.75	40.64	0.68
	20～40	1.43	35.81	37.37	0.60
IC	0～10	1.41	39.13	42.93	0.75
	10～20	1.42	36.94	38.61	0.63
	20～40	1.44	35.40	36.49	0.57
CK	0～10	1.42	40.30	42.28	0.73
	10～20	1.43	35.75	38.43	0.62
	20～40	1.44	34.81	35.37	0.55

壤的疏松度，从而降低了土壤的容重；不同防护林类型中土壤容重的降低量不同，主要与林分生长状况（表 5-6）、根系数量、林下植被（主要是草本）的生物量（表 5-5）以及枯落物的量及其分解速率的不同有关。同时，我们可以发现，植物降低土壤容重的作用在 0～10cm 土层表现得最明显，表现出一定的表聚性。土壤容重在垂直空间上表现为随土层深度的增加而增大的趋势，这可能是因为表层植物根系尤其是草本植物的根系较多，以及枯枝落叶主要分布在表层，表层的有机质较多，土壤动物和微生物活动较频繁，随着土层深度的增加水热等条件改变以及有机质含量等较少，从而使土壤容重增大。

表 5-6　各防护林类型林下草本层物种多样性指数

防护林类型		草本层盖度/%	D	H'	草本种数/种
乔木混交林	RPUP	92	0.73	2.03	13
	RPFC	86	0.53	0.95	10
	SJUP	98	0.80	2.54	15
乔木纯林	RP	93	0.46	0.78	11
	UP	60	0.35	0.52	9
	SJ	90	0.67	1.53	12
	PE	86	0.58	1.18	8
灌木林	TC	75	0.25	0.38	5
草地	IC	65	0.13	0.24	3

土壤总孔隙度反映了潜在的蓄水和调节降雨的能力，而毛管孔隙度的大小反映了森林植被吸持水分用于维持自身生长发育的能力，以及森林植被滞留水分发挥涵养水源的能力（夏江宝等，2009a）。在旱季（表 5-5），土壤总孔隙度的大小呈现乔木混交林＞乔木纯林＞灌木林＞草地＞裸地的规律，土壤孔隙度大，有利于保水肥和林木根系穿插，对土壤物理性状的改善程度高，尤其表层孔隙度的增加，不仅有利于纵向的水分渗透，而且有利于横向的水分渗透，缩短了渗透时间。土壤毛管孔隙度和孔隙比也呈现相同的规律。土壤毛管孔隙度越大，土壤中有效水的储存容量越大，可供植物根系利用的水分越多，乔木混交林的毛管孔隙度大，更有利于土壤保持吸收水分；孔隙比大，则表明林地的土壤透水性、通气性和持水能力比较协调，既有利于林地的生长发育，又有较好的涵养水源的能力。在垂直空间上，土壤总孔隙度、毛管孔隙度及孔隙比均表现出降低趋势，说明通气、透水性能降低显著，林地土壤的通气状况和透水性能减弱显著，土壤中有效水的贮存容量减弱。土壤表层根系多，毛管数量丰富，而下层由于不透水、不透气，孔隙度降低。土壤上层的孔隙比高于下层，表明该林地上层的通气、透水性能好于下层。不同防护林类型的土壤孔隙度状况的不同可能与植物根系的数量以及枯落物的分解有关。

比较旱季（表 5-5）和雨季（表 5-7）的土壤容重与孔隙状况可知，雨季的土壤容重较旱季有所减小，且降幅较大，其中乔木混交林的降低幅度最大，为 2.5%～5.6%；乔木纯林次之，降低幅度为 3.0%～3.5%，草地最差，但也达到 1.7%。土壤孔隙度有所增加。这可能是因为随着气温的升高和降水的增加，土壤的水热等条件更加适宜，植物的生长更加旺盛，枯落物的分解以及微生物的活动更加活跃，从而增加了土壤的孔隙度，降低了土壤容重。

表 5-7　不同防护林类型的土壤容重和孔隙度状况（2011 年雨季）

林分	土层深度/cm	土壤容重/（g/cm³）	毛管孔隙度/%	总孔隙度/%	孔隙比
RPUP	0～10	1.31	47.13	50.03	1.00
	10～20	1.33	44.63	45.88	0.85
	20～40	1.38	42.67	43.58	0.77
RPFC	0～10	1.30	48.61	51.61	1.07
	10～20	1.30	46.32	47.14	0.89
	20～40	1.31	43.70	44.66	0.81
SJUP	0～10	1.28	46.88	47.84	0.92
	10～20	1.33	43.47	44.45	0.80
	20～40	1.39	41.78	43.01	0.75
RP	0～10	1.31	47.56	48.97	0.96
	10～20	1.34	42.11	43.09	0.76
	20～40	1.38	41.24	41.53	0.71
UP	0～10	1.32	45.85	47.93	0.92
	10～20	1.35	43.32	44.11	0.79
	20～40	1.38	40.02	41.01	0.70
SJ	0～10	1.31	45.87	47.56	0.91
	10～20	1.36	45.40	46.83	0.88
	20～40	1.38	42.69	43.35	0.77
PE	0～10	1.33	46.20	48.26	0.93
	10～20	1.36	43.08	43.20	0.76
	20～40	1.39	40.72	41.56	0.71
TC	0～10	1.35	44.54	46.09	0.85
	10～20	1.39	41.78	42.59	0.74
	20～40	1.42	39.31	40.45	0.68
IC	0～10	1.39	43.76	45.16	0.82
	10～20	1.39	40.36	42.65	0.74
	20～40	1.42	38.42	39.97	0.67
CK	0～10	1.41	42.91	44.85	0.81
	10～20	1.41	40.68	42.42	0.74
	20～40	1.43	37.86	38.01	0.61

综上所述，不同防护林类型均能降低土壤容重，增加土壤的孔隙度，改善土壤的通气、透水性能。植被改良土壤结构的能力与林分结构、树种组成等密切相关，其中乔木混交林对土壤容重和孔隙度的改良效果最好，具有最优的改善土壤结构的能力。

（2）土壤持水和蓄水性能

森林土壤是水分贮存的主要场所，林地持水和蓄水性能是反映森林保持水分及涵养水源能力的重要特征之一。土壤持水量表明土壤供给植物生长以及蒸发所需水的能力；土壤蓄水量是评价植物群落下土壤理水调洪和涵养水源的重要指标，多用来反映土壤储蓄和调节水分的潜在能力（王国梁等，2009）。

1）持水能力

土壤饱和持水量是毛管持水量与非毛管持水量的总和。毛管持水量指毛管中吸持贮存的水分，主要用于植物根系的吸收和土壤的蒸发，可以用来反映植物吸持水分供其正常生理活动所需的有效水分。

各防护林类型的饱和持水量（表 5-8）为 27.03%（草地）～34.16%（刺槐+白蜡混交林），且均大于裸地；各防护林类型的饱和持水量的均值乔木混交林（32.82%）最大，乔木纯林（30.91%）次之，草地（27.03%）最差，这可能与林分表层的枯落物量以及林下植被的多少有关。毛管持水量在不同防护林类型间的大小规律和饱和持水量相同，且均大于裸地。毛管持水量与饱和持水量的比值（简称毛饱比）是衡量土壤水分供应状况的重要指标，不同林地的毛饱比为 0.72～0.97，说明各防护林类型的供水性能差别不大。在垂直空间上，随着土壤深度的增加，各防护林（除柽柳纯林外）的饱和持水量均呈现递减的趋势；而毛管持水量的变化规律较复杂，其中乔木混交林均随土层深度的增加而降低，乔木纯林中杨树纯林的值在 20～40cm 土层达到最大值，草地和裸地均表现为先升高再降低的趋势。这可能是因为旱季土壤表层的蒸发较强，乔木混交林、乔木纯林以及灌木林由于表层有较多的枯落物以及林木枝叶的遮阴效果，阻碍了土壤表面蒸发水分与大气水汽的直接交换，以及折射、反射和吸收的太阳能的增加，蒸发动力减小，从而降低了土壤表层的蒸发，减少了表层毛管中水分的散失，同时由于乔木植株的根系较深，可以从下层土壤中吸收水分补充表层水分的利用；而草地和裸地由于表层的覆盖物较少，土壤的蒸发较大，表层毛管持水用于蒸发的量较大，同时由于草本植物的根系主要分布在表层，不能从土壤下层吸收水分补充表层的利用，从而使表层水分含量较低，而下层的水分得到保存，大于表层水分含量。

表 5-8　不同防护林类型的土壤持水和蓄水特征值（2011 年旱季）

林分	土层深度/cm	毛管持水量/%	饱和持水量/%	毛管/饱和持水量	毛管蓄水量/mm	饱和蓄水量/mm	涵蓄降水量/mm	有效涵蓄量/mm
RPUP	0～10	31.64	33.54	0.94	44.76	49.03	27.97	23.70
	10～20	30.55	32.05	0.95	43.75	45.27	24.85	23.33
	20～40	28.83	30.92	0.93	76.31	77.33	36.60	35.58
RPFC	0～10	34.25	35.57	0.96	48.02	50.79	27.25	24.48
	10～20	32.32	34.13	0.95	42.51	44.61	23.34	21.24
	20～40	31.91	32.79	0.97	84.46	86.82	44.04	41.68
SJUP	0～10	31.68	33.50	0.95	45.48	51.24	29.67	23.91
	10～20	30.20	33.13	0.91	42.88	44.58	24.10	22.40
	20～40	28.97	29.75	0.97	77.52	80.89	37.15	33.78
RP	0～10	28.83	31.50	0.92	46.42	47.51	22.93	21.84
	10～20	27.68	30.13	0.92	41.76	42.33	20.15	19.58
	20～40	27.04	28.78	0.94	81.76	82.76	36.76	35.76
UP	0～10	30.28	31.53	0.96	44.78	46.46	25.24	23.56
	10～20	29.63	30.34	0.98	40.87	42.86	22.50	20.51
	20～40	28.87	29.55	0.98	75.75	76.68	38.40	37.46
SJ	0～10	29.28	30.27	0.97	44.25	44.80	21.09	20.55
	10～20	28.74	30.06	0.96	42.03	43.17	23.14	22.00
	20～40	27.79	29.68	0.94	75.38	80.13	37.79	33.03
PE	0～10	25.97	35.87	0.72	44.61	45.76	22.10	20.95
	10～20	25.12	32.02	0.78	41.58	42.04	21.85	21.39
	20～40	26.34	31.24	0.84	74.69	79.13	36.25	31.81
TC	0～10	25.81	27.07	0.95	42.30	43.28	21.16	20.18
	10～20	25.44	28.94	0.88	39.75	40.64	20.97	20.08
	20～40	24.27	26.11	0.93	71.63	74.75	35.07	31.95
IC	0～10	26.33	28.64	0.92	41.13	42.93	20.26	18.46
	10～20	27.45	28.32	0.97	36.94	38.61	19.83	18.15
	20～40	23.98	24.14	0.99	70.79	72.97	33.99	31.81
CK	0～10	18.81	27.07	0.69	40.30	42.28	13.80	11.82
	10～20	22.74	25.94	0.88	35.75	38.43	14.71	12.03
	20～40	22.27	24.11	0.92	69.63	70.75	25.43	24.31

2）蓄水性能

森林土壤蓄水是森林涵养水源的主要途径，由于森林类型及其土壤物理性质的不同，土壤蓄水保土功能表现出较大差异（张雷燕等，2007；姜海燕等，2007）。森林土壤的蓄水能力大小取决于土壤孔隙度。

土壤饱和蓄水量反映了土壤储蓄水分和调节水分的潜在能力，可反映水源涵养能力。由表 5-8 可知，不同防护林类型的土壤饱和蓄水量有较大差异，大小依次为乔木混交林＞乔木纯林＞灌木林＞草地，均大于裸地。土壤毛管蓄水量是土壤为植物生长供给水分能力大小的重要指标，反映了土壤保持水分供植物生长利用的能力。毛管蓄水量的变化规律和饱和蓄水量大体相同。说明乔木混交林在减少地表径流、防止土壤侵蚀等方面的功能最强。土壤蓄水性能与土壤前期含水量密切相关，当土壤湿度大时，土壤蓄水量减少，即使降雨量很小，也会产生地表径流，因此，把饱和贮水量与土壤前期含水量之差作为衡量土壤涵蓄降水量的指标，称为涵蓄降水量（许景伟等，2009）。各防护林类型的涵蓄降水量均大于裸地，其中白榆+国槐混交林最大，为 29.67mm，草地最小，为 20.26mm，分别是裸地的 2.15 倍和 1.47 倍。森林在生长过程中，枯落物的不断累积和根系的不断新老更替，改善了土壤结构和物理性状，增强了土壤的入渗性能和贮水能力，从而提高了林地土壤的贮水量。可见，建设防护林后显著提高了土壤涵蓄降雨的能力。

各防护林类型的土壤饱和蓄水均以毛管蓄水量为主，毛管蓄水量与土壤前期含水量之差更能反映供植物利用的潜在土壤有效蓄水的量，即有效涵蓄量（于乃胜等，2009）。有效涵蓄量的变化同涵蓄降水量的变化规律相同，均是乔木混交林最大，草地较差，但均大于裸地。有效涵蓄量大，有利于减少地表径流，减少降雨的无效损失和表土的流失。可见，营造防护林后，在水分入渗速率、涵蓄降雨能力以及供给植物有效水分方面均有较大的提高，乔木混交林具有最强的涵蓄降雨能力以及供给植物最大量的有效水分。这主要是因为林分枯落物蓄积量和林木根系分布等不同，乔木混交林的林冠结构对降水的拦蓄作用比较好，降低了雨滴击溅作用对土壤结构的破坏，另外土壤内根系的分布范围广，混交林土壤物理性状（土壤容重和土壤孔隙状况等指标）优于纯林，故其涵蓄降雨能力强，有效水贮存量大，有利于改善盐碱地土壤的干旱贫瘠状况。

在垂直空间上，毛管蓄水量随土层的增加而减小，这是因为毛管蓄水量和毛管的数量有关，而毛管的数量在土层上表现为随土层的增加而减少的趋势；饱和蓄水量、涵蓄降水量和有效涵蓄量均表现为随土层深度的增加而减小的趋势（由于饱和蓄水量、涵蓄降水量和有效涵蓄量的计算与土层的厚度有关，所以 20～40cm 土层的值最大，但是比较的是换算为 10cm 土层的值），这主要是因为土壤表层的土壤容重较小，土壤较疏松，孔隙度较大，孔隙较多，而土壤底层土壤质地较硬且降水较少能渗透到此层，故含水量较低，水分不易渗透。

表 5-9 为雨季不同防护林类型的土壤蓄水和持水能力。可知，不同防护林类型间的土壤蓄水和持水性能与旱季的大体规律相同，均表现为乔木混交林最大，草地较差，但均大于裸地。但是在土层上，雨季毛管持水量在各样地均表现为随土层深度增加而减小的趋势，这可能与雨季降水量较大以及林下草本植物生长较旺盛有关。

表 5-9 不同防护林类型的土壤持水和蓄水特征值（2011 年雨季）

林分	土层深度/cm	毛管持水量/%	饱和持水量/%	毛管/饱和持水量	毛管蓄水量/mm	饱和蓄水量/mm	涵蓄降水量/mm	有效涵蓄量/mm
RPUP	0～10	45.77	50.93	0.90	47.13	50.03	28.23	25.34
	10～20	42.79	45.31	0.94	44.63	45.88	24.97	23.71
	20～40	38.26	42.19	0.91	85.34	87.16	43.98	42.16
RPFC	0～10	42.84	51.17	0.84	48.61	51.61	27.78	24.78
	10～20	41.77	43.80	0.95	46.32	47.14	24.64	23.82
	20～40	40.26	41.10	0.98	87.40	89.31	46.25	44.33
SJUP	0～10	47.81	49.17	0.97	46.88	47.84	25.18	24.22
	10～20	43.35	46.04	0.94	43.47	44.45	22.74	21.76
	20～40	39.74	42.55	0.93	83.56	86.02	43.90	41.44
RP	0～10	39.90	43.68	0.91	47.56	48.97	24.56	23.15
	10～20	36.64	42.00	0.87	42.11	43.09	20.67	19.68
	20～40	33.22	38.47	0.86	82.47	83.07	41.93	41.33
UP	0～10	36.17	41.00	0.88	45.85	47.93	22.92	20.84
	10～20	34.58	39.19	0.88	43.32	44.11	20.72	19.93
	20～40	34.13	37.16	0.92	80.05	82.03	40.14	38.16
SJ	0～10	39.15	42.01	0.93	45.87	47.56	26.99	25.30
	10～20	36.00	37.73	0.95	45.40	46.83	26.68	25.26
	20～40	33.89	35.38	0.96	85.37	86.69	45.41	44.09
PE	0～10	42.93	46.86	0.92	46.20	48.26	23.94	21.88
	10～20	41.57	43.68	0.95	43.08	43.20	19.46	19.34
	20～40	37.23	39.30	0.95	81.44	83.12	41.48	39.80
TC	0～10	36.78	38.89	0.95	44.54	46.09	21.04	19.49
	10～20	34.43	36.33	0.95	41.78	42.59	18.84	18.03
	20～40	31.63	33.98	0.93	78.62	80.90	39.44	37.16
IC	0～10	36.14	38.67	0.93	43.76	45.16	20.90	19.49
	10～20	33.67	37.86	0.89	40.36	42.65	18.68	16.39
	20～40	32.30	35.47	0.91	76.84	79.94	38.40	35.30
CK	0～10	30.07	33.99	0.88	42.91	44.85	19.07	17.14
	10～20	26.42	32.62	0.81	40.68	42.42	18.26	16.52
	20～40	25.17	28.97	0.87	75.72	76.02	32.88	32.58

与旱季相比较，土壤的持水和蓄水能力均有一定的增加，这可能是因为土壤容重、孔隙度等土壤物理性质的优良，以及植物的生长、土壤中根系的扩张、土壤动物和微生物的频繁活动，增加了土壤的孔隙量，改善了土壤的通气、透水性能，从而提高了土壤的持水和蓄水性能。

综上所述，林内枯枝落叶和死亡根系的蓄积、分解，根系的穿插作用及土壤中动物、微生物活动的作用，改善了土壤的物理性状，有效地降低了土壤容重，增大了土壤孔隙度，促进小团聚体向大团聚体转化，提高了土壤的蓄水能力和渗透能力，促进了土壤结构的优化。整体上乔木混交林在改善土壤结构、涵养水源、蓄水能力方面能力最强。

各防护林类型的土壤毛管持水量、饱和持水量、土壤涵蓄降水量、有效涵蓄量均表现为乔木混交林＞乔木纯林＞灌木林＞草地，均大于裸地，且 0～10cm 土层的蓄水性能最优。说明在涵养水源和水分有效性方面，乔木混交林优于乔木纯林，而草地较差。从储蓄水分、涵养水源角度来考虑，黄河三角洲盐碱地区应首选营造乔木混交林，其中白榆+国槐混交林最优。

（3）土壤酶活性与土壤水文特性指标之间的相关性

土壤的物理结构影响土壤中的水分、空气和温度，对土壤酶的活性有一定的影响。

旱季（表 5-10），土壤脲酶、过氧化氢酶和蔗糖酶的活性与土壤容重呈极显著负相关（$P<0.01$），与毛管孔隙度和总孔隙度呈极显著正相关（$P<0.01$），与毛管持水量、饱和持水量、毛管蓄水量、饱和蓄水量、涵蓄降水量和有效涵蓄量等土壤持水蓄水指标均呈现极显著正相关（$P<0.01$）；而多酚氧化酶活性除与毛管持水量和毛管/饱和持水量呈现极显著负相关（$P<0.01$）外，与其他土壤水文特征指标相关性均不显著。

表 5-10　土壤酶活性与土壤水文特性指标之间的相关性分析（2011 年旱季）

土壤水文特性指标	脲酶活性	多酚氧化酶活性	过氧化氢酶活性	蔗糖酶活性
土壤容重	−0.861**	0.232	−0.807**	−0.846**
毛管孔隙度	0.880**	0.077	0.778**	0.855**
总孔隙度	0.848**	0.109	0.769**	0.870**
孔隙比	0.849**	0.093	0.779**	0.880**
毛管持水量	0.755**	−0.543**	0.681**	0.692**
饱和持水量	0.831**	−0.316	0.685**	0.690**
毛管/饱和持水量	0.124	−0.464**	0.171	0.179
毛管蓄水量	0.868**	0.096	0.776**	0.856**
饱和蓄水量	0.874**	0.086	0.784**	0.920**
涵蓄降水量	0.868**	−0.239	0.729**	0.867**
有效涵蓄量	0.850**	−0.270	0.704**	0.784**

雨季（表 5-11），4 种土壤酶的活性与土壤水文特性指标之间的相关关系与旱季相同。

表 5-11 土壤酶活性与土壤水文特性指标之间的相关性分析（2011 年雨季）

土壤水文特性指标	脲酶活性	多酚氧化酶活性	过氧化氢酶活性	蔗糖酶活性
土壤容重	−0.904**	0.144	−0.678**	−0.852**
毛管孔隙度	0.862**	0.121	0.653**	0.831**
总孔隙度	0.820**	0.183	0.663**	0.814**
孔隙比	0.816**	0.169	0.675**	0.822**
毛管持水量	0.897**	−0.363**	0.736**	0.875**
饱和持水量	0.904**	−0.278	0.785**	0.908**
毛管/饱和持水量	0.279	−0.388**	0.081	0.176
毛管蓄水量	0.862**	0.121	0.653**	0.831**
饱和蓄水量	0.820**	0.183	0.663**	0.814**
涵蓄降水量	0.862**	−0.243	0.664**	0.837**
有效涵蓄量	0.867**	−0.354	0.622**	0.815**

土壤酶活性与土壤水文特性指标之间呈现出较高的相关性，说明土壤水文特性对土壤酶活性的重要作用。

5.1.5.2 不同防护林类型的土壤养分含量对土壤酶活性的影响

（1）土壤养分含量

土壤养分影响林木的生长发育，酶类则参与土壤中复杂的生物化学反应和物质循环，其中包括土壤养分的转化。土壤有机质、氮、磷和钾是土壤肥力的重要标志。土壤有机质具有协调土壤养分、水分和气、热的功能，是土壤肥力的重要指标，其与土壤的结构性、通气性、渗透性、吸附性和缓冲性等都有密切的关系，而这些性能的优劣通常与土壤肥力水平的高低是一致的（张华和张甘霖，2001）。

各防护林类型的土壤养分情况见表 5-12（2011 年旱季）和表 5-13（2011 年雨季）。各防护林类型的 pH 在各层次间没有表现出一定的规律性，但与裸地相比较，各层次均有一定的减小。原因是防护林土壤中植物根系的总量以及植物根系在各层中的分布较无林地明显增大，而植物根系分泌的 H^+或 HCO_3^-（OH^-），以及植物根系对不同阴离子的吸收比例不同，从而导致土壤 pH 的变化，直接影响了土壤中养分的存在状态、转化和有效性，以及土壤中植物和微生物的生存和生活。土壤含盐量在同一林分中各层次上也没有表现出明显的规律性，在旱季，裸地和草地 0～10cm 土层的含盐量大于 10～20cm，由于旱季蒸发量较大，水分向表层运动，盐分随着水分也向上移动，导致裸地和草地等出现返盐现象，故表层含盐量较大；防护林的表层覆盖有大量的枯落物，降低了土壤的蒸发，没有形成返盐现象，故表层含盐量小于下层。而在雨季，上层盐分含量较低，这主要与盐分随降雨向下层转移有关，而裸地和草地林下植物（主要为草本植物）覆盖度小，对水分的截留能力较弱，易在地表形成径流，且草本植物对土壤物理结构性质的改变较乔木弱得多，水分的入渗较弱，盐分向下转移较慢且少，而 8 月炎热的天气，阳光直接照射土壤表层，导致其表层的蒸发较大，盐分上移，最终裸地和草地的盐分含量较乔木林高得多。

表 5-12　不同防护林类型的土壤养分含量（2011 年旱季）

林分	土层深度/cm	pH	含盐量/‰	全氮/(g/kg)	碱解氮/(mg/kg)	速效钾/(mg/kg)	全磷/(g/kg)	有机质/(g/kg)
RPUP	0～10	7.86	0.96	0.289	104.88	230.54	0.597	7.46
	10～20	7.68	1.48	0.128	44.37	160.12	0.623	7.29
	20～40	8.33	0.82	0.159	56.47	150.64	0.596	4.57
RPFC	0～10	7.88	0.26	0.513	112.95	380.66	0.639	15.32
	10～20	7.00	1.24	0.186	96.81	168.76	0.548	5.65
	20～40	8.31	1.00	0.245	64.54	150.00	0.585	5.65
SJUP	0～10	7.65	0.88	0.583	118.07	430.50	0.666	12.43
	10～20	8.14	1.46	0.235	70.51	260.35	0.656	5.56
	20～40	8.21	1.28	0.108	64.54	150.00	0.644	4.48
RP	0～10	8.15	0.35	0.463	108.91	270.22	0.503	15.80
	10～20	8.29	2.24	0.199	92.78	102.36	0.585	12.25
	20～40	8.38	1.56	0.228	76.64	118.64	0.557	4.91
UP	0～10	8.00	0.95	0.264	96.47	270.00	0.522	8.97
	10～20	7.90	1.18	0.109	52.44	160.55	0.612	5.42
	20～40	8.27	0.44	0.095	56.47	132.73	0.565	4.56
SJ	0～10	7.80	1.24	0.394	102.61	253.45	0.642	14.53
	10～20	8.32	0.52	0.178	72.61	180.30	0.604	9.09
	20～40	7.85	1.48	0.132	60.51	122.70	0.615	7.46
PE	0～10	7.87	0.94	0.341	79.25	230.00	0.548	9.86
	10～20	8.25	2.62	0.177	62.78	85.50	0.528	5.80
	20～40	7.94	1.80	0.109	48.41	90.55	0.530	2.61
TC	0～10	8.07	1.78	0.268	96.81	150.45	0.567	12.52
	10～20	8.23	1.52	0.153	69.42	105.35	0.563	3.55
	20～40	8.40	1.32	0.075	52.44	80.85	0.539	2.48
IC	0～10	8.16	1.06	0.148	52.44	160.46	0.549	6.90
	10～20	8.23	0.78	0.116	88.74	110.45	0.504	3.05
	20～40	8.19	1.10	0.095	44.37	94.53	0.561	2.42
CK	0～10	8.21	4.24	0.253	86.54	410.36	0.549	11.60
	10～20	8.34	1.52	0.135	43.67	220.55	0.537	1.61
	20～40	8.47	1.32	0.058	31.66	68.58	0.577	2.04

注：为了阅读方便，在语言表达上进行了简化，如此处的速效钾指速效钾含量。后同

各防护林类型中，除速效钾外，其他各养分的含量均较低。一般，乔木混交林的各种养分含量均最大，这主要是因为在无外源营养物质进入的情况下，枯落

表 5-13 不同防护林类型的土壤养分含量（2011 年雨季）

林分	土层深度/cm	pH	含盐量/‰	全氮/（g/kg）	碱解氮/（mg/kg）	速效钾/（mg/kg）	全磷/（g/kg）	有机质/（g/kg）
RPUP	0～10	8.10	0.19	1.090	302.54	315.65	0.351	23.80
	10～20	7.54	1.10	0.605	176.98	120.32	0.670	19.10
	20～40	8.19	0.18	0.342	108.91	160.54	0.598	13.50
RPFC	0～10	8.03	1.15	1.263	306.57	355.29	0.808	27.40
	10～20	8.09	1.42	0.546	152.44	180.77	0.693	17.10
	20～40	8.26	1.22	0.462	72.61	160.39	0.701	10.60
SJUP	0～10	7.93	0.65	0.977	261.35	480.55	0.980	27.15
	10～20	7.97	1.40	0.626	188.74	230.63	0.802	15.23
	20～40	8.14	1.20	0.333	89.59	200.00	0.698	10.64
RP	0～10	7.83	0.89	0.621	183.12	310.25	0.740	24.00
	10～20	7.66	1.82	0.479	137.15	230.09	0.702	14.20
	20～40	8.15	1.14	0.301	84.71	170.84	0.713	12.50
UP	0～10	7.78	0.82	0.687	221.86	290.50	0.651	17.57
	10～20	8.04	1.16	0.466	164.54	110.80	0.645	8.22
	20～40	8.17	1.51	0.235	72.61	130.65	0.618	7.76
SJ	0～10	7.71	0.50	0.914	274.30	345.00	0.763	19.44
	10～20	7.94	1.56	0.628	157.15	200.53	0.679	8.69
	20～40	8.20	1.82	0.343	88.74	120.50	0.753	8.22
PE	0～10	7.83	0.80	0.676	242.03	345.53	0.746	21.54
	10～20	7.75	1.20	0.468	193.62	120.35	0.725	8.04
	20～40	8.17	1.32	0.256	112.95	160.55	0.697	7.60
TC	0～10	8.18	1.47	0.474	165.22	320.50	0.723	14.91
	10～20	7.83	1.86	0.345	122.37	170.45	0.545	10.36
	20～40	8.28	2.00	0.184	73.61	115.35	0.606	4.89
IC	0～10	7.88	1.74	0.418	100.85	120.83	0.765	10.88
	10～20	8.22	1.98	0.313	84.71	190.00	0.626	6.36
	20～40	8.29	1.64	0.103	56.47	60.95	0.709	5.21
CK	0～10	8.30	2.13	0.384	139.59	320.50	0.670	11.20
	10～20	8.35	2.24	0.244	96.98	270.28	0.339	8.60
	20～40	7.98	3.62	0.122	36.81	120.72	0.642	4.60

物的分解是土壤中养分的主要来源，人工植被恢复后地表枯落物增加，而前面的研究表明乔木混交林的枯落物量最大，从而分解生成最多的营养物。空间上，全氮、碱解氮、有机质均是随土壤层次的增加而降低，且与裸地相比均有增大的规律。这主要与各样地表层的枯落物量有关。雨季与旱季相比较，各养分含量均有所增加，这主要是由于随着土壤动物、微生物活动的增强，土壤枯落物的分解加剧，而凋落物分解越快，转化为土壤腐殖质的过程越强烈，有效养分不断得到补充。

综上可知，防护林可以降低土壤的盐碱度，增加土壤中各种养分的含量。而乔木林中养分含量的增加幅度较大，土壤盐碱度降低幅度最大。

（2）土壤酶活性与土壤养分含量之间的相关性

土壤酶是一个综合性的生物参数，其活性与土壤理化性质密切相关，因此能够较好地表征土壤的品质（王涵等，2009）。

旱季，pH 与土壤脲酶、蔗糖酶活性呈极显著负相关（$P<0.01$），与过氧化氢酶活性呈显著负相关（$P<0.05$），与多酚氧化酶活性间相关性不显著；含盐量与多酚氧化酶活性呈显著正相关（$P<0.05$），与脲酶、蔗糖酶和过氧化氢酶活性相关性均不显著。而在雨季，pH 与土壤脲酶和蔗糖酶活性呈显著负相关（$P<0.05$），与过氧化氢酶和多酚氧化酶活性相关性不显著；含盐量与脲酶、蔗糖酶和过氧化氢酶活性均呈极显著负相关（$P<0.01$），与多酚氧化酶活性相关性不显著。土壤酶活性与 pH、土壤含盐量的相关性分析表明土壤的盐碱性对土壤酶的活性有较大的影响。

由表 5-14 和表 5-15 可知：本研究中，无论是旱季还是雨季，有机质与脲酶、过氧化氢酶和蔗糖酶活性呈极显著正相关（$P<0.01$），与多酚氧化酶活性相关性不明显（$P>0.05$），这说明在有机质缺乏的盐碱地区，作为土壤酶来源和营养供给的有机质，对土壤酶活性有着重要的影响。脲酶与全氮、碱解氮和速效钾呈极显著正相关（$P<0.01$）与全磷呈极显著正相关（旱季）或显著正相关（雨季）；多酚氧化酶活性仅与速效钾呈显著正相关，与其他指标的相关性均不显著；过氧化氢酶活性与全氮、碱解氮和速效钾呈极显著正相关（$P<0.01$），与全磷呈显著正相关（旱季）或不显著正相关（雨季）；蔗糖酶活性与全氮、碱解氮和速效钾的相关性均达到极显著水平（$P<0.01$），与全磷呈极显著正相关（旱季）或不显著正相关（雨季）。可见有机质、全氮、碱解氮和有效磷对土壤酶活性都有显著的影响，既体现了酶对土壤品质的表征作用，又体现了营养元素对酶的营养效应。

表 5-14　土壤酶活性与土壤养分之间的相关性分析（2011 年旱季）

指标	pH	含盐量	全氮	碱解氮	速效钾	全磷	有机质
脲酶活性	−0.519**	−0.356	0.792**	0.716**	0.531**	0.465**	0.680**
多酚氧化酶活性	0.156	0.437*	0.196	0.213	0.376*	−0.333	0.348
过氧化氢酶活性	−0.392*	−0.316	0.719**	0.680**	0.504**	0.390*	0.620**
蔗糖酶活性	−0.522**	−0.312	0.810**	0.703**	0.688**	0.513**	0.672**

表 5-15　土壤酶活性与土壤养分之间的相关性分析（2011 年雨季）

指标	pH	含盐量	全氮	碱解氮	速效钾	全磷	有机质
脲酶活性	−0.450*	−0.743**	0.876**	0.827**	0.638**	0.408*	0.847**
多酚氧化酶活性	0.003	0.276	0.035	0.148	0.432*	−0.203	0.083
过氧化氢酶活性	−0.273	−0.675**	0.753**	0.749**	0.599**	0.076	0.758**
蔗糖酶活性	−0.413*	−0.703**	0.913**	0.894**	0.693**	0.306	0.904**

5.1.5.3 不同防护林类型的土壤微生物数量对土壤酶活性的影响

（1）土壤微生物数量

土壤微生物是土壤中活的有机体，是最活跃的土壤肥力因子之一。土壤是一个不断进行着复杂生物化学反应的生态系统。土壤微生物具有重要的作用（李延茂等，2004），它能分解土壤中的动植物残体，促进有机质的分解与转化，并且它的代谢产物以及真菌的菌丝等可以黏结土体，促进土壤团粒结构的形成从而改善土壤的结构（何寻阳等，2010）。另外，土壤微生物的活动有利于土壤腐殖质的形成，土壤腐殖质不但能改善土壤的理化性能，更是植物营养和水分的仓库（吕桂芬等，2010）。细菌、放线菌和真菌三大类微生物构成了土壤微生物的主要生物量，其数量直接影响土壤的生物化学活性及土壤养分的组成与转化，是林地土壤肥力的重要指标之一。一般情况下，土壤肥力水平高，土壤中细菌、放线菌密度也高。

细菌数量很大程度上与土壤有机质含量呈正相关。从表 5-16 可以看出，白榆+国槐混交林中的细菌数量最多（475.29×10^5CFU/g），裸地最少，仅为 93.99×10^5CFU/g；而不同防护林类型间比较可知，乔木混交林的细菌数量是裸地的 3.64～4.23 倍，乔木纯林的细菌数量是裸地的 3.1（白榆纯林）～3.3 倍（刺槐纯林），柽柳林和白茅地分别比裸地增加了 143%和 87%。

表 5-16 不同防护林类型的土壤微生物数量（旱季）

林分	土层深度/cm	细菌/（10^5CFU/g）	放线菌/（10^4CFU/g）	真菌/（10^3CFU/g）	固氮菌/（10^2CFU/g）
RPUP	0～10	147.38	205.97	68.92	106.94
	10～20	97.69	94.30	162.19	93.13
	20～40	57.94	113.10	37.41	22.49
RPFC	0～10	162.88	91.49	76.13	129.93
	10～20	139.47	215.96	39.11	61.91
	20～40	67.06	30.63	24.38	40.45
SJUP	0～10	270.28	179.21	72.00	186.71
	10～20	120.36	120.94	46.81	103.30
	20～40	84.65	77.84	39.68	65.73
RP	0～10	169.34	163.83	63.66	132.93
	10～20	78.41	43.91	73.09	40.73
	20～40	62.13	59.01	32.09	26.91
UP	0～10	156.33	145.70	54.70	85.50
	10～20	78.55	67.40	45.70	56.43
	20～40	54.55	65.40	54.30	43.80
SJ	0～10	176.00	178.00	55.00	130.00
	10～20	95.34	145.00	36.00	75.50
	20～40	76.45	87.00	23.50	55.00

续表

林分	土层深度/cm	细菌/（10^5CFU/g）	放线菌/（10^4CFU/g）	真菌/（10^3CFU/g）	固氮菌/（10^2CFU/g）
PE	0～10	135.50	123.00	45.60	99.00
	10～20	76.33	34.00	35.00	57.00
	20～40	56.45	45.00	24.70	45.00
TC	0～10	105.45	106.00	43.00	80.00
	10～20	78.33	45.50	34.00	45.50
	20～40	45.33	35.00	20.00	32.55
IC	0～10	93.01	126.84	54.96	64.74
	10～20	56.00	16.97	38.29	16.38
	20～40	26.31	31.60	14.18	15.67
CK	0～10	56.34	66.45	34.00	34.50
	10～20	22.00	12.50	20.00	10.66
	20～40	15.65	15.00	12.00	8.50

放线菌与土壤腐殖质的含量有关，对土壤中的物质转化也具有一定的作用。放线菌的发育远比大多数真菌和细菌缓慢，它的作用主要是分解植物和动物的某些难分解的组分，形成腐殖质，把植物残体和枯落物转化为土壤有机组分。从表 5-16 可以看出，不同防护林类型表层的放线菌数量的变化无明显规律，但均大于裸地。这可能与林分内枯落物的种类不同有关。

真菌在土壤物质转化过程中起着巨大的作用。它积极参与有机物质的分解，使枯落物中的蛋白质形成林木可直接吸收的可溶性氮素氨基酸和铵盐等，同时它对无机营养的吸收也有显著的影响。从表 5-16 可以看出，不同防护林类型表层真菌数量的变化差异不明显，其中最大为刺槐+白蜡混交林（76.13×10^3CFU/g），最小的为柽柳林（43×10^3CFU/g），但均大于裸地（34×10^3CFU/g）。这与不同防护林类型之间枯落物的量有关，同时与枯落物的分解等有关。

固氮菌可以增加土壤氮素。可以看出各防护林类型中土壤固氮菌的数量与土壤全氮的变化规律相同，即乔木混交林最多，乔木纯林次之，草地较少，但均多于裸地的数量。这充分说明了土壤固氮菌在土壤氮素循环中起着重要的作用。

在不同土层深度，各样地中，微生物数量均表现出细菌＞放线菌＞真菌＞固氮菌，且数量之间几乎是一个 10 倍递减的规律。这是因为细菌和放线菌适宜在中性或微碱性的环境中生活，而真菌一般在酸性土壤中生长，所以放线菌和细菌的数量较多，特别是细菌的数量远远大于其他几种微生物的数量，这主要是由细菌个体的生化特性所决定的。细菌个体小，繁殖方式简单，速度快，耐高温、抗逆性强，说明细菌在土壤物质分解中的重要作用。

土壤微生物在垂直空间上的分布有一定规律可循（Nunan et al.，2002）。由表 5-16 可知，土壤中细菌和固氮菌的数量在各防护林类型中均表现出随土层的加深而减少的趋势，而放线菌和真菌虽然没有表现出随土层深度变化而变化的规律性，但主要集中分布在 0～20cm 土层。表层土壤微生物数量比下层多，这是因为表层有机质含量多，土壤结构疏松，通气条件良好，更适宜微生物的生长。

雨季（表 5-17），土壤微生物数量的变化规律和旱季相似。但是与旱季相比，雨季各种微生物的数量均较多，这可能与有机质的含量以及土壤水热条件等有关。

表 5-17　不同防护林类型的土壤微生物数量（雨季）

林分	土层深度/cm	细菌/（10^5CFU/g）	放线菌/（10^4CFU/g）	真菌/（10^3CFU/g）	固氮菌/（10^2CFU/g）
RPUP	0～10	272.65	251.96	92.35	154.31
	10～20	213.16	108.74	150.34	103.26
	20～40	136.19	132.42	20.65	52.62
RPFC	0～10	287.39	106.46	75.22	182.36
	10～20	164.21	245.65	52.41	86.37
	20～40	83.56	32.29	33.34	66.58
SJUP	0～10	318.33	210.68	96.48	123.34
	10～20	183.24	113.33	45.31	103.66
	20～40	103.34	94.30	29.05	62.54
RP	0～10	288.21	196.34	85.31	168.32
	10～20	132.31	49.03	76.50	95.31
	20～40	78.03	31.51	43.00	62.98
UP	0～10	113.37	158.44	53.01	82.26
	10～20	75.15	72.54	124.76	71.64
	20～40	44.57	87.00	28.78	17.30
SJ	0～10	265.76	247.69	92.99	145.35
	10～20	129.76	57.80	77.69	75.93
	20～40	98.50	45.60	43.50	53.50
PE	0～10	173.37	128.44	78.01	122.26
	10～20	85.15	70.54	106.76	61.64
	20～40	48.57	87.00	28.78	45.30
TC	0～10	113.50	146.50	65.00	78.40
	10～20	85.30	45.60	54.60	45.00
	20～40	45.00	55.00	33.00	38.00
IC	0～10	103.52	149.74	29.43	53.22
	10～20	84.03	21.38	51.31	24.30
	20～40	30.29	16.26	19.00	15.61
CK	0～10	76.00	56.00	35.50	44.00
	10～20	45.50	23.50	23.60	31.80
	20～40	25.60	10.40	11.00	20.00

综上，不同防护林类型的土壤微生物数量大体有一定的规律可言，一般乔木混交林最多，草地最差，但较裸地均有较大的增加。可见，建设防护林后，由于枯落物以及土壤根系的分解，提高了土壤中腐殖质的含量，较多的有机物为土壤微生物提供了较多的能源，从而有利于土壤微生物生活，增加了土壤微生物的数量。

（2）土壤微生物数量与土壤酶活性的相关性

土壤微生物是土壤生物活性最敏感的指标之一，在土壤生物化学反应中发挥重要的作用，且与土壤酶活性间具有一定的相关性（李延茂等，2004）。

由表 5-18 可知，土壤酶与土壤微生物之间的相关性分析结果为：土壤脲酶活性与细菌、放线菌、真菌和固氮菌数量的相关系数分别为 0.890、0.710、0.535 和 0.897，均达到极显著正相关水平（$P<0.01$）；多酚氧化酶活性与 4 种微生物数量间的相关系数均较小，未达到显著水平；土壤过氧化氢酶活性和蔗糖酶活性与 4 种土壤微生物数量间也达到极显著正相关水平（$P<0.01$）。

表 5-18　土壤酶活性、土壤微生物数量之间的相关性分析（2011 年旱季）

指标	细菌数量	放线菌数量	真菌数量	固氮菌数量
脲酶活性	0.890**	0.710**	0.535**	0.897**
多酚氧化酶活性	0.004	−0.032	−0.060	−0.003
过氧化氢酶活性	0.714**	0.695**	0.581**	0.688**
蔗糖酶活性	0.900**	0.729**	0.658**	0.895**

雨季（表 5-19），土壤脲酶、过氧化氢酶和蔗糖酶与 4 种微生物数量之间均呈极显著正相关（$P<0.01$）；而多酚氧化酶与 4 种微生物数量间的相关性均不显著。虽然真菌不适宜在碱性土壤生长，但由于真菌参与土壤中有机质和腐殖质的形成，因此与脲酶、蔗糖酶和过氧化氢酶都具有极显著的相关性。

表 5-19　土壤酶活性与土壤微生物数量、根系生物量之间的相关性分析（2011 年雨季）

指标	细菌数量	放线菌数量	真菌数量	固氮菌数量	根系生物量
脲酶活性	0.884**	0.693**	0.574**	0.888**	0.497**
多酚氧化酶活性	−0.042	0.020	−0.004	0.017	−0.310
过氧化氢酶活性	0.758**	0.687**	0.526**	0.709**	0.090
蔗糖酶活性	0.927**	0.769**	0.580**	0.880**	0.413*

5.1.5.4　土壤根系生物量对土壤酶活性的影响

（1）土壤根系生物量

植物根系不仅可以通过在土壤中的穿插改善土壤的物理结构，而且根系形成的孔隙更增加了土壤的通气、透水能力，同时死亡的根系经过土壤微生物的分解后，增加了土壤中的养分含量。

由于各林分均为 26 年林，其树木的根系在一年内生长变化较小，故选取根系活动较活跃的雨季对植物根系进行研究。

由图 5-11 可知，不同样地间的根系生物量不同。其中在 0～10cm 土层，灌木林（柽柳）的根系生物量最大（2.10kg/m^3），裸地最小（0.55kg/m^3），但是各样地间差别较小，而在 10～20cm 土层，各乔木林的根系生物量有一定的增加，这可能是由于草本植物的根系主要集中在 0～10cm 土层，而乔木的根系主要集中在 10～20cm 土层。在各样地中，根系生物量的分布具有一定的规律性，在乔木混交林和乔木纯林中，根系生物量在 10～20cm 土层达最大，而在柽柳林和白茅草地中在 0～10cm 土层达到高峰，根系生物量的这种分布主要与各植物的生理特征有关，如刺槐为深根系植物。

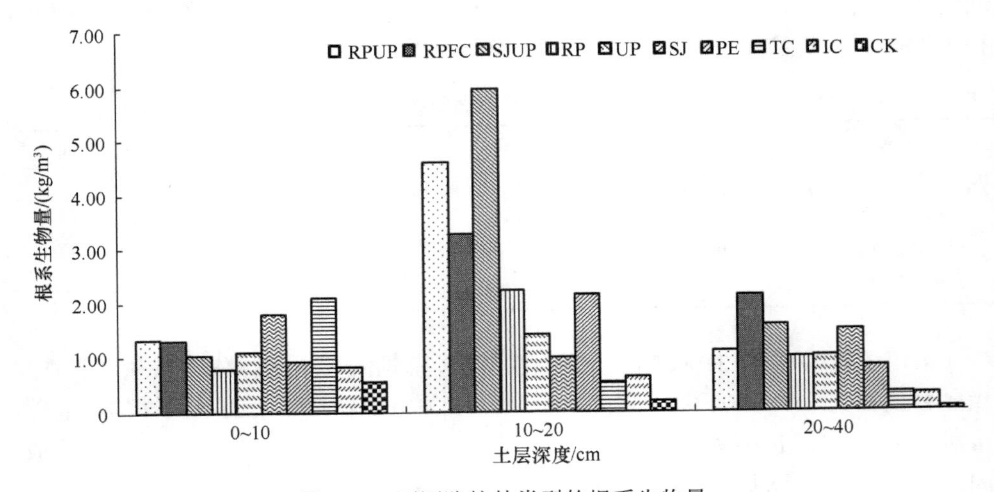

图 5-11　不同防护林类型的根系生物量

从总量来看，3 种乔木混交林的根系生物量均较大，其中白榆+国槐混交林的最大，为 8.56kg/m^3，是柽柳林（2.97kg/m^3）的 2.88 倍，是白茅草地（1.76kg/m^3）的 4.86 倍，是裸地（0.82kg/m^3）的 10.44 倍；乔木纯林的根系生物量为 3.49（白榆纯林）～4.25kg/m^3（国槐纯林）。

（2）土壤根系生物量与土壤酶活性的相关性

根系生物量与土壤酶活性的相关性分析（表 5-19）表明，土壤脲酶与根系生物量的相关系数为 0.497，达到极显著正相关水平（P＜0.01）；土壤蔗糖酶活性与根系生物量的相关系数为 0.413，达到显著正相关水平（P＜0.05）；土壤过氧化氢酶的活性与根系生物量的相关系数仅为 0.090，未达到显著水平；土壤多酚氧化酶活性与根系生物量的相关系数为–0.310，为负相关关系，但是未达到显著水平。

综上，各防护林类型的根系生物量不同，其中乔木混交林的根系生物量最大，草地最小，但均大于裸地；同时根系生物量在土层深度上随林分的不同而不同，乔木的根系生物量在 10～20cm 土层达到最大值，灌木在 0～10cm 土层的根系生物量最大。

5.1.5.5　小结

（1）不同防护林类型的土壤酶活性的影响因子

与裸地（旱季）相比较，各防护林类型对土壤水文特性、土壤微生物数量和土壤养分含量的影响有以下结果。①土壤水文特性方面。土壤容重，其中在 0～10cm 土层，乔木混交林的降低幅度最大，为 3.5%（刺槐+白蜡混交林）～4.2%（白榆+国槐混交林）；草地最差，仅降低了 0.7%；乔木混交林的土壤总孔隙度增加量最大，达 15.55%，乔木纯林次之，为 9.11%，草地最差，仅为 1.54%；在持水和蓄水能力方面，各防护林类型的饱和持水量的均值中乔木混交林（32.82%）最大，乔木纯林（30.91%）次之，草地（27.03%）最差。各防护林类型的涵蓄降水量均大于裸地，其中白榆+国槐混交林最大，为 29.67mm，草地最小，为 20.26mm，分别是裸地的 2.15 倍和 1.47 倍。②土壤养分含量。与裸地相比较，各防护林类型的 pH 均有较大幅度的降低，乔木混交林下降幅度最大，平均下降了 5.03%（其中白榆+国槐混交林下降幅度达到 6.82%），乔木纯林次之，平均下降 3.10%，草地较差，仅降低了 0.61%；含盐量方面，0～10cm 土层，乔木混交林、乔木纯林、灌木林和草地的降低值分别达 91.47%、89.40%、78.32%和 87.09%。③土壤微生物数量。乔木混交林的细菌数量是裸地的 3.64～4.23 倍，乔木纯林的细菌数量是裸地的 1.59（白榆纯林）～3.39 倍（刺槐纯林），柽柳林和白茅草地分别比裸地增加了 65.85%和 48.19%。其他种类微生物的数量也明显大于裸地。

综上可知，营造防护林后，由于植物根系的穿插以及植物根系死亡后形成的孔隙的作用，增加了土壤的孔隙度，降低了土壤的容重，使得土壤更加疏松，进而增加了土壤通气透水的性能，增加了土壤的持水性能，加之表层草本植物的作用，减少了土壤的水土流失，增加了土壤的保水蓄水能力。土壤保水蓄水性能和通气的提高，增强了土壤微生物的活动，加快了土壤中元素的循环，增加了土壤养分含量。

（2）土壤酶活性与其影响因子间的相关性

通过以上分析可知，土壤酶活性与土壤水文特性指标、土壤养分含量、土壤微生物数量以及根系生物量之间有一定的相关性。其中土壤脲酶、过氧化氢酶和蔗糖酶的活性与土壤容重呈极显著负相关（$P<0.01$），与毛管孔隙度、总孔隙度、

微生物数量、全氮、碱解氮和有机质呈极显著正相关（$P<0.01$），与毛管持水量、饱和持水量、毛管蓄水量、饱和蓄水量、涵蓄降水量和有效涵蓄量等土壤持水蓄水指标间也均呈极显著正相关（$P<0.01$）；而多酚氧化酶除与毛管持水量和毛管/饱和特水量呈极显著负相关（$P<0.01$），与含盐量呈显著正相关（$P<0.05$）外，与其他土壤因子间的相关性均不显著。

可见，土壤脲酶、过氧化氢酶和蔗糖酶均与土壤水文特性指标、土壤理化性质和土壤微生物数量有较好的相关性，而多酚氧化酶与这些土壤因子的相关性不明显。这个结果说明可以用土壤脲酶、过氧化氢酶和蔗糖酶的活性作为评价土壤肥力的指标。

5.1.6 不同防护林类型的土壤质量评价

5.1.6.1 土壤质量的主成分分析

利用主成分分析法对研究区不同防护林类型0～40cm土层的土壤质量进行评价，可以有效地识别影响 40cm 以内土壤性质的主要成分，揭示土壤演变过程中各土壤因子间的相互关系，并找出具有代表性的主导因子，在不损失或少损失信息的条件下从多个变量中构建相互独立的综合变量，从而对不同防护林类型对黄河三角洲盐碱地的改良作用做出正确的定量化评价。

为了更好地分析各防护林类型对黄河三角洲盐碱地土壤的改良作用，我们对研究区域的土壤水文特性指标、土壤养分含量、土壤微生物数量、土壤酶活性和根系量等 27 个指标[土壤容重（X_1）、毛管孔隙度（X_2）、总孔隙度（X_3）、孔隙比（X_4）、毛管持水量（X_5）、饱和持水量（X_6）、毛饱比（X_7）、毛管蓄水量（X_8）、饱和蓄水量（X_9）、涵蓄降水量（X_{10}）、有效涵蓄量（X_{11}）、pH （X_{12}）、含盐量（X_{13}）、速效钾（X_{14}）、全氮（X_{15}）、碱解氮（X_{16}）、全磷（X_{17}）、有机质（X_{18}）、细菌（X_{19}）、放线菌（X_{20}）、真菌（X_{21}）、固氮菌（X_{22}）、脲酶（X_{23}）、多酚氧化酶（X_{24}）、过氧化氢酶（X_{25}）、蔗糖酶（X_{26}）、根系生物量（X_{27}）]进行了主成分分析。

主成分的特征根和贡献率是选择主成分的依据。由表 5-20 可知，4 个主成分就可解释超过 84%的信息。第一主成分中，主要解释了土壤水文特性指标和与土壤中碳、氮循环有关的土壤因子，如土壤容重、毛管孔隙度、总孔隙度、细菌、固氮菌等，方差贡献率达 63.061%；第二主成分主要解释了土壤多酚氧化酶的信息，方差贡献率达 12.245%；第三主成分主要是含盐量的信息，方差贡献率达 4.645%，说明含盐量对土壤性质有较大的影响；第四主成分是全磷的信息，方差贡献率为 4.056%。

表 5-20　不同防护林类型土壤质量的主成分分析（旱季）

指标	第一主成分	第二主成分	第三主成分	第四主成分
脲酶	0.942	−0.098	−0.019	−0.003
多酚氧化酶	−0.061	0.863	0.194	−0.050
过氧化氢酶	0.847	−0.094	0.030	0.037
蔗糖酶	0.946	−0.017	0.083	0.155
细菌	0.930	0.075	0.149	−0.014
放线菌	0.779	−0.021	0.064	−0.075
真菌	0.628	−0.114	−0.273	0.286
固氮菌	0.918	0.068	0.126	0.115
土壤容重	−0.903	0.172	0.180	−0.140
毛管孔隙度	0.953	0.159	−0.080	−0.079
总孔隙度	0.950	0.162	−0.102	−0.082
孔隙比	0.950	0.143	−0.075	−0.086
毛管持水量	0.758	−0.593	0.000	−0.064
饱和持水量	0.812	−0.151	−0.409	−0.142
毛管/饱和持水量	0.135	−0.749	0.513	0.032
毛管蓄水量	0.952	0.165	−0.077	−0.086
饱和蓄水量	0.971	0.156	−0.042	−0.021
涵蓄降水量	0.906	−0.246	−0.082	−0.107
有效涵蓄量	0.867	−0.290	−0.121	−0.183
pH	−0.594	−0.113	0.305	0.004
含盐量	−0.326	0.647	−0.430	0.342
全氮	0.838	0.334	0.285	−0.026
碱解氮	0.783	0.300	0.247	−0.207
速效钾	0.674	0.487	0.209	0.227
全磷	0.434	−0.325	0.130	0.769
有机质	0.753	0.433	0.222	0.061
特征值	16.396	3.184	1.208	1.054
贡献率/%	63.061	12.245	4.645	4.056
累积贡献率/%	63.061	75.306	79.951	84.007

雨季（表 5-21），4 个主成分就可解释超过 84%的信息。第一主成分中，土壤容重、总孔隙度、细菌、固氮菌、全氮、碱解氮、有机质、脲酶、蔗糖酶以及土壤的持水蓄水指标的系数值较大，方差贡献率达 65.881%，说明土壤的通透蓄水性能，碳、氮元素的含量以及与转化循环有关的因子对土壤性质的影响较大，即与土壤的脲酶和蔗糖酶有较好相关性的因子；第二主成分主要解释了土壤多酚氧化酶的信息，方差贡献率达到 9.842%；第三主成分主要是 pH 的信息，方差贡献

率达 4.969%，说明 pH 可以影响土壤中养分的含量、微生物的数量以及土壤酶的活性；第四主成分是全磷的信息，方差贡献率为 3.987%。

表 5-21 不同防护林类型的土壤质量的主成分分析（雨季）

指标	第一主成分	第二主成分	第三主成分	第四主成分
脲酶	0.945	−0.185	−0.019	0.051
多酚氧化酶	−0.050	0.838	0.353	0.183
过氧化氢酶	0.784	0.060	−0.298	−0.222
蔗糖酶	0.948	−0.057	−0.086	−0.045
细菌	0.939	0.038	0.016	0.011
放线菌	0.791	0.018	−0.154	0.075
真菌	0.653	−0.102	0.438	−0.401
固氮菌	0.938	0.111	0.073	−0.056
土壤容重	−0.921	0.129	−0.065	−0.028
毛管孔隙度	0.949	0.136	0.062	0.114
总孔隙度	0.933	0.245	0.001	0.085
孔隙比	0.933	0.259	−0.015	0.071
毛管持水量	0.868	−0.395	−0.085	−0.001
饱和持水量	0.903	−0.201	−0.108	−0.136
毛管/饱和持水量	0.182	−0.700	0.002	0.411
毛管蓄水量	0.949	0.136	0.062	0.114
饱和蓄水量	0.933	0.245	0.001	0.085
涵蓄降水量	0.904	−0.106	−0.176	−0.004
有效涵蓄量	0.871	−0.259	−0.132	0.013
pH	−0.486	0.170	−0.679	0.260
含盐量	−0.744	0.197	0.350	0.143
全氮	0.946	0.154	0.007	−0.040
碱解氮	0.914	0.209	0.088	−0.118
速效钾	0.695	0.500	−0.024	0.274
全磷	0.328	−0.390	0.337	0.626
有机质	0.931	0.176	0.000	0.030
根系生物量	0.388	−0.562	0.338	−0.118
特征值	17.788	2.657	1.342	1.076
贡献率/ %	65.881	9.842	4.969	3.987
累积贡献率/ %	65.881	75.723	80.692	84.679

主成分分析方法结果表明，土壤容重、总孔隙度、细菌、固氮菌、全氮、碱解氮、有机质、脲酶、蔗糖酶等因子在土壤中发挥重要的作用。

5.1.6.2　土壤质量评价

主成分分析中各特征值大小反映了各综合指标相对于总遗传方差贡献的大小，特征向量表示各指标相对于综合指标贡献的大小。第一主成分和第二主成分累积贡献率为 75.305%，表明前 2 个主成分反映了 27 个土壤因子指标 75.306%的信息。第一主成分和第二主成分中的较大特征向量有脲酶、多酚氧化酶、过氧化氢酶、蔗糖酶、细菌、固氮菌、放线菌、土壤容重、毛管孔隙度、总孔隙度、孔隙比、毛管蓄水量、饱和蓄水量、涵蓄降水量、有效涵蓄量、全氮、碱解氮、有机质等 18 个指标，因此选取这些指标进行隶属函数分析：其中多酚氧化酶和土壤容重采用反隶属函数式（5.6）计算其函数值；其他指标采用隶属函数式（5.5）计算其函数值，对各防护林类型的 18 个指标的隶属函数值 R（1）～R（18）进行计算并求平均值（S），进而根据 S 的大小顺序评判防护林类型的优劣顺序（表 5-22）。

表 5-22　各林分的土壤因子的隶属度

指标	RPUP	RPFC	SJUP	RP	UP	SJ	PE	TC	IC	CK
R（1）	0.811	0.921	1	0.720	0.562	0.784	0.670	0.487	0.189	0
R（2）	0.921	0.881	1	0.666	0.626	0.771	0.701	0.218	0.591	0
R（3）	1	0.695	0.733	0.583	0.150	0.508	0.301	0.113	0.132	0
R（4）	0.779	0.742	1	0.488	0.443	0.474	0.268	0.210	0.168	0
R（5）	0.426	0.500	1	0.528	0.467	0.559	0.370	0.230	0.171	0
R（6）	0.476	0.627	1	0.647	0.335	0.627	0.424	0.299	0.199	0
R（7）	1	0.179	0.808	0.698	0.568	0.800	0.405	0.283	0.433	0
R（8）	0.948	0.787	1	0.720	0.543	0.713	0.546	0.315	0.141	0
R（9）	0.633	1	0.714	0.820	0.636	0.576	0.616	0.357	0	0.132
R（10）	0.793	1	0.524	0.615	0.491	0.296	0.409	0.118	0.076	0
R（11）	0.767	1	0.500	0.567	0.467	0.267	0.367	0.100	0.067	0
R（12）	0.578	1	0.671	0.793	0.580	0.512	0.558	0.259	0.108	0
R（13）	0.753	0.950	1	0.584	0.467	0.281	0.388	0.112	0.073	0
R（14）	0.893	0.848	1	0.575	0.721	0.459	0.523	0.464	0.407	0
R（15）	0.938	1	0.955	0.791	0.927	0.690	0.721	0.660	0.524	0
R（16）	0.325	0.839	1	0.724	0.267	0.566	0.444	0.275	0	0.242
R（17）	0.799	0.922	1	0.860	0.671	0.764	0.409	0.676	0	0.520
R（18）	0.062	0.946	0.621	1	0.233	0.858	0.332	0.631	0	0.472
S	0.717	0.824	0.863	0.688	0.509	0.584	0.47	0.323	0.182	0.076
排序	3	2	1	4	6	5	7	8	9	10

注：表中 R（1）、R（2）、R（3）、R（4）、R（5）、R（6）、R（7）、R（8）、R（9）、R（10）、R（11）、R（12）、R（13）、R（14）、R（15）、R（16）、R（17）、R（18）分别表示脲酶、多酚氧化酶、过氧化氢酶、蔗糖酶、细菌、固氮菌、放线菌、土壤容重、毛管孔隙度、总孔隙度、孔隙比、毛管蓄水量、饱和蓄水量、涵蓄降水量、有效涵蓄量、全氮、碱解氮、有机质；S 代表各林分的隶属函数平均值

表 5-23 是各林分的土壤因子的隶属度，隶属度的平均值大小依次为：白榆+国槐混交林、刺槐+白蜡混交林、刺槐+白榆混交林、刺槐纯林、国槐纯林、白榆纯林、杨树纯林、柽柳林、白茅地，均大于裸地。

表 5-23　不同防护林类型的隶属度

防护林类型		*S*（1）	*S*（2）	排序
乔木混交林	RPUP	0.717	0.801	1
	RPFC	0.824		
	SJUP	0.863		
乔木纯林	RP	0.688	0.560	2
	UP	0.509		
	SJ	0.584		
	PE	0.470		
灌木林	TC	0.323	0.323	3
草地	IC	0.182	0.182	4
裸地	CK	0.076	0.076	5

注：*S*（1）代表各林分的土壤因子的隶属函数平均值，*S*（2）代表各防护林类型的隶属函数平均值

不同防护林类型的土壤质量的综合评价（表 5-23）表明，4 种典型防护林类型及裸地的土壤质量的隶属度大小为：乔木混交林（0.801）＞乔木纯林（0.560）＞灌木林（0.323）＞草地（0.182）＞裸地（0.076）。可知，黄河三角洲盐碱地改良土壤质量最好的防护林类型为乔木混交林，其次为乔木纯林，草地最差。

5.1.6.3　小结

通过主成分分析法，可以用较少的土壤因子指标反映土壤的性质。主成分分析法结果表明，土壤中发挥重要作用的土壤因子为：土壤容重、总孔隙度、细菌、固氮菌、全氮、碱解氮、有机质、脲酶、蔗糖酶等。而这些土壤因子与土壤脲酶和蔗糖酶均有较好的相关性。因此，从评价土壤质量状况的角度看，土壤酶活性是较理想的评价指标，而土壤脲酶和蔗糖酶活性是可以优先选择的指标。

隶属函数分析提供了一种基于多个测量指标对土壤质量进行综合评价的方法，从而避免了因单一或少数指标评价土壤质量所产生的片面性。不同防护林类型对土壤质量有着不同的响应。因此，利用多个指标对不同防护林类型的土壤质量进行综合评价，可以更好地发现防护林类型对土壤质量的反应机制，进而提高土壤质量评价的准确性。应用主成分分析法减少了一些指标的测定，能明显减少工作量。该研究在主成分分析结果上选择了 18 个指标进行隶属函数分析，这为评价不同防护林类型对土壤质量的改善能力提供了简单快捷的评价方法。通过分析可知，乔木混交林是黄河三角洲盐碱地地区最优的防护林类型，白榆+国槐混交林又是最优的造林选择林分。

5.1.7 盐碱地防护林土壤酶活性变化及其影响因素

5.1.7.1 土壤酶活性的变化

水平空间上，不同植被之间土壤酶活性呈现出一定的规律。本研究中土壤脲酶、蔗糖酶和过氧化氢酶的活性均表现为乔木林大于灌草丛，多酚氧化酶的活性均小于灌草丛，与张刘东等（2011）对破坏山体不同植被恢复模式的土壤酶活性的研究结论相一致。本研究中旱季土壤脲酶活性的最大值仅为 0.3mg/g 左右，与张刘东等（2011）的研究中黑松麻栎混交林的土壤脲酶活性为 0.6mg/g 和张超等（2010）的研究中 25 年生刺槐纯林的土壤脲酶活性达 1.0mg/g 相比差异较大。可见在黄河三角洲盐碱地这一特殊的环境，土壤酶活性是较低的。

垂直空间上，通常森林土壤酶活性随土层深度的增加表现出一定的规律性。王成秋等（1999）研究了紫色土柑橘园土壤酶活性分布情况，发现随着土层深度的增加，土壤转化酶和脲酶活性显著降低。关松荫（1986）研究发现，随土层深度的增加，所有酶的活性均显著降低，而李传荣等（2006）研究发现过氧化氢酶的活性随土层的增加变化不大。本研究发现随着土层深度的增加，土壤脲酶和蔗糖酶的活性逐渐降低，但是刺槐+白榆混交林和白榆纯林的过氧化氢酶活性却表现为先降低再升高的趋势，具体原因可能与盐碱地区土壤盐分、植物根系和土壤微生物等的分布有关。

时间变化上，土壤酶活性随着季节的变化表现出一定的变化规律。张银龙和林鹏（1999）研究结果表明，水解酶类活性以冬季最低，春季上升，夏季和秋季较高。曹帮华和吴丽云（2008）研究发现土壤酶活性以林木旺盛生长的夏、秋季最高，春季次之，冬季最低。而潘丹丹等（2013）研究发现铁路边坡的土壤脲酶的最大值出现在 4 月，最小值出现在 1 月，土壤蔗糖酶的活性 4 月大于 7 月。本试验结果表明，4 月的土壤脲酶和蔗糖酶活性小于 8 月的值，与曹帮华和吴丽云（2008）、关松荫（1986）等的研究结果一致。

5.1.7.2 土壤酶活性与土壤因子的相关性

土壤酶活性与土壤养分的关系较为复杂。李志建等（2004）研究发现，脲酶活性和过氧化氢酶活性与 pH 间均呈显著正相关，而本研究发现 pH 与土壤脲酶和蔗糖酶活性呈负相关关系，与雨季过氧化氢酶活性的相关性不显著，与旱季过氧化氢酶呈显著负相关。本研究与上述研究结果不一致，与曹帮华和吴丽云（2008）的研究结果相同。这可能是因为前人的研究大多是在草地、盆地等地区的研究，在这些地区盐碱度较低，pH 还没有成为限制植物生长的重要因素，而本研究在黄河三角洲盐碱地这一特殊的地区，盐碱度较高，pH 是限制植物生长的重要指标，因此，出现土壤酶活性与 pH 呈现负相关的现象。张超等（2010）发现土壤多酚氧化酶活性与土壤有机质、全氮和碱解氮之间呈现负相关关系。徐秋芳（2000）和胡海波等（2001）均发现土壤有机质和各种土壤酶活性均有较好的相关性。曹帮华和吴丽云（2008）发现脲酶在 4 月和 8 月均与有机质呈负相关，但本研究发现土壤有机质与脲酶、过氧化氢酶和蔗糖酶均呈现显著正相关，但是与多酚氧化酶间的相关性不显著，而且多酚氧化酶与其他养分因子间的相关性均不显著，其原因需在今后的研究中进一步考证。

国内外有些学者认为，土壤微生物与土壤酶之间没有相关性（李志建等，2004）。李春艳等（2007）研究发现，土壤微生物与土壤酶间具有较好的相关性。本研究中，脲酶、蔗糖酶和过氧化氢酶的活性均与细菌、放线菌和真菌具有显著的相关性。

根系作为土壤酶的来源之一，理应与土壤酶活性呈现一定的相关性，而本研究的结果表明根系生物量与土壤脲酶活性呈现极显著正相关，与蔗糖酶呈显著正相关，与另外两种酶相关性不显著，造成此结果的原因还有待进一步研究。

5.1.7.3　土壤酶活性作为评价土壤肥力的参数

有些学者（孙秀山等，2001；张猛和张健，2003）不支持把土壤酶活性作为评价林地土壤肥力的参数，认为其不能提供土壤生物状况的完整描述。本研究的试验结果表明，土壤酶活性与众多土壤因子之间均具有较好的相关关系，可以作为评价土壤肥力的参数，与王兵等（2009）、张刘东等（2011）和关松荫（1986）等的研究结果一致。

土壤是人类生活和生存的重要资源，又是不可替代的环境。因此保护土壤环境，充分发挥人类的有利影响，已成为各国学者和政府特别关注的重要任务。土壤酶与土壤理化性质、环境条件等密切相关，所以将土壤酶作为土壤生态系统变化的敏感指标。随着科学的发展和新技术的引进，对土壤酶的研究日渐深入，测定手段、研究方法日臻完善。将土壤酶活性与土壤生产力及土壤肥力、土壤质量联系起来的研究工作取得了一定的成功，但作为土壤科学研究的重点之一，应对土壤酶的存在状态及生化动力学特性给予重视，并且应用土壤酶学知识解决现代环境、农业、林业、生态及其他方面的实际问题。

5.1.8　结论

黄河三角洲是中国三大三角洲和重点开发地区之一，在环渤海地区发展中具有重要的战略地位。近年来，黄河三角洲盐碱地由于土壤次生盐碱化和干旱胁迫等生态环境问题比较突出，在一定程度上影响了该区域的植被恢复和生态重建进程，导致该区域植被区系防护林类型少、结构简单、组成单一。因此，修复黄河三角洲潮土带盐碱化湿地，重建滨海绿色生态屏障，已成为当务之急。而以植被恢复为主的生态修复技术是黄河三角洲脆弱生态系统重建的主要措施之一。

土壤酶是一类具有蛋白质性质的生物催化剂，是土壤生物化学过程的积极参与者，参与土壤中各种有机质的分解、合成与转化以及无机物质的氧化与还原等过程。本研究针对黄河三角洲地区土壤盐碱含量高及不同盐碱脆弱生态区防护林体系退化严重的生态环境问题，选取黄河三角洲典型区域内乔木混交林、乔木纯林和灌木林 3 种防护林类型作为研究对象，以草地和裸地作为对照，分析林地内的土壤水文特性、土壤养分含量、土壤微生物数量和土壤酶活性等指标，探讨不同防护林类型改善土壤性质的能力，筛选出最适合的防护林林分结构及经营模式，为盐碱地土壤改良及沿海防护林体系的可持续经营提供理论依据。

防护林增加了土壤脲酶、蔗糖酶和过氧化氢酶活性，降低了多酚氧化酶活性。在林分的生长、林下草本植物的多样性以及枯落物蓄积量方面，均表现为乔木混交林最优、乔木纯林次之、草地最差的现象。与裸地（旱季）相比，不同防护林类型均增加了土壤脲酶、蔗糖酶和过氧化氢酶的活性，乔木混交林的 3 种土壤酶活性分别是裸地的 15.32（刺槐+白榆混交林）～17.10（白榆+国槐混交林）倍、6.28（刺槐+白蜡混交林）～8.18（刺槐+白榆混交林）倍、3.32（白榆+国槐混交林）～5.04（刺槐+白榆混交林）倍；乔木纯林的 3 种土壤酶活性分别是裸地的 11.38（白榆纯林）～13.54（国槐纯林）倍、3.08（杨树纯林）～5.10（刺槐纯林）倍、2.09（白榆纯林）～4.22（刺槐纯林）倍；灌木林的 3 种土壤酶活性分别是裸地的 9.32 倍、2.54 倍和 1.39 倍；草地的 3 种土壤酶活性分别比裸地增加了 3.63 倍、2.01 倍和 1.68 倍。同时各防护林类型的土壤多酚氧化酶的活性均较裸地有所降低，乔木混交林、乔木纯林、灌木林和草地分别下降了 64.35%（刺槐+白榆混交林）～68.48%（白榆+国槐混交林）、43.13%（白榆纯林）～53.14%（国槐纯林）、26.07% 和 47.33%。土壤酶的活性大多表现为随土层深度的增加而降低，同时季节间土壤酶活性也不同，其中脲酶、过氧化氢酶和蔗糖酶的活性均为雨季大于旱季。不同防护林类型的土壤酶活性不同，其中乔木混交林中土壤脲酶、过氧化氢酶和蔗糖酶活性均最大，草地最小，而多酚氧化酶的活性，乔木混交林最小。无论是在旱季还是在雨季，营造防护林后，均增加了土壤中脲酶、过氧化氢酶和蔗糖酶的活性，同时降低了土壤中多酚氧化酶的活性。与裸地相比，乔木混交林对土壤酶活性的改变幅度最大，草地幅度最小。

营造防护林后，优化了土壤水文物理性质，显著降低了土壤容重，增加了土壤的孔隙度，增大了土壤的持水蓄水数值，改善了土壤的通气状况，增强了土壤的保水能力，加快了土壤的下渗能力，降低了林地的水土流失；与裸地相比，各防护林类型中均增加了土壤养分的含量，降低了土壤的盐碱度，增加了土壤中的微生物数量，改善了盐碱地的土壤质量，从而促进了土壤中的元素循环。

相关性分析表明，土壤酶之间以及与其影响因子之间有一定的相关关系，土壤脲酶、过氧化氢酶和蔗糖酶三者间关系较密切，且均与土壤水文特性指标、土壤理化性质和土壤微生物数量有较好的相关性；而多酚氧化酶与其他 3 种酶间的相关性较差，与其他土壤因子间的相关性也不明显。主成分分析法可以把多个指标转换成较少的几个互不相关的综合指标，是一种简单实用的统计方法。利用主成分分析法对各种土壤因子进行分析，用来说明各种土壤因子对土壤性质的影响作用；主成分分析表明，土壤酶活性可以作为评价土壤质量优劣的较理想指标，其中脲酶和蔗糖酶活性是可以优先选择的指标。

隶属函数分析表明，各防护林类型的土壤质量的隶属度依次为：乔木混交林（0.801）＞乔木纯林（0.560）＞灌木林（0.323）＞草地（0.182）＞空地（0.076）。乔木混交林是黄河三角洲地区盐碱地改良的最优防护林类型，其中白榆+国槐混交林是优先考虑的树种组合。

综上可见，在黄河三角洲盐碱地区，营造防护林是改善其土壤性质的较优措施，而乔木混交林是营造防护林的首选模式，其中白榆+国槐混交林是较好的模式。脲酶和蔗糖酶活性是评价土壤性质最重要的指标。

5.2 滨海盐碱地防护林的土壤呼吸特征及其影响因素

5.2.1 土壤呼吸研究概况

大气作为 CO_2 的重要源与汇，其浓度增高产生的温室效应将导致全球变暖，是目前国际社会普遍关注的环境问题之一（Houghton et al.，2001）。人类活动和全球变化也在一定程度上改变了全球植被分布和碳循环过程（John et al.，2004）。陆地生态系统碳循环是全球碳循环和气候变化中极其重要的环节。

在陆地生态系统中，土壤存储的碳高达 1394Pg，约为大气的 2 倍，是活体植物碳库的 2.5～3 倍（邓琦等，2007）。因此，土壤碳的研究日益成为全球碳循环研究的热点。土壤呼吸作为陆地生态系统碳循环的重要组成部分，也是陆生植物固定的 CO_2 返回大气的主要途径（Schlesinger and Jeffrey，2000），其中大气中近 10%的碳来源于土壤，其高低往往可以作为表层土壤质量以及土壤透气性的重要指标，也可以反映土壤养分循环供应水平，并对生态系统的初级生产力产生较大影响。研究表明全球每年土壤呼吸释放的碳估算值为 75～120Pg（Hibbard et al.，2005），其微小变化就有可能对全球碳平衡产生重要的影响（Houghton，2007）。由此可见，研究不同植被类型土壤呼吸速率及其时空变化特征，阐明其影响因子和调控机制是目前生态学研究的热点领域之一。

黄河三角洲是世界著名大河三角洲中资源开发水平最低的地区。区内有大面积的海滩涂和种类齐全的湿地生态系统，生态资源极为丰富。自 2009 年 11 月 23 日国务院正式批复《黄河三角洲高效生态经济区发展规划》以来，该区域的发展上升为国家战略，成为国家区域协调发展战略的重要组成部分。山东省把黄河三角洲的开发列为全省两项跨世纪工程之一。联合国开发计划署把“支持黄河三角洲的可持续发展”作为《中国 21 世纪议程》的第一个优选支持项目。可见，黄河三角洲的开发引起了多方关注与支持。

黄河三角洲地区盐渍化土地面积为 44.29 万 hm^2，占全区总面积的一半以上，其中重度盐渍化和盐碱光板土地为 23.63 万 hm^2，其土壤表层盐分为 0.4%～3.0%，土地盐渍化问题严重制约着该区域的经济发展（张凌云，2007）。营造防护林不但能够减轻或消除风沙、干旱等自然灾害，还具有改良土壤等作用，是滨海盐碱地改良的重要措施。黄河三角洲盐碱地防护林作为该区域生态系统的重要组成部分，减缓全球变化的作用，尤其是土壤呼吸释放 CO_2 对全球碳循环的影响程度尚无定论。

土壤呼吸主要由气候条件决定（杨晶等，2004），而且常因植被状况的不同而存在差异（Eric et al.，2000），主要体现在土壤呼吸的时空变异性上（张义辉等，2010；侯琳等，2010）。有研究表明，土壤温度、湿度、理化性质等环境要素也是影响土壤呼吸变化范围和季节动态的重要因子（韩广轩和周广胜，2009）。然而，该领域的研究尚处于探索阶段。本研究以此为切入点，选取黄河三角洲刺槐+臭椿混交林、刺槐+白榆混交林、刺槐+白蜡混交林、刺槐纯林 4 种人工林作为研究对象，测定分析不同林分类型的土壤呼吸速率，阐述其时空动态变化特征及其影响机制，为准确估测黄河三角洲地区碳源/汇动态提供基础数据，为该区域植被恢复与生态重建提供理论基础和实践指导。

5.2.1.1　土壤呼吸的研究背景

生态系统类型的改变导致碳循环的改变早已引起科学家的注意。早在 1978 年，伍德维尔（Woodwell）发现热带雨林被改造为农田后由碳汇转变为碳源，这一震惊世界的发现重新引起人们对碳循环研究的关注。碳循环过程中，碳的输入主要是由植物群落的光合作用完成的，而输出主要是指群落呼吸和土壤呼吸。森林土壤的碳贮量占全球土壤的 73%，故森林碳收支状况很大程度上决定了陆地生物圈是碳源还是碳汇（周玉荣等，2000）。土壤呼吸是土壤碳库输出的主要途径，每年土壤呼吸释放到大气中的 CO_2 是化石燃料燃烧释放的 10 倍以上，土壤呼吸即便发生较小的变化，也会显著影响大气中 CO_2 的浓度，并影响森林贮存碳的能力，进而影响全球气候的变化。

国外对土壤呼吸的重视可追溯到 19 世纪初，但主要针对耕作土壤，集中于欧洲和北美洲国家。大规模的研究始于 20 世纪 70 年代（Singh and Gupta，1977），大部分集中在中纬度的草原和森林，农田也占相当大的比例。90 年代以来，随着人们对土壤呼吸作为大气 CO_2 源的日益关注，国内也开始重视土壤呼吸的研究。尤其是最近几年，随着中国陆地生态系统 CO_2 通量观测研究网络的建立，许多学者在土壤呼吸方面做了大量的观测和研究（闫美芳等，2010；张鸽香等，2011），这些研究从土壤呼吸的方法与理论上都进行了大量的探索，为阐明我国森林在全球碳循环中的作用与地位做出了很大的贡献。

5.2.1.2 土壤呼吸的基本概念及测定方法

土壤呼吸是指未扰动土壤中产生 CO_2 的所有代谢作用，包括 3 个生物学过程（土壤微生物呼吸、根系呼吸、土壤动物呼吸）和一个非生物学过程（含碳矿物质的化学氧化作用）（Singh and Singh，1977）。土壤呼吸是土壤生物活性的指标，其强弱将直接反映植物群落的根呼吸和土壤生物活性的状况，在一定程度上反映了土壤养分转化和供应能力，是生态系统功能的一个重要过程，往往作为土壤生物活性和土壤肥力乃至透气性的指标而受到重视（John et al.，2004）。

目前测定土壤呼吸的方法和技术较多，既可以在实验室条件下进行，也可以在田间进行，各种方法各有不同的优缺点。各方法包含的 CO_2 源不同，对其他外界环境条件的依赖程度也不尽相同，因此数据间差异较大（Raich，1990），而且方法间的可比性也很差，给全球碳循环研究造成了一定的障碍。目前基本上是在不破坏土壤结构的情况下，测量土壤表观 CO_2 的释放量，主要分为直接方法和间接方法两类。现阶段用于直接测定土壤呼吸量的方法和技术较多，并且在不断完善，直接测定方法有静态气室法、动态气室法和微气象法 3 种，其中静态气室法包括静态碱液吸收法和静态密闭气室法-气相色谱法。

（1）静态碱液吸收法

静态碱液吸收法主要是将土壤排放的 CO_2，经过一定时间的积累进入收集容器，再对容器内的 CO_2 进行定量计算，得到单位时间内土壤释放的 CO_2 总量。该方法主要用于研究森林、草原和农田生态系统的土壤呼吸。原理是利用碱液（NaOH 或 KOH 溶液）或固体碱粒吸收 CO_2 形成碳酸根，再用重量法或中和滴定法计算出剩余的碱量，根据公式计算得出一定时间内土壤排放的 CO_2 总量。近年来，我国多用这种方法测定温带草原生态系统的土壤 CO_2 排放量。碱吸收法的优点是操作简便，野外测定时不需要复杂的设备，有利于进行多次重复测定，尤其适用于空间异质性大的土壤。碱吸收法的局限性在于测定的精度不理想，在土壤呼吸速率低的情况下，测定的结果比真实值高，而土壤呼吸速率高的测定结果比真实值偏低。

（2）静态密闭气室法——气相色谱法

静态密闭气室法-气相色谱法，即利用密闭的静态箱收集土壤表面产生的气体，通过气相色谱技术分析测定气体中的 CO_2 浓度，根据静态箱内 CO_2 浓度随时间的变化，便可以计算出土壤的 CO_2 排放速率，是目前国际国内广泛使用的比较经济可靠的通量测量方法。该技术的不足之处在于改变了被测地表的物理状态，箱室挤压和抽气时产生的负压会引起测量结果的偏差。应用闭合箱时，箱内大量 CO_2 还可能限制土壤中碳溢出或导致气体在箱四周流动。但作为一种近似简便的方法，在大气化学的研究中仍得到了广泛的应用。

（3）动态气室——红外气体分析法

动态气室-红外气体分析法，即用不含 CO_2 或已知 CO_2 浓度的空气，以一定的速率通过一密闭容器覆盖的土壤样品表面，然后用红外气体分析仪测量其中气体的 CO_2 含量，根据进出容器的 CO_2 浓度差，计算土壤呼吸速率。动态气室法通常包括动态密闭气室法和开放气流红外 CO_2 分析法。由于动态法比静态法更能准确地测定土壤排放 CO_2 的真实值，更适于测定瞬间和整段时间 CO_2 排放的速率，已成为现在最主要的测定方式之一。应该指出的是，该方法的缺点为空气流通速率和气室内外的压力差对测定造成负面影响，如当气流通过气室内的土壤表面时，氧气的输入速率增加，从而导致更多的 CO_2 从土壤中呼出，土壤新陈代谢增加。另外，这种方法所需的设备昂贵和必须有电力供应，不适于进行多点同时测定，故在野外使用受到一定的限制。

（4）微气象法

微气象法是建立在气象学基础上的微型化气象测定方法。它根据气温、地温、风向、风速、太阳辐射、降雨量等气象因子来推算土壤 CO_2 通量，要求建立观测站，包括观测塔和相关的气象观测仪器及设备。对于土壤 CO_2 通量的测定相对比较间接，但代价昂贵且需要维护，适于大范围、中长期定位观测。

（5）间接测量法

间接测量法是通过某些环境参数估算或模拟计算土壤二氧化碳释放量。例如，测定土壤腐殖层重量、土壤腺苷三磷酸含量的变化等推算土壤呼吸值（Robert and Keityyan，1985），或利用土壤呼吸与环境因子的相关分析进行模拟。土壤呼吸是生态系统有机碳输出的主要途径，通常观测到的土壤呼吸量（R_s）是土壤异养呼吸量（R_h）与植物根呼吸量（R_r）之和。其中根呼吸量约占大多数森林呼吸量的40%，占草地及灌木的 20%～30%（William et al.，1993），对所有植被而言，平均约为 24%。通常的观测方法很难将两者区分开来，这对生态系统的净碳通量研究是一个很大的难题。因为要得到两个较大变量间的差值，其中任何一个变量微小的不确定性都将导致最终结果的差异。土壤呼吸与温度之间相关关系密切，通常将土壤呼吸量随温度变化用 Q_{10} 表示，即温度每增加 10℃土壤呼吸速率增加的倍数，作为间接计算土壤呼吸的方法。对土壤呼吸而言，不同生物群落的 Q_{10} 不尽相同。但总体上，高纬度地区的 Q_{10} 比低纬度地区的要高（刘绍辉和方精云，1997）。由于间接测量法需要建立所测定指标与土壤呼吸间的定量关系，而这种关系一般只适用于特定的生态系统，因此这类方法的应用具有较大的局限性，同时它所测定的结果也难以和其他方法直接进行比较（齐志勇等，2003）。

（6）室内培养法

除上述方法外，研究者为了测定不同环境因子对土壤呼吸的影响，将野外研究样地采集的土壤带回实验室，并模拟野外条件进行室内培养，通过人为控制某些环境因子来研究土壤呼吸变化规律，称为室内培养法（Jeffrey et al.，2000）。这种方法的优点是可以人为控制环境因子，从而测定不同环境因子对土壤呼吸的影响。但其最大的缺点是让土壤离开了田间，不能准确地反映土壤呼吸的真实值。

通过对土壤呼吸测定方法的比较可以发现，各测量方法所基于的工作原理和测定时对待测土壤表面的扰动都不尽相同，各自都有其特定的优点与缺点（表 5-24）。若通过对比试验，将各方法的优点互补，缺点相消，并建立它们之间的相关关系曲线，可以校正各种方法的测定结果，有助于获得大尺度上更理想的土壤呼吸结果，为全球碳平衡估算研究提供精确的数据。

表 5-24 土壤呼吸测定方法的比较

测定方法	优点	缺点	文献
静态碱液吸收法	操作简单，便于野外多次重复测定，适于空间异质性大的土壤呼吸研究	不具有连续性，碱液需提前准备，测量精度低	Yim et al.，2003；李玉强等，2008；宇万太等，2010
静态密闭气室法-气相色谱法	可连续观测，测量精度高，经济可靠	设备要求高，易改变被测地表的物理状态，易产生挤压和负压	Koizumi et al.，1999；Wei et al，2007
动态气室-红外气体分析法	能准确测定 CO_2 真实值，适于测定瞬间和整段时间 CO_2 的排放速率	设备昂贵，需电力供应，不适于多点同时测定，空气流通速率和气室内外的压力差对测定造成负面影响	Schindlbacher et al，2007；姜艳等，2010；张义辉等，2010；李娟等，2011；周文嘉等，2011
微气象法	测量范围大且相对间接，不干扰土壤	设备要求高且昂贵，需要维护	Kelliher et al.，1999；肖复明等，2006
间接测量法	相关性好的指标建立后可长期利用	只适于特定生态系统，测定结果难与其他方法直接比较	Robert and Keityyan，1985
室内培养法	可人为控制环境因子	土壤扰动大，不能反映真实值	张文丽等，2010

5.2.1.3　土壤呼吸影响因素的研究概况

（1）土壤呼吸与非生物因子的关系

土壤呼吸是当前陆地生态系统碳循环和全球变化研究的一个重要内容。目前研究较多的是影响土壤呼吸的环境因子，如温度、湿度、土壤肥力条件、植被类型（张鸽香等，2011）、经营措施（采伐、灌溉、放牧等）（任文玲等，2011；唐洁等，2011）、大气 CO_2 浓度（刘尚华等，2008）、氮沉降（雒守华等，2010；Janssens et al.，2010）等。

土壤呼吸是一个复杂的生物学过程，受多种因素的综合影响。一般，土壤温度与土壤呼吸关系密切（杜颖等，2007）。由于土壤呼吸对水热条件反应的复杂性，有研究认为土壤呼吸对温度变化的响应有必要按照不同植被状况进行研究（陈全胜等，2003）。土壤 CO_2 通量的季节变化是由土壤温度和水分共同驱动的，其日变化主要受树木生理的限制（Tang et al.，2005），其中森林土壤呼吸随土壤水分的增加而降低；草原土壤最大呼吸速率出现在温度适中而降水量最大的月份（杨靖春等，1989）；因此有研究认为土壤温度和水分模式是协同调控土壤呼吸的重要物理变量（Chen et al.，2010；Bond-Lamberty and Thomson，2010）。进一步研究认为，森林土壤呼吸是全球碳循环的重要组成部分（Campbell et al.，2005），仅仅研究土壤温度和土壤水分是不够的，可能还存在一些其他因子（凋落物等）影响土壤呼吸排放，需要进一步研究。因此为了更准确预测生态系统的净呼吸，应将这些方面很好地结合起来。影响土壤呼吸的主要因素涉及土壤温度、土壤水分、土壤有机质含量、土壤生物活性、地表植被类型、土地利用类型、大气温度、降雨强度、耕作措施等（刘少辉等，1997）。

1）大气温度

土壤呼吸与气温的相关关系表明，年土壤呼吸均值与年均气温之间可用线性方程描述，月土壤呼吸均值与月均气温可用指数方程拟合（陈书涛等，2011）。欧洲草地生态系统年平均土壤呼吸与年均气温也可采用指数方程描述（Bahn et al.，2008）；全球草地及森林生态系统的土壤呼吸与气温之间均可用线性方程描述（Wang and Fang，2009）。另有研究表明，在全球尺度上，农田、草地、森林生态系统中年土壤呼吸量与气温之间的关系均可采用指数方程拟合（Chen et al.，2010），并且气温的异常变化往往导致全球土壤呼吸量的异常变化。由于气候变暖，全球土壤呼吸量在 1989～2008 年平均每年增加 0.1Pg C（Bond-Lamberty and Thomson，2010）。由此可知，气温对土壤呼吸区域性变异的影响方式与单个观测点内的影响方式基本一致，两者关系均可采用指数方程拟合，人们对于这一问题的认识具有一致性（陈书涛等，2011）。

2）土壤温度

温度是影响土壤呼吸的关键因素，对土壤呼吸的日变化影响较大，两者具有显著的相关关系（蒋高明和黄银晓，1997），特别是土壤5cm处的温度（唐燕飞，2006；周正朝和上官周平，2009）。两者之间的关系有线性（胡凡根等，2011）、二次方程、指数关系（杨继松等，2008；王传华等，2011）、乘幂（Fang and Moncrieff，2001）、阿伦尼乌斯（Arrhenius）方程（李兆富等，2002）等。一般，温度变化可以解释土壤呼吸日变化和季节变化的大部分变异（Davidson et al.，1998；Xu and Qi，2001），通常采用范特霍夫（Van't Hoff）指数方程来描述，并用 Q_{10} 值来表示土壤呼吸对温度变化响应的敏感程度（陈全胜等，2004）。然而采用单一指数方程来估算土壤呼吸量时，常在低温区和高温区分别出现低估和高估的现象（Fang and Moncrieff，2001）。实际上土壤呼吸不可能随着温度的升高或降低而出现无限增加或降低。为了减少这种误差，Arrhenius 方程被用来描述土壤呼吸，并引入了土壤呼吸激活能的概念。激活能是指微生物进行呼吸活动时所需的最低能量，采用残差分析法发现引入 Arrhenius 方程模拟土壤呼吸减少了误差（Fang et al.，2005）。

Q_{10} 值是土壤呼吸对温度变化的敏感程度，其大小取决于生态系统的类型及其地理分布，其中陆地生态系统土壤呼吸的 Q_{10} 值为1.3～5.6。总体上 Q_{10} 值与温度呈负相关，在温度上升相同幅度下，低温地区比高温地区具有更大的 Q_{10} 值（Zheng et al.，2009）。Q_{10} 值的季节变化与月平均温度呈负相关。在全球变化格局方面，一般 Q_{10} 值在高纬度地区比较大，低纬度地区比较小。除纬度外，Q_{10} 值还与测定土层深度有关，随着土层深度增加而增加（Karhu et al.，2010），这主要是在一定土壤深度内，土壤温度随着深度的增加而逐渐减小，Q_{10} 值则表现出逐渐增加的趋势。也有研究表明与此相反（王传华等，2011），森林矿质土壤的 Q_{10} 值与土壤层次不存在显著差异（Fang et al.，2005）。

3）土壤湿度

土壤水分对土壤呼吸的影响主要是通过对植物和微生物的生理活动、能量供应和体内再分配、土壤通透性和气体扩散等的调节和控制实现的，尤其在干旱或半干旱地区，当土壤水分成为胁迫因子时可能取代温度而成为土壤呼吸的主要控制因子。土壤呼吸与土壤湿度之间的关系也可用多种方程函数来表示，常用的有线性方程（张鸽香等，2011）、二次方程（王传华等，2011）、指数模型（Keith et al.，1997）和双曲线方程（陈全胜等，2003）。Davidson 等（1998）采用线性方程模型时发现，土壤呼吸随着湿度的增加而增加，原因是含水量增加，新陈代谢所需要的激发能减少，导致土壤呼吸增加比较迅速，而当土壤湿度达到一定程度时土壤呼吸会随着湿度的增加而减小，这是因为水分过高会导致 CO_2 和 O_2 传输困难，但是 CO_2 仍然产生，所以减小的速率相对较小。用二次方程模型描述土壤呼吸和土壤湿度关系时也发现这种规律。引用双曲线方程模型来模拟两者的关系时发现，在一定土壤湿度范围内，土壤呼吸大体上随着湿度的增加而增加（陈全胜等，2003）。土壤呼吸一般受土壤湿度与土壤温度共同作用的影响，其大部分变化可由两者共同作用来解释。有研究认为，温度和湿度共同解释了针叶林土壤呼吸变化的 89%（Xu and Qi，2001）。当土壤出现干湿交替时，土壤呼吸也会出现类似的变化，这种现象在野外和室内模拟实验中均可观察到，可能与干旱时受抑制的土壤微生物和酶活性突遇增湿而迅速增强有关（Davidson et al.，2000）。

但也有研究表明，土壤含水量与土壤呼吸速率没有明显的相关性，如雷竹林（张艳等，2011），或者相关性很微弱，如农田呈现较弱的负相关关系；土壤含水量较低而温度较高时对呼吸速率具有一定程度的抑制作用（常建国等，2007），如樟树人工林土壤湿度小于 35.8%时，土壤呼吸与土壤湿度呈正相关，超过这个阈值，土壤湿度就成为抑制因子（王光军等，2008）。由此可知，土壤水分影响土壤呼吸作用的研究结果不尽相同。

4）土壤理化性质

土壤物理性质主要指土壤温度、水分含量及土壤质地和结构等；土壤化学特性主要是指土壤化学组成、有机质的合成和分解、矿质元素的转化和释放、土壤酸碱度等。很多研究表明，土壤呼吸与土壤理化性质密切相关。

在温度和土壤水分相对稳定的情况下，土壤质地及有机碳含量是决定土壤 CO_2 释放通量变化的重要因素（Priess et al.，2001；Tang et al.，2005）。因此，有研究者曾用土壤有机质含量来预测土壤呼吸速率，两者表现出正相关性（Bahn et al.，2008；Chen et al.，2010），并且土壤表面 CO_2 年通量与一定深度土层有机碳含量显著正相关。但也有研究发现，土壤有机质含量对土壤呼吸影响较小，并且在相同的温度和水分条件下，土壤养分缺乏与充足时土壤呼吸速率不一样（Joshi，1995），如外源氮添加到土壤中会降低土壤异养呼吸速率，并导致土壤呼吸总量减少，其减少量随外源氮添加量的增加而增大（Janssens et al.，2010），因为土壤中可利用态氮的增加会降低氧化酶活性，从而抑制单宁及其衍生物的分解，降低土壤呼吸速率（Grandy et al.，2008）。

5）其他非生物因素

人类活动对土壤呼吸也有很大影响。随着人口的不断增长，人类对生态系统的干扰也在不断加强，如森林砍伐、草地放牧和农垦、修建道路等改变了植被组成和性质，同时也改变了土壤和气候条件，导致土壤呼吸发生巨大的变化（魏兴琥等，2004）。CO_2 浓度、近地面大气压与土壤呼吸具有负相关关系（刘尚华等，2008）。大气 CO_2 浓度升高的施肥效应和抗蒸腾效应将提高植物生长量和根系生物量，必然会导致根系呼吸量的增加，同时 CO_2 浓度升高加速了细根的衰老，促进了呼吸碳的损失。有研究表明将一块草地群落暴露于高浓度 CO_2 环境中 3 年，地下微生物活动明显增强，表土 CO_2 通量从 323g/（m^2·a）增加到 440g/（m^2·a），表明生长在高 CO_2 浓度下的植物可以增加土壤中的碳，如美国的苔原和加拿大的北方森林土壤中大量有机物由于气候变暖而流失。可见，随着全球变暖，最大的土壤碳释放将会发生在北方森林和苔原地区，会加剧温室效应，从而可能形成一个恶性循环。

（2）土壤呼吸与植物的关系

1）植被类型

大量证据表明，植被是影响土壤呼吸的一个关键因素（Hogberg and Read，2006）。不同植被类型的温度、湿度、土壤有机质含量和 pH 等环境因子各不相同，因而土壤呼吸的强度也不相同（王凤文等，2010）。另外，除枯落物是异养呼吸的一个重要来源之外，植物还通过根呼吸和土壤微生物提供根际分泌物来影响呼吸过程。此外，根际分泌物对土壤碳的分解还具有“激发效应”，能促进较稳定的有机碳的分解（Kuzyakov and Cheng，2004）。研究指出植物光合作用固定的碳通过土壤呼吸形式排出的时间为几小时（草本植物）到几天（树木）（Kuzyakov and Cheng，2004）。如果忽视植物-土壤呼吸之间的内在联系，则可能导致对土壤呼吸温度敏感性的高估（Curiel et al.，2004）。因此，森林生态系统土壤呼吸的研究着重探讨森林植被及其组分对大气 CO_2 浓度升高及降水和气温变化的响应（栾军伟，2010）。研究表明不同森林类型间环境因子与土壤理化性质等主要驱动变量的差异是造成土壤呼吸组分存在差异的原因（Mirco and Alessandro，2005）。一般，在温度和含水量基本一致的条件下，土壤碳排放速率从高到低为森林＞农田＞草甸＞荒漠植被。

2）根系生物量

植物根系是土壤呼吸作用的主要参与者，其根量与根系活性决定土壤呼吸作用的强弱（韩广轩和周广胜，2009）。在不同陆地生态系统中，根系呼吸作用占土壤呼吸作用的比例为 10%～90%（集中于 40%～60%）（Jiang et al.，2004；Ngao et al.，2007）。根系的参与极大地促进了土壤呼吸，其呼吸速率随根系生物量的增加而增加（孙文娟等，2004），并且死根及根系分泌物直接影响土壤中有机质的含量，从而影响土壤的理化性质。研究发现，土壤呼吸和根系生物量之间呈正相关（朱凡等，2010）。各类生态系统中根系呼吸占土壤总呼吸的比例大致为：苔原带 50%～93%（Raich and Tufekcioglu，2000），草地 17%～60%（Kucera and Kirkham，1971；张剑锋等，2007）。

3）枯落物

枯落物层作为生态系统中独特的结构层次，其储量及分解速率在很大程度上影响着土壤有机质的形成和植物的养分供应，以及土壤 CO_2 通量（Wan et al.，2007；王光军等，2009a）。添加和去除凋落物可以改变有机碳量、土壤温湿度，进而影响土壤呼吸（张东秋等，2005）。在森林生态系统中，添加和去除凋落物能显著增加和降低凋落物分解（Sayer et al.，2006）和土壤呼吸（Sulzman et al.，2005；王光军等，2009b），而且凋落物增加引起土壤呼吸的增加程度远远大于去除凋落物的降低程度（Sulzman et al.，2005）。这表明额外的凋落物输入可能刺激土壤中现存有机质的分解，影响凋落物分解释放 CO_2 的速率，增加了对土壤呼吸的贡献率（刘尚华等，2008；王光军等，2009b）。

（3）土壤呼吸与土壤微生物的关系

土壤微生物是指土壤中体积小于 $5\times10^3\mu m^3$ 的微生物，是土壤有机质中最为活跃的有机质组分，主要包括细菌、真菌和放线菌三大类，其中细菌的数量最大，其次是放线菌，真菌数量最小（唐洁等，2011）。微生物在其生命活动过程中不断同化环境中的碳，同时又向外释放碳素（代谢产物），对土壤呼吸具有非常重要的作用。土壤呼吸释放 CO_2 的 30%～50%来自根系活动或自养呼吸作用，其余来源于土壤微生物对有机质的分解作用（Bowden et al.，1993）。在稳定条件下，土壤微生物呼吸除受土壤碳、氮含量影响外，还与植被类型（孟好军等，2007；马冬云等，2008）、土壤温湿度（吕海燕等，2011）、气候条件、土壤质地（丁玲玲等，2007）、轮作制度（张丽华等，2006）及污染物（如重金属元素）（何振立，1997）等有关。因此，不同条件下土壤中微生物呼吸对土壤呼吸的贡献率差异较大（唐洁等，2011；吕海燕等，2011）。其测定方法包括以下几个：稀释平板法（李世昌等，1983）、熏蒸提取方法（FE）、基质诱导呼吸方法（SIR）、精氨酸诱导氨化方法（林启美，1999）、生物化学和分子生物学方法（陶水龙等，1998）、比色法。其中稀释平板法，又称平板计数法，它是基于微生物能够在培养基中生长繁殖，而且一个微生物细胞只形成一个菌落的假设（陶水龙等，1998），为目前最为常用的方法（何振立，1994）。

（4）土壤呼吸与土壤动物的关系

土壤动物是指生活中有一段时间在土壤中，对土壤有一定影响的动物，主要包括蚯蚓、蚂蚁、昆虫及幼虫、弹尾类、螨类、线虫等（王兵等，2011）。研究者普遍认为土壤动物呼吸十分微弱，因而往往被忽略，但作为土壤生态系统的重要成员，它们间接发挥着巨大的作用（Bohlen and Edwards，1995），特别是农田生态系统，无脊椎动物蚯蚓等往往起着决定性作用。土壤动物呼吸所占比例说法不一，有人估计只占土壤总呼吸的 10%，甚至更少；中高产农田中占 5%。研究发现北部森林红木蚁丘密度很大，其碳通量明显高于周围森林地被物层（Anderson et al.，1981)，针叶枯落物中密度较高的一种弹尾目昆虫和螨虫对真菌生物量及呼吸有明显的促进作用。但迄今为止，关于土壤动物呼吸的原位测定报道还很少，有待进一步深入研究。

5.2.1.4 黄河三角洲盐碱地防护林研究概况

黄河三角洲是我国三大河口三角洲之一，是海陆交互作用形成的退海之地。该区自然资源丰富，但由于形成时间较晚，土壤肥力低，加之气候干旱，地下水矿化度高，极易引起土壤盐渍化，生态系统脆弱性极为典型。

黄河三角洲盐碱地防护林作为重要的生态屏障，目前相关的研究主要集中在不同植被类型的土壤改良效应（夏江宝等，2009b）、养分变化特征、土壤水盐变化特征、土壤酶活性、微生物及其相关性等方面。研究表明，黄河三角洲滩地不同造林模式的土壤脲酶和过氧化物酶活性随土层的增加而减小，多酚氧化酶和过氧化氢酶的活性在土层之间变化不明显（李传荣等，2006）；沿植物群落演替方向，土壤水分含量无显著差异，土壤盐分呈逐渐降低的趋势（丁秋祎等，2009）；土地利用方式不同，土壤的理化性质和酶活性也不同（李庆梅等，2009）；黄河三角洲人工刺槐林随着退化程度的增加，土壤密度和含盐量增大，脲酶、多酚氧化酶、过氧化物酶、过氧化氢酶活性降低，土壤微生物减少（马风云等，2010）。类似还有很多，但有关环境因子对土壤呼吸速率影响的研究较少（齐清等，2005）。国内关于森林土壤呼吸的研究区域多集中在一些森林生态区，而黄河三角洲盐碱地防护林土壤呼吸的研究较少。研究土壤呼吸及其影响机制对于正确认识和理解陆地生态系统碳循环过程，合理和客观评价生态系统的碳平衡至关重要。近年来，黄河三角洲盐碱地防护林是该区域陆地生态系统的重要组成部分，其不同林分内土壤呼吸释放 CO_2 对全球碳循环影响的研究较少，仍在探索阶段。因此，在黄河三角洲盐碱地防护林中，开展了不同林分类型下土壤呼吸的差异性及其时空变化规律、土壤呼吸与各环境因子的相关性等研究，具体包括如下几点：①黄河三角洲盐碱地不同刺槐混交林下土壤呼吸的时间变化特征。测定土壤呼吸的日变化和季节变化，揭示土壤呼吸日动态变化特征和季节变化特征，并估算 CO_2 呼吸通量，阐明不同刺槐混交林内的土壤呼吸差异性。②黄河三角洲盐碱地不同刺槐混交林下土壤呼吸的空间变化特征。测定不同刺槐混交林下土壤呼吸随着土层深度增加的变化规律。③黄河三角洲盐碱地不同刺槐混交林下土壤呼吸与环境因子的关系。主要分析土壤呼吸与不同林分内地上、地下环境因子的关系，阐明土壤呼吸的影响因素。④掩埋枯落物对土壤呼吸的影响规律。在每种林分内对于枯落物采用 4 种处理方式，测定枯落物的分解速率、释放 CO_2 的速率及主要影响因子，分析相互间的关系。

5.2.2　材料与方法

5.2.2.1　研究地概况

研究地点位于山东省东营市河口区的济南军区黄河三角洲生产基地，属于暖温带半湿润大陆性季风气候，年均气温为 12.1℃，无霜期为 201 天，≥10℃年积温约为 4200℃。年均降水量为 500～600mm，年际变化大，多集中在夏季。年均蒸发量为 1700～1800mm。土壤为冲积性黄土母质在海浸母质上沉淀而成，机械组成以粉砂和淤泥质粉砂为主，沙黏相间，易于压实，渗透性差，层次变化明显。

天然植被主要以盐生、湿生的柽柳（*Tamarix chinensis*）、芦苇（*Phragmites communis*）、白茅（*Imperata cylindrica*）、翅碱蓬（*Suaeda heteroptera*）、二色补血草（*Limonium bicolor*）及罗布麻（*Apocynum venetum*）等为主。人工林多为 20 世纪 80 年代营造的，主要以刺槐（*Robinia pseudoacacia*）纯林、刺槐混交林、白蜡林为主，以及近些年营造的杨树（*Populus* spp.）林。

5.2.2.2　样地设置

在济南军区黄河三角洲生产基地十二分场内选择造林时间及管理措施相同、株行距均为 3m×3m 的 26 年生刺槐+臭椿（CC）、刺槐+白榆（RPUP）、刺槐+白蜡（RPFC）3 种人工混交林，以刺槐纯林（RP）和无林地（WL）作为对照（表 5-25），每种林分内设置 3 个大小为 30m×12m 的样地。采用植物生态学野外实习常规调查方法调查样地内的乔木、灌木和草本植物，乔木树种主要调查树高、胸径、枝下高、冠幅等，灌木和草本主要调查其盖度、密度、生长状况等。

表 5-25　样地基本概况

林分类型	密度/（株/hm^2）	平均胸径/cm	平均树高/m	平均枝下高/m	平均冠幅/m	保存率/%	郁闭度	林下植被总盖度/%
CC	2222	17.53	12.60	2.73	5.33	59.09	0.70	95
	2222	13.87	11.64	5.34	3.98	59.09		
RPUP	2222	12.84	8.82	1.87	4.05	75.00	0.73	92
	2222	18.47	13.34	4.16	4.60	50.00		
RPFC	3333	13.97	8.60	2.68	3.38	63.33	0.83	89
	1111	22.17	13.00	3.70	6.27	60.00		
RP	4444	16.41	10.74	2.88	4.38	53.33	0.70	99
WL	—	—	—	—	—	—	—	90

注：“—”表示未测定表中指标，因为无林地没有乔木和灌木

5.2.2.3 研究方法

（1）土壤物理性质的测定

在选定的3种刺槐混交林内设置标准地，并以刺槐纯林和无林地作为对照样地。

在每种林分选取的3个样地中，分0～10cm、10～20cm、20～40cm土层，用烘干法测定土壤重量含水量（%）；采用环刀法测定土壤容重、毛管孔隙度、非毛管孔隙度、土壤总孔隙度等土壤物理性状指标。上述测定指标每个土层重复3次，测定结果求平均值为最终计算用值。以上测定方法参照《土壤学实验》（骆洪义和丁方军，1995）及相关文献（刘霞等，2004；夏江宝等，2005）。

（2）土壤生化性质的测定

1）土壤微生物数量的测定

在每种林分内的各样点，按0～10cm、10～20cm两层分别取混合样，装入灭菌袋，置4℃冰箱保存，用于测定土壤微生物数量。微生物的计数用稀释平板法，每种稀释度重复3次。用牛肉膏蛋白胨培养基培养细菌，用马铃薯蔗糖培养基培养真菌，用淀粉铵盐培养基培养放线菌。

2）土壤化学性质的测定

每种林分内，采用四分法，按0～20cm、20～40cm两层分别取混合样，带回实验室，挑出其中的石块、根系、小动物等杂物，并过不同孔径的筛子后装袋备用。实验室内取一定量风干土，用pH计（水土比2.5∶1）测定土壤pH，用重量法（水土比2.5∶1）测定土壤含盐量。

（3）林内小气候因子的测定

2011年4月、8月选择晴朗天气，连续观测3天。在各样地离地面1.5m处，采用Kestrel 4000手持式风速仪测定林内温度、相对湿度、风速和光照；用ACE自带的温度探头测定地表、地下5cm和15cm的土壤温度。8:00～18:00每2小时测定一次，每次测定重复3次，与土壤呼吸速率的测定同步进行。

（4）枯落物蓄积量及分解速率的测定

4月在每个样地内随机选取多个样点（1m×1m），分为半分解层、未分解层两层收集足够枯落物，剪碎混合均匀，烘干后，称重。每种林分中随机称取6份重量相当的枯落物，装入孔径0.5mm尼龙丝网制成的20cm×25cm的分解袋内，标记后掩埋在相应林分5cm以上的土层内，8月取出3袋，带回实验室，充分淋洗，烘干称重，计算枯落物的失质率。失质率按如下公式计算：

$$D=[(W_0-W_i)/W_0]\times 100\% \tag{5.7}$$

式中，D 为所取样品的失质率（%）；W_i 为第 i 个月所取样品质量（g）；W_0 为枯落物的初始质量（g）。

（5）土壤呼吸速率的测定

测定土壤呼吸速率时，提前将测量和对照样地地表的杂草沿地面割除，提前一天将钢圈砸入测量样方上。分别于 4 月、8 月的晴天，利用 ACE 自动土壤呼吸监测系统测定仪进行表层、0～10cm、10～20cm 三层土壤呼吸速率的测定，8:00～18:00 每 2 小时测定一次土壤呼吸速率，以上各项测定均重复 3 次。

为了掌握枯落物对土壤呼吸的影响，2011 年 4 月在每个样地内收集枯落物，求均值（G），然后取 $2G$、G、$1/2G$ 三个重量等级的处理，埋在相应林分 5cm 以上的土层内，掩埋面积为 1m×1m，埋前在底部铺放一层塑料膜。8 月按上述方法测定呼吸速率，分别记作 V_a、V_b、V_c。同时每个样方旁设 1m×1m 的不加枯落物的样地作为对照，呼吸速率记为 V_d。

（6）根系生物量的调查

2011 年 8 月在各林分内分别选取 3 个面积为 0.2m×0.2m 的样方，常采用挖掘法，按 0～20cm、20～40cm 两层取所有乔木根系，然后分别装袋带回实验室，淋洗干净，烘箱内 85℃烘干至恒重，称重。

5.2.2.4　数据的统计与分析

（1）Q_{10} 值的计算

本研究中土壤呼吸与土壤温度的关系采用如下指数模型（Grace and Rayment，2000）计算

$$R_s=ae^{bT} \tag{5.8}$$

式中，R_s 为土壤呼吸速率（μmol/(m²·s)）；T 为温度（℃）；a 是温度为 0℃时的土壤呼吸速率（μmol/(m²·s)），也有研究者将之称为基础呼吸速率（Moren and Lindroth，2000）；b 为温度反应系数，是土壤呼吸速率指数曲线方程中的拟合常数。

Q_{10} 值的计算公式为

$$Q_{10}=e^{10b} \tag{5.9}$$

（2）数据分析与处理

用 Excel 处理土壤呼吸速率、小气候因子、土壤微生物数量、土壤温度、土壤含水量及土壤理化性质等数据；用 SPSS 17.0 对数据进行最小显著差异法（LSD）多重比较、单因素方差分析及回归分析等，分析不同林分类型土壤呼吸的日变化

动态、季节变化动态及垂直空间的变化状况。

采用指数回归模型分析土壤呼吸与土壤温度的相关关系；采用回归模型分析土壤呼吸与小气候因子、土壤含水率、土壤微生物数量、土壤理化性质及土壤根系生物量的相关关系等。

5.2.3 林内环境因子的变化规律

5.2.3.1 林内小气候因子的变化

林内小气候因子主要包括气温、空气相对湿度、光照、风速等。本研究调查发现造林地内春、夏两季的平均风速为 0.00～0.81m/s；春季遮光率为 20%～46%，夏季为 91%～95%。在同一季节内，不同造林地内的风速、光照变化不大。所以本研究主要分析气温和空气相对湿度的变化。

（1）气温的变化

由表 5-26 可知，4 月，刺槐+臭椿混交林、刺槐+白榆混交林、刺槐+白蜡混交林、刺槐纯林 4 种人工林和无林地气温日变化呈“单峰”曲线，在 12:00 或 14:00 达到最大。与无林地相比，通过计算日均降温率可以看出，4 月 4 种造林地内的降温率不同，表现为降温或者保温，除了刺槐+臭椿混交林气温稍低于无林地外，其余造林地的气温日均值与无林地相近或大于无林地，表现出一定的保温作用，其中刺槐+白蜡混交林的保温效果最好，降温率为–5.35%。这主要是因为造林地对春季凉风具有一定的阻挡作用。

表 5-26 4 月、8 月林内气温调查 （单位：℃）

时间	4 月气温					8 月气温				
	CC	RPUP	RPFC	RP	WL	CC	RPUP	RPFC	RP	WL
8:00	19.03	18.08	17.71	16.18	16.91	26.40	28.92	27.34	26.87	26.87
10:00	20.49	21.09	20.69	18.88	19.23	28.73	29.67	28.22	28.67	32.15
12:00	20.64	22.22	21.96	22.28	24.56	29.72	29.34	28.86	29.31	34.68
14:00	20.16	21.63	23.03	22.86	22.19	30.64	30.20	28.49	30.74	32.10
16:00	18.76	18.07	21.28	21.88	18.17	28.91	29.39	27.90	29.33	30.69
18:00	17.41	16.60	18.28	19.25	15.61	26.64	27.08	27.07	26.58	27.85
日均值	19.42	19.62	20.49	20.22	19.45	28.51	29.10	27.98	28.58	30.72
降温率/%	0.15	–0.87	–5.35	–3.96	0.00	7.19	5.27	8.92	6.97	0.00

8 月 4 种林分类型的气温日变化与 4 月相似。日均值明显高于 4 月。但与无林地相比，4 种林分主要体现为降温作用，降温幅度为 5.27%～8.92%，混交林（除刺槐+白榆混交林）降温效果要高于纯林。这主要是因为混交林复层的林分结构具有明显的小气候调节作用。

（2）空气相对湿度的变化

由表 5-27 可知，4 种林分类型内的相对湿度呈现凹形曲线，与温度呈负相关。4 月，与无林地相比，混交林与纯林相对湿度的降低值为负值，说明 4 月造林地不具有增湿的作用，这主要是因为春季刮风对无林地相对湿度影响较大；8 月，各造林地均具有一定的调节空气湿度的能力，其中混交林的调节能力要高于纯林，调节幅度为 7.39%～22.97%，刺槐+白蜡混交林的增湿率最大，为 22.97%。这说明造林后，在改善小气候方面混交林要好于纯林，尤其是对林内温度、相对湿度的改善。

表 5-27　4 月、8 月林内空气相对湿度　（%）

时间	4 月空气相对湿度					8 月空气相对湿度				
	CC	RPUP	RPFC	RP	WL	CC	RPUP	RPFC	RP	WL
8:00	36.53	33.93	31.19	40.44	63.20	89.33	77.03	82.53	72.92	75.48
10:00	34.71	27.69	27.82	31.40	49.16	75.89	72.56	79.34	68.06	60.76
12:00	32.09	25.20	23.91	29.38	35.03	71.18	72.79	65.28	65.20	52.67
14:00	42.09	23.60	24.90	24.22	41.66	67.57	68.02	78.23	59.99	53.92
16:00	43.66	33.86	25.94	25.22	50.98	71.08	70.77	72.17	61.78	57.00
18:00	45.91	41.33	24.42	25.50	64.57	79.18	77.40	78.48	70.32	71.02
日均值	39.17	30.94	26.36	29.36	50.77	75.71	73.10	76.01	66.38	61.81
增湿率/%	−22.85	−39.06	−48.08	−42.17	0.00	22.49	18.27	22.97	7.39	0.00

5.2.3.2　林内土壤因子的变化

（1）土壤温度的变化

由图 5-12 可以看出，4 种造林地内土壤 4 月和 8 月均温之间差异不显著。无林地土壤温度 4 月和 8 月均值最高，为 21.71℃，刺槐+白蜡混交林的最低，为 18.74℃。刺槐+白榆混交林与无林地之间土壤温度差异不显著，其余林分与无林地差异显著（$P<0.05$）。

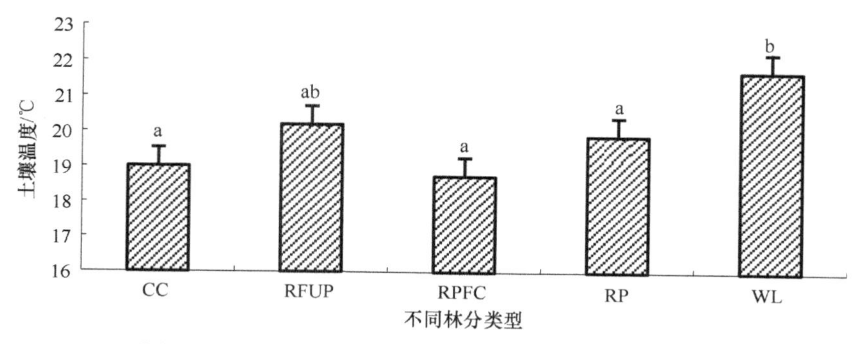

图 5-12　不同林分类型 4 月和 8 月土壤温度均值的比较

由图 5-13 可知，8 月 5 种林分类型不同层土壤温度（枯落物层、0～10cm 土层、10～20cm 土层）具有明显的日动态变化，呈单峰曲线，与气温的日动态变化趋势相似；随着土壤深度的增加，土壤温度为枯落物层＞0～10cm 土层＞10～20cm 土层；刺槐+白蜡混交林的不同层土壤温度日动态均值最低，分别为 24.41℃、23.43℃、22.42℃，无林地的最高，分别为 29.89℃、27.77℃、25.84℃。这说明与无林地相比，造林后降低了土壤温度，并减缓了土壤温度的剧烈变化。4 月土壤温度的变化趋势与 8 月相似，只是由于土壤刚解冻，气温不高，0～10cm、10～20cm 两个土层的变化幅度不明显，不再进行具体分析。

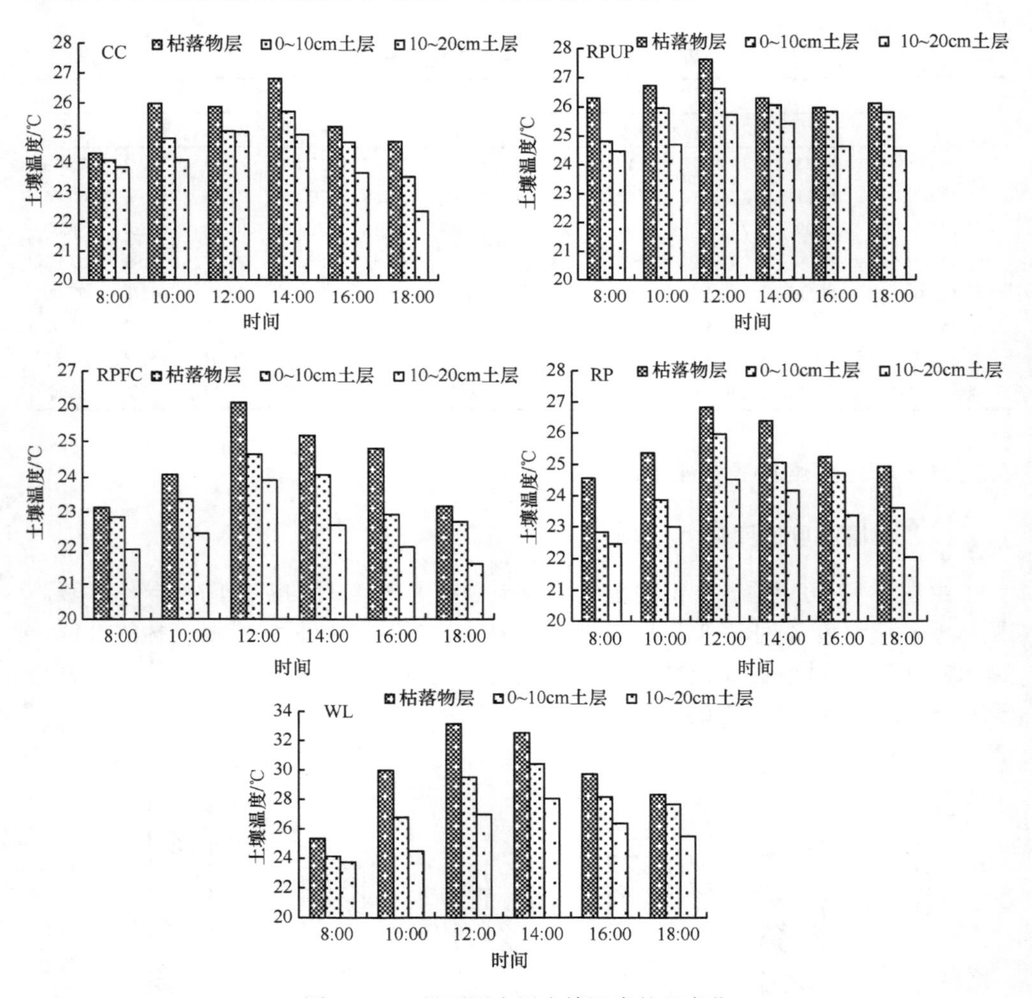

图 5-13　8 月不同土层土壤温度的日变化

（2）土壤体积含水量的变化

由图 5-14a 可知，刺槐+白蜡混交林土壤体积含水量最大，为 23.51%，与其余林分均差异显著，无林地最低，其余 3 种林分差异不显著。表层土壤水分的变化受降水量及其分布特征、表层枯落物蓄积量和气温的共同影响。由图 5-14b 可以看出，5 种类型的土壤体积含水量日变化不明显，这是因为观测时间短且不连续，无法充分解释黄河三角洲盐碱地土壤含水量的日变化，需要提高对含水量的观测频率。

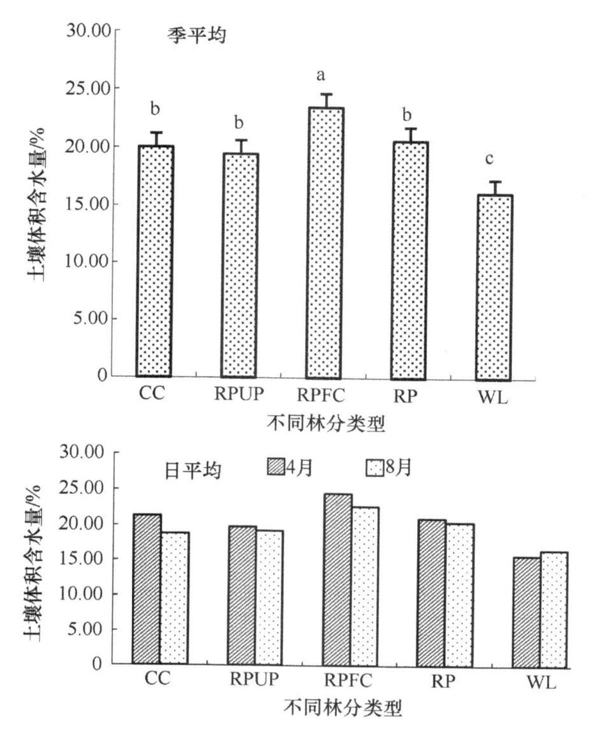

图 5-14　不同林分类型土壤 0～20cm 土层体积含水量均值比较

柱子上方不同小写字母表示各林分间差异显著（$P<0.05$）

（3）土壤 pH 及含盐量的变化

土壤 pH 和含盐量是衡量盐碱地土壤环境质量的重要指标（夏江宝等，2009b）。由图 5-15 以看出，刺槐+臭椿、刺槐+白榆、刺槐+白蜡混交林和刺槐纯林的 pH 与无林地差异显著（$P<0.05$），分别比无林地下降 7.74%、6.58%、10.30%和 6.26%。从土壤含盐量来看，4 种造林地的平均含盐量均明显低于无林地（$P<0.05$），分别下降了 92.47%、91.10%、47.95%和 92.47%，其中刺槐+白蜡混交林含盐量降低不足 50%，其他 3 种均在 90%以上。统计分析表明，4 种造林地与无林地相比，差异显著（$P<0.05$）。从垂直变化来看，土壤含盐量变化不明显，pH 除了刺槐+

白蜡混交林和无林地外，其他 3 种造林地都是从表层向下依次升高。刺槐+白蜡混交林含盐量低于其他 3 种林分，并且 pH 垂直变化不明显，究其原因，刺槐+白蜡混交林人为放牧干扰严重，地被及枯落物层受到严重破坏，蒸降比随之增大，降水淋洗土壤盐分的能力减弱，导致地表含盐量与下层含盐量变化不大，但其土壤总体含盐量明显低于其他林分。

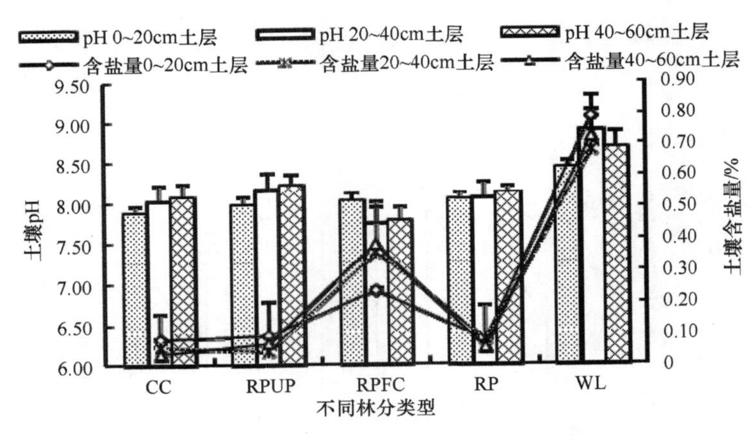

图 5-15　8 月不同林分类型的土壤盐碱度

（4）土壤容重及总孔隙度的变化

土壤容重的大小反映了土壤的透水性、通气性和对植物根系生长的阻力状况；土壤孔隙度则反映了森林植被吸水、持水和涵养水源的能力，对土壤中水、肥、气、热和微生物活性等有重要的调节作用（付刚等，2008）。在研究区内，土壤 40cm 以下基本为板结层，本研究仅对 0～40cm 土层的土壤物理性状进行研究。由表 5-28 可知，刺槐+臭椿混交林、刺槐+白榆混交林、刺槐+白蜡混交林和刺槐纯林各土层的土壤容重均值分别比无林地下降 4.83%、4.14%、7.59%、2.76%，3 种刺槐混交林比刺槐纯林分别下降 2.13%、1.42%、4.96%。土壤总孔隙度刺槐+白蜡混交林＞刺槐+白榆混交林＞刺槐+臭椿混交林＞刺槐纯林，分别比无林地增加 11.47%、8.96%、7.22%、5.25%。刺槐+臭椿混交林、刺槐+白榆混交林、刺槐+白蜡混交林和刺槐纯林各土层孔隙比均值分别比无林地高 15.79%、17.11%、22.37%、11.84%，而 3 种混交林又分别比刺槐纯林高 3.53%、4.71%、9.41%。表现出造林地通气透水性能明显好于无林地，且混交林好于纯林，以刺槐+白蜡混交林最好。从垂直空间上看，土壤容重多为随深度的增加而增加，而土壤孔隙度变化不明显，但是不同林分类型之间土壤的总孔隙度及孔隙比各异。由以上分析可以看出，与无林地相比，造林后在一定程度上改善了土壤的物理性质，表现为降低了土壤容重、增加了土壤孔隙度。

表 5-28　8 月不同林分类型土壤容重与孔隙度

林分类型	土层深度/cm	土壤容重/（g/cm³）	总孔隙度/%	毛管孔隙度/%	孔隙比
CC	0～20	1.36ab	45.23ab	43.71ab	0.83ab
	20～40	1.40a	47.11a	45.02a	0.93a
	均值	1.38	46.17	44.37	0.88
RPUP	0～20	1.37ab	47.04a	45.15ab	0.89ab
	20～40	1.40a	46.80a	45.02a	0.88a
	均值	1.39	46.92	45.09	0.89
RPFC	0～20	1.34a	47.29a	45.87a	0.90a
	20～40	1.33b	48.70a	47.06a	0.95a
	均值	1.34	48.00	46.47	0.93
RP	0～20	1.38ab	45.40b	43.75ab	0.87ab
	20～40	1.44ac	45.23a	44.07a	0.83a
	均值	1.41	45.32	43.91	0.85
WL	0～20	1.41b	43.35b	42.36b	0.77b
	20～40	1.48c	42.77a	42.01a	0.75a
	均值	1.45	43.06	42.19	0.76

注：各列不含有相同小写字母表示相同土层不同林分类型间差异达到 0.05 显著水平

（5）土壤微生物数量的变化

由于 4 月微生物活性微弱，本研究仅对 8 月的土壤微生物进行培养。由表 5-29 可知，无林地微生物的数量最少，林地均为细菌最多，而且混交林高于纯林，其中刺槐+臭椿混交林和刺槐+白蜡混交林分别达到 51.25×10^8 个/g、50.63×10^8 个/g；真菌、放线菌在刺槐+白榆混交林中的数量最多。在垂直方向上，微生物数量多为 0～10cm 土层大于 10～20cm 土层。

表 5-29　8 月不同林分类型土壤微生物的数量

林分类型	土层深度/cm	细菌/（$\times10^8$ 个/g）	真菌/（$\times10^6$ 个/g）	放线菌/（$\times10^6$ 个/g）
CC	0～10	35.18	4.71	5.66
	10～20	16.07	2.62	2.89
	合计	51.25	7.33	8.55
RPUP	0～10	33.84	11.85	12.45
	10～20	2.68	0.34	4.83
	合计	36.52	12.19	17.28
RPFC	0～10	34.12	4.49	4.29
	10～20	16.51	6.06	1.17
	合计	50.63	10.55	5.46

续表

林分类型	土层深度/cm	细菌/（$\times10^8$个/g）	真菌/（$\times10^6$个/g）	放线菌/（$\times10^6$个/g）
RP	0～10	21.81	4.47	5.50
	10～20	2.83	5.61	0.98
	合计	24.64	10.08	6.48
WL	0～10	12.72	2.1	1.25
	10～20	1.93	0.39	0.1
	合计	14.65	2.49	1.35

5.2.3.3 林分因子的变化

（1）枯落物蓄积量的变化规律

枯落物蓄积量受多种因子的影响，如林型、林龄、生长季节、人为活动、枯落物输入量、分解速度、自身厚度和性质等（王丽等，2007）。由表 5-30 可知，不同林分枯落物总蓄积量差异显著（$P<0.05$），无林地为 2.03t/hm^2（半分解层极少，可忽略不计），混交林枯落物层蓄积量为 8.25～10.65t/hm^2，明显小于刺槐纯林的 12.15t/hm^2；3 种混交林枯落物的半分解层大于未分解层，前者为后者的 1.14～2.20 倍，而纯林中半分解层稍大于未分解层，为 1.06 倍；两层的枯落物蓄积量从大到小基本表现为刺槐纯林、刺槐的混交林、无林地。由表 5-25 可知，刺槐纯林保存率较低，林下植被生长旺盛，盖度达 99%，而混交林保存率较高，郁闭度较大，林下植被盖度相对较低，因而刺槐纯林蓄积量大于混交林。

表 5-30　不同林分类型枯落物层蓄积量

林分类型	未分解层/（t/hm^2）	半分解层/（t/hm^2）	枯落物层/（t/hm^2）	失质率/%
CC	2.85±0.20cd	5.40±0.63ab	8.25±0.83c	59.03a
RPUP	3.33±0.08c	7.32±0.91a	10.65±0.96ab	53.50a
RPFC	4.16±0.14b	4.73±0.65b	8.89±0.74bc	36.20bc
RP	5.90±0.45a	6.25±0.19ab	12.15±0.27a	39.33b
WL	2.03±0.13e	—	2.03±0.13d	31.00c

注：“—”表示极少；数据后不含相同小写字母表示不同林分类型枯落物相同层处理间差异达到 0.05 显著水平

（2）根系生物量的变化规律

由图 5-16 可知，4 种造林地上、下层根系生物量差异显著，20～40cm 的根系生物量大于 0～20cm，分别是上层的 1.35 倍、2.05 倍、2.01 倍、1.73 倍。刺槐+白榆混交林、刺槐+白蜡混交林的根系生物量主要集中于 20～40cm 土层，4 种造林地内 0～40cm 土层单位面积根系生物量依次为：刺槐+白蜡混交林（2.61kg/m^2）＞刺槐+白榆混交林（1.58kg/m^2）＞刺槐+臭椿混交林（1.55kg/m^2）＞刺槐纯林（1.42kg/m^2）。

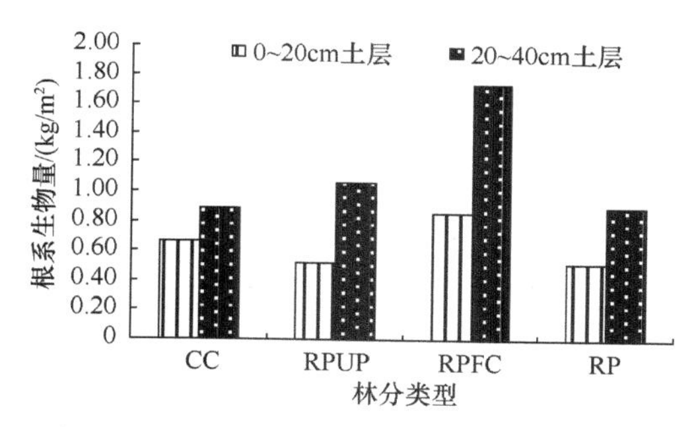

图 5-16　不同林分类型根系生物量的比较

5.2.4　土壤呼吸速率的时空变化规律

2011 年 4 月、8 月对土壤呼吸速率进行了测定，分别代表春季、夏季。

5.2.4.1　土壤呼吸速率的日动态变化

由图 5-17 可知，2 次测得的结果表明，8 月的土壤呼吸速率明显高于 4 月。无林地变化较小，4 种造林地土壤呼吸速率日变化趋势均为明显的单峰曲线，峰

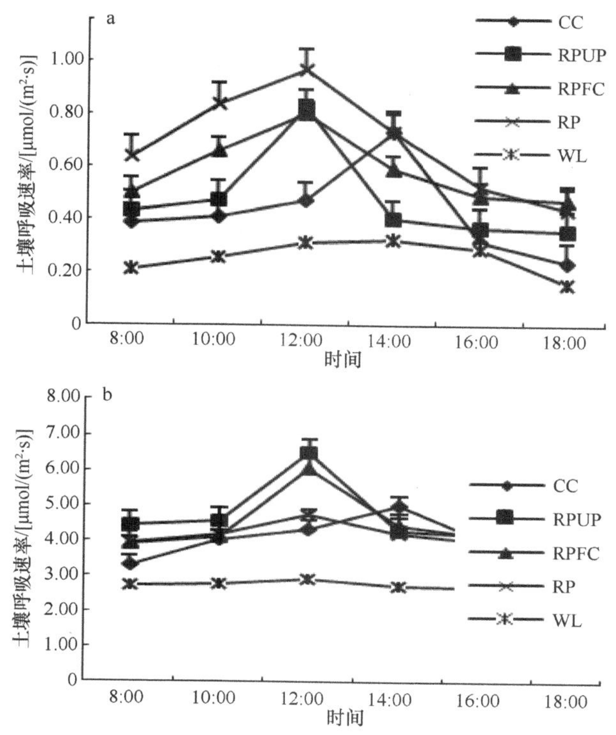

图 5-17　4 月（a）、8 月（b）不同林分类型土壤呼吸速率的日变化动态

值多出现在 12:00～14:00，最小值出现在 8:00 或 18:00。4 月各造林地土壤呼吸速率均逐渐增大，达到最高峰后持续急剧下降，而 8 月在达到峰值后急剧下降，之后下降不明显。不难看出土壤呼吸速率的变化与温度的日变化相吻合。温度升高，微生物的活性升高，分解有机物的能力增强，土壤呼吸速率增加，反之呼吸速率降低。

计算土壤呼吸速率日变化值可知，4 月刺槐+臭椿混交林、刺槐+白榆混交林、刺槐+白蜡混交林、刺槐纯林 4 种人工林和无林地土壤呼吸速率的日均值分别为 0.43μmol/（m^2·s）、0.48μmol/（m^2·s）、0.59μmol/（m^2·s）、0.69μmol/（m^2·s）、0.26μmol/（m^2·s）（图 5-18），其中刺槐纯林的日均值最大，无林地最小。4 种造林地土壤呼吸速率之间差值为 0.05～0.26μmol/（m^2·s）。经单因素方差分析，4 种造林地与无林地差异显著，相互之间差异也显著（P<0.05）。估算测定时间内刺槐+臭椿混交林、刺槐+白榆混交林、刺槐+白蜡混交林、刺槐纯林和无林地 CO_2 的日呼吸通量分别约为 0.68g/m^2、0.76g/m^2、0.93g/m^2、1.10g/m^2、0.41g/m^2（图 5-19），相互之间差异显著（P<0.05）。

由图 5-18 可知，8 月刺槐+臭椿混交林、刺槐+白榆混交林、刺槐+白蜡混交林、刺槐纯林和无林地的日均值分别为 3.99μmol/（m^2·s）、4.65μmol/（m^2·s）、4.43μmol/（m^2·s）、4.13μmol/（m^2·s）、2.74μmol/（m^2·s），其中刺槐+白榆混交林的日均值最大，无林地最小。4 种造林地土壤呼吸速率之间差值为 0.14～0.66μmol/（m^2·s）。经单因素方差多重比较分析，4 种造林地土壤呼吸速率日均值均与无林地达到显著水平。估算其 CO_2 日呼吸通量分别约为 6.32g/m^2、7.37g/m^2、7.01g/m^2、6.54g/m^2、4.34g/m^2（图 5-19），其中刺槐+臭椿混交林和刺槐纯林的 CO_2 日呼吸通量差异不显著，其余的相互之间差异显著。由此可知，虽然 4 种造林地土壤呼吸速率之间差值的变动范围较小，但是引起的土壤呼吸通量的变化显著。虽然土壤呼吸速率发生微小变化，但在时间尺度放大后 CO_2 呼吸通量必然发生显著变化。

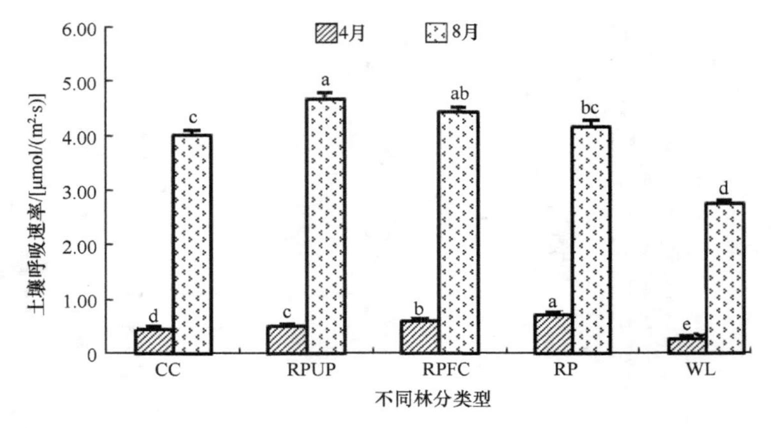

图 5-18　4 月、8 月土壤呼吸速率的日均值

不含相同小写字母表示同一月份各林分类型土壤呼吸速率日均值达到显著差异水平（P<0.05）

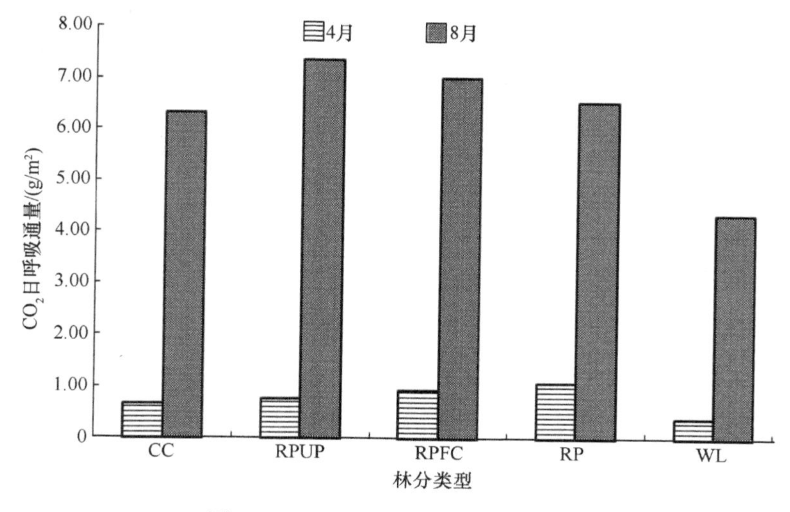

图 5-19　4 月、8 月 CO_2 日呼吸通量

5.2.4.2　土壤呼吸速率的季节变化

于 4 月、8 月进行土壤呼吸的测定，定量解释不同林分类型土壤呼吸速率的季节变化。由图 5-20 可知，不同林分类型土壤呼吸具有明显的季节变化规律，这与不同季节内的土壤温度变化相一致。4 月各林分土壤呼吸速率均差异显著（$P<0.05$），刺槐纯林的土壤呼吸速率最大，无林地最小。估算刺槐+臭椿混交林、刺槐+白榆混交林、刺槐+白蜡混交林、刺槐纯林和无林地春季的 CO_2 呼吸通量分别约为 62.18g/m^2、69.59g/m^2、85.70g/m^2、101.04g/m^2、37.52g/m^2（图 5-20），相互之间差异均显著（$P<0.05$）；夏季的 CO_2 呼吸通量分别约为 574.70g/m^2、670.71g/m^2、638.02g/m^2、595.53g/m^2、395.37g/m^2（图 5-20），除刺槐+臭椿混交林与纯林无显著差异，其余的相互之间差异显著（$P<0.05$）。

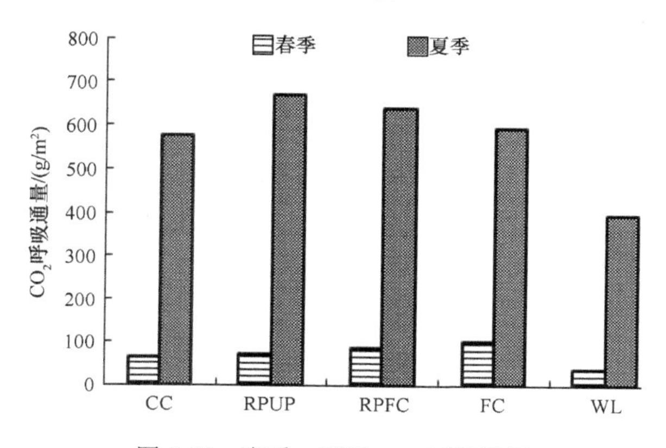

图 5-20　春季、夏季 CO_2 呼吸通量

比较两个季节各林分内 CO_2 呼吸通量的大小可以看出，刺槐+臭椿混交林、刺槐+白榆混交林、刺槐+白蜡混交林、刺槐纯林和无林地夏季土壤 CO_2 呼吸通量的值明显大于春季，分别是春季的9.24倍、9.64倍、7.45倍、5.89倍、10.54倍，其中无林地春、夏两季的变化幅度最大，为10.54倍；刺槐纯林的变化幅度最小，为5.89倍；混交林变化幅度相当，为7.45～9.64倍。由此可知，与无林地相比，造林后土壤呼吸明显增加，但是夏季与春季的比值表现为造林地小于无林地，而且刺槐混交林夏季土壤 CO_2 呼吸通量的变化幅度明显大于春季，纯林次之。主要是夏季生物活性显著高于春季，根系生物量增加、微生物数量增多、枯落物分解速率加快等引起土壤 CO_2 呼吸通量的变化。

5.2.4.3 土壤呼吸速率垂直空间的变化

垂直空间上，4月5种类型土壤呼吸速率与8月的变化规律基本相当，也表现为枯落物层＞0～10cm土层＞10～20cm土层，但是变化较小，可能主要是4月的气温、地温等环境因子变化较小，以及动植物活性等较弱，而使土壤呼吸速率较为微弱，刺槐+臭椿混交林、刺槐+白榆混交林、刺槐+白蜡混交林、刺槐纯林和无林地日均值依次约为0.43μmol/（m^2·s）、0.48μmol/（m^2·s）、0.59μmol/（m^2·s）、0.69μmol/（m^2·s）、0.26μmol/（m^2·s），并随着土层深度的增加，呼吸速率更加微弱，所表现出的变化趋势也就更不明显。于是，本研究主要对8月进行详细分析。

由图5-21可知，8月，除了无林地土壤呼吸速率在垂直空间上变化不明显外，刺槐的混交林、刺槐纯林均表现为枯落物层显著大于0～10cm土层，10～20cm土层最小，并且混交林各土层的相对变化更加明显。这可能是造林后，混交林对土壤表层孔隙度、pH、含盐量等的改良效果好于纯林，良好的通气透水性提高了土壤的呼吸速率。

进一步研究发现，除了无林地外，4种造林地内不同土壤层的呼吸速率在一天内的日动态变化也呈现明显的单峰曲线，峰值出现在12:00～14:00，之后呼吸速率的变化幅度减小，并且随着土层的增加，单峰曲线逐渐平缓，在10～20cm土层已经不明显。这是由于随着土壤深度的增加，土壤孔隙度和土壤温度降低，

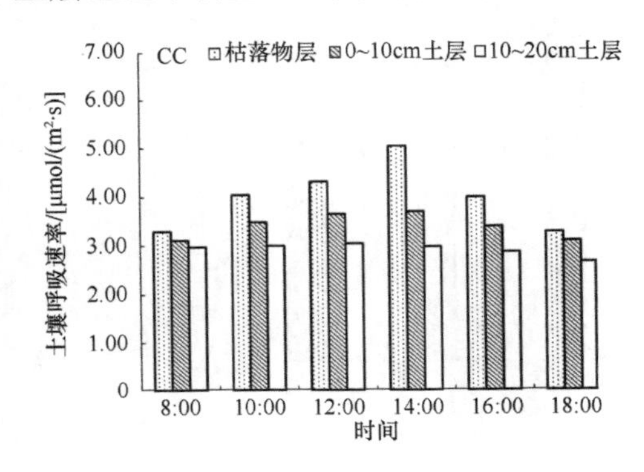

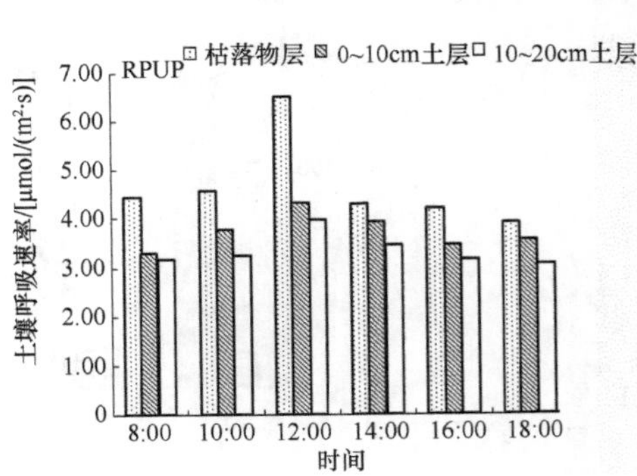

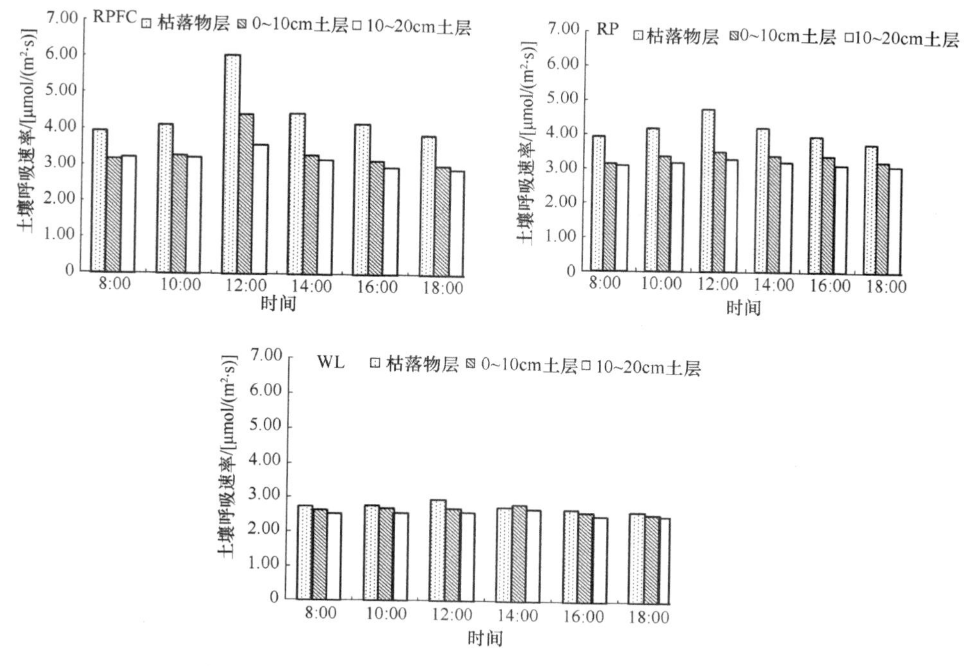

图 5-21　8 月不同土壤层土壤呼吸速率垂直空间变化

土壤 pH 和含盐量升高，导致土壤呼吸速率降低，垂直空间的变化趋于平缓。

5.2.5　土壤呼吸速率与环境因子的相关性

5.2.5.1　土壤呼吸速率与小气候因子的相关性

（1）土壤呼吸速率与气温的相关性

由图 5-22 可知，8 月各林分土壤呼吸速率与气温的相关性不同，其中刺槐+臭椿混交林、刺槐+白榆混交林与气温呈极显著相关（$P<0.01$），与刺槐+白蜡混交林和刺槐纯林的相关性不显著，与无林地的相关性显著（$P<0.05$）。这主要是林分结构不同，林内郁闭度和地被盖度也不同，改变了透光率、气温、风速、相对湿度等小气候因子，结果造成不同林分土壤呼吸速率与林内气温的相关性变化。

（2）土壤呼吸速率与空气相对湿度的相关性

由图 5-23 可知，对各林分内的土壤呼吸速率与空气相对湿度进行回归分析表明，除了无林地外，4 种造林地内土壤呼吸速率与空气相对湿度呈显著的负相关（$P<0.05$）。这可能是由于无林地条件下，气候状况不稳定，而造林后得以改善，空气相对湿度在一天内的变化更稳定，从而与土壤呼吸速率呈现显著负相关（$P<0.05$）。

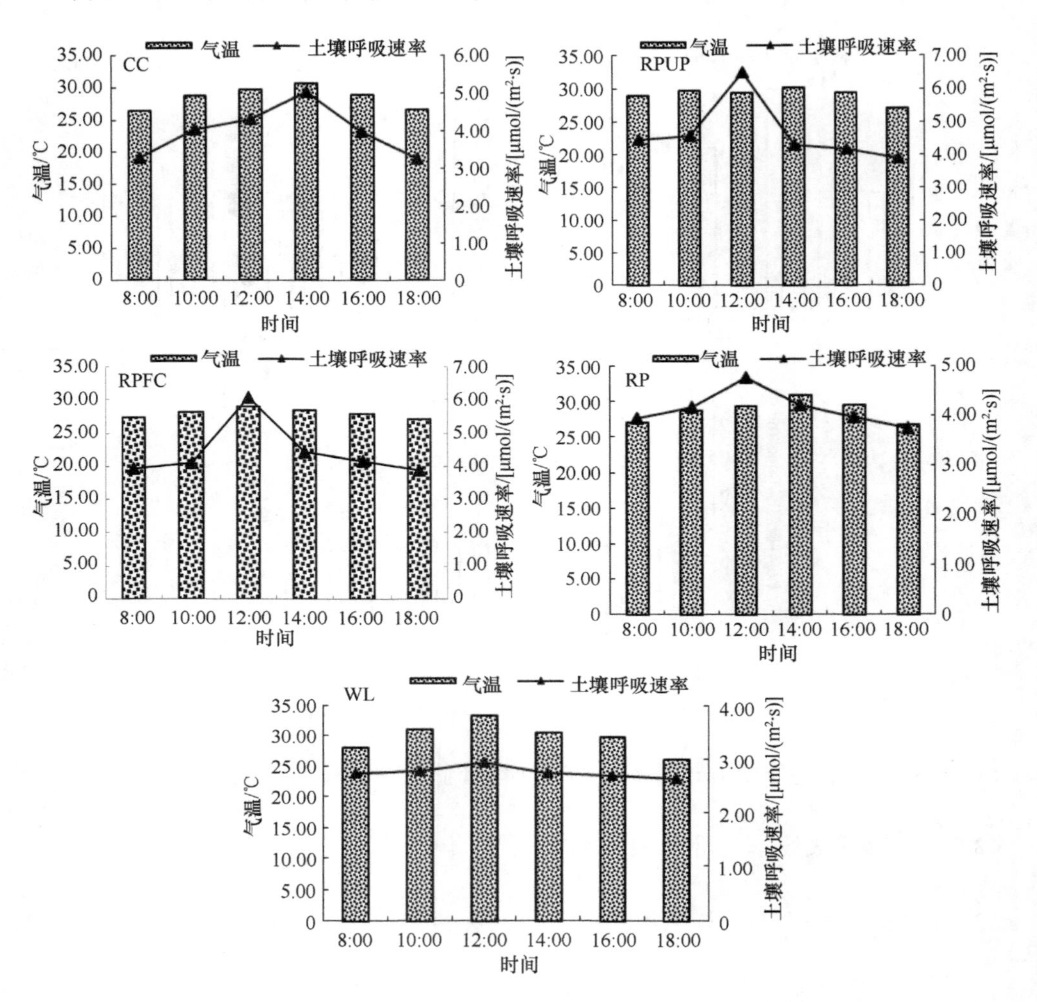

图 5-22 8 月各林分类型土壤呼吸速率与气温的变化

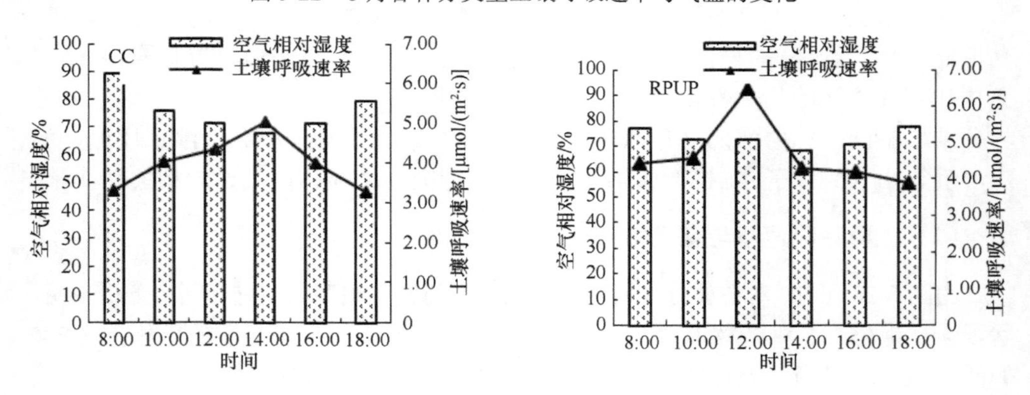

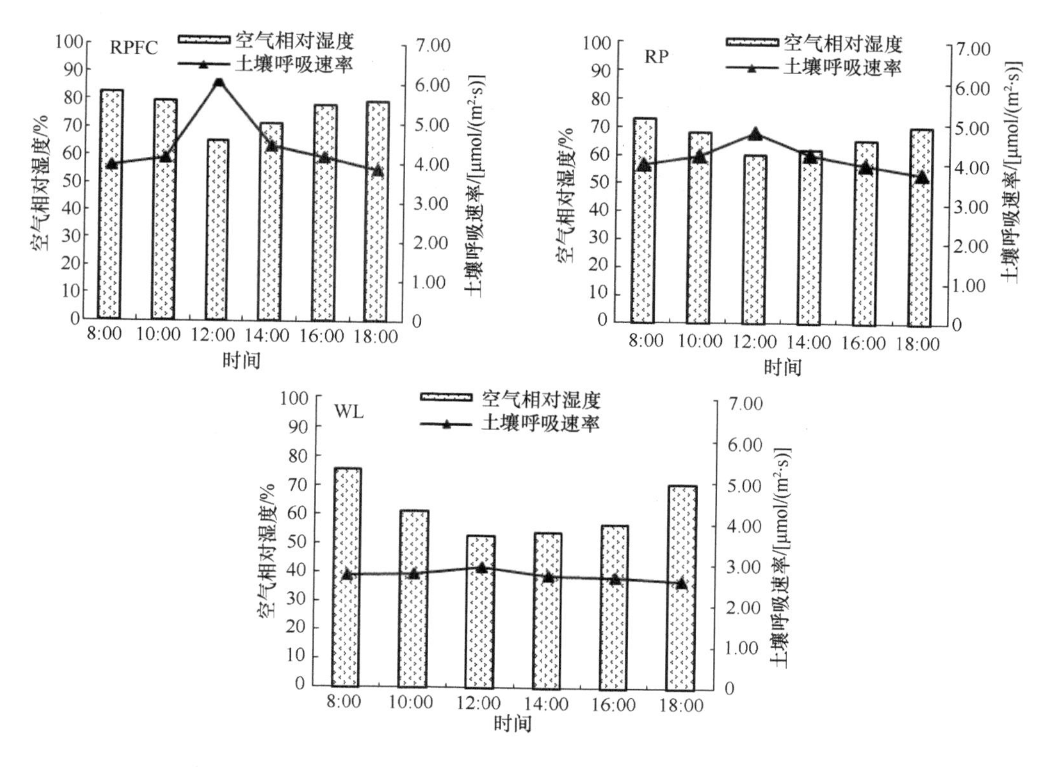

图 5-23　8 月各林分类型空气相对湿度与土壤呼吸速率的变化

5.2.5.2　土壤呼吸速率与土壤环境因子的相关性

（1）土壤呼吸速率与土壤温度的相关性

本研究中，刺槐+臭椿混交林、刺槐+白榆混交林、刺槐+白蜡混交林和刺槐纯林 4 种人工林及无林地 4 月土壤呼吸强度较弱，所以只对 8 月的土壤呼吸与温度的关系进行分析，主要测量了土壤表层、5cm 土层、15cm 土层三层的温度。

由图 5-24 可知，经非线性回归分析结果表明，除无林地外，4 种造林地在 8 月土壤呼吸速率随土壤温度的变化呈现指数型的增长，且均显著（$P<0.05$）或极显著（$P<0.01$）正相关，3 个不同深度层次的相关系数不同。其中刺槐+臭椿混交林的呼吸速率与其表层和 5cm 土层土壤温度极显著相关，这说明此种林分土壤呼吸速率对温度变化最敏感；刺槐+白榆混交林、刺槐+白蜡混交林分别与 5cm 土层、15cm 土层土壤温度极显著相关，刺槐纯林与其 5cm 和 15cm 土层土壤温度极显著相关，说明纯林土壤呼吸速率对温度变化也较敏感，其余各林分土层的土壤呼吸速率与土壤温度呈显著相关性。

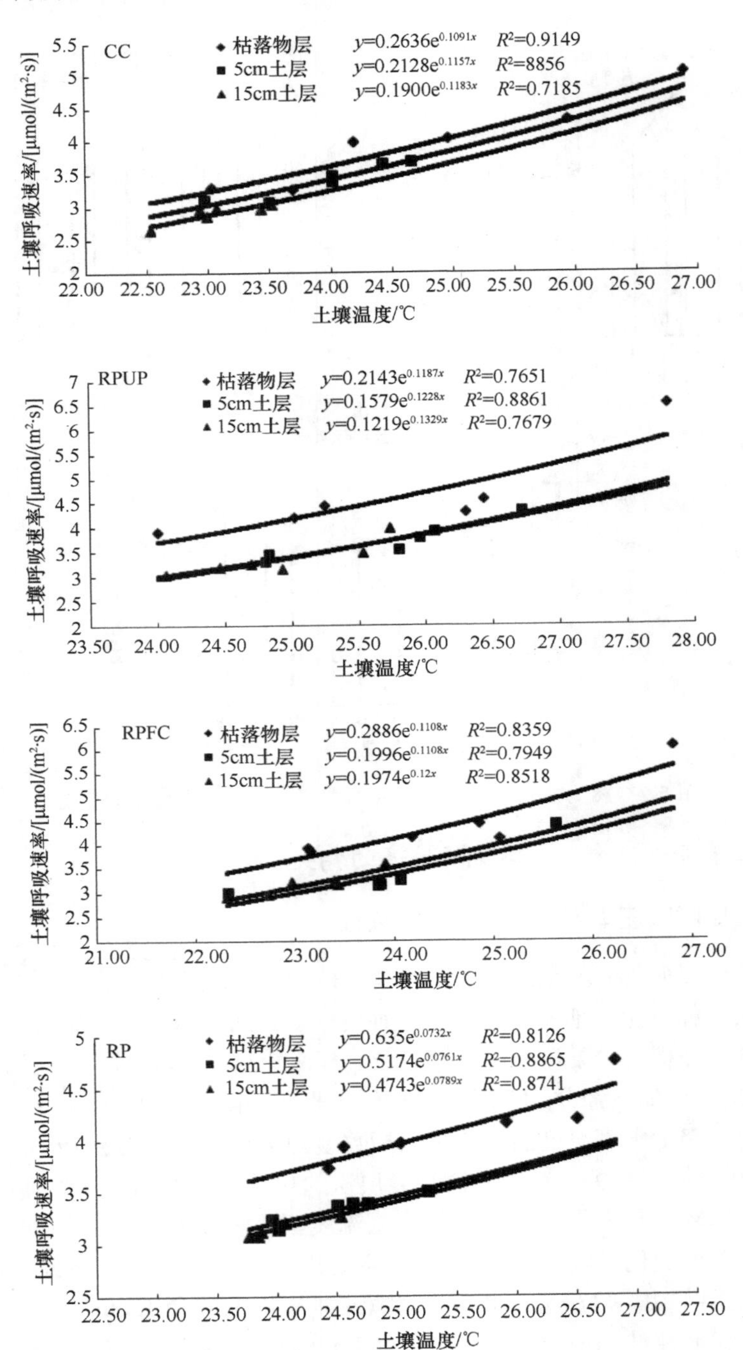

图 5-24 8 月不同土壤层土壤呼吸速率与土壤温度的相关性

在 4 种造林地中，刺槐+臭椿混交林土壤表层温度可解释 91.49%的土壤呼吸变化，5cm 土层的土壤温度可解释 88.56%，15cm 土层的土壤温度可解释 71.58%；刺槐+白榆混交林各土层温度解释的土壤呼吸变化依次为 76.51%、88.61%、76.79%；刺槐+白蜡混交林依次为 83.59%、79.49%、85.18%；刺槐纯林依次为 81.26%、88.65%、87.41%。可见，土壤温度对每层土壤呼吸速率的影响不同，这主要是因为土壤温度对各土层内不同植物根系、微生物活性的影响不同，从而导致异养呼吸和自养呼吸的 CO_2 通量产生差异。

本研究中土壤温度约小于 25℃时，土壤呼吸速率的拟合精度高，而随着温度的增高误差增大。如图 5-24 所示，表明在一天之内土壤水分变化较小的情况下，温度对土壤呼吸影响显著。可能是因为土壤温度较低时，根生理活性较低，土壤呼吸以土壤动物及微生物代谢为主，低温成为限制因素；而随着温度升高，根系生理活动旺盛，根系呼吸所占比重逐渐加大，达到一定温度后会产生高温限制，其他因子成为土壤呼吸的主要影响因子。

（2）土壤呼吸对温度的敏感性

土壤呼吸速率随温度的增加呈指数增长，常用 Q_{10} 表示，它是反映土壤呼吸对温度变化敏感性的指标，其意义为温度每上升 10℃土壤呼吸速率增加的倍数。

由表 5-31 可知，表层、5cm 土层、15cm 土层土壤温度每升高 10℃，刺槐+臭椿混交林土壤呼吸速率分别增加 2.98 倍、3.18 倍、3.27 倍；刺槐+白榆混交林分别增加 3.28 倍、3.41 倍、3.78 倍；刺槐+白蜡混交林分别增加 3.03 倍、3.25 倍、3.32 倍，刺槐纯林 Q_{10} 值相对较小。而无林地由于气候条件不稳定，土壤呼吸速率与土壤温度的相关性不显著，对温度的敏感性不明显。表明造林地内随着土壤深度的增加，Q_{10} 值越来越大，其中刺槐混交林各层土壤呼吸速率增加倍数相对较明显，纯林次之。产生这种差异性的原因是不同林分类型土壤呼吸速率对温度的敏感性不同。

表 5-31　不同林分类型土壤呼吸的 Q_{10} 值

林分林型	Q_{10} 值/倍		
	表层	5cm 深度	15cm 深度
CC	2.98	3.18	3.27
RPUP	3.28	3.41	3.78
RPFC	3.03	3.25	3.32
RP	2.08	2.14	2.20

（3）土壤呼吸速率与土壤体积含水量的相关性

土壤含水量的变化受降水量及其分布特征和气温的共同影响。由图 5-25 可知，在不同月份，5 种林分类型的土壤体积含水量有一定的波动但差异不显著，而土壤呼吸速率却具有显著的变化。说明在不同季节，土壤体积含水量与土壤呼吸速率的相关性不显著，这可能与观测时间不连续、观测时间内降水量变化大致相当有关。

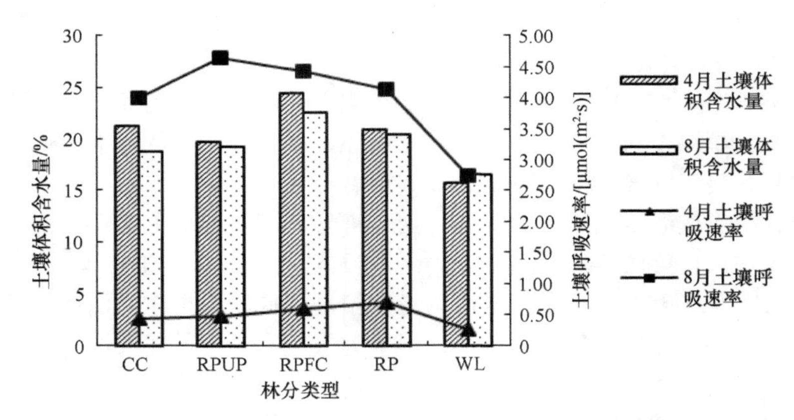

图 5-25　不同月份不同林分类型土壤呼吸速率与土壤体积含水量的变化

由表 5-32 可知，对 8 月各林分内土壤体积含水量与土壤呼吸速率进行回归分析得出，除无林地外，4 种造林地在一天内的土壤体积含水量与土壤呼吸速率均呈显著线性相关。刺槐+臭椿混交林土壤体积含水量可以解释 88.69%的土壤呼吸变化；刺槐+白榆混交林可解释 68.69%；刺槐+白蜡混交林可解释 72.33%；刺槐纯林可解释 83.21%。其中以刺槐+臭椿混交林、刺槐纯林土壤体积含水量与土壤呼吸速率的相关性最好，说明这两种林分土壤呼吸速率对土壤体积含水量的变化最敏感，刺槐+白蜡混交林、刺槐+白榆混交林次之。由此可知，研究区域内土壤含水量的日动态变化对土壤呼吸速率具有一定的影响。

表 5-32　8 月不同林分类型土壤呼吸速率（y）与土壤体积含水量（x）的相关性

林分类型	拟合曲线	R^2
CC	y=–0.8508x+20.418	0.8869
RPUP	y=–0.9062x+22.051	0.6869
RPFC	y=–0.8087x+22.712	0.7233
RP	y=–0.4101x+11.818	0.8321
WL	y=0.0129x+2.5298	0.0846

（4）土壤呼吸速率与 pH 及含盐量的相关性

由表 5-33 可知，对 8 月 5 种林分内 0～20cm 土层的土壤呼吸速率与 pH 及含盐量的相关性分析表明，3 种混交林内的土壤呼吸速率与 pH 呈显著负相关（P＜0.05），刺槐纯林、无林地内土壤呼吸速率与 pH 呈极显著负相关（P＜0.01）；刺槐+白蜡混交林、无林地内的土壤呼吸速率与含盐量呈极显著负相关（P＜0.01），其余林分土壤呼吸速率与含盐量相关性不显著。造林地的土壤 pH 与无林地差异显著（P<0.05），降低了土壤 pH，但是造林地的 pH 仍然较高，呈现碱性（pH>7），与土壤呼吸速率仍具有一定的相关性，是重要的影响因子；与无林地相比，造林地显著降低了土壤含盐量（P<0.05），其中刺槐+白蜡混交林由于人为放牧干扰严重，地被及枯落物层受到严重破坏，蒸降比随之增大，降水淋洗土壤盐分的能力减弱，呈现一定的返盐现象，导致含盐量较高，为 0.24%，降低值不足 50%，与土壤呼吸速率具有极显著相关性（P<0.05），是重要的影响因素，而其他 3 种林分的含盐量均低于 0.10%，降低值均在 90%以上，相关性不显著，因此不是重要影响因素。

表 5-33　不同类型林分土壤呼吸速率与 pH 及含盐量的相关性

		pH	含盐量
土壤呼吸速率	CC	−0.758*	−0.401
	RPUP	−0.786*	−0.631
	RPFC	−0.723*	−0.812**
	RP	−0.961**	−0.602
	WL	−0.939**	−0.929**

*表示 0.05 水平上差异显著；**表示 0.01 水平上差异显著。本章下同

（5）土壤呼吸速率与土壤总孔隙度的相关性

土壤孔隙度也是影响土壤呼吸速率的一个重要因素（周正朝和上官周平，2009）。由前面的分析可知，与无林地相比，造林地降低了土壤容重，增加了土壤孔隙度。由图 5-26 可知，不同造林地内土壤总孔隙度对土壤呼吸的影响各异。其中刺槐+臭椿、刺槐+白榆、刺槐+白蜡混交林中土壤呼吸速率与土壤总孔隙度达到极显著正相关（P<0.01），R^2 分别达到 0.9010、0.9332、0.9628，刺槐纯林中达到显著正相关性（P<0.05），R^2 为 0.8048，无林地中不具有明显的相关性。这是因为造林后改善了盐碱地土壤的孔隙度，而孔隙度直接决定着土壤透气性，一方面影响着土壤生物的活性、有机质等的分解，另一方面还影响着土壤呼吸产生的 CO_2 的扩散速率。

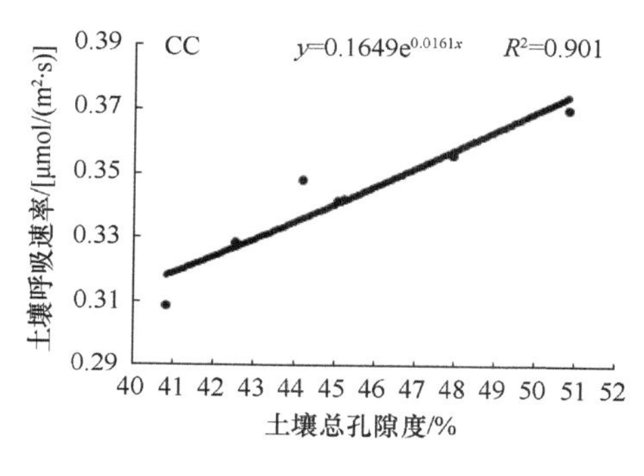

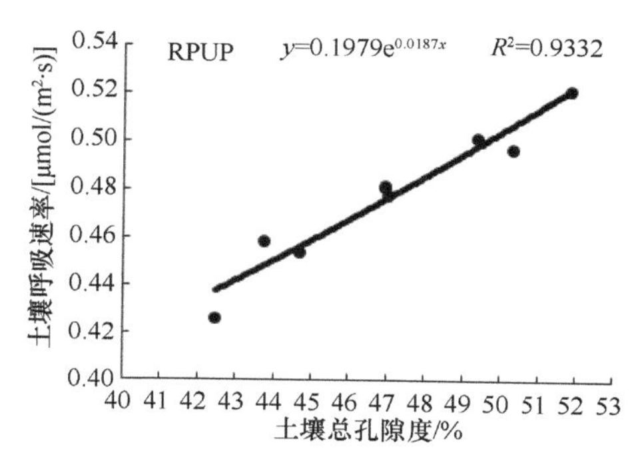

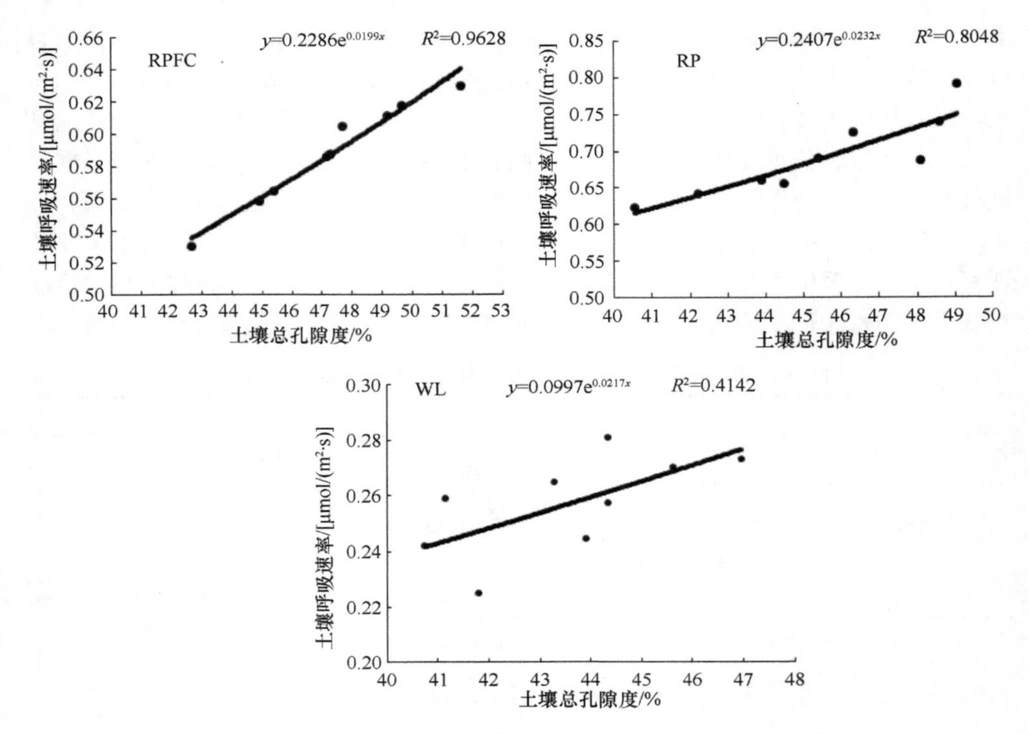

图 5-26 不同林分类型土壤呼吸速率与土壤 0～20cm 深度总孔隙度的关系

（6）土壤呼吸速率与土壤微生物数量的相关性

8 月，对林地和无林地内 0～20cm 深度的土壤呼吸速率与土壤微生物数量进行回归分析表明，两者之间无显著相关性（表 5-34），说明土壤微生物数量不是影响土壤呼吸速率变化的主要因子。这与森林生态系统中，林木根呼吸占土壤呼吸的 40%～60%，其中土壤动物、微生物呼吸与含碳矿物质化学氧化所释放的 CO_2 非常少，可以忽略不计的研究结果（张剑锋等，2007）相一致。

表 5-34 8 月不同林分类型土壤呼吸速率（*y*）与土壤微生物数量（*x*）的关系

林分类型	拟合曲线	R^2
CC	$y=0.0208x+2.8240$	0.6076
RPUP	$y=0.0126x+3.3085$	0.5892
RPDC	$y=0.0114x+2.9887$	0.5724
RP	$y=0.0095x+3.1334$	0.5450
WL	$y=0.0111x+2.5188$	0.1863

（7）土壤呼吸速率与根系生物量的相关性

由图 5-27 可知，对 4 种林分内 0～40cm 土层单位面积根系生物量与土壤呼吸速率进行线性回归分析表明，刺槐+白蜡混交林、刺槐+白榆混交林土壤呼吸速率与根系生物量达到极显著正相关（$P<0.01$），刺槐+臭椿混交林、刺槐纯林土壤呼吸速率与根系生物量达到显著正相关（$P<0.05$）。由此可得出，单位面积根系生物量对土壤呼吸速率有一定的影响，根系生物量越大，相关性越显著。

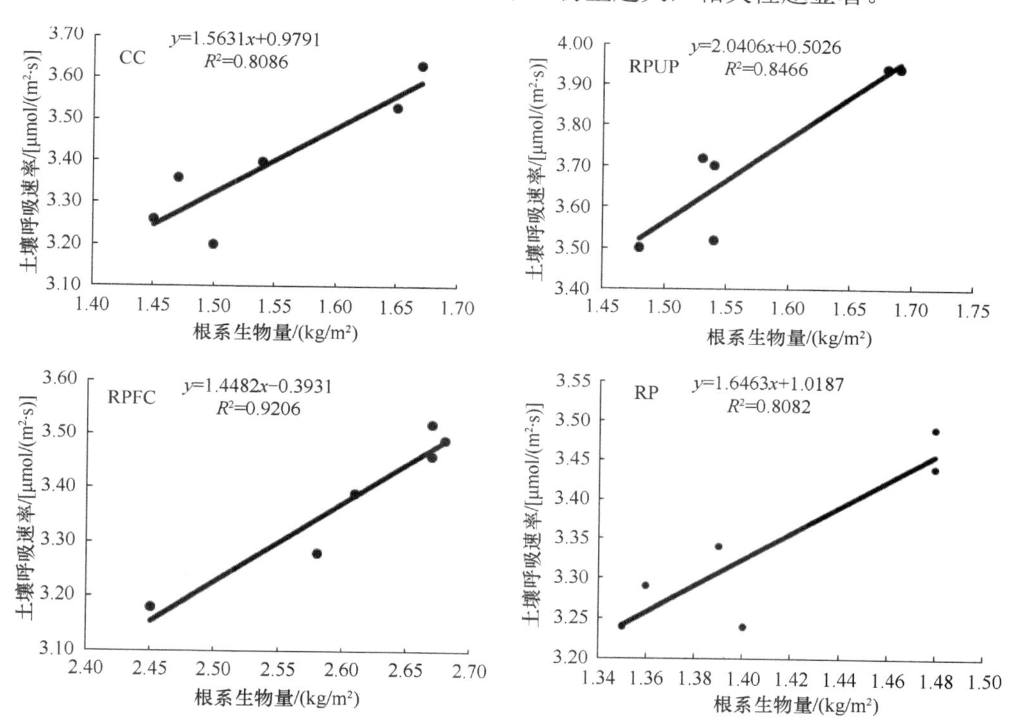

图 5-27　不同林分类型 0～40cm 土层根系生物量与土壤呼吸速率的关系

5.2.5.3　枯落物分解释放 CO_2 的速率

（1）枯落物掩埋后失质率的变化规律

不同林分类型下处理的枯落物失质率差异显著（$P<0.05$）。如图 5-28 所示，5 种林分类型中，刺槐+臭椿混交林内枯落物的失质率最高，无林地最低。刺槐+白蜡混交林与刺槐纯林的枯落物失质率相差不大且较低，另外 2 种混交林枯落物失质率相对较高。这说明枯落物成分不同，受生态环境的影响分解速度相差很大。2 种混交林中的臭椿和白榆叶质薄，接触地面后，受土壤湿度、温度等影响，使各种微生物和小动物种类增多，活动频繁，导致失质速度加快，而纯林的树种单

一，枯落物组成成分单一，所以分解速度相对较慢。

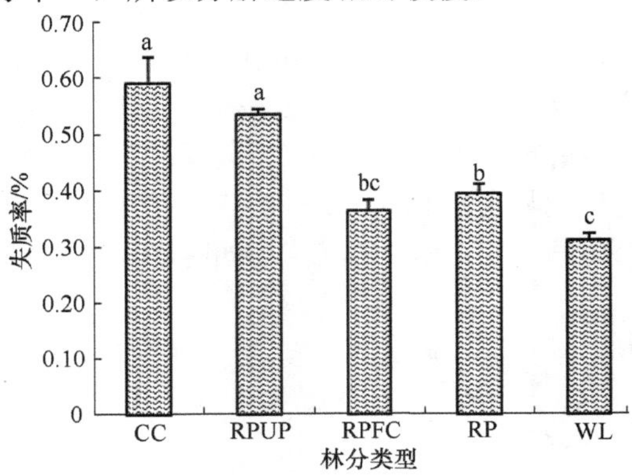

图 5-28　不同林分类型枯落物失质率

柱子上方不含相同小写字母表示各林分差异显著（P<0.05）

（2）枯落物掩埋后分解释放 CO_2 的变化规律

8 月对不同处理方式下枯落物分解释放 CO_2 的测定结果表明，4 种造林地内枯落物分解释放 CO_2 的值存在一定的差异（图 5-29），且每种林分内不同处理方式的枯落物分解释放 CO_2 的规律呈现一定的相似性，基本表现为 $V_a>V_b>V_c>V_d$，而无林地则表现不明显，各种处理的变化幅度较小。在测定时间内的日动态变化也与土壤呼吸速率的日动态变化趋势相一致，呈现明显的单峰曲线，峰值出现在 12:00～14:00，并且 V_b、V_c 两种处理方式下的土壤呼吸速率日动态变化幅度较小，均明显大于 V_d，无林地的单峰曲线不明显。其中，刺槐纯林内枯落物分解释放 CO_2 的日均值要大于混交林。这可能是由于刺槐纯林内枯落物的蓄积量最大，掩埋枯落物的相对量比较大从而导致分解释放 CO_2 的速率最大。

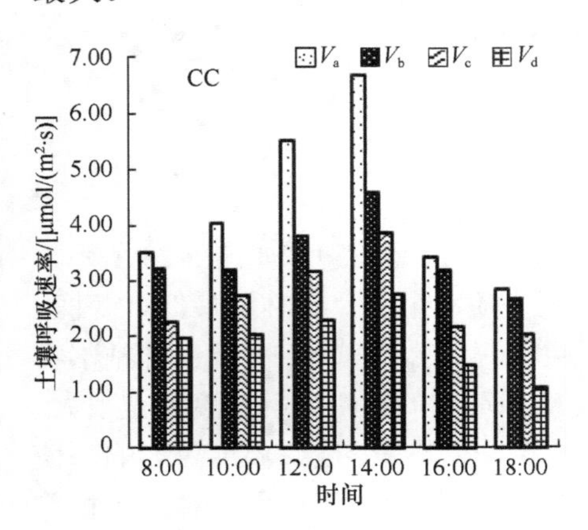

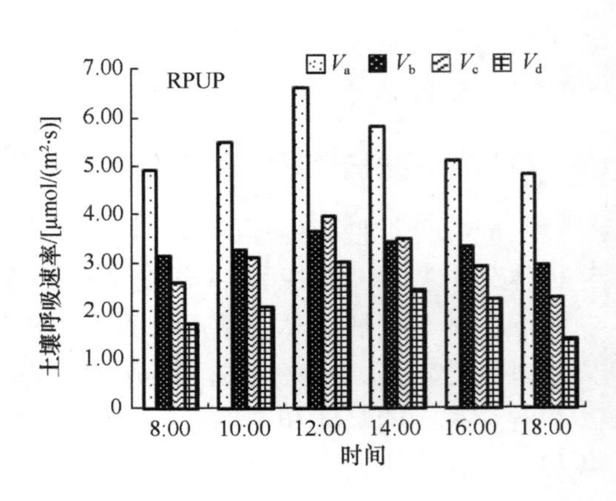

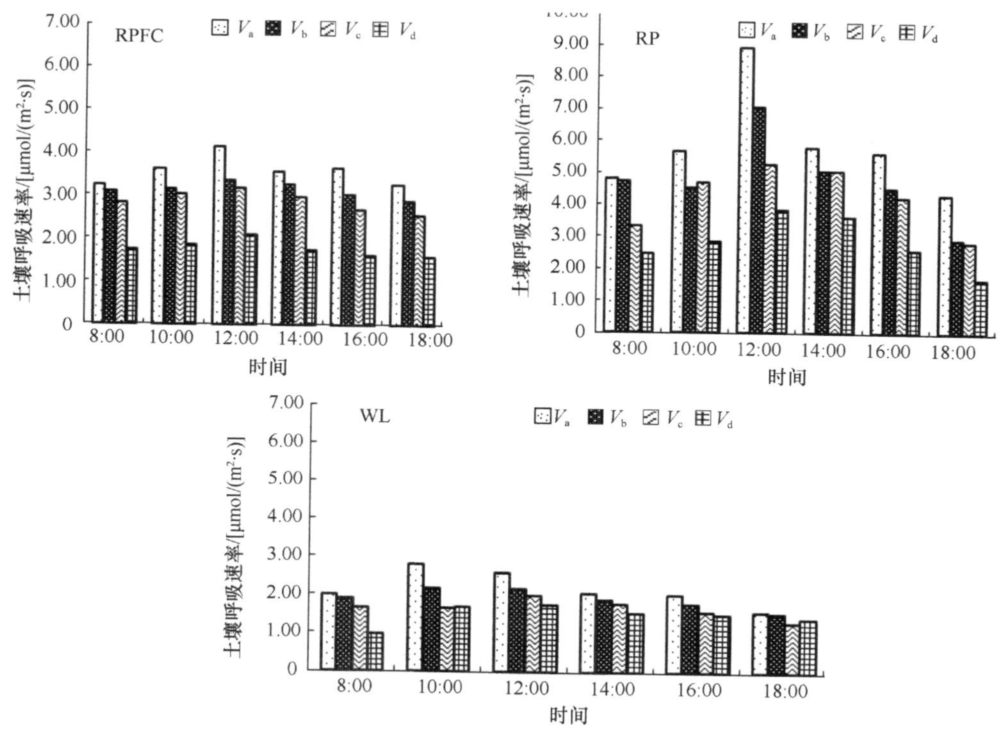

图 5-29　8 月掩埋枯落物分解释放 CO_2 的日动态变化

（3）枯落物分解释放 CO_2 对土壤呼吸的贡献

通过将掩埋枯落物分解释放的 CO_2 速率与自然状态下进行比较得出（图 5-30），掩埋后刺槐+臭椿混交林、刺槐+白榆混交林、刺槐+白蜡混交林、刺槐纯林和无林地枯落物释放 CO_2 对土壤呼吸的贡献值分别为 38.04%、24.25%、30.73%、47.32%、15.99%，比未处理（即自然状态下）枯落物释放的 CO_2 对土壤呼吸速率的贡献值分别升高了 23.26%、4.23%、7.22%、28.26%、12.86%，其中枯落物蓄积量相对较大的刺槐+臭椿混交林和刺槐纯林的升高幅度最大，分别达到

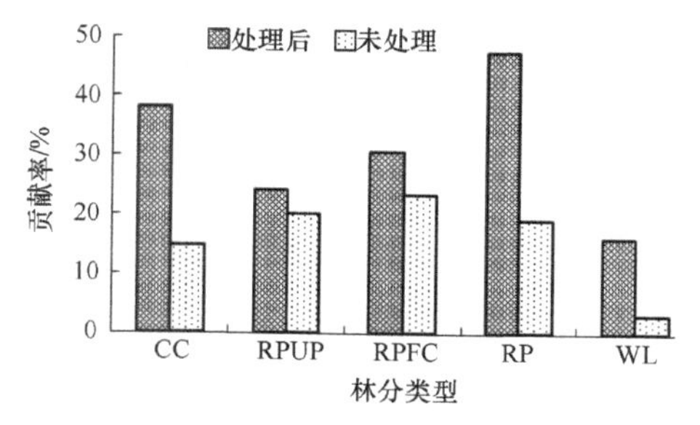

图 5-30　枯落物分解释放 CO_2 对土壤呼吸的贡献率

23.26%、28.26%。这主要是因为枯落物掩埋后改变了其分解环境，包括温度、湿度、理化环境等，提高了分解者（如动物、微生物等）对枯落物的分解强度，导致枯落物分解速度加快，自养呼吸和异养呼吸产生 CO_2 的速率加快。因此，掩埋枯落物提高了失质率，导致枯落物分解释放 CO_2 对土壤呼吸速率的贡献增加。

（4）枯落物分解释放 CO_2 的速率与环境因子的关系

由图 5-29 可知，除无林地变化幅度较小外，4 种造林地内枯落物分解释放 CO_2 的趋势相似，且与土壤呼吸速率的日动态变化趋势呈现一致的规律。但是各种处理方式下枯落物分解释放 CO_2 的速率与环境因子的相关性不同，如表 5-35 所示。

表 5-35　枯落物分解释放 CO_2 的速率与部分环境因子的相关性

		气温	空气相对湿度	0～5cm 土壤温度	0～5cm 土壤体积含水量
CC 分解释放 CO_2 的速率	V_a	0.855*	−0.644	0.832*	−0.897*
	V_b	0.831*	−0.600	0.845*	−0.863*
	V_c	0.842*	−0.628	0.830*	−0.869*
	V_d	0.718	−0.383	0.589	−0.802
RPUP 分解释放 CO_2 的速率	V_a	0.541	−0.512	0.942**	−0.943**
	V_b	0.750	−0.684	0.967**	−0.937**
	V_c	0.715	−0.665	0.914*	−0.935**
	V_d	0.691	−0.663	0.821*	−0.966**
RPFC 分解释放 CO_2 的速率	V_a	0.891*	−0.856*	0.872*	−0.961**
	V_b	0.915*	−0.817*	0.883*	−0.851*
	V_c	0.868*	−0.689	0.694	−0.823*
	V_d	0.787	−0.703	0.633	−0.814*
RP 分解释放 CO_2 的速率	V_a	0.512	−0.796	0.838*	−0.955**
	V_b	0.552	−0.714	0.814*	−0.866*
	V_c	0.892*	−0.870*	0.863*	−0.838*
	V_d	0.818*	−0.839*	0.817*	−0.829*

由表 5-35 可知，4 种造林地内掩埋枯落物分解释放 CO_2 的速率基本与气温、土壤 0～5cm 处的温度、体积含水量呈显著（$P<0.05$）或者极显著（$P<0.01$）相关性，而与空气相对湿度的相关性不显著。其中刺槐+白榆混交林各种处理方式下分解释放 CO_2 的速率与 0～5cm 土壤体积含水量均呈显著负相关，刺槐+白蜡混交林内不但与土壤 0～5cm 土层体积含水量呈显著或者极显著负相关，而且 V_a、V_b 与空气相对湿度呈显著负相关，刺槐纯林 V_c、V_d 也是如此。这说明造林后不同的林分结构配置模式产生不同的林内环境，包括气候环境和土壤环境，并且使林内枯落物蓄积量、失质率产生差异，造成林内枯落物在受到气温、空气相对湿度、土壤温湿度等环境因子的协同影响下分解释放 CO_2 的速率产生差异。综合看来，

不同林分类型内枯落物分解释放 CO_2 的速率主要受温度和含水量的影响，而且混交林对土壤温湿度的敏感性要好于纯林。

由图 5-31 可知，除无林地的变化幅度较小外，造林地内不同处理方式的枯落物分解释放 CO_2 的值表现为 $V_a > V_b > V_c > V_d$，这说明枯落物分解释放 CO_2 的速率不仅与上述环境因子（如表 5-35 所示）具有相关性，还与枯落物蓄积量的多少相关，即 4 种处理方式下，掩埋枯落物多的释放 CO_2 的速率大，其中刺槐纯林内枯落物释放 CO_2 的速率均值最大、刺槐+白榆混交林次之，刺槐+臭椿混交林、刺槐+白蜡混交林差异不大，这与各种林分枯落物蓄积量的大小规律一致；每种林分内掩埋枯落物的量是 2 倍关系，而释放 CO_2 速率却不成相同的比例，其中 V_b、V_c 差异性不大。因此可以得出，不同林分之间枯落物蓄积量多，掩埋后释放 CO_2 的速率就大，但不表现为严格的等比例关系。

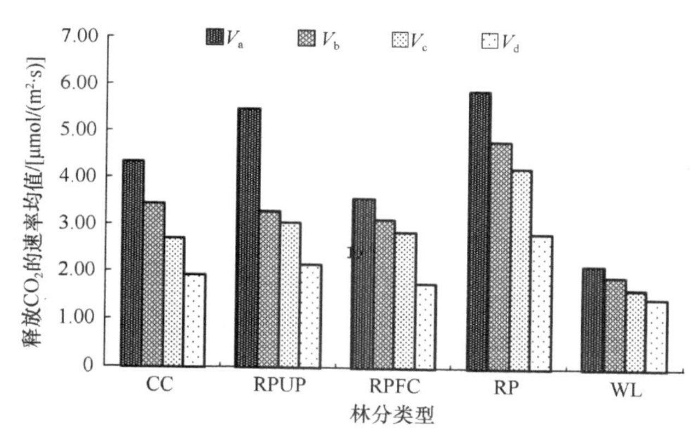

图 5-31 不同林分类型枯落物分解释放 CO_2 的均值

5.2.6 土壤呼吸速率的时空变化

5.2.6.1 土壤呼吸速率的日动态及季节变化

许多研究表明，土壤呼吸具有明显的日动态变化规律，但日动态变化不尽相同。其中一些研究表明土壤呼吸日变化呈双峰型，高峰出现在 18:00 和 4:00（曹建华等，2005）；另一些研究表明日变化呈单峰型，最大值出现在 12:00～14:00（刘颖等，2005），并且不同月份最大值出现的时间不同，8 月最大值出现在 16:00，9 月出现在 12:00（黄湘等，2007）。本研究表明，各种林分在整个测定期间土壤呼吸速率的日动态变化均呈现单峰曲线，随温度的升高而升高，峰值出现在 12:00～14:00，不同林分略有差异。刺槐+臭椿混交林、刺槐+白榆混交林、刺槐+白蜡混交林、刺槐纯林和无林地 4 月土壤呼吸速率的日变化为 0.24～0.95μmol/（m^2·s），日呼吸通量分别为 0.68g/m^2、0.76g/m^2、0.93g/m^2、1.10g/m^2、0.41g/m^2；8 月为 3.27～

6.51μmol/（m^2·s），日呼吸通量分别为 6.32g/m^2、7.37g/m^2、7.01g/m^2、6.54g/m^2、4.34g/m^2，4 种造林地均明显高于无林地，这与一些研究结果相似，但与黄土高原人工刺槐林土壤呼吸速率 1.90～3.63μmol/（m^2·s）具有差异性，分析可知产生差异性主要与研究区域、林分类型（周正朝和上官周平，2009；张鸽香等，2011）等不同有关。

很多研究认为不同林分内土壤呼吸速率的季节变化规律基本一致，即夏季显著高于其他季节（宇万太等，2010；周文嘉等，2011），且在全球范围内的绝大多数生态系统中规律相似（Savage et al.，2009）。本研究结果表明，5 种类型土壤呼吸速率的季节变化均存在显著差异（P<0.05），8 月显著高于 4 月即夏季高于春季，夏季土壤 CO_2 呼吸通量明显大于春季，分别是春季的 9.24 倍（刺槐+臭椿混交林）、9.64 倍（刺槐+白榆混交林）、7.45 倍（刺槐+白蜡混交林）、5.89 倍（刺槐纯林）、10.54 倍（无林地），其中无林地春、夏两季的变化幅度最大，为 10.54 倍，刺槐纯林的变化幅度最小，为 5.89 倍，混交林变化幅度相当，为 7.45～9.64 倍。这是因为在全球范围内，除热带雨林和热带季雨林外，其他生态系统土壤温度在不同季节均存在明显的差异性，而土壤温度又是影响土壤呼吸速率的主要因素（Jassal et al.，2008；丁访军等，2010）；同时，影响土壤呼吸速率的生物因素如植物的生长与代谢及微生物活性、数量（吕海燕等，2011；孟春等，2011）等，在季节尺度上受土壤温度的影响，随着其升高而增强，从而导致土壤呼吸在这些生物因素和非生物因素协同影响下产生季节性差异。由此得出，黄河三角洲盐碱地生态系统土壤呼吸速率的季节变化规律与其他生态系统类似。

5.2.6.2 土壤呼吸速率的垂直空间变化

有研究认为 5cm 和 50cm 深土层的硬度、土壤 pH、海拔、坡向、坡位（Ohashia and Gyokusen，2007）、植被组成、生长期（Raich and Wtufekcioglu，2000）等方面的差异是造成土壤呼吸空间变异的主要因素。本研究表明，春、夏两季 5 种类型土壤呼吸速率在垂直空间上的变化规律相似，均表现为枯落物层>0～10cm 土层>10～20cm 土层，但是春季变化幅度微弱，这与很多研究表明的土壤呼吸速率在冬季呼吸微弱（丁访军等，2010）的结果相一致；8 月，除了无林地幅度较小外，刺槐混交林、刺槐纯林土壤呼吸速率在垂直空间上均表现为枯落物层显著大于 0～10cm 土层，10～20cm 土层最小，并且随着土层深度的增加，与土壤不同层的温度相关性不同，这与有的研究结果表明的土壤呼吸与地表面及地下 10cm、20cm、30cm 处土壤温度显著相关是一致的（姜艳等，2010），与土壤孔隙度、pH、含盐量等的土壤物理性状的相关性不同。因此，本研究中土壤呼吸速率在垂直空间的变化与造林后对土壤理化性质的改良效果和对土壤温度的改变有关，并且刺槐混交林的改良要好于刺槐纯林，均大于无林地。

5.2.7 影响土壤呼吸速率的环境因素

研究表明，土壤呼吸速率可能受土壤温度（曹明奎等，2004）或土壤含水量（Xu and Qi，2001）的单独影响，还可能受温度与水分协同调控，同时考虑两者时，可以解释土壤呼吸变化的 67.5%～90.6%（Kang et al.，2003）。目前已有的研究结果均表明气温与土壤温度是影响土壤呼吸速率的主要因子，呼吸速率与土壤温度的相关性比与气温的相关性要好（刘建军等，2003），而对锡林河流域典型草原退化群落的土壤呼吸作用研究结果表明，土壤呼吸速率与气温的相关性最好，其次是地表温度（陈全胜等，2003）。本试验结果表明，8 月刺槐+臭椿混交林、刺槐+白榆混交林土壤呼吸速率与气温及土壤温度均呈显著或极显著相关，刺槐+白蜡混交林、刺槐纯林只与土壤温度的相关性显著，这说明黄河三角洲刺槐混交林内土壤呼吸速率与土壤温度的相关性高于与气温的相关性，与已有的研究结果一致。这主要是因为不同的林分对小气候、土壤环境的改变不同，导致不同林分内气温、土壤温度对土壤呼吸速率的影响不同。

进一步研究表明，土壤呼吸速率与土壤 5cm 处温度的相关性最好，可用指数方程描述（刘绍辉等，1998；张鸽香等，2011）。本研究结果表明 4 种造林地内各层土壤温度与土壤呼吸速率均呈指数关系，其中刺槐+臭椿混交林土壤呼吸速率与表层温度的相关性最好，R^2 达到 0.9149，刺槐+白榆混交林、刺槐纯林土壤呼吸速率与 0～10cm 土层相关性最好，R^2 分别达到 0.8861、0.8865，刺槐+白蜡混交林土壤呼吸速率 10～20cm 土层，R^2 达到 0.8861。这可能是因为造林后，不同配置模式的林分内小气候环境、土壤环境、林下植被覆盖度各异，林内根系生物量分布等影响着土壤呼吸速率（闫美芳等，2010），从而造成不同土层的土壤呼吸速率与土壤温度的相关系数不同。随着土壤深度的增加 Q_{10} 值增大，刺槐混交林各层 Q_{10} 值增加相对较明显，纯林次之，表明刺槐混交林对温度变化的敏感性比纯林要高，且 Q_{10} 值对深土层的土壤温度变化比较敏感，这与有些研究结果表明的不同植被类型会影响土壤呼吸对温度变化的敏感性（罗璐等，2011）一致，而与另一些研究结果表明的 Q_{10} 值与温度变化无关（Oechelet al.，2000；刘惠和赵平，2008）或者对浅土层的土壤温度变化更敏感不同（孔雨光等，2010；张鸽香等，2011）。

土壤水分作为影响土壤呼吸的另一个重要因子，其作用仅次于温度（杨平和杜宝华，1996）。许多研究对土壤水分与土壤呼吸速率的关系进行了阐述，但研究结论缺乏一致性（张慧东等，2008），其函数关系因生态系统不同而异（王传华等，2011），主要包括线性关系（Jia et al.，2007；张鸽香等，2011）、二次曲线关系（Rey et al.，2005；王传华等，2011）和指数关系（周存宇等，2005），而且另有研究表明土壤含水量对土壤呼吸的影响不显著（杜紫贤等，2010；聂明华等，2011）。本研究表明，在整个研究期间，土壤体积含水量日变化与土壤呼吸速率呈线性关系，其中刺槐+臭椿混交林、刺槐纯林的土壤含水量影响作用最大，这与一些研究表明的土壤呼吸速率与土壤含水量（或者土壤湿度）具有相关性的结果相近。可见黄河三角洲盐碱地 4 种造林地的土壤呼吸由土壤温度和土壤含水量两因素共同决定，与已有的许多研究表明的土壤温度和土壤含水量共同解释了土壤呼吸的变化规律一致（Vincent，2006）。但本研究还表明土壤呼吸速率与土壤体积含水量的季节变化相关性不明显。这可能是因为观测时间短且不连续，导致不能得到土壤含水量的长期观测数据，因此不能充分解释土壤含水量的季节变化对黄河三角洲泥质盐碱地中土壤呼吸的影响机制，这就需要进一步提高对土壤含水量的观测频率。

另有研究认为，森林生态系统中土壤呼吸速率除受水热条件的调控外，也受森林植被凋落物、根系生物量、土壤微生物等生物因素的影响（王光军等，2008）；研究表明土壤呼吸中 54%～60%来源于根系呼吸（张艳等，2011），也有研究认为土壤呼吸的 70%来源于土壤微生物呼吸（Anarey，2002）。例如，对洞庭湖滩地土壤呼吸速率与土壤微生物数量的研究表明，土壤呼吸受土壤微生物群落影响较大（唐洁等，2011），而对栎林和松林土壤呼吸速率与土壤微生物量以及细根的关系研究表明，土壤微生物量及细根对土壤呼吸速率的影响并不显著（唐燕飞，2006），可见研究结果不尽一致。本研究表明，刺槐+白蜡混交林、刺槐+白榆混交林根系生物量与土壤呼吸速率呈极显著正相关（$P<0.01$），刺槐+臭椿混交林、刺槐纯林达到显著正相关（$P<0.05$），R^2 大小顺序与单位面积根系生物量的大小顺序一致，即刺槐+白蜡混交林＞刺槐+白榆混交林＞刺槐+臭椿混交林＞刺槐纯林。因此单位面积根系生物量不同对土壤呼吸速率的影响也不同，根系生物量越大，与土壤呼吸速率的相关性越显著；而土壤呼吸速率与土壤微生物数量的相关性不明显，与许多研究结果有所不同，这可能是由于土壤微生物的活性受到土壤盐碱度、土壤温湿度等因素的影响，其呼吸强度不足以对土壤呼吸速率产生显著性影响。

黄河三角洲作为泥质盐碱地区域，土壤孔隙度、pH 及含盐量也是土壤环境的重要指标之一。有研究表明，土壤孔隙度也是影响土壤呼吸的一个重要因子（Hui et al.，2004），可以解释 89%的土壤呼吸变化（周正朝和上官周平，2009）；土壤 pH 及含盐量越高，土壤呼吸速率呈现越低的趋势（聂明华等，2011；周洪华等，2011）。这主要是因为随着土壤深度的增加，孔隙度降低，pH 及含盐量增加，土壤中的微生物、动物的数量减少，从而影响了其新陈代谢及分解有机质的作用，限制其异养呼吸及 CO_2 的扩散速率，降低土壤呼吸速率（Thottathil et al.，2008；Pankhurst et al.，2010）。本研究结果表明混交林中土壤呼吸速率与土壤孔隙度呈极显著正相关，纯林则显著相关，无林地不明显；土壤呼吸速率与 pH 及含盐量呈负相关，其中混交林呈显著负相关，纯林和无林地呈极显著负相关；刺槐+白蜡混交林、无林地土壤呼吸速率与含盐量呈极显著负相关，而其余林分则无明显相关性，与以前的研究结果具有差异。这主要是因为与无林地相比，造林后在一定程度上增加了土壤孔隙度，降低了土壤 pH 及含盐量，但土壤仍呈碱性，影响土壤呼吸速率，尤其是刺槐+白蜡混交林由于人为放牧严重等表现出一定的返盐现象，导致其含盐量也影响土壤呼吸速率，而其余林分内的含盐量均低于 0.10%，已不再是重要的影响因子。因此土壤孔隙度、pH 及含盐量是影响黄河三角洲泥质盐碱地土壤呼吸的重要因子，通过造林可以改变这些因子对土壤呼吸速率的影响。

5.2.8　枯落物掩埋后分解释放 CO_2

植物死亡所形成的地表枯落物中的碳有两种去向：一部分经分解作用以 CO_2 的形式释放到大气中，另一部分以微生物量和其他形式进入土壤并转化为土壤有机质（杨继松等，2008）。植物碳库转移到土壤碳库中的比例取决于枯落物的分解速率以及枯落物分解的 CO_2 释放比例，并将最终影响到土壤碳库的储量和周转速率。研究表明，无论是去除凋落物的土壤还是未去除凋落物的土壤，其分解释放 CO_2 的速率在一天之内的变化特征与土壤呼吸速率基本呈相似的曲线格局，均呈单峰曲线（刘尚华等，2008；王光军等，2009a）。本研究结果表明各种林分内每种处理方式释放 CO_2 的日动态也呈单峰曲线，与以前的研究一致。添加和去除凋落物能显著增加和降低凋落物分解（Sayer et al.，2006；王光军等，2009b）与土壤呼吸（Sulzman et al.，2005；刘尚华等，2008），并且去除和添加凋落物处理对土壤呼吸的影响并不等同或成比例（Sulzman et al.，2005），而是明显受环境因子的影响（王光军等，2009b）。本研究表明掩埋枯落物分解释放 CO_2 对土壤呼吸的贡献值要比未处理的高，即 $V_a > V_b > V_c > V_d$，但是释放 CO_2 之间的倍数关系却与相应的枯落物之间的倍数关系不成正比，这与已有的研究结果相近。其中刺槐+臭椿混交林和刺槐纯林升高的幅度最大，主要是因为枯落物分解受很多因素的影响，包括枯落物组成、枯落物蓄积量、环境因子等。本研究结果还得出枯落物分解释放 CO_2 的速率与环境因子的关系，4 种造林地内枯落物分解释放 CO_2 的速率均与土壤 0～5cm 处的温度、体积含水量、气温呈现显著（$P<0.05$）或者极显著（$P<0.01$）相关性，而与大气相对湿度的关系不明显，这主要是因为造林后产生了不同的林内环境，包括气候环境和土壤环境，并且掩埋后枯落物的分解主要受到土壤因子的协同作用，包括大气温湿度、土壤温湿度等，从而使枯落物分解释放 CO_2 的速率产生差异，这与已有的研究结果类似。综合来看主要受温度和含水量的直接影响。

以往的土壤呼吸观测多集中于陆地生态系统，对黄河三角洲盐碱地的土壤呼吸研究相对较少。由于本研究的时间较短，一些土壤营养成分、土壤机械组成等的变化微弱，本试验只选择了部分变化显著且对土壤呼吸影响显著的因子进行了研究，在以后的长期研究中，应该将更多的因子考虑在内，包括近地面大气压、CO_2 浓度、氮沉降等，充分揭示这些因子对土壤呼吸速率的协同作用，并且进一步深入研究土壤呼吸中自养呼吸和异养呼吸的组分，并加以区分，深化对土壤呼吸速率时空变化机制的研究。今后仍然需要对黄河三角洲盐碱地防护林及其他森林生态系统进行长期定位监测，从“点”到“面”进行研究，标准、规范和全面地进行野外观测，为准确预测未来黄河三角洲盐碱地森林生态系统土壤碳库的动态变化提供参考，这将有助于全球土壤呼吸数据库的建立，从而能够为研究和模拟土壤呼吸提供更可靠的资料。

5.2.9 小结

黄河三角洲湿地是世界上暖温带保存最广阔、最完善、最年轻的湿地生态系统。该湿地在维持生物多样性以及维护区域生态安全方面具有重要作用，已成为现代生态学的热点领域之一。目前该湿地的生态资源开发已经上升为国家战略，然而该湿地生态系统在维持全球碳平衡中的作用一直未引起足够的重视。因此，本研究在黄河三角洲盐碱地选取刺槐+臭椿混交林、刺槐+白榆混交林、刺槐+白蜡混交林、刺槐纯林 4 种人工林和无林地为研究对象，采用英国生产的 ACE 自动监测系统测定土壤呼吸速率，同时采用常规方法测定林内小气候、土壤理化性质、微生物数量、根系生物量，分析不同人工刺槐林土壤呼吸的时空动态变化特征及其影响因子。目的是为理解该区域不同人工造林模式的土壤碳循环过程、植被恢复与生态重建中的植被模式选择提供科学依据。

（1）土壤呼吸速率的时空变化

土壤呼吸在时间上存在明显的变化。5 种类型日变化动态均呈单峰曲线，随温度的升高而升高，最小值出现在测量时温度最低的 8:00 或者 18:00，峰值出现在 12:00～14:00，其中同一时刻造林地的土壤呼吸及其日变化范围明显高于无林地。不同林地的土壤呼吸速率日变化略有差异，4 月土壤呼吸速率的日变化范围较小，为 0.24～0.95μmol/（m^2·s），8 月较大，为 3.27～6.51μmol/（m^2·s），而无林地分别为 0.16～0.32μmol/（m^2·s）和 2.61～2.93μmol/（m^2·s），表明造林后提高了土壤呼吸速率。

在季节变化动态上，5 种类型的土壤呼吸速率存在显著差异，即夏季土壤呼吸速率、CO_2 呼吸通量均明显大于春季。4 月土壤呼吸速率的日均值表现为刺槐纯林［0.69μmol/（m^2·s）］＞刺槐+白蜡混交林［0.59μmol/（m^2·s）］＞刺槐+白榆混交林［0.48μmol/（m^2·s）］＞刺槐+臭椿混交林［0.43μmol/（m^2·s）］＞无林地［0.26μmol/（m^2·s）］，日呼吸通量依次为 1.10g/m^2、0.93g/m^2、0.76g/m^2、

0.68g/m^2、0.41g/m^2，其中刺槐纯林日均值最大；8 月土壤呼吸速率的日均值表现为刺槐+白榆混交林[4.65μmol/（m^2·s）]＞刺槐+白蜡混交林[4.43μmol/（m^2·s）]＞刺槐纯林[4.13μmol/（m^2·s）]＞刺槐+臭椿混交林[3.99μmol/（m^2·s）]＞无林地[2.74μmol/（m^2·s）]，CO_2 日呼吸通量依次为 7.37g/m^2、7.01g/m^2、6.54g/m^2、6.32g/m^2、4.34g/m^2，相互之间差异均显著（P＜0.05），夏季土壤 CO_2 呼吸通量明显大于春季，分别是春季的 9.24 倍（刺槐+臭椿混交林）、9.64 倍（刺槐+白榆混交林）、7.45 倍（刺槐+白蜡混交林）、5.89 倍（刺槐纯林）、10.54 倍（无林地），其中无林地春、夏两季的变化幅度最大，为 10.54 倍，刺槐纯林的变化幅度最小，为 5.89 倍，混交林变化幅度相当，为 7.45～9.64 倍。

春、夏两季 5 种林分类型土壤呼吸速率在垂直空间上的变化规律相似，均表现为枯落物层＞0～10cm 土层＞10～20cm 土层，但是春季变化较为微弱，夏季 4 种造林地均表现为枯落物层显著大于 0～10cm 土层，10～20cm 土层最小，无林地变化微弱。不同土壤层的呼吸速率在一天内的日变化动态也呈现明显的单峰曲线，不同深度的土壤呼吸速率与土壤温度呈正相关，相关系数不同，随着土壤深度的增加 Q_{10} 值增大，其中刺槐混交林各层 Q_{10} 值的增加相对较明显，纯林次之，混交林对温度变化的敏感性比纯林要高，且 Q_{10} 值对深土层的土壤温度变化比较敏感。

（2）土壤呼吸速率与环境因子的关系

不同林分类型土壤呼吸过程受到诸多环境因子的综合影响，包括小气候因子、土壤环境因子等。其中春季（4 月）土壤呼吸速率微弱，为 0.24～0.95μmol/（m^2·s），与环境因子的相关性不明显，所以主要研究夏季（8 月）土壤呼吸速率变化幅度较大时与环境因子的关系。

就小气候因子而言，研究表明在 8 月 5 种类型中气温、空气相对湿度对土壤呼吸速率的影响不同，其中只有刺槐+臭椿混交林、刺槐+白榆混交林的土壤呼吸速率与气温呈极显著正相关（P＜0.01），无林地呈显著正相关（P＜0.05）；4 种造林地土壤呼吸速率与空气相对湿度均呈显著负相关（P＜0.05），而无林地中空气相对湿度变化不稳定，与土壤呼吸速率的相关性不明显。

就土壤环境因子而言，土壤环境因子对土壤呼吸速率的影响研究表明，5 种类型中土壤环境因子对土壤呼吸速率的影响各不相同。刺槐混交林内不同土层土壤呼吸速率与土壤温度的相关性高于与气温的相关性，均可用指数方程来描述。刺槐混交林、刺槐纯林的土壤呼吸速率与土壤温度均呈显著或极显著相关；4 种造林地内土壤呼吸速率与土壤体积含水量的日变化呈显著正相关，可用线性方程描述，与季节变化动态的相关性不明显。本区域中林地内土壤孔隙度、pH 及含盐量是影响土壤呼吸的重要因素，3 种混交林中的土壤呼吸速率与其孔隙度呈极显著正相关，刺槐纯林中呈显著正相关，均可用指数方程描述，无林地中的相关性不明显，与其 pH 及含盐量呈显著或极显著负相关，可用线性方程描述。

研究表明 5 种类型土壤微生物数量不是本区域中土壤呼吸速率的重要影响因子，根系生物量对土壤呼吸速率具有一定的影响，即根系生物量越大，相关性越显著。

造林地内不同土层 Q_{10} 值随着土壤深度的增加而增大，对土壤温度的敏感性不同，其中刺槐+白榆混交林增大的倍数最大，刺槐+白蜡混交林、刺槐+臭椿混交林次之，刺槐纯林最小。

（3）掩埋枯落物释放 CO_2 的速率

本研究表明，各种林分内每种处理方式释放 CO_2 的日动态呈单峰曲线，且 $V_a > V_b > V_c > V_d$，但是释放 CO_2 的通量之间的倍数关系却与相应的枯落物之间的倍数关系不成比例。枯落物掩埋后增加了 CO_2 的释放值，即分解释放 CO_2 对土壤呼吸的贡献值要比未处理的高，刺槐+臭椿混交林、刺槐+白榆混交林、刺槐+白蜡混交林、刺槐纯林和无林地依次升高了 23.26%、4.23%、7.22%、28.26%、12.86%，其中枯落物蓄积量相对较大的刺槐+臭椿混交林和刺槐纯林升高的幅度最大，分别达 23.26%、28.26%。进一步研究表明 4 种造林地内枯落物掩埋后分解释放 CO_2 对土壤呼吸的贡献值主要受土壤温度、含水量及枯落物蓄积量的影响，而且混交林对土壤温湿度的敏感性要好于纯林。其中各林分内枯落物分解释放 CO_2 的速率与土壤 0～5cm 处的温度、体积含水量、气温呈显著（$P < 0.05$）或者极显著（$P < 0.01$）相关性，而与空气相对湿度的关系不明显。

综上所述，黄河三角洲刺槐混交林土壤呼吸速率的时空变化受多种因子的协调作用。因此，今后研究中需要加大观测频率，并结合其他环境因子，如土壤养分、近地面大气压、CO_2 浓度、氮沉降等，同时进一步深入研究土壤呼吸中自养呼吸和异养呼吸的组分，丰富和完善该区域土壤呼吸速率时空变化机制研究。

5.3 滨海盐碱地不同林分配置模式的改良土壤效应

5.3.1 研究区概况与研究方法

5.3.1.1 试验地概况

研究地点设置于山东省东营市的河口区和利津县，该试验地位于山东省北部黄河三角洲地区，属于暖温带半湿润地区，大陆性季风气候，年均气温为 12.8℃，无霜期长达 210 天，≥10℃年积温约为 4025℃，年降水量为 500～600mm，多集中在夏季，7～8 月降水量约占全年降水量的一半，且多暴雨，降水量年际变化大，年蒸发量为 1700～1800mm。试验区土壤为冲积性黄土母质在海浸母质上沉淀而成，机械组成以粉砂和淤泥质粉砂为主，沙黏相间，易于压实，渗透性差，层次变化复杂。人工林以毛白杨（*Populus tomentosa*）、白蜡树（*Fraxinus chinensis*）（可简称白蜡）、柽柳（*Tamarix chinensis*）为主，天然植被以盐生、湿生的芦苇（*Phragmites communis*）、白茅（*Imperata cylindrica*）、盐地碱蓬（*Suaeda salsa*）及罗布麻（*Apocynum venetum*）等为主。

5.3.1.2 研究方法

（1）样地设置与样品采集

黄河三角洲滩地不同防护林类型改良土壤效应研究地点位于东营市河口区孤岛镇，在黄河三角洲滩地试验区内选择乔木林、灌木林及草地有代表性的 3 种植被类型，并以种植棉花的农田作为对照。人工林地以乔木树种刺槐林为主，林龄为 10 年，标准木胸径为 7.15cm，树高为 7.51m，株行距为 2.0m×2.5m，枝下高为 2.03m，郁闭度为 0.8。灌木林地以柽柳林为主，林龄为 15 年，平均树高为 1.41m，株行距为 1.0m×1.0m，郁闭度为 0.5。草地以耐盐碱植物白茅及盐地碱蓬为主，盖度为 0.5。农田以种植棉花为主。在各个植被类型标准地内，按“S”形均匀布设 4 个试验样点，分 0～20cm、20～50cm 两层进行分层采样，每个土壤样品分为 2 份，一份风干后用于测定土壤理化性质；另一份装于密闭自封带，4℃冰箱保存，用于测定土壤微生物数量。

黄河三角洲道路防护林改良土壤效应研究地点位于东营市利津县的陈庄镇和明集乡的道路防护林地，林分类型以白蜡+毛白杨混交林（下文简称混交林）、旱柳（*Salix matsudana*）纯林、柽柳纯林、白蜡纯林 4 种道路防护林为主，树龄均为 6 年，其生长概况见表 5-36，栽植及管理方式一致，同时以相同地段的裸地作为对照。2010 年 7 月 12～17 日，在各个标准地内（8m×15m），按“S”形均匀布设 6 个试验样点，在 0～20cm 土层进行土壤样品采样。

表 5-36 4 种道路防护林生长概况

林分类型	平均胸径/cm	平均树高/m	株行距	枝下高/m	郁闭度
混交林	4.53	4.12	2.0m×3.0m	2.01	0.85
旱柳林	4.12	2.56	2.0m×2.5m	1.85	0.75
白蜡林	3.45	3.58	2.0m×2.0m	1.56	0.65
柽柳林	2.85（基径）	1.56	1.0m×1.5m	—	0.75

（2）样品分析

pH 采用 pH 计测定（水土比 5∶1），可溶性盐采用重量法测定（水土比 5∶1）；采用烘干法测定土壤含水量，采用环刀浸水法测定土壤容重、孔隙度等各项物理指标（骆洪义和丁方军，1995）。土壤有机质采用重铬酸钾容量法，速效钾采用 NH_4OAc 浸提-火焰光度计法，有效磷采用 $NaHCO_3$ 浸提-钼锑抗比色法，速效氮采用碱解扩散法，以上测定方法参照《土壤农业化学分析方法》（鲁如坤，2000）。采用元素分析仪进行土壤 C、N、S 的测定分析。土壤微生物区系的分析采用稀释平板法，细菌采用牛肉膏蛋白胨培养基，真菌采用马铃薯葡萄糖琼脂培养基，放线菌采用改良高氏 1 号培养基（许光辉和郑洪元，1983）。数据采用 SPSS 12.0 软件进行统计分析，差异显著性采用多重比较法。

5.3.2 黄河三角洲滩地不同植被类型改良土壤效应

土壤物理性状、养分含量及微生物数量等指标是反映土壤性能好坏的重要参数，土壤质量是影响植物生长的重要因素之一，而植物的生长水平反过来也影响着土壤状况（陈伟等，2008）。土壤物理性状对土壤的水、肥、气、热及其物理、化学和生物学过程等都有一定的调控作用，土壤养分状况直接影响植物的生长发育，而土壤微生物积极参与土壤物质转化过程，在植物养分有效利用和土壤结构的形成与改良等方面起着重要作用（李传荣等，2006；刘福德等，2008）。近年来黄河三角洲生态环境呈恶化态势，特别是黄河来水量的减少致使淡水不能向河岸远处充分供给，从而导致黄河三角洲植被的演化序列在部分地区出现了逆向演化形势。同时由于三角洲形成于泥沙的向海堆积，其土壤天然盐碱含量较高，在得不到黄河水及时补充的情况下，加上人类开垦，部分地区出现返盐碱化的现象，导致生态系统脆弱，为此急需开展以植被恢复为主的生态修复工程。目前对黄河三角洲滩地土壤性质的研究多集中于人工林分（李传荣等，2006；李春艳等，2007），而对不同土地利用方式下植被改良土壤效应的研究较少。研究表明（李传荣等，2006；李春艳等，2007），黄河三角洲滩地的盐碱区域内，土壤盐分影响了土壤养分、土壤水分的有效性，致使不同林分间土壤酶、土壤微生物和土壤养分之间的关系较为复杂，需进行深入研究。

为实现黄河三角洲滩地土壤资源的可持续利用，不同植被下土壤的物理性质、盐碱程度、微生物特性及土壤肥力的维持与改善是值得研究的重要内容之一。本研究选择黄河三角洲滩地典型区域内乔木林、灌木林、草地 3 种植被类型为研究对象，并以农田作为对照，分析主要土壤物理性状、pH、含盐量、土壤有效养分含量及微生物数量特征，探讨该盐碱区域内促进微生物活动、土壤有效养分形成及提高地力的作用机制，评价不同植被类型改良土壤质量的状况，为黄河三角洲滩地土地利用方式的选择和大规模开展植被恢复工程提供科学依据。

5.3.2.1　不同植被类型的土壤容重和孔隙度特征

土壤容重和孔隙度直接影响土壤的通气性及透水性，一般来说，容重小，土壤疏松，通气度大，有利于拦蓄水分和减缓径流冲刷，容重大则相反（刘福德等，2008；巍强等，2008a）。土壤孔隙状况直接影响着土壤结构的好坏及植物根系穿插的难易程度，对土壤中水、肥、气、热和生物活性等发挥着不同的调节功能（刘福德等，2008；高鹏等，2008）。由图 5-32 可知，灌木林、乔木林和农田中各土层的土壤容重均低于草地，表层低于 20～50cm 土层。上、下层容重变动范围为 1.08～1.49g/cm^3，容重均值大小表现为乔木林＜灌木林＜农田＜草地，乔木林、灌木林和农田分别比草地下降 17.8%、8.2%和 4.1%。上、下层毛管孔隙度为 40.24%～46.67%，毛管孔隙度、总孔隙度均值表现为乔木林＞灌木林＞草地＞农田，除了农田之外，其他植被类型表现为表层土壤孔隙度大于下层（图 5-33）。有植被覆盖的地表层土壤孔隙比表现为乔木林＞灌木林＞草地＞农田，各土层均值大小顺序也相同，各植被类型孔隙比均值分别比农田高 28.8%、15.1%和 1.4%，而 20～50cm 土层内，乔木林最高，其他植被类型差异不显著（图 5-32）。

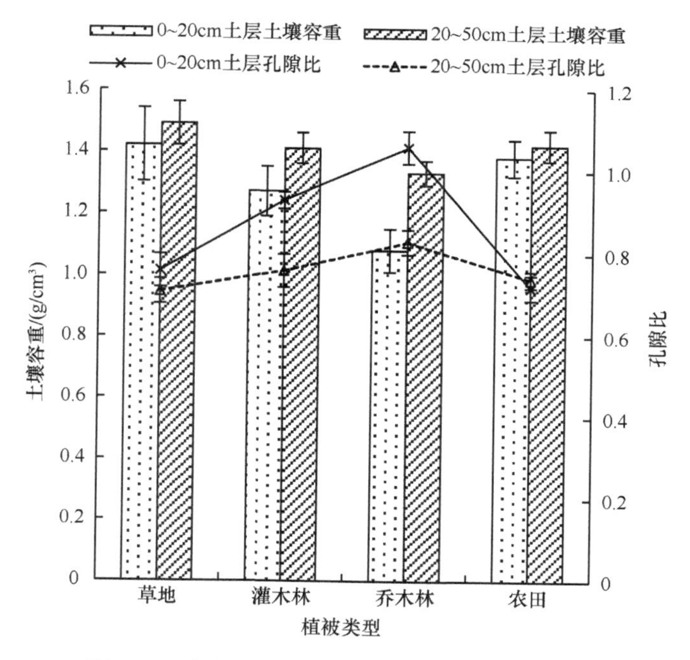

图 5-32　各植被类型不同土层土壤容重和孔隙比

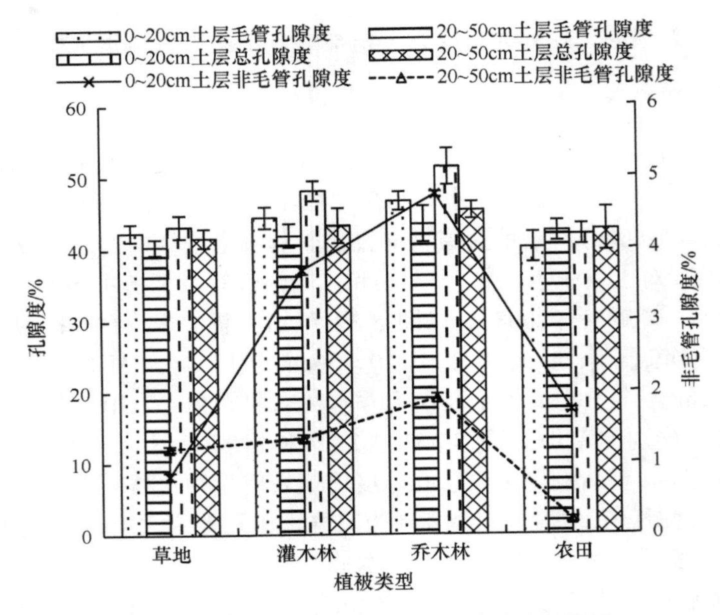

图 5-33 各植被类型不同土层土壤孔隙度指标

5.3.2.2 不同植被类型的土壤盐碱含量及养分状况

由表 5-37 可知，除灌木林和乔木林地的 pH，农田与乔木林、草地与灌木林的土壤表层含盐量差异不显著外，其他植被类型下 pH 和含盐量差异均显著。农田、乔木林及灌木林中上、下土层的 pH 和含盐量都低于草地相对应土层，表明有林地压碱抑盐的效果好于草地，且乔木林好于灌木林。农田 pH 和含盐量最低，除与棉花作物本身对土壤有一定的改良效果之外，可能与深翻熟耕、施用有机肥等农耕措施有关。农田和草地的土壤表层有机质含量差异不显著，其他

表 5-37 不同样地的土壤盐碱含量与养分状况

土层深度/cm	样地	pH	含盐量/%	有机质/%	速效 K/（mg/kg）	速效 P/（mg/kg）	速效 N/（mg/kg）
0～20	草地	8.02c	0.43b	0.31a	139.16a	2.15a	22.54a
	灌木林	7.94b	0.41b	0.75b	156.23c	2.36b	32.15b
	乔木林	7.92b	0.14a	1.18c	148.97b	4.82d	56.81d
	农田	7.76a	0.15a	0.34a	241.52d	4.32c	53.12c
20～50	草地	8.12c	0.69d	0.25a	86.94a	1.03a	10.65a
	灌木林	8.08b	0.54c	0.45b	110.62b	1.96c	12.13b
	乔木林	7.97b	0.28b	0.85d	120.78c	1.46b	22.32d
	农田	7.42a	0.21a	0.55c	292.41d	8.35d	21.85c

注：每一土层深度同一列的不同小写字母表示差异显著（$P<0.05$），本章下同

植被类型对不同土层土壤有机质含量的影响差异显著，乔木林地的有机质含量最高，可能与乔木林地树龄大、枯落物丰厚且分解快、林地土壤水文物理条件得到改善有关。其次是灌木林地和农田，而草地有机质含量最低。

不同植被类型对土壤养分的积累作用有所不同，而土壤化学性质的好坏直接影响提供植物生长的养分充足与否（陈伟等，2008；曹成有等，2007）。不同植被类型下，土壤速效 N、速效 P、速效 K 有效养分含量差异均显著，其中土壤速效 P、速效 K 的有效养分含量均表现为农田＞乔木林＞灌木林＞草地，而速效 N 表现为乔木林最高，其次为农田、灌木林，草地最低。表明农田受人为因素的干扰，其土壤中有效养分含量和有机质含量因施肥因素等影响波动较大，而乔木林能明显改善林地的土壤养分状况，对防止水土流失、土壤退化具有一定作用，灌木林改善土壤养分效果中等，而草地相对较差。从 3 种速效养分含量来看，该区域内速效 K 含量最高，占 3 种速效养分总量的 71%（乔木林）～91%（草地、农田），其次为速效 N 含量，所占比例为 6.8%（农田）～27%（乔木林地），而速效 P 含量最低，仅为 1.0%（草地）～2.6%（农田）。

从土壤层次来看，不同植被类型下 pH 和含盐量多表现为表层低于 20～50cm 土层，上、下层之比分别为 0.98～1.05、0.50～0.76，表明土壤表层的植被覆盖及凋落物分解等因素对土壤返盐碱具有较好的抑制作用。除了农田之外，不同植被类型下的土壤有机质及速效养分含量均表现为表层土壤明显高于下层土壤，速效 K、速效 P、速效 N 上层和下层之比分别为 1.23～1.60、1.20～3.30、2.12～2.65，上、下层有机质之比为 1.24～1.67，表明这些植被表层土对速效 P、速效 N 的改良效果好于速效 K 及有机质，可见植被改良土壤的能力随着土壤深度的不同而有所差异，同时植物本身根系分布的深浅也易造成养分吸收的不同（Jeffries et al., 2003）。农田速效 K、速效 P 及有机质含量表现为下层高于表层，而速效 N 表层含量高，除了与人为因素施肥干扰有关外，与该区域棉花根系主要分布在耕作层、对营养元素吸收较快也有一定关系。

5.3.2.3　不同植被类型的土壤微生物数量

由表 5-38 可知，不同植被类型下，细菌数量最多，占微生物总数的 97.8%以上，其次是通常分布于呈微碱性环境的放线菌，占微生物总数比例为 0.3%（农田）～1.2%（乔木），而在酸性土壤中生长发育较好的真菌数量最低，仅占微生物总数的 0.2%（草地）～1.1%（灌木）。表明在此类盐碱微生境内，对土壤生物活性起决定作用的是细菌，此类微生物在土壤有机质和无机质转化过程中起着巨大作用（杨涛等，2006）。真菌含量最低主要是由于其在酸性环境中更易生长发育（李春艳等，2007；杨涛等，2006），而黄河三角洲滩地盐碱含量较高，在一定程度上抑制了真菌的潜在生长能力，同时与细菌生物量较大、消耗大量养分有一定的关系。从相关分析来看，在0～20cm土层内，细菌与放线菌呈极显著正相关，相关系数达0.908（P<0.01），而与真菌的相关性不显著；放线菌与真菌也呈极显著正相关，相关系数为0.449（P<0.01）。而在20～50cm土层内，细菌与真菌、放线菌分别呈极显著负、正相关，相关系数分别为–0.895、0.570（P<0.01），放线菌与真菌的相关性不显著。综合来看，放线菌与细菌均达极显著正相关，但随着土壤层次理化性状的不同，3种菌类的相关性表现出一定的差异。

表5-38 不同植被类型的土壤微生物数量

土层深度/cm	植被类型	放线菌/（$\times10^6$个/g土）	细菌/（$\times10^8$个/g土）	真菌/（$\times10^6$个/g土）
0～20	草地	535b	755c	125a
	灌木林	200a	430a	160b
	乔木林	655d	855d	235c
	农田	580c	630b	360d
20～50	草地	145c	305d	85a
	灌木林	110b	100a	110c
	乔木林	275d	235c	105b
	农田	40a	120b	110c

由表5-38可知，各植被类型下细菌数量差异较大，乔木林地的细菌数量最多，分别是灌木林地、农田、草地的2.06倍、1.45倍、1.03倍，这与乔木林地植被覆盖率高、凋落物含量丰厚、土壤盐碱状况及营养成分得到较大改善有一定的关系。放线菌和土壤肥力、土壤水分、pH及植物病虫害防治等关系密切（Jeffries et al.，2003；杨涛等，2006），0～50cm放线菌数量表现为乔木林＞草地＞农田＞灌木林。真菌是好气性微生物，多参与土壤有机质分解和腐殖质合成过程（李传荣等，2006；李春艳等，2007），真菌数量表现为农田＞乔木林＞灌木林＞草地，农田真菌数量较多与其pH较低有一定关系。

各类土壤微生物数量均表现为土壤表层高于下层，上、下层之比仅农田中放线菌最大，为14.5，其他放线菌为1.8（灌木）～3.7（草地）、细菌为2.5（草地）～5.3（农田）、真菌为1.5（灌木林）～3.3（农田），表明研究区域的植被类型表层土壤环境对细菌、放线菌的形成多好于真菌，且上、下层之间的差异与各植被类型下土壤理化性状的改善有一定的关系，如有林地表层枯枝落叶多、有机质含量丰富、土壤理化性状较好，而农田受人为耕作和干扰变化较大。

5.3.2.4 各植被类型的土壤微生物数量与理化性状的相关分析

土壤微生物数量分布与活动直接受土壤环境及生物的影响，同时又直接影响土壤的生物化学活性及土壤养分的组成与转化，与土壤的理化性状、土壤肥力及土壤的发展趋势有重要关系（Jeffries et al.，2003；郑凤英等，2008）。由表5-39

可知，微生物数量与土壤理化性状均存在一定的相关性，但在上、下层土壤之间呈现一定的差异性。在 0～20cm 土层内，3 种微生物数量与含盐量均呈极显著或显著负相关、与速效 P 含量均呈极显著正相关，而与有机质含量及土壤容重等物理指标并未表现出显著的相关性；真菌与 pH、含盐量及毛管孔隙度均呈极显著或显著负相关，与速效养分含量呈极显著正相关。20～50cm 土层内，3 种微生物数量与 pH、速效 K 含量、速效 P 含量及毛管孔隙度呈极显著或显著相关；放线菌数量仅与含盐量、速效 N 含量的相关性不显著；真菌数量仅与非毛管孔隙度的相关性不显著。综合来看，土壤下层的 pH、含盐量、土壤养分状况及容重、孔隙度等土壤理化指标与土壤微生物数量的相关性强于土壤表层，表层微生物数量与含盐量呈负相关关系，而与土壤速效养分呈正相关关系。

表 5-39　土壤微生物数量与土壤理化性状的相关系数

土层深度/cm	土壤微生物	pH	含盐量	速效 K 含量	速效 P 含量	速效 N 含量	有机质含量	土壤容重	毛管孔隙度	非毛管孔隙度	总孔隙度
0～20	放线菌数量	−0.237	−0.685**	0.195	0.688**	0.546**	0.062	−0.162	−0.051	−0.115	−0.079
	细菌数量	0.167	−0448*	−0.233	0.496**	0.331	0.256	−0.318	0.265	0.018	0.173
	真菌数量	−0.974**	−0.853**	0.913**	0.784**	0.820**	−0.072	−0.036	−0.413*	0.026	−0.248
20～50	放线菌数量	0.554**	−0.004	−0.623**	−0.709**	0.191	0.572**	−0.590**	0.374*	0.910**	0.715**
	细菌数量	0.485**	0.439*	−0.547**	−0.574**	−0.217	−0.165	0.257	−0.391*	0.432*	−0.120
	真菌数量	−0.511**	−0.719**	0.536**	0.510**	0.561**	0.588**	−0.652**	0.760**	−0.188	0.530**

5.3.2.5　小结

以东营市河口区内乔木林、灌木林、草地及对照农田 4 种典型植被类型为研究对象，对土壤理化性状及微生物数量进行对比研究，研究发现，不同植被类型都有良好的改善土壤物理性能、化学特性和微生物活性的效应，且对上层土壤的改良效果好于下层。

不同植被类型下土壤容重和总孔隙度有一定的差异性，乔木林、灌木林地对土壤容重、孔隙度等物理性状的改良效果较明显，在吸持有效水分及涵养水源等方面明显好于草地和农田，除受人为因素干扰较重的农田之外，其他植被覆盖的表层土壤的透水性、通气性和持水能力均好于土壤下层。

不同植被类型下多表现为土壤表层 pH 和含盐量低于下层，而土壤有机质及速效养分含量则相反。有林地压碱抑盐的效果好于草地，且乔木林地好于灌木林地，土壤下层盐碱差异性比表层土壤显著。有机质含量及速效 N、速效 P、速效 K 养分多表现为乔木林地和农田含量较高，灌木林次之，而草地含量最低。植被措施对该盐碱地区的改良效果最利于速效 K 养分的形成，其次是速效 N，而对速效 P 养分的形成表现出较弱的趋势。

不同植被类型下对土壤生物活性起决定作用的微生物是细菌，占微生物总数的 97%以上，其次是放线菌，两种菌类多表现为乔木林大于草地，灌木林和农田较少；而在酸性土壤中生长发育较好的真菌数量最低，其数量大小表现为农田＞乔木林＞灌木林＞草地。土壤细菌、放线菌、真菌数量均表现为表层高于土壤下层，放线菌与细菌均呈极显著正相关，但随着土壤层次理化性状的不同，3 种菌类的相关性表现出一定的差异。

黄河三角洲滩地盐碱区域微生境内，微生物数量与土壤 pH、含盐量、有机质、速效 N、速效 P、速效 K 养分及土壤容重、孔隙度等理化指标存在着显著的相关性。土壤理化性状对微生物数量的影响下层大于表层，表层微生物数量多与含盐量、速效 P、速效 N 呈极显著相关，20～50cm 微生物数量多与 pH、含盐量、速效 K、速效 P、有机质及土壤容重和孔隙度呈极显著相关。随着盐碱条件的改善及土壤速效养分的增多，盐碱滩地微生物数量有增多趋势。

5.3.3　黄河三角洲盐碱地道路防护林对土壤的改良效应

土壤物理性状、盐碱状况及养分含量等理化性质是反映盐碱地土壤性能好坏的重要指标，是衡量林地土壤质量的重要参数（高艳鹏等，2011；李庆梅等，2009）。土壤物理性状对土壤的水、肥、气、热及其物理、化学和生物学过程等都有一定的调控作用，土壤养分状况直接影响植物的生长发育，土壤物理性质及养分状况的变化直接影响林木的生长和林地生产力（Hopmans et al.，2005；许景伟等，2009），不同土地利用方式及植被类型对盐碱地土壤质量的影响也有较大差异（曹帮华等，2008；崔晓东等，2007）。道路防护林具有保持水土、防风固沙、涵养水源、调节气候及改良土壤环境质量的重要功能，但黄河三角洲内陆盐碱区域由于土壤次生盐碱化和干旱胁迫等生态环境问题比较突出，在一定程度上影响了该区域道路防护林的营建，特别是树种选择不合理、构建模式不配套，致使部分地段出现树木死亡率高、次生盐碱化趋势加重的现象，导致道路及其两侧农田的防护林功能减弱，为此急需开展以道路防护林营建为主的生态修复工程。目前对黄河三角洲不同土地利用方式或不同植被类型下的土壤水文物理特性、水盐动态及理化性质进行了相关研究（崔晓东等，2007；曹帮华等，2008；李庆梅等，2009；许景伟等，2009；夏江宝等，2010），但未见涉及黄河三角洲盐碱地道路防护林降盐改土功能的报道，因而相对缺乏盐碱地道路防护林树种选择、模式构建及其合理经营的管理依据。为此，在对黄河三角洲盐碱地主要道路防护林类型调查分析的基础上，选择 1 种混交林及 3 种纯林为研究对象，并以裸地为对照，对不同道路防护林类型下的土壤基本物理性状、盐碱状况、土壤养分含量及 C、N、S 含量进行对比研究，探讨盐碱地不同道路防护林类型下的土壤改良效应，为黄河三角洲内陆盐碱地道路防护林的树种选择和模式营建提供理论依据及技术支持。

5.3.3.1　不同道路防护林类型下的土壤容重和孔隙度

土壤容重和孔隙度直接影响土壤的通气性及透水性，是决定森林植被土壤水源涵养功能和土壤质量改善的重要指标（夏江宝等，2010；高艳鹏等，2011）。对森林生态系统而言，毛管孔隙度的大小反映了森林植被吸持水分用于维持自身生长发育的能力；而非毛管孔隙度的大小反映了森林植被滞留水分、发挥涵养水源和削减洪水的能力（罗歆等，2011）。由表 5-40 可知，与裸地相比，4 种道路防护林类型下土壤容重均有降低趋势，即土壤变得疏松、通气透水性能增强，各林分类型的土壤容重大小依次为混交林＜柽柳林＜旱柳林＜白蜡林，与裸地相比，分别下降 19.7%、13.4%、10.2%、9.6%，除旱柳林、白蜡林差异不显著外，其他林分类型均表现出显著差异（$P<0.05$）。4 种林分类型的土壤总孔隙度、毛管孔隙度较裸地均有所增加，大小均表现为混交林＞柽柳林＞白蜡林＞旱柳林，其总孔隙度分别比裸地增加 25.4%、14%、8.8%、6.1%。混交林、旱柳林的非毛管孔隙度分别比裸地增加 96%和 13.8%，而柽柳林、白蜡林仅比裸地下降 33.5%，差异不显著。土壤孔隙比是土中孔隙体积与土粒体积之比，反映土壤的密实程度，一般孔隙比小于 0.6 的是密实的低压缩性土，大于 1.0 的是疏松的高压缩性土，结构良好的耕层土壤孔隙比应≥1.0。与裸地相比，4 种林分类型的孔隙比均有所增加，大小表现为混交林＞柽柳林＞白蜡林＞旱柳林，分别比裸地增加 49.2%、24.6%、15.4%、9.2%。表明混交林的土壤透水性、通气性和持水能力优于纯林，而纯林中柽柳林地表现出较好的疏松性。

表 5-40　不同防护林类型下的土壤容重和孔隙度

林分类型	土壤容重/（g/cm^3）	总孔隙度/%	毛管孔隙度/%	非毛管孔隙度/%	孔隙比
混交林	1.26d	49.19a	43.80a	5.39a	0.97a
旱柳林	1.41b	41.62cd	38.49bc	3.13b	0.71cd
柽柳林	1.36c	44.71b	42.88a	1.83c	0.81b
白蜡林	1.42b	42.69bc	40.86b	1.83c	0.75bc
裸地	1.57a	39.22d	36.47c	2.75bc	0.65d

注：同列内不同字母所标数值在 0.05 水平上差异显著，本章下同

5.3.3.2　不同道路防护林类型下的土壤盐碱含量

土壤含盐量、pH 是用来反映土壤盐碱状况的常用指标，对土壤肥力有较大影响。由图 5-34 可知，不同道路防护林类型下含盐量、pH 较裸地均有所下降。混

交林、柽柳林、白蜡林、旱柳林下的土壤含盐量分别比裸地下降 64.8%、58.8%、50.3%、35.3%，土壤 pH 分别下降 9.6%、9.2%、7.9%、7.5%。表明黄河三角洲盐碱地进行道路防护林建设后具有一定的压碱抑盐效果，改良盐碱效果较好，特别是混交林下的降盐压碱效果显著，这与其改善土壤水文物理状况、地表植被覆盖减少土壤水分蒸发、阻止返盐有一定关系。同时林下丰富的凋落物形成的腐殖质富含灰分元素，增加了土壤有机质含量，对于改善土壤 pH 有显著成效（Jeffries et al.，2003；罗歆等，2011）。

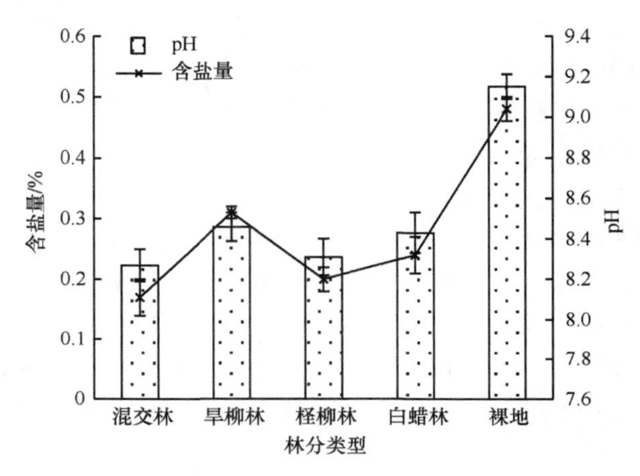

图 5-34　不同防护林类型下的土壤盐碱状况

5.3.3.3 不同道路防护林类型下的土壤养分含量

土壤有机质含量是土壤肥力的一个重要指标（崔晓东等，2007；刘聪等，2011）。由表 5-41 可知，各林分类型土壤有机质含量大小依次为混交林＞柽柳林＞白蜡林＞旱柳林，分别比裸地增加 49.5%、38.8%、18.9%、5.7%，但混交林与柽柳林、旱柳林与白蜡林差异均不显著。有林地覆盖的土壤有机质含量增加是由于林地表面植物凋落物经微生物分解、矿化还原于土壤；部分植物根系及动植物残体遗留在土壤中，也增加了土壤有机质含量（Jeffries et al.，2003；崔晓东等，2007；李庆梅等，2009）。N、P、K 是植物从土壤中吸收量最大的 3 种矿质元素，同时由于氮素的惰性，磷的难溶和难移动性，N、P 成为许多森林土壤限制植物生长的重要元素（刘聪等，2011）。由表 5-41 可知，各种速效养分含量防护林地均高于裸地，并且差异显著（$P<0.05$）。其中旱柳林的速效 K 含量最高（121.32mg/kg），其次为混交林，柽柳林、白蜡林较低，差异显著（$P<0.05$）；柽柳林的速效 P 含量最高（18.21mg/kg），其次为白蜡林、混交林，但差异不显著，旱柳林较低。速效 N 表现为混交林＞柽柳林＞白蜡林＞旱柳林，分别比裸地增加 57.4%、32.9%、24.0%、15.6%。表明不同防护林类型对土壤养分的积累作用有所不同，这与林地地表凋落

物厚度、分解速度及植物本身根系分布的深浅有一定关系。其中混交林能明显改善林地的土壤养分状况，对防止水土流失、土壤退化具有一定作用，其次为柽柳林。

表 5-41　不同防护林类型下的土壤养分含量

林分类型	有机质/（g/kg）	速效 K/（mg/kg）	速效 P/（mg/kg）	速效 N/（mg/kg）
混交林	14.23a	112.31ab	15.25b	45.25a
旱柳林	10.06bc	121.32a	13.25c	33.25c
柽柳林	13.21a	105.36b	18.21a	38.21b
白蜡林	11.32b	96.75c	15.64b	35.64bc
裸地	9.52c	70.63d	8.75d	28.75d

5.3.3.4　不同道路防护林类型下的 C、N、S 含量特征

C、N、S 是重要的生命物质，其在地球各圈层间的生物地球化学循环对于维持地球生命活动具有重要意义，因而受到诸多研究者如 Ashagrie 等（2005）、Hopmans 等（2005）的极大关注。对 C、N、S 含量特征进行研究有助于分析盐碱生境下其生物地球化学循环特征。由图 5-35 可知，不同道路防护林类型下的 C、N、S 差别较大，C 含量>S 含量>N 含量。N 含量表现为混交林>柽柳林>白蜡林>旱柳林，分别是裸地的 2.8 倍、2.2 倍、1.5 倍、1.1 倍。C、S 含量均表现为混交林>柽柳林>裸地>白蜡林>旱柳林。可见不同道路防护林类型对 C、N、S 的选择吸收特性不一样，以及土壤中所含有的微生物种类不同，易造成 C、N、S 含量表现出一定的差异。土壤碳氮比（C/N）是衡量土壤 C、N 营养平衡状况

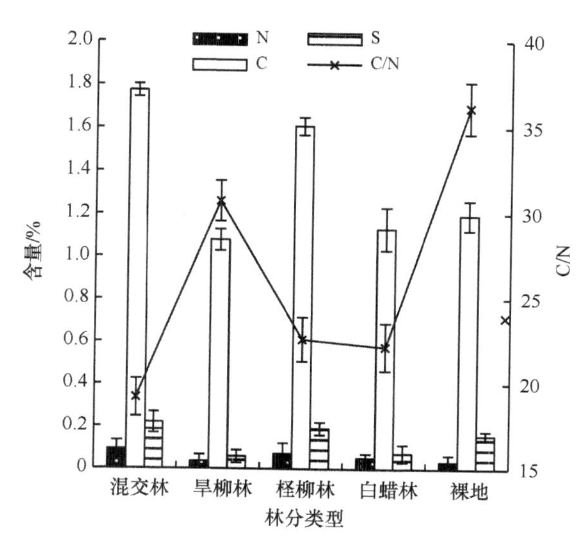

图 5-35　不同防护林类型下的土壤 C、N、S 含量

的指标，它的演变趋势对土壤碳、氮循环有重要影响。耕作土壤中，土壤微生物获得平衡营养的碳氮比约为 25∶1，如果土壤碳氮比低于 25∶1，则表明土壤有机质的腐化程度高，有利于微生物的分解，有机氮更容易矿化；反之则发生微生物对营养物质的固定。由图 5-35 可知，不同道路防护林类型土壤的碳氮比均比裸地低，表明林地土壤中的有机氮更容易被微生物分解矿化。保持土壤营养平衡最有效的途径是维持土壤中碳、氮元素的平衡，混交林、柽柳林、白蜡林的碳氮比均小于 25∶1，有机物分解矿化相对容易或速度较快，有利于微生物发酵分解，硫含量也较均衡。

5.3.3.5 小结

以白蜡+毛白杨混交林、旱柳纯林、柽柳纯林、白蜡纯林等 4 种盐碱地道路防护林类型为研究对象，并以裸地为对照，对其土壤容重和孔隙度、pH 和含盐量、土壤养分及 C、N、S 含量特征进行对比研究，结论如下。

与裸地相比，不同道路防护林类型下的土壤容重变小、孔隙度增大，表明道路防护林的营建能够优化土壤物理结构，增强土壤通气透水性能，但随林分类型的不同表现出一定的差异性。土壤通气透水性能表现为混交林最好，其次为柽柳林、旱柳林，白蜡林表现较差。表明混交林、柽柳林对土壤容重、孔隙度等物理性状的改良效果较明显，在吸持有效水分及涵养水源等方面明显好于旱柳林和白蜡林。

与裸地相比，不同道路防护林类型下的土壤含盐量、pH 均下降较大，其大小表现为混交林＜柽柳林＜白蜡林＜旱柳林，表明营建道路防护林有效改善了土壤的盐碱状况，减缓了返盐现象的发生，其中混交林压碱抑盐效果好于纯林，且柽柳灌木林好于白蜡纯林和旱柳纯林。

不同道路防护林类型土壤有机质含量及速效养分含量均有所提高，其中土壤有机质含量依次为混交林＞柽柳林＞白蜡林＞旱柳林，分别比裸地增加 49.5%、38.8%、18.9%、5.7%。速效 N、速效 P、速效 K 养分含量防护林地均高于裸地，其中旱柳林的速效 K 含量最高，柽柳林的速效 P 含量最高，速效 N 表现为混交林＞柽柳林＞白蜡林＞旱柳林，分别比裸地增加 57.4%、32.9%、24.0%、15.7%。

不同道路防护林类型下的 C、N、S 差别较大，C 含量＞S 含量＞N 含量。N 含量表现为混交林＞柽柳林＞白蜡林＞旱柳林，分别是裸地的 2.8 倍、2.2 倍、1.5 倍、1.1 倍。C、S 含量均表现为混交林＞柽柳林＞裸地＞白蜡林＞旱柳林。不同道路防护林类型土壤的碳氮比均比裸地低，表明林地土壤中的有机氮更容易被微生物分解矿化，其中混交林、柽柳林、白蜡林的碳氮比均小于 25∶1，有着较高的土壤有机质腐化程度，对土壤的碳、氮元素有着较明显的改善。

综合不同道路防护林类型改良土壤容重和孔隙度状况、盐碱程度、土壤养分含量及土壤 C、N、S 含量来评价黄河三角洲盐碱地道路防护林改良土壤效应，其中混交林好于纯林，盐生植物柽柳灌木林好于旱柳林和白蜡林。因此，在黄河三角洲盐碱地道路防护林营建中，可首先考虑营建混交林，其次应注意在重盐碱地段盐生防护林植物材料的引进，降盐改土和防止次生盐碱化的发生。在今后的道路防护林营建中，应加强不同盐碱程度下防护林体系林带结构、树种配置及优化模式的研究，以使道路防护林的防护效益和改良土壤效应最优化。

5.4　滨海盐碱地不同林分类型的土壤碳、氮、磷化学计量特征

5.4.1　试验地概况与研究方法

5.4.1.1　研究区概况

研究区位于黄河三角洲东营市河口区的孤岛林场和济南军区军马场生产基地，该区属于暖温带半湿润地区，大陆性季风气候，年均气温为 12.1℃，无霜期长达 201 天，≥10℃年积温约为 4200℃，年降水量为 500～600mm，年蒸发量为 1800mm 左右，春季是强烈的蒸发期，蒸发量占全年的 51.7%。试验区为冲积性黄土母质在海浸母质上沉淀而成，机械组成以粉砂为主，砂黏相间，层次变化复杂。孤岛林场海拔 3～5m，是 1978 年以来新淤积形成的黄河滩地，总面积约为 3.15 万 hm^2，济南军区军马场紧临孤岛林场，位于其西北，总面积约为 4.8hm^2。两个林场内现有近 1 万 hm^2 的人工刺槐林已面临更新改造，试验区主要造林模式以刺槐（*Robinia pseudoacacia*）林为主，兼有臭椿（*Ailanthus altissima*）林、白蜡林、杨树（*Populus* spp.）林、柽柳（*Tamarix chinensis*）林、榆树（*Ulmus pumila*）林、国槐（*Sophora japonica*）林等，天然植被以盐生、湿生的芦苇（*Phragmites communis*）、白茅（*Imperata cylindrica*）以及翅碱蓬（*Suaeda heteroptera*）为主。

5.4.1.2　样地设置与取样

研究黄河三角洲典型人工林土壤碳、氮、磷化学计量特征的样地布设于东营市河口区的孤岛林场和济南军区军马场生产基地。2015 年 8 月中旬，在研究区内选择邻近的林相整齐、林木分布均匀且平均林龄约 15 年的 7 种林型作为研究对象，分别为刺槐、臭椿、杨树、白蜡、榆树（白榆）、国槐和柽柳（各林型生长状况见表 5-42）。在各植被类型林地内设置 3 个 30m×30m 的标准样地，每个样地内按“S”形均匀布设 5 个试验样点，分 0～5cm、5～20cm、20～40cm 三层进行采样，将相同层次土壤样品混合，除去植物根系、动植物残体及大的石块，装入样品袋低

温保鲜运回实验室，风干，过 0.25mm 筛供分析测试土壤的全碳、全氮、全磷等元素（注：下文中碳、氮、磷均指全碳、全氮和全磷）。

表 5-42 各林型林木形态特征

林型	保存率/%	郁闭度/%	平均胸径/cm	平均树高/m
臭椿	44.1	0.80	17.84	8.51
刺槐	68.5	0.74	17.63	10.49
国槐	65.3	0.80	19.25	12.52
白蜡	57.4	0.83	20.43	9.05
杨树	60.8	0.80	18.48	14.31
榆树	70.4	0.82	18.71	9.42
柽柳	46.5	0.70	—	2.32

研究黄河三角洲盐碱地不同造林模式下土壤碳、氮分布特征的地点位于山东省东营市河口区的济南军区军马场生产基地的重度退化刺槐林内。重度退化刺槐林主要为黄河故道附近的 38 年生刺槐林，主要特征是树龄较大，树木死亡及中度、重度枯梢严重，丧失自然更新能力（马风云等，2010；夏江宝等，2012）。试验区主要造林模式有白蜡林、刺槐林、柽柳林、杨树林等。天然植被以盐生、湿生的芦苇、白茅和翅碱蓬等为主。

白蜡、美国竹柳和香花槐（*Robinia pseudoacacia* ‘Idaho’）是黄河三角洲盐碱区域栽植的主要树种，具有较好的耐盐能力和降盐改土功能。在黄河三角洲盐碱地重度退化刺槐林皆伐后实施恢复造林的林地中，选取由不同树种组成的 5 种造林模式，树龄均为 6 年，其中农林间作模式为：白蜡+棉花（*Gossypium* spp.）、香花槐+棉花和美国竹柳+棉花，3 种农林间作模式的林下植被总盖度分别为 85%、89%和 93%，林分密度为单位面积树木株数。纯林模式为白蜡纯林和美国竹柳纯林，林下植被总盖度分别为 75%和 72%。同时以相同地段的裸地（CK）作为对照，植被总盖度为 20%。3 种农林间作模式，在棉花种植前深耕翻地，初花期追肥 1 次，其他造林模式不进行肥水管理。不同造林模式下林分基本概况见表 5-43。在每种造林模式下分别设置 3 个 20m×20m 的样地，按“S”形布设 5 个取样点，分别在 0～20cm、20～40cm 土层进行土壤样品的采集，将相同土层样品混合，低温保鲜带回实验室。

表 5-43 不同造林模式下林分基本概况

造林模式	林分密度/（株/hm^2）	平均胸径/cm	平均树高/m	郁闭度
FC	740	8.8	7.7	0.45
RC	580	7.0	6.5	0.55
SC	430	15.0	11.2	0.70
F	1480	8.7	6.9	0.52
S	1450	18.0	8.2	0.65

注：FC. 白蜡+棉花；RC. 香花槐+棉花；SC. 美国竹柳+棉花；F. 白蜡林；S. 美国竹柳林。下同

研究黄河三角洲盐碱地不同混交林土壤可溶性有机碳、氮的地点位于山东省东营市河口区的孤岛刺槐林场。试验区主要造林模式有刺槐林、白蜡林、杨树林、柽柳林、刺槐+白蜡混交林、刺槐+白榆混交林、刺槐+臭椿混交林等，天然植被以盐生、湿生的芦苇、白茅以及翅碱蓬为主。

2008 年 7 月中旬，在试验区内选择造林时间及管理措施相同、株行距 3m×3m 的 26 年生刺槐纯林（RP）、刺槐+白蜡混交林（RPFC）、刺槐+白榆混交林（RPUP）、刺槐+臭椿混交林（CC）4 个林分类型。4 个林地的植被状况见表 5-44。在每个林分类型内分别设置 3 个 30m×30m 的样地，按“S”形设 5 个取样点，分为表层 0～5cm 的腐殖质层，除去腐殖质层在土壤 0～20cm、20～40cm 两层进行采样，将相同土层样品混合，低温保鲜带回实验室。部分土壤样品过 2mm 筛后于 4℃下保存，用于测定 pH、全盐量、有效磷、速效钾和可溶性全氮（TSN）；另一部分风干，过 0.25mm 筛分析测试土壤的全氮（TN）和土壤总有机碳（TOC）。

表 5-44　样地植被基本概况

林型	密度/（株/hm^2）	平均胸径/cm	平均树高/m	平均枝下高/m	平均冠幅/m	保存率/%	郁闭度	林下植被总盖度/%
RPFC	3333	13.97	8.60	2.68	3.38	63.33	0.83	89
	1111	22.17	13.00	3.70	6.27	60.00		
RPUP	2222	12.84	8.82	1.87	4.05	75.00	0.73	92
	2222	18.47	13.34	4.16	4.60	50.00		
CC	2222	17.53	12.60	2.73	5.33	59.09	0.70	95
	2222	13.87	11.64	5.34	3.98	59.09		
RP	4444	16.41	10.74	2.88	4.38	53.33	0.70	99

研究黄河三角洲盐碱地人工林土壤可溶性有机氮含量及特性的地点位于山东省东营市河口区的孤岛刺槐林场。试验区主要造林模式有刺槐林、白蜡林、杨树林、柽柳林等，天然植被以盐生、湿生的芦苇、白茅以及翅碱蓬为主。

2008 年 7 月中旬，在试验区内选择 3 种人工阔叶林，以裸地作为对照。3 种人工林分别以刺槐（10 年生）、白蜡（10 年生）、杨树（10 年生）为主。3 个林分的平均树高分别为 7.51m、6.85m、14.31m；郁闭度分别为 0.8、0.7 和 0.8；pH 分别为 8.59、8.41 和 8.72；全盐量分别为 0.06%、0.41%和 0.08%；对照裸地土壤 pH 为 8.16，全盐量较高，为 0.6%。在 3 个林地内分别设置 3 个 30m×30m 的样地，按“S”形设 5 个取样点，分 0～20cm、20～40cm 两层进行采样，将相同土层样品混合，低温保鲜带回实验室。一部分土壤样品过 2mm 筛后于 4℃下保存，用于测定 pH、全盐量、硝态氮、铵态氮和可溶性全氮；另一部分风干，过 0.25mm 筛分析测试土壤的全氮和有机质。

5.4.1.3 测定指标及测定方法

一部分土壤样品风干后过0.25mm筛，分析测定土壤的全氮；另一部分土壤样品在过2mm筛后于4℃下保存，用于测定土壤总有机碳（TOC）和可溶性有机碳（DOC）、硝态氮（NO_3^--N）、铵态氮（NH_4^+-N）、可溶性全氮（TSN）、可溶性无机氮（SIN）、全氮（TN）和可溶性有机氮（SON）。

土壤全氮和全碳用元素分析仪测定。NO_3^--N 和 NH_4^+-N 的测定方法是：先将土壤样品用 2mol/L KCl 溶液浸提（土水比为 1∶5），室温振荡 30min，离心过滤，然后用连续流动注射分析仪分析测定浸提液（杨绒等，2007a）。SIN 的含量是 NO_3^--N 和 NH_4^+-N 含量之和。TOC、DOC 与 TSN 的测定：土壤样品先采用 0.5mol/L K_2SO_4 溶液浸提，4500r/min 离心 10min，上清液经 0.45μm 微孔膜过滤，然后采用有机碳分析仪测定；SON 含量是 TSN 和 SIN 含量之差（Chen et al.，2005）。pH 采用电位法测定；可溶性盐采用质量法测定；土壤有机质用重铬酸钾-浓硫酸外加热法测定；有效磷用钼锑抗比色法测定；速效钾用火焰光度计测定。

5.4.1.4 数据处理与分析

采用 Excel 2003 和 SPSS 13.0 软件对数据进行统计分析。土壤 C∶N（即 C/N）、N∶P、C∶P 化学计量比采用质量比表示，通过单因素方差分析的多重比较法对不同林型各元素的计量比进行显著性检验，各元素与比值之间的相关性采用皮尔逊相关分析。

不同林型对土壤生态化学计量影响的综合评价采用模糊数学隶属函数法，计算公式为

$$X(u)^+ = (X_i - X_{min})/(X_{max} - X_{min}) \quad (5.10)$$

$$X(u)^- = 1 - (X_i - X_{min})/(X_{max} - X_{min}) \quad (5.11)$$

式中，$X(u)$为隶属函数值；$X(u)$+代表与改良土壤功能呈正相关；$X(u)$–代表与改良土壤功能呈负相关；X_i 为各林型土壤的某指标平均值；X_{min}、X_{max} 分别为各林型土壤中某指标的最小值和最大值。

5.4.2 典型人工林土壤碳、氮、磷化学计量特征

养分含量是衡量土壤肥沃程度的量化指标，是土壤重要的生态功能。在土壤养分循环和平衡研究中生态化学计量学日益受到重视（Schindler，2003）。土壤和植物凋落物中的 C∶N 与 N∶P 是碳、氮、磷矿化作用和固持作用的指标。凋落物的分解速率与其 C∶N 呈负相关，而土壤 C∶N 与有机质分解、土壤呼吸、矿

化作用等密切相关（Yuste et al.，2007）。土壤及植物的 N 和 P 共同决定生态系统的生产力（Treseder and Vitousek，2001），C、N、P 的耦合作用制约了生态系统中的主要过程（贺金生和韩兴国，2010；柯立等，2014），因此，可利用 C、N、P 生态化学计量分析揭示生态系统中养分的可获得性以及 C、N、P 的循环，平衡机制与相互制约关系（Elser et al.，2000；McGroddy et al.，2004）。

黄河三角洲滩地为黄河淤积土，土质压实，渗透性差，质地黏重，养分贫瘠，地表径流较大，养分流失严重。养分的可利用性在贫瘠的生态系统中显得尤为重要，是限制盐碱化土壤植被改良的因素之一。为提高黄河三角洲滩地的植被覆盖率，改善当地生态环境，近年来通过适宜品种的选育，以及相关工程措施和生物措施等进行了大面积人工林建设，开展了人工林地土壤水盐动态变化（董海凤等，2013），土壤可溶性有机碳、氮特征（陈印平等，2011），有机氮对盐分含量的响应（李玲等，2014）以及土壤理化性质的影响（董海凤等，2014）等方面的研究。而不同人工林类型对该区域土壤营养元素碳、氮、磷含量的影响如何？在长期的土壤恢复改良中，不同人工林地土壤的碳、氮、磷化学计量是否发生变化？对上述问题的研究将为黄河三角洲区域改良盐碱地植被类型的选择以及该地区盐碱地土壤的生态恢复提供一定的理论指导，以利于黄河三角洲滩地人工林的有效持续生长。因此，本研究对现有主要典型人工林的土壤养分含量、元素间的化学计量特征进行研究，以期了解不同人工林类型对黄河三角洲滩地盐碱化土壤的改良效果，为黄河三角洲滩地植被恢复重建中的植被空间分布格局及造林、营林技术提供理论依据和技术指导。

5.4.2.1　不同林型土壤全碳、全氮、全磷含量

黄河三角洲 7 种林型土壤的变化规律不一致，臭椿林、国槐林和白蜡林 20～40cm 土壤 C 含量较高，其次为 0～5cm 土层，最低的为 5～20cm 土层，其余 4 种林地表层土壤 C 含量最高。各林地采样土壤中 C 含量最高的为臭椿林，平均含量为 10.34g/kg；其次为杨树林，含量为 9.52g/kg；最低的是柽柳林，为 6.96g/kg（图 5-36a）；臭椿林 3 层土壤 C 平均含量是柽柳林的 1.5 倍。

分析 N 含量发现（图 5-36b），7 种林地土壤 N 含量的最高值均出现在 0～5cm 土层，除臭椿林外，其余林地 0～5cm 土层 N 含量均显著高于 5～20cm 和 20～40cm 土层（$P<0.05$），杨树林土壤表层 N 含量最高，为 0.89g/kg。各林地采样土壤中 N 含量平均值最高的为杨树林和臭椿林，最低的为柽柳林，两者 N 平均含量是柽柳林的 1.7 倍。

各林地 3 层土壤 P 含量无显著差异，从上到下的 P 含量分布规律不一致。臭椿林土壤中 P 随土层深度的增加含量增加，呈逆向垂直分布；刺槐林、国槐林、

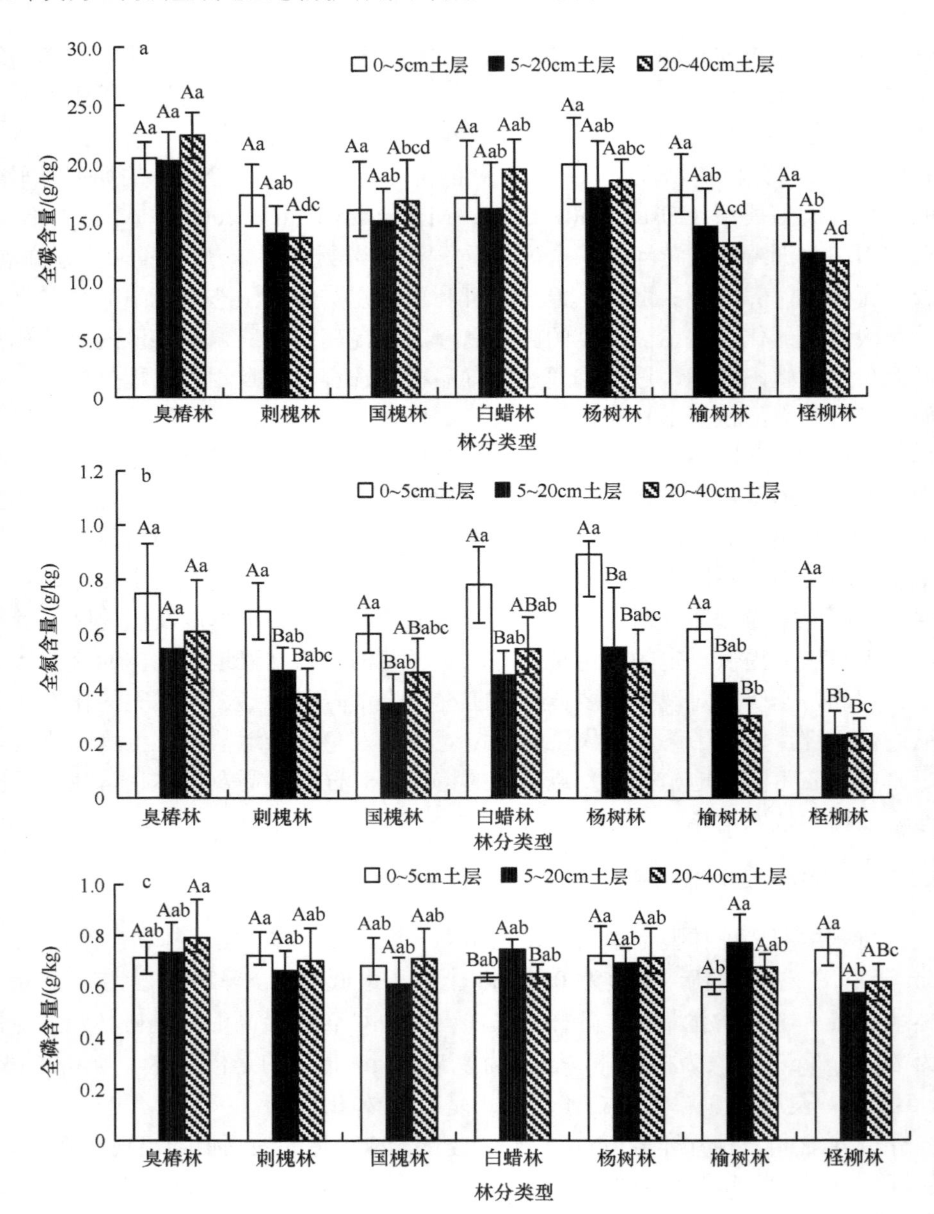

图 5-36 不同林分类型土壤各元素含量

各小图每组柱子上方不含有相同大写字母表示同一类型植被不同土层间差异显著（$P<0.05$），
不含有相同小写字母表示同一土层不同植被类型间差异显著（$P<0.05$）

杨树林和柽柳林 5～20cm 土层 P 含量最低，呈“V”形分布；白蜡林和榆树林 5～20cm 土层 P 含量最高，呈倒“V”形。分析比较不同林地同层间的土壤P含量，榆树林表层土壤含量低于其他林地且与刺槐林、杨树林、柽柳林的差异达到显著水平（P<0.05），柽柳林 20～40cm 土层的含量均显著低于其他各林地型（P<0.05）（图 5-36c）。各林 3 层土壤 P 平均含量最高的是臭椿林，为 0.74g/kg，最低的为柽柳林，为 0.64g/kg，前者是后者的 1.2 倍。

5.4.2.2　不同林型土壤各元素化学计量比

各林型间、同种林型不同土层间 C∶N 值差异不显著（表 5-45）。各林型土壤 0～5cm 土层 C∶N 最低，为 22.3～28.7，柽柳林 5～20cm 土层 C∶N 最高，为 59.0。林型不同其随着土壤加深的变化规律也不一致，臭椿、刺槐、杨树和榆树 4 种林型土壤 C∶N 随土层的加深而升高，国槐林、白蜡林和柽柳林 5～20cm 土层土壤 C∶N 较 0～5cm 土层和 20～40cm 土层高。

各林型 3 层土壤 C∶P 为 20.4～28.3，臭椿林最高，柽柳林最低。分析 C∶P 随土层变化的规律发现：臭椿林、杨树林和榆树林 0～5cm 土层最高，其次为 20～40cm，最低的为 5～20cm 土层；刺槐林随土层的加深而下降；国槐林土壤的 C∶P 变化为 5～20cm 土层>20～40cm 土层>0～5cm 土层；白蜡林 20～40cm 土层最高，5～20cm 土层最低，而柽柳林与之相反，5～20cm 土层最高，20～40cm 土层最低。N∶P 较低，为 0.6～0.9，柽柳林与臭椿磷土壤 N∶P 随土层的增加变化趋势一致，但是臭椿土壤各土层的差异不显著，可以看作无变化，而柽柳林土壤 N∶P 变化差异显著。

表 5-45　不同人工林各土层土壤各元素化学计量比特征

林型	C∶N			C∶P			N∶P		
	0～5 土层	5～20 土层	20～40 土层	0～5 土层	5～20 土层	20～40 土层	0～5 土层	5～20 土层	20～40 土层
臭椿林	28.7±9.1 Aa	38.1±10.0 Aa	40.2±17.2 Aa	28.8±2.1 Aa	27.6±2.2 Aa	28.5±3.9 Aab	1.1±0.2 Aa	0.8±0.1 Aa	0.8±0.2A ab
刺槐林	25.5±4.6 Aa	30.2±6.9 Aa	38.2±16.0 Aa	24.0±3.8 Aa	21.2±3.3 Aa	19.6±3.5 Ab	1.0±0.2 Aa	0.7±0.1 ABa	0.5±0.1 Babc
国槐林	26.6±0.8 Aa	44.0±11.0 Aa	37.4±11.4 Aa	23.6±3.1 Aa	24.9±5.8 Aa	23.9±5.3 Aab	0.9±0.1 Aa	0.6±0.1 Bab	0.7±0.1 Babc
白蜡林	22.6±6.5 Aa	37.3±13.0 Aa	36.1±5.0 Aa	26.9±3.4 ABa	21.5±2.4 Ba	29.9±2.2 Aa	1.2±0.2 Aa	0.6±0.1 Bab	0.8±0.1 ABa
杨树林	22.3±1.3 Aa	33.5±11.3 Aa	38.8±7.0 Aa	27.6±5.1 Aa	26.1±5.5 Aa	26.2±3.6 Aab	1.2±0.2 Aa	0.8±0.1 Ba	0.7±0.1 Babc
榆树林	28.0±3.8 Aa	35.0±3.5 Aa	45.4±15.2 Aa	28.9±3.6 Aa	19.0±2.5 Ba	19.6±4.1 Bb	1.0±0.0 Aa	0.6±0.1 Bab	0.4±0.1 Bbc
柽柳林	24.5±6.5 Aa	59.0±24.8 Aa	50.8±10.0 Aa	20.8±1.7 Aa	21.6±5.1 Aa	18.8±2.0 Ab	0.9±0.2 Aa	0.4±0.1 Bb	0.4±0.1 Bc

注：表中数据为平均值±标准差。字母标记为多重比较结果，同行不含相同大写字母表示同一林型同一计量比不同土层间差异显著（P<0.05），同列不含相同小写字母表示不同植被类型间差异显著（P<0.05）

5.4.2.3 土壤化学计量特征与各元素的关系

由表 5-46 的相关分析可知，土壤 C 含量与 N 含量、C∶P、N∶P 呈极显著正相关（P<0.01），与 P 含量、C∶N 呈显著正相关（P<0.05）。N 含量与 C∶N 呈极显著负相关（P<0.01），与 C∶P、N∶P 呈极显著正相关性（P<0.01）。N∶P 与 C∶N 呈极显著负相关（P<0.01），与 C∶P 呈极显著正相关（P<0.01）。

表 5-46 土壤养分含量与生态化学计量比之间的相关系数

	C 含量	N 含量	P 含量	C∶N	C∶P	N∶P
C 含量	1					
N 含量	0.730**	1				
P 含量	0.503*	0.364	1			
C∶N	0.454*	−0.880**	−0.354	1		
C∶P	0.868**	0.647**	0.016	−0.359	1	
N∶P	0.643**	0.971**	0.142	−0.873**	0.679**	1

5.4.2.4 不同林型对土壤碳、氮、磷生态化学计量的影响评价

由表 5-47 可知，人工林中刺槐林和杨树林土壤隶属函数指标均较高的为 P 含量、C∶P 和总孔隙度，两种林型对土壤的改良作用表现在土壤营养状况、化学计量特征和物理性质方面。榆树林土壤隶属函数最高的为 C∶P，其次为土壤容重和 C∶N，可见榆树林对土壤的影响表现在化学计量和物理特性方面。国槐林的土壤隶属函数值较高的指标为营养元素、化学计量特征、土壤全盐量和土壤容重，因此其对土壤营养和物理性质都有较好的改良作用。白蜡林土壤的隶属函数最高值出现在土壤总孔隙度，而臭椿林和柽柳林土壤的隶属函数最高值均出现在土壤容重指标，因此，三者对土壤物理性质的影响较强。

表 5-47 不同林型土壤各指标的隶属函数值

林型	隶属函数值										
	C 含量$^+$	N 含量$^+$	P 含量$^+$	C∶N$^-$	C∶P$^-$	N∶P$^+$	pH$^-$	全盐量$^-$	土壤容重$^-$	总孔隙度$^+$	合计
臭椿林	0.366	0.437	0.375	0.394	0.427	0.349	0.481	0.394	0.649	0.500	4.372
刺槐林	0.368	0.427	0.556	0.542	0.540	0.473	0.400	0.333	0.325	0.531	4.495
国槐林	0.528	0.482	0.578	0.460	0.587	0.417	0.474	0.500	0.490	0.457	4.973
白蜡林	0.430	0.429	0.374	0.360	0.454	0.458	0.467	0.333	0.337	0.629	4.271
杨树林	0.446	0.384	0.551	0.441	0.638	0.401	0.367	0.556	0.449	0.683	4.916
榆树林	0.448	0.459	0.481	0.533	0.644	0.393	0.400	0.522	0.548	0.430	4.858
柽柳林	0.390	0.331	0.418	0.412	0.430	0.348	0.653	0.346	0.694	0.433	4.455

注：表头各指标上角符号，“+”表示正指标；“−”表示负指标

由隶属函数总合计值可知，7 种人工林对土壤营养元素、化学计量和土壤物理性质改良作用最好的为国槐林，其次为杨树林，再次为榆树林，应重视国槐、杨树和榆树的种植与管理。改良作用最小的是白蜡林。柽柳林、臭椿林和白蜡林 3 种林型对土壤物理性质的改良作用较其他方面明显，因此可作为先锋树种栽植到土壤盐碱化较严重的区域。

5.4.2.5　不同林型生态化学计量特征及其影响因素

（1）林地土壤各元素含量及垂直分布特征

土壤 C、N、P 作为影响植物正常生长发育所必需的养分，在植物生长过程中发挥着重要的作用，其含量的多少及成分组合状况均会受到土壤养分元素含量的影响（Schlesinger and Jeffrey，2000；Treseder and Vitousek，2001；Yuste et al.，2007）。本研究表明，黄河三角洲 7 种林型土壤 C、N、P 3 种元素平均含量分别为 13.07～21.00g/kg、0.37～0.64g/kg 和 0.64～0.74g/kg。土壤 C 含量稍高于全国最低水平（有机质＜10mg/kg），土壤 N 含量则小于全国最低水平（TN＜0.65g/kg），P 含量表现为中等水平（中等水平为 0.4g/kg＜TP＜0.8g/kg），高于全国平均含量（0.56g/kg），而远低于地壳 P 的平均含量（2.8g/kg）（任书杰等，2007）。这可能是因为黄河三角洲滩地为黄河淤积土，土壤容重大，渗透性差，质地黏重，地下海水渗透，盐分含量较高，地表径流大，这些因素限制了土壤中有机物质的积累、分解和迁移，因此土壤 C、N 含量较低。土壤 N 含量小于全国最低水平，表明该区域氮素缺乏，在植被恢复过程中，应注重添加适量氮肥。土壤 P 的来源相对固定，绝大部分不能被植物直接吸收利用，易被植物吸收利用的水溶性磷和弱酸溶性磷通常含量很少。另外，磷元素不易从表土向下移动到深层被植物根系吸收，尤其黏粒多的土壤更不易移动，黄河三角洲滩地的土质比较紧实，盐碱化土壤中钙离子含量高，降低了土壤磷的有效性，使得土壤中磷易沉淀、被吸附（张珂等，2016），因此其 P 含量较高。

黄河三角洲地区各林型土壤 0～5cm 土层 C、N 含量较高，与一些学者研究的结果一致（Treseder and Vitousek，2001；Yuste et al.，2007），表层凋落物以及腐殖质比较多，土壤微生物活跃，促进了土壤生物对凋落物的分解转化，使 0～5cm 土层的土壤 C、N 含量较其他两层高。相关分析可知，土壤 C 与 N、P 呈极显著或显著正相关关系，表明土壤中 C 含量高，则土壤中 N 和 P 的含量相应增加，因此，应注意保存林地中的凋落物及腐殖质。而各林型土壤中 P 含量从上至下垂直分布规律不同，呈逆向、“V”形和倒“V”形分布，可能是因为各林型的根系分布不同，促使土壤的物理结构发生变化，P 的可移动性差，因此在各林型土壤中的分布规律不一致。土壤 C、N、P 平均含量臭椿林最高，柽柳林最低，前者分别是后者的 1.5 倍、1.7 倍和 1.2 倍，表明柽柳林对土壤的改良作用较弱。

（2）人工林土壤化学计量特征

土壤 C∶N∶P 是有机质或其他成分中 C、N 和 P 总质量的比值，是表征土壤有机质组成和质量程度的一个重要指标。本研究发现，臭椿林、刺槐林、杨树林和榆树林 4 种林型土壤 C∶N 随土层的加深而升高，这与周正虎等（2015）的研究结果一致。可能是该区域地表径流大，造成地表碳流失，逐渐富集在土壤下层。国槐林、白蜡林和柽柳林 5～20cm 土层土壤 C∶N 最高，与另外 4 种林型土壤 C∶N 的变化规律不一致，可能是树种间的差异在一定程度上影响土壤 C∶N 的垂直分布（周正虎等，2015），臭椿、刺槐、杨树和榆树的凋落物相对较易分解，尤其是刺槐林，为固氮树种，凋落物富集在土壤表层，氮素含量高，土壤 C∶N 低，随着土层深度的增加，氮素归还效应减弱，土壤氮含量下降，土壤 C∶N 高。而国槐林、白蜡林和柽柳林土壤微生物对其凋落物分解利用率不高，特别是柽柳作为泌盐植物，影响了微生物对凋落物的分解，阻碍了植物中的元素向土壤中迁移转化，使土壤表层的 C∶N 低。

另外，影响土壤 C∶N∶P 的因素较多，主要受区域水热条件和成土作用特征的控制。由于气候、地貌、植被、母岩、年代、土壤动物等土壤形成因子和人类活动的影响，土壤 C、N、P 总量变化很大，使得土壤 C∶N∶P 的空间变异性较大（陶冶等，2016）。刘兴华等（2013）对黄河三角洲未利用地的开发对植物与土壤碳、氮、磷化学计量特征影响的研究发现，未利用地开发利用的不同过程中，土壤的 C∶N 和 C∶P 分别为 7.11～20.96 和 3.16～21.04，N∶P 为 0.44～1.66。本研究发现各林型土壤 C∶N 为 31.30～44.77，C∶P 为 20.41～28.30，与刘兴华等（2013）的研究结果相比，C∶P 较高，N∶P 较低（范围为 0.6～0.9）。主要因为刘兴华等（2013）研究的是农耕区和过渡区，土地在开发利用过程中，土壤受到不同程度的翻动与人为干扰，再加上周期性的清理和生长季末的收获且无凋落物返还，而本研究的人工林处于黄河三角洲国家级自然保护区内，人为干扰少，凋落物返还土壤，造成本研究 C∶N 和 C∶P 较高而 N∶P 较低。

土壤 C∶P 是衡量微生物矿化土壤有机物质释放 P 或从环境中吸收固持 P 潜力的一种指标，是土壤 P 矿化能力的标志（曾全超等，2015），土壤 C∶P 低有利于微生物分解有机质释放养分，促进土壤中有效 P 含量的增加，其有效性高；而高 C∶P 会导致微生物与植物竞争土壤的无机 P，从而不利于植物的生长（王建林等，2014）。本研究中土壤的 C∶P 为 20.41～28.30，远低于我国平均值（136）和全球平均值（186）（Zhao et al.，2015a），表明该区域土壤 P 表现为净矿化，土壤 P 有效性较高。

N∶P 可用作 N 饱和的诊断指标，并被用于确定养分限制的阈值（Tessier and

Raynal，2003；Zhao et al.，2015b）。人工林土壤 N：P 平均值为 0.76，远远低于全球平均水平（5.9）和我国平均水平（3.9）（Cleveland and Liptzin，2007），说明该区域人工林受到严重的土壤 N 限制，这与温带地区土壤类似，如黄土丘陵土壤 N：P 为 0.86，为显著的氮缺乏（朱秋莲等，2013）。本研究的 C：N 为 31.30～44.77，平均值为 35.34，高于全国平均值（10～12）和全球水平（14.3）（陶冶等，2016），土壤 C：N 与有机质分解速率呈负相关，所以该地区有机质分解速率慢，矿化作用水平低，造成土壤中可利用的营养元素少；因此，该地区较高的土壤 C：N 预示着有较强的土壤碳转化潜力和较大的潜在土壤 N 储量。

5.4.2.6　小结

以黄河三角洲刺槐林、臭椿林、杨树林、白蜡林、榆树林、国槐林和柽柳林等 7 种典型人工林为研究对象，运用模糊数学隶属函数法综合评价林型对土壤营养和化学计量特征的影响。研究发现，黄河三角洲 7 种林型土壤 C、N、P 3 种元素平均含量分别为 13.07～21.00g/kg、0.37～0.64g/kg 和 0.64～0.74g/kg。土壤 C、N 含量与全国土壤平均含量的最低水平相当，P 含量表现为中等水平。各林型土壤 0～5cm 土层 C、N 含量较高，各林型土壤中 P 含量从上至下垂直分布规律不同，呈逆向、“V”形和倒“V”形分布。臭椿林土壤 C、N、P 平均含量最高，柽柳林最低，前者分别是后者的 1.5 倍、1.7 倍和 1.2 倍。从各指标隶属函数综合评价来看，7 种人工林对土壤营养元素、化学计量和土壤物理性质改良作用最好的为国槐林，其次为杨树林，再次为榆树林，应重视国槐、杨树和榆树的种植与管理。影响最弱的是白蜡林。柽柳林、臭椿林和白蜡林 3 种林型对土壤物理性质的改良作用较其他方面明显，因此可作为先锋树种改良土壤盐碱化较严重的区域。

黄河三角洲区域人工林土壤 N：P 平均值为 0.76，远远低于全球平均水平（5.9）和我国平均水平（3.9），该区域人工林受到严重的土壤 N 限制，相关分析表明，土壤 C 与 N、P 呈极显著或显著正相关关系。土壤 C：N 的平均值为 35.34，高于全国平均值（10～12）和全球水平（14.3），较高的土壤 C：N 预示着有较强的土壤碳转化潜力和较大的潜在土壤 N 储量。因此在对人工林的管理过程中，一方面可增加固氮植物刺槐与其他植被的混合种植，增加土壤中氮的含量；另一方面减少人为干扰，增加林地凋落物的总量，促进人工林生态系统植被-微生物-土壤间物质与养分的良性循环。

5.4.3　不同造林模式下的土壤碳、氮分布特征

土壤有机碳和氮素是土壤养分的重要组成部分。土壤含碳量在很大程度上依赖于地表植被和土地利用状况（Arai and Tokuchi，2010；商素云等，2013），同时

土壤有机碳含量的变化会影响植物对水分和营养元素的吸收，进而影响生物生产力（Priess et al.，2001；Liao et al.，2006；Saidy et al.，2012）。氮是调节陆地生态系统生产量、结构和功能的关键性元素，能够限制群落初级和次级生产量（Liao et al.，2006；Russell et al.，2007），而且不同的土地利用方式容易引起土壤氮循环格局的变化，从而影响整个生态系统的稳定性和可持续性（Liao et al.，2006；陈印平等，2011）。盐碱生境下，土壤养分转化及动态调节能力随植被类型的不同在时间和空间上表现出较大差异（Arai and Tokuchi，2010；张俊华等，2012；康健等，2012）。滨海盐碱非耕地具有较大的固碳潜力，随原生植被群落的演替，土壤有机碳及微生物量碳增加显著，并且主要分布在土壤表层（康健等，2012）；随着退化演替的进行，盐碱化草地土壤有机碳含量呈现出先升高再降低的趋势，特别是 0～40cm 土层变化显著（汤洁等，2010）。盐碱生境对滨海芦苇湿地氮活性组分影响较大（李玲等，2013），盐碱化土壤可溶性有机碳、土壤可溶性氮与土壤速效养分和含盐量密切相关（陈印平等，2013）。土壤盐碱化是黄河三角洲地区农林业发展的主要限制因子，特别是受地下水埋深浅、矿化度高低及蒸降比大小等自然条件的制约和人为活动的干扰，黄河三角洲盐碱地植被覆盖率较低，防护林树木种类少，防护林体系结构较简单，功能低且不稳定，而盐碱生境下的土壤养分转化在一定程度上影响着树木生长和土壤生产力。因此，探明盐碱生境下，不同造林模式土壤碳、氮组分变化有助于了解土壤固碳机制和土壤有机氮的变化机制，对林分生长与地力维持具有较大意义。

刺槐是黄河三角洲滨海盐碱地的主要防护林树种，但是由于林地蒸降比较大、淡水资源缺乏及土壤盐碱化，刺槐林出现了枯梢、断头等退化现象（马风云等，2010；夏江宝等，2012）。依据树木形态及土壤理化指标，黄河三角洲退化人工刺槐林可分为生长潜力型、轻度低效型、中度低质低效型、极度低质低效型和重度低质低效型等 5 种类型，其中极度低质低效型和重度低质低效型刺槐林的经营改造措施主要为全面皆伐后进行不同造林模式的营建（夏江宝等，2012）；作为木本肥料的刺槐林，随着退化程度的加剧，刺槐林的固氮作用和改良土壤效应减弱（马风云等，2010；夏江宝等，2012），而不同模式的农林间作和不同树种的纯林栽植是该区域主要的经营改造措施。目前关于黄河三角洲盐碱地植被类型与土壤碳、氮特性的研究，以不同林分类型的土壤改良效应为主（陈印平等，2011，2013；夏江宝等，2011），缺少不同造林模式下土壤碳、氮含量特征及其转化规律方面的报道，致使黄河三角洲盐碱地重度退化刺槐林皆伐后的不同造林模式如何影响碳、氮组分及交互作用尚不明确。因此，本研究以黄河三角洲盐碱地重度退化刺槐林皆伐后的不同造林模式为研究对象，测定分析不同改造模式下的土壤可溶性碳、氮形态及其含量，阐明不同造林模式对土壤碳、氮分布的影响规律，为黄河三角洲重度退化刺槐林皆伐后的造林模式选择和树种配置提供理论依据与技术参考。

5.4.3.1　不同造林模式土壤可溶性全碳和有机碳的含量

不同造林模式下0～40cm 土层可溶性全碳含量均高于裸地，总体表现为美国竹柳+棉花可溶性全碳含量最高，其次是白蜡+棉花，而白蜡林、美国竹柳林和香花槐+棉花农林间作模式差异不大，均值为6.39～6.42g/kg（图5-37）。在土壤垂直层次上，美国竹柳+棉花、白蜡+棉花农林间作模式和美国竹柳纯林模式可溶性全碳含量表层稍高于20～40cm 土层，各造林模式的土壤上、下层可溶性全碳含量差异不显著（$P>0.05$）；而香花槐+棉花和白蜡林土壤表层可溶性全碳含量则显著低于20～40cm 土层（$P<0.05$）（图5-37）。

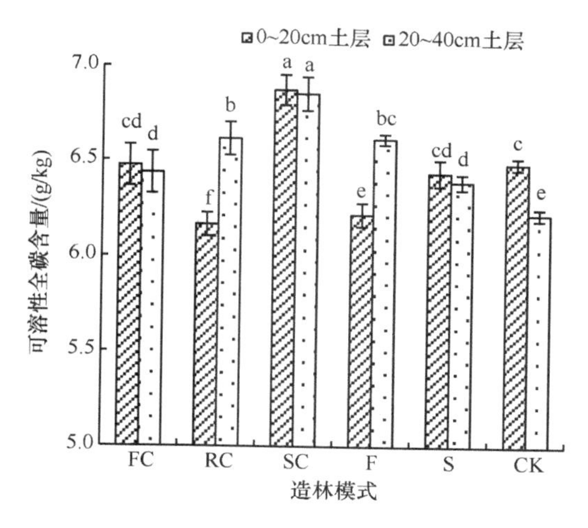

图 5-37　不同造林模式土壤可溶性全碳含量的垂直分布

FC. 白蜡+棉花；RC. 香花槐+棉花；SC. 美国竹柳+棉花；F. 白蜡林；S. 美国竹柳林；CK. 裸地。
每组柱子上方不含相同小写字母表示同一造林模式不同土层间差异显著（$P<0.05$），本章下同

不同造林模式下土壤可溶性有机碳含量均高于裸地（图 5-38），0～40cm 土层中可溶性有机碳含量均值大小为美国竹柳+棉花＞白蜡+棉花＞香花槐+棉花＞白蜡林＞美国竹柳林，与裸地相比，分别增加 169.4%、165.5%、106.6%、98.8%和60.0%。在土壤垂直层次上，除美国竹柳林模式外，其他造林模式下的土壤可溶性有机碳含量表现为 0～20cm 土层高于 20～40cm 土层，平均含量为 45.68～101.63mg/kg。在垂直方向上，裸地可溶性有机碳含量的变化幅度最小，白蜡+棉花造林模式下 20～40cm 土层中的可溶性有机碳含量下降幅度最大，其次为香花槐+棉花。美国竹柳林模式下的土壤可溶性有机碳在 20～40cm 土层中的含量高于 0～20cm 土层，这可能是由于美国竹柳是深根系植物，主根很深，侧根和须根分布于各土层中，大量死根的腐解为土壤提供了丰富的碳源（Laganière et al.，2010），因此，美国竹柳林 20～40cm 土层可溶性有机碳含量显著高于浅层土壤。

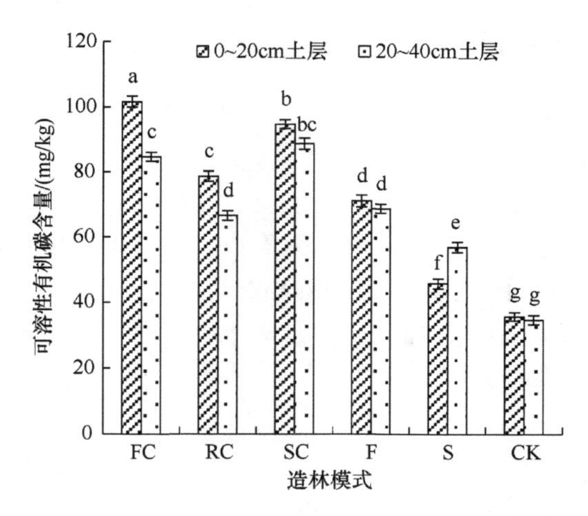

图 5-38　不同造林模式土壤可溶性有机碳含量的垂直分布

5.4.3.2　不同造林模式土壤可溶性全氮和有机氮的含量

由图 5-39 可以看出，不同造林模式下 0～40cm 土层可溶性全氮平均含量均高于裸地，平均值为 26.56～40.22mg/kg。农林间作模式下的土壤可溶性全氮含量高于纯林模式，美国竹柳+棉花可溶性全氮含量最高，其次为白蜡+棉花、香花槐+棉花，而美国竹柳林和白蜡林含量较低。在土壤垂直层次上，白蜡+棉花、美国竹柳+棉花 2 种农林间作模式和美国竹柳纯林模式，0～20cm 土层可溶性全氮含量显著高于 20～40cm 土层（$P<0.05$），而香花槐+棉花、白蜡林则表现出相反的变化趋势。

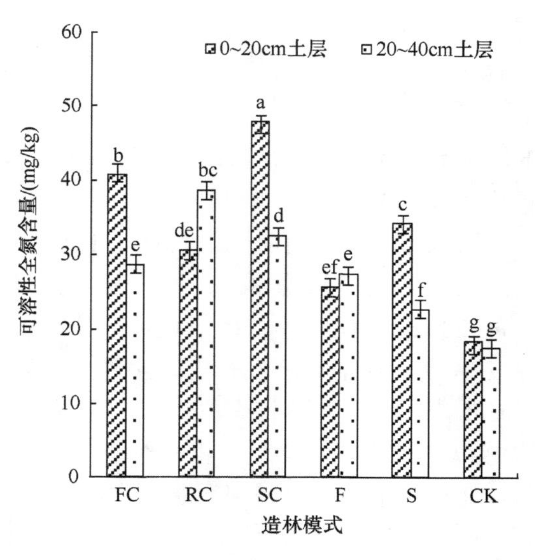

图 5-39　不同造林模式土壤可溶性全氮含量的垂直分布

不同造林模式下 0～40cm 土层可溶性有机氮平均含量均高于裸地（图 5-40），并且农林间作模式高于纯林模式，美国竹柳+棉花、香花槐+棉花、白蜡+棉花、白蜡林和美国竹柳林土壤可溶性有机氮平均值为 14.87～24.11mg/kg，分别是裸地的 2.21 倍、1.95 倍、1.82 倍、1.39 倍和 1.36 倍。从土壤垂直结构来看，5 种造林模式 0～20cm 土层土壤可溶性有机氮含量均存在差异，甚至达到显著水平（$P<0.05$），其中美国竹柳+棉花的可溶性有机氮含量最高（29.23mg/kg），其次为白蜡+棉花、美国竹柳林、香花槐+棉花、白蜡林，分别较裸地增加 173.9%、117.4%、102.9%、59.7%和 40.9%。在 20～40cm 土层中，香花槐+棉花的可溶性有机氮含量最高（25.52mg/kg），与其他造林模式土壤可溶性有机氮含量存在显著差异（$P<0.05$），且白蜡+棉花与美国竹柳+棉花、美国竹柳+棉花与白蜡林之间差异达到显著水平（$P<0.05$）。同一种造林模式下，白蜡+棉花、美国竹柳+棉花和美国竹柳林 0～20cm 土壤可溶性有机氮含量显著高于 20～40cm 土层，分别是下层的 1.4 倍、1.5 倍和 2.7 倍；而香花槐+棉花 20～40cm 土层可溶性有机氮含量显著高于 0～20cm 土层；随土层加深白蜡林可溶性有机氮含量差异不显著，可能是种植棉花施用化肥，导致土壤可溶性有机氮含量普遍较高。

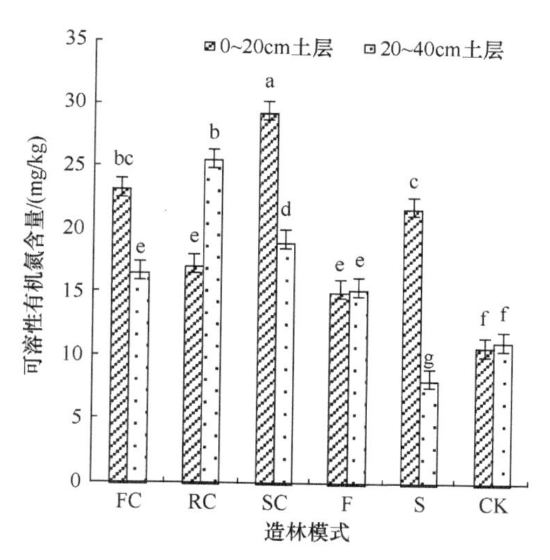

图 5-40　不同造林模式土壤可溶性有机氮含量的垂直分布

5.4.3.3　不同造林模式土壤中不同形态的氮含量

由表 5-48 可知，5 种造林模式下美国竹柳林 20～40cm 土层土壤铵态氮含量较硝态氮高，美国竹柳+棉花 0～20cm 土层土壤可溶性无机氮和全氮含量最高，分别为 18.66mg/kg 和 0.54g/kg。0～40cm 土层可溶性有机氮占可溶性全氮的百分比为 49.51%～61.0%，其中香花槐+棉花所占百分比最高，为 61.0%，其次为美国竹柳+棉花（59.7%），而白蜡+棉花和白蜡林比较相近（约 57%），美国竹柳林最低，仅为 49.5%。不同造林模式下，土壤可溶性有机氮占可溶性全氮的比例在 50%以上，表明可溶性有机氮是土壤可溶性氮的主要组成部分。可溶性无机氮占可溶性全氮的比例为 39.0%～50.5%，美国竹柳林最高（50.5%），其次为白蜡+棉花、白蜡林，香花槐+棉花最低，仅为 39.0%。可溶性全氮占全氮的比例为 7.4%～9.0%，平均为 8.2%，其中农林间作模式相对较高，均值为 8.4%～9.0%，而白蜡和美国竹柳纯林模式较低，分别为 7.6%和 7.5%。

表 5-48　不同造林模式土壤中各形态氮的含量

造林模式	土层深度/cm	铵态氮/（mg/kg）	硝态氮/（mg/kg）	可溶性无机氮/（mg/kg）	全氮/（g/kg）	可溶性无机氮占可溶性全氮的比例/%	可溶性有机氮占可溶性全氮的比例/%	可溶性全氮占全氮的比例/%
FC	0～20	10.69b	6.76b	17.45a	0.45ab	42.93c	57.07e	9.03ab
	20～40	8.75d	3.41ef	12.16bc	0.37bcd	42.46cd	57.54e	7.74de
RC	0～20	8.54d	4.91cd	13.45bc	0.35bcd	44.11b	55.89f	8.71abcd
	20～40	9.51c	3.61ef	13.12bc	0.42abc	33.95h	66.05a	9.20a
SC	0～20	12.35a	6.31b	18.66a	0.54a	38.96e	61.04c	8.87abc
	20～40	10.67b	2.89f	13.56bc	0.41abcd	41.67d	58.33d	7.94cde
F	0～20	7.52e	3.12f	10.64d	0.32bcd	41.45d	58.55d	8.02bcde
	20～40	7.54e	4.63cd	12.17cd	0.38bcd	44.34b	55.66f	7.22ef
S	0～20	7.54e	5.02c	12.56c	0.41abcd	36.71f	63.29b	8.34abcde
	20～40	6.52f	8.04a	14.56b	0.35bcd	64.28a	35.72h	6.47fh
CK	0～20	4.12g	3.66ef	7.78e	0.28d	42.17cd	57.83de	6.59fh
	20～40	2.43h	4.11de	6.54e	0.31cd	37.07f	63.10b	5.69h

注：同列不含有相同小写字母表示不同林分间土壤各形态氮含量差异显著（$P<0.05$）

5.4.3.4　不同造林模式对土壤碳、氮影响的生态效应

（1）不同造林模式土壤碳、氮含量的变化特征

土壤可溶性有机碳和可溶性有机氮是森林生态系统中土壤活性碳、氮库的重要组成部分，它们在生态系统中的流动和转移构成了生态系统 C、N 循环的重要组成部分（Liao et al.，2006；Russell et al.，2007；Saidy et al.，2012），也对森林土壤枯枝落叶层和土壤层有机 C、N 库的源汇功能有着重要影响（张彪等，2010；汤洁等，2010；胡会和刘国华，2013）。盐碱生境下，土壤熟化程度低，植物生长缓慢，植被覆盖少，限制了土壤有效碳、氮的输入和积累，而种植具有降盐改土功能的植被，是提高盐碱生境植物生物量和增加土壤养分输入的主要方式（吕学军等，2011；夏江宝等，2012；陈印平等，2013）。

土壤可溶性有机碳对土地利用方式的响应较敏感（吕学军等，2011），土壤有机质中的腐殖质是土壤可溶性有机碳的主要来源，也是土壤微生物可直接利用的有机碳源。黄河三角洲轻度盐渍化土壤条件下，粮田和菜地土壤可溶性有机碳和有机氮含量最高，分别为 128.2mg/kg 和 86.6mg/kg（吕学军等，2011），盐碱地刺槐+臭椿混交林分别为 257.70mg/kg 和 55.80mg/kg（陈印平等，2013），远高于该研究的不同造林模式，这可能与粮田和菜地施入肥料、混交林造林时间较长、改变了生态系统土壤的养分供应能力有关。本研究结果表明，不同造林模式土壤可溶性有机碳和可溶性有机氮含量显著高于裸地土壤（$P<0.05$），可能是因为可溶性有机碳和可溶性有机氮主要来源于植物的凋落物和土壤有机物的矿化过程（Ussiri and Johnson，2007），土壤微生物及植物根系的分泌物也是其重要来源（Uselman et al.，2007），农林间作模式下植物凋落物丰富、土壤生物活性高。与土壤中的非活性碳素相比，可溶性有机碳具有周转速率快、活性强的特点，对地表覆盖、土地利用方式、管理措施及外界环境的变化（如季节、温度、CO_2 浓度、凋落物和降雨量）等因素较为敏感（吕学军等，2011）。例如，美国竹柳+棉花农林间作模式下，美国竹柳生长迅速，生物量大，林下植被相对丰富，植被总盖度达 93%，地表凋落物和腐殖质层厚，有利于土壤有机碳、氮的转化和迁移；而单一纯林在无外源肥料施加的情况下，由于成林时间短，林下覆盖度低，降盐改土能力弱，不利于凋落物的分解和营养元素的归还。而裸地的植物残余量回归更少，返回土壤的碳素少，因此，各造林模式下土壤可溶性有机碳和可溶性有机氮的含量显著高于裸地。黄河三角洲盐碱地不同林型下，土壤可溶性有机碳和可溶性全氮多表现为腐殖质层＞0～20cm 土层＞20～40cm 土层（陈印平等，2013），这与该研究结果类似，表明土壤可溶性有机碳主要来源于土壤表层的腐殖质、植物残体、根系分泌物及微生物的代谢产物等（陈印平等，2013）。因此，在重度退化刺槐林的经营改造中，应重视不同造林模式下表层凋落物及腐殖质层的保护。

土壤可溶性全氮是土壤中生物可利用氮的重要来源，包括可溶性有机氮和无机氮。土壤中 95%以上的氮素以有机氮形式存在，可溶性有机氮是土壤有机氮库中活性最高的组分之一。植物残体的归还量和生物固氮是氮素输入的主要途径（董凯凯等，2011），美国竹柳+棉花在 5 种造林模式中 0～40cm 土层可溶性无机氮和全氮的平均含量最高，这与该农林间作模式下生物量和地表凋落物的增加有一定关系。除裸地外，白蜡林土壤的可溶性无机氮和全氮平均含量最低，这可能与凋落物质量影响凋落物的分解及营养元素的归还有关，白蜡叶片表面有蜡质，分解较慢，影响了土壤中碳、氮的补充（陈印平等，2013）。由此可见采用纯林造林模式不利于养分的积累，而棉花的种植增加了白蜡林土壤中各氮元素的含量，提高了土壤肥力。由于地表植被生长状况和水肥条件的差异，不同造林模式下，土壤铵态氮、硝态氮、可溶性无机氮和全氮垂直空间分布没有明显的规律性。裸地由于其地表裸露，保水性能差，很容易受到淋溶，故其 0～20cm 土层可溶性无机氮低于 20～40cm 土层。在不同造林模式的各土层中，除了美国竹柳林和裸地 20～40cm 土层外，硝态氮含量均低于铵态氮含量。这可能是由于滨海盐碱地通过植被恢复，pH、碳氮比和水分条件均发生变化，影响了硝化作用的进行，这与人工恢复黄河三角洲滨海湿地土壤碳、氮含量变化特征（董凯凯等，2011）的研究结果类似。土壤可溶性有机氮含量的多少可以反映土壤中潜在活性养分的含量和周转速率，与土壤养分循环和供应状况有密切关系（Priess et al.，2001；Liao et al.，2006）。可溶性有机氮是林地土壤中可溶性氮的主要组分，占林地土壤可溶性全氮含量的 90%以上（Priess et al.，2001；Russell et al.，2007）。香花槐+棉花土壤可溶性有机氮占可溶性全氮的比例和可溶性全氮占全氮的比例较其他造林模式高，这可能与香花槐属于豆科植物，豆科植物与根瘤菌组成的共生固氮体系固氮能力强有关，豆科植物的固氮量占全球生物固氮量的 60%以上（陈印平等，2011），因此，香花槐+棉花土壤的肥力较高，改良效果好，土壤可溶性有机氮转化为植物可吸收利用的无机氮的潜力较大。综上所述，美国竹柳、香花槐与棉花的农林间作模式可较好地改善重度退化刺槐林皆伐后的土壤肥力状况。

（2）不同造林模式土壤各碳、氮形态的相关性

不同造林模式下，不同土壤碳、氮形态之间的相关分析表明（表 5-49），土壤可溶性有机碳与全氮和铵态氮的相关性达到极显著水平（$P<0.01$），说明可溶性有机碳与全氮、铵态氮在黄河三角洲滨海盐碱地不同造林模式土壤中是相伴存在的；可溶性有机碳可较好地反映土壤中潜在活性养分含量和周转速率（陈印平等，2013），可溶性有机氮较可溶性无机氮更能反映土壤对植被的供氮能力（陈印平等，2011）。比较其他研究，黄河三角洲盐碱地混交林土壤可溶性有机碳、可溶性全氮与土壤全氮、有效磷、速效钾和含盐量相关性显著，可溶性有机碳与可溶性全氮可显著降低土壤中的含盐量，而有机质的增加可降低土壤酸碱性（陈印平等，2013）。盐碱地人工林土壤可溶性有机氮与可溶性全氮、无机氮、全氮呈极显著相关，与有机质呈显著相关，与土壤含盐量呈负相关（陈印平等，2011）。轻度盐渍化土壤环境下，土壤可溶性有机碳和有机氮与其他形态碳、氮之间的相关性分别达极显著或显著水平（吕学军等，2011）。表明随着盐碱生境下土地利用方式（吕学军等，2011）、林分类型（陈印平等，2013）及造林模式（陈印平等，2011）的不同，土壤可溶性有机碳、有机氮与其他形态碳、氮之间的相关性大小并不一致。在一定程度上，土壤中的全氮含量决定了土壤可溶性有机碳的质量分数，土壤碳的保持取决于全氮含量水平。

表 5-49　土壤中各碳、氮之间的相关系数

指标	铵态氮	硝态氮	可溶性无机氮	可溶性有机氮	可溶性全氮	全氮	可溶性有机碳
铵态氮	0.257	1					
可溶性无机氮	0.829*	0.714	1				
可溶性有机氮	0.943**	0.143	0.714	1			
可溶性全氮	0.771*	0.143	0.486	0.829*	1		
全氮	0.943**	0.543	0.943**	0.886**	0.714	1	
可溶性有机碳	0.943**	0.314	0.771*	0.829*	0.829*	0.886**	1
可溶性全碳	0.829*	0.314	0.829*	0.657	0.371	0.771*	0.771*

土壤可溶性有机氮含量与土壤可溶性有机碳具有显著正相关（$P<0.05$）（表 5-49），土壤可溶性有机氮含量可能主要与该地区土壤可溶性有机碳含量有关，其含量随着可溶性有机碳以及全氮含量的变化而变化，土壤中较高的有机碳含量可能是促使可溶性有机氮含量及所占氮组分比例较高的主要因子（Song et al.，2008）。有研究表明（Laganière et al.，2010），在不同土地利用方式和不同人为管理措施下，固氮物种和施氮、磷肥能显著增加土壤碳汇集，固氮物种的存在和氮肥的施用可增加土壤氮含量，提高初级生产力，进而使土壤有机碳的输入增加；另外，土壤氮素含量的提高使土壤 C/N 降低，提高微生物活性，加速土壤有机碳的分解，使其含量降低，促进了土壤营养元素的循环，有助于初级生产力的提高（Priess et al.，2001；Liao et al.，2006）。此外，土壤可溶性有机碳和可溶性有机氮与全氮、铵态氮之间的相关系数也分别达到极显著水平，说明盐碱土壤中这些形态的碳、氮之间具有较好的相关关系，对土壤养分的调节和转化利用具有重要作用。

5.4.3.5　小结

以黄河三角洲盐碱地白蜡+棉花、香花槐+棉花、美国竹柳+棉花、白蜡林、美国竹柳林等 5 种造林模式为研究对象，分析比较各造林模式土壤的碳、氮形态及分布特征，为重度退化刺槐林的经营改造和造林模式选择提供理论依据。研究结论如下。

农林间作模式下土壤可溶性全碳和可溶性有机碳含量显著高于纯林模式，并且不同造林模式下，0～20cm 土层可溶性有机碳含量高于 20～40cm 土层。受土壤熟化程度、植被覆盖度、凋落物形成腐殖质层厚度以及植被本身降盐改土的影响，不同造林模式下 0～40cm 土层可溶性全碳和可溶性有机碳含量总体表现为美国竹柳+棉花含量最高，其次是白蜡+棉花、香花槐+棉花，而白蜡和美国竹柳纯林含量较低。

不同造林模式下 0～40cm 土层的可溶性全氮和可溶性有机氮平均含量均高于

裸地。农林间作模式地表覆盖度较高，腐殖质层较厚，致使农林间作模式的有效氮含量高于纯林模式，美国竹柳+棉花可溶性全氮和可溶性有机氮含量最高，美国竹柳和白蜡纯林含量较低。在土壤垂直层次上，受土壤表层的腐殖质、植物残体及根系分泌物等的影响，白蜡+棉花、美国竹柳+棉花两种农林间作模式和美国竹柳纯林模式，0～20cm 土层可溶性全氮含量显著高于 20～40cm 土层。

美国竹柳+棉花农林间作模式在 5 种造林模式中土壤 0～40cm 土层可溶性无机氮和全氮的平均含量最高，可溶性有机氮是滨海盐碱地土壤可溶性全氮的主要组成部分，占可溶性全氮含量的一半以上。盐碱生境下，土壤可溶性有机碳与全氮和铵态氮的相关性达到极显著水平（$P<0.01$），可溶性有机碳和可溶性有机氮与总有机碳和全氮之间关系密切，可较好地反映土壤养分循环和供应状况，在调节土壤养分和提供可利用碳、氮等方面具有重要作用。

综上所述，美国竹柳+棉花土壤可溶性有机碳及各形态氮的含量是 5 种造林模式中最高的，香花槐+棉花土壤中有机氮转化潜力较大，纯林与棉花的农林间作模式较一般纯林模式可显著提高土壤可溶性有机碳和各形态氮的含量。农林间作模式可显著提高重度退化刺槐林皆伐后土壤中有效态碳、氮含量，其中美国竹柳+棉花模式改良效果较好，而纯林模式较差。

5.4.4 不同混交林的土壤可溶性有机碳、氮特征

森林土壤有机碳库储量的微小变化可显著引起大气 CO_2 浓度的改变，土壤可溶性有机碳（dissolved organic carbon，DOC）的生物有效性极高，是土壤有机质的重要组分，也是陆地生态系统中极为活跃的有机碳组分及物质交换的重要形式（柳敏等，2007），对生态系统土壤养分的有效性和流动性等有直接影响。土壤可溶性有机碳占土壤有机碳总量的比例较小，但可直接参与土壤生物化学转化过程，也是土壤微生物活动能源和土壤养分的驱动力（Haynes，1999），因此可与土壤微生物生物量和土壤酶活性等共同作为土壤健康的生态指标，评价退化生态系统的恢复进程，从而指导生态系统管理（Xing et al.，2010）。近年来，拥有我国人工刺槐林面积最大的黄河三角洲地区，其刺槐人工林出现了大面积枯梢，甚至成片死亡的退化现象，严重影响了黄河三角洲盐碱地土壤改良和人工林的生态功能。目前，大多数研究主要集中在黄河三角洲人工林的土壤可溶性氮含量、造林模式、林分配置、林冠健康及其土壤水盐动态、土壤理化性状等方面（夏江宝等，2009b；陈印平等，2011；王群等，2012）。研究发现，黄河三角洲不同林地改造模式下，刺槐人工林土壤可溶性氮含量高于其他杨树和白蜡林，而刺槐混交林土壤酶活性及养分等土壤性状优于刺槐纯林，土壤可溶性有机碳可反映林地土壤中潜在活性养分含量和周转速率，表征土壤碳平衡和生物学肥力，那么在不同造林模式下土

壤可溶性有机碳含量是否发生变化，其变化是否影响林分的配置模式及土壤其他理化性状，相关研究还未见报道。

因此，本研究以黄河三角洲盐碱地刺槐纯林、刺槐+白蜡混交林、刺槐+白榆混交林和刺槐+臭椿混交林等 4 种人工林为对象，通过比较不同刺槐纯林与混交林土壤 DOC 含量的变化特征和差异性，分析土壤理化指标与 DOC 的相关关系以及不同植被类型对 DOC 的影响，以期为完善刺槐人工林可持续经营的理论体系及盐碱地土壤改良提供依据。

5.4.4.1　土壤可溶性有机碳特征

由图 5-41 可知，4 种林型的腐殖质层 DOC 的平均含量为 219.67mg/kg，显著高于 0～20cm 和 20～40cm 土层（$P<0.05$），其中刺槐+臭椿混交林腐殖质层的 DOC 含量最高，为 257.70mg/kg，是刺槐+白蜡混交林的 1.3 倍；0～40cm 土层 DOC 含量为 92.62～158.78mg/kg，其中最高的是刺槐+白蜡混交林 0～20cm 土层，为 158.78mg/kg，可能是因为该层土壤有机质含量（3.47%）高，腐殖质层 DOC 向下层移动，使 0～20cm 土层 DOC 含量高于其他林型，而 20～40cm 土壤孔隙度较高，土壤 DOC 易向下层迁移，致使 20～40cm 土层 DOC 含量较其他林型同层土壤的含量低。

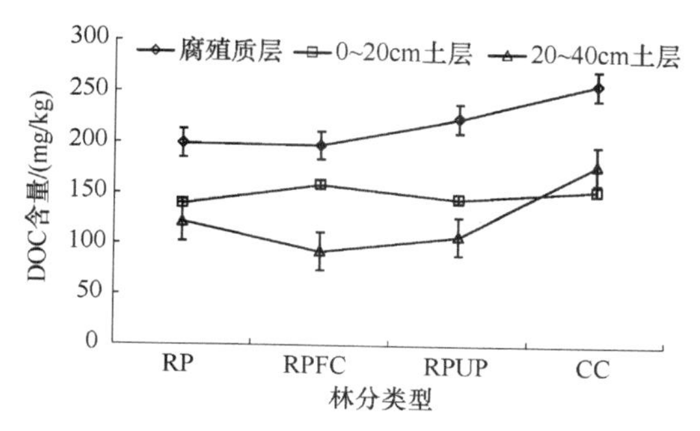

图 5-41　各林型土壤 DOC 含量

RP. 刺槐纯林；RPFC. 刺槐+白蜡混交林；RPUP. 刺槐+白榆混交林；CC. 刺槐+臭椿混交林。下同

土壤 DOC 主要来自土壤的腐殖质、植物残体、根系分泌物及微生物的代谢产物等（Kalbitz et al.，2000）。综合分析 4 种林型各层土壤 DOC 含量由高到低的顺序为刺槐+臭椿混交林＞刺槐+白榆混交林＞刺槐纯林＞刺槐+白蜡混交林，表明刺槐+臭椿混交林的土壤性质优于其他林地。

5.4.4.2　土壤氮和可溶性全氮

由图 5-42 可知，刺槐+臭椿混交林腐殖质层 TSN 含量较其他 3 种林型高，为

55.80mg/kg，而在0～20cm和20～40cm土层刺槐+白蜡混交林的TSN含量最低，分别为23.58mg/kg和19.21mg/kg。最高的为刺槐+臭椿混交林，分别为35.07mg/kg和34.38mg/kg，其次为刺槐+白榆混交林，刺槐纯林TSN含量比刺槐+白蜡混交林高，而低于刺槐+白榆、刺槐+臭椿混交林。由此可见，刺槐+臭椿和刺槐+白榆混交林土壤TSN含量较其他两种林型高。

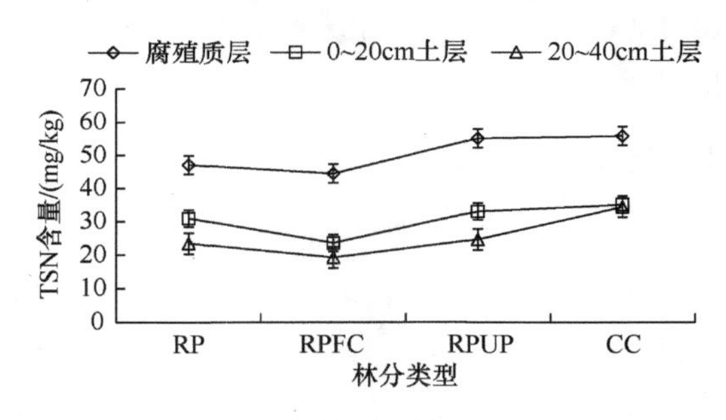

图5-42 各林型土壤TSN含量

各林型土壤TN含量为200～1100mg/kg（图5-43），其含量较其他林地土壤含量低（王清奎等，2005；刘振花等，2009），可能是因为该区域为盐碱地土壤，相对比较贫瘠。在腐殖质层，刺槐+臭椿混交林土壤TN含量最高，最低的为刺槐纯林，而0～20cm和20～40cm土层刺槐+白蜡混交林TN含量最高，TSN含量则最低。TN由可溶性和不溶性两部分组成，土壤的物理性状和腐殖质层的分解速率影响氮的迁移与转化，刺槐+白蜡混交林土壤容重大，孔隙度低，腐殖质层TN含量在4种林型中较低，这些因素可能限制了土壤氮的转化和迁移。

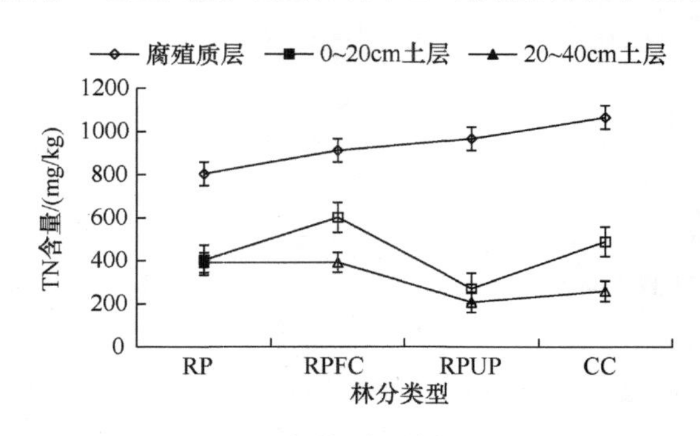

图5-43 各林型土壤TN含量

综合分析比较4种林型各层土壤TN和TSN含量，腐殖质层显著高于其他两层（$P<0.05$），并随着土层的加深而降低（图5-42，图5-43），因此，在人工林管理过程中，应该重视腐殖质在人工林生态系统中的作用，特别注意保护刺槐纯林和刺槐+白蜡混交林的土壤表层，防止腐殖质流失。

5.4.4.3　土壤碳、氮、磷的比例关系

土壤中的 C、N、P 组成决定了能量流动和物质循环，土壤 C：N 与有机质分解、土壤呼吸等密切相关，土壤及植物的 N 和 P 共同决定着生态系统的生产力，因此土壤营养元素间的比例关系是土壤有机质组成和土壤质量的一个重要指标。分析黄河三角洲不同林型土壤的 C：N 以及可溶性全氮与有效磷的比值关系发现，4 种林型土壤的 C：N 为 19.52～54.61（表 5-50），平均为 34.08，较我国土壤（250cm 深）C：N（11.9）高 186%（程滨等，2010），可能是因为本研究分析的土壤深 40cm，而 11.9 是土壤 250cm 深层次的平均值，随着土层的加深，其比值随之下降。刺槐+白榆和刺槐+臭椿混交林 0～40cm 土层土壤有较高的 C：N（表 5-50），表明两个林地可能拥有丰富的潜在碳源。

表 5-50　不同元素间的比例关系

林型	土层	TSN/N/%	DOC/TOC/%	C：N	TSN/有效 P
RP	腐殖质	5.86	0.83	21.37	2.48
	0～20cm	7.69	0.56	35.29	1.54
	20～40cm	6.00	0.72	34.76	1.26
RPFC	腐殖质	4.86	0.67	21.46	3.24
	0～20cm	3.92	0.46	29.54	2.13
	20～40cm	4.90	0.33	37.09	1.36
RPUP	腐殖质	5.70	0.49	22.05	2.07
	0～20cm	12.17	0.97	48.21	1.43
	20～40cm	11.81	1.01	54.61	1.41
CC	腐殖质	5.24	0.76	19.52	3.48
	0～20cm	13.49	0.94	52.95	1.49
	20～40cm	7.02	0.92	32.11	1.35

土壤 TSN 与有效磷的平均比值为 1.94（表 5-50），较我国土壤的平均比值（5.2）低（程滨等，2010）。本研究分析了植物易于吸收的可溶性氮和有效磷的比值，而我国土壤的研究是基于全氮及全磷的分析，因此所得比例小于全国土壤的比值。土壤中的氮、磷是植物生长所必需的矿质营养元素和生态系统中最常见的限制性元素，两者之间具有重要的相互作用，并在植物体内存在功能上的联系，黄河三角洲人工林土壤可溶性氮和有效磷的比值低，可供植物吸收利用的营养元素受到限制，因此黄河三角洲人工林可能因土壤营养元素的供给不足而使人工林的生长发育受到限制，其林地退化的具体原因还需进一步研究。

分析 4 种林型各层土壤 TSN/N 和 DOC/TOC 的百分含量随土壤深度无明显的变化规律。刺槐+白蜡混交林 0～20cm 土层 TSN 占 N 的百分含量较低，为 3.92%；

而其他 3 种林型 0～20cm 土层土壤的百分含量较同林型腐殖质层和 0～40cm 土层高，表明刺槐+白蜡混交林上层土壤可供植被吸收利用的可溶性氮较低。土壤 DOC 含量一般不超过土壤有机碳总量的 2%（李玲等，2009），本研究的结果显示，不同林型和土层内 DOC 占 TOC 的百分含量为 0.33%～1.01%，其平均百分含量为 0.72%，比不同栽植年份杉木人工林土壤（平均百分含量为 0.58%）（王清奎等，2005）和红松阔叶混交林土壤 DOC/TOC（平均百分含量为 0.10%）高。在刺槐+白榆混交林和刺槐+臭椿混交林中，0～20cm 和 20～40cm 土层 DOC/TOC 的百分含量显著高于腐殖质层（$P<0.05$），而刺槐纯林和刺槐+白蜡混交林则相反。

5.4.4.4 土壤碳、氮特征及其影响因素

可溶性有机碳是有机碳的活性组分，具有易流动、易分解、生物活性较高等特点，在提供土壤养分方面起着重要的作用。森林土壤的可溶性有机碳的含量一般不超过 200mg/kg（Linn and Doran，1984）。本研究的结果也表明，4 种人工林土壤的 DOC 含量为 92.62～178.54mg/kg，与王清奎等（2005）对人工林的研究结果较接近。土壤 TSN 和 DOC 含量由高到低依次为刺槐+臭椿混交林和刺槐+白榆混交林＞刺槐纯林＞刺槐+白蜡混交林，从土壤 0～40cm 土层可溶性有机碳和氮来看，以刺槐纯林为对照，白榆和臭椿的植入均有利于刺槐林土壤性状的改善，其土壤含盐量与 pH 有不同程度的下降，土壤孔隙度略有增加，土壤容重下降，有利于植物根系的伸展和生长。此外，土壤碳、氮储存能力与凋落物的量和分解速率也密切相关（Saner et al.，2007），凋落物质量影响凋落物的分解及营养元素的归还。在刺槐+白榆和刺槐+臭椿混交林内，林下植被相对丰富，凋落物较刺槐纯林和刺槐+白蜡混交林多。刺槐+白榆混交林中土壤呼吸速率较高，微生物活性强（秦娟和上官周平，2012a），并且叶中氮含量高（秦娟和上官周平，2012b），凋落物具有较低的 C/N，有利于微生物对凋落物的分解，使土壤中的碳、氮及时得到补充，DOC 和 TSN 含量高。而白蜡叶片表面蜡质，分解缓慢，使刺槐+白蜡混交林土壤中的可溶性碳含量低，因此刺槐与白榆和臭椿混交有利于土壤的改良。

混交林土壤性状较纯林土壤有所改善，分析土壤理化指标的相关关系发现，土壤 DOC 与 TSN 及速效钾呈极显著正相关（$P<0.01$）（表 5-51），与王清奎等（2005）对林地土壤的研究结果是一致的；与全氮和有效磷呈显著正相关（$P<0.05$），与含盐量呈负相关（$P>0.05$）。TSN 与土壤有效磷和速效钾呈极显著正相关（$P<0.01$）。土壤含盐量随土壤 TSN 的增加而下降，呈极显著负相关（$P<0.01$）（表 5-51）。表明土壤 DOC 与 TSN 可降低土壤中的盐含量。TOC 与含盐量呈极显著正相关，与 pH 呈显著负相关，因此 TOC 的增加可降低土壤的酸碱性。本研究中 DOC 与 pH 的相关性不强（表 5-51），这与土壤活性有机碳与 pH 呈显著或极

显著负相关的研究结果不一致（刘振花等，2009），可能和研究对象以及林地的树龄有关，本研究选择的研究对象为 26 年生的人工林，刘振花等（2009）研究的红松阔叶混交林分别是 30 年、50 年、70 年的自然林，植被对土壤的作用时间较长，对土壤性质的影响明显。

表 5-51　土壤碳氮元素与土壤理化指标的相关关系

指标	TSN	DOC	C	TN	C/N	TOC	有效磷	速效钾	pH	含盐量	容重	孔隙度
TSN	1											
DOC	0.75**	1										
C	−0.24	0.35	1									
TN	−0.06	0.47*	0.79**	1								
C/N	0.28	−0.21	−0.87**	−0.51*	1							
TOC	−0.39	0.09	0.77**	0.77**	−0.66**	1						
有效磷	0.87**	0.48*	−0.42*	−0.30	0.33	−0.64**	1					
速效钾	0.67**	0.89**	0.391	0.50*	−0.27	0.15	0.52**	1				
pH	0.27	0.08	−0.36	−0.27	0.20	−0.42*	0.41*	−0.06	1			
含盐量	−0.71**	−0.33	0.50*	0.46	−0.40	0.82**	−0.83**	−0.19	−0.46*	1		
容重	0.10	0.26	0.30	0.17	−0.28	0.10	0.00	0.15	0.09	−0.19	1	
孔隙度	0.08	0.20	0.28	0.18	−0.34	0.27	0.04	0.28	−0.17	0.18	−0.44*	1

综上所述，刺槐+臭椿混交林的可溶性有机碳含量最高，为 257.70mg/kg；全氮和土壤可溶性氮含量分别为 1065.79mg/kg 和 55.80mg/kg，均显著高于其他 3 种林型。刺槐+白榆和刺槐+臭椿混交林土壤可溶性有机碳、可溶性氮含量以及 TSN/N 和 DOC/TOC 的百分含量较刺槐纯林和刺槐+白蜡混交林高，对提高两个林地的土壤质量起到了重要的作用，黄河三角洲盐碱地改良可种植白榆、臭椿与刺槐的混交林。作为土壤碳、氮主要来源之一的腐殖质层，黄河三角洲盐碱地刺槐纯林、刺槐+白蜡混交林、刺槐+白榆混交林和刺槐+臭椿混交林等 4 种人工林的可溶性有机碳、可溶性氮和全氮含量均显著高于 0～20cm 和 20～40cm 土层含量，因此在人工林的管理过程中应防止土壤腐殖质层的流失。各层土壤可溶性有机碳和土壤可溶性氮含量由高到低的顺序为刺槐+臭椿混交林＞刺槐+白榆混交林＞刺槐纯林＞刺槐+白蜡混交林。由相关性分析得出，土壤可溶性有机碳与可溶性全氮、全氮、有效磷、速效钾相关性显著，土壤可溶性有机碳含量的大小可反映土壤中潜在活性养分含量和周转速率，从而反映出土壤养分循环和供应状况（李淑芬等，2003），而作为衡量土壤碳、氮营养平衡状况的土壤 C/N 与土壤全碳和全氮分别呈极显著和显著相关性，与其他营养元素和物理指标的相关性不显著，因此土壤 C/N 是衡量土壤碳、氮平衡较好的指标，而土壤可溶性有机碳和可溶性氮

含量用于判断土壤的综合营养状况可能更合适。采取措施增强土壤有机质或腐殖质层中碳、氮向可溶性碳、氮的转化，对黄河三角洲人工纯林和混交林生态系统的维持与改良具有重要的现实意义。

5.4.5 人工纯林土壤可溶性有机氮含量及特性

土壤氮包括无机氮和有机氮两大类，其中能够被水或盐溶液浸提出的有机氮称为可溶性有机氮（SON）。土壤中 SON 库与无机氮库的大小相近（Murphy et al.，2000），对土壤有机氮的矿化能力和土壤氮素供应能力有一定的贡献（卢红玲等，2008；赵满兴等，2008）。SON 可直接或转化后被植物吸收利用，属于土壤有效氮范畴（周建斌等，2005）。另外，SON 移动性强，可随水分运移而发生径流或淋溶损失（Perakis and Hedin，2002）。因此，土壤 SON 是研究土壤生态系统氮平衡和氮循环不可忽视的一部分（Murphy et al.，2000）。黄河三角洲为我国三大三角洲之一，土壤盐碱化严重，养分贫瘠，地表径流大，水土流失较严重。目前，森林土壤 SON 的研究主要集中在温带针叶林和亚热带常绿阔叶林（Chen et al.，2005；杨绒等，2007a），而盐碱化土壤 SON 的含量、植被类型对 SON 影响的相关研究较少。本研究以黄河三角洲盐碱地 3 种不同人工阔叶林为研究对象，探讨不同林分土壤 SON 含量的差异性及其与土壤其他氮形态的相关关系，以及不同植被类型对 SON 和其他氮素含量的影响，旨在初步评价黄河三角洲盐碱地土壤 SON 含量及其特性，为探讨如何提高盐碱化土壤氮素利用率提供理论依据。

5.4.5.1 不同人工纯林土壤 SON 含量

由表 5-52 可知，3 种林地土壤各层 SON 含量为 10.86～26.99mg/kg，刺槐林、白蜡林和杨树林及裸地 0～20cm 土层 SON 含量分别是 14.39mg/kg、16.71mg/kg、14.54mg/kg、13.15mg/kg，白蜡林土壤 SON 含量显著高于刺槐林、杨树林和裸地（$P<0.05$）；20～40cm 层刺槐林土壤 SON 含量为 26.99mg/kg，显著高于其他两种林型同土层 SON 含量（$P<0.05$），为裸地的 2.5 倍。刺槐林与杨树林 20～40cm 土层 SON 含量均高于其在 0～20cm 土层的含量，白蜡林与裸地土壤 SON 含量则与之相反。3 个林地及裸地各土层 TSN 含量的变化规律与 SON 含量的变化规律一致，可能是受植被类型、土壤类型、自然或人为干扰等因素影响所致（Chapman et al.，2001；Song et al.，2008）：①各层土壤对氮的吸附特性、土壤物理特点、人为干扰和氮的易流动性有所不同；②研究对象均为人工林，人为干扰较大，加速了土壤可溶性氮的流动性，造成下层含量高于上层；③土壤 SON 的移动性强，可随水分运移而发生径流或淋溶损失（Perakis and Hedin，2002），刺槐林土壤的渗透性较好，杨树林次之，白蜡林最差（许景伟等，2009），因此土壤表层可溶性

氮很容易随雨水进入 20～40cm 土层，可有效防止有效氮的地表流失，提高土壤可溶性氮含量，使刺槐林和杨树林 20～40cm 土层 SON 和 TSN 含量高于 0～20cm 土层，有利于土壤对氮的固持，增加土壤可利用氮的供应量。

表 5-52　不同林分土壤 SON 各养分含量

林分	土层深度/cm	NH_4^+-N /(mg/kg)	NO_3^--N /(mg/kg)	SIN/(mg/kg)	SON/(mg/kg)	TSN/(mg/kg)	TN/(g/kg)	有机质/(g/kg)
刺槐林	0～20	9.52±0.76b	4.31±0.17d	13.83±0.25b	14.39±0.09c	28.22±0.33c	0.32±0.03b	3.31±0.23ab
	20～40	11.12±0.21a	7.63±0.18b	18.74±0.05a	26.99±0.41a	45.73±0.45a	0.51±0.02a	3.32±0.24ab
白蜡林	0～20	10.84±0.35a	7.96±0.19a	18.80±0.54a	16.71±0.27b	35.51±0.27b	0.33±0.04b	2.95±0.19bc
	20～40	9.91±0.34b	2.20±0.20e	12.10±0.54c	15.03±0.40c	27.13±0.14d	0.37±0.06b	3.38±0.46ab
杨树林	0～20	5.33±0.43e	4.37±0.15d	9.70±0.58d	14.54±0.25c	24.23±0.32e	0.34±0.02b	3.65±0.23a
	20～40	6.27±0.14d	5.54±0.29c	11.81±0.43c	15.15±0.78c	26.97±0.36d	0.31±0.04b	2.51±0.17c
裸地	0～20	8.10±0.24c	5.60±0.15c	13.70±0.39b	13.15±0.61d	26.85±0.22d	0.36±0.01b	2.62±0.09c
	20～40	2.44±0.22f	4.34±0.18d	6.77±0.40e	10.86±0.08e	17.63±0.40f	0.35±0.03b	1.62±0.21d

注：表中数据为平均值±标准差（n=3）；同列数据不含有相同小写字母表示同一土层不同林分间差异显著（P<0.05）

5.4.5.2　不同人工纯林土壤其他氮组分及有机质的变化

由表 5-52 可以看出，3 种林分中，刺槐林 20～40cm 土层有机质含量较高，各种氮养分含量最高，与白蜡林和杨树林之间差异显著（除了有机质）（P<0.05），说明刺槐林土壤肥力较高。比较各层土壤各种氮养分含量，刺槐林和杨树林 20～40cm 土层 TSN 和无机氮含量较 0～20cm 高，而白蜡林和裸地 0～20cm 土层含量较 20～40cm 高（P<0.05），与土壤 SON 的变化一致。TN 的变化除刺槐林 20～40cm 土层含量（0.51g/kg）显著高于其他各样地外（P<0.05），其他林地各层土壤 TN 的含量为 0.31～0.37g/kg，差异不显著。这可能与取样季节和植被类型有关。本研究于 7 月取样，地表凋落物层无大的改变，在无外源肥料施加的情况下，白蜡林和杨树林土壤 TN 含量变化不大。另外，刺槐属于豆科植物，豆科植物与根瘤菌组成的共生固氮体系固氮能力强，固氮量大，豆科植物的固氮量占全球生物固氮量的 60%以上（曾昭海等，2006），因此刺槐林土壤各形态氮含量较白蜡林和杨树林高。

5.4.5.3　不同人工纯林土壤各氮组分比例

由表 5-53 可知，刺槐林、白蜡林和杨树林 0～20cm 土层 SON 占 TSN 含量的百分比分别为 50.99%、47.06%、59.99%，其中杨树林所占百分比最高，与其他样地差异显著（P<0.05）；20～40cm 土层 SON 占 TSN 含量的百分比分别为 59.01%、55.39%、56.17%，除杨树林外，20～40cm 土层 SON 所占百分比显著大于 0～20cm

土层（$P<0.05$）。3 种林地和裸地 0～40cm 土层 SON 和 SIN 占 TSN 的平均百分比分别为 54.9%和 45.10%，占 TN 含量的百分比分别为 3.10%～5.31%和 1.93%～5.73%，与张彪等（2010）的研究结果一致（Song et al.，2008）。由此可见土壤中 SON 占 TSN 和 TN 的比例均高于 SIN，表明 SON 是土壤可溶性氮和全氮的主要组成部分。

表 5-53　土壤各形态氮含量比例　（%）

林分	土层深度/cm	SON/TSN	SON/TN	TSN/TN	SIN/TSN	SIN/TN
刺槐林	0～20	50.99±0.32c	4.47±0.44abc	8.76±0.82b	49.01±0.32b	4.29±0.37b
	20～40	59.01±0.33a	5.31±0.16a	8.99±0.32b	40.99±0.33d	3.69±0.16c
白蜡林	0～20	47.06±1.11d	5.12±0.73ab	10.85±1.30a	52.94±1.11a	5.73±0.57a
	20～40	55.39±1.76b	4.10±0.78bcd	7.38±1.17bc	44.61±1.76c	3.28±0.39cd
杨树林	0～20	59.99±1.85a	4.28±0.39abc	7.13±0.43c	40.00±1.85d	2.84±0.04d
	20～40	56.17±2.15b	4.84±0.90ab	8.58±1.27bc	43.83±2.15c	3.74±0.37bc
裸地	0～20	48.98±1.87cd	3.67±0.31cd	7.49±0.35bc	51.02±1.87ab	3.82±0.04bc
	20～40	61.61±1.42a	3.10±0.28d	5.03±0.34d	38.39±1.42d	1.93±0.06e

注：表中数据为平均值±标准差（n=3）；同列数据不含有相同小写字母表示同一土层不同林分间差异显著（$P<0.05$）

本研究中土壤 SON 占 TSN 和 TN 的比例较其他研究低。张彪等（2010）通过对万木林自然保护区细柄阿丁枫天然林、米槠天然林和杉木人工林 0～20cm 土层 SON 的研究发现，SON 占 TSN 和 TN 的比例平均分别为 71.99%和 8.48%，较本研究 0～20cm 土层 SON 占 TSN（52.68%）和 TN（4.62%）的比例高，可能是由于林型、成林时间和地区差异。张彪等（2010）的研究地位于自然保护区内，研究对象为亚热带天然常绿阔叶林（125～155 年）和针叶林（35 年），林地内土壤有机碳含量高，亚热带季风气候有利于土壤微生物将腐殖质分解转化为有机物，SON 占 TN 的比例较高。本研究中 3 个林地所处地理位置靠北，其气候条件导致有机物分解相对较慢，且由于成林时间短，氮积累总量较少，全氮量相对较低；此外，取样时间在 7 月，植被生长快，土壤中微生物活性相对较高，有利于土壤 SON 转化为无机氮或直接被吸收，因此本研究中土壤 SON 占 TSN 和 TN 的比例较低。

5.4.5.4　不同人工纯林土壤 SON 的含量及其影响因素

不同地区和林分土壤 SON 的含量及其占 TSN 含量的百分比不同。Chen 等（2005）研究发现澳大利亚亚热带地区 22 种森林 0～10cm 土层 SON 含量为 5～45mg/kg，平均占 TSN 的 39%，占 TN 的 2.3%；杨绒等（2007a）研究发现黄土区不同土壤类型 0～20cm 土层 SON 平均含量为 31.0mg/kg，占 TSN 的 44.36%，占 TN 的 2.03%。福建万木林自然保护区 3 种林分 0～20cm 土层 SON 平均含量为 74.77mg/kg，占 TSN 和 TN 的比例平均分别为 71.99%和 8.48%（张彪等，2010）。本研究中不同林分 0～20cm 土层 SON 含量为 14.39～16.71mg/kg，平均含量为 15.21mg/kg，占 TSN 的 52.68%，占 TN 的 4.62%，其含量较国内研究结果低，与北美针叶林地 0～20cm 土层 SON 含量（10～17mg/kg）接近（Kranabetter et al.，2007）。林地土壤 SON 与国内一些研究结果不一致，可能的原因如下。①土壤 SON 来源于土壤有机质、微生物及根系分泌物等（周建斌等，2005），人为增加土壤有机质（秸秆）含量显著增加了土壤特别是表层土壤 SON 的含量（杨绒等，2007b），本研究也表明 3 个林分土壤有机质与土壤各形态氮有很好的相关性（表 5-54），3 个林分树龄小，土壤表层有机质含量较低，影响了 SON 在土壤中的含量。②本研究 3 个林地土壤 pH 大于 8，属于偏碱性，土壤的全盐量与土壤 TN 及 SIN 呈显著负相关（$P<0.05$），与 SON 和 TSN 呈负相关（$P>0.05$）（表 5-54），即全盐量越高土壤氮含量越低。在盐碱化土壤中若有机质含量偏低，土壤微生物的总数较少（冯玉杰等，2007），这些因素可能制约了氮的转化，使土壤 SON 含量较其他非盐碱地土壤 SON 低。

表 5-54　土壤（0～40cm 土层）SON 与其他氮素形态及有机质和全盐量的相关关系

	SON	TSN	NH_4^+-N	NO_3^--N	SIN	TN	有机质	全盐量
SON	1							
TSN	0.940**	1						
NH_4^+-N	0.633**	0.816**	1					
NO_3^--N	0.576**	0.696**	0.371	1				
SIN	0.729**	0.918**	0.905**	0.730**	1			
TN	0.739**	0.644**	0.386	0.335	0.437*	1		
有机质	0.425*	0.464*	0.616**	−0.29	0.440*	0.326	1	
全盐量	−0.266	−0.378	−0.439*	−0.281	−0.451*	−0.405*	−0.213	1

*表示相关性在 0.05 水平上显著，**表示相关性在 0.01 水平上显著

土壤 SON 与土壤其他元素具有较好的相关性，对调节土壤养分具有重要作用。一些研究表明，土壤 SON 与土壤全氮、有机质、可溶性有机碳、微生物氮和无机氮含量相关性显著（杨绒等，2007a；Song et al.，2008）。王清奎等（2005）报道，杉木人工林土壤中 SON 含量与土壤全氮、全钾、铵态氮和速效钾均呈显著正相关。Zhong 和 Makeschin（2003）研究发现，林地土壤 SON 与 TSN 和微生物氮之间均有显著的相关性，但与无机氮之间无显著相关。本研究将不同林分土壤（0～40cm）作为整体，分析了土壤 SON、SIN 等与土壤不同形态氮养分及有机质

的相关性。由表 5-54 可知，土壤 SON 与 TSN、SIN、TN 呈极显著正相关（$P<0.01$），相关系数分别为 0.940、0.729、0.739，与土壤有机质呈显著正相关（$P<0.05$）；土壤 SIN 与 TSN 的相关系数为 0.918（$P<0.01$），与 TN 和有机质呈显著正相关（$P<0.05$），相关系数分别为 0.437 和 0.440。土壤 SON、SIN 与 TSN 的相关系数分别是 0.940 和 0.918，与 TN 的相关系数分别为 0.739 和 0.437，土壤 SON 与各土壤养分之间的相关程度高于 SIN 与土壤养分的相关程度，与其他学者的研究结果一致（张彪等，2010）。上述研究结果表明，土壤 SON 与土壤各形态氮及有机质关系密切，作为森林土壤氮的主要存在形式，SON 较 SIN 能更好地反映土壤对植被的供氮能力，在调节土壤养分和提供可利用氮等方面具有重要作用。

5.4.5.5 小结

3 个林分土壤 0～40cm 土层 SON 含量为 14.39～26.99mg/kg，差异显著（$P<0.05$），其中刺槐林土壤含量最高；刺槐林与杨树林 20～40cm 土层 SON 含量高于其在 0～20cm 土层中的含量，白蜡林与裸地中土壤 SON 含量则与之相反。

刺槐林、白蜡林和杨树林 3 种人工纯林 0～20cm 土壤可溶性有机氮含量占 TSN 的百分含量分别为 50.99%、47.06%和 59.99%，差异显著（$P<0.05$）；20～40cm 土层可溶性有机氮占 TSN 的百分比为 55.9%～59.01%。3 个林地及裸地 0～40cm 土层 SON 和 SIN 占 TSN 的平均百分比分别为 54.77%和 44.23%，占 TN 的百分含量分别为 3.10%～5.31%和 1.93%～5.73%，由此可见土壤中 SON 在 TSN 和 TN 中所占比例均高于无机氮，是土壤可溶性氮的主要组成部分。

土壤 SON 与各形态氮及有机质相关性显著，同时，其与各土壤养分之间的相关程度高于 SIN 与土壤养分的相关性，SON 可能比 SIN 能更好地反映土壤对植被的供氮能力。

综上所述，从林地土壤氮养分含量角度来看，刺槐林和杨树林较适合在黄河三角洲盐碱化程度较轻的生境生长。土壤可溶性有机氮与土壤 TSN、无机氮、全氮呈极显著相关（$P<0.01$），与土壤有机质呈显著相关（$P<0.05$），与土壤全盐量呈负相关，为进一步探讨黄河三角洲盐碱地不同林分土壤氮的来源及限制因素，应开展土壤盐碱化梯度、土壤微生物种类、酶活性及不同植被类型根系与氮转化间的相关关系等方面的研究，以期为该区域土壤氮变化规律及机制、植被生长及其对土壤的改良作用在养分供应方面提供依据。

主要参考文献

安韶山，黄懿梅，郑粉莉，等. 2005. 黄土丘陵区草地土壤脲酶活性特征及其与土壤性质的关系. 草地学报, 13(3): 233-237.

曹帮华, 吴丽云. 2008. 滨海盐碱地刺槐白蜡混交林土壤酶与养分相关性研究. 水土保持学报, 22(1): 128-133.
曹帮华, 吴丽云, 宋爱云, 等. 2008. 滨海盐碱地刺槐混交林土壤水盐动态. 生态学报, 28(3): 939-945.
曹成有, 朱丽辉, 蒋德明, 等. 2007. 科尔沁沙地不同人工植物群落对土壤养分和生物活性的影响. 水土保持学报, 21(1): 168-171.
曹建华, 宋林华, 姜光辉, 等. 2005. 路南石林地区土壤呼吸及稳定同位素日动态特征. 中国岩溶, 24(1): 23-27.
曹明奎, 于贵瑞, 刘纪远, 等. 2004. 陆地生态系统碳循环的多尺度试验观测和跨尺度机理模拟. 中国科学(D 辑), 34(增刊Ⅱ): 1-14.
常建国, 刘世荣, 史作民, 等. 2007. 北亚热带-南暖温带过渡区典型森林生态系统土壤呼吸及其分离. 生态学报, 27(5): 1791-1802.
陈立新. 2004. 落叶松人工林施肥对土壤酶和微生物的影响. 应用生态学报, 15(6): 1000-1004.
陈立新. 2005. 土壤实验实习教程. 哈尔滨: 东北林业大学出版社: 17-82.
陈全胜, 李凌浩, 韩兴国, 等. 2003. 水热条件对锡林河流域典型草原退化群落土壤呼吸的影响. 植物生态学报, 27(2): 202-209.
陈全胜, 李凌浩, 韩兴国, 等. 2004. 典型温带草原群落土壤呼吸温度敏感性与土壤水分的关系. 生态学报, 24(4): 831-836.
陈少雄, 王观明, 罗建中. 1995. 桉树幼林不同株行距配置抗台风效果的研究. 林业科学研究, 8(5): 582-585.
陈书涛, 胡正华, 张勇, 等. 2011. 陆地生态系统土壤呼吸时空变异的影响因素研究进展. 环境科学, 32(8): 2184-2191.
陈为峰, 周维芝, 史衍玺. 2003. 黄河三角洲湿地面临的问题及其保护. 农业环境科学学报, 22(4): 499-502.
陈伟, 姜中武, 胡艳丽, 等. 2008. 苹果园土壤微生物生态特征研究. 水土保持学报, 22(3): 168-171.
陈印平, 夏江宝, 曹建波, 等. 2013. 黄河三角洲盐碱地不同混交林土壤可溶性有机碳氮的研究. 水土保持通报, 33(5): 87-91.
陈印平, 夏江宝, 王进闯, 等. 2011. 黄河三角洲盐碱地人工林土壤可溶性有机氮含量及特性. 水土保持学报, 25(4): 121-124, 130.
陈佐忠, 汪诗平. 2000. 中国典型草原生态系统. 北京: 科学出版社: 125-156.
程滨, 赵永军, 张文广, 等. 2010. 生态化学计量学研究进展. 生态学报, 30(6): 1628-1637.
崔晓东, 侯龙鱼, 马风云, 等. 2007. 黄河三角洲不同土地利用方式土壤养分特征和酶活性及其相关性研究. 西北林学院学报, 22(4): 66-69.
代静玉, 秦淑平, 周江敏. 2004. 水杉凋落物分解过程中溶解性有机质的分组组成变化. 生态环境, 13(2): 207-210.
邓琦, 刘世忠, 刘菊秀, 等. 2007. 南亚热带森林凋落物对土壤呼吸的贡献及其影响因素. 地球科学进展, 22(9): 976-985.
丁访军, 高艳平, 吴鹏, 等. 2010. 喀斯特地区 3 种林型土壤呼吸及其影响因子. 水土保持学报, 24(3): 217-221.
丁玲玲, 祁彪, 尚占环, 等. 2007. 东祁连山不同高寒草地型土壤微生物数量分布特征研究. 农业环境科学学报, 26(6): 2104-2111.

丁秋祎, 白军红, 高海峰, 等. 2009. 黄河三角洲湿地不同植被群落下土壤养分含量特征. 农业环境科学学报, 28(10): 2092-2097.

董海凤, 杜震宇, 刘春生, 等. 2014. 黄河三角洲长期人工刺槐林对土壤化学性质的影响. 水土保持通报, 34(3): 55-60.

董海凤, 杜震宇, 马丙尧, 等. 2013. 黄河三角洲人工林地土壤的水盐动态变化. 水土保持学报, 27(5): 48-53.

董凯凯, 王惠, 杨丽原, 等. 2011. 人工恢复黄河三角洲湿地土壤碳氮含量变化特征. 生态学报, 31(16): 4778-4782.

董丽洁, 陆兆华, 贾琼, 等. 2010. 造纸废水灌溉对黄河三角洲盐碱地土壤酶活性的影响. 生态学报, 30(24): 6821-6827.

董晓霞, 王学君, 刘兆辉, 等. 2008. 盐碱土壤生物改良利用的研究进展. 土壤科学与资源可持续利用: 288-241.

杜伟文, 欧阳中万. 2005. 土壤酶研究进展. 湖南林业科技, 32(5): 76-82.

杜颖, 关德新, 殷红, 等. 2007. 长白山阔叶红松林的温度效应. 生态学杂志, 26(2): 787-792.

杜紫贤, 曾宏达, 黄向华, 等. 2010. 城市沿江芦苇湿地土壤呼吸动态及影响因子分析. 亚热带资源与环境学报, 5(3): 49-55.

冯玉杰, 张巍, 陈桥, 等. 2007. 松嫩平原盐碱化草原土壤理化特性及微生物结构分析. 土壤, 39(2): 301-305.

付刚, 刘增文, 崔芳芳. 2008. 黄土残塬沟壑区不同人工林土壤团粒分形维数与基本特性的关系. 西北农林科技大学学报(自然科学版), 36(9): 101-107.

高鹏, 李增嘉, 杨慧玲, 等. 2008. 渗灌与漫灌条件下果园土壤物理性质异质性及其分形特征. 水土保持学报, 22(2): 155-158.

高祥斌, 刘增文, 潘开文, 等. 2005. 岷江上游典型森林生态系统土壤酶活性初步研究. 西北林学院学报, 20(3): 1-5.

高艳鹏, 赵廷宁, 骆汉, 等. 2011. 黄土丘陵沟壑区人工刺槐林土壤水分物理性质. 东北林业大学学报, 39(2): 64-66, 71.

高志义. 1996. 水土保持林学. 北京: 中国林业出版社.

耿波远, 章申, 董云社, 等. 2001. 草原土壤的碳氮含量及其与温室气体通量的相关性. 地理学报, 56(1): 44-53.

耿玉清, 王冬梅. 2012. 土壤水解酶活性测定方法的研究进展. 中国生态农业学报, 20(4): 387-394.

关松荫. 1986. 土壤酶及其研究法. 北京: 农业出版社.

郭晓明, 赵同谦. 2010. 采煤沉陷区耕地土壤微生物数量及酶活性的空间特征. 环境工程学报, 4(12): 2837-2842.

韩广轩, 周广胜. 2009. 土壤呼吸作用时空动态变化及其影响机制研究与展望. 植物生态学报, 33(1): 197-205.

韩同吉, 裴胜民, 张光灿. 2005. 北方石质山区典型林分枯落物层涵蓄水分特征. 山东农业大学学报(自然科学版), 36(2): 275-278.

郝瑞军, 方海兰, 车玉萍. 2010. 上海典型植被群落土壤微生物生物量碳、呼吸强度及酶活性比较. 上海交通大学学报(农业科技版), 28(5): 442-448.

何斌, 温远光, 袁霞, 等. 2002. 广西英罗港不同红树植物群落土壤理化性质与酶活性的研究. 林业科学, 38(2): 21-26.

何寻阳, 苏以荣, 梁月明, 等. 2010. 喀斯特峰丛洼地不同退耕模式土壤微生物多样性. 应用生态学报, 21(2): 317-324.

何振立. 1994.土壤微生物量的测定方法: 现状和展望. 土壤学进展, 22(4): 37-44.

何振立. 1997. 土壤微生物量及其在养分循环和环境质量评价中的意义. 土壤, (2): 61-69.

贺金生, 韩兴国. 2010. 生态化学计量学: 探索从个体到生态系统的统一化理论. 植物生态学报, 34(1): 2-6.

侯琳, 雷瑞德, 王德祥, 等. 2006. 森林生态系统土壤呼吸研究进展. 土壤通报, 37(3): 589-594.

侯琳, 雷瑞德, 张硕新, 等. 2010. 秦岭火地塘林区油松林土壤呼吸时空变异. 生态学报, 30(19): 5225-5236.

胡凡根, 李志忠, 熊平生, 等. 2011. 赣南红壤地区马尾松林和草地土壤呼吸变化研究. 海南师范大学学报(自然科学版), 24(1): 101-107.

胡海波, 张金池, 高智慧, 等. 2001. 岩质海岸防护林土壤微生物数量及其与酶活性和理化性质的关系. 林业科学研究, 15(1): 88-95.

胡会峰, 刘国华. 2013. 人工油松林恢复过程中土壤理化性质及有机碳含量的变化特征. 生态学报, 33(4): 1212-1218.

胡君利, 林先贵, 伊瑜, 等. 2008. 浙江慈溪不同利用年限水稻土微生物生物量与酶活性比较. 生态学报, 28(4): 1552-1557.

黄湘, 李卫红, 陈亚宁, 等. 2007. 塔里木河下游荒漠河岸林群落土壤呼吸及其影响因子. 生态学报, 27(5): 1951-1959.

姜海燕, 赵雨森, 陈祥伟, 等. 2007. 大兴安岭岭南几种主要森林类型土壤水文功能研究. 水土保持学报, 21(3): 149-187.

姜艳, 王兵, 汪玉如, 等. 2010. 亚热带林分土壤呼吸及其与土壤温湿度关系的模型模拟. 应用生态学报, 21(7): 1641-1648.

姜艳, 王兵, 汪玉如. 2010. 江西大岗山毛竹林土壤呼吸时空变异及模型模拟. 南京农业大学学报(自然科学版), 34(6): 47-52.

蒋高明, 黄银晓. 1997. 北京山区辽东砾林土壤释放 CO_2 的模拟实验研究. 生态学报, 17(5): 477-482.

蒋丽芬, 石福臣. 2004. 东北地区落叶松人工林的根呼吸. 植物生理学通讯, 40(1): 27-30.

焦如珍, 杨承栋, 屠星南, 等. 1997. 杉木人工林不同发育阶段林下植被、土壤微生物、酶活性及养分的变化. 林业科学研究, 10(4): 373-379.

靳素英, 崔明学, 蔺继尚. 1996. 天津东郊盐碱土微生物分布及土壤酶活性. 应用生态学报, 7(增刊): 139-141.

康健, 孟宪法, 许妍妍, 等. 2012. 不同植被类型对滨海盐碱土壤有机碳库的影响. 土壤, 44(2): 260-266.

柯立, 杨佳, 余鑫, 等. 2014. 北亚热带常绿阔叶林三优势树种叶水平碳氮磷化学计量及季节变化特征. 土壤通报, 45(5): 1170-1174.

孔雨光, 王因花, 张金池, 等. 2010. 苏北泥质海岸水杉林地土壤的异养呼吸. 南京林业大学学报(自然科学版), 34(1): 15-18.

李宝福, 张金文, 赖彦斌, 等. 1999. 巨尾桉根际与非根际土壤酶活性的研究. 福建林业科技,

26(增刊): 13-16.
李传荣, 许景伟, 宋海燕, 等. 2006. 黄河三角洲滩地不同造林模式的土壤酶活性. 植物生态学报, 30(5): 802-809.
李春艳, 李传荣, 许景伟, 等. 2007. 泥质海岸防护林土壤微生物、酶与土壤养分的研究. 水土保持学报, 21(1): 156-159.
李国旗, 安树青, 张纪林, 等. 1999. 海岸带防护林 4 种树木的风压应力分析. 南京林业大学学报, (4): 76-80.
李江遐, 张军, 谷勋刚, 等. 2010. 尾矿区土壤重金属污染对土壤酶活性的影响. 土壤通报, 41(6): 1476-1478.
李娟, 孙会民, 周朝彬, 等. 2011. 准格尔盆地南缘两种土地利用方式土壤呼吸特征. 西北农业学报, 20(1): 184-189.
李玲, 仇少君, 陈印平, 等. 2014. 黄河三角洲区土壤活性氮对盐分含量的响应. 环境科学, 35(6): 2358-2364.
李玲, 肖和艾, 苏以荣, 等. 2008. 土地利用对亚热带红壤区典型景观单元土壤溶解性有机碳含量的影响. 中国农业科学, 41(1): 122-128.
李玲, 赵西梅, 孙景宽, 等. 2013. 造纸废水灌溉对盐碱芦苇湿地土壤活性氮的影响. 土壤通报, 44(2): 450-454.
李玲, 朱捍华, 苏以荣, 等. 2009. 稻草还田和易地还土对红壤丘陵农田土壤有机碳及其活性组分的影响. 中国农业科学, 42(2): 926-933.
李庆梅, 侯龙鱼, 刘艳, 等. 2009. 黄河三角洲盐碱地不同利用方式土壤理化性质. 中国生态农业学报, 17(6): 1132-1136.
李世昌, 刘梅娟, 卢凤勇, 等. 1983. 栽参对土壤微生物生态及土壤酶活性的影响. 生态学报, 3(1): 29-34.
李淑芬, 俞元春, 何晟. 2003. 南方森林土壤溶解有机碳与土壤因子的关系. 浙江林学院学报, 20(10): 119-123.
李学斌, 马林, 谢应忠, 等. 2010. 草地枯落物分解研究进展及展望. 生态环境学报, 19(9): 2260-2264.
李学斌, 马林, 杨新国, 等. 2011. 荒漠草原典型植物群落枯落物生态水文功能. 生态环境学报, 20(5): 834-838.
李延茂, 胡江春, 汪思龙, 等. 2004. 森林生态系统中土壤微生物的作用与应用. 应用生态学报, 15(10): 1943-1946.
李颖, 钟章成. 2006. 不同土壤天南竹系统的土壤酶活性分异. 武汉植物学研究, 24(2): 144-148.
李玉强, 赵哈林, 李玉霖, 等. 2008. 沙地土壤呼吸观测与测定方法比较. 干旱区地理, 31(5): 680-686.
李兆富, 吕宪国, 杨青. 2002. 湿地土壤 CO_2 通量研究进展. 生态学杂志, 21(6): 47-50.
李志建, 倪恒, 周爱国. 2004. 额济纳旗盆地土壤过氧化氢酶活性的垂向变化研究. 干旱区自然与环境, 18(1): 86-89.
李志杰, 孙文彦, 马卫萍, 等. 2010. 盐碱土改良技术回顾与展望. 山东农业科学, (2): 73-77.
廖福霖, 陈光水, 谢锦升, 等. 2000. 栽杉留阔模式群落结构和多样性研究. 福建林学院学报, 20(4): 329-333.
林波, 刘庆, 吴彦, 等. 2004. 森林凋落物研究进展. 生态学杂志, 23(1): 60-64.
林启美. 1999. 土壤微生物生物量测定的简单方法——精氨酸氨化分析. 生态学报, 19(1): 80-83.

刘聪, 朱教君, 吴祥云, 等. 2011. 辽东山区次生林不同大小林窗土壤养分特征. 东北林业大学学报, 39(1): 79-81.
刘福德, 孔令刚, 安树青, 等. 2008. 连作杨树人工林不同生长阶段林地内土壤微生态环境特征. 水土保持学报, 22(2): 121-125.
刘惠, 赵平. 2008. 华南丘陵区典型土地利用类型土壤呼吸日变化. 生态环境, 17(1): 249-255.
刘建军, 王德祥, 雷瑞德, 等. 2003. 秦岭天然油松、锐齿栎林地土壤呼吸与CO_2释放. 林业科学, 39(2): 8-13.
刘娜娜, 赵世伟, 王恒俊. 2006. 黄土丘陵沟壑区人工柠条林土壤水分物理性质变化研究. 水土保持通报, 26(3): 15-17.
刘强, 彭少麟, 毕华, 等. 2005. 热带亚热带森林凋落物交互分解的养分动态. 北京林业大学学报, 27(1): 24-32.
刘尚华, 吕世海, 冯朝阳, 等. 2008. 京西百花山区六种植物群落凋落物及土壤呼吸特性研究. 中国草业学报, 30(1): 78-86.
刘绍辉, 方精云. 1997. 土壤呼吸的影响因素及全球尺度下温度的影响. 生态学报, 17(5): 469-476.
刘绍辉, 方精云, 清田信. 1998. 北京山地温带森林土壤呼吸研究. 植物生态学报, 22(2): 119-126.
刘世亮, 骆永明, 丁克强, 等. 2007. 黑麦草对苯并[a]芘污染土壤的根际修复及其酶学机理研究. 农业环境科学学报, 26(2): 526-532.
刘霞, 张光灿, 李雪蕾, 等. 2004. 小流域生态修复过程中不同森林植被土壤入渗与贮水特征. 水土保持学报, 2(2): 111-115.
刘兴华, 陈为峰, 段存国, 等. 2013. 黄河三角洲未利用地开发对植物与土壤碳氮磷化学计量特征的影响. 水土保持学报, 27(2): 204-208.
刘旭辉, 张康, 潘振兴, 等. 2010. 不同植被对石漠化地区土壤脲酶活性的影响. 天津农业科学, 16(5): 1-5.
刘艳, 周国逸, 刘菊秀. 2005. 陆地生态系统可溶性有机氮研究进展. 生态学杂志, 24(5): 573-577.
刘颖, 韩士杰, 胡艳玲, 等. 2005. 土壤温度和湿度对长白松林土壤呼吸速率的影响. 应用生态学报, 16(9): 1581-1585.
刘振花, 陈立新, 王琳琳. 2009. 红松阔叶混交林不同演替阶段土壤活性有机碳的研究. 土壤通报, 40(5): 1098-1103.
刘忠宽, 韩建国, 陈佐忠. 2005. 内蒙古温带典型草原植物凋落物和根系的分解及养分动态的研究. 草业学报, 14(1): 24-30.
柳敏, 宇万太, 姜子绍, 等. 2007. 土壤溶解性有机碳(DOC)的影响因子及生态效应. 土壤通报, 38(4): 758-764.
龙健, 李娟, 腾应, 等. 2003. 贵州高原喀斯特环境盐碱化过程中土壤质量的生物学特性研究. 水土保持学报, 17(2): 47-50.
卢红玲, 李世清, 金发会, 等. 2008. 可溶性有机氮在评价土壤供氮能力中的作用与效果. 中国农业科学, 41(4): 1073-1082.
鲁如坤. 2000. 土壤农业化学分析方法. 北京: 中国农业科技出版社: 147-211.
路浩, 王海泽. 2004. 盐碱土治理利用研究进展. 现代化农业, (8): 10-12.

吕桂芬, 吴永胜, 李浩, 等. 2010. 荒漠草原不同退化阶段土壤微生物、土壤养分及酶活性的研究. 中国沙漠, 30(1): 104-109.
吕海燕, 李玉灵, 孟平, 等. 2011. 华北南部低丘山地刺槐林地非主要生长季土壤微生物的呼吸特征. 中国农业气象, 32(2): 174-178.
吕学军, 刘庆, 陈印平, 等. 2011. 黄河三角洲土地利用方式对土壤可溶性有机碳、氮的影响. 农业现代化研究, 32(4): 505-508.
栾军伟. 2010. 暖温带锐齿栎林土壤呼吸时空变异及其调控机理. 北京: 中国林业科学研究院博士学位论文.
栾军伟, 向成华, 骆宗诗, 等. 2006. 森林土壤呼吸研究进展. 应用生态学报, 17(12): 2451-2456.
罗辑, 杨忠, 杨清伟. 2000. 贡嘎山东坡峨眉冷杉林区土壤 CO_2 排放. 土壤学报, 37(3): 402-409.
罗璐, 申国珍, 谢宗强, 等. 2011. 神农架海拔梯度上 4 种典型森林的土壤呼吸组分及其对温度的敏感性. 植物生态学报, 35(7): 722-730.
罗歆, 代数, 何丙辉, 等. 2011. 缙云山不同植被类型林下土壤养分含量及物理性质研究. 水土保持学报, 25(1): 64-69.
骆洪义, 丁方军. 1995. 土壤学实验. 成都: 成都科技大学出版社: 35-89, 63-68, 97-154.
骆士寿, 陈步峰, 李意德, 等. 2001. 海南岛尖峰岭热带山地雨林土壤和凋落物土壤呼吸研究. 生态学报, 21(12): 2013-2017.
雒守华, 胡庭兴, 张健, 等. 2010. 华西雨屏区光皮桦林土壤呼吸对模拟氮沉降的响应. 农业环境科学学报, 29(9): 1834-1839.
马冬云, 郭天财, 查菲娜, 等. 2008. 不同种植密度对小麦根际土壤微生物数量及土壤酶活性的影响. 华北农学报, 23(3): 154-157.
马风云, 白世红, 侯本栋, 等. 2010. 黄河三角洲退化人工刺槐林地土壤特征. 中国水土保持科学, 8(2): 74-79.
马洪英, 张远芳, 张晓磊, 等. 2011. 运用隶属函数综合评价七份番茄种质资源. 北方园艺, (1): 13-15.
孟春, 王立海, 沈微. 2011. 小兴安岭针阔混交林择伐 6a 后林地土壤呼吸速率空间变异性. 东北林业大学学报, 39(3): 72-75.
孟好军, 刘贤德, 金铭, 等. 2007. 祁连山不同森林植被类型对土壤微生物影响的研究. 土壤通报, 38(6): 1127-1130.
孟立君, 吴凤芝. 2004. 土壤酶研究进展. 东北农业大学学报, 35(5): 622-626.
穆从如, 杨林生, 王景华, 等. 2000. 黄河三角洲湿地生态系统的形成及其保护. 应用生态学报, 11(1): 123-126.
聂明华, 刘敏, 侯立军, 等. 2011. 长江口潮滩土壤呼吸季节变化及其影响因素. 环境科学学报, 31(4): 824-831.
牛丽丽, 杨晓晖. 2007. 四合木群丛分布区的植物物种多样性研究. 水土保持研究, 14(5): 58-62.
潘丹丹, 艾应伟, 张志卿, 等. 2013. 四川丘陵区典型边坡土壤酶活性的季节动态. 水土保持通报, 33(1): 111-114.
彭家中, 常宗强, 冯起. 2005. 温度和土壤水分对祁连山青海云杉林土壤呼吸的影响. 干旱区资源与环境, 20(3): 15-158.
齐清, 李传荣, 许景伟, 等. 2005. 沙质海岸不同防护林类型土壤水源涵养功能的研究. 水土保持学报, 19(6): 102-105.

齐志勇, 王宏燕, 王江丽, 等. 2003. 陆地生态系统土壤呼吸的研究进展. 农业系统科学与综合研究, 19(2): 116-119.

秦娟, 上官周平. 2012a. 白榆/刺槐不同林型生长季土壤呼吸速率的变化特征. 西北农林科技大学学报(自然科学版), 40(6): 91-98.

秦娟, 上官周平. 2012b. 白榆-刺槐互作条件下叶片养分与光合生理特性. 生态科学, 31(2): 121-126.

邱莉萍, 刘军, 王义权, 等. 2005. 长期施肥土壤中酶活性的剖面分布及其动力学特征研究. 植物营养与肥料学报, 11(6): 737-741.

邱莉萍, 张兴昌, 程积民. 2007. 坡向坡位和撂荒地对云雾山草地土壤酶活性的影响. 草业学报, 16(1): 87-93.

任书杰, 于贵瑞, 陶波, 等. 2007. 中国东部南北样带 654 种植物叶片氮和磷的化学计量学特征研究. 环境科学, 28(12): 2665-2673.

任文玲, 侯颖, 杨淑慧, 等. 2011. 崇明岛新围垦区不同土地利用条件下的土壤呼吸研究. 生态环境学报, 20(1): 97-101.

阮林. 2008. 徐州云龙山植物群落与土壤理化性质相关分析. 南京: 南京林业大学硕士学位论文.

商素云, 姜培坤, 宋照亮, 等. 2013. 亚热带不同林分土壤表层有机碳组成及其稳定性. 生态学报, 33(2): 416-424.

沈萍, 范秀容, 李广武. 2007. 微生物学实验(第 4 版). 北京: 高等教育出版社: 50-74.

石永红, 万里强, 刘建宁, 等. 2010. 多年生黑麦草抗旱性主成分及隶属函数分析. 草地学报, 18(5): 669-672.

宋海燕, 李传荣, 许景伟. 2007. 滨海盐碱地枣园土壤酶活性与土壤养分、微生物的关系. 林业科学, 43(1): 28-32.

孙权, 陈茹, 宋乃平, 等. 2010. 宁南黄土丘陵区马铃薯连作土壤养分、酶活性和微生物区系的演变. 水土保持学报, 6(24): 208-212.

孙文娟, 黄耀, 陈书涛, 等. 2004. 作物生长和氮含量对土壤-作物系统 CO_2 排放的影响. 环境科学, 25(3): 1-6.

孙文义, 郭胜利. 2010. 天然次生林与人工林对黄土丘陵沟壑区深层土壤有机碳氮的影响. 生态学报, 30(10): 2611-2620.

孙秀山, 封海胜, 万书波, 等. 2001. 连作花生田主要微生物类群与土壤酶活性变化及其交互作用. 作物学报, 27(5): 617-621.

覃勇荣, 曾艳兰, 蒋光敏, 等. 2008. 不同植被恢复模式凋落物水分涵养能力比较研究——以桂西北喀斯特石漠化地区为例. 中国农学通报, 24(10): 179-184.

汤洁, 韩维峥, 李娜, 等. 2010. 吉林西部草地生态系统不同退化演替阶段土壤有机碳变化研究. 生态环境学报, 19(5): 1182-1185.

唐洁, 李志辉, 汤玉喜, 等. 2011. 洞庭湖滩地土壤微生物与土壤呼吸特征分析. 中南林业科技大学学报, 31(4): 20-24.

唐丽霞, 喻理飞, 綦山丁, 等. 2007. 不同经营类型低效林分物种多样性分析. 水土保持研究, 14(2): 221-223.

唐艳, 杨林林, 叶家颖. 1999. 银杏园土壤酶活性与土壤肥力的关系研究. 广西植物, 19(3): 277-281.

唐燕飞. 2006. 下蜀次生栎林和人工火炬松林土壤呼吸动态变化研究. 南京: 南京林业大学硕士学位论文.

陶水龙, 林启美, 赵小蓉. 1998. 土壤微生物量研究方法进展. 土壤肥料, (5): 15-18.

陶冶, 张元明. 2015. 古尔班通古特沙漠 4 种草本植物叶片与土壤的化学计量特征. 应用生态学报, 26(3): 659-665.

陶冶, 张元明, 周晓兵. 2016. 伊犁野果林浅层土壤养分生态化学计量特征及其影响因素. 应用生态学报, 27(7): 2239-2248.

万忠梅, 吴景贵. 2005. 土壤酶活性影响因子研究进展. 西北农林科技大学学报(自然科学版), 33(6): 87-92.

王兵, 姜艳, 郭浩, 等. 2011. 土壤呼吸及其三个生物学过程研究. 土壤通报, 42(2): 483-490.

王兵, 刘国彬, 薛萐, 等. 2009. 黄土丘陵区撂荒对土壤酶活性的影响. 草地学报, 17(3): 282-287.

王兵, 刘国彬, 薛萐. 2010. 退耕地养分和微生物量对土壤酶活性的影响. 中国环境科学, 30(10): 1375-1382.

王波, 邓艳萍, 肖新, 等. 2009. 不同节水稻作模式对土壤理化特性和土壤酶活性影响研究. 水土保持学报, 23(5): 219-222.

王成秋, 王树良, 杨剑虹, 等. 1999. 紫色土柑橘园土壤酶活性及其影响因素研究. 中国南方果树, 28(5): 7-10.

王传华, 陈芳清, 王愿, 等. 2011. 鄂东南低丘马尾松林和枫香林土壤异养呼吸及温湿度敏感性. 应用生态学报, 22(3): 600-606.

王凤文, 杨书云, 徐小牛, 等. 2010. 北亚热带两种森林类型的土壤呼吸研究. 亚热带植物科学, 39(3): 4-7.

王光军, 田大伦, 闫文德, 等. 2009a. 改变凋落物输入对杉木人工林土壤呼吸的短期影响. 植物生态学报, 33(4): 739-747.

王光军, 田大伦, 闫文德, 等. 2009b. 马尾松林土壤呼吸对去除和添加凋落物处理的影响. 林业科学, 45(1): 27-30.

王光军, 田大伦, 朱凡, 等. 2008. 枫香(*Liquidambar formosana*)和樟树(*Cinnamomum camphora*)人工林土壤呼吸及其影响因子的比较. 生态学报, 28(9): 4107-4114.

王国兵, 唐燕飞, 阮宏华, 等. 2009. 次生栎林与火炬松人工林土壤呼吸的季节变异及其主要影响因子. 生态学报, 29(2): 966-975.

王国梁, 刘国彬, 党小虎. 2009. 黄土丘陵区不同土地利用方式对土壤含水率的影响. 农业工程学报, 25(2): 31-35.

王涵, 王果, 林清强, 等. 2009. Cu Cd Pb Zn 对酸性耕作土壤 3 种酶活性的影响. 农业环境科学学报, 28(7): 1427-1433.

王建林, 钟志明, 王忠红, 等. 2014. 青藏高原高寒草原生态系统土壤碳磷比的分布特征. 草业学报, 23(2): 9-19.

王丽, 刘霞, 张光灿, 等. 2007. 鲁中山区采取不同生态修复措施时的土壤粒径分形与空隙结构特征. 中国水土保持科学, 5(2): 73-80.

王淼, 姬兰柱, 李秋荣, 等. 2003. 土壤温度和水分对长白山不同森林类型土壤呼吸研究. 应用生态学报, 14(8): 1234-1238.

王墨浪, 晋艳, 杨宇虹, 等. 2010. 不同土壤类型饼肥矿化过程中土壤酶活性及理化指标的变化.

中国烟草学报, 16(5): 60-64.
王清奎, 汪思龙, 冯宗炜. 2005. 杉木人工林土壤可溶性有机质及其与土壤养分的关系. 生态学报, 25(6): 1299-1305.
王群, 夏江宝, 张金池, 等. 2012. 黄河三角洲退化刺槐林地不同改造模式下土壤酶活性及养分特征. 水土保持学报, 26(4): 133-137.
王树森, 余新晓, 班嘉蔚, 等. 2006. 华北土石山区天然森林植被演替中群落结构和物种多样性变化的研究. 水土保持研究, 13(6): 48-50.
王娓, 郭继勋, 张宝田. 2003. 东北松嫩草地羊草群落环境因素与凋落物分解季节动态. 草业学报, 12(1): 47-52.
王贤荣, 闫道良, 伊贤贵. 2006. 钟花樱群落结构特征与物种多样性研究. 西南林学院学报, 26(4): 92-96.
王艳芬, 纪宝明, 陈佐忠, 等. 2000. 锡林河流域放牧条件下 CH_4 通量研究结果初报. 植物生态学报, 24(6): 693-696.
魏强, 张秋良, 代海燕, 等. 2008a. 大青山不同林地类型土壤特性及其水源涵养功能. 水土保持学报, 22(2): 111-115.
魏强, 张秋良, 代海燕, 等. 2008b. 大青山不同植被下的地表径流和土壤侵蚀. 北京林业大学学报, 30(5): 111-117.
魏兴琥, 杨萍, 董光荣. 2004. 西藏"一江两河"中部地区的农业发展与农田沙漠化. 中国沙漠, 24(2): 196-200.
温远光, 李信贤, 和太平, 等. 2000. 广西沿海防护林生物多样性保育功能的研究. 防护林科技, (1): 1-4.
夏江宝, 陆兆华, 高鹏, 等. 2009. 黄河三角洲滩地不同植被类型的土壤贮水功能. 水土保持学报, 23(5): 72-75.
夏江宝, 曲志远, 朱玮, 等. 2005. 鲁中山区不同人工林土壤水分特征. 水土保持学报, 19(6): 45-50.
夏江宝, 许景伟, 李传荣, 等. 2008. 胶南市海防林不同植被梯度带物种多样性分析. 水土保持研究, 15(6): 108-111.
夏江宝, 许景伟, 李传荣, 等. 2010. 黄河三角洲退化刺槐林地的土壤水分生态特征. 水土保持通报, 30(6): 75-80.
夏江宝, 许景伟, 李传荣, 等. 2011. 黄河三角洲盐碱地道路防护林对土壤的改良效应. 水土保持学报, 25(6): 72-75, 91.
夏江宝, 许景伟, 李传荣, 等. 2012. 黄河三角洲低质低效人工刺槐林分类与评价. 水土保持通报, 32(1): 217-221.
夏江宝, 许景伟, 陆兆华, 等. 2009a. 黄河三角洲滩地不同防护林类型改良土壤效应研究. 水土保持学报, 23(2): 148-152.
夏江宝, 许景伟, 陆兆华, 等. 2009b. 黄河三角洲滩地不同植被类型的土壤贮水功能. 水土保持学报, 23(5): 79-83.
夏江宝, 杨吉华, 李红云, 等. 2004. 山地森林保育土壤的生态功能及其经济价值研究——以山东省济南市南部山区为例. 水土保持学报, 18(2): 97-100.
肖复明, 范少辉, 汪思龙, 等. 2009. 湖南会同毛竹林土壤碳循环特征. 林业科学, 45(6): 11-15.
肖复明, 张群, 范少辉. 2006. 中国森林生态系统碳平衡研究. 世界林业研究, 19(1): 53-57.

熊浩仲, 王开运, 杨万勤. 2004. 川西亚高山冷杉和白桦林土壤酶活性季节动态. 应用与环境生物学报, 10(4): 416-420.

徐秋芳, 姜培坤. 2000. 有机肥对毛竹林间及根区土壤生物化学性质的影响. 浙江林学院学报, 17(4): 364-368.

许光辉, 郑洪元. 1983. 土壤微生物分析方法手册. 北京: 农业出版社.

许景伟, 李传荣, 夏江宝, 等. 2009. 黄河三角洲滩地不同林分类型的土壤水文特性. 水土保持学报, 23(1): 173-176.

许景伟, 王卫东, 李成. 2000. 不同类型黑松混交林土壤微生物、酶及其与土壤养分关系研究. 北京林业大学学报, 22(1): 51-55.

薛冬, 姚槐应, 何振立, 等. 2005. 红壤酶活性与肥力的关系. 应用生态学报, 16(8): 1455-1458.

闫美芳, 张新时, 周广胜, 等. 2010. 不同树龄杨树人工林的根系呼吸季节动态. 生态学报, 30(13): 3449-3456.

杨吉华, 张永涛, 李红云. 2003. 不同林分枯落物的持水性能及对表层土壤理化性状的影响. 水土保持学报, 17(2): 141-144.

杨继松, 刘景双, 孙丽娜. 2008. 三江平原草甸湿地土壤呼吸和枯落物分解的 CO_2 释放. 生态学报, 28(2): 805-810.

杨晶, 黄建辉, 詹学明, 等. 2004. 农牧交错区不同植物群落土壤呼吸的日动态观测与测定方法比较. 植物生态学报, 28(3): 318-325.

杨靖春, 倪平, 祖元刚, 等. 1989. 东北羊草草原土壤微生物呼吸速率的研究. 生态学报, 9(2): 139-143.

杨平, 杜宝华. 1996. 国外土壤呼吸释放问题的研究动态. 中国农业气象, 17(1): 48-50.

杨绒, 严德翼, 周建斌, 等. 2007a. 黄土区不同类型土壤可溶性有机氮的含量及特性. 生态学报, 27(4): 1398-1403.

杨绒, 周建斌, 赵满兴. 2007b. 土壤中可溶性有机氮含量及其影响因素研究. 土壤通报, 38(1): 15-18.

杨涛, 徐慧, 方德华, 等. 2006. 樟子松林下土壤养分、微生物及酶活性的研究. 土壤通报, 37(2): 253-257.

杨涛, 徐慧, 李慧, 等. 2005. 樟子松人工林土壤养分、微生物及酶活性的研究. 水土保持学报, 19(3): 50-53.

杨万勤, 王开运. 2004. 森林土壤酶的研究进展. 林业科学, 40(2): 152-159.

杨玉盛, 李振问, 俞新妥, 等. 1994. 杉木林替代阔叶林后土壤肥力的变化. 植物生态学报, 18(3): 236-242.

于乃胜, 李传荣, 许景伟, 等. 2009. 黄河下游滩地杨树人工林林下土壤水源涵养功能研究. 水土保持学报, 23(2): 61-65.

俞仁培, 陈德明. 1999. 我国盐渍土资源及其开发利用. 土壤通报, 30(4): 158-159.

俞新妥, 张其水. 1989. 水杉木连栽林地混交林土壤酶的分布特征的研究. 福建林学院学报, 9(3): 256-262.

宇万太, 马强, 沈善敏, 等. 2010. 下辽河平原不同生态系统土壤呼吸动态变化. 干旱地区农业研究, 28(1): 122-128.

曾全超, 李鑫, 董扬红, 等. 2015. 陕北黄土高原土壤性质及其生态化学计量的纬度变化特征. 自然资源学报, 30(5): 870-879.

曾昭海, 胡跃高, 陈文新, 等. 2006. 共生固氮在农牧业上的作用及影响因素研究进展. 中国生态农业学报, 14(4): 21-24.
张彪, 高人, 杨玉盛, 等. 2010. 万木林自然保护区不同林分土壤可溶性有机氮含量. 应用生态学报, 21(7): 1635-1640.
张冰, 董守坤, 孙聪姝, 等. 2010. 不同耕作措施对土壤水解酶活性的影响. 黑龙江农业科学, (11): 27-29.
张超, 刘国彬, 薛萐, 等. 2010. 黄土丘陵区不同林龄人工刺槐林土壤酶演变特征. 林业科学, 46(12): 23-29.
张鼎华, 陈由强. 1987. 森林土壤酶与土壤肥力. 林业科技通讯, (4): 1-3.
张东来, 毛子军, 张玲, 等. 2006. 森林凋落物分解过程中酶活性研究进展. 林业科学, 42(1): 105-109.
张东秋, 石培礼, 张宪洲. 2005. 土壤呼吸主要影响因素研究进展. 地球科学进展, 20(7): 778-785.
张鸽香, 徐娇, 王国兵, 等. 2011. 城市 3 种类型人工林土壤的呼吸动态特征. 南京林业大学学报(自然科学版), 35(3): 43-48.
张华, 张甘霖. 2001. 土壤质量指标和评价方法. 土壤, (6): 326-333.
张慧东, 周梅, 赵鹏武, 等. 2008. 寒温带兴安落叶松林土壤呼吸特征. 林业科学, 44(9): 142-145.
张建锋, 邢尚军. 2009. 环境胁迫下刺槐人工林地土壤退化特征研究. 土壤通报, 40(5): 1086-1091.
张剑锋, 闫文德, 田大伦, 等. 2007. 杉木人工林土壤呼吸日变化及其影响因素分析. 中南林业科技大学学报, 27(2): 13-16.
张金霞, 曹广鸣, 周党卫, 等. 2001. 退化草地暗沃寒冻雏形土 CO_2 释放的日变化和季节变化动态. 土壤学报, 38(1): 31-40.
张军辉, 韩士杰, 孙晓敏, 等. 2004. 冬季强风条件下森林冠层/大气界面开路涡动相关 CO_2 净交换通量的 UU_* 修正. 中国科学 D 辑: 地球科学, 34(增刊 II): 77-83.
张俊华, 李国栋, 南忠仁. 2012. 黑河中游典型土地利用方式下土壤粒径分布及与有机碳的关系. 生态学报, 32(12): 3745-3753.
张珂, 苏永中, 王婷, 等. 2016. 荒漠绿洲区不同种植年限人工梭梭林土壤化学计量特征. 生态学报, 36(11): 3235-3243.
张雷燕, 刘常富, 王彦辉, 等. 2007. 宁夏六盘山地区不同森林类型土壤的蓄水和渗透能力比较. 水土保持学报, 21(1): 95-98.
张凌云. 2007. 黄河三角洲地区盐碱地主要改良措施分析. 安徽农业科学, 35(17): 5266-5309.
张刘东. 2012. 不同树种造林对破坏山体土壤质量的影响——以淄博市四宝山为例. 泰安: 山东农业大学硕士学位论文.
张刘东, 李传荣, 孙明高. 2011. 沿海破坏山体周边不同植被恢复模式的土壤酶活性. 水土保持学报, 25(5): 112-116.
张猛, 张健. 2003. 林地土壤微生物、酶活性研究进展. 四川农业大学学报, 21(4): 347-351.
张淑香, 高子勤. 2000. 连作障碍与根际微生态研究 II. 根系分泌物与酚酸物质. 应用生态学报, 11(1): 152-156.
张文丽, 刘菊, 王建柱, 等. 2010. 三峡库区不同林龄人工橘林土壤异养呼吸及其温度敏感性. 植物生态学报, 34(11): 1265-1273.

张艳, 姜培坤, 许开平, 等. 2011. 集约经营雷竹林土壤呼吸年动态变化规律及其影响因子. 林业科学, 47(6): 17-22.

张焱华, 吴敏, 何鹏, 等. 2007. 土壤酶活性与土壤肥力关系的研究进展. 安徽农业科学, 35(34): 11139-11142.

张一平, 赵双菊, 窦军霞, 等. 2004. 西双版纳热带季节雨林热力效应时空分布特征初探. 北京林业大学学报, 26(4): 1-7.

张义辉, 李红建, 荣燕美, 等. 2010. 太原盆地土壤呼吸的空间异质性. 生态学报, 30(23): 6606-6612.

张银龙, 林鹏. 1999. 秋茄红树林土壤酶活性时空动态. 厦门大学学报(自然科学版), 38(1): 129-136.

张咏梅, 周国逸, 吴宁, 等. 2004. 土壤酶学的研究进展. 热带亚热带植物学报, 12(1): 83-90.

张振华, 严少华, 胡永红. 1996. 覆盖对滨海盐化土水盐运动和大麦产量影响的研究. 土壤通报, 27(3): 136-138.

赵可夫, 冯立田. 1993. 中国盐生植物资源. 北京: 科学出版社.

赵林森, 王九龄. 1995. 杨槐混交林生长及土壤酶与肥力的相互关系. 北京林业大学学报, 17(4): 1-8.

赵满兴, Kalbitz K, 周建斌. 2008. 黄土区几种土壤培养过程中可溶性有机氮的变化及其与土壤氮矿化的关系. 水土保持学报, 22(4): 221-721.

郑凤英, 罗伟雄, 李乐, 等. 2008. 威海市区黑松沿海防护林土壤养分和微生物的研究. 生态环境, 17(4): 1590-1594.

郑文教, 王良睦, 林鹏. 1995. 福建和溪亚热带雨林土壤活性的研究. 生态学杂志, 14(2): 16-20.

周存宇. 2003. 凋落物在森林生态系统中的作用及其研究进展. 湖北农学院学报, 23(2): 140-145.

周存宇, 周国逸, 王迎红, 等. 2005. 鼎湖山针阔叶混交林土壤呼吸的研究. 北京林业大学学报, 27(4): 23-27.

周国英, 陈小艳, 李倩茹. 2001. 油茶林土壤微生物生态分布及土壤酶活性的研究. 经济林研究, 19(1): 9-12.

周洪华, 李卫红, 杨余辉, 等. 2011. 干旱区不同土地利用方式下土壤呼吸日变化差异及影响因素. 地理科学, 31(2): 190-196.

周建斌, 陈竹君, 郑险峰. 2005. 土壤可溶性有机氮及其在氮素供应及转化中的作用. 土壤通报, 36(2): 244-248.

周礼恺. 1980. 土壤的酶活性. 土壤学进展, (4): 9-15.

周礼恺. 1989. 土壤酶学. 北京: 科学出版社.

周礼恺, 张志明, 曹承绵. 1983. 土壤酶活性总体在评价土壤肥力水平中的作用. 土壤学报, 20(4): 413-417.

周礼恺, 张志明, 陈恩凤. 1981. 黑土的酶活性. 土壤学报, 18(2): 158-166.

周文嘉, 石兆勇, 王娓. 2011. 中国东部亚热带森林土壤呼吸的时空格局. 植物生态学报, 35(7): 731-740.

周玉荣, 于振良, 赵士洞. 2000. 我国主要森林生态系统碳贮量和碳平衡. 植物生态学报, 24(5): 518-522.

周正朝, 上官周平. 2009. 黄土高原人工刺槐林土壤呼吸及其土壤因子的关系. 生态环境学报, 18(1): 280-285.

周正虎, 王传宽, 张全智. 2015. 土地利用变化对东北温带幼龄林土壤碳氮磷含量及其化学计量特征的影响. 生态学报, 35(20): 6694-6702.

朱凡, 王光军, 田大伦, 等. 2010. 杉木人工林去除根系土壤呼吸的季节变化及影响因子. 生态学报, 30(9): 2499-2506.

朱秋莲, 邢肖毅, 张宏, 等. 2013. 黄土丘陵沟壑区不同植被区土壤生态化学计量特征. 生态学报, 33(15): 4674-4682.

Anarey H. 2002. Annual variation in soil respiration and its components in a coppice oak forest in central Italy. Global Change Biology, 8: 851-866.

Anderson V R, Coleman D C, Cole C V. 1981. Effects of saprotrophic grazing on net mineralization. Ecological Bulletins (Stockholm), 33: 201-216.

Arai H, Tokuchi N. 2010. Soil organic carbon accumulation following afforestation in a Japanese coniferous plantation based on particle-size fractionation and stable isotope analysis. Geoderma, 159(3-4): 425-430.

Ashagrie Y, Zech W, Guggenberger G. 2005. Transformation of a *Podocarpus falcatus* dominated natural forest into a monoculture *Eucalyptus globulus* plantation at Munesa, Ethiopia: soil organic C, N and S dynamics in primary particle and aggregate size fractions. Agriculture, Ecosystems and Environment, 106: 89-98.

Bahn M, Rodeghiero M, Anderson-Dun M, et al. 2008. Soil respiration in European grasslands in relation to climate and assimilate supply. Ecosystems, 11(8): 1352-1367.

Bary J R, Gorham E. 1964. Litter production in forest of the world. Advance in Ecological Research, 2: 101-158.

Bawwett R L. 1997. Chemical modeling on the bare rock or forested watershed scale. Hydrol Process, 11: 695-717.

Berendse F. 1994. Litter decomposability—a neglected component of plant fitness. Journal of Ecology, 82: 187-190.

Blum U, Austin M F, Lehman M E. 1999. Evidence for inhibitory allelopathic interaction involving acids in field soils: concept vs. an experimental model. Critical Review in Plant Science, 18(5): 673-693.

Bohlen P J, Edwards C A. 1995. Earth warm effects of N dynamics and soil respiration in microcosms receiving organic and in organic nutrients. Soil Biology and Biochemistry, 27(3): 341-348.

Bohlen P J. 1997. Earthworm effects on carbon and nitrogen dynamics of surface litter in corn agroecosystems. Ecological Applications, (4): 1341-1349.

Bonde A T, Schnürer J, Rosswall T. 1998. Microbial biomass as a fraction of potentially mineralizable nitrogen in soils from long-term field experiments. Soil Biology and Biochemistry, 20(4): 447-453.

Bond-Lamberty B, Thomson A. 2010. Temperature-associated increases in the global soil respiration record. Nature, 464(7288): 579-582.

Bowden R D, Nadelhoffer K J, Boone R D, et al. 1993. Contributions of above ground litter, below ground litter, and root respiration to in temperate mixed hardwood forest. Canadian Journal of Forest Research, (23): 1402-1407.

Burger J A, Kelting D L. 1999. Using soil quality indicators to assess forest stand management. Forest Ecology and Management, 122: 155-166.

Burns R G. 1978. Soil Enzymes. New York: Academic Press.

Burns R G, Dick R P. 2001. Enzymes in the Environment: Ecology, Activity and Applications. New York: Marcel Dekker.

Cao C Y, Jiang D M, Teng X H, et al. 2008. Soil chemical and microbiological properties along a chronosequence of *Caragana microphylla* Lam. plantations in the Horqin sandy land of Northeast China. Applied Soil Ecology, 40(1): 78-85.

Carine F, Yvan C, Steven C. 2009. Enzyme activities in apple orchard agroecosystems: How are they affected by management strategy and soil properties. Soil Biology and Biochemistry, 41(1): 61-68.

Chapman P J, Williams B L, Hawkins A. 2001. Influence of temperature and vegetation cover on soluble inorganic and organic nitrogen in a spodosol. Soil Biology and Biochemistry, 33: 1113-1121.

Chen C R, Xu Z H, Zhang S L, et al. 2005. Soluble organic nitrogen pools in forest soils of subtropical Australia. Plant and Soil, 277: 285-297.

Chen S T, Huang Y, Zou J W. 2010. Modeling interannual variability of global soil respiration from climate and soil properties. Agricultural and Forest Meteorology, 150(4): 590-605.

Claus H, Pouyan S, David K. 2010. Polyphenol oxidase activity in the roots of seedlings of *Bromus* and other grass genera. American Journal of Botany, 97(7): 1195-1199.

Cleveland C C, Liptzin D. 2007. C:N:P stoichiometry in soil: is there a “Redfield ratio” for the microbial biomass? Biogeochemistry, 85: 235-252.

Criquet S, Taggar S, Vogt G, et al. 1999. Laccase activity of forest litter. Soil Biology and Biochemistry, 31: 1239-1244.

Curiel Y J, Janssens I A, Carrara A, et al. 2004. Annual Q_{10} of soil respiration reflects plant phenological patterns as well as temperature sensitivity. Global Change Biology, 10(2): 161-169.

Dao T H. 1993. Tillage and winter wheat residue management effects on water infiltration and storage. Soil Science Society of America Journal, 157: 1586-1594.

Davidson E A, Belk E, Boone R D. 1998. Soil water content and temperature as independent or confounded factors controlling soil respiration in a temperate mixed hardwood forest. Global Change Biology, 4: 217-227.

Davidson E A, Trumbore S E, Amundson R. 2000. Soil warming and organic carbon content. Nature, 408: 789-790.

Dick W A. 1984. Influence of long term tillage and crop rotation combination on soil enzyme activities. Soil Science Society of America Journal, 48: 569-574.

Elser J J, Fagan W F, Denno R F et al. 2000. Nutritional constraints in terrestrial and freshwater food webs. Nature, 408: 578-580.

Eric A D, Louis V V, Henrique J, et al. 2000. Effects of soil water content on soil respiration in forests and cattle pastures of eastern Amazonia. Biogeochemistry, 48: 53-69.

Facelli J M, Picett S T. 1974. Plant litter: its dynamics and effects on plant community structure. Botanical Reviews, 57: 1-32.

Fang C, Smith P, Moncrieff J B. 2005. Similar response of labile and resistant soil organic matter pools to changes in temperature. Nature, 433(7021): 57-59.

Fang C, Moncrieff J B. 2001. The dependence of soil CO_2 efflux on temperature. Soil Biology and Biochemistry, 33(2): 155-165.

Gallo M, Amonette R, Lauber C. 2004. Microbial community structure and oxidative enzyme activity in nitrogen amended north temperate forest soils. Microbial Ecology, 48: 218-229.

Garcia G J, Plaza C C, Soler R P. 2000. Long term effects of municipal solid waste compost application on soil enzyme activities and microbial biomass. Soil Biology and Biochemistry, 32: 1907-1913.

Gehrke C, Johanson U, Callaghan T V. 1995. The impact of enhanced ultraviolet-B radiation on litter

quality and decomposition processes in *Vaccinium* leaves from the Subarctic. Oikos, 72(2): 213-222.
Grace J, Rayment M. 2000. Respiration in the balance. Nature, 404: 819-820.
Grandy A S, Sinsabaugh R L, Neff J C, et al. 2008. Nitrogen deposition effects on soil organic matter chemistry are linked to variation in enzymes, ecosystems and size fractions. Biogeochemistry, 91(1): 37-49.
Haynes R J. 1999. Labile organic matter as an indicator of organic matter quality in arable and pastoral soil in New Zealand. Soil Biology and Biochemistry, 32: 211-219.
Hibbard K A, Law B E, Reichstein M, et al. 2005. An analysis of soil respiration across northern hemisphere temperate ecosystems. Biogeochemistry, 73(1): 29-70.
Hobbie S E. 1992. Effects of plant species on nutrient cycling. Trends in Ecology & Evolution, 7: 336-339.
Hogberg P, Read D J. 2006. Towards a more plant physiological perspective on soil ecology. Trends in Ecology & Evolution, 21(10): 548-554.
Hopmans P, Bauhus J, Khanna P, et al. 2005. Carbon and nitrogen in forest soils: potential indicators for sustainable management of eucalypt forests in south-eastern Australia. Forest Ecology and Management, 220: 75-87.
Houghton J T, Ding Y, Griggs D J, et al. 2001. Climate Change: The Scientific Basis. Cambridge: Cambridge University Press: 892.
Houghton R A. 2007. Balancing the global carbon budget. Annual Review of Earth and Planetary Sciences, 35(1): 313-347.
Hui D F, Luo Y Q. 2004. Evaluation of soil CO_2 production and transport in Duke Forest using a process-based modeling approach. Global Biogeochemical Cycles, 18: 1029-1038.
Janssens I A, Dieleman W, Luyssaert S, et al. 2010. Reduction of forest soil respiration in response to nitrogen deposition. Nature Geoscience, 3(5): 315-322.
Jassal R S, Black T A, Novak M D, et al. 2008. Effect of soil water stress on soil respiration and its temperature sensitivity in an 18-year-old temperate Douglas-fir stand. Global Change Biology, 14: 1-14.
Jeffrey A A, Roser M, Kristi M. 2000. Temperature effects on the diversity of soil heterotrophs and the ^{13}C of soil-respired CO_2. Soil Biology and Biochemistry, 32: 699-706.
Jeffries P, Gianinazzi S, Perotto S, et al. 2003. The contribution of arbuscular mycorrhizal fungi in sustainable maintenance of plant health and soil fertility. Biology and Fertility of Soils, 37: 1-16.
Jia B R, Zhou G S, Yuan W P. 2007. Modeling and coupling of soil respiration and soil water content in fenced *Leymus chinensis* steppe, Inner Mongolia. Ecological Modelling, 201(2): 157-162.
Jiang L F, Shi F C, Wang H T, et al. 2004. Root respiration in *Larix gmelinii* plantations in northeast China. Plant Physiology Communications, 40(1): 27-30.
Johansen J E, Binnerup S J. 2002. Contribution of *Cytophaga*-like bacteria to the potential of turnover of carbon, nitrogen, and phosphorus by bacteria in the rhizosphere of Barley (*Hordeum vulgare* L.). Microbial Ecology, 43: 298-306.
John S K, Paul J H, Emily B, et al. 2004. A multiyear synthesis of soil respiration responses to elevated atmospheric CO_2 from four forest face experiments. Global Change Biology, 10: 1027-1042.
Joshi M. 1995. Patterns of soil respiration in a temperate grassland of Kumaun Himalaya, India. Journal of Tropical Forest Science, 8(2): 185-195.
Kalbitz K, Meyer A, Yang R et al. 2007. Response of dissolved organic matter in the forest floor to long-term manipulation of litter and throughfall inputs. Biogeochemistry, 86(3): 301-318.

Kalbitz K, Solinger S, Park J H, et al. 2000. Controls on the dynamics of dissolved organic matter in soil: a review. Soil Science, 165: 277-304.

Kang S Y, Doh S Y, Lee D S, et al. 2003. Topographic and climatic controls on soil respiration in six temperate mixed-hardwood forest slopes, Korea. Global Change Biology, (9): 1427-1437.

Karhu K, Fritze H, Tuomi M, et al. 2010. Temperature sensitivity of organic matter decomposition in two boreal forest soil profiles. Soil Biology and Biochemistry, 42(1): 72-82.

Keith H, Jacobsen K L, Raison R J. 1997. Effects of soil phosphorus availability, temperature and moisture on soil respiration in *Eucalyptus pauciflora* forest. Plant and Soil, 190: 127-141.

Kelliher F M, Lloyd J, Aeneth A, et al. 1999. Carbon dioxide efflux density from the floor of a central Siberian pine forest. Agricultural and Forest Meteorology, 94: 217-232.

Khan S, Cao Q, Hesham A. 2007. Soil enzymatic activities and microbial community structure with different application rates of Cd and Pb. Journal of Environmental Sciences, 19: 834-840.

Kiss S, Pasca D, Dragan-Bulardan M. 1998. Enzymology of Disturbed Soils. Amsterdam: Elsevier: 1-34.

Kowalenko C G, Lvarson K C, Cameron D R. 1978. Effect of moisture content, temperature and nitrogen fertilization on carbon dioxide evolution from field soils. Soil Biology and Biochemistry, 10: 417-423.

Kranabetter J M, Dawson C R, Dunn D E. 2007. Indices of dissolved organic nitrogen, ammonium and nitrate across productivity gradients of boreal forests. Soil Biology and Biochemistry, 39: 3147-3158.

Kucera C, Kirkham D. 1971. Soil respiration studies in tallgrass prairie in Missouri. Ecology, 52: 912-915.

Kuzyakov Y. 2002. Review: factors affecting rhizosphere priming effects. Journal of Plant Nutrition and Soil Science, 165(4): 382-396.

Kuzyakov Y, Cheng W X. 2004. Photosynthesis controls of CO_2 efflux from maize rhizosphere. Plant and Soil, 263(1): 85-99.

Laganière J, Angers D A, Paré D. 2010. Carbon accumulation in agricultural soils after afforestation: a meta-analysis. Global Change Biology, 16(1): 439-453.

Liao J D, Boutton T W, Jastrow J D. 2006. Storage and dynamics of carbon and nitrogen in soil physical fractions following woody plant invasion of grassland. Soil Biology and Biochemistry, 38(11): 3184-3196.

Linn D M, Doran J W. 1984. Aerobic and anaerobic microbial populations in no-till and plowed soils. Soil Science Society of America Journal, 48: 1267-1272.

Lorenz K, Preston C M, Raspe S, et al. 2000. Litter decomposition and humus characteristics in Canadian and German spruce ecosystems: information from tannin analysis and ^{13}C CPMAS NMR. Soil Biology and Biochemistry, 32: 779-792.

Luo Y Q, Wan S Q, Hui D F, et al. 2001. Acclimatization of soil respiration to warming in a tall grass prairie. Nature, 413: 622-625.

Magnuson M, Crawford D L. 1992. Comparison of extracellular peroxidase and esterase-deficient mutants of *Streptomyces viridosporus*. Applied Enviromental Microbiology, 58: 1070-1072.

McGroddy M E, Daufresne T, Hedin L O. 2004. Scaling of C:N:P stoichiometry in forests worldwide: implications of terrestrial redfield-type ratios. Ecology, 85(9): 2390-2401.

Mirco R, Alessandro C. 2005. Main determinants of forest soil respiration along an elevation temperature gradient in the Italian Alps. Global Change Biology, 11: 1024-1041.

Mondal K K, Dureja P, Verma J P. 2001. Management of *Xanthomonas camprestris* pv. *malvacearum*—induced blight of cotton through phenolics of cotton rhizobacterium. Current

Microbiology, 43(5): 336-339.
Moren A S, Lindroth A. 2000. CO_2 exchange at the floor of boreal forest. Agricultural and Forest Meteorology, 101: 1-14.
Murphy D V, Macdonald A J, Stockdale E A, et al. 2000. Soluble organic nitrogen in agricultural soils. Biology and Fertility of Soils, 30: 374-387.
Ngao J, Longdoz B, Granier A, et al. 2007. Estimation of autotrophic and heterotrophic components of soil respiration by trenching is sensitive to corrections for root decomposition and changes in soil water conte. Plant and Soil, 301: 99-110.
Nunan N, Wu K, Young I M, et al. 2002. *In situ* spatial patterns of soil bacterial populations mapped at multiple scales, in an arable soil. Microbial Ecology, 44: 296-305.
Oechel W C, Vourlitis G L, Hastings S J, et al. 2000. Acclimation of ecosystem CO_2 exchange in the Alaska Arctic in response to decadal climate warming. Nature, 406: 978-981.
Ohashia M, Gyokusen K. 2007. Temporal change in spatial variability of soil respiration on a slope of Japanese cedar (*Cryptomeria japonica* D. Don) forest. Soil Biology and Biochemistry, 39(5): 1130-1138.
Ouzada J N C, Schoereder J H, Marco Jr P D. 1997. Litter decomposition in semideciduous forest and *Eucalyptus* spp. crop in Brazil: a comparison. Forest Ecology and Management, 94(1-3): 31-36.
Pampulha M E, Oliveira A. 2006. Impact of an herbicide combination of bromoxynil and prosulfuron on soil microorganisms. Current Microbiology, 53: 238-243.
Pankhurst C E, Yu S, Hawke B G, et al. 2010. Capacity of fatty acid profiles and substrate utilization patterns to describe differences in soil microbial communities associated with increased salinity or alkalinity at three locations in South Australia. Biology and Fertility of Soils, 33(3): 204-217.
Pastor J, Binkley D. 1998. Nitrogen fixation and the mass balances of carbon and nitrogen in ecosystems. Biogeochemistry, 43(1): 63-78.
Perakis S S, Hedin L O. 2002. Nitrogen loss from unpolluted South American forests mainly via dissolved organic compounds. Nature, 415: 416-419.
Priess J A, Koning G H, Veldkam A. 2001. Assessment of interactions between land use change and carbon and nutrient fluxes in Ecuador. Agriculture Ecosystems and Environment, 85: 269-276.
Putuhena W M, Cordery I. 1996. Estimation of interception capacity of the forest floor. Journal of Hydrology, 180: 283-299.
Raich J W. 1990. Comparison of two static chamber techniques for determining carbon dioxide efflux from forest soil. Soil Science Society of America Journal, 54: 1754-1757.
Raich J W, Tufekcioglu A. 2000. Vegetation and soil respiration: correlations and controls. Biogeochemistry, 48: 71-90.
Ranjith P, Robert J. 2009. Soil enzyme activities and physical properties in a watershed managed under agroforestry and row-crop systems. Agriculture, Ecosystems and Environment, 131(2): 98-104.
Rey A, Jarvis P G, Grace J. 2005. Effect of temperature and moisture on rates of carbon mineralization in a Mediterranean oak forest soil under controlled and field conditions. European Journal of Soil Science, 56: 589-599.
Robert S, Keityyan C. 1985. Relationships between CO_2 evolution from soil, substrate temperature, and substrate moisture in four mature forest types in interior Alaska. Canadian Journal of Forest, 15: 23-28.
Rundgren S, Andersson R, Bringmark L. 1986. Integrated soil analysis: a research program in Sweden. Ambio, 27(1): 2-3.
Russell A E, Raich J W, Valverde-Barrantes O J, et al. 2007. Tree species effects on soil properties in

experimental plantations in tropical moist forest. Soil Science Society of America Journal, 71(4): 1389-1397.

Saidy A R, Smernik R J, Baldock J A, et al. 2012. Effects of clay mineralogy and hydrous iron oxides on labile organic carbon stabilisation. Geoderma, 173-174: 104-110.

Saner T, Cambardella C, Brandle J. 2007. Soil carbon and tree litter dynamics in a red cedar scotch pine shelterbelt. Agroforestry Systems, 71(3): 163-174.

Savage K, Davidson E A, Richardson A D, et al. 2009. Three scales of temporal resolution from automated soil respiration measurements. Agricultural and Forest Meteorology, 149: 2012-2021.

Sayer E J, Tanner V J, Lacey A L. 2006. Effects of litter manipulation on early-stage decomposition and meso-arthropod abundance in a tropical moist forest. Forest Ecology and Management, 229: 285-293.

Schindlbacher A, Zechmeister-Boltenstem S, Glatzel G, et al. 2007. Winter soil respiration from an Austrian mountain forest. Agricultural and Forest Meteorology, 146: 205-215.

Schindler D W. 2003 Balancing planets and molecules. Nature, 423(6937): 225-226.

Schlesinger W H, Amdrew J A. 2000. Soil respiration and the global carbon cycle. Biogeochemistry, 48: 7-20.

Schloter M, Dilly O, Munch J C. 2003. Indicators for evaluating soil quality. Agriculture, Ecosystems and Environment, 98: 255-262.

Siegel B Z. 1993. Plant peroxidases an organismic perspective. Plant Growth Regulation, 12: 303-312.

Singh J S, Gupta S R. 1977. Plant decomposition and soil respiration in terrestrial ecosystems. The Botanicals Review, 43: 449-528.

Song L C, Hao J M, Cui X Y. 2008. Soluble organic nitrogen in forest soils of northeast China. Journal of Forestry Research, 19(1): 53-57.

Spear D H, Lajtha K, Caldwell B A, et al. 2001. Species effects of *Ceanothus velutinus* versus *Pseudotsuga menziesii*, Douglas-fir, on soil phosphorus and nitrogen properties in the Oregon cascades. Forest Ecology and Management, 149(1/3): 205-216.

Subke J A, Reichstein M, Tenhunen J D. 2003. Explaining temporal variation in soil CO_2 efflux in a mature spruce forest in Southern Germany. Soil Biology and Biochemistry, 35: 1467-1483.

Sulzman E W, Brant J B, Bowden R D, et al. 2005. Contribution of aboveground litter, belowground litter, and rhizosphere respiration to total soil CO_2 efflux in an old growth coniferous forest. Biogeochemistry, 73: 231-256.

Tang J W, Baldocchi D D, Xu L K, et al. 2005. Tree photosynthesis modulates soil respiration on a diurnal time scale. Global Change Biology, 11(8): 1195-1368.

Taylor J P, Wilson B, Mills M S, et al. 2002. Comparison of numbers and enzymatic activities in surface soils and subsoils using various techniques. Soil Biology and Biochemistry, 34: 387-401.

Tessier J T, Raynal D J. 2003. Use of nitrogen to phosphorus ratios in plant tissue as an indicator of nutrient limitation and nitrogen saturation. Journal of Applied Ecology, 40: 523-534.

Thottathil S D, Balachandran K K, Jayalakshmy K V, et al. 2008. Tidal switch on metabolic activity: salinity induced responses on bacterioplankton metabolic capabilities in a tropical estuary. Estuarine, Coastal and Shelf Science, 78(4): 665-673.

Treseder K K, Vitousek P M. 2001. Effects of soil nutrient availability on investment in acquisition of N and P in Hawaiian rain forests. Ecology, 82: 946-954.

Turcotte D L. 1986. Fractal fragmentation. Geography Research, 91(12): 1921-1926.

Uselman S M, Qualls R G, Lilienfein J. 2007. Contribution of root vs. leaf litter to dissolved organic carbon leaching through soil. Soil Science Society of America Journal, 71(5): 1555-1563.

Ussiri D A N, Johnson C E. 2007. Organic matter composition and dynamics in a northern hardwood forest ecosystem 15 years after clear-cutting. Forest Ecology and Management, 240(1-3): 131-142.

Vazquez G, Fontenla E, Santos J, et al. 2008. Antioxidant activity and phenolic content of chestnut *Castanea sativa* shell and eucalyptus (*Eucalyptus globulus*) bark extracts. Industrial Crops and Products, 28(3): 279-285.

Vincent G. 2006. Spatial and seasonal variations in soil respiration in a temperate deciduous forest with fluctuating water table. Soil Biology and Biochemistry, 38: 2527-2535.

Wan S Q, Norby R J, Ledford J, et al. 2007. Responses of soil respiration to elevated CO_2, air warming and changing soil water availability in a model old-field grassland. Global Change Biology, 13: 2411-2424.

Wang W, Fang J Y. 2009. Soil respiration and human effects on global grasslands. Global and Planetary Change, 67: 20-28.

Wei X D, Yan C, Zu C C, et al. 2007. Soil respiration under maize crops: effect of water temperature and nitrogen fertilization. Soil Science Society of America Journal, 71(3): 944-951.

Wildung R E, Garland R L. 1975. The interdependent effects of soil temperature and water content on soil respiration rate and plant root decomposition in arid grassland soils. Soil Biology and Biochemistry, 7: 373-378.

William T P, Jerry M M, Francis P B, et al. 1993. Soil warming and trace gas fluxes: experimental design and preliminary flux results. Oecologia, 93: 18-24.

Wu Y G, Xu Y N, Zhang J H, et al. 2010. Evaluation of ecological risk and primary empirical research on heavy metals in polluted soil over Xiaoqinling gold mining region, Shanxi, China. Transactions of Nonferrous Metal Society of China, 20(4): 688-694.

Xing S H, Chen C R, Zhou B Q, et al. 2010. Soil soluble organic nitrogen and active microbial characteristics under adjacent coniferous and broadleaf plantation forests. Journal of Soils and Sediments, 10: 748-757.

Xu M, Qi Y. 2001. Spatial and seasonal variations of Q_{10} determined by soil respiration measurements at a Sierra Nevadan forest. Global Biogeochemical Cycles, 15(3): 687-696.

Yim M H, Joo S J, Shutou K, et al. 2003. Spatial variability of soil respiration in a larch plantation: estimation of the number of sampling points required. Forest Ecology and Management, 175(1/3): 585-588.

Yuste J C, Baldocchi D D, Gershenson A, et al. 2007. Microbial soil respiration and its dependency on carbon inputs, soil temperature and moisture. Global Change Biology, 13: 1-8.

Zhao F Z, Kang D, Han X H, et al. 2015a. Soil stoichiometry and carbon storage in long-term afforestation soil affected by understory vegetation diversity. Ecological Engineering, 74: 415-422.

Zhao F Z, Sun J, Ren C J, et al. 2015b. Land use change influences soil C, N, and P stoichiometry under 'Grain-to-Green Program' in China. Scientific Reports, 5: 10195.

Zheng Z M, Yu G R, Fu Y L, et al. 2009. Temperature sensitivity of soil respiration is affected by prevailing climatic conditions and soil organic carbon content: a trans-China based study. Soil Biology and Biochemistry, 41: 1531-1540.

Zhong Z K, Makeschin F. 2003. Soluble organic nitrogen in temperate forest soils. Soil Biology and Biochemistry, 35: 333-338.

第 6 章　黄河三角洲盐碱地防护林建植技术

6.1　滨海低洼盐碱地防护林高效建植技术

滨海低洼盐碱地区域地下水水位高，盐碱含量高，微地形下地表积水严重，农林业种植困难，植被覆盖率较低，土地生产力低下。目前，传统的单一台田整地模式是其主要的治理方法，但该方法工程量大、土地利用率低，易形成死水区，并且利用时间短。单一的水渠-台田整地模式，因缺少配套的植物材料防护，土壤次生盐渍化严重，难以形成持续、高效的农林产业。

从退化生态系统恢复的角度，应用生态学岛屿理论，构建基于水系循环、水盐运移、土壤改良、水产养殖和农田防护于一体的滨海低洼盐碱地治理综合技术，本着简单、有效和易操作的原则，经过连续 3 年的试验监测，该技术的应用降盐改土功能好，显著提高滨海低洼盐碱地防护林成活率，防护林生态效益显著。

6.1.1　滨海低洼盐碱地立地条件

在滨海低洼盐碱地块内高低相差较大，地势低洼处盐害严重，滨海低洼盐碱地土壤一般为中度盐碱化，0～60cm 土层全盐含量为 0.3%～0.6%，pH 为 7.5～8.0，土壤容重为 1.48～1.52g/cm^3。地势较低，积水严重，基本无农林业生产，植被覆盖率较低，以水生植物芦苇、白茅等为主。

6.1.2　滨海低洼盐碱地防护林高效建植技术措施

6.1.2.1　“外围水渠-内置生物池-间隔条/台田”于一体的合适整地措施

在滨海低洼地，首先采用工程整地措施，一般低洼地段筑垄整地，提高种植点高度，利于排水和淋盐养淡，改善土壤的通气透水性，可根据行距设计要求进行筑垄整地，一般垄的高度为 30～50cm，宽度根据行距而定，一般一行筑一垄。特别低洼、排水不畅的地方或一些对种植深度要求严格的树木，可构建“|—|”型水渠，高土墩种植，结合冬季全面整地，确定种植点，种植点为坐高 50cm 左右底径 2m 大小的方形或馒头形的种植土墩，种植土墩底部是基肥或隔离层。工程整地示意图如图 6-1 所示。

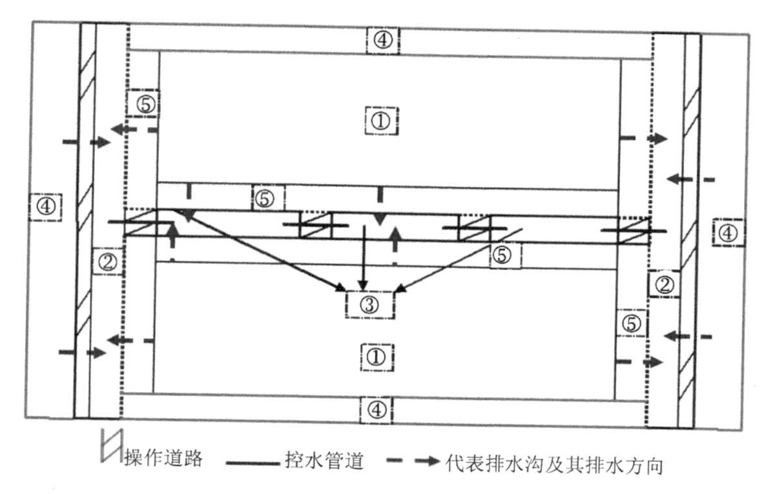

图 6-1　基于生态岛屿构建的滨海低洼盐碱地综合治理系统
①台田；②水渠；③生物池；④条田；⑤田埂

“—”型水渠设置 3 个隔断养殖池，在其两侧均修筑 2 个台田，以农林业种植为主（既可进行农作物小麦、玉米和棉花等的种植，也可农林间作或作为苗圃基地进行植物材料的繁育）。

平行于“—”型水渠，台田外围设置对应长度的 2 个条田，以防护林植物材料营建为主。

两个“|”型水渠外侧均修筑 2 个条田，以防护林植物材料营建为主。

上述水渠、台田、条田配比数量为 1∶2∶4，并且条田和台田以水渠作为隔断进行分割，整个被水渠分割的条/台田呈现岛屿状。其中“—”型和“|”型水渠长度比控制为 2∶1，宽度和深度保持一致，以利于水体交换和控制潜水水位。在条田和台田的边坡上，可修建利于排水的排水沟和利于操作的小道。

上述水渠、条田和台田的具体参数设置如下。

“—”型水渠，长度为 300m；“|”型水渠，长度为 150m，两个类型水渠宽度均为 6m，渠底距离路面均为 4m，水深均控制在 2～3m，坡度比均为 0.75。

依据“|—|”型水渠，设置对应平行于水渠长度的条/台田，其中条田宽度依据主、副林带的宽度来确定，营建主林带的条田宽度设置为 8m，营建副林带的条田宽度设置为 6m，条/台田面距离水渠底部控制在 5～6m，可适当留出利于农林业和水产养殖的操作道路，道路宽 2m，长度以对应渠道或台田的长度为准。

条/台田周围均设置适当的田埂，上宽 0.5m，下宽 1.0m，高度 0.5m，坡度比为 0.75，以利于防止水土流失和蓄水保土。

该工程措施的主要功能为改变水盐运移，增强水系循环和水分利用效率，为农林业种植和水产养殖提供合适的生境，以充分提高土地生产力。

6.1.2.2 构建利于水分及生物连通的生物池

将300m的“—”型水渠均匀间隔3个生物池，需设置4个隔断。每个隔断可修整为操作道路，其中隔断底部淹水处需用不规则石块和鹅卵石等石质材料进行铺垫，以保持水分及生物的连通性，隔断上部修整为4m宽的道路，长度对应于“—”型水渠的宽度，在具体施工时，可形成一定的坡度，利于水产养殖；但与“|”型水渠连接的隔断，需铺设100目的尼龙丝网，防止养殖水产外逃。

生物池中上部2/3水深位置处，留有可控制水分流通的2或3个管道，管道直径在6cm左右，3个生物池能够通过该类管道控制水分的流通，并能够连通到“|”型水渠，以利于水分蓄集、排水和水体交换。

生物池水分来源以原低洼地蓄集水为主，同时汇集农田灌溉和降雨入渗等水分。生物池中依据水的咸度来进行虾类和鱼类的养殖。

“—”型水渠路面以上以及台田的斜坡段，以种植盐生或耐盐植物的灌木和草本植物为主，主要用于防止水土流失和降盐抑碱。

该生物池的主要作用为控制地下水水位，促进水体交换，改善生物的连通性，提高水分利用效率和土地生产力。

6.1.2.3 滨海低洼盐碱地防护林植物材料配置

将条田营建为不同植物材料配置的主、副防护林带，与农田一起形成农田防护林网。

如“|”型水渠为东西走向，则该水渠外围条田防护林带垂直于该区域主害风北风，可称之为主林带。主林带配置以栽植乔木为主的乔灌混交防护林带，该主林带主要起到防护农田、改变水盐运移、降盐改土以及减少蒸发、改善微气候环境的作用。乔木树种以白蜡、白榆和旱柳为主，灌木树种以柽柳、沙枣、唐古特白刺为主，林下可播种星星草、紫野麦和獐茅等耐盐碱的草本植物，栽植方式采用“品”字形配置，乔木树种株行距为2.0m×2.0m，灌木树种株行距为2.0m×1.0m，林带行数为4行，3年后疏透度可控制在30%。

如“—”型水渠为南北走向，则农田外围对应防护林带垂直于该区域次害风东风，可称之为副林带。副林带配置以营建灌木为主的灌草混交防护林带，主要起到降盐改土、防风护田和调节小气候的作用。灌木树种以柽柳、紫穗槐和沙枣等为主，草本植物以碱蓬、星星草、苜蓿和龙稷等耐盐碱品种为主。灌木栽植方式采用块状混交，株行距为2.0m×1.0m，林带行数为3行，3年后疏透度可控制在 25%。即无论水渠走向如何，以东西向的条田防护林作为主林带，对应配置乔灌混交防护林带；以南北向的条田防护林作为副林带，对应配置灌草混交防护林带。

6.1.3　滨海低洼盐碱地防护林高效建植技术效果分析

（1）有效蓄集低洼地水分，水分得到高效利用

通过一水渠二台田四条田的配比设置，较好地蓄集了低洼地的水分，使分散于地表及微地形下的蓄水坑等中的水分均收集于"|—|"型水渠中，农田灌溉及降雨入渗的水分也可蓄集到水渠中；而植物根系通过吸收土壤深层的水分，并以气态形式进行蒸腾散失，可有效控制地下水水位，抑制土壤返盐；这对于生物池的构建及地下水水位的降低均具有较好的控制作用。同时，通过构建利于水分及生物连通的生物养殖池和水渠，水体得到了良好的循环，为微生物和小型动物提供了较好的栖息地，利于水生生态系统的良性循环。

（2）植物成活率高，降盐改土功能好

通过"|—|"型水渠的构建，有效控制了潜水水位，使条田和台田的地下水水位控制在地下水临界深度+初栽时植物根系深度以上，将耕作层土壤盐分控制在农作物和防护林植物材料正常生长的范围之内。因此，主林带的乔木、灌木，以及副林带的灌木和草本等防护林植物材料成活率高，3 年成活率平均达 85%以上，林分郁闭度达 0.7 以上，植被覆盖率达 75%以上。通过防护林植物材料的根系生长、枯落物形成腐殖质层及植物吸盐等的影响，栽植 3 年后，耕作层土壤含盐量降至 0.12%以下，土壤孔隙度提高 20%以上，土壤有机质含量增加 30%以上，起到了较好的降盐抑碱作用，土壤通气、透水性能也得到较好改善。

（3）防护林生态效益显著，农作物产量显著提高

四条田防护林带可显著改善小气候，栽植 3 年后，农田林网内在生长旺盛期夏季气温可下降 0.7～1.5℃，空气相对湿度提高 10%～20%，蒸发量降低 20%～25%，林带风速下降 55%～62%，农作物小麦产量增加 18%～25%，玉米增产 12%～16%，粮食单产平均增加 18%左右。

6.2　滨海地区中度盐碱地农田防护林综合构建技术

黄河三角洲地区风沙、旱涝、盐碱等自然灾害比较频繁。在广大的农田中普遍营造防护林带，并相互交织成农田林网，农田林网调节农田区域小气候、防风固沙、减轻和防御各种自然灾害，为农作物的稳产和高产提供了良好的生长环境。但滨海地区盐碱含量高，由于土壤次生盐渍化严重、淡水资源缺乏、蒸降比大及黄河断流等因素，该区域的农田林网建设一直处于较低水平，特别是在中度盐碱以上的地段，林网建设以道路防护林建设为主，农田林网结构不完整，起不到真正的防护功能，呈现农作物生长缓慢、受害严重等现象，盐碱地农田林网构建还没有形成一套完整、统一的理论和技术体系。在盐碱地农田林网建设中主要存在造林建设困难、品种单一、林种及林带结构配置不完善和林网抚育管理不及时等问题，造成农田林网防护效能低，稳定性差，生长衰退，病虫危害严重，严重影响盐碱地农田林网的整体防护功能和农作物产量。

目前盐碱地农田林网建设技术较为单一，主要是在传统条/台田整地的基础上进行防护林建设，防护林结构和功能较为薄弱。依据滨海地区盐碱地水盐运移规律及植物演替理论，基于构筑型的概念，在滨海中度盐碱地段，采用“水渠整地（水工措施）-草本-灌木-乔木（生物措施）-农作物（农业措施）配置”优化集成“以降盐改土、防风增产”为一体的盐碱地农田林网建设技术，即高标准水渠台田整地后，在靠近台田的一侧分别在高度不同的条田上配置不同的植物材料，最后在乔木防护林带的台田上进行农作物的种植；能有效解决盐碱地防护林成活率低、地表返盐严重、结构功能不稳定的问题，极大地提高了树木成活率和保存率，发挥较好的压碱抑盐功能，利于盐碱地农田林网结构和功能的稳定，具有较好的生态防护效益（具体技术措施如图 6-2 与图 6-3 所示）。

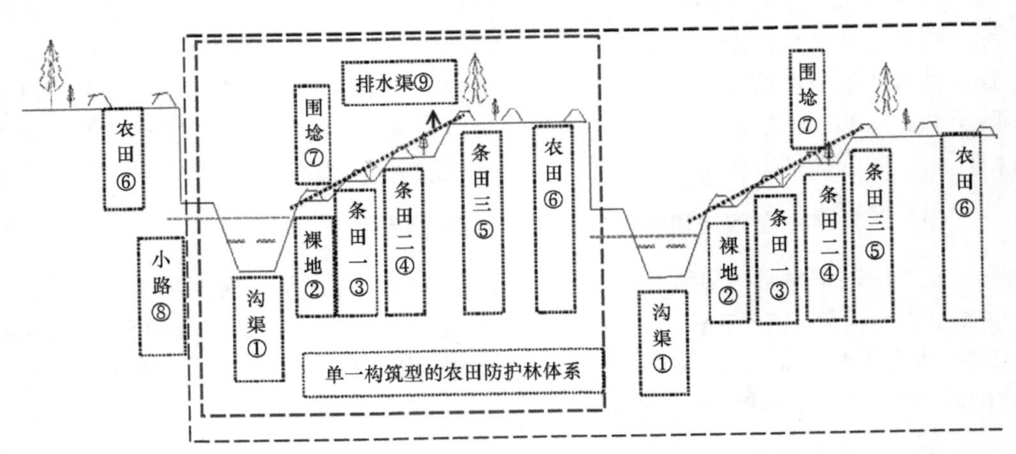

图 6-2 单一构筑型（单一沟渠、林带和农田）防护林体系纵剖面结构示意图

①“Γ”型沟渠；②聚盐裸地；③条田一；④条田二；⑤条田三；⑥农田；⑦围埝；⑧操作小路；⑨排水渠。图 6-3 同

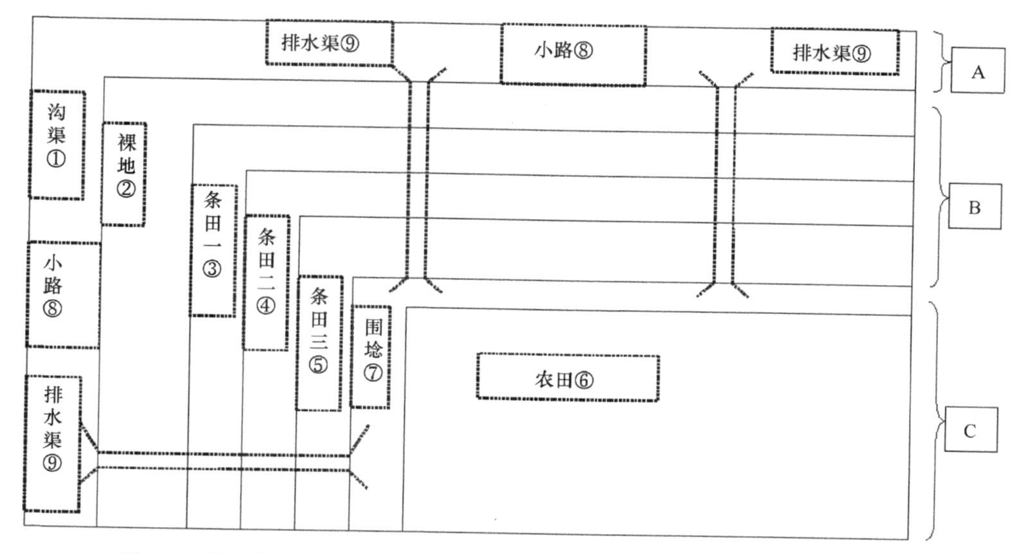

图 6-3　单一构筑型（单一沟渠、林带和农田）防护林体系平面结构示意图
A. 水工措施；B. 生物措施；C. 农业措施

6.2.1　滨海地区中度盐碱地农田防护林立地条件

滨海地区中度盐碱化地段，耕作层全盐含量为 0.3%～0.6%，pH 为 8.5～9.5，土壤容重为 1.4～1.6g/cm^3。植被覆盖度在 20%以下，以零星分布的盐碱杂草为主。

6.2.2　滨海地区中度盐碱地农田防护林综合构建技术措施

6.2.2.1　构建条/台田工程技术

由于滨海地区盐碱含量高，为提高农作物产量，在中度盐碱地需进行一定的工程整地，主要是进行水渠-条田-台田的整地。工程整体示意图如图 6-2 所示。

（1）构建“Γ”型沟渠

从利于农田防护和降盐改土出发，需开挖东西和南北向相连接的“Γ”型沟渠，水渠整体分布在北侧和东侧，水渠参数为：长度依据实施地段农田和林网的长度及宽度设定，但要长于最终对应农田长度 5m 以上，上宽 8～10m，下宽 2～3m，坡度比为 0.75，渠底至路面深度为 4～5m。

（2）聚盐排盐措施

为便于农林业生产，同时利于盐分上升、聚盐排盐，在紧邻沟渠的一侧修建宽带为 1.5～2.0m 的小路。

（3）生物条田建设

紧邻小路一侧，修建高度不同的 3 个条田，条田长度依据农田建设的长度而设定，条田宽度从低到高依次为 2.0～3.0m、3.0～4.0m、10.0～15.0m；条田高度依次增加 0.5m；坡度比均为 0.75。

（4）农田林网建设

紧邻最后一个条田为农田，长度和宽带依据实际用地和防护林网格大小进行设置，需能够集合建成东西向林网间距为 75m 的林带 2 条，或间距为 50m 的林带 3 条，南北向林带可间隔设置，农田林网规格总体控制在主林带间距 150m，副林带间距 300m。

（5）围埝设置

在每一个条田或台田的边缘，为储存雨水和防止水土流失，均设置围埝，上宽 0.5m，下宽 1.0m，高度为 0.5m，坡度比为 0.75。

6.2.2.2 农田防护林配置技术

设置的 3 个条田和 1 个农田，因地下水水位高度不同，含盐量有一定差异，从低条田到高条田含盐量依次降低，因此对于从低到高的 3 个条田，分别采取不同的生物措施，并且每一个条田避免配置单一植物材料，形成水平结构和垂直结构显著的复合生物体。

具体配置技术示意图如图 6-2 与图 6-3 所示。

条田一种植盐生或耐盐的草本植物（植物材料以乡土植物碱蓬为主，伴生海蓬子、青蒿等），形成碱蓬群落区。

条田二种植盐生植物柽柳为主的灌草带（灌木树种以乡土植物柽柳以及滨海地区新培育的柽柳新品种‘盐松’为主；伴生唐古特白刺和沙柳等，水平配置草本植物以碱蓬为主），形成柽柳-碱蓬灌草群落区。

条田三种植耐盐树木白蜡和美国竹柳为主的混交林，并配置乔灌草立体模式（其中灌木和草本以上述条田的植物为主），形成乔灌混交、乔灌草立体配置的防护林体系。

农田区域种植主要农作物，如黄河三角洲区域以小麦、玉米和棉花等为主。

沟渠中间可修建一定宽度的道路，以利于农林业操作。

从低到高的条田上，在条田一侧和中间部位各修筑一个排水渠，以蓄水保土和防止水土流失。排水渠具体参数为：宽 50cm，深 20cm，坡度比为 0.75。

6.2.2.3　农田林网营建的主要技术参数

工程整地后，可在春季或秋季进行蓄水压盐，蓄水深度控制在 2～3cm 即可，依靠自然蒸发，土壤重量含水量降到 15%左右时，可在 3 个条田上进行植物材料的水平和垂直配置。

在条田一上种植草本，可直接进行碱蓬、海蓬子或青蒿等草本植物的混播，其中碱蓬播种量占 50%以上，播种深度为 3～4cm，播种密度控制在 600～800 株/m^2。

在条田二上种植柽柳为主的灌草带，并配置唐古特白刺和沙柳，其中柽柳树种占 50%以上，栽植密度为株行距 1.0m×1.5m，行数控制在 2 或 3 行。

在条田三上营建农田防护林，造林树种以耐盐树木白蜡和美国竹柳为主。采用“品”字形乔灌混交，林下种植草本植物，草本播种密度控制在 300～400 株/m^2，播种深度为 3～4cm。栽植密度为灌木株距 1.0m，乔木株距 2.0m；行距均为 1.5m；行数在 4 行以上；林带宽度至少在 8.0m 以上；关于林带走向，主林带以垂直于滨海地区主害风北风为主，副林带以垂直于滨海地区东风为主，其中整体林网的主林带间距为 150m，副林带间距为 300m，即能够集合建成东西向林网间距为 75m 的林带 2 条，或间距为 50m 的林带 3 条，南北向林带可间隔设置，这也是设置“Γ”型沟渠和林带的主要原因；疏透度为 0.25～0.30。

条田一和条田二主要起到降盐改土的作用，并有效降低地下水水位，为条田三乔、灌木树种的生长提供良好的生长环境；并且条田二可有效降低地表风速，对条田三的自然蒸发也起到了较好的抑制作用，有效抑制了地表返盐。上述 3 个条田逐层降低地下水水位，起到了较好的降盐改土作用，形成了水平和垂直结构完善的复合生物构筑防护体，该农田林网体系可较好地改善农田小气候、降低地下水水位、抑制地表蒸发，发挥了较强的综合防护效能。

6.2.2.4　农田林网体系建设

为形成防护高效的集合农田林网体系，还要充分考虑林网的结果和配置。

（1）林带结构

不同结构的防护林带具有不同的防护性能，应根据防护的具体要求来选择适宜的林带结构。农田防护林带宜选用疏透结构林带，其有效防护距离较大，防风效率较高。疏透结构林带一般是由数行乔木和灌木共同组成的较窄林带，林带上层树冠部分和下层树干部分的枝叶均较稀疏，孔隙较均匀，林带疏透度为 0.3 左右，透风系数为 0.5 左右。风经过林带时，一部分气流透过林带，一部分气流越过林带，在林带背风面形成弱风区，之后风速随着与林带距离的加大而逐渐恢复。

疏透结构林带的有效防护范围为20～25H（林带高），最大防护范围可达35H，防风效率为20%～40%，在紧密、疏透、透风等3种结构的林带中，疏通结构林带防护农田的效能较高。

只由2～4行乔木组成、没有灌木的林带，一般形成透风结构。风经过透风结构林带时，林带背风面弱风区的风速仍较大，有效防护范围和防风效率不如疏透结构。对于只由乔木组成的农田防护林带，可适当控制修枝，降低林带树冠层底部位置，有助于林带的防风效能。

（2）林带走向

农田防护林的主林带与主害风方向垂直，副林带与主林带垂直时，农田防护林带的防护作用最好。黄河三角洲地区主害风为东北风，可设计主林带为东西向，副林带为南北向，构成方格林网。为使林带与沟、渠、路结合，主林带的方向允许有较小的偏角，对防护作用影响不大，偏角不应超过30°。在有显著主害风和盛行风的地区，采取主林带为长边的长方形网格。

（3）林带与沟、渠、路的结合

在渤海平原地区，为了农田灌溉和排涝、淋盐，建有较完备的排水和灌水系统。各级渠道和排沟把农田划成方田，农田防护林带的设置一般与沟、渠、路等设施相结合。

沟、渠、路、林结合的优点如下。

利用沟、渠、路之间的隙地和田边地沿造林可充分利用土地，少占或不占耕地，此外还有利于保护农田。

由于农田中沟、渠、路间隔，可减少林木与大田作物争光、争肥等不利影响。林带一般布置在沟、渠、路等设施的两侧或一侧。如果只布置在一侧，最好布置在这些设施的南侧或西侧，以减少林带对作物的遮阴影响。

路旁植树，交通方便，有利于对林木的经营管理。结合道路绿化形成林荫道，既美化环境，又有利于交通安全。

沟、渠旁植树，可以保护沟、渠水利设施，并充分发挥林带的生物排水作用，降低地下水水位，减少土壤盐渍化。

沟、渠、路、林结合的配置形式（图6-4～图6-6）如下。①林、路结合，在道路的两侧栽植乔木，乔木株间混交灌木，路坡、边沟上栽植灌木。②林、沟、渠结合，乔木栽植在沟、渠之间，乔木株间混交灌木，沟的边坡上部栽植灌木。③林、沟、路、渠结合，乔木栽植在道路两侧，株间混交灌木，沟的边坡上部栽植灌木。或者把乔木栽植于道路南侧或西侧，可减少林带对农田的遮阴。

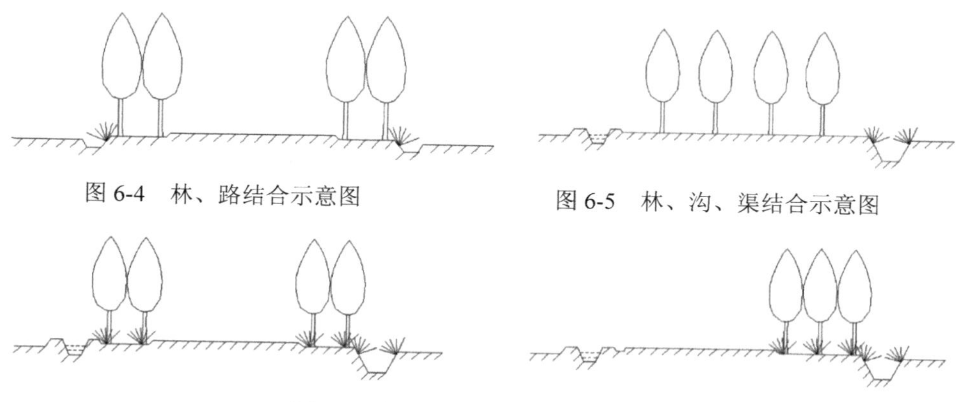

图 6-4　林、路结合示意图

图 6-5　林、沟、渠结合示意图

图 6-6　林、沟、渠、路结合示意图

（4）林带宽度

防护林带宽度对林带结构及林木的稳定生长有重要作用。影响林带宽度的因子有树种、林带树木行数、林木行株距等，其中林带中乔木的行数具有重要作用。黄河三角洲地区的农田防护林，主林带一般由 4～6 行乔木和 2～4 行灌木组成，配合各项造林营林措施可形成防护效能较高的疏透结构林带。副林带一般由 2～4 行乔木和 1 或 2 行灌木组成，也可形成防护效能较高的疏透结构林带或疏透-透风结构林带过渡类型。只由乔木组成且修枝较高的林带，则常形成透风结构林带。

（5）林带间距与网格面积

防护林带间距关系到防护作用高低、网格大小及林带占地比率。确定林带间距主要依据林带的有效防护距离。林带有效防护距离又受土壤条件、风害状况、林带结构、林带高度等因子的影响。

在渤海平原距海较远、害风风力较小、土壤盐渍化较轻的农田，疏透结构防护林带的有效防护范围为 20～25*H*，透风结构的有效防护范围为 20*H*，主林带间距不应超过防护林带的 25 倍树高。结合当地防护林带主要乔木树种成林的高度，主林带间距一般为 250～400m。若间距过小，则增加林带占地和林木的胁地作用。在有显著主害风和盛行风的地区，采取主林带为长边的长方形网格，副林带间距可加大到 400～500m。形成的农田防护林网网格面积一般为 10～20hm^2，最大不应超过 30hm^2。

在距海较近、害风风力强、土壤盐渍化较重的农田，需要适当缩小林带间距，增强农田防护林带的防护功能，更好地起到防风固沙、调节小气候、抑制土壤盐渍化的作用。以主林带间距 200～250m、副林带间距 300～400m、网格面积 6～8hm^2 为宜。

6.2.3 滨海地区中度盐碱地农田防护林综合构建技术效果分析

（1）降盐抑碱效果强

通过实施“Γ”型水渠，以及条田带盐生或耐盐草本植物、灌草植物的种植以及乔、灌、草等植物材料的栽植，实施2年后灌草条田带盐度可降至0.2%，乔、灌、草防护林台田盐度可降至0.1%以下，土壤孔隙度提高30%以上，农田达到轻度盐碱地以下，可进行正常的农林业种植。

（2）植物材料成活率和保存率高，生长性状较好

实施3年后，条田带植被覆盖率达85%以上，灌木树种的成活率和保存率达80%以上，乔木树种达85%以上，林分郁闭度达70%以上。

（3）防护效能好

实施综合技术措施后，林带平均防风效能提高25%以上，林网内农田空气温度平均降低0.5℃，空气相对湿度平均增加8%，农田耕作层含水量增加5%以上，含盐量降低80%以上。主要农作物小麦、玉米和棉花分别可增产15%、10%和8%以上。

6.3 滨海地区重度盐碱地道路防护林综合配套营建技术

盐碱地道路防护林建设不同于一般的道路绿化和盐碱地造林，黄河三角洲地区由于土壤次生盐碱化、天然降水不足、蒸降比大及黄河断流等因素，该区域的道路防护林建设一直处于较低水平，特别是在重度盐碱以上的地段，盐碱地道路防护林建设存在结构简单、品种单一、成活率低、防护效能低的问题，特别是随着年份的增长极易出现次生盐碱化和防护林植物材料生长衰退甚至死亡的现象，难以形成有效林，不能持续稳定发挥其防护效能。

课题组根据多年研究成果，依据黄河三角洲盐碱地水盐运移规律及盐碱地改土培肥原理，在滨海重度盐碱地段，采用优化集成技术“集合单元模块台田沟渠（至少双渠双田）-裸地晒田，冰冻改土-深翻熟耕，种植绿肥-防护林植物材料配置”，即高规格台田整地后，需经一定的降盐改土、培肥地力措施，约2年后进行防护林植物材料的种植，研发了一种降盐改土效果好、树木成活率和保存率高的滨海地区重度盐碱地道路防护林综合配套营建技术，能有效解决道路防护林植物材料成活率低、地表返盐严重、结构功能不稳定的问题，极大地提高了树木成活率和保存率，较好地压碱抑盐，蓄水保墒，改善了土壤通气、透水性能，增加土壤养分的效能，利于道路防护林系统的稳定。

6.3.1 滨海地区重度盐碱地道路防护林存在的问题

目前的盐碱地道路防护林建设技术较为单一，主要是在深翻整地的基础上，进行大水漫灌压盐后直接进行防护林植物材料的栽植。

存在的问题主要如下。

传统的盐碱地道路防护林建设，进行深翻后直接淡水压盐，晒田时间短甚至直接没有晒田过程，易存在淋盐不彻底、返盐严重和土壤熟化滞后等问题。

传统的盐碱地道路防护林建设，在进行淡水压盐碱之后，多是直接进行乔木树种的栽植，由于盐碱滩地土壤碱化和沙化严重，养分含量低，直接进行乔木树种的栽植，易造成地下植被覆盖率低、蒸发面积大、易返盐且土壤氮素水平与有机质含量一直处于较低水平，植物材料成活率低、生长不良，难以发挥其防护效能。

在重度盐碱地道路进行有效的道路防护林建设，如采取暗管排碱、铺设隔盐层等技术，树木栽植要求高，造林成本也高，程序烦琐，不易操作。

传统的方法，台田整地后直接进行植物材料的栽植，短时间内树木可成活，但随着时间的延长，易发生次生盐碱化，地力衰退严重，树木成活率下降，易形成小老头树，防护效能丧失。

6.3.2 滨海地区重度盐碱地道路防护林综合配套营建技术措施

6.3.2.1 构建“林网、路网、水网”三位一体，集合“单元模块台田沟渠”工程整地措施

该技术主要应用于滨海地区重度盐碱地道路，0～40cm 土层全盐含量为 2.55%～3.56%，平均为 3.06%，pH 为 8.23～8.74，平均为 8.49。由于道路防护林建设区域盐碱含量高，单一的“台田渠”模式易发生次生盐碱化，效果不佳。因此，应首先修建排灌系统，进行台田沟渠整地，以利于灌水洗盐、蓄淡压盐。

具体措施如下。

道路防护林林带走向与道路一致，紧邻道路处栽植宽 2.0m 的柽柳灌木防护林带，注意以防治水土流失及路基保护为目的，采用 3～4 年生柽柳幼苗，株行距 1m×1m。灌木林带外侧额外修建一小规格水渠，道路路面要高于台田面或小水渠面 0.2～0.5m，以利于引水灌溉或集雨造林，也具有防止水土流失的作用。小规格排水渠参数为：上宽 1.0m，下宽 0.3～0.5m，坡度比为 0.75，深度为 0.5m。

深挖明沟、高筑台田，台田与明沟间隔排列，在台田内营造道路防护林。台田面要整平，整平方式以分畦整地和细致耕耙为主，以避免盐碱地微小地形的起

伏引起积盐状况的不同。平整土地可使水分均匀下渗，提高降雨淋盐和灌溉洗盐的效果。经过雨季的淋洗，降低盐度，同时又能疏松表土，改善土壤的团粒结构，增强土壤的透气性和透水性，阻止水盐上升。

单元模块台田沟渠含义为：一沟渠一台田为一单元模块。滨海地区重度盐碱地段至少需建立两个单元模块即“双渠双田”模式，在此基础上，依据防护林带的长度，再增设单元模块数，目的是疏松上层土壤，合理提高台田高度，使台田高程大于地下水的临界深度，相对降低地下水水位，抑制或削弱返盐现象的发生，起到降盐抑碱的效应。单元模块台田沟渠参数为：台田长 50～80m，台面宽 20～30m，坡度比为 0.75；每台面上设置围埝（土埂），上宽 1.0～2.0m，下宽 2.0～3.0m，高 0.5m，坡度比为 0.75，以利于雨季集水压碱抑盐；沟渠上宽 15～20m，下宽 3～4m，坡度比为 0.76，深度为 2.0～4.0m，沟渠两侧设置 1.0～2.0m 宽的小路，以利于沟渠的日常管理。模式示意图如图 6-7 所示。

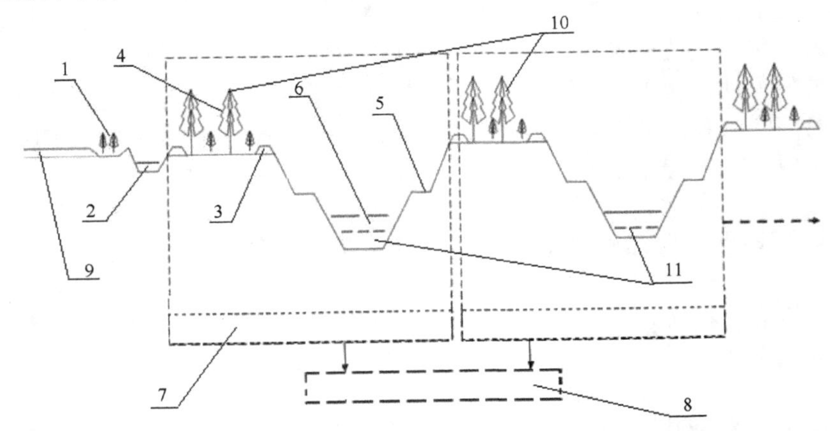

图 6-7 滨海地区重度盐碱地道路集合单元模块的台田沟工程整地示意图

1. 柽柳防护林，3～4 年生柽柳幼苗，株行距为 1m×1m；2. 排水渠，上宽 1.0m，下宽 0.3～0.5m，坡度比为 0.75，深度为 0.5m；3. 台田围埝（土埂），上宽 1.0～2.0m，下宽 2.0～3.0m，高 0.5m，坡度比为 0.75；4. 台田道路防护林，长 50～80m，台面宽 20～30m，坡度比为 0.75；5. 小路，宽 1～2m；6. 沟渠，上宽 15～20m，下宽 3～4m，坡度比为 0.76，深度为 2.0～4.0m；7. 单元模块台田沟渠；8. 双渠双田模式；9. 路网；10. 林网；11. 水网

6.3.2.2 裸地晒田，冰冻改土

对整平后的台田，先不需要进行大水漫灌，需先进行裸地晒田，冰冻改土，时间为 8～12 个月。

具体措施如下。

首先进行自然状态下的裸地晒田。重度盐碱化土地经裸地晒田，可使生土进一步熟化，形成稳定的土壤结构，增强其土壤通气、透水性能；同时聚集表层的盐分，在雨季经雨水淋洗后，盐分可集中渗入地下层。

经过裸地晒田，可使土体中的盐分聚集在地表，盐生植物碱蓬、柽柳幼苗易生根发芽，在秋季落叶之前可对其枝干进行收集，以减少土体盐分。

经过寒冷的冬季，土体冻结，利用冰雪及低湿可使土壤变得疏松，有利于土壤结构的改善和土壤盐分的下降。

6.3.2.3　深翻熟耕，种植绿肥

经过约一年的裸地晒田和冰冻改土，土壤盐碱性能、通气和透水性能得到一定改善，0～40cm 土层含盐量平均达 0.82%，经深翻熟耕、蓄水压盐后，可进行绿肥种植一年。

具体措施如下。

3～4 月进行翻耕，翻耕土壤深度在 0.2～0.3m 即可，然后平整土地。翻耕的目的是进一步打破原状土体，使土体均匀蓬松，盐分在土壤中的分布情况为地表层多，经过耕翻，可把表层土壤中盐分翻压到耕层下边，把下层含盐较少的土壤翻到表面。

台面整平后，5cm 水深漫灌，可使栽植时土壤含盐量降至 0.3%左右，此时进行绿肥种植，种类以苜蓿、驴食草为主。种植绿肥使牧草根系发达，枝叶茂密，可增加地表覆盖率，能有效蓄积雨水，防止雨水对土壤的击溅侵蚀，避免表层板结；同时种植绿肥也可阻止地表强烈蒸发，抑制土壤返盐，促进降雨淋盐；同时可有效提高土壤有机质含量。

6.3.2.4　道路防护林植物材料的配置

经过约一年的裸地晒田、冰冻改土和一年的种植绿肥后，土壤盐碱含量稳定维持在 0.3%以下，可于春季或秋季直接栽植耐盐程度低于 0.3%的乔、灌木树种，同时在空闲地段继续草本植物的种植，形成乔、灌、草结合的立体空间配置结构。具体配置模式如下：采用“品”字形栽植，乔、灌混交比例为 2∶1～3∶1，株行距为（1.0～1.5）m×（2.0～3.0）m，其疏透度为 0.15～0.20，乔木树种以绒毛白蜡、白榆、美国竹柳为主，灌木树种以柽柳、紫穗槐、白刺、沙枣为主，林下种植草本植物苜蓿、驴食草。

与现有技术相比，该技术的有益效果是：该技术在高规格台田整地后，先经降盐改土措施，并依靠生物措施培肥地力，约 2 年后进行防护林植物材料的种植，能有效解决道路防护林植物材料成活率低、地表返盐严重、结构功能不稳定的问题，极大地提高了树木成活率和保存率，起到了较好的压碱抑盐，蓄水保墒，改善土壤通气、透水性能，增加土壤养分的作用，有利于道路防护林系统的稳定；该技术具有可操作性强、成本低的特点，实现了用地养地、植物与土壤互相积极作用的良性循环。经过连续 3 年的试验监测，该技术适合滨海地区重度盐碱地道

路营建道路防护林。

6.3.3 滨海地区重度盐碱地道路防护林综合配套营建技术应用分析

6.3.3.1 研究区概况

研究地点位于山东省东营市利津县刁口乡，位于山东省北部黄河三角洲地区，属于暖温带半湿润地区，大陆性季风气候，年均气温为 13.8℃，无霜期长达 226 天，≥10℃年积温约为 3760℃，年降水量为 500～600mm，多集中在夏季，7～8 月降水量约占全年降水量的一半，且多暴雨，降水量年际变化大，年蒸发量为 1700～1800mm。研究区地质构造为黄河近代决口沉积平原，全区地势平坦，自西南到东北顺河海拔从 11m 到 2m，自然比降为 1/11 000；背河由近河到远河，自然比降为 1/7000，土层厚度一般为 500～600m，区内微地貌复杂。研究区土壤为冲积性黄土母质在海浸母质上沉淀而成，机械组成以粉砂和淤泥质粉砂为主，沙黏相间，易于压实，渗透性差，层次变化复杂，盐碱含量高。植被稀少，部分地段仅有柽柳、翅碱蓬等零星分布。

6.3.3.2 试验布设及指标测定

2006 年在研究区选取典型滨海盐碱地段，进行集合单元模块的台田沟渠工程整地措施。分别设置 3 种模式进行试验对比，模式 I 为台田整地后，直接进行 5cm 水深灌水压盐，2006 年栽植树木，可称为传统模式；模式 II 为台田整地后进行 1 年深翻熟耕、裸地晒田，2007 年栽植树木，可称为改进模式；模式III为经过约 1 年裸地晒田、冰冻改土和 1 年绿肥种植后，2009 年春季分别进行道路防护林营建，可称为复合模式，具体描述见表 6-1。2009 年、2010 年、2011 年连续 3 年对单元模块的不同模式进行效益监测，并以工程实施前的裸地作为对照。在各单元模块的台田内，按“S”形均匀布设 6 个试验采样点，每年 9 月底进行样品采集与测试。在 0～20cm 土层进行土壤样品采样，利用环刀浸水法测定土壤容重及孔隙度等各项物理指标；pH 采用 pH 计（水土比 5∶1）测定；可溶性盐采用重量法测定（水土比 5∶1）；土壤有机质采用重铬酸钾氧化-外加热法测定。

表 6-1 不同模式类型描述

模式类型	模式描述
模式 I（传统模式）	单元模块台田整地后，直接进行水深 5cm 的灌水压盐，当年春季栽植树木
模式 II（改进模式）	单元模块台田整地后进行 1 年裸地晒田，2007 年灌水压盐后，春季栽植树木
模式III（复合模式）	单元模块台田整地后，经 1 年裸地晒田、冰冻改土和 1 年的深翻熟耕、绿肥种植后，2009 年春季进行道路防护林营建

注：以上模式均是 2006 年在研究区选取典型滨海盐碱地段进行集合单元模块的台田工程措施后实施的

6.3.3.3　结果与分析

（1）不同模式下的造林成活率及保存率

考虑到紫穗槐、沙枣耐盐能力低于柽柳和白刺，因此在营建灌木时，前两种模式仅考虑栽植柽柳和白刺；美国竹柳当时未引进，依据适地适树的原则，故在前两种模式下仅对当地乡土树种绒毛白蜡和白榆进行试验。从表 6-2 可以看出，在重度滨海盐碱地段，进行工程整地之后，当年栽植树木有部分成活，传统模式和改进模式，乔木造林成活率保持在 57%～63%，灌木造林成活率保持在 63%～78%，两种模式当年造林成活率差异不显著。但随着林龄的增长，模式Ⅰ和模式Ⅱ造林成活率下降较大，并且开始出现较大差异，栽植 2 年后，模式Ⅰ和模式Ⅱ下的乔木造林成活率分别为 5%～7%、25%～30%，灌木造林成活率相对差异较小，保持在 43%～55%。栽植 3 年后，模式Ⅰ和模式Ⅱ下的乔木成活率非常低，为 2%～10%，灌木树种稍高，为 30%～35%，而模式Ⅲ，乔木树种的成活率和保存率为 87%～92%，灌木则高达 90%以上。可见，在滨海重度盐碱地道路，为提高树木成活率，不能急功近利，操之过急，应充分熟化土壤、培肥地力，使土壤能够实现水盐运移的良性循环，这样才能有效提高造林成活率，也避免了“小老头树”的形成。从造林成活率来看，在滨海重度盐碱地道路，依靠传统的台田整地后，直接进行植树造林是不可行的，为了有效持续提高造林成活率，在实施降盐的基础上，还需要进行裸地晒田、冰冻改土、熟化土壤、种植绿肥、培肥地力等。

表 6-2　栽植不同年份后的造林成活率及保存率

模式类型	当年栽植不同树种的造林成活率/%						
	绒毛白蜡	白榆	美国竹柳	柽柳	紫穗槐	白刺	沙枣
模式Ⅰ	62	61	—	75	—	63	—
模式Ⅱ	63	57	—	72	—	78	—
模式Ⅲ	100	97	97	100	98	97	95
	栽植 2 年后不同树种的造林成活率/%						
	绒毛白蜡	白榆	美国竹柳	柽柳	紫穗槐	白刺	沙枣
模式Ⅰ	5	7	—	45	—	50	—
模式Ⅱ	30	25	—	55	—	43	—
模式Ⅲ	92	93	91	96	96	97	95
	栽植 3 年后不同树种的造林成活率/保存率/%						
	绒毛白蜡	白榆	美国竹柳	柽柳	紫穗槐	白刺	沙枣
模式Ⅰ	2/2	0/0	—	30/30	—	32/32	—
模式Ⅱ	10/10	9/9	—	35/35	—	30/30	—
模式Ⅲ	92/92	87/87	91/91	96/96	96/96	95/95	90/90

注：调查时间为每年 9 月底

（2）不同模式下的耐盐树木生长特征

由表 6-3 可知，模式Ⅰ和模式Ⅱ的胸径增长量、地径增长量及苗木高增长量均小于模式Ⅲ，即前两种模式下，虽然有部分树木成活，但其生长缓慢，易形成“小老头树”，起不到防风固沙、保持水土的作用，即道路防护效能失效。模式Ⅲ下绒毛白蜡、白榆、美国竹柳等 3 种乔木的树高生长增长量为 1.84～2.55m，灌木树高增长量为 0.85～1.23m；乔木地径增长量为 1.12～1.32cm，胸径增长量达 0.74～0.89cm，灌木地径增长量达 0.32～0.85cm。表明模式Ⅲ措施下，苗木能较好地适应当地的盐碱环境，缓苗期短，保存下来的苗木生长良好。

表 6-3　栽植 3 年后的树木生长量

模式类型	树种	胸径增长量/cm	地径增长量/cm	苗木高增长量/m
模式Ⅰ	绒毛白蜡	0.15	0.18	1.12
	白榆	0.08	0.12	1.03
	柽柳	—	0.04	0.84
	白刺	—	0.02	0.91
模式Ⅱ	绒毛白蜡	0.18	0.21	1.25
	白榆	0.10	0.14	1.05
	柽柳	—	0.05	0.98
	白刺	—	0.02	0.92
模式Ⅲ	绒毛白蜡	0.89	1.23	2.13
	白榆	0.74	1.12	1.84
	美国竹柳	0.88	1.32	2.55
	柽柳	—	0.85	1.08
	紫穗槐	—	0.53	0.85
	白刺	—	0.32	1.23
	沙枣	—	0.68	1.12

注：“—”表示未测定

（3）不同模式下的土壤盐碱含量

栽植 3 年后不同模式下的盐碱含量如图 6-8 所示。由图 6-8 可知，滨海重度度盐碱地道路，在采取单元模块台田工程措施之后，不同模式道路防护林类型下土壤含盐量、pH 较裸地均有所下降，降盐抑碱效果显著。但由于模式Ⅰ和模式Ⅱ下，地表裸露，树木成活率低，地表返盐严重，土壤含盐量均值仍分别高达 1.21%、0.95%，土壤 pH 平均分别为 8.28、8.12，而模式Ⅲ土壤含盐量和 pH 分别为 0.30%、

7.77。模式Ⅰ、模式Ⅱ、模式Ⅲ的土壤含盐量分别比裸地下降 60.56%、69.07%、90.18%，土壤 pH 分别比裸地下降 4.78%、6.56%、10.64%。可见，模式Ⅲ由于经过 1 年的裸地晒田、冰冻改土和 1 年的绿肥种植、培肥地力后，地表覆盖度高，同时枯枝落叶覆盖地表，在一定程度上抑制了土壤蒸发，防止了返盐，降盐压碱效果显著，树木成活率和保存率高。

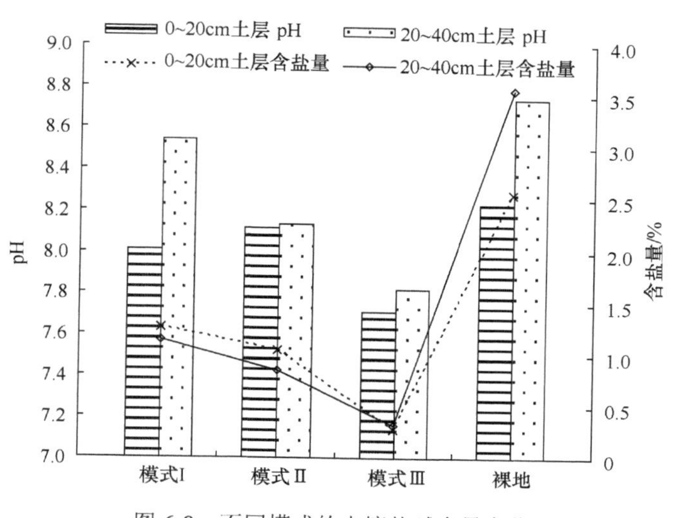

图 6-8　不同模式的土壤盐碱含量变化

（4）不同模式下的土壤容重、孔隙度及有机质含量

数据分析表明（表 6-4），滨海重度盐碱地道路实施单元模块台田工程措施后，表现出土壤容重减小、孔隙度增大的变化趋势，其中模式Ⅲ的土壤透水性、通气性和持水能力最佳。通气、透水性能的加强，有利于树木成活，这也是模式Ⅲ下树木成活率、保存率较高的一个原因。土壤容重均值大小表现为模式Ⅲ＜模式Ⅱ＜模式Ⅰ，分别比裸地下降 15.4%、8.8%、5.0%，总孔隙度均值大小表现为模式Ⅲ＞模式Ⅱ＞模式Ⅰ，分别比裸地增加 13.9%、7.1%、6.9%。模式Ⅰ和模式Ⅱ工程措施整地后土壤容重和总孔隙度差异不显著，模式Ⅲ经工程措施及配套生物修复措施后土壤变得疏松，有利于水分的渗透和贮存；孔隙度的增加，有利于降水的下渗，减少地表径流。土壤有机质均值大小表现为模式Ⅰ＜模式Ⅱ＜模式Ⅲ，分别是裸地的 1.01 倍、1.05 倍、2.11 倍。模式Ⅰ和模式Ⅱ由于树木成活率较低，地表覆盖度较低，枯枝落叶量少，土壤有机质基本没有增加。模式Ⅲ经单元模块台田工程措施后实施裸地晒田、冰冻改土和深翻熟耕、绿肥种植措施，培肥了地力；同时林下丰富的凋落物形成的腐殖质富含灰分元素，也有利于增加土壤有机质含量。

表 6-4 不同模式下的土壤容重、孔隙度及有机质含量

模式类型	土层深度/cm	土壤容重/（g/cm³）	总孔隙度/%	有机质含量/（g/kg）
模式Ⅰ	0～20	1.48	47.89	7.14
	20～40	1.54	46.34	4.68
模式Ⅱ	0～20	1.44	48.76	7.24
	20～40	1.46	45.69	5.04
模式Ⅲ	0～20	1.31	51.08	13.43
	20～40	1.38	49.35	11.25
本底值	0～20	1.56	45.64	7.12
	20～40	1.62	42.53	4.58

6.3.3.4 研究结论

（1）3 种模式效应比较

在同样盐碱地段，在实施统一的单元模块台田工程措施后，传统模式（模式Ⅰ）和单一模式（模式Ⅱ）当年树木虽然有部分成活，但栽植 3 年后，成活率、保存率较低，树木生长也缓慢，防护潜能失效；这两种模式虽然有一定的降盐压碱功能，但土壤通气、透水性改善较小，土壤有机质含量与裸地差异不显著。综合比较分析，传统模式和单一模式不适合在滨海重度盐碱地道路实施，而复合模式（模式Ⅲ）的道路防护林建设技术应为类似盐碱地段比较合理的一种工程措施及配套生物修复技术。

（2）复合模式（模式Ⅲ）技术要点

实施后土壤盐碱概况：在重度滨海盐碱化地段，0～40cm 土层全盐含量为 2.55%～3.56%，平均为 3.06%，pH 为 8.23～8.74，平均为 8.49。

在“林网、路网、水网”三位一体的规划理念下，依据林带长度布设集合单元模块台田沟渠工程整地措施，但至少应为“双渠双田”，以有效降低地下水水位，抑制次生盐碱化的发生，此时 0～40cm 土层含盐量平均为 1.45%，从培肥地力和抑制次生盐碱化的角度，建议不宜进行大田漫灌，可直接进行植物材料的栽植。

为熟化土壤，稳定土壤孔隙结构，抑制盐分上升，单元模块台田沟渠平整土地后，进行约 1 年的裸地晒田、冰冻改土，此时 0～40cm 土层含盐量平均达 0.82%。

为培肥地力，提高树木成活率，深翻熟耕、蓄水压盐后，可种植 1 年绿肥，整平后 5cm 水深淡水漫灌使栽植时 0～40cm 土层含盐量降至 0.3%左右，此时种植绿肥，种类以苜蓿、驴食草为主。

经过上述措施，0～40cm 土层含盐量低于 0.3%，此时不需大水漫灌，可直接在上一年的草地上进行耐盐程度低于 0.3%的乔、灌木树种的栽植，同时在空闲地

段继续草本植物苜蓿、驴食草的种植，形成乔、灌、草结合的立体空间配置结构，即分别进行 1 年的裸地晒田和绿肥种植后，进行防护林的营建。具体配置模式如下：采用“品”字形栽植，乔、灌混交比例为 2∶1～3∶1，株行距为（1.0～1.5）m×（2.0～3.0）m，其疏透度为 0.15～0.20，乔木树种以绒毛白蜡、白榆、美国竹柳为主，灌木树种以柽柳、紫穗槐、白刺、沙枣为主，林下进行草本植物苜蓿、驴食草的种植。

（3）复合模式（模式Ⅲ）技术效果

A. 成活率和保存率高，生长性状较好。复合模式乔木树种在第三年的成活率和保存率为 87%～92%，灌木则高达 90%以上；绒毛白蜡、白榆、美国竹柳等 3 种乔木的树高生长增长量为 1.84～2.55m，灌木树高增长量为 0.85～1.23m；乔木地径增长量为 1.12～1.32cm，胸径增长量达 0.74～0.89cm，灌木地径增长量达 0.32～0.85cm。

B. 降盐抑碱效果强。复合模式实施 3 年后，土壤含盐量上、下层分别降至 0.28%、0.32%；pH 分别降至 7.71、7.82，土壤含盐量和 pH 均值分别比裸地下降 90.18%、10.64%。

C. 土壤容重变小，总孔隙度增大，土壤通气、透水性能得到良好改善；土壤有机质增加显著。复合模式实施 3 年后，土壤容重上、下层分别达 1.31g/cm^3、1.38g/cm^3，上、下层土壤总孔隙度分别增至 51.08%、49.36%，土壤容重均值比裸地下降 15.4%，总孔隙度均值比裸地增加 13.9%。土壤有机质上、下层土壤分别增至 11.23g/kg、13.25g/kg，土壤有机质均值是裸地的 2.30 倍。

6.4　滨海盐碱地防护林造林关键技术

有关黄河三角洲盐碱地造林绿化及开发利用的实践具有较长的历史。尤其是 20 世纪 50 年代初以来，山东省深入、系统地开展了盐碱地造林绿化和改良利用的研究，省和地方政府也大量投资治理、改良和利用盐碱地。山东省林科所 50 年代初在黄河三角洲的寿光建立起全国第一个滨海盐碱地造林试验站，对滨海盐碱地的改良和造林技术进行了深入系统的研究；山东省农业科学院土壤肥料研究所也相继在寿光建立起盐碱地土肥试验站。经过多年的实践，各地也都相继总结出许多好的整地改土技术和工程措施，推动了滨海盐碱地的造林绿化和改良利用。在黄河三角洲滨海盐碱地上，结合水工措施、运用新技术和成果改善立地条件，科学栽植，依据不同的生境选用耐盐植物材料，实行乔、灌、草的合理混交搭配，增加地面覆盖，减少地面蒸发，扼制土壤盐分向地表的积累，使土壤表层逐渐脱盐，实现黄河三角洲滨海盐碱地的造林绿化改良和可持续利用是完全可行的。

依据前人的技术和研究成果，结合课题组多年来盐碱地生态改良的研究与实践，课题组提出了适宜黄河三角洲盐碱地造林绿化的关键技术。主要包括以下三方面。

6.4.1 盐碱地改土措施

6.4.1.1 水利工程改土措施

（1）修建排灌系统和条田、台田

盐碱地一般具有地下水水位高、地下水矿化度高、土壤含盐量高等特点，形成盐涝双重危害。为此，应在全面规划的基础上，开沟筑渠，修建完整的排水和灌水系统（图 6-9）。在开挖沟渠的同时，修筑条田或台田。条田的宽度较大，地面不抬高，台田的宽度较小，并且抬高地面。在完善的排灌系统条件下，条田、台田是促进土壤脱盐和改良盐碱地的有效治理模式，已被广泛采用（龚洪柱等，1986）。

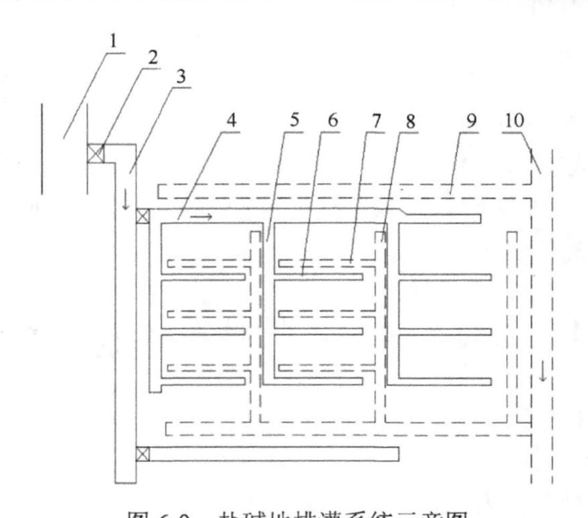

图 6-9 盐碱地排灌系统示意图

1. 河道；2. 进水闸；3. 输水干渠；4. 支渠；5. 斗渠；6. 农渠；7. 农排；8. 斗排；9. 支排；10. 干排

1）条田

农排沟是修建条田的基础。农排沟应达到一定深度，才能排出沥涝和地下水，并把条田内地下水水位降低或控制在临界深度以下，以保证土壤稳定脱盐和防止返盐。农排沟的适宜深度一般为 1.5～2.0m，因各地的土质、土壤含盐量、地下水水位及矿化度的不同而异，如粉砂壤土的毛管水上升高度大，排沟应深一些；黏质土的毛管水上升高度低，排沟可以浅一些；地下水矿化度高的地区，易使根层土壤盐分达到危害程度，排沟也应深一些。

条田宽度是修筑条田的一个重要技术指标。条田的宽度与土壤脱盐快慢密切相关，条田越窄灌溉需水定额越小，蓄水淋盐年限越短，土壤脱盐越快，因此条田宽度应适当窄一些。根据寿光盐碱地造林试验站进行的不同宽度条田脱盐试验，对 50m、75m、100m 3 种宽度的条田经过 3 年的蓄水脱盐，脱盐率分别为 52.5%、45.0%、39.5%。表明这 3 种规格条田脱盐效果都比较好，又以 50m 宽条田的脱盐最快。通过条田工程改碱试验还可看出，在条田面上距沟不同的距离，土壤脱盐效果是不同的。一般距沟越近，土壤的脱盐速度越快。在宽幅条田上，常因田面距沟远近而形成土壤含盐量差异，可使条田面上的林相形成凹形。这进一步说明在重度盐碱地上修筑窄幅条田，土壤脱盐效果更好。但是条田过窄，挖沟占地多，并需增加工程量和投资。据滨海地区试验，1.7～2.0m 深的排沟，单侧控制条田脱盐范围为排沟深的 20～25 倍，条田宽度以 70～100m 为宜；在重盐碱地上，条田宽度为 50m。由于各地的土质、盐分、地下水状况及管理措施不同，条田适宜宽度也有较大差异。

2）台田

在一些地下水水位较高、土壤含盐量较重、排水不畅的涝洼地区，为加速土壤脱盐，可修筑台田。修台田时把排沟挖上来的土撒在田面上，将地面抬高到一定高度。台田相对降低了地下水水位，减轻了地表返盐；此外还疏松了上层土壤，改善了土壤的通气性。台田也是在开挖排水系统的基础上形成的，如有灌溉条件，也应修建灌水系统，并结合修建田间道路，以便更好地发挥台田的改土作用。台田宽度多采用 20～30m，改良土壤效果较理想，经 2～3 年雨水淋洗，1m 深土层的含盐量可由 0.8%～1.0%下降到 0.2%左右。台田面垫土的高度，应以抬高地面后能把地下水水位控制在临界深度以下，使土壤不易返盐为原则，并要考虑土方量、用工、投资等因素。各地多采用抬高地面 20～30cm 的台田，能收到较好的改土效果。台田的长度应根据地形等情况而定。如修渠不便，采用漫灌，则台田不宜过长，一般以 200～300m 为宜；如蓄存雨水洗盐，地面又较平坦，台田长度可达 400～500m；如地面起伏不平，则应短一些。

（2）灌水洗盐

灌水洗盐应根据当地的气候、土质、土壤含盐量、地下水水位与水质，以及林种、树种等因素，掌握好以下几个技术环节。

1）灌渠的设置

干、支渠主要用来输水。斗渠是从支渠分水引向条田，其控制灌溉面积以 $200hm^2$ 为宜，间距通常为 500～1000m。农渠可直接放水入条田，条田面积为 13～$20hm^2$，农渠间距为 100～200m。

2）洗盐季节

可因地制宜选用春洗、伏洗和秋洗。经过秋耕晒垡的土壤，春季地下水水位低，土壤排水、排盐快，春洗效果好。应在土壤解冻后立即灌水洗盐，再浅耕耙平造林。若造林前来不及洗盐，也可于造林后结合灌水进行洗盐。春季洗盐后，蒸发量日渐增加，应及时松土保墒，防止土壤返盐。新开垦的重盐碱地，可在雨季前整地，在夏季雨水淋洗的基础上，利用水源丰富、水温高的条件，再进行伏洗，以备秋季造林。新开垦的盐碱地或计划翌年春季造林的盐碱地，都可在秋末冬初进行灌水洗盐。这时农用水减少，水源比较充足，地下水水位低，土壤蒸发量小，脱盐效果较好。但秋洗必须有排水出路，否则会因洗盐而抬高地下水水位，引起早春返盐。

3）洗盐方法

为达到既省水、脱盐效果又好的目的，洗盐应采取畦灌和分次灌水的方法。畦灌的优点是能准确地控制水量，节约用水；同时地面水层均匀，避免出现“露头地”，防止地表盐斑的形成。分次灌水是按照拟定洗盐定额，分多次灌水洗盐。由于洗盐灌水定额的水量大，如果一次灌入田内，水深要达几十厘米。不仅管理困难，而且易引起地埂和排沟塌坡，使排沟淤塞，影响洗盐、排盐效果。因此应分次灌水，一般以 3 或 4 次为宜。第一次灌水，由于土地干旱，吃水量大，水量可适当放大，为 1800～2250m^3/hm^2，使地表水深 10～25cm 为宜。此后视土壤质地和渗水情况每隔 3～5 天灌水一次，直至按洗盐定额灌完为止。在滨海的光板盐碱地上，灌水后表土呈糊状，渗水困难，影响脱盐。应待第一次灌水渗完后，落干 2～3 天，使表土收缩，形成一定裂隙，再进行第二次灌水，能加快渗水，提高脱盐效果。灌水洗盐后，在人和机械能进地时应适时进行耕翻，防止水分大量蒸发，引起土壤返盐。

（3）蓄淡压盐

蓄淡压盐是围埝积蓄雨水来淋洗土壤盐分的方法。它是无灌溉水源地区进行盐碱地改良的可靠办法。即使是有灌水条件的地区，再借助雨水蓄淡压盐，也可加快土壤脱盐。由于降雨量的限制，蓄淡压盐的脱盐速度一般不如灌水来得快，而且费时长，因此蓄淡压盐的条田、台田不宜过宽。山东省林业科学研究所（现山东省林业科学研究院）寿光盐碱地造林试验站在滨海盐碱地的试验发现，30m 宽的窄幅条田脱盐快而且均匀，一般经过 2～3 年雨水淋洗，1m 深土层含盐量可由原来的 0.8%～1.2%降为 0.1%左右。50m 宽条田经过 5～6 年雨水淋洗，70m 宽条田经过 7 年雨水淋洗，也能达到大致相同的效果。而 100～150m 宽的条田，由于距沟远的条田中部脱盐率低，林木生长仍受到影响，林相也出现凹形现象。在窄幅条台田上进行蓄淡压盐造林效果虽好，但台田不宜过窄。如台田宽 10m 左右，因排水过快，易干旱缺水，与 30m 宽的台田相比，林木生长量明显下降。

蓄淡压盐的土地要在蓄淡前做好深耕晒垡、筑埂作畦、平整土地等工作。地埂要牢固，以免蓄存的雨水外流。大雨时应及时察看并维修地埂。蓄淡压盐一般需时较长。在雨季过后，要及时深耕松土；第二年的雨季前，再将地埂重新修好，继续蓄存雨水。

（4）暗渗管排水洗盐

使用滤水陶管或混凝土管等排水管材进行暗管排水洗盐是盐碱地城镇绿化常用的一种改土措施。由于城镇绿地不可能按条田、台田的形式挖沟把盐分排走，可铺设一定数量的暗管把土壤中的盐分渗透到管中随水排走，并将地下水水位控制在临界深度以下，达到土壤脱盐和防止返盐的目的。这种措施虽然造价较高，但改土效果好，在重盐碱地城镇绿化中采用较广泛。例如，东营市供水公司院内，1987 年挖深 1m，埋直径 20cm 的陶瓷滤水管 160m，并与主排沟连通。管外先填 2cm 直径的石子，厚约 20cm，再填 10cm 厚的粗沙层，然后将原土填回，顺沟筑埂作畦，灌水洗盐 3 次。1988 年植树时，0～80cm 土层的含盐量已由原来的 1.3%降到 0.24%，栽垂柳 55 株，根部少量客土，全部成活且生长旺盛。在较大范围内暗管排盐，可建立由集水管、排水管、检查井、集水井、出水口组成的暗管排水系统，具有良好的改土效果。自 1999 年以来，黄河三角洲地区引进了荷兰的暗管改碱工程技术，这是一项使用先进的塑料管材和专业设备，适于大规模机械化施工的现代化暗管排水脱盐改碱技术（彭成山等，2006）。

6.4.1.2　耕作改土措施

改良盐碱地的耕作措施主要包括深耕晒垡、平整土地、适宜的整地方法及中耕松土等，可改善土壤物理性状、调控土壤水盐运动、防止土壤返盐和促进土壤脱盐。

（1）深耕晒垡

深耕晒垡是加速土壤脱盐的一项有效措施。寿光林场在新垦的重盐碱地上试验，经深耕暴晒干透的垡块，土壤盐分多集聚于垡块表面，当雨季到来时，积累于垡块表面的盐分首先溶解并随水渗入地下，从而加速了土壤表层脱盐。郗金标等（2007）研究结果显示暴晒干燥的垡块表面氯离子含量为 0.71%，垡块内部是 0.2%；经 18.1mm 的雨水淋洗后，垡块表面的氯离子含量降到 0.06%；垡块内部降到 0.16%，整个垡块的氯离子含量由 0.45%降到 0.12%，脱盐率达 74%。未晒垡的土地，虽然经 50.4mm 的雨水淋洗，氯离子含量由 0.41%降到 0.31%，但脱盐率仅为 25.3%。

深耕晒垡时间，以春末夏初最好。这时天气干燥，气温升高，深耕后垡块容易晒干，深耕还能消灭杂草。当垡块晒干后，逢雨季来临，无论是蓄水洗盐还是引水伏灌，都是最好时机。雨季过后，天气渐转干爽，地下水水位也处于回升时期，地表开始秋季返盐，进行秋季深耕也较适宜。秋耕一方面可以起到防止秋季土壤返盐的作用；另一方面当垡块晒干后正是冬灌季节，或者积蓄雨雪，促进土壤脱盐。

深耕晒垡的深度一般为 20cm。如果是机耕，耕深可达 25～30cm，但 20cm 以下只松不翻。因为 0～20cm 土层一般杂草根系盘结，有机质含量高，耕翻后易形成较大垡块，有利于晒垡淋盐。其下部多为生土，含盐量高，不宜翻到表层。耕深要一致，使土壤疏松层受水均匀，脱盐效果好；否则，疏松层厚薄不均，吸水量大小不等，会影响脱盐的均一性而出现盐斑。

进行深耕时要具有适宜的土壤湿度。对于含盐量高的土壤和黏质土，如果土壤湿度过大，翻了“明垡”（翻起的土块底部呈明亮状态），垡块干后不易打碎，对耕作十分不利。盐碱地耕地时要“耕干不耕湿，严禁翻明垡”。

（2）平整土地

整平土地是加速土壤脱盐、消除盐斑地、提高造林成活率、保证林木生长一致的重要措施。根据寿光盐碱地造林试验站的试验，在条田内较高的“蘑菇顶”（局部高地），经 8 年的雨水淋洗，由于积水层较薄，土壤含盐量只降低了 0.1%；当整平 3 年后，盐分含量由 0.65%降低到 0.048%。另外，根据对灌水后“露头地”（露出水面的局部高地）的观测，由于受蒸发和洼地渗水的影响，灌水后土壤含盐量不仅没有降低，反而由原来的 0.13%上升到 0.57%，出现积盐现象。

大面积整平土地要因地制宜采用不同的措施。如条田、台田过长，遇高差 30～40cm 的坡地，即采取分段筑埂作畦、分段灌水，使各段受水均匀，达到脱盐一致。在有条件的地区，可采用推土机等机械，大面积整平土地，达到更理想的改土效果。

（3）整地方法

1）全面整地

在盐碱地上成片造林，应进行全面机耕整地。既能把“瘦、冷、死、板”的盐碱地表层变成活土层，使土壤的水分、空气、温度状况得到改善，加速淋盐和抑制返盐；又能将杂草翻入土中，增加土壤有机质；还能促进土壤微生物的繁殖，有利于有机质的分解。整地深度应根据土壤情况而定。例如，土质黏重，干硬湿泞，通透性差，或表土含盐量高，下层含盐量低，宜深耕 30～50cm，以改善土壤物理性状和盐分状况。底层含盐分较多的盐碱土可以套 2 犁，即耕翻上层 15～20cm 活土层，下层土只松不翻，“深耕浅翻，上翻下松，不乱土层”。这样，既防止将下层土中的盐分翻上来，又能疏松土壤。沙质土地较松散，底土瘠薄，不宜深耕。

黏质土的整地时间，一般春、秋、冬均宜早耕。春季早耕可以防止土壤返盐，并能提高地温，但耕后要耙细、耙实，以利于保墒。秋耕在雨季后天气转向干燥时及早进行，耕翻有利于抑制土壤盐分回升，并能掩埋杂草。冬耕应在封冻前。沙质土与黏质土的耕性不同，冬耕宜早，春耕宜晚。冬季早耕可以及早切断土壤毛细管，防止土壤返盐；经晾墒后可形成土团，也有利于抑制土壤返盐。春季晚耕，地面较干，耕后可以形成一层土团抑制返盐；此时气温已回升，耕后可使地温迅速提高，耙 2 或 3 遍，使土壤踏实返墒，即可造林。

2）小畦整地

在道路绿化时，可用小畦整地。在路的两侧做低床，一般在低床靠排水沟的一面做成土埂。低床宽度视具体情况而定，每隔 10～15m 打一横埂，形成小畦。雨季汇集路面雨水流入畦内，使淋溶的土壤盐分排入沟内，脱盐快，林木成活、生长良好。柏油路面淋盐效果更佳。营造农田防护林带，亦可采用小畦整地。河堤、洼地四周可呈水平方向小畦整地，以便保持水土，促进土壤脱盐。

3）大穴整地

城镇、村庄及庭院绿化，往往无挖沟排水条件。如果地势较高，地下水水位较低，可采用挖大穴整地的办法。穴径 80～100cm，深 70～100cm，挖穴时除去盐结皮，熟土、生土分别放置。栽树时，用生土在穴的四周围埝，用熟土栽树。有条件的地方，可进行客土。大面积造林时，挖穴整地要与其他整地措施配合，即在全面整地或小畦整地之后，在条田、台田或小畦内再挖植树穴，以利于蓄淡洗盐或灌水洗盐，提高造林成活率。

（4）中耕松土

盐碱地造林后，要及时中耕松土。中耕能疏松表层土壤，切断土壤毛细管，减少水分蒸发，有利于防止土壤返盐和加速土壤脱盐。据测定，松土后 18 天的耕作层土壤含水量比未经松土的高 1 倍多。不松土的表层土壤氯离子含量达 0.2%，而松土的为 0.1%以下。松土能把盐分控制在土壤下层，如遇降雨或灌水，可以使盐分进一步下渗。

6.4.1.3　生物改土措施

经过水利工程和耕作改土措施，土壤中的盐分一般会显著降低，但土壤中的养分也随着淋洗而降低；有些地方的土壤盐分虽然减少，但 pH 升高，土壤酸碱度由近中性变为强碱性。所以在改良水利工程措施的同时，要密切配合生物措施，特别是种植绿肥作物，对培肥地力和防止土壤 pH 升高具有良好作用。

种植绿肥作物，可以形成良好的植被覆盖，对改善近地面小气候，减少水分蒸发，调控土壤水盐运动十分有利。根据寿光盐碱地造林试验站在田菁地内的观测，其地上 1m 高处的气温和近地面的气温比空旷区分别降低 1.3℃和 8.9℃，空气相对湿度提高 4.5%，地面水分蒸发减少 1/10，减轻了土壤表层返盐，促进了脱盐。雨后，空旷地虽经雨水淋洗，但因地面裸露，蒸发强烈，土壤返盐，含盐量比雨前有所提高；而田菁地有植被覆盖，雨水淋洗作用好，土壤表层的蒸发及返盐轻，含盐量明显降低。

绿肥作物是含氮量高的有机肥料。田菁（*Sesbania cannabina*）、紫穗槐、紫苜蓿、草木樨（*Melilotus officinalis*）等绿肥作物的枝叶都含有丰富的氮、磷、钾等养分。广种绿肥作物，合理翻压绿肥，可以明显改良土壤结构，提高土壤肥力。种植绿肥作物改土通常采用压青、“先灌后乔”等方式。在经过水利工程措施初步改良的寿光林场盐碱地上播种田菁，当年压青，土壤有机质提高 0.07%～0.1%，含氮量增加 0.027%；连续翻压两年，含盐量高的土地面积减少 30%～40%。先灌后乔，即在土壤初步脱盐后，选择抗盐性较强的紫穗槐等灌木作为先锋树种，密植 3～4 年后土壤含盐量大幅度降低，然后去掉灌木，栽植乔木。在寿光林场盐碱地上栽植紫穗槐 5 年后，土壤含盐量由原来的 0.4%～0.5%下降到 0.1%～0.2%；除去紫穗槐后营造榆树林，成活率达 95%以上。

在黄河三角洲地区的盐碱荒滩上，只有一些盐生植物能够生长，如盐地碱蓬、柽柳、白刺的耐盐能力可达 2.0%～2.5%，中亚滨藜的耐盐能力可达 1.0%～1.5%。这些盐生植物都有改良盐碱地的作用。保护利用这些盐生植物的天然植被，或人工栽植盐生植物，是滨海盐碱地生物改土的一项重要措施。

6.4.1.4 微区改土措施

微区改土是在盐碱地城镇绿化中总结出的改土技术，不仅投资少、见效快，而且简便易行。微区改土是指局部的土壤改良，小至一个树穴，大至一条绿化带乃至一片绿地，通过客土抬高地面、客土底部设置隔盐层、地面设覆盖层以及化学改良等措施，使树木根际土壤的理化状况、营养条件得到改善，明显抑制了土壤返盐，促进了脱盐，从而有效地提高了树木的成活率和生长势。

（1）抬高地面改土

抬高地面，修建地上植树池，相对降低地下水水位，防止土壤返盐，是一种经常采用的改土措施。例如，中国石油大学和胜利油田供水公司建植树池 1200 个，绿篱带池 2000m。根据该区地下水水位及盐化情况，一般抬高地面 60cm 左右，池底垫稻草、生活垃圾及碎石等作隔离物，并利用客土栽植龙柏、塔柏、冬青卫矛、黄杨、紫荆、榆叶梅等花木，成活率均在 90%以上，且生长旺盛。

（2）隔盐袋改土

在植树穴内放置大小适合的塑料薄膜隔盐袋，袋中装入客土，再拌上适量过磷酸钙、腐殖酸营养土，保证苗木有足够营养。将树苗定植在袋内，填土后高出地面 1cm 左右。为避免袋内的土壤水分过多，在薄膜袋底部打若干筛孔，孔径＞0.1mm，使重力水向袋下移动。孔径大于 0.1mm 的孔隙不具毛细管作用，地下水分沿土壤毛细管上升时遇到隔盐袋就停止，同时也切断了土壤盐分横向入侵的通路。树苗定植后，要使袋内土壤相对湿度保持在 70%左右。隔盐袋必须位于地下水可能上升的高度以上，否则因地下水浸泡，筛孔失去作用，盐分就会侵入袋内。

树苗定植后靠袋内的土壤发芽生根。随着树龄增加，耐盐能力也逐渐提高，当根穿透塑料袋解脱其束缚时，树木即可转入正常生长。

（3）隔盐层改土

为了控制微区土壤盐分上升，防止客土迅速盐渍化，在植树穴、种植带或植树池底层可铺设隔盐层。使用的材料有炉渣、鹅卵石、石子、粗沙或锯末、马粪、稻草、麦糠等。以麦糠、马粪为材料的隔盐层，一般以 5～10cm 厚为宜；其他材料的隔离层，以 10～20cm 为好。有机物隔盐层之上需有 25～30cm 厚的土壤保护层，防止有机物发酵散热从而烧坏苗根。铺设有机物隔盐层，不仅有效阻止地下盐分上升，而且有机物腐解后还能增加土壤有机质，降低土壤酸碱度。

（4）覆盖层改土

为了防止地面蒸发返盐，在植树穴或绿地地表铺设锯末、粗沙或塑料薄膜等材料，也能取得较好的抑制蒸发、改良土壤的效果。

东营、滨州在城市道路绿化中采用塑料薄膜覆盖植树穴，在浇透水的植树穴内围绕苗干基部铺设长、宽为 0.8～1.0m 的薄膜，用土压严四周，并筑 30cm 高的穴埂。经测定，盖膜植树穴内 40～50cm 深的土壤含水率比未盖膜的提高 19.7%，含盐量降低 21%，地温升高 3℃，造林成活率提高 16.6%～22.6%。盖膜能有效减少地面蒸发，保持土壤水分，减轻地面返盐，是一项节约投资、简便易行的有效措施。

（5）客土、隔盐与覆盖相结合改土

地上植树池只适宜栽植较小型的花灌木和绿篱，高大乔木因池小土少不太适合。为此，中国石油大学在植树中采用了大穴换土、下隔上盖、穴周设挡水板等综合改土措施。做法是：在植树点挖 0.8～1.0m 的大穴，底部铺 20cm 厚、直径为 2～3cm 的石子，石子上面铺 10cm 厚粗沙，再利用客土植树；栽后压实灌以透水，穴周围挡上高 30～40cm、厚 10cm、长 80～100cm 的水泥板，地上露 15～20cm，呈一方形穴面，用以阻挡雨后刷洗地面的咸水进入树穴。树穴的面上再盖一层 10cm 厚的粗沙或稻草等秸秆，并用沙压住，以防被风吹走。上述多项措施综合应用，使土壤盐分不易进入穴内，不仅使穴内的客土不致盐化，且随着浇水灌溉使树穴周围脱盐的土壤范围不断扩大。该校栽的槐树、垂柳、绒毛白蜡，成活率均达 85%以上，并且生长旺盛。表明这是一项成本低、效果好的盐碱地城镇绿化改土措施。

据唐文煜等（2006）对城镇园林绿化中采取微区改土措施的效果分析，客土质量和抬高的高度、隔离层材料和绿地管理精细程度对绿地内客土含盐量的影响很大，而绿地建成时间对绿地内客土含盐量的影响不大。因此，只要采用的微区改土措施合理，加之科学的养护管理，客土就会在较长期内不发生盐渍化，园林植物便可正常生长。

6.4.1.5 化学改土措施

（1）施用酸性化学制剂

在盐碱地上施用过磷酸钙等酸性化肥，可以降低土壤 pH，减轻盐碱对树木的危害。腐殖酸复合肥料具有活化磷素、提高磷素利用率的作用，对钠、氯等有害离子有代换吸收作用，还能调节土壤酸碱度。

矿化度超过 2g/L 的水即为咸水，不适于灌溉。如果用矿化度高的水灌溉，数月之后土壤会变成碱性土。过去多用硫酸亚铁改良水质，但单纯浇灌硫酸亚铁会使土壤含硫及有效铁过多，容易造成植物中毒。磷酸二氢钾、磷酸、柠檬酸等对改善水质有良好作用，如池塘水加 0.2%磷酸二氢钾可以使水的 pH 由 8.4 降至 6.2。

（2）施用土壤盐碱改良剂

近年来，国内外研制生产了一些土壤盐碱改良剂。张凌云（2004）根据黄河三角洲的土壤情况，使用了 4 种土壤盐碱改良剂进行试验，分别是中国农业大学研制的盐碱地土壤改良剂——康地宝、北京飞鹰绿地科技发展有限公司开发研制的禾康盐碱清除剂、日本研制的嫌气性微生物制剂德力施、青岛海洋大学生命科学学院（中国海洋大学更名前称谓）利用贝壳、海产品加工的废弃料研制的盐碱土壤修复材料。通过在中度和重度盐渍土上进行试验，选出了改良效果较好的改良剂——盐碱土壤修复材料。盐碱地土壤改良剂在一定程度上能够起到松土、保湿、改良土壤理化性状的作用，促进植物对养分和水分的吸收。此措施与传统的水利工程和生物改良措施相比，简便易行、成本低、效果好，可较好地解决滨海盐渍土“盐、板、瘦”的问题，是一项改良治理滨海盐渍土的新措施。

6.4.2　耐盐树种选择

6.4.2.1　树种的耐盐能力

树种的耐盐力因树种不同而异。同一树种的林木，其抗盐力因树龄大小、树势强弱以及土壤盐分种类、土壤质地和含水率的不同而有差别。山东大部分树木的抗盐力为 0.1%～0.3%；少数抗盐力较强的树种可达 0.4%～0.5%，甚至更高。

树木的抗盐力随着树龄的增长与树势的增强而提高。一般将某个树种 1～3 年生幼树的抗盐力作为该树种的抗盐力指标，用于盐碱地造林的树种选择。大树的抗盐力不能作为盐碱地造林树种选择的依据，仅能作为参考。

许多树种在种子发芽出土阶段有较高的抗盐极限；而在幼苗生长的一定时期对盐分特别敏感，称为“盐反应敏感期”；此后抗盐力又逐渐稳定提高。不同树种盐反应敏感期开始的早晚、持续时间的长短各不相同，一般在出苗后 1～2 个月。紫穗槐是 9～59 天，合欢是 18～32 天，沙枣是 14～26 天，枣树是 10～73 天。如果在雨季播种育苗或造林，使土壤脱盐期与苗木盐反应敏感期相一致，就能在很大程度上避免幼苗的盐害，提高育苗和造林的成活率。

不同的盐分组成对树木的危害程度有差别。土壤物理性状也影响盐碱对树木的危害程度。在土壤含盐量相同时，若土壤含水量大，则土壤溶液浓度小，盐分危害轻；含水量小，则土壤溶液浓度增高，树木就容易受盐害。土壤沙性大，土壤疏松，通气性好，树木根系发达，也能相对减轻树木的盐害。

综上所述，树木的耐盐能力受多种因素影响。在选择造林树种时，应根据各地的具体情况分析确定。

6.4.2.2　树种选择原则

盐碱地造林难度较大，造林投资较多，如果树种选择不当，会造成较大损失。应在调查研究的基础上，慎重选择适于盐碱地的造林树种，一般应遵循下列原则（许景伟等，2000）。

1）抗盐能力强

造林树种首先要能适应造林地的土壤盐分，也就是树种的抗盐力与造林地的土壤含盐量相一致。例如，滨海盐碱地，土壤含盐量在 0.4%以上的造林地可选择柽柳、沙枣、沙棘、枸杞等树种；土壤含盐量为 0.2%～0.3%的造林地可选择刺槐、白榆、旱柳、臭椿等树种。同时，还要考虑到树木对不同盐分组成的适应性差别。

2）抗旱、耐涝能力强

山东的滨海盐碱地上，易发生春旱、夏涝，旱涝盐碱共存，又互为制约。选择盐碱地造林的耐盐树种，还应注意它的抗旱和耐涝能力，才能造林成功。

3）易繁殖，生长快

尽量选择繁殖容易、生长快、树冠大的树种，能够尽快覆盖林地，减轻土壤返盐。

4）改良土壤性能好

应多选择根系发达或具有根瘤且落叶多的树种，能起到改良土壤、提高土壤肥力的作用。

5）经济价值较高

在土壤条件许可的条件下，多选择经济价值较高的树种，如材质较好的白榆、白蜡、苦楝等用材树种，枣、枸杞等经济林树种。

6.4.2.3 主要造林树种

通过抗盐树种选育工作，为滨海盐碱地造林提供了适生树种、品种（表 6-5）。在乡土树种的选择方面，通过在不同类型、不同含盐量的盐碱地上进行育苗试验和造林对比试验，选出白榆、旱柳、毛白杨、臭椿、槐树等抗盐力较强的乔木树种，柽柳、白刺等抗盐力强的灌木树种，已在山东盐碱地造林中普遍应用。引进外来树种，是丰富盐碱地树种资源的重要途径。山东从国内外引进树种，通过盐碱地造林试验，已经造林成功的树种主要有刺槐、绒毛白蜡、新疆杨、沙枣、宁夏枸杞、紫穗槐等。刺槐、紫穗槐从 20 世纪 60 年代起已成为盐碱地造林的主要树种；绒毛白蜡的耐盐力可达 0.4%～0.5%，树干挺拔、枝叶浓密，从 20 世纪 80 年代起已成为滨海盐碱地造林绿化的主要树种之一。

表 6-5 山东滨海盐碱地主要造林树种（许景伟和囤兴建，2015）

植被类型	主要造林树种		
	重度盐碱地（含盐量 0.4%～0.6%）	中度盐碱地（含盐量 0.2%～0.4%）	轻度盐碱地（含盐量 0.1%～0.2%）
乔木	柽柳、沙枣	龙柏、侧柏、中国女贞、构树、杜梨、刺槐、国槐、龙爪槐、臭椿、苦楝、火炬树、白蜡、枣树、桑树、栾树、榆树、皂角、柳树、丝棉木、杨树、山楂树	黄连木、白皮松、雪松、杨树、山楂、日本樱花、元宝枫、栾树、灯台树、君迁子、楸树、梨树、苹果树、悬铃木、碧桃
灌木	柽柳、白刺	甘蒙柽柳、四翅滨藜、紫穗槐、木槿、铺地柏、紫藤、杞柳、大叶黄杨、金心大叶黄杨、紫叶小檗、玫瑰、紫荆、卫矛、流苏、紫薇、金银花、金银木、接骨木	大叶黄杨、大叶胡颓子、平枝栒子、凌霄、日本小檗、玫瑰、紫荆、卫矛、紫薇、石榴、红瑞木、葡萄、小叶蔷薇、海棠、地锦、绣线菊、月季、榆叶梅

6.4.3 盐碱地造林技术

6.4.3.1 造林方法

（1）植苗造林

植苗造林容易成活、容易管护，是盐碱地的主要造林方法。在盐碱地植苗造林应着重注意以下两个技术要点。

1）苗木的保护和处理

植苗造林成活的关键是保持苗木地上部分的蒸腾与根部吸收水分的动态平衡，在盐碱地上造林尤为重要。要尽量缩短从起苗到栽植的间隔时间，注意保护苗木，采用各种改善苗木水分状况的措施，如截干、短截疏枝以及浸水、沾泥浆等。截干处理常用于刺槐、紫穗槐等萌蘖性强的阔叶树种，一般能提高成活率20%～30%。短截疏枝可减少苗木地上部分的蒸腾面积，浸水和蘸泥浆可保持苗木湿润，对提高造林成活率都有显著作用。

2）栽植技术

滨海盐碱土一般是底土盐分重，地下水矿化度高，植苗时要浅栽平埋。一般是使苗木的原根径处比地面高出 1～3cm，覆土与地面相平。苗木的覆土不能高出地面，以免盐分在苗根部聚积，但也不要低于地面。

为了提高造林成活率，苗木栽植后应在树坑周围筑埂，以便灌水和蓄积雨水淋洗盐分。栽植后随即浇水，使根系与土壤密接，还能起到压盐作用。地表稍干时，立即松土或盖一层干土，可保墒和防止返盐。栽植大苗时，可于植树穴面覆盖地膜，能起到减少蒸发、保墒、增温、抑制土壤返盐的作用，有利于苗木成活生长。苗木成活后要加强幼林抚育管理。雨季经常整修地埂，蓄积雨水，淋洗盐分。

3）容器苗造林

滨海盐碱地上用大规格容器苗造林，能提高苗木抗盐能力和造林成活率。例如，寿光盐碱地造林试验站在含盐量 0.4%～0.5%的盐碱地上，用绒毛白蜡容器苗造林，成活率达 95%以上。

（2）播种造林

滨海盐碱地上播种造林，应选用种子多、生长快、根系发达、抗盐碱的树种，并选择盐碱较轻的造林地。山东滨海盐碱地播种造林的树种有刺槐、紫穗槐、柽柳等。刺槐和紫穗槐适于在河道堤坡、沟渠边坡等处直播造林。提前整地，大雨后将已催芽处理的种子进行沟播或穴播。刺槐的播种量为 45～60kg/hm^2，紫穗槐为 75kg/hm^2 左右。播种后覆土 2～3cm，轻轻埋压，使种子与土密接，以利于种子发芽出土。

柽柳亦可播种造林，需提前沟状或穴状整地，经雨水淋溶从而降低土壤盐分；以大雨后 1～2 天内无风天气播种最好，将种子均匀撒播到沟穴内的湿土上，10 天左右即可出齐苗。近年来在滨海盐碱地上利用柽柳天然下种开沟造林已广为采用，简便易行，效果显著。具体方法是：在稀疏分布野生柽柳的盐碱荒地上，按 2.0～2.5m 行距，横坡向水平开沟。沟内每隔一定距离筑一土埂，使每段沟底平整，以便拦蓄雨水。开沟深度 20～50cm，土壤盐分越重则开沟越深。开沟时向两边翻土容易施工。应于雨季前开好沟，以备柽柳天然下种。柽柳开沟下种造林是加快滨海盐碱荒地绿化的有效方法。

6.4.3.2 造林季节

（1）春季造林

早春土壤湿润、蒸发量不大，苗根的再生能力强，栽后易成活。大部分树种在滨海盐碱地春季造林宜早不宜迟。若错过适宜季节，气温升高，土壤返盐强烈，会使造林失败。刺槐、枣树等，早栽容易枯梢，成活率低，宜在芽开始萌动时栽植。

（2）秋季造林

秋季土壤湿润、含盐量较低，造林易成活，且造林时间长，便于安排劳力；第二年春季能提早发芽生长，有较强的抗盐和抗旱能力。但冬季严寒多风，新栽幼树易干梢。秋季造林必须选用抗寒的健壮苗木，常绿树种和幼嫩的苗木不宜秋季造林。秋季造林还要对苗木剪枝、截干，栽后灌水、封土，保护苗木免受风害和冻害。

（3）雨季造林

雨季造林也是滨海盐碱地造林的好时期，适于刺槐、紫穗槐、柽柳等树木的播种造林，紫穗槐等灌木的截干造林，侧柏的植苗造林，萌芽力强、扦插易生根的旱柳等树种的插干造林。雨季造林一定要掌握合适的时机，即在 7 月中下旬，趁下过透地雨后或连阴天突击造林。错过雨季的有利时机，天气复转干燥，土壤开始返盐，会降低造林成活率。

6.4.3.3 造林密度

合理密植能使幼林及早郁闭，提前形成比较合理的群体结构，减少地面蒸发，抑制土壤返盐。特别是在重盐碱并且干旱瘠薄的土地上，树木生长较慢，加大造林密度，可以提早郁闭，增强对不良环境的适应力。例如，在草荒严重的造林地上营造刺槐林，采用株行距 1.5m×4m 或 2m×3m 的较大造林密度，有利于尽快成林，可抑制白茅等杂草生长。

6.4.3.4　营造混交林

许景伟等（2012）研究认为滨海盐碱地上营造混交林，无论采用哪种混交类型和方式，刺槐、紫穗槐的比例宜大，杨树、白榆等树种的比例宜小；能充分发挥刺槐、紫穗槐对杨树、榆树等树木的促进作用，保持稳定的林相。滨海盐碱地上以营造杨树+刺槐混交林较多。一般以单行杨树和多行刺槐混交为好。这种混交方式，郁闭较早，刺槐和杨树互不受压，林内通风透光，林相整齐，林木自然整枝好，也便于机械抚育管理，对杨树和刺槐的生长都有利。乔、灌木行间混交，乔木以稀植为好，如紫穗槐 4～10 行为一带，然后栽一行乔木，能使下层灌木得到必要的光照，保持稳定的林相，收益也较多。乔、灌木株间混交，乔木行距 4～6m、株距 3～4m，在乔木株间栽植 2～3 墩紫穗槐，有利于行间机械松土除草，能利用紫穗槐就地压青，促进乔木生长。

6.4.4　林木抚育管理

6.4.4.1　松土除草

松土除草是减缓土壤盐分上升，改善土壤物理性状，减少杂草对土壤水分、养分的竞争，提高造林成活率，加速成林的关键措施。松土除草往往是结合进行的，但在不同情况下又各有侧重。松土可破碎地表结皮，割断土壤毛细管联系，减少地表蒸发，保持土壤水分，抑制土壤返盐，并改善土壤通气状况，为吸收降水和土壤微生物的活动创造条件，促进林木生长。尤其是在干旱地区，在不具备灌溉条件的情况下，松土的蓄水保墒及防止土壤返盐作用更为重要。

松土除草贵在适时，降雨或灌水后趁土壤干湿适度时，旱情严重或杂草滋生时，均应及时松土除草。黏土的土壤物理性状不好，遇雨泥泞，板结坚硬，宜耕期短，更应适时进行松土除草。松土除草的次数，要根据树木的生长和林地环境而定。新造幼林每年 4 次较为合适，第一次、第二次在春季进行，以松土为主，保墒抗旱，防止林地返盐；第三次、第四次在初夏或雨季前，松土除草结合或以除草为主。滨海盐碱地上，幼林的松土除草必须连续进行 3～5 年，至少要到幼林郁闭为止。

6.4.4.2　灌溉施肥

（1）灌溉技术

滨海盐碱地的灌溉既满足林木对水分的需要，又起到压盐洗盐的作用。灌溉要适时、适量。造林后或林木缺水时应及时灌水，春季、秋季返盐期应灌水。灌水量应保证渗透至根系分布层；同时要防止灌水过多，抬高地下水水位，引起返盐。在沙质土地，一般畦面水深 5～6cm 为宜，最大不超过 10cm。

在滨海盐碱地进行喷灌，应加大喷水量。防止因喷水量小，喷后地面很快变干，溶于水中的表土层盐分又集结于地表，致使树木受到盐害。

同时要注意灌溉用水的水质，如灌溉用水含盐量过高，不仅起不到供水和洗盐的作用，反而会使土壤盐渍化。矿化度为 1～3g/L 的地下水，即应控制灌水量；矿化度为 5～9g/L 的地下水，应严格控制灌水量。滨海地区深井的水一般碱性较高，易造成土壤物理性状变差，故不宜用作灌溉水源。

（2）施肥技术

林地增施有机肥，可增加土壤有机质和含氮量，改善土壤结构，提高地温，减轻盐碱为害，从而促进林木生长。例如，在滨海盐碱地上试验，白榆幼林每公顷施厩肥 30～45t 和紫穗槐鲜枝叶 7.5t，林木胸径生长量比不施肥的提高 10.3%～52.9%。滨海盐碱地上施用化肥，应在雨季土壤含盐量较低时追施。沙质土施肥要少量多次，可有较好的肥效。

6.4.4.3 林下间种

幼林郁闭前实行林下间种农作物，对林木起到以耕代抚的作用，还可增加经济收入。在滨海盐碱地上实行农林间作，能尽快覆盖地面，减轻土壤返盐，并改善土壤的水热条件和营养状况，促进林木生长。在盐碱地区实行农林间作，以间种豆类与绿肥作物为宜，农作物与树木应保持一定距离，对间种的作物要加强灌溉与施肥。

6.4.4.4 排灌系统管护

对滨海盐碱地的排灌沟渠要加强管护，及时进行清淤，以利于排水、洗盐；并把地下水水位控制在临界深度以下，防止涝害和抑制返盐。排水沟若发生坍塌、淤积，会影响脱盐效果，增加清淤负担。排水沟的坍塌、淤积主要因暴雨及灌渠积水等所致，沙质土更为严重。必须采取生物护坡、工程护坡及管理护养等措施，减轻坍塌和淤积。生物措施护坡作用显著，还能增加经济收益。例如，用紫穗槐（3 年生，行株距 1m×1m）保护坡面，冲刷沟仅占坡面的 11.7%，冲刷沟深仅 4.3cm，沟道里 2 年淤积深度为 20cm；而没有紫穗槐保护，坡面中部的冲刷沟占坡面的 14.4%～21.6%，冲刷沟深达 7.7～13.9cm，沟内淤积深度达 60cm，沟坡水土流失量比栽有紫穗槐的大 2～6 倍，沟内淤积量大 4 倍。加强生物护坡是减轻或防治沟坡坍塌淤积的有效措施。

主要参考文献

龚洪柱, 魏庆莒, 金子明, 等. 1986. 盐碱地造林学. 北京: 中国林业出版社.
彭成山, 杨玉珍, 郑存虎. 2006. 黄河三角洲暗管改碱工程技术实验与研究. 郑州: 黄河水利出版社.
唐文煜, 秦宝龙, 张庆良. 2006. 盐碱地区利用耐盐耐旱草种进行低成本园林绿化试验. 山东林业科技, (2): 23-24.
郗金标, 邢尚军, 宋玉民, 等. 2007. 黄河三角洲不同造林模式下土壤盐分和养分的变化特征. 林业科学, 43(1): 33-38.
许景伟, 囤兴建. 2015. 沿海生态林营造技术. 济南: 山东人民出版社.
许景伟, 王卫东, 王文凤, 等. 2000. 农田林网更新改造技术的研究. 山东林业科技, (1): 9-14.
许景伟, 王彦, 李传荣, 等. 2012. 山东沿海防护林体系营建技术. 北京: 中国林业出版社.
阎理钦, 王森林, 郭英姿, 等. 2006. 山东渤海湾滨海湿地植被组成优势种分析. 山东林业科技, (4): 45-46.
张凌云. 2004. 土壤盐碱改良剂对滨海盐渍土的治理效果及配套技术研究. 泰安: 山东农业大学硕士学位论文.

第7章　黄河三角洲盐碱地低效防护林综合配套改造

7.1　黄河三角洲盐碱地低效防护林现状分析与类型划分

黄河三角洲地区现有的柽柳（*Tamarix chinensis*）、杞柳（*Salix purpurea*）、小果白刺（*Nitraria sibirica*）及旱柳（*Salix matsudana*）等树种组成的次生林和人工防护林两大类型构建了盐碱地防护林体系，维持着本地生态系统的平衡，是该区域重要的生态屏障（夏江宝等，2012a），在对自然灾害防御、环境保护、经济社会可持续发展的促进等方面发挥了极其重要的作用（董海凤等，2015；杜振宇等，2015）。但由于黄河三角洲地区的盐碱地防护林所处立地条件差（土壤盐碱重，旱、涝、风暴等自然灾害频繁，交织发生）、受人为干扰影响、林龄过大、树种选择不当、林分结构不合理等，相当一部分防护林形成低质低效林。低质低效林的存在，不仅在很大程度上降低了黄河三角洲地区森林的功能和整体质量，严重影响了防护林效能的持久发挥和森林的可持续发展，而且减缓了当地生态环境改善的进程，制约了生态经济的持续发展，是实施《黄河三角洲高效生态经济区发展规划》的主要障碍，也是国家级农高区“黄河三角洲农业高新技术产业示范区”建设中的瓶颈要素。本章在全面、深入调查的基础上，结合已有的研究成果，分析了黄河三角洲盐碱地防护林的现状，探讨了低效防护林的成因机制并进行类型划分，为黄河三角洲盐碱地低效防护林恢复及重建提供理论依据和技术支撑，完善了现有盐碱地防护林体系，全面恢复了盐碱地低效防护林的生态防护功能。

7.1.1　黄河三角洲盐碱地防护林发展现状

根据国务院2009年11月23日正式批复的《黄河三角洲高效生态经济区发展规划》，黄河三角洲区域范围包括山东省的19个县（市、区），陆地面积为$2.65\times10^4\text{km}^2$（王月海等，2015）。从植被类型划分上，黄河三角洲地区属于暖温带落叶阔叶林，但由于该区土地成陆时间晚，多为黄河冲积的新淤土，地处海陆交接地带，自然灾害交织且频繁发生，在中华人民共和国成立之前，主要是一些盐生灌木丛和滨海盐生草甸组成的自然植被类型，几乎见不到人工林的植被类型，生态系统极其脆弱（王海洋等，2007）。中华人民共和国成立后的20世纪50年代，山东省开展了造林绿化改良盐碱地工作，营造了包括柽柳、旱柳、杞柳、桑（*Morus alba*）、国槐（*Sophora japonica*）、白刺等乡土树种的人工防护林；60 年代后，科技工作者开始着手引种工作，特别是七八十年代，国家、省和地方政府大量投资，在应用原有造林树种的基础上，又大规模营造了枣（*Ziziphus jujuba*）、刺槐（*Robinia pseudoacacia*）、八里庄杨（*Populus* × *xiaozhuanica*）、榆树（*Ulmus pumila*）、臭椿（*Ailanthus altissima*）、绒毛白蜡（*Fraxinus velutina*）等树种的防护林，而且这些树种一度成为当地造林绿化的当家树种，并逐渐乡土化（董玉峰等，2017）。现有盐碱地防护林中，20 世纪七八十年代营造的防护林尚保存集中成片刺槐林面积达 8000hm^2 之多（夏江宝等，2012b），枣树、白榆和绒毛白蜡等多为零星分布；进入 90 年代后，黄河三角洲地区加大了耐盐绿化植物的引种力度，从国内外引进大量耐盐树种，营造防护林的树种达 20 多个，丰富了盐碱地区林木资源的生态多样性、遗传多样性和种质优异性。但由于种种原因，现有盐碱地防护林中，相当一部分林分出现了树木枯梢、枯冠，甚至成片死亡（姚玲等，2010；夏江宝等，2012a）；林相残败、生长衰退、防护效能严重降低等现象突出（夏江宝等，2012a），形成了低质低效林，严重困扰和阻碍了沿海盐碱地防护林体系的健康发展。

7.1.2　黄河三角洲地区低效防护林的成因

黄河三角洲地区盐碱地低效防护林的形成原因比较复杂（邢尚军和张建锋，2006；夏江宝等，2012a；姚玲等，2010），但总体来说，是自然诱发因素和非自然因素及其共同作用的影响所致。

7.1.2.1　自然诱发因素

（1）土壤次生盐渍化

在黄河三角洲中度盐碱地上造林之前实施的台田、条田整地和土壤淋溶洗盐等工程、水利措施，能有效地降低土壤表层含盐量，因此，在造林之初能够保障造林栽植的成活率。但在地下咸水埋深浅、矿化度高、蒸降比大等自然因素影响的条件下，造林地极易发生土壤次生盐渍化（邢尚军和张建锋，2006；姚玲等，2010；夏江宝等，2012b;），轻则引起树木枯梢、叶片干焦，重则枯冠甚至全株死亡。造林后的林地土壤盐分含量高是盐碱地防护林形成低质低效林的主要原因之一。

（2）土壤遭受干旱、淹涝

“春旱、夏涝、秋吊”是黄河三角洲地区气候的显著特点，因而要求适宜该区盐碱地造林绿化的树种不仅应具有耐盐能力，同时还应具有抗旱、耐涝的优良特性（董玉峰等，2017）。在造林前期表现良好的耐盐树种，由于遭受持续的干旱或淹涝，树木生长不良或全株死亡。这也是黄河三角洲盐碱地出现低质低效林分的重要原因。

（3）有害生物的危害

目前，黄河三角洲盐碱地主栽树种刺槐、白蜡、柳树、白榆等都不同程度地存在着有害生物危害的问题，尤其是白蜡和柳树的枝干最易遭受天牛的危害，从而引起林木生长衰退，出现低效林。

（4）林木进入成过熟期

20世纪七八十年代营造的刺槐林现已进入成过熟龄阶段，随着林龄的增加，其林木生长出现严重的衰老退化，林分结构恶化，稳定性和抗逆性差，生态防护性能降低，形成低效林。

7.1.2.2 非自然因素

（1）违背适地适树的原则

只有造林地的立地条件与树种特性相适应，才能达到稳定的群落结构（曾思齐和佘济云，2002）。调查发现，目前在黄河三角洲盐碱地造林时，存在错误地评估立地条件，或者单方面为了提高植被的绿化率和景观效果，而在树种的选择上存在失误，从而导致低效林的产生。例如，在2009～2011年，一些不良公司夸大美国竹柳的耐盐能力，从而误导了社会造林，结果出现了大量美国竹柳低效林；黑松（*Pinus thunbergii*）是常绿树种，其绿化、美化的景观效果较好，但无法在盐碱地上栽植，而一些地方不顾及立地条件，盲目引种栽植，其结果是林木生长不良，抗逆性差，甚至全部死亡。

（2）人类活动的干扰

黄河三角洲盐碱地低效林的产生与近年来过度放牧、砍伐、因土地利用造成的毁林加之石油开发带来的污染有较大关系。人类活动干扰表现较为突出的是次生天然柽柳林、白刺林的破坏，由于土地的开发利用和石油污染，原本生长茂盛的柽柳、白刺灌木林分形成残次林，甚至将这些灌木丛林地变为光板地的现象亦常见。

（3）抚育管理不当

人工林的抚育管理是森林经营的重要环节。在一些地区，“重造轻管”的现象依然存在。虽然造林成活率较高，但在黄河三角洲盐碱地区，经常受到春季干旱导致土壤表层盐碱重、夏季淹涝等自然因素的影响，浇灌或排涝等抚育管理措施跟不上，致使造林存活率低，又未及时补植，形成了疏林地，造成经营型的低效林。

（4）林分密度过大

在黄河三角洲盐碱地造林，人们首要考虑的因素是土壤盐渍化对造林成活和保存的影响。因而，在造林之前实施的台田、条田整地和土壤淋溶洗盐等工程、水利措施降低土壤盐分含量的基础上，为使林分提早郁闭，提升绿化效果，防止土壤次生盐渍化的发生，生产中常采用高密度的造林方式，这无疑是造林绿化的有效措施和手段。但随着林分郁闭度的增加，林木所需的水分、养分和空间竞争激烈，抚育管理跟不上，林木生长缓慢甚至不良，导致出现残次林，影响了林分整体防护效能的发挥。

（5）林分的树种单一，结构简单

据调查，由于立地条件的制约和单纯追求经济效益的驱使，黄河三角洲盐碱地人工防护林中龄以上林分的主要树种为刺槐、枣树等，中龄以下的林分以白蜡、柳树、白榆和刺槐等树种为主，单一树种的林分占黄河三角洲盐碱地防护林的比例在 90%以上，纯林多，混交林少，病虫害危害严重，林分稳定性差，极易导致低效林的产生。

7.1.3　黄河三角洲盐碱地低效防护林的类型划分及改造技术方式

在低效林的恢复与重建中，对低效林分类是因地（林）实施低效林改造的必要前提和重要保障，是经营管理好盐碱地防护林的关键。参考有关的研究（曾思齐和佘济云，2002；许景伟等，2003；邓东周等，2010；夏江宝等，2012a，2013），结合黄河三角洲盐碱地防护林的实际，依据盐碱地低效林的立地条件、生长特点和形成原因等因素，将其划分为 6 种主要类型，并简述每种类型的改造技术方式。

（1）老龄衰退林

该林分类型的林龄较长，一般超过 30 年。随着林龄的增加，由于盐害、风害、干旱等自然因素的影响，加速了林木进入衰老期的进程，林分出现了严重的衰老退化，已达到成熟龄、过熟龄，为整体衰败的林分。该林分类型的典型特征是树木死亡及中、重度枯梢和枯冠现象严重；改良土壤效应差，即土地退化严重。这部分林分以 20 世纪七八十年代营造的刺槐片林为主，主要分布在黄河故道。对这部分林分，建议轮伐和择伐，更新为更耐盐碱的乡土树种，如白蜡、白榆等。

（2）有害生物危害林

该林分类型主要为光肩星天牛、黄斑星天牛等蛀干害虫危害的白蜡、柳树等树种的中、幼龄林。林分表现为树势严重衰弱，枯枝、枯干、落叶，严重影响景观和生态防护效益的发挥。对该部分林分应积极采取防治措施，有条件的地方可间伐危害严重的林木，补植苦楝、臭椿等抗天牛危害的树种，使林分及早郁闭形成混交林，能有效提高林木自身的生态稳定性（董建辉等，2005）。

（3）风害林

该林分类型是黄河三角洲地区常年多风且风大的气候条件造成的，以浅根型的刺槐林为主。林分内常见风倒、风折林木，由于对历年风倒木、枯死木和病倒木的不断清理，林分内已出现一些较大的林窗，最大林窗面积近 300m^2（曹帮华等，2012），严重影响景观和生态防护效益的发挥。对这部分林分可补植深根型的树种，如白蜡、白榆等树种，促使林分形成混交林，增加林分抵御风害的能力。

（4）树种选择不当林

该林分类型是因树种选择不当，未能做到适地适树，以美国竹柳、杨树（*Populus* spp.）等中、幼龄林为主。林分表现为林木生长极差，轻则叶片枯焦、落叶，重则枯梢、枯冠甚至死亡，功能与效益低下。对该类型林分，可分两种情况进行改造：一是对树木叶片枯焦但枯梢不严重的林分，建议实施林下种植，如种植牧草等，使土壤表层尽早覆盖，抑制土壤返盐；二是对枯梢、枯冠严重或者全株死亡 1/5 以上的林分，建议进行全面皆伐，以耐盐性较强的新植物材料，如白蜡、耐盐白榆新品种替代更新。

（5）密度过大林

该林分类型为造林时密度过大，经营管理粗放，抚育间伐失时造成的。林分主要表现为郁闭度＞0.9，林分内卫生状况欠佳，林木主干细长且干形差，自然整枝高达 1/2 以上，树冠发育不良，林木分化严重。对该类型的林分，应采取适度的修枝、间伐，但抚育后的林分郁闭度不应低于 0.7。

（6）稀疏林

该林分类型造林保存率低、缺株严重，林分郁闭度＜0.3，林中出现空地。林分主要表现特征为林内杂草丛生，“光板地”常见，其防护功能和林分生产力均低下。对这部分林分，一是补植更耐盐的树种；二是在林内栽植美国 NyPa 牧草（*Distichlis spicata*）等耐盐草本来减少土壤蒸发，降低土壤盐分含量。

7.1.4　小结

针对黄河三角洲盐碱地低效防护林的现状，通过全面、深入的调查，结合已有的研究成果，分析了黄河三角洲盐碱地低效防护林的成因机制；依据低效林的立地条件、生长特点和形成原因等因素，划分了低效防护林的主要类型，探讨了每种类型的改造技术。研究发现，黄河三角洲地区现有盐碱地防护林由于受自然诱发因素和非自然因素及其共同作用的影响，有相当一部分林分形成了低效林；低效林可划分为 6 种主要类型，针对每种类型的低效林改造，应采取不同的技术方式和方法。低效林改造技术涉及成因分析、类型划分和改造模式选择等一系列环节，在低效林改造的实践中应把握好每一环节，因地（林）制宜地实施；针对黄河三角洲地区盐碱地防护林是生态公益林的实际，亦应处理好技术与政策的关系，为黄河三角洲盐碱地低效防护林恢复及重建提供理论依据和技术支撑，完善现有盐碱地防护林体系建设。

低效防护林的改造是符合中国国情的森林经营技术，是在立地困难条件下恢复森林功能和质量的有效措施与手段，也是今后相当长时期内防护林体系建设的重要内容（胡庭兴，2002）。近年来，随着我国以生态建设为主的林业发展战略的实施，低效林经营改造工作日益得到重视，成为林业生态建设的重要内容之一。低效林改造技术涉及低效林成因分析、类型划分和改造模式选择等一系列环节，虽然目前针对低效林的改造技术已有很多研究和实践，但针对不同成因的低效林类型提出针对性强的改造技术和模式还十分有限，需要进一步加强和深入研究。另外，低效林的改造不仅涉及技术因素，还涉及很多政策因素，依据黄河三角洲地区盐碱地防护林是生态公益林的实际，需要在低效林改造工作中着重处理好技术与政策的关系，通过对盐碱地低效防护林实施恢复及重建技术，实现现有盐碱地防护林体系的稳定、高效和持续，达到该地区土地的永续利用、生态环境稳定和区域经济可持续发展。

7.2　黄河三角洲低质低效人工刺槐林分类与评价

黄河三角洲土质结构特殊，沙地临海、海水浸蚀、严重碱化、植被覆盖率低，其生态环境十分脆弱。具有防风固沙、水土保持功能的刺槐（*Robinia pseudoacacia*）是黄河三角洲区域主要的造林树种之一。20 世纪 70 年代起，济南军区黄河三角洲生产基地进行了刺槐林的大规模栽植，目前存有我国面积最大的人工刺槐林，总面积达 0.53 万 hm^2，主要分布在大汶流自然保护区、一千二自然保护区和黄河故道附近，形成一千二和孤岛两大林场，这些刺槐林已成为黄河三角洲滩地重要的生态屏障。但从 20 世纪 90 年代初开始在黄河三角洲的许多林场出现人工刺槐林枯梢或成片死亡的现象（张建锋和邢尚军，2009；马风云等，2010；姚玲等，2010），低质低效林分形成趋势在增大，其产生原因与刺槐树龄较大、土壤次生盐渍化、天然降水不足、蒸降比大、黄河断流及人类干扰等诸多因素有关（刘庆生等，2008；曹帮华和吴丽云，2008）。

《低效林改造技术规程》（LY/T 1690—2007）中定义低效林：受人为因素的直接作用或诱导自然因素的影响，林分结构和稳定性失调，林木生长发育衰竭，系统功能退化或丧失，导致森林生态功能、林产品产量或生物量显著低于同类立地条件下相同林分平均水平的林分总称。曾思齐和佘济云（2002）等认为，由于森林本身结构不合理或系统组成成分缺失，森林生态经济总体效益显著低于经营措施一致、生长正常的同龄同类林分的指标均值。黄河三角洲的人工刺槐林属于生态公益林，其低质低效应主要指林分的生态防护及改良土壤效能低下，涵养水源、防风固沙及保持水土能力降低。其主要外在表现为随着树龄的增加，枯梢严重、树冠死亡率增加、林分郁闭度及林下草本盖度降低。目前对低质低效林分改造的研究较多（曾思齐和佘济云，2002；许鹏辉等，2009），对长江中上游低质低效次生林如马尾松、杉木、栎类、冷杉等的分类与评价研究较多（曾思齐和佘济云，2002），而对黄河三角洲退化刺槐林的研究主要集中在人工刺槐林的土壤退化特征（张建锋和邢尚军，2009；马风云等，2010）、林冠健康状况（刘庆生等，2008；姚玲等，2010）、改良土壤效应（孙启祥等，2006；夏江宝等，2009b）及土壤水文生态特性（夏江宝等，2010）等方面。对黄河三角洲刺槐林的分类仅从林冠健康状况、枯梢状况进行过初步研究（刘庆生等，2008；姚玲等，2010），而结合树木生长状况、土壤理化特性等的分类与评价未见报道。鉴于此，本节以黄河三角洲区域的黄河故道刺槐林地和军马场生产基地刺槐林场为研究对象，选取 31 个标准样地对树木胸径、树高、材积及郁闭度等生长指标，以及土壤容重、孔隙度状况、土壤入渗性能、土壤有机质及盐碱含量等土壤基本理化特性进行测定分析。在此基础上，采用因子分析、主成分分析及聚类分析等数学统计方法，建立该区域人工刺槐林低质低效划分标准，并对其分布类型特征进行分析评价，以期为黄河三角洲人工刺槐林低质低效的产生原因及其改造方法提供理论依据和技术支持。

7.2.1 研究区概况与研究方法

7.2.1.1 研究区概况

具体研究地点位于黄河三角洲东营市河口区的黄河故道刺槐林地和济南军区军马场生产基地，该区属于暖温带半湿润地区，大陆性季风气候，年均气温为 12.1℃，无霜期长达 201 天，≥10℃年积温约为 4200℃，年降水量为 500～600mm，年蒸发量为 1800mm 左右，春季是强烈的蒸发期，蒸发量占全年的 51.7%。土壤以盐化潮土和滨海盐土为主，土壤盐分组成以氯化物为主，占可溶性盐总量的 80%以上，0～100cm 土体加权平均含盐量为 0.58%，局部地段为 0.5%～1.0%，最高达 3.56%，新淤地土壤含盐量较低，一般为 0.3%以下。土壤 pH 为 6.79～8.87，平均为 7.94；地下水埋深一般为 2～3m，地下水矿化度为 10～40g/L，高者达 200g/L（孙启祥等，2006）。济南军区军马场林场面积约为 4.8 万 hm^2，区域内人工植被以刺槐（*Robinia pseudoacacia*）林为主，兼有白蜡树（*Fraxinus chinensis*）林、杨树（*Populus* spp.）林、柽柳（*Tamarix chinensis*）林等，天然植被以盐生、湿生的芦苇（*Phragmites australis*）、白茅（*Imperata australis*）以及翅碱蓬（*Suaeda heteroptera*）为主。

7.2.1.2　研究方法

（1）样地设置与样品采集

2010 年 10 月中旬，在黄河三角洲军马场生产基地以 26 年生人工刺槐林为研究对象，分别选取（10～15）m ×（15～20）m 的标准地 23 个，在黄河故道附近选择 36 年生人工刺槐林标准地 8 个，在每个标准样地内按“S”形均匀布设 6 个试验样点，对 10～30cm 土层进行土壤样品的采集与混合测定。两种林龄的人工刺槐林株行距均为 2.5m ×3.0m，同时在每个标准样地内进行树木树高、胸径及郁闭度的测定，共测定树木 463 株。

（2）参数测定

pH 采用 pH 计（水土比 5∶1）测定；可溶性盐采用重量法测定（水土比 5∶1）；土壤含水量采用烘干法测定；土壤容重和孔隙度等各项水文物理参数采用环刀浸水法测定；土壤入渗特性利用渗透筒法测定；土壤有机质采用重铬酸钾氧化-外加热法测定，以上指标测定采用骆洪义和丁方军（1995）编著的《土壤学实验》；依据《立木、木材材积速查手册》（许景伟等，2008）进行树木材积的求解计算。利用 SPSS 13.0、Excel 进行有关数据统计分析。

7.2.2　刺槐林生长指标与土壤理化指标的相关性分析

相关分析表明（表 7-1），26 年生和 36 年生刺槐林胸径、树高、材积与土壤容重、孔隙度状况、有机质含量、入渗特性及盐碱含量并未表现出显著的相关性，但郁闭度除了与盐碱含量相关性不显著外，与其他指标均具有显著或极显著相关性。这表明如仅从树木生长等级、树高、生长率、蓄积量等指标来对该区域人工刺槐林进行分类将会比较困难。即黄河三角洲人工刺槐林低质低效的出现并不主要表现在生长状况方面，与长江中上游低质低效次生林以林分生长过程划分林分生长等级、确定低质低效的分类标准不一致（曾思齐和佘济云，2002）。这是由于该区域人工刺槐林树龄分布比较单一，以 26 年生和 36 年生为主，立地条件相对一致，栽植初期考虑的主要影响因素为土壤盐渍化，仅从树木生长过程和林分结构状况来进行低质低效林的划分是不合理的，随着树龄的增长，其改良土壤效应也表现出较大差异，因此需从林分生长状况和林地土壤理化特征等方面对人工刺槐林进行综合分类与评价。

表 7-1　刺槐林树木生长状况与土壤基本理化指标的相关性

土壤理化指标	胸径	树高	材积	郁闭度
土壤容重	–0.634	–0.575	–0.672	–0.997**
总孔隙度	0.617	0.526	0.609	0.987**
毛管孔隙度	0.731	0.649	0.737	0.994**
非毛管孔隙度	0.373	0.367	0.451	0.915*
孔隙比	0.640	0.564	0.655	0.999**
有机质含量	0.540	0.481	0.571	0.986**
初始入渗率	0.771	0.704	0.800	0.982**
稳定入渗率	0.726	0.662	0.762	0.990**
pH	0.104	0.147	0.018	–0.666
含盐量	–0.866	–0.784	–0.806	–0.874

**表示在 0.01 水平上显著；*表示在 0.05 水平上显著

7.2.3　刺槐林质效因子的主成分分析

用标准差法对上述 14 个指标进行标准化处理，建立系数相关矩阵，计算各主成分的因子负荷率及贡献率（表 7-2）。主成分分析表明，第一个主成分的贡献率为 80.868%，为最大主成分。前两个主成分的累积贡献率为 97.655%，能够反映 14 项指标的大部分信息，因此取前两个主成分，符合综合数值分析的要求。在第一主成分中，大部分因子的负荷量均较大，其中土壤容重最大，其次为初始入渗率、稳定入渗率、郁闭度及孔隙比，而反映树木生长状况的胸径及树高负荷量相对较小。第二主成分中材积负荷量最大，其次为有机质含量、含盐量和毛管孔隙度。因为土壤容重与土壤孔隙状况密切相关（丁绍兰等，2010），而初始入渗率、稳定入渗率与土壤容重、孔隙度状况也有较大关系（吕刚等，2011），因此第一主成分中可确定出其主要指示性指标为土壤容重和孔隙度状况，其次为林分郁闭度；第二主成分可确定其主要指示性指标为树木材积，其次为有机质含量和含盐量。

表 7-2　刺槐林主成分分析特征根、特征向量及贡献率

指标	第一主成分	第二主成分
胸径	0.748	0.662
树高	0.689	0.278
材积	0.769	0.806
郁闭度	0.992	−0.122
容重	−0.997	0.157
总孔隙度	0.971	−0.169
毛管孔隙度	0.976	0.648
非毛管孔隙度	0.881	−0.413
孔隙比	0.987	−0.150
有机质含量	0.862	−0.767
初始入渗率	0.993	0.036
稳定入渗率	0.993	−0.031
pH	−0.575	0.606
含盐量	−0.910	−0.748
特征根	11.321	2.350
贡献率/%	80.868	16.787
累积贡献率/%	80.868	97.655

7.2.4　刺槐林的林分类型划分

依据胸径、树高、材积、郁闭度、土壤容重、总孔隙度、毛管孔隙度、非毛管孔隙度、孔隙比、有机质含量、初始入渗率、稳定入渗率、pH 及含盐量等 14 项指标对 31 个样地进行聚类分析，依据样地标准化指数和频率分布特点，最后将样地聚为 5 类，类平均值见表 7-3。

从表 7-3 可以看出，第Ⅰ～Ⅲ类 26 年生 3 种林分类型其胸径、树高、材积、郁闭度呈现降低趋势，土壤容重、盐碱含量呈现增加趋势，而孔隙度、有机质含量呈现降低趋势，即树木生长状况、土壤通气透水性能及降盐改土功能均表现出减弱趋势，可分别称其为生长潜力型、轻度低效型、中度低质低效型，分别占总调查样地的 10.0%、25.0%、33.3%。在相同林龄的 26 年生刺槐林分中，第Ⅳ类林分，其树高、胸径、材积参数均最低，同时其改良土壤水文物理性状、有机质含量及降盐改土功能也较弱，即该类林分主要是树种选择不适宜、生长滞后造成的改良土壤效应受到限制，可称其为极度低质低效型，即生长状况较差，改良土壤效能也较弱，该林分类型占总调查样地的 11.7%，产生原因主要是以刺槐作为造林树种不适宜，同时与受盐分条件限制及营养物质竞争等造成其生长较弱有一定关系。第Ⅴ类为 36 年生的刺槐林，其树高、胸径、材积参数表现出一定的优势，

表 7-3　刺槐林分类型及其类平均值

林分类型	胸径/cm	树高/m	材积/m^3	郁闭度	土壤容重/（g/cm^3）	总孔隙度/%	毛管孔隙度/%	非毛管孔隙度/%	孔隙比	有机质含量/（g/kg）	初始入渗率/（mm/min）	稳定入渗率/（mm/min）	pH	含盐量/（g/kg）
第Ⅰ类	20.70	14.13	0.222	0.95	1.37	48.95	43.15	5.79	0.96	11.64	11.82	4.12	7.68	0.76
第Ⅱ类	19.00	14.80	0.194	0.84	1.40	46.79	42.19	4.60	0.88	10.63	10.22	3.12	7.72	0.83
第Ⅲ类	15.47	10.14	0.098	0.70	1.48	47.57	41.21	6.37	0.91	8.12	9.03	1.83	7.75	1.20
第Ⅳ类	7.35	6.22	0.016	0.45	1.58	44.27	39.38	4.89	0.76	3.24	7.18	0.56	7.87	2.37
第Ⅴ类	17.26	12.96	0.155	0.51	1.54	43.19	38.88	4.31	0.79	5.65	6.72	0.57	7.70	3.38

但郁闭度明显较低；同时土壤孔隙度状况、有机质含量、稳定入渗率明显较低，土壤容重、含盐量均较高，表明其土壤通气透水性能、降盐改土功能较差，表现出明显的退化趋势，因此可确定其为重度低质低效型林分。与极度低质低效型的区别为生长状况占优势，但改良土壤效能较弱，该林分类型占总调查样地的20.0%，其产生原因主要在于树龄过大。

7.2.5 刺槐林的主要类型特征分析及宜采取的经营措施

（1）生长潜力型

第Ⅰ类林分类型。该林分类型主要特征为树木生长状况及林分结构较好，树木材积最大，郁闭度平均为 0.95，未出现枯梢现象，林冠健康；林地的通气透水性能、降盐改土功能较好，生长潜力较大，未出现退化趋势。这部分林分主要为军马场林场的 26 年生刺槐林，造林方式以刺槐和白榆、臭椿、白蜡等树种混交为主，随着树龄的增加，结合黄河三角洲滩地的水盐运移规律，在今后的经营中应加强以保护和恢复合理的经营密度、病虫害防治为主的经营目标，同时避免过度干扰，以保持较高的地表植被覆盖率，防止次生盐碱化的发生。

（2）轻度低效型

第Ⅱ类林分类型。该林分类型主要特征为树木生长状况及林分改良土壤理化性状仅低于生长潜力型，郁闭度在 0.84 左右，健康林冠和枯梢现象同时存在，即树木生长量较高，林下草本生长较好，地表植被覆盖率较大。这部分林分主要为军马场林场的 26 年生刺槐林，造林方式以刺槐和杨树混交及刺槐纯林为主，随着树龄的增加，树木生长缓慢，改良土壤功能受到一定限制，建议经营性择伐，调整密度结构，注意纯林病虫害的发生。

（3）中度低质低效型

第Ⅲ类林分类型，属于经营不当林。该林分类型因经营措施不当、管理不善等，树木生长不良，林分功能与效益显著低下，树木生长状况及生长量处于中等，改良土壤效能也较弱，郁闭度在 0.70 左右，基本无健康林冠，存在一定的枯梢现象，即树木生长状况及改良土壤理化性能均表现出一定的退化趋势。这部分林分主要为军马场林场的 26 年生刺槐林，造林方式主要以刺槐纯林为主，其产生原因除了树龄较大、过度修枝、地下水盐胁迫限制外，过度放牧、砍伐等人为干扰致使草本层践踏严重，初始入渗率降低，加剧了地表径流的发生，表现出一定的地力衰退现象。对该部分林分首先应加强封育，严禁放牧或砍伐枝干，同时应有目的地进行补植造林，以提高草本层盖度、林分郁闭度，防止水土流失和次生盐碱化的发生。

（4）极度低质低效型

第Ⅳ类林分类型，属于树种不适林。该林分类型因树种或种源选择不当，未能做到适地适树，林木生长极差，功能与效益低，且无培育前途的林分。该林分类型的典型特征是树木生长较差，生长量最小，土壤密实，通透性能较差，林分郁闭度仅为 0.45 左右，有一定比例的中度、重度枯梢或死亡刺槐林，林下草本覆盖率较低。这部分林分主要为军马场林场的 26 年生刺槐林，造林方式主要以刺槐纯林为主，其产生原因可能与微立地条件下盐碱含量本底值较大或次生盐碱化严重、选择刺槐作为栽植树种不合适有关，同时与经营管理不善、放牧践踏或人为砍伐严重及草本层竞争等也有一定关系，上述原因致使树木在生长初期就表现出较弱趋势，土壤理化性质恶化，从而反过来影响林分的生长。对该部分林分，建议进行全面皆伐，以耐盐性较强的新植物材料更新栽植为主进行低效林改造。

（5）重度低质低效型

第Ⅴ类林分类型，属于衰退过熟林。该林分类型进入衰老期，丧失自然更新能力，整体衰败的林分。该林分类型的典型特征是由于树龄较长，材积相对较大，树木死亡及中度、重度枯梢严重；改良土壤效应随着林分郁闭度的下降、枯梢死亡率的增加表现出明显的减弱趋势，即土地退化严重。这部分林分主要为黄河故道的 36 年生刺槐林，造林方式以刺槐纯林为主，相关研究表明（姚玲等，2010），黄河故道中度和重度枯梢或死亡的刺槐林分别占该林场刺槐总数的 25.6%和 12.7%，地下水埋深小于 1.8m，土壤主要为重度盐碱地（含盐量为 4～6g/kg）。产生原因除了与该立地条件下土壤盐碱含量较大有关外，还与刺槐树龄较大、过度放牧、砍伐、因土地利用造成的不规则毁林有较大关系。对这部分林分，应进行全面皆伐，进行以适合该区域盐碱程度的植物材料为主的更新改造，以免随着树龄的增加，树木死亡率增加，土壤次生盐碱化趋势加重。

7.2.6 小结

26 年生和 36 年生刺槐林树高、胸径及材积与土壤容重、孔隙度状况、入渗特性、有机质及盐碱含量均未表现出显著相关性；郁闭度与 pH 和含盐量相关性不显著，但与其他指标相关性均显著或极显著。表明黄河三角洲人工刺槐林树龄结构较为单一，仅依据林分生长过程和林分结构为主的低质低效林分类标准不适合该区域退化人工刺槐林，需将树木生长状况及改良土壤效应结合起来进行分类与评价。

主成分分析表明，在测定分析的上述 14 个指标中，可表征黄河三角洲低质低效人工刺槐林的主成分有两个，累积贡献率为 97.655%。第一主成分主要为土壤容重和孔隙度状况，其次为林分郁闭度；第二主成分主要为树木材积，其次为有机质含量和含盐量；即表征低质低效人工刺槐林的因子根据其影响大小排序依次为土壤容重、孔隙度、林分郁闭度、树木材积、有机质含量和含盐量。

依据测定分析的 14 个指标对 31 个样地进行聚类分析，可聚为 5 类，即林分类型可划分为生长潜力型、轻度低效型、中度低质低效型、极度低质低效型和重度低质低效型等 5 种类型。其中 26 年生的人工刺槐林可分为生长潜力型、轻度低效型、中度低质低效型和极度低质低效型等 4 种类型，主要分布在黄河三角洲军马场林场，分别占总调查样地的 10.0%、25.0%、33.3%、11.7%，36 年生的人工刺槐林为重度低质低效型，主要分布在黄河三角洲原黄河故道附近，占总调查样地的 20.0%。其中中度低质低效型、极度低质低效型、重度低质低效型产生的主要原因分别为经营不当、树种不适及树龄较大造成的衰退过熟；中度低质低效林分在加强封育的同时，应有目的地进行择伐、补植造林；极度低质低效型和重度低质低效型建议进行全面皆伐、更新改造。

本研究仅对黄河三角洲军马场林场和黄河故道附近的刺槐林地进行了调查分析，为了有目的地对该区域大面积退化人工刺槐林进行分类改造与经营，在今后的研究中需将研究区域进一步扩大。同时在今后的分类研究中，应结合活冠比、树冠死亡率、枯梢程度等林冠属性及“3S”技术（遥感技术、地理信息系统和全球定位系统的统称）反映的林冠健康状况进行综合评价。

7.3　黄河三角洲退化刺槐林地的土壤水分生态特征

黄河三角洲位于渤海南部的黄河入海口沿岸地区，是黄河泥沙淤积形成的扇形冲积平原，在环渤海地区发展中具有重要的战略地位。黄河三角洲处于河流、海洋和陆地等多种动力系统共同作用带上，是多种物质、能量体系交汇的界面，多类生态系统交错，典型、独具特色的多重生态界面，造就了其生态系统的脆弱性，其中以植被恢复为主的生态修复技术是黄河三角洲脆弱生态系统重建的主要措施之一。具有防风固沙、水土保持功能的刺槐（*Robinia pseudoacacia*）是黄河三角洲区域主要的造林树种之一，自 20 世纪 70 年代中期就开始被广泛种植，主要分布在大汶流自然保护区、一千二自然保护区和黄河故道附近，形成一千二和孤岛两大林场，至今刺槐林保存面积仍然达 8000hm^2（刘庆生等，2008；张建锋和邢尚军，2009）。1977～2004 年的 27 年间，黄河三角洲人工刺槐林面积有增有减，其中 1987～1996 年，面积增加 1674.18hm^2；1996～2004 年，面积减少 709.65hm^2（张高生和王仁卿，2008）。人工刺槐群落主要分布于由黄河泛滥改道淤积形成的土地上，海拔约 5m，地下水埋深约 3m。土壤有机质、全氮和全磷的含量显著高于其他群落类型，土壤含盐量在 0.3%以下。群落高度为 7.5～15m，盖度为 45%～

60%，伴生种有狗尾草（*Setaria viridis*）、茜草（*Rubia cordifolia*）、麦冬（*Ophiopogon japonicus*）等（宋创业等，2008）。

由于土壤次生盐渍化、天然降水不足、蒸降比大、黄河断流及人类干扰等诸多因素，20 世纪 90 年代在黄河三角洲的许多地方出现了人工刺槐林枯梢或成片死亡的现象，为揭示该区域人工刺槐林的低质低效及林地衰退机制，许多学者对人工刺槐林的造林模式、林分配置、林冠健康及其土壤水盐动态、土壤理化性状等进行了研究（孙启祥等，2006；曹帮华等，2008；张建锋和邢尚军，2009；夏江宝等，2009b），但对其土壤水分生态特性研究较少。土壤容重、孔隙度、渗透性及蓄水性能等土壤水分生态指标不仅能够决定土壤中水、气、热和微生物状况，而且影响土壤中植物营养元素的有效性和供应能力，是土壤生态环境效益研究的重要内容之一，同时也是评价土壤质量的重要指标（孙启祥等，2006；刘庆生等，2008；曹帮华等，2008；夏江宝等，2009；张建锋和邢尚军，2009）。为进一步揭示黄河三角洲人工刺槐林的退化机制及其土壤水分生态特性对退化程度的响应关系，本研究以不同退化程度的人工刺槐林为研究对象，测定分析不同退化程度下人工刺槐林地的土壤水文物理性状、土壤入渗特性及土壤贮水性能等指标，探讨不同退化人工刺槐林对土壤水分生态特性的影响，明确土壤层储蓄、调节水分的潜在能力对地力衰退的响应机制，为黄河三角洲人工刺槐林的人工促进恢复技术及其脆弱生态系统重建提供理论依据和技术支持。

7.3.1 试验地概况与研究方法

7.3.1.1 研究地点概况

研究地点位于黄河三角洲东营市河口区的孤岛林场和济南军区军马场生产基地，该区属于暖温带半湿润地区，大陆性季风气候，年均气温为 12.1℃，无霜期长达 201 天，≥10℃年积温约为 4200℃，年降水量为 500～600mm，年蒸发量为 1800mm 左右，春季是强烈的蒸发期，蒸发量占全年的 51.7%。土壤以盐化潮土和滨海盐土为主，土壤盐分组成以氯化物为主，占可溶性盐总量的 80%以上，0～100cm 土体加权平均含盐量为 0.58%，局部地段为 0.5%～1.0%，最高达 3.56%，新淤地土壤含盐量较低，一般在 0.3%以下。土壤 pH 为 6.79～8.87，平均为 7.94；地下水埋深一般为 2～3m，地下水矿化度为 10～40g/L，高者达 200g/L（孙启祥等，2006）。孤岛林场海拔为 3～5m，是 1978 年以来新淤积形成的黄河滩地，总面积约为 3.15 万 hm^2，济南军区军马场紧临孤岛林场，位于其西北，总面积约为 4.8 万 hm^2。两林场内现有近 1 万 hm^2 的人工刺槐林已面临更新改造，区域内人工植被以刺槐林为主，兼有白蜡林、杨树林、柽柳林等，天然植被以盐生、湿生的芦苇（*Phragmites communis*）、白茅（*Imperata cylindrica*）以及翅碱蓬（*Suaeda heteroptera*）为主。

7.3.1.2　研究方法

（1）样地设置与样品采集

2009 年 7 月中旬，在研究区采用多点采样法进行土壤样品的采集与测定。依据人工刺槐林的生长状况和立地条件，把整个林分划分为 4 种类型（刘庆生等，2008；张建锋和邢尚军，2009）：未退化（基本不枯梢，郁闭度为 0.95）、轻度退化（枯梢高度为 1～1.5m，郁闭度为 0.84）、中度退化（枯梢高度为 1.5～3.0m，郁闭度为 0.70）和重度退化（枯梢高度为 3m 以上，郁闭度为 0.50），树龄均为 25 年，株行距为 2.5m×3m，平均树高为 11.5m，平均胸径为 13.83cm。在每个退化样地内，分别选取 $0.09hm^2$ 的标准地 3 个，每个标准地按“S”形均匀布设 6 个试验样点，分 0～20cm、20～40cm 两层进行采样与各指标的测定，样品采集期间无降雨情况。

（2）土壤水文物理参数的测定

采用环刀浸水法测定土壤容重和孔隙度等各项水文物理参数。并由公式计算一定土层深度内的土壤吸持贮水量、滞留贮水量和饱和贮水量。即 $W_c=1000 \cdot P_c \cdot h$；$W_{nc}=1000 \cdot P_{nc} \cdot h$；$W_t= 1000 \cdot P_t \cdot h$。式中，$W_c$、$W_{nc}$ 和 W_t 分别为土壤水分吸持贮水量（mm）、滞留贮存量（mm）和饱和贮水量（mm）；P_c、P_{nc} 和 P_t 分别为毛管孔隙度（%）、非毛管孔隙度（%）和总孔隙度（%）；h 为计算土层深度（m），本研究为 0.20m。有机质采用重铬酸钾容量法进行测定。

（3）土壤入渗特征的测定

利用渗透筒法测定不同时段的土壤入渗率和制作入渗过程曲线。利用 SPSS 统计软件，分别应用考斯加科夫（Kostiakov）入渗模型、霍顿（Horton）入渗模型和通用入渗模型拟合退化林地的土壤入渗过程，求解初渗率、稳渗率等入渗特征参数。

7.3.2　土壤容重和孔隙度

由表 7-4 可知，随着人工刺槐林退化程度的加剧，其土壤容重表现出增加趋势，疏松度减弱明显，差异极显著（F=85.58，P＜0.01）；与此相反，土壤总孔隙度、毛管孔隙度及孔隙比均表现出降低趋势，通气透水性能降低显著，差异极显著（P＜0.01），而非毛管孔隙度差异不显著。与未退化刺槐林相比，轻度、中度、重度退化下的林地土壤容重均值分别增加 3.68%、9.56%、14.71%，土壤总孔隙度分别降低 3.61%、6.06%、10.71%。表明随着人工刺槐林的逐步退化，其林地土壤的通气状况和透水性能显著减弱，土壤中有效水的贮存容量减弱，特别是重度退化下降明显。从土壤垂直结构来看，由于不同退化类型下的土壤表层有一定的腐殖质层，其土壤容重均低于 20～40cm 土层，总孔隙度和毛管孔隙度上层（0～20cm）高于下层（20～40cm），表明该人工刺槐林用于维持自身生长发育的水分主要依靠土壤上层的吸持贮存（赵鹏宇等，2009）。而非毛管孔隙度除重度退化类型下，其他均表现为上层低于下层，表明重度退化类型下，该刺槐林滞留水分、发挥涵养水源和消减洪水的能力上层好于下层（赵鹏宇等，2009）。不同退化类型人工刺槐林土壤上层的孔隙比高于下层，未退化上、下层孔隙比最大为 1.11，其他退化类型下为 1.03～1.09，表明该人工刺槐林上层的通气透水性能好于下层。不同退化刺槐林地下土壤有机质含量差异显著（F=69.78，P<0.01），随着退化程度的加重，有机质含量下降明显，并且由于枯落物的分解作用，上层有机质含量明显高于下层，这与孔隙度的变化规律一致，从而对其土壤容重的变化产生一定影响。

表 7-4　不同退化刺槐林地的土壤容重和孔隙度

退化类型		土壤容重/（g/cm^3）	总孔隙度/%	毛管孔隙度/%	非毛管孔隙度/%	孔隙比	有机质含量/（g/kg）
未退化	I	1.32e	50.20a	44.93a	5.27a	1.01a	15.20a
	II	1.40cd	48.95bc	41.37b	6.32a	0.91a	8.36c
轻度退化	I	1.37d	48.26b	42.90b	5.36a	0.93a	14.13a
	II	1.45c	47.31bc	41.48b	5.83a	0.90a	7.32cd
中度退化	I	1.42c	47.49bc	42.16b	5.33a	0.90a	10.15b
	II	1.56ab	45.65e	40.25b	5.40a	0.84b	6.13d
重度退化	I	1.51b	45.34e	39.88b	5.46a	0.83b	8.23c
	II	1.60a	43.19f	38.88b	4.31a	0.76c	3.25e

注：I、II 分别表示土层深度为 0～20cm、20～40cm；每列数据后不含有相同小写字母表示显著性差异达 0.01 水平，本章下同

7.3.3　土壤入渗特征

由图 7-1 和表 7-5 可知，随着人工刺槐林退化程度的加重，土壤初始入渗率（以下简称初渗率）、稳定入渗率（以下简称稳渗率）及平均入渗率均表现出降低趋势，入渗实测参数差异极显著（P<0.01）。其中轻度、中度、重度退化类型下的初渗率和平均渗透率分别比未退化下降 14.11%、29.07%、47.00%和 9.28%、34.33%、71.8%。表明轻度退化下土壤渗透性能减弱程度较小，但随着退化程度的加重，土壤入渗性能表现出明显的减弱趋势。合适的入渗模型是研究植被调蓄水分功能的重要手段之一，采用 3 种常用的入渗模型对试验资料进行拟合分析（图 7-1）。①Kostiakov 模型：$f=at^{-n}$，f、t 分别为入渗率、入渗时间；a、n 为经验参数。②Horton 模型：$f=f_c+(f_0-f_c)e^{-kt}$，f、f_0、f_c 和 t 分别为入渗率、初渗率、稳渗率和入渗时间；k 为经验参数，决定着 f 从 f_0 减小到 f_c 的速度。③通用模型：

$f=at^{-n}+b$，f、t 分别为入渗率、入渗时间，a、b、n 均为经验参数（b 相当于稳渗率）。由表 7-5 和图 7-1 可知，3 种模型对不同退化程度下的人工刺槐林土壤入渗过程均能取得较好的拟合效果，能够反映渗透曲线的变化特征，其渗透曲线变化趋势一致，可分为 3 个阶段，即渗透初期的渗透率瞬变阶段，其次为渐变阶段，随着时间的推移而下降，最后达到平稳阶段。采用 Kostiakov 模型拟合时，a 值为 18.10～25.56，远高于实测初始入渗速率值；n 值为 0.41～0.79，其大小反映了入渗率递减的状况，n 值越大，入渗率随时间递减越快，可见中度、重度退化类型下的人工刺槐林入渗率随时间递减程度高于未退化和轻度退化类型。采用 Horton 模型时，f_c 值为 0.53～3.90mm/min，与实测值（0.60～4.02mm/min）比较接近，k 值为 0.06～0.08。而通用模型 b 值为 0.64～5.61mm/min，远小于对应实测稳渗率，结合相关系数、实测初始入渗率、稳渗率的综合分析，可以看出 Horton 模型拟合精度较高，其拟合结果比 Kostiakov 模型和通用模型更接近于实测值，表明 Horton 模型比较适合描述该退化人工刺槐林的土壤入渗特征。

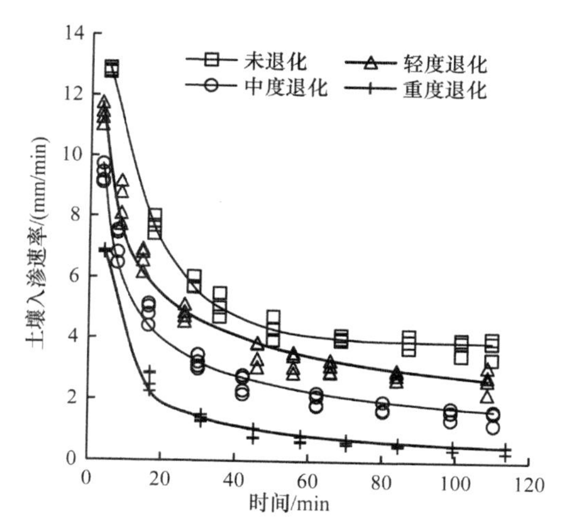

图 7-1　不同退化刺槐林地的土壤入渗过程

表 7-5　不同退化刺槐林地的土壤入渗模型

退化类型	入渗实测参数/(mm/min)		Kostiakov 模型 $f=at^{-n}$ 参数			Horton 模型 $f=f_c+(f_0-f_c)e^{-kt}$ 参数				通用模型 $f=at^{-n}+b$ 参数			
	f_0	f_c	a	n	R^2	f_0	f_c	k	R^2	a	b	n	R^2
未退化	12.83a	4.02a	25.56	0.43	0.964	16.61	3.90	0.07	0.995	17.96	0.64	0.62	0.988
轻度退化	11.02a	2.99b	18.77	0.41	0.940	13.14	2.80	0.06	0.994	21.88	5.61	0.22	0.952
中度退化	9.10b	1.79c	18.10	0.51	0.959	10.94	1.59	0.06	0.999	18.83	4.08	0.27	0.974
重度退化	6.80c	0.60d	21.01	0.79	0.983	9.17	0.53	0.08	0.999	17.96	0.64	0.62	0.988

7.3.4 土壤贮水性能

数据分析表明，不同退化刺槐林地的饱和贮水量（F=193.62，P＜0.01）、吸持贮水量（F=86.14，P＜0.01）、滞留贮水量（F=87.62，P＜0.01）均表现出极显著差异。由表 7-6 可知，随着人工刺槐林退化程度的加重，土壤吸持和滞留贮存水分表现出减弱趋势，并且土壤上层的贮水性能均高于土壤下层，饱和贮水量上、下层之比为 1.02～1.05。表明随着退化程度的加重，人工刺槐林在涵养水源和供给植物有效水利用方面减弱趋势加重，土壤上层由于腐殖质层相对较厚、根系微生物活动及枯枝落叶的分解影响，表现出更好的水分贮存及利用效能，但重度退化类型下，其土壤表层贮存水分能力较弱，不利于植物根系对水分的吸收。土壤 40cm 饱和贮水量表现为未退化＞轻度退化＞中度退化＞重度退化，轻度、中度、重度退化类型下分别比未退化下降 2.37%、4.85%、9.56%，表明轻度、中度退化类型其供水能力和未退化相差不大，但重度退化类型下其涵养水源及供树木本身利用的土壤水分有效性较差。

表 7-6　不同退化刺槐林地的土壤贮水指标

退化类型		饱和贮水量/mm	吸持贮水量/mm	滞留贮水量/mm	涵蓄降水量/mm	有效涵蓄量/mm
未退化	I	100.40a	89.85a	10.55b	44.78a	34.23a
	II	95.38b	82.75bc	12.63a	30.50b	17.87c
轻度退化	I	96.52b	85.80b	10.72b	40.24a	29.52ab
	II	94.62bc	82.96bc	11.66ab	26.44c	14.78c
中度退化	I	94.98bc	84.32b	10.66b	34.70b	24.04b
	II	91.30c	80.50c	10.80b	18.10d	7.30d
重度退化	I	90.68c	79.76c	10.92b	26.49c	15.57c
	II	86.38d	77.76c	8.62c	10.95e	2.33e

土壤蓄水性能与土壤前期含水量密切相关，本次测定时人工刺槐林土壤重量含水量差异不显著，均值为（22.21±1.03）%。当土壤湿度大时，土壤蓄水量减少，即使降雨量很小，也会产生地表径流。因此，把饱和贮水量与土壤前期含水量之差作为衡量土壤涵蓄降水量的指标。毛管贮水量与土壤前期含水量之差反映供植物利用的潜在土壤有效蓄水，称其为有效涵蓄量，大小表现与土壤涵蓄降水量一致，均表现为未退化＞轻度退化＞中度退化＞重度退化。不同退化刺槐林地的涵蓄降水量、有效涵蓄量差异均显著（F=215.24，P＜0.01；F=357.02，P＜0.01），与未退化相比，轻度、中度、重度退化类型下的涵蓄降水量和有效涵蓄量分别下降 11.42%、29.86%、50.27%和 14.97%、39.85%、65.64%。表明随着人工刺槐林退化程度的加重，在减少地表径流、防止土壤侵蚀等方面

的功能减弱，特别是重度退化类型下能够吸持供刺槐生长所必需的水分能力受到较大限制。在涵蓄降水量、有效涵蓄量上，不同退化类型下的人工刺槐林地均表现为上层大于下层，特别是有效涵蓄量随退化程度加重，未退化、轻度退化、中度退化、重度退化上、下层之比分别为 1.92、2.00、3.29、6.68，表明土壤上层在水分入渗、涵蓄降雨能力及供给植物有效性水分等方面均好于土壤下层。

7.3.5 退化刺槐林地的土壤水分物理特性

土壤容重和孔隙状况是土壤最重要的物理性质，能较好地反映土体构造的虚实松紧，对土壤通气性、透水性和根系的伸展影响较大（Herbst et al.，2006；王月玲等，2008；赵鹏宇等，2009；张建锋和邢尚军，2009）。容重小的土壤，上层土壤水分容易蒸发，下层土壤水分容易渗漏，而容重太大的土壤则不利于降水渗入土壤，易造成径流损失。研究表明，适宜的土壤容重和孔隙度对于土壤保水是很重要的，一般土壤容重多为 1.00～1.50g/cm^3，结构良好的土壤为 1.25～1.35g/cm^3；而黄河三角洲不同退化程度的人工刺槐林上、下层土壤容重分别为 1.37～1.51g/cm^3、1.45～1.60g/cm^3，表明退化林地的土壤结构和性能表现出减弱趋势，随着退化程度的加重，通气透水性能显著降低。结构良好、水气关系协调的土壤总孔隙度为 40%～50%，非毛管孔隙度在 10%以上，非毛管孔隙度与毛管孔隙度的比例为 0.25～0.50，而不同退化程度的人工刺槐林 40cm 土层土壤总孔隙度均值为 44.27%～47.79%，但非毛管与毛管孔隙度的比例仅为 0.12～0.13，退化林地的非毛管孔隙数量明显偏低，土壤黏重、紧实，通气透水性能受到一定的限制，特别是重度退化类型下，非毛管孔隙度均值仅为 4.89%，土壤的通气透水性和持水性能较差。随着退化程度的加重，人工刺槐林的土壤容重增加，孔隙度降低，这与张建锋和邢尚军（2009）对黄河三角洲生产基地第十二分场的退化林地的研究结论一致，即随着退化程度的加剧，土壤变得密实、土壤保水性能降低；但由于采样地点和树龄的不同，其退化林地的土壤容重比未退化林地增加 5.75%～14.40%，总孔隙度降低 7.4%～15.3%，而该研究退化林地的土壤容重比未退化林地增加 3.68%～14.71%，总孔隙度降低 2.38%～9.57%。土壤有机质能够促进植物生长，有利于土壤微生物和动物的活动，对改善土壤物理性质作用较大。随着人工刺槐林退化程度的加重，其有机质含量明显下降，这在一定程度上限制了土壤微生物的活动，从而减缓了对其土壤物理结构的改良，表现在土壤孔隙度减小，容重增大，土壤渗透和贮水性能显著减弱。

土壤渗透性能直接影响水分在土壤中的运动状况，入渗速率是反映储蓄水分和涵养水源功能的重要参数，植被通过改善地表土壤结构，从而促进降雨入渗、减少地表径流。该研究表明，退化人工刺槐林地降低了对降水的初始入渗性能和土壤稳渗率，这在一定程度上限制了较多的降水渗入土壤中储存，或形成壤中流、地下径流，保持水土、改良土壤的效能降低。Kostiakov 模型、Horton 模型及通用模型均能较好地反映退化人工刺槐林地的土壤入渗过程，模型参数分析表明，随着退化程度的加重，从初渗率减小到稳渗率的时间延长。Horton 模型拟合精度较高，其拟合结果比 Kostiakov 模型和通用模型更接近于实测值。

吸持贮水量是水分依靠毛管吸持力在毛管孔隙中的贮存，其水分主要供给植物根系吸收、叶面蒸腾或土壤蒸发，主要反映植物吸持水分供其正常生理活动所需的有效水分。重度退化类型下，吸持贮水量比未退化下降 8.74%，降低了对植物有效利用水分的贮存，限制了刺槐根系对水分的吸收，抑制了其正常生理生态过程。滞留贮水量是饱和土壤中自由重力水在非毛管孔隙中的暂时贮存，其大小反映植被涵养水源功能的强弱。与未退化林地相比，轻度、中度、重度退化林地下滞留贮水量分别降低 3.45%、7.42%、15.70%，退化程度的加重，减弱了土壤涵养水源的功能，降低了刺槐林地对降雨应急水分的贮存。结合涵蓄降水量和有效涵蓄量的综合分析可知，随着退化程度的加重，人工刺槐林地在降雨吸收、减少地表径流等方面的功能随之降低，贮存供植物生长所必需的水分也受到较大限制。

7.3.6 小结

随着人工刺槐林退化程度的加重，林地土壤容重变大，土壤有机质含量、孔隙度、孔隙比等指标均有减小趋势，土壤物理性状逆向变化显著，退化林地的透水性、通气性和持水性降低，蓄水保土功效减弱。与未退化刺槐林相比，轻度、中度、重度退化下的林地土壤容重均值分别增加 3.68%、9.56%、14.71%，土壤总孔隙度分别降低 3.61%、6.06%、10.71%，0～20cm 土层土壤容重均低于 20～40cm 土层。

Horton 模型能够较好地模拟退化人工刺槐林的土壤入渗过程，其渗透曲线可描述为渗透初期的渗透率瞬变阶段、渐变阶段，最后的平稳阶段。随着人工刺槐林退化程度的加重，其初始入渗率、稳渗速率均表现出降低趋势，明显降低对降雨的快速贮存以及蓄洪与涵养水源的作用，重度退化类型下土壤渗透性最差，不利于减弱地表径流、调节壤中流及地下径流。轻度、中度、重度退化类型下的稳渗速率值分别比未退化林地（4.02mm/min）下降 25.62%、55.47%、85.07%。

随着人工刺槐林退化程度的加重，土壤贮存水分和调节水分的潜在能力明显减弱，0～20cm 土层的贮水性能均好于 20～40cm，轻度、中度、重度退化类型下的 40cm 土层饱和贮水量分别比未退化（195.78mm）下降 2.37%、4.85%、9.56%。土壤吸持贮水量、滞留贮水量、土壤涵蓄降水量、有效涵蓄量均表现为未退化＞轻度退化＞中度退化＞重度退化，随着退化程度的加重，人工刺槐林地土壤供水性能、供给植物有效水利用、涵蓄降水量及有效水分贮存等方面均表现出减弱趋势。

7.4　黄河三角洲退化刺槐林不同改造模式对土壤理化性质的影响

具有保持水土、防风固沙功能的刺槐（*Robinia pseudoacacia*）是黄河三角洲区域主要的防护林树种之一，自 20 世纪 70 年代中期就开始被广泛种植，主要分布在大汶流自然保护区、一千二自然保护区和黄河故道附近，形成一千二和孤岛两大林场，至今刺槐林保存面积仍然达 $8000hm^2$，这些刺槐林已成为黄河三角洲滩地重要的生态屏障。但从 20 世纪 90 年代初开始在黄河三角洲的许多林场出现人工刺槐林枯梢或成片死亡的现象（张建锋和邢尚军，2009；姚玲等，2010），其产生原因除了刺槐生理特征因素外，还与该区域天然降水不足、黄河断流及淡水资源缺乏导致的土壤干旱，地下水水位高、蒸降比大的气候条件导致的土壤次生盐碱化，以及人类干扰等诸多因素有关（刘庆生等，2008；曹帮华等，2008）。为揭示该区域人工刺槐林的低质低效及林地衰退机制，许多学者对人工刺槐林的林冠健康状况（刘庆生等，2008；姚玲等，2010）、土壤生态退化特征（夏江宝等，2010；张建锋和邢尚军，2009）、土壤水盐动态（曹帮华等，2008）、土壤理化性状（邢尚军和张建锋，2006；夏江宝等，2009b）及不同造林模式下的土壤酶活性（李传荣等，2006）等进行了研究，但对退化人工刺槐林的改造模式及其效果分析研究较少。对该区域退化刺槐林的研究主要集中在基于遥感技术的人工刺槐林枯梢状况监测和分析（姚玲等，2010），人工刺槐林枯梢总体特征（刘庆生等，2011），人工刺槐林土壤退化特征（马风云等，2010）及退化刺槐林地的土壤水分生态特征（夏江宝等，2010）等方面。上述研究为监测和揭示黄河三角洲地区人工刺槐林生长衰退机制及退化刺槐林的更新改造技术奠定了基础，但对退化刺槐林更新改造后的土壤改良效应研究较少，关于重度退化刺槐林不同改造模式下的土壤酶活性及养分特征尚未见报道。由于黄河三角洲成陆晚，土壤含盐量高，一般树种造林很难成活，不同程度的退化刺槐林如何更新改造成为亟待解决的问题。该区域人工刺槐林可分为未退化、轻度退化、中度退化、重度退化等基本类型（张建锋和邢尚军，2009；姚玲等，2010;），其中重度枯梢或死亡刺槐林的更新改造模式主要采取全面皆伐后新植物材料的恢复与重建。

土壤物理性状、养分含量及酶活性等指标是土壤生态环境效益研究的重要内容之一，同时也是评价土壤质量的重要指标（Singh and Sharma，2007；胡景田等，2010）。土壤质量是影响植物生长的重要因素之一，而植物的生长水平反过来也影响着土壤状况，土壤物理性状对土壤的水、肥、气、热及其化学和生物学过程等都有一定的调控作用，土壤养分状况直接影响植物的生长发育（Fisher and Binklet，2000；丁绍兰等，2010），而土壤酶类参与土壤中一切复杂的物理化学过程，在一定程度上能够反映土壤养分转化的动态情况（关松荫等，1986；Askin and Kizilkaya，2005）。土壤酶参与土壤中许多重要的生物化学过程和物质循环，对土壤有机质的转化起着重要作用，可以客观地反映土壤肥力状况（陈峻和李传涵，1993；许景伟等，2000），因而常把土壤酶活性作为评价土壤生物活性和土壤肥力的重要指标（严昶升，1988）。为分析比较该区域重度退化人工刺槐林不同改造模式下的土壤环境质量状况，本研究选择棉田、农林间作、混交林及单一纯林 4 种改造模式为研究对象，并以未改造的重度退化刺槐林作为对照，测定分析其改造后的土壤酶活性及主要土壤基本物理性状、pH、含盐量、土壤养分状况等理化指标，探讨其改造效果，明确改良土壤效应较好的改造模式，以期为黄河三角洲重度退化刺槐林的人工促进恢复与重建技术提供理论依据。

7.4.1 试验地概况与研究方法

7.4.1.1 试验地概况

试验地位于黄河三角洲东营市河口区的济南军区军马场生产基地，总面积约为 $4.8\times10^4hm^2$，该区属于暖温带半湿润地区，大陆性季风气候，年均气温为 12.1℃，无霜期长达 201 天，≥10℃年积温约为 4200℃，年降水量为 500～600mm，年蒸发量为 1800mm 左右，春季是强烈的蒸发期，蒸发量占全年的 51.7%。土壤以盐化潮土和滨海盐土为主，土壤盐分组成以氯化物为主，占可溶性盐总量的 80%以上，0～100cm 土体加权平均含盐量为 0.58%，局部地段为 0.5%～1.0%，最高达 3.56%。土壤 pH 为 6.79～8.87，平均为 7.94；地下水埋深一般为 2～3m，地下水矿化度为 10～40g/L，高者达 200g/L（孙启祥等，2006）。该林场内人工植被以刺槐林为主，兼有白蜡林、杨树林、柽柳林等，天然植被以盐生、湿生的芦苇（*Phragmites communis*）、白茅（*Imperata cylindrica*）以及翅碱蓬（*Suaeda heteroptera*）为主。

7.4.1.2 研究方法

（1）样地设置与样品采集

2006 年 3 月将重度退化刺槐林皆伐后进行棉花（棉田，C）、白蜡（纯林，F）、白蜡+棉花（农林间作，F+C）、白蜡+刺槐（混交林，F+R，行间混交，混交比例均为 1∶1）4 种改造模式，并以枯梢高度在 3m 以上、郁闭度为 0.50 的重度退化刺槐林地作为对照（CK），样地概况见表 7-7。2010 年 10 月中旬，在研究区采用多点采样法进行土壤样品的采集与测定，每个改造模式分别选取面积为 20m×20m 的样地 3 个，每个标准地按“S”形均匀布设 6 个试验样点，分层在根区附近取样，即在 0～20cm 和 20～40cm 土层分别进行采样，相应层次取混合样约 1kg，实验室内风干、磨碎、过筛，然后暂存冰箱进行冷藏待测。两周内完成土壤酶活性的测定，并进行相应层次土壤理化性质的测定，求其平均值，进行结果分析。

表 7-7　样地概况

样地类型	株行距	树高/m	胸径/cm	林龄/年
棉田（C）	—	—	—	—
纯林（白蜡）（F）	2.0m×2.0m	6.23	7.32	8
农林间作（白蜡+棉花）（F+C）	2.5m×3.0m	6.61	7.03	8
混交林（白蜡+刺槐）（F+R）	2.0m×3.0m	7.12	7.41	8
重度退化刺槐林（CK）	2.5m×3.0m	11.52	13.82	25

（2）测定方法

按《森林土壤分析方法》（LY/T 1210～1275—1999），pH 采用 pH 计（水土比 5∶1）测定，可溶性盐采用重量法测定（水土比 5∶1）。土壤含水量采用烘干法测定，土壤容重和孔隙度等各项水文物理参数采用环刀浸水法测定；土壤有机质采用重铬酸钾氧化-外加热法测定，全氮用凯氏定氮法测定，有效氮用碱解扩散法测定，有效磷用碳酸氢钠浸提-钼锑抗比色法（Olsen 法）（恒温水浴振荡浸提）测定，有效钾用中性 NH_4OAc 浸提-火焰光度计法测定，以上测定方法参考章家恩（2007）的文献。磷酸酶活性采用磷酸苯二钠比色法测定，多酚氧化酶活性采用碘量滴定法测定，脲酶活性采用苯酚-次氯酸钠比色法测定，过氧化物酶活性采用邻苯三酚比色法测定，以上土壤酶活性的测定均主要参考关松荫（1986）、郑华等（2004）文献中的方法。土壤酶评价指数方法参见王兵等（2009）的文献。

采用 SPSS 13.0 软件中的单因素方差分析分析差异显著性及进行相关性分析。

7.4.2　不同改造模式对土壤酶活性的影响

土壤酶催化土壤中的一切生物化学反应，其活性高低反映生物化学过程的强度和方向，与土壤肥力关系密切（吴际友等，2010）。

（1）磷酸酶活性

磷酸酶主要参与将土壤中有机磷转化成无机磷的过程，是土壤中最活跃的酶类之一，是表征土壤生物活性的重要酶，在土壤磷循环中起重要作用，可以表征土壤磷素有效化强度（周礼恺，1987）。磷酸酶能促进磷酸酯水解释放磷酸根，不同改造模式下土壤磷酸酶活性均高于对照，差异显著（F=568.855，P＜0.05）

（图 7-2），其活性依次为混交林、农林间作、纯林、棉田，分别为 CK 的 3.5 倍、3.2 倍、1.7 倍、1.6 倍，显示出混交林和农林间作的优势。除农林间作的表层土壤磷酸酶活性显著低于下层（$P<0.05$）外，其余 3 种改造模式及对照样地的表层土壤磷酸酶活性高于下层，差异不显著。说明改造过程对磷酸酶的活性有所提高，同时表明各种植被下土壤有机磷的矿化速度差异较大。

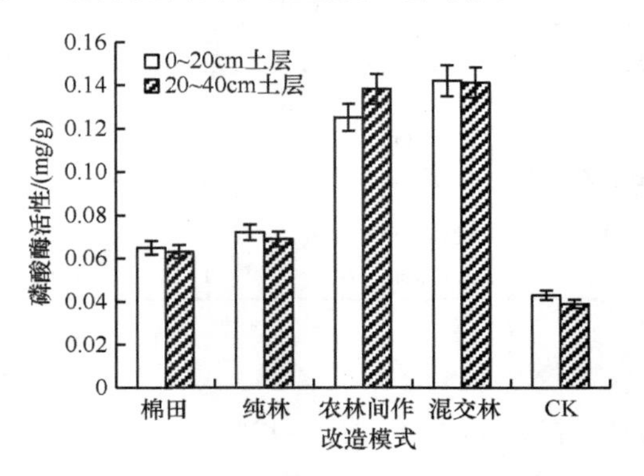

图 7-2　不同改造模式下的土壤磷酸酶活性

（2）多酚氧化酶活性

土壤中多酚氧化酶与有机质的形成有关，反映土壤腐殖化状况（郑伟等，2010），是土壤腐殖化过程中的一种专性酶，与土壤腐殖质的腐殖化程度呈负相关，它的活性低，表征土壤腐殖化程度高。通过跟踪测定多酚氧化酶的活性，能在一定程度上了解土壤的腐殖化程度（周礼恺，1987）。多酚氧化酶与其他酶变化不同，重度退化刺槐林被改造后，土壤多酚氧化酶活性显著下降（$F=44.177$，$P<0.05$）（图 7-3），从低到高依次为棉田＜农林间作＜混交林＜纯林＜CK，棉田地的土壤多酚氧化酶活性仅为 CK 的 54.6%，混交林、农林间作、纯林分别为对照的 80.7%、75.8%、85.8%。

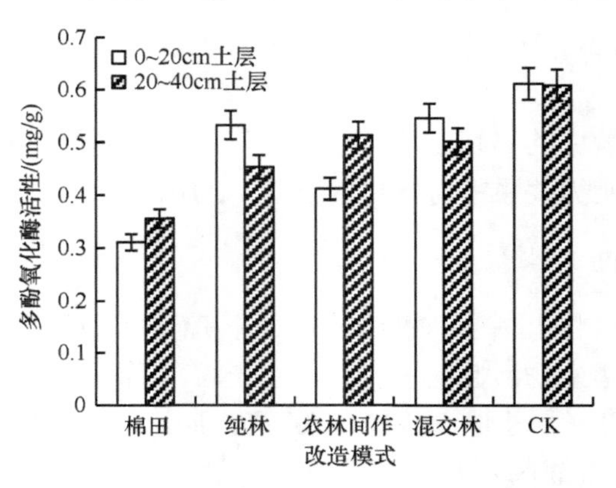

图 7-3　不同改造模式下的土壤多酚氧化酶活性

同种改造模式下，随着土层深度的增加，呈现不同的规律，棉田地、农林间作地升高，纯林地、混交林地下降，其中纯林地下降的幅度比较大。郑华等（2004）认为随着生态恢复，多酚氧化酶活性呈降低趋势，李传荣等（2006）认为各种造林模式都不同程度地降低多酚氧化酶活性，与本研究结果一致。植物残体腐殖化过程中土壤多酚氧化酶的变化可以分成两类：一类是随分解过程而降低；另一类则是随着分解过程而升高，究其原因这与不同环境下植物残体的化学组成以及林木根系分泌特征有关（张超等，2010）。

（3）脲酶活性

脲酶与土壤营养物质的转化能力、肥力水平、污染状况密切相关，是一种广泛存在于土壤中并对土壤有机氮分解转化起重要作用的专性酶（曹帮华和吴丽云，2008）。脲酶能促进有机物水解成氨、二氧化碳和水，其活性与土壤中氮素转化的强弱密切相关（关松荫，1986）。脲酶直接参与土壤中含氮化合物的转化，其活性常用来表征土壤氮素供应强度，通过分析脲酶活性能够了解氮素转化能力和氮素有效化强度。如图 7-4 所示，不同改造模式下土壤脲酶活性差异显著（F=1222.530，P<0.05），棉田与对照差异不显著，其他 3 种改造模式下的脲酶均显著高于对照（P<0.05）。脲酶活性以混交林最大，为 0.683mg/g，为 CK 的 5.8 倍；其次为纯林，脲酶活性为 0.517mg/g，为 CK 的 4.4 倍，棉田的脲酶活性最小，仅为 0.123mg/g。说明混交林和纯林地脲酶转化为有效氮素的能力最强，棉田的能力最差，但是棉田的有机质和有效氮含量不是最低的，这和以往的研究（刘美英等，2012）不太一致，其原因可能是棉田受耕作措施及人为干扰，波动较大。不同改造模式下的土壤脲酶活性的对比体现出了改造对土壤脲酶活性的作用。除棉田外，相同改造模式下，表层土壤脲酶活性均明显高于下层土壤，分别高出下层土壤 5.8%～9.4%。

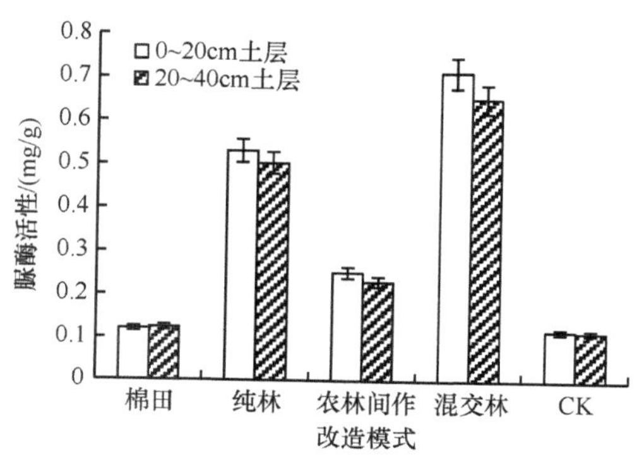

图 7-4　不同改造模式下的土壤脲酶活性

（4）过氧化物酶活性

过氧化物酶能氧化土壤中的有机物质，在腐殖质的形成过程中具有重要作用，能反映土壤腐殖质化的强度大小（陈光升等，2002）。不同改造模式下土壤过氧化物酶活性较 CK 有增加的趋势，其活性大小为棉田＞农林间作＞纯林＞混交林＞CK。土壤过氧化物酶活性随土壤深度的加深而呈现减弱的规律，并且表层土壤酶活性在土层总酶活性中占有较大的比例（图 7-5）。在表层土壤中，混交林与 CK 差异不显著，在下层土壤中，农林间作与 CK 差异不显著。混交林地土壤过氧化物酶活性低，原因可能与混交林群落大量的枯落物和植物残体分解过程导致酶活性降低（关松荫，1986）有关。过氧化物酶能氧化土壤有机质，对植物残体腐殖化过程的研究表明，在分解过程中，过氧化物酶活性的降低较其他酶要快（夏江宝等，2010）。

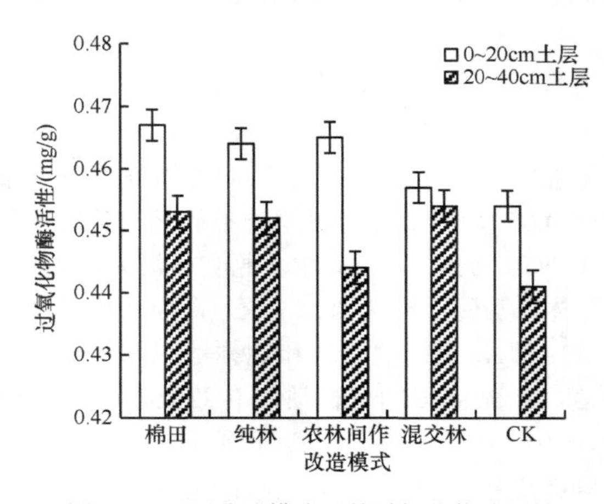

图 7-5　不同改造模式下的过氧化物酶活性

7.4.3　不同改造模式对土壤容重和孔隙度的影响

数据分析表明（表 7-8），改造后土壤容重均低于重度退化刺槐林地，差异显著（F=37.782，P＜0.05），土壤容重均值大小表现为混交林＜农林间作＜纯林＜棉田，分别比 CK 下降 14.2%、12.3%、9.0%、7.7%，改造后土壤变得疏松，有利于水分的渗透和贮存。土壤总孔隙度、非毛管孔隙度和孔隙比均高于 CK，而毛管孔隙度除混交林稍高外，其他改造模式差异不显著（F=2.540，P＞0.05）。总孔隙度、孔隙比均值大小均表现为混交林＞农林间作＞纯林＞棉田，其中总孔隙度均值分别比 CK 增加 13.6%、9.0%、4.3%、3.0%；孔隙比均值分别比 CK 增加 26.3%、17.1%、7.9%、5.3%；改造后非毛管孔隙度增加显著（F=28.210，P＜0.05），是 CK 的 1.4～2.4 倍，非毛管孔隙度的增加，有利于降水的下渗，减少地表径流。可见，重度退化刺槐林被改造后，表现出土壤容重减小、孔隙度增大的变化趋势，其中混交林和农林间作的土壤透水性、通气性和持水能力比较协调，其次为纯林和棉田。

表 7-8　不同改造模式下的土壤容重和孔隙度

改造模式	容重/（g/cm³）	总孔隙度/%	毛管孔隙度/%	非毛管孔隙度/%	孔隙比
棉田	1.43±0.03b	44.42±0.29b	40.19±0.08a	4.23±0.42b	0.80±0.03ab
纯林	1.41±0.03b	44.98±0.98b	39.34±0.43b	5.64±0.56c	0.82±0.04b
农林间作	1.36±0.03c	47.01±1.50c	40.00±0.46a	7.01±0.13d	0.89±0.04c
混交林	1.33±0.03c	49.00±0.83d	42.74±0.60c	6.26±1.42cd	0.96±0.03d
CK	1.55±0.04a	43.14±.11a	40.18±0.59a	2.96±0.52a	0.76±0.04a

注：同列不含相同小写字母表示差异显著（$P<0.05$）

7.4.4　不同改造模式对土壤盐碱及养分含量的影响

（1）不同改造模式对土壤 pH 和含盐量的影响

根据我国土壤的酸碱度分级标准（卢瑛等，2007），不同改造模式下的土壤均呈碱性，主要是因为黄河三角洲的土壤本身盐碱化比较严重。棉田、纯林、农林间作、混交林的表层土壤 pH 低于 CK，而下层除农林间作和混交林低于 CK 外，另外两种方式均高于 CK，说明棉田和纯林作为单一植被类型，对土壤 pH 的恢复效果较差。由表 7-9 可知，农林间作、混交林地 0～40cm 土层土壤 pH 有下降趋势，分别比 CK 下降 1.2%、1.9%，压碱效果显著。而棉田、纯林地土壤 pH 有上升趋势，分别比 CK 增加 1.1%、1.2%，表现出一定的增碱负效应。改造后土壤含盐量均表现出降低趋势，均值大小表现为混交林＜农林间作＜纯林＜棉田，与 CK 相比分别降低 36.2%、26.1%、11.6%、8.7%，可见混交林、农林间作降盐效果显著，这与混交林地土壤物理性状得到改善，树木和作物生长旺盛，促进对盐分的吸收等有一定关系。可见，混交林、农林间作压碱抑盐的效果好于单一的农作物种植或纯林栽植，并且混交林效果好于农林间作。

表 7-9　不同改造模式下的土壤盐碱度及养分含量

不同改造模式	pH		含盐量/%		有机质含量/（g/kg）		速效钾含量/（mg/kg）		有效磷含量/（mg/kg）		速效氮含量/（mg/kg）	
	0～20cm 土层	20～40cm 土层	0～20cm 土层	20～40cm 土层	0～20cm 土层	20～40cm 土层	0～20cm 土层	20～40cm 土层	0～20cm 土层	20～40cm 土层	0～20cm 土层	20～40cm 土层
棉田	7.96c	8.33a	0.29bc	0.34a	15.69a	13.5a	101.34e	93.55c	5.32e	6.35e	55.12a	32.15d
纯林	8.06ab	8.25a	0.34b	0.27bc	10.13d	8.03c	123.23b	84.30d	11.28b	9.85b	48.45c	33.31c
农林间作	8.04ab	7.89c	0.28bc	0.23bc	13.28c	11.85b	122.6c	96.7b	10.02c	9.58c	46.78d	39.23b
混交林	8.01bc	7.81d	0.23c	0.21c	14.94b	13.483a	136.33a	97.28a	13.69a	11.08a	52.6b	43.13a
CK	8.09a	8.03b	0.43a	0.26b	8.17e	4.55d	112.34d	51.15e	9.12d	8.32d	40.58e	22.35e

注：同列数据不含相同小写字母表示处理间差异显著（$P<0.05$）

（2）不同改造模式对土壤养分的影响

由表 7-9 可以看出，4 种改造模式下的表层土壤有机质相对比较丰富，棉田土壤有机质含量均高于其他改造模式土壤。混交林地和农林间作地的土壤有机质与大量养分在土壤剖面的变化幅度最小，其他两种改造模式变化较大。分析表明，土壤有机质均值大小表现为纯林＜农林间作＜混交林＜棉田，分别是 CK 的 1.43 倍、1.98 倍、2.24 倍、2.30 倍，棉田和混交林土壤有机质含量差异不显著（F=0.431，P＞0.05）。棉田有机质含量最高，主要与增施有机肥等农耕措施有关，混交林地可能与其枯落物分解产生腐殖质有关。

速效氮均值表现为混交林＞棉田＞农林间作＞纯林。4 种改造模式下的土壤速效钾均值高于对照，混交林地和农林间作地的速效钾均值最高，分别为 116.8mg/kg、109.65mg/kg，纯林地次之，棉田地最低。

不同改造模式下 0～40cm 土壤速效氮（F=3.002，P＞0.05）差异均不显著，有效磷差异显著（F=54.708，P＜0.05），除棉田有效磷与 CK 相比降低之外，改造后的其他土壤养分含量均比 CK 显著增加；0～40cm 速效钾均值表现为混交林＞农林间作＞纯林＞棉田，但差异不显著（F=2.368，P＞0.05），与 CK 相比，仅分别增加 42.9%、34.1%、26.9%、19.2%。有效磷表现为混交林最高，其次为纯林；速效氮均值均表现为混交林＞棉田＞农林间作＞纯林，分别比 CK 增加 52.1%、38.7%、36.7%、29.9%；棉田速效钾和有效磷含量都较低，可能是因为人为使用化肥量较少，并且秸秆还田是钾的重要补给源，而随着棉花的收获，秸秆也被当地农民用作薪柴，不能使养分重返棉田，加之人为翻耕，土壤通气性良好，土壤中钾易被淋洗而流失。上述分析表明：棉田受人为因素的干扰，其土壤有效养分和有机质含量波动较大，而混交林能明显改善退化林地的土壤养分状况，对防止水土流失、土壤退化具有一定作用，农林间作改善土壤养分效果中等，而单一纯林相对较差。

7.4.5 土壤酶活性的相关性分析及土壤酶指数

（1）土壤酶活性的相关性分析

土壤有机物质是土壤中酶促底物的主要来源，是土壤固相中最复杂的系统，也是土壤肥力的主要物质基础。对土壤酶活性与土壤理化性质进行相关性分析，结果（表 7-10）表明：磷酸酶与脲酶活性具有极显著的正相关（P＜0.01），多酚氧化酶与过氧化物酶活性之间呈极显著负相关（P＜0.01）。磷酸酶活性与 pH 具有极显著的负相关，其他 3 种酶活性与 pH 相关性不显著。磷酸酶活性与有机质、有效钾、有效磷、有效氮呈极显著或显著正相关；多酚氧化酶活性与有机质呈极显著负相关（$P<0.01$），相关系数为-0.676，与有效磷呈极显著正相关性（$P<0.01$），与其他养分含量不存在明显相关关系；脲酶活性与有效磷、有效氮、有效钾呈显著相关性，与含盐量呈极显著负相关（$P<0.01$），与有机质没有明显相关性；过氧化物酶活性除与有效磷没有明显相关性外，与其他养分含量均有极显著的相关性。由于不同种类的酶活性在土壤中参与的生化反应作用不同，因此与不同养分因子之间的相关性存在着一定的差异，但是总体上磷酸酶、脲酶、多酚氧化酶、过氧化物酶活性和土壤养分等具有较强的相关性，可以用来指示该区域不同改造模式下土壤质量的变化特征。

表 7-10　土壤酶活性与土壤理化性质的相关系数

指标	磷酸酶活性	多酚氧化酶活性	脲酶活性	过氧化物酶活性	pH	含盐量	有机质	有效钾	有效磷	有效氮
磷酸酶活性	1	-0.08	0.588**	0.079	-0.546**	-0.613**	0.606**	0.482**	0.598**	0.454*
多酚氧化酶活性		1	0.166	-0.511**	-0.24	0.058	-0.676**	-0.144	0.527**	-0.347
脲酶活性			1	0.184	-0.23	-0.473**	0.24	0.434*	0.836**	0.368*
过氧化物酶活性				1	0.05	0.196	0.543**	0.651**	0.018	0.735**

*表示在 0.05 水平上显著相关；**表示在 0.01 水平上极显著相关

（2）土壤酶指数

土壤酶种类繁多，每一种酶在土壤中的作用不同，有的酶相互之间信息重叠，而单一酶类在反映土壤酶的变化上存在很大的片面性，土壤酶指数能够客观全面地揭示不同改造模式下土壤酶活性的变化。上述分析表明不同改造模式对不同酶种类影响的差异都较大，为了克服不同酶活性在反映治理退化刺槐林的过程中土壤酶属性演变过程的片面性，采用土壤酶指数作为酶因子的综合作用表征，从而客观、全面地反映土壤酶活性的变化过程。

由图 7-6 可知，土壤酶指数在棉田、纯林、农林间作、混交林 4 种改造模式下分别为 0.436、0.446、0.464、0.483，均显著高于对照，增幅从大到小依次为混交林地和农林间作地、纯林地、棉田。重度退化刺槐林由于现有枯落物等物质归还到土壤中较少，造成土壤养分低下，制约了微生物的生长与繁殖，因此土壤酶活性相对较低，改造后，归还到土壤中的枯落物显著增加，促进了微生物的生长与繁殖，酶活性增加。不同改造模式的植被类型不同，枯落物种类、数量和根系分泌物等多种因素的差异，导致微生物种群数量发生异质性，土壤酶活性产生分化。

7.4.6　不同改造模式下的土壤改良效应

结构良好的土壤容重为 1.25～1.35g/cm^3（夏江宝等，2010；丁绍兰等，2010）。

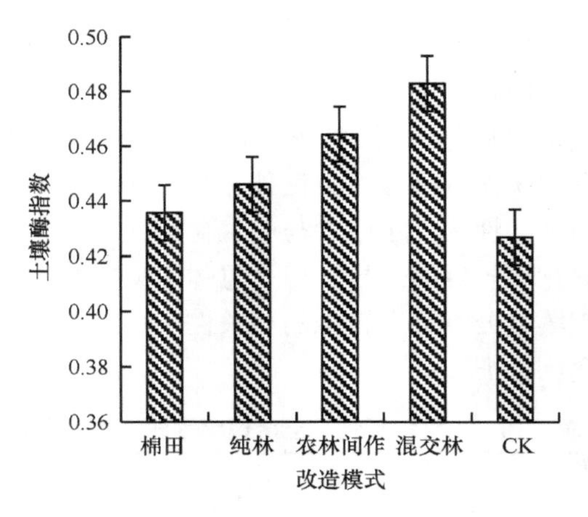

图 7-6 不同改造模式下的土壤酶指数

该研究区域重度退化刺槐林不同改造模式下的土壤容重为 1.33～1.43g/cm^3，表明改造后土壤上层的结构和性能改善较好。水气关系协调的土壤总孔隙度为 40%～50%，非毛管孔隙度在 10%以上，非毛管孔隙度与毛管孔隙度的比例为 0.25～0.50（夏江宝等，2010；丁绍兰等，2010），改造后土壤总孔隙度为 44.42%～49.00%，非毛管孔隙度为 4.23%～7.01%，非毛管孔隙度与毛管孔隙度的比例仅为 0.11～0.18，表明 4 种改造模式对总孔隙度状况的改善较好，但非毛管孔隙度明显偏低，潜在的涵养水源功能较弱。已有研究表明（夏江宝等，2009），棉田 0～50cm 土壤容重均值高于乔木林、灌木林，与该研究结论一致，即采取棉田改造模式后，土壤变得密实、土壤保水性能降低，这可能与棉花种植表层采取覆膜、深翻及人为频繁作业等措施有关，破坏了土壤机械结构，表层土壤板结严重，导致其容重较大。而混交林和农林间作改造模式下枯落物相对丰厚、人为干扰弱，能较好地维持和改善土壤颗粒结构，且较多的残次根系使毛管孔隙度增大，在一定程度上改善了土壤通气状况和透水性能。

改造后土壤 pH 有所降低但仍显碱性，主要与退化刺槐林地本身盐碱化较高有关；同时与地表层的枯枝落叶量及其离子含量少有关（孙启祥等，2006）。由于深翻熟耕、施有机肥等农耕措施，黄河三角洲盐碱地农田盐碱含量低于林地（夏江宝等，2009）。但也有研究表明（李庆梅等，2009），黄河三角洲盐碱地进行棉田种植后，含盐量比林地要高，这与本研究结果类似，主要由于棉田的灌水压盐措施抬高了地下水水位，大的蒸降比导致入秋后土壤返盐严重。而混交林、农林间作等改造模式比单一棉田种植含盐量低，一方面由于地表覆盖度相对增加，蒸发量减少；同时与枯枝落叶、残死根系进入土壤，改善土壤结构等有关，抑制土壤返盐（孙启祥等，2006；邢尚军等，2008）。棉田和混交林地有机质含量、有效氮及全氮明显高于农林间作和纯林改造模式，这与黄河三角洲盐碱地的相关研究结果一致（邢尚军等，2008；李庆梅等，2009），棉田有机质含量、有效氮及全氮相对较高主要与人为增施有机肥、对土地集约经营有关，同时随着土壤有机质的逐步矿化，氮素被逐渐释放，也提高了全氮的含量。有效磷、有效钾含量较低，可能与棉花生长消耗大量养分有关，同时其植物材料的采收也易导致磷、钾养分的流失（李庆梅等，2009）。可见棉田受人为因素的干扰，其土壤盐碱含量、有效养分和有机质含量波动较大。混交林植被覆盖率、生物生产能力相对较高，林下草本植物的根系和枯落物等经微生物分解后产生较多的有机质，腐殖化作用明显；而土壤有机质能够促进植物生长，有利于土壤微生物和动物活动，能较好地改善土壤养分状况。研究表明（邢尚军和张建锋，2006；李庆梅等，2009），在黄河三角洲盐碱地土壤理化性状有所改善的阶段，如进行单一的农业持续利用或纯林栽植，易导致地带性植被类型的形成概率降低，次生盐碱化、地力衰退的发生率增加。

不同植被类型下土壤酶活性存在一定差异，本研究表明，混交林、农林间作磷酸酶含量较高，表明此类改造模式有利于有机磷化合物的分解，这也是混交林地有效磷含量较高的原因之一，而棉田磷酸酶含量较低，供应有效磷的潜在能力较弱，与该区域不同土地利用方式下耕地高于林地有一定差异（孙启祥等，2006；邢尚军等，2008），可能与耕种年限较短有关。混交林多酚氧化酶含量高于纯林，与混交林地有机质含量较高有关（李庆梅等，2009），与马尾松低效林改造模式下的结论相一致（郑伟等，2010）。随着黄河滩地人为经营强度的增加，不同造林模式下多酚氧化酶有降低趋势（李传荣等，2006），与该研究农林间作、棉田改造模式下多酚氧化酶含量较低的结论一致，即经营活动的加强，特别是棉田连作易导致土壤含酚量增加、芳香族化合物减少，抑制酶活性（李传荣等，2006；刘瑜等，2010）。黄河三角洲盐碱地棉田、梨园等不同土地利用方式下，有机质及氮素水平较低，脲酶活性差异不显著（崔晓东等，2007）；但也有研究发现，该区域农田及林地脲酶活性高于草地、灌木丛地（邢尚军等，2008）。本研究表明，混交林、纯林脲酶活性较高，而农林间作、棉田相对较低，与氮素营养水平变化规律也不完全一致，可见棉田施肥、深翻熟耕等农耕措施可能对脲酶活性影响较大。综上所述，造成土壤酶活性变化的原因较多，可能与低效林改造年限、耕作管理水平（刘瑜等，2010）、成熟林本身的根系分泌物或者特定养分的缺乏或富集有关（李传荣等，2006；郑伟等，2010），盐碱条件下影响土壤酶变化的因素还有待进一步深入研究。

7.4.7　小结

黄河三角洲重度退化刺槐林经过改造后，土壤肥力与酶活性显著改善。具体表现为有机质、速效氮、磷酸酶、脲酶、过氧化物酶较对照均显著增加，多酚氧化酶显著降低，由于人为耕作因素，棉田速效钾低于对照。混交林和农林间作方式对土壤酶活性及理化性质的改善效果较好，对于维持土壤可持续利用有积极作用，具体表现为：不同改造模式下土壤酶活性存在一定差异，该区域混交林、农林间作磷酸酶活性较高，而棉田磷酸酶活性较低，供应有效磷的潜在能力较弱；混交林地多酚氧化酶活性高于纯林地；不同改造模式下多酚氧化酶活性有降低趋势，混交林、纯林脲酶活性较高，而农林间作、棉田相对较低。4 种改造模式都不同程度地增加了土壤磷酸酶、脲酶活性，降低了多酚氧化酶活性。过氧化物酶活性虽然有增加趋势，但差异不显著。多酚氧化酶和脲酶活性均为混交林＞纯林＞农林间作＞棉田；混交林、农林间作、纯林、棉田改造模式下的磷酸酶活性分别是对照的 3.5 倍、3.2 倍、1.7 倍、1.6 倍。

磷酸酶、多酚氧化酶、脲酶、过氧化物酶活性与土壤养分因子的相关性相对较强，除磷酸酶活性与 pH 有显著的负相关外，其他酶活性与 pH 没有明显的相关性，磷酸酶、多酚氧化酶、脲酶、过氧化物酶可以作为评价土壤质量的生物学指标。单一酶类在反映土壤酶的变化时存在很大的片面性和局限性，土壤酶指数则克服了这一缺点，能够客观、全面地反映土壤酶活性的变化过程。退化刺槐林经过改造后，土壤酶指数显著提高，具体表现为混交林＞农林间作＞纯林＞棉田。

改造林地的土壤容重和含盐量均表现降低趋势，均值大小均表现为：混交林＜农林间作＜纯林＜棉田，分别比对照下降 14.5%、12.3%、9.0%、7.7%和 35.3%、27.9%、13.2%、7.4%；总孔隙度表现为增大趋势，棉田、纯林改造模式表现出一定的增碱负效应。总孔隙度表现为增大趋势，棉田、纯林改造模式表现出一定的增碱负效应。改造后土壤养分增加显著，土壤有机质及速效氮、有效磷、速效钾总体表现为混交林改造模式下最高，农林间作高于纯林，棉田波动较大。建议作为重度退化刺槐林的主要改造模式进行推广。

农林间作在最初阶段有一定的经济效益，但随着树木胁地作用的加强，农林间作几年后，农田生产力下降，需进行相应的林分补植或改造。棉田和纯林改造模式均为单一种植类型，在地下水水位较高、蒸降比大的黄河三角洲重度退化刺槐林地上实施，易出现次生盐碱化和地力衰退现象，在该区域以生态防护为主要目的的林业生态建设中，从生物多样性和生态功能强化的角度出发，建议重度退化刺槐林皆伐后不易作为棉田进行连年种植或单一模式的纯林营建；混交林和农林间作改造模式对土壤酶活性及理化性质的总体改善效果较好，建议作为重度退化刺槐林的主要改造模式进行推广。在今后重度退化刺槐林恢复与重建过程中，应进一步加强不同造林模式及其优化配置方面的相关改造试验研究。

7.5　黄河三角洲盐碱地低效防护林补植改造效应分析

黄河三角洲地区盐碱地防护林在对自然灾害防御、环境保护、经济社会可持续发展的促进等方面发挥了重要的作用（董海凤等，2015；杜振宇等，2015）。但由于该区土壤次生盐渍化、黄河断流、降水不足、蒸降比增大、林龄过大，以及人类干扰影响等（夏江宝等，2012），黄河三角洲盐碱地防护林有相当一部分形成了低质低效林，严重影响了防护林效能的持久发挥和森林的可持续发展，成为防护林体系建设的瓶颈。因此，对盐碱地低效防护林的经营改造成为该区生态建设的重要内容之一。

目前，关于黄河三角洲盐碱地低效防护林的改造研究报道较少，主要集中于成过熟衰退刺槐林的研究。夏江宝等（2012）对成过熟退化刺槐林不同更替改造模式的土壤酶活性及理化性质效果开展了分析研究，而对中、幼龄低效林补植改造的研究未见报道。低效林改造是森林经营的重要措施之一，林分经过抚育改造后，林分空间结构发生了变化，影响到林木生长、林下植被和土壤理化性质及其微生物的发育和变化等（薛建辉，2006）。本节针对黄河三角洲地区因次生盐渍化导致的中、幼龄低效防护林开展了补植改造后的林分生长和林地土壤改良效应以及植物多样性等方面的试验研究，以期为黄河三角洲盐碱地低效林的改造恢复提供技术支撑和理论依据。

7.5.1　试验地概况与研究方法

7.5.1.1　试验地概况

试验地点位于黄河三角洲地区的东营市河口区，该地属于暖温带半湿润地区，大陆性季风气候，年平均气温为 12℃，无霜期为 201 天，≥10℃年积温约为 4200℃，年降水量为 500～600mm，年蒸发量为 1800mm 左右，春季是蒸发期较为强烈的时期，其蒸发量占全年的比例为 51.7%。试验区为冲积性黄土母质在海浸母质上沉淀而成，机械组成以粉砂为主，沙黏相间，层次变化复杂。试验区黄河滩地主要防护林造林树种为刺槐（*Robinia pseudoacacia*）、紫穗槐（*Amorpha fruticosa*）、美国竹柳、欧美杨类、毛白杨（*Populus tomentosa*）、柽柳（*Tamarix chinensis*）、绒毛白蜡（*Fraxinus velutina*）、国槐（*Sophora japonica*）、榆树（*Ulmus pumila*）等，单一纯林多，混交林少。天然植被以柽柳、碱蓬（*Suaeda glauca*）、獐毛（*Aeluropus sinensis*）、芦苇（*Phragmites australis*）、白茅（*Imperata cylindrica*）、狗牙根（*Cynodon dactylon*）、狗尾草（*Setaria viridis*）、野苦荬菜（*Ixeris denticulata*）以及萝藦（*Metaplexis japonica*）等灌、草为主。

7.5.1.2 研究方法

（1）样地设置与林分调查及土壤样品采集

试验地点分别设在河口区草桥沟和挑河桥，对因次生盐渍化导致的低效林进行补植改造。草桥沟和挑河桥这两个地方于2013年春季分别营造了美国竹柳林和白蜡林，因保存率不高，又于造林3年后的2016年春季对美国竹柳林补植了紫穗槐和柽柳2个树种，形成紫穗槐+美国竹柳+柽柳（A+S+T）混交的改造模式；对白蜡林补植了柽柳树种，形成白蜡+柽柳（F+T）混交的改造模式。补植改造2年后的2017年10月中旬，对2个试验地点改造模式的林分生长情况、林地土壤及植被情况进行了调查，并以未改造的纯林模式作为各自的对照（S和F）。对4种模式的林分分别选取3个10m×20m的样地进行树木生长情况调查，在每个样地中设置3个1m×1m的样方调查植被情况，林分生长和植被情况调查均按常规方法进行；土壤调查采用多点采样法进行土样采集与测定，每个样地按照“S”形均匀布设5个样点，每个样点在0～20cm的树木根区附近取样，取5个样点的混合土样约1kg，实验室内风干，磨碎，过筛后暂存冰箱备用。

（2）土壤理化性质的测定方法

土壤理化性质的测定方法按LY/T 1210-1275—1999，pH采用pH计测定（水土比5∶1），可溶性盐含量采用重量法测定（水土比5∶1），土壤含水量采用烘干法测定，孔隙度和土壤容重等各项水文物理参数采用环刀浸水法测定。参考章家恩（2007）的文献，土壤有机质采用重铬酸钾氧化-外加热法测定，有效磷采用Olsen法（恒温水浴振荡浸提）测定，有效钾采用中性NH_4OAc浸提-火焰光度计法测定，土壤硝态氮及铵态氮采用SmartChem全自动间断化学分析仪测定。

所测数据利用SAS 9.2、Origin 75及Excel进行统计分析。

7.5.2 低效防护林补植改造后的林分生长效应

郁闭度、保存率及生长因子（树高、胸径、冠幅）是反映林分生长效益的重要特征指标。由表7-11可以看出，草桥沟的美国竹柳低效林在补植紫穗槐及柽柳2个树种形成紫穗槐+美国竹柳+柽柳混交林（A+S+T）2年后，其郁闭度和保存率相比未补植的美国竹柳纯林（S）分别提高了133.3%和358.3%，其混交林分中美国竹柳树种的胸径、树高及冠幅亦均显著高于未补植的纯林中的美国竹柳，分别提高了58.1%、35.0%和37.0%，差异均达到显著水平（$P<0.05$）。挑河桥的白蜡低效林补植柽柳树种形成白蜡+柽柳混交林（F+T）2年后，其郁闭度和保存率

相比未补植的白蜡林（F）分别提高了 75.0%和 70.0%，其混交林分中白蜡树种的胸径、树高及冠幅均高于未补植的纯林中的白蜡，分别提高了 22.4%、26.9%和 106.8%，差异亦均达到显著水平（$P<0.05$）。从林分的外观总体生长情况看（表 7-11），草桥沟和挑河桥 2 个地点补植改造后形成的混交林林木生长情况都要明显好于各自未补植改造的纯林，且林木受盐害程度亦低；补植的树种生长情况处于较好-好的状态，其叶片未受到盐渍化的危害。

表 7-11 不同林分类型的林分生长情况

试验地点	林分类型	树种	年龄/年	郁闭度	保存率/%	胸径/cm	树高/m	冠幅/m	生长情况
草桥沟	混交林（A+S+T）	美国竹柳	5	0.7	55	6.8±0.2a	4.28±0.16a	2.11±0.06a	生长较好，叶片受到轻度盐害
		紫穗槐	2			2.1±0.2	1.86±0.11	0.98±0.07	生长较好，叶片未受到盐害
		柽柳	2			3.4±0.1	2.21±0.13	2.12±0.04	生长好，叶片未受到盐害
	纯林（S）	美国竹柳	5	0.3	12	4.3±0.2b	3.17±0.15b	1.54±0.12b	生长差，叶片受到中-重度盐害
挑河桥	混交林（F+T）	白蜡	5	0.7	68	7.1±0.2a	5.33±0.10a	3.33±0.01a	生长较好，叶片受到轻度盐害
		柽柳	2			1.9±0.2	2.10±0.10	1.95±0.05	生长好，叶片未受到盐害
	纯林（F）	白蜡	5	0.4	40	5.8±0.1b	4.20±0.17b	1.61±0.01b	生长差，叶片受到中度盐害

注：同一试验地点，每列数据后不同字母表示同一指标显著性差异达 0.05 水平

综合上述分析，对因次生盐渍化导致的低效林分进行补植改造后，其林分生长效益的各项指标均得到显著提高。

7.5.3 低效防护林补植改造后的林地土壤改良效应

土壤水分、容重、孔隙度、盐碱状况、有机质及养分含量等理化性质是反映盐碱地土壤性能好坏的重要指标，是衡量林地土壤质量的重要参数（Singh and Sharma，2007；李庆梅等，2009）。土壤物理性质的变化与林木的生长和林地的生产力息息相关，盐碱性也是反映土壤状况的重要因素，土壤有机质和养分可促进土壤良好结构的形成，增强土壤的缓冲性，并对植被的生长发育和土地生产力起到重要的作用（张建锋等，2002；卢瑛等，2007；高鹏等，2008）。

（1）土壤容重和孔隙度

土壤容重和孔隙度是反映土壤通气性及透水性的重要指标。一般情况下，容重越小，土壤越疏松，通气性越大，能够减缓径流冲刷和拦蓄水分；容重越大，

土壤通气性越小，土壤疏松性越差（刘福德等，2008；巍强等，2008）。由表 7-12 得知，补植改造后的 A+S+T 混交林土壤容重（1.241g/cm^3）明显低于未补植改造的 S 纯林（1.507g/cm^3），差异性极显著（$P<0.01$）；改造后的 F+T 混交林土壤容重（1.331g/cm^3）显著低于未改造的 F 纯林（1.518g/cm^3）（$P<0.05$）。有研究表明，土壤容重为 1.25～1.35g/cm^3 时说明土壤结构较好（夏江宝等，2012）。该研究区域 2 种补植改造的混交林的土壤容重为 1.241～1.331g/cm^3，说明低效林经补植改造后形成混交林后其土壤的结构和性能得到了明显改善。土壤的孔隙状况直接影响植物根系的伸展难易程度及土壤结构的好坏，对土壤中肥、水、热、气和生物活性有重要的调节功能（高鹏等，2008）。由表 7-12 还可以看出，补植改造后的 A+S+T 混交林的总孔隙度和孔隙比分别比 S 纯林提高了 33.4%和 74.3%，差异极显著（$P<0.01$）；F+T 混交林的总孔隙度和孔隙比分别比 F 纯林提高了 19.5%和 43.1%，差异极显著（$P<0.01$）。A+S+T 混交林的土壤毛管孔隙度及非毛管孔隙度显著高于 S 纯林（$P<0.05$），分别提高了 23.8%和 204.8%；F+T 混交林的土壤毛管孔隙度与 F 纯林的差异虽然不显著，但也高于 F 纯林 7.6%，而两者之间的非毛管孔隙度差异显著（$P<0.05$），F+T 混交林比 F 纯林提高了 342.1%。土壤总孔隙度为 50%～60%，非毛管孔隙度达 10%以上，表明土壤的通气状况和透水性能较好（白麟等，2011），两种补植改造混交林的土壤总孔隙度分别为 55.123%和 54.225%，非毛管孔隙度分别为 6.705%和 11.870%，说明 2 种低效林补植改造模式对土壤总孔隙度状况的改善具有较显著的促进作用，F+T 混交林非毛管孔隙度值在正常范围中，但 A+S+T 非毛管孔隙度的值明显偏低，其土壤潜在的水源涵养功能尚待提高。综上分析，低效林补植改造后，表现出土壤孔隙度增大，土壤容重显著减小，表明补植改造后的混交林土壤的通气性、透水性及持水能力均高于未补植改造的低效纯林。

表 7-12　不同林分类型的林地土壤容重和空隙度

林分类型	土壤容重/（g/cm^3）	总孔隙度/%	毛管孔隙度/%	非毛管孔隙度/%	孔隙比
A+S+T 混交林	1.241±0.006B	55.123±0.563A	48.429±0.808a	6.705±0.245a	1.229±0.028A
S 纯林	1.507±0.005A	41.336±1.118B	39.128±0.764b	2.200±0.424b	0.705±0.035B
F+T 混交林	1.331±0.0223b	54.225±0.334A	45.877±4.815a	11.870±1.650a	1.186±0.016A
F 纯林	1.518±0.009a	45.379±0.747B	42.623±0.412a	2.685±0.335b	0.829±0.025B

注：A+S+T 混交林和 S 纯林各项指标后的大写和小写字母分别表示两种林分类型同一指标间显著性差异达 0.01 和 0.05 水平；F+T 混交林和 F 纯林各项指标后的大写和小写字母分别表示两种林分类型同一指标间显著性差异达 0.01 和 0.05 水平。表 7-13 同

（2）土壤盐碱性

依据我国土壤的酸碱度分级标准（卢瑛等，2007），由图 7-7 可知，两种补植改造林分（A+S+T 和 F+T）的土壤 pH 均大于 7.8，依然呈碱性，这主要是因为黄

河三角洲地区盐碱地的土壤本身盐碱化程度比较严重（盐碱本底值高）（王群等，2012）。但从图 7-7 可以看出，两种补植改造林分（A+S+T 和 F+T）的土壤 pH 均低于其各自对照林分（S 和 F），其中 A+S+T 混交林的 pH（7.89）比 S 纯林（8.19）降低了 3.7%，差异显著（$P<0.05$）；F+T 混交林的 pH（8.06）比 F 纯林（8.22）降低了 1.9%，差异显著（$P<0.05$）。林地土壤盐分与 pH 的变化规律一致，也是两种补植改造林分（A+S+T 和 F+T）的土壤含盐量均低于其各自对照林分（S 和 F）（图 7-8）。由图 7-8 可知，A+S+T 混交林含盐量（0.235%）比 S 纯林（0.595%）降低了 60.5%，差异显著（$P<0.05$）；F+T 混交林含盐量（0.280%）比 F 纯林（0.660%）

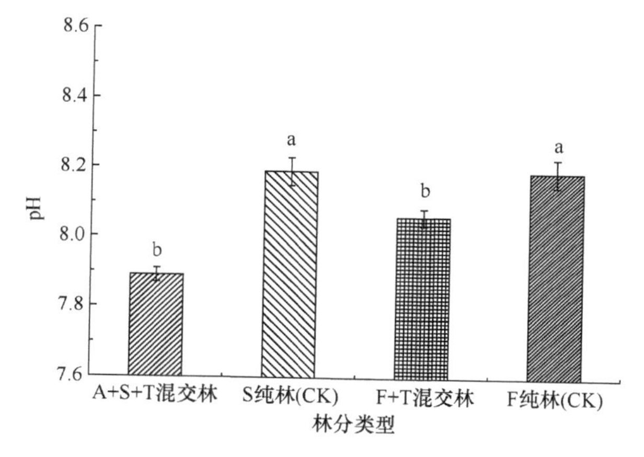

图 7-7　不同林分类型林地的土壤 pH

A+S+T 混交林和 S 纯林柱子上方小写字母表示两种林分类型 pH 间显著性差异达 0.05 水平；
F+T 混交林和 F 纯林柱子上方小写字母表示两种林分类型 pH 间显著性差异达 0.05 水平

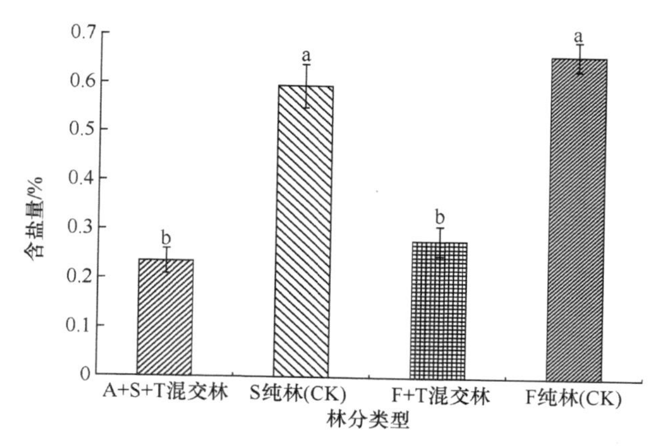

图 7-8　不同林分类型林地的土壤含盐量

A+S+T 混交林和 S 纯林柱子上方小写字母表示两种林分类型含盐量间显著性差异达 0.05 水平；
F+T 混交林和 F 纯林柱子上方小写字母表示两种林分类型含盐量间显著性差异达 0.05 水平

降低了 57.6%，差异显著（P<0.05）。由此可见，低效林补植改造后形成的混交林分的土壤含盐量及 pH 均呈现降低趋势，降盐压碱效果显著。低效林经补植改造形成混交林后，其地表覆盖度较大，土壤蒸发量减少，同时残死根系和枯枝落叶进入土壤，对土壤状况的改善以及抑制土壤返盐有重要作用（孙启祥等，2006；丁绍兰等，2010）。同时，补植的柽柳对土壤盐分的吸收亦起到一定作用（邢尚军和张建锋，2006；丁晨曦等，2013）。因此，低效林补植改造形成的混交林分对土壤压碱抑盐的作用明显好于未补植改造的单一纯林。

（3）土壤肥力

评价土壤肥力的主要指标是土壤有机质、速效钾、有效磷、铵态氮和硝态氮含量（白麟等，2011；夏江宝等，2012；丁晨曦等，2013）。由表 7-13 可以看出，A+S+T 混交林土壤有机质含量（8.989g/kg）比 S 纯林（3.934g/kg）高 128.5%，差异极显著（P<0.01）；F+T 混交林土壤有机质含量（5.151g/kg）比 F 纯林（4.359g/kg）高 18.1%，差异显著（P<0.05）。这与混交林中有较多的枯落物分解产生腐殖质有关。A+S+T 混交林土壤速效钾含量及铵态氮含量分别比 S 纯林高 94.5%和 125.1%，差异极显著（P<0.01）；有效磷含量及硝态氮含量分别比 S 纯林高 122.5%和 221.9%，差异显著（P<0.05）。F+T 混交林土壤有效磷、铵态氮和硝态氮含量分别比 F 纯林高 51.9%、49.1%和 41.5%，差异显著（P<0.05）；速效钾含量比 F 纯林高 75.9%，差异极显著（P<0.01）。补植改造后形成的混交林的有机质、有效磷、速效钾、铵态氮及硝态氮含量均高于未补植改造的纯林，这是由于混交林植被覆盖度及生物生产能力较高，植物根系和枯枝落叶等经过微生物分解后产生有机质，具有较明显的腐殖化作用；土壤中的有机质对植物生长具有促进作用，动物及微生物活跃，土壤养分得到较明显的改善。这与黄河三角洲盐碱地的相关研究结果一致（王群等，2012；夏江宝等，2012）。由此可见，低效林补植改造后形成的混交林能够明显改善林地的土壤有机质和养分状况，防止土壤退化及水土流失，而未补植改造的纯林对于土壤有机质和养分的改善作用较差。

表 7-13　不同林分类型林地的土壤养分状况

林分类型	有机质含量/（g/kg）	有效磷含量/（mg/kg）	速效钾含量/（mg/kg）	NH_4^+-N 含量/（mg/kg）	NO_3^--N 含量/（mg/kg）
A+S+T 混交林	8.989±0.140A	10.135±0.555a	100.484±2.166A	201.935±9.906A	114.968±8.953a
S 纯林（CK）	3.934±0.078B	4.555±0.185b	51.657±2.418B	89.712±2.433B	35.719±3.104b
F+T	5.151±0.155a	8.280±0.310a	125.248±5.082A	165.357±5.047a	82.679±2.524a
F 纯林（CK）	4.359±0.036b	5.450±0.240b	71.186±1.332B	110.888±7.422b	58.444±1.711b

7.5.4　低效防护林补植改造的植物多样性效应

植物多样性是群落生物组成结构的重要指标，物种多样性指数反映出植物物种数量的多少和物种的丰富程度，植物多样性越大，说明植物越丰富（侯本栋等，2007；刘长宝等，2010）。由表 7-14 可以看出，两种低效林经补植改造后形成的混交林植被种类、密度、多度及总盖度均高于未补植改造的纯林（对照），且生长状况明显优于未改造的纯林。S 纯林植被种类为白茅、狗尾草和茵陈蒿 3 种，优

表 7-14　不同林分类型的植被结构特征

林分类型	植物种类	密度/（株/m²）	高度/cm	盖度/%	多度	生长状况（好、中、差）	总盖度/%
A+S+T 混交林	白茅 *Imperata cylindrica*	48	120	80	多	中	85
	狗尾草 *Setaria viridis*	35	65	85	多	中	
	狗牙根 *Cynodon dactylon*	32	40	40	多	中	
	中华苦荬菜 *Ixeris chinensis*	2	80	5	少	中	
	萝藦 *Metaplexis japonica*	3	200	15	中	好	
S 纯林（CK）	白茅 *Imperata cylindrica*	16	95	65	多	差	62
	狗尾草 *Setaria viridis*	10	50	20	中	差	
	茵陈蒿 *Artemisia capillaris*	3	30	5	少	中	
F+T 混交林	獐毛 *Aeluropus sinensis*	12	16	5	多	中	48
	中华苦荬菜 *Ixeris chinensis*	5	5	1	多	中	
	茵陈蒿 *Artemisia capillaris*	2	6	0.5	少	差	
	萝藦 *Metaplexis japonica*	2	17	2	少	差	
	狗尾草 *Setaria viridis*	10	10	3	多	中	
	虎尾草 *Chloris virgata*	6	6	2	中	中	
	白茅 *Imperata cylindrica*	4	18	6	中	中	
	芦苇 *Phragmites australis*	2	20	5	中	差	
	马唐 *Digitaria sanguinalis*	3	7	3	少	中	
	狗牙根 *Cynodon dactylon*	6	15	2	少	中	
	结缕草 *Zoysia japonica*	4	8	2	中	中	
F 纯林（CK）	虎尾草 *Chloris virgata*	3	5	2	中	差	32
	中华苦荬菜 *Ixeris chinensis*	4	3	1	中	差	
	芦苇 *Phragmites australis*	3	13	2	中	差	
	白茅 *Imperata cylindrica*	2	12	3	中	差	
	结缕草 *Zoysia japonica*	2	4	1	少	差	

势种为白茅和狗尾草，而 A+S+T 混交林植被种类为 5 种，除了白茅和狗尾草，狗牙根也成为优势种，中华苦荬菜和萝藦替代了较为耐盐的茵陈蒿。F+T 和 F 这两个林分由于实施了农林间作，受种植农作物影响，其林下草本植物数量较少，但种类较多，F+T 草本种类达到 11 种，F 纯林为 5 种。A+S+T 混交林植被总盖度为 85%，比 S 纯林植被总盖度（62%）高 23 个百分点；F+T 混交林总盖度为 48%，比 F 纯林（32%）高 16 个百分点。由此可见，低效林经补植改造形成混交林后，由于林分郁闭度提高，减少了土壤水分蒸发，抑制了土壤返盐，更有利于一些耐盐程度较低的植物生存，植物物种多样性得到提高。

7.5.5 小结

黄河三角洲美国竹柳纯林及白蜡纯林两种中-幼龄低效防护林经补植改造形成混交林后，紫穗槐+美国竹柳+柽柳和白蜡+柽柳两种混交林林分生长效应得到明显提高，林分生长情况明显转好。具体表现为林分的郁闭度、林木保存率较对照纯林均显著提高，林分生长指标的树高、胸径、冠幅均显著高于对照纯林的相同树种，林木生长情况亦显著好于各自未补植改造的纯林，且林木受盐害程度亦低，补植的树种生长处于较好-好的水平，其叶片未受到盐分的危害。

黄河三角洲两种中-幼龄低效防护林经补植改造形成混交林后，林地土壤容重、孔隙度、盐碱状况、有机质及养分含量（速效钾、有效磷、铵态氮和硝态氮含量）等理化性质指标较对照纯林均显著改善；两种低效林补植改造后的土壤孔隙度、有机质及养分含量显著提高（$P<0.05$），土壤容重、pH 及含盐量呈现降低趋势。

两种低效林经补植改造形成混交林后，由于林分郁闭度提高，减少了土壤水分蒸发，抑制了土壤返盐，更有利于一些耐盐程度较低的植物生存，其植被种类、密度、多度及总盖度均高于未补植改造的对照纯林，植物物种多样性得到提高。

研究表明，进行单一纯林栽植，将导致地带性植被类型的形成概率降低，地力衰退及次生盐碱化的发生率增加（刘长宝等，2010；丁晨曦等，2013）。由于黄河三角洲地区盐碱地的地下水水位较高，且蒸降比较大，本研究两个单一纯林的种植类型出现了地力衰退及盐碱化的现象，致使林木保存率低，形成了低效林。而在对这两个低效林进行补植改造形成混交林后，无论是林木的保存率还是土壤状况及植被多样性方面均表现出效应增强现象。因此，在黄河三角洲盐碱地区以生态防护作为主要目的的林业生态建设中，从强化生态功能及生物多样性的角度出发，不应营造单一纯林，应大力提倡营造混交林，特别是与耐盐性强的柽柳等树种搭配栽植，效果会更好，避免因次生盐渍化导致低效林的产生。本试验由于时间较短，只是对低效纯林补植改造为混交林后的林分效应作了初步分析研究，还有待进一步深入研究，特别是应加强对低效林改造的混交林优化配置方面的相关试验研究。

主要参考文献

白麟, 杨建英, 韩雪梅, 等. 2011. 三种造林模式对北京北部人工水源涵养林地土壤肥力的影响研究. 水土保持研究, 18(6): 75-78.

曹帮华, 吴丽云. 2008. 滨海盐碱地刺槐白蜡混交林土壤酶与养分相关性研究. 水土保持学报, 22(1): 128-133.

曹帮华, 吴丽云, 宋爱云, 等. 2008. 滨海盐碱地刺槐混交林土壤水盐动态. 生态学报, 28(3): 939-945.

曹帮华, 张玉娟, 毛培利, 等. 2012. 黄河三角洲刺槐人工林风害成因. 应用生态学报, 23(8): 2049-2054.

陈光升, 钟章成, 齐代华. 2002. 缙云山常绿阔叶林土壤酶活性与土壤肥力的关系. 四川师范学院学报(自然科学版), 23(2): 19-23.

陈峻, 李传涵. 1993. 杉木幼林地土壤酶活性与土壤肥力. 林业科学研究, 6(3): 321-326.

崔晓东, 侯龙鱼, 马风云, 等. 2007. 黄河三角洲不同土地利用方式土壤养分特征和酶活性及其相关性研究. 西北林学院学报, 22(4): 66-69.

邓东周, 张小平, 鄢武先, 等. 2010. 低效林改造研究综述. 世界林业研究, 23(4): 65-69.

邓加林, 潘庆牧, 何忠伦. 2008. 广元市曾家国有林区低质低效林分改造方法与技术. 四川林业科技, 29(4): 93-94.

丁晨曦, 李永强, 董智, 等. 2013. 不同土地利用方式对黄河三角洲盐碱地土壤理化性质的影响. 中国水土保持科学, 11(2): 84-89.

丁绍兰, 杨宁贵, 赵串串, 等. 2010. 青海省东部黄土丘陵区主要林型土壤理化性质. 水土保持通报, 30(6): 1-6.

董海凤, 杜振宇, 马海林, 等. 2015. 黄河三角洲长期人工林地的土壤培肥效果分析. 山东林业科技, (1): 8-12.

董建辉, 薛泉宏, 张建昌, 等. 2005. 黄土高原人工混交林土壤肥力及混交效应研究. 西北林学院学报, 20(3): 31-35.

董玉峰, 王月海, 韩友吉, 等. 2017. 黄河三角洲地区耐盐植物引种现状分析及评价. 西北林学院学报, 32(4): 117-119.

杜振宇, 马海林, 马丙尧, 等. 2015. 滨海盐碱地混交林效应研究. 西北林学院学报, 30(1): 144-149.

高鹏, 李增嘉, 杨慧玲, 等. 2008. 渗灌与漫灌条件下果园土壤物理性质异质性及其分形特征. 水土保持学报, (2): 155-158.

关松荫. 1986. 土壤酶及其研究法. 北京: 农业出版社.

侯本栋, 马风云, 邢尚军, 等. 2007. 黄河三角洲不同演替阶段湿地群落的土壤和植被特征. 浙江林学院学报, (24): 313-318.

胡景田, 马琨, 王占君, 等. 2010. 荒地不同压砂年限对土壤微生物区系、酶活性与土壤理化性状的影响. 水土保持通报, 30(3): 53-58.

胡庭兴. 2002. 低效林恢复与重建. 北京: 华文出版社: 1-39.

李传荣, 许景伟, 宋海燕, 等. 2006. 黄河三角洲滩地不同造林模式的土壤酶活性. 植物生态学报, 30(5): 802-809.

李君剑, 赵溪, 潘恬豪, 等. 2011. 不同土地利用方式对土壤活性有机质的影响. 水土保持学报,

25(1): 147-151.
李庆梅, 侯龙鱼, 刘艳, 等. 2009. 黄河三角洲盐碱地不同利用方式土壤理化性质. 中国生态农业学报, 17(6): 1132-1136.
刘长宝, 王月海, 王卫东. 2010. 滨海盐碱湿地不同恢复区域的植被特征分析. 山东林业科技, (5): 45-48.
刘福德, 孔令刚, 安树青, 等. 2008. 连作杨树人工林不同生长阶段林地内土壤微生态环境特征. 水土保持学报, 22(2): 121-125.
刘美英, 高永, 李强, 等. 2012. 神东矿区复垦地土壤酶活性变化和分布特征. 干旱区资源与环境, 26(1): 164-168.
刘庆生, 刘高焕, 黄翀. 2011. 黄河三角洲人工刺槐林枯梢调查统计分析. 林业资源管理, (5): 79-83.
刘庆生, 刘高焕, 姚玲. 2008. 利用 Landsat ETM+数据检测人工刺槐林冠健康. 遥感技术与应用, 23(2): 142-146.
刘瑜, 梁永超, 褚贵新, 等. 2010. 长期棉花连作对北疆棉区土壤生物活性与酶学性状的影响. 生态环境学报, 19(7): 1586-1592.
卢瑛, 冯宏, 甘海华. 2007. 广州城市公园绿地土壤肥力及酶活性特征. 水土保持学报, (1): 160-163.
吕刚, 张由松, 祝亚平. 2011. 老秃顶子自然保护区不同森林类型土壤贮水与入渗特征研究. 水土保持通报, 31(1): 109-113.
骆洪义, 丁方军. 1995. 土壤学实验. 成都: 成都科技大学出版社: 35-89.
马风云, 白世红, 侯本栋, 等. 2010. 黄河三角洲退化人工刺槐林地土壤特征. 中国水土保持科学, 8(2): 74-79.
宋创业, 刘高焕, 刘庆生, 等. 2008. 黄河三角洲植物群落分布格局及其影响因素. 生态学杂志, 27(12): 2042-2048.
孙启祥, 张建锋, Franz M. 2006. 不同土地利用方式土壤化学性状与酶学指标分析. 水土保持学报, 20(4): 98-101, 159.
王兵, 刘国彬, 薛萐, 等. 2009. 黄土丘陵区撂荒对土壤酶活性的影响. 草地学报, 17(3): 282-287.
王海洋, 黄涛, 宋莎莎. 2007. 黄河三角洲滨海盐碱地绿化植物资源普查及选择研究. 山东林业科技, (1): 12-15.
王群, 夏江宝, 张金池, 等. 2012. 黄河三角洲退化刺槐林地不同改造模式下土壤酶活性及养分特征. 水土保持学报, 26(4): 133-137.
王伟, 张洪江, 杜士才, 等. 2009. 重庆市四面山人工林土壤持水与入渗特性. 水土保持通报, 9(3): 113-117.
王月海, 姜福成, 侣庆柱, 等. 2015. 黄河三角洲盐碱地造林绿化关键技术. 水土保持通报, 35(3): 203-206.
王月玲, 蒋齐, 蔡进军, 等. 2008. 半干旱黄土丘陵区土壤水分入渗速率的空间变异性. 水土保持通报, 8(4): 52-55.
魏强, 张秋良, 代海燕, 等. 2008. 大青山不同林地类型土壤特性及其水源涵养功能. 水土保持学报, 22(2): 111-115.
吴际友, 叶道碧, 王旭军. 2010. 长沙市城郊森林土壤酶活性及其与土壤理化性质的相关性. 东北林业大学学报, 3(38): 97-99.

夏江宝, 刘玉亭, 朱金方, 等. 2013. 黄河三角洲莱州湾柽柳低效次生林质效等级评价. 应用生态学报, 24(6): 1551-1558.
夏江宝, 许景伟, 李传荣, 等. 2010. 黄河三角洲退化刺槐林地的土壤水分生态特征. 水土保持通报, 30(6): 75-80.
夏江宝, 许景伟, 李传荣, 等. 2012a. 黄河三角洲低质低效人工刺槐林分类与评价. 水土保持通报, 32(1): 217-221.
夏江宝, 许景伟, 李传荣, 等. 2012b. 黄河三角洲退化刺槐林不同改造方式对土壤酶活性及理化性质的影响. 水土保持通报, 32(5): 171-175, 181.
夏江宝, 许景伟, 陆兆华, 等. 2009a. 黄河三角洲滩地不同植被类型的土壤贮水功能. 水土保持学报, 23(5): 79-83.
夏江宝, 许景伟, 陆兆华, 等. 2009b. 黄河三角洲滩地不同植被类型改良土壤效应研究. 水土保持学报, 23(2): 148-152.
邢尚军, 张建锋, 宋玉民, 等. 2008. 黄河三角洲盐碱地不同土地利用方式下土壤化学性状与酶活性的研究. 林业科技, 33(2): 16-18.
邢尚军, 张建锋. 2006. 黄河三角洲土地退化机制与植被恢复技术. 北京: 中国林业出版社.
许景伟, 王长宪, 李琪, 等. 2008. 立木、木材材积速查手册. 2 版. 济南: 山东科学技术出版社: 75-82.
许景伟, 王卫东, 李成. 2000 不同类型黑松混交林土壤微生物、酶及其与土壤养分关系研究. 北京林业大学学报, 22(1): 51-55.
许景伟, 王卫东, 王月海, 等. 2003. 沿海黑松防护林低产、低质、低效成因的调查报告. 东北林业大学学报, 31(5): 96-98.
许鹏辉, 陈云明, 吴芳. 2009. 黄土丘陵半干旱区退化刺槐林不同改造方式效果分析. 西北林学院学报, 24(4): 109-113.
薛建辉. 2006. 森林生态学. 北京: 中国林业出版社.
严昶升. 1988. 土壤肥力研究方法. 北京: 农业出版社: 234-276.
姚玲, 刘高焕, 刘庆生, 等. 2010. 利用影像分类分析黄河三角洲人工刺槐林健康. 武汉大学学报(信息科学版), 35(7): 863-867.
曾思齐, 佘济云. 2002. 长江中上游低质低效次生林改造技术研究. 北京: 中国林业出版社: 13-23.
张超, 刘国彬, 薛萐, 等. 2010. 黄土丘陵区不同林龄人工刺槐林土壤酶演变特征. 林业科学, 46(12): 23-29.
张高生, 王仁卿. 2008. 现代黄河三角洲生态环境的动态监测. 中国环境科学, 28(4): 380-384.
张建锋, 宋玉民, 邢尚军, 等. 2002. 盐碱地改良利用与造林技术. 东北林业大学学报, 30(6): 124-129.
张建锋, 邢尚军. 2009. 环境胁迫下刺槐人工林地土壤退化特征研究. 土壤通报, 40(5): 1086-1091.
章家恩. 2007. 生态学常用实验研究方法与技术. 北京: 化学工业出版社.
赵鹏宇, 徐学选, 刘普灵, 等. 2009. 黄土丘陵区不同土地利用方式土壤入渗规律研究. 水土保持通报, 29(1): 40-44.
郑华, 欧阳志云, 易自立, 等. 2004. 红壤侵蚀区恢复森林群落物种多样性对土壤生物学特性的影响. 水土保持学报, 18(4): 137-141.

郑伟, 霍光华, 骆昱春, 等. 2010. 马尾松低效林不同改造模式土壤微生物及土壤酶活性的研究. 江西农业大学学报, 32(4): 743-751.

中国科学院南京土壤研究所. 1978. 土壤理化分析. 上海: 上海科学技术出版社: 62-176.

周礼恺. 1987. 土壤酶学. 北京: 科学出版社.

朱延林, 贠超, 赵蓬晖. 2010. 杨树人工林土壤生态环境分析. 上海农业学报, 26(2): 53-57.

Askin T, Kizilkaya R. 2005. The spatial variability of urease activity of surface agricultural soils within an urban area. Journal of Central European Agriculture, 6(2): 161-166.

Bespalov V P, Os'Kina N V. 2006. The effect of soil hydrological conditions on the growth of natural and artificially planted Oak (*Quercus robur* L.) stands on the floodplain of the Ural River in its middle reaches. Eurasian Soil Science, 39(4): 410-422.

Fisher R F, Binklet D. 2000. Ecology and Management of Forest Soils. New York: John Wiley and Sons: 282-284.

Herbst M, Diekkruger B, Vereecken H. 2006. Geostatistical co-regionalization of soil hydraulic properties in a micro-scale catchment using terrain attributes. Geoderma, 132(1-2): 206-221.

Monika H, Stefan E, Bernd H, et al. 2009. Regionalizing soil properties in a catchment of the Bavarian Alps. European Journal of Forest Research, 128(6): 597-608.

Singh B, Sharma K N. 2007. Tree growth and nutrient status of soil in a poplar (*Populus deltoides* Bartr.)-based agroforestry system in Punjab, India. Agroforestry Systems, 70: 125-134.